Edward O. Wilson

Die Einheit des Wissens

Edward O. Wilson

Die Einheit des Wissens

Aus dem Amerikanischen
von Yvonne Badal

Siedler

Thus have I made as it were a small
globe of the intellectual world, as truly
and faithfully as I could discover.

Francis Bacon (1605)

Inhalt

Kapitel 1
Im Bann des Ionischen Zaubers 9

Kapitel 2
Die großen Wissensgebiete 15

Kapitel 3
Die Aufklärung 23

Kapitel 4
Die Naturwissenschaften 63

Kapitel 5
Der Ariadnefaden 91

Kapitel 6
Der Verstand 131

Kapitel 7
Von den Genen zur Kultur 169

Kapitel 8
Die Tauglichkeit der menschlichen Natur 221

Kapitel 9
Die Sozialwissenschaften 243

Kapitel 10
Kunst und Interpretation 281

Kapitel 11
Ethik und Religion 317

Kapitel 12
Mit welchem Ziel? 355

Anmerkungen	399
Danksagung	427
Register	429

Kapitel 1

Im Bann des Ionischen Zaubers

Ich erinnere mich noch gut an die Zeit, als mich die Idee von einer natürlichen Einheit allen Wissens zu fesseln begann. Es war im Frühherbst 1947, ich war achtzehn und gerade von Mobile nach Tuscaloosa gezogen, um mein Studium an der Universität von Alabama anzutreten. Als angehender Biologe hatte ich mich bereits mit jugendlichem Feuereifer naturgeschichtlich geschult, indem ich mit Naturkundeführern im Rucksack, aber ohne viel Theorie oder Vision einsame Ausflüge in die Wälder und Süßwassergebiete meines Heimatstaates unternahm. Wissenschaft, und damit meinte ich (und tue dies in meinem Herzen noch immer) das Studium von Ameisen, Fröschen und Schlangen, betrachtete ich als eine wunderbare Möglichkeit, mich in der freien Natur aufzuhalten.

Meine intellektuelle Welt war von Carl von Linné (Linnaeus) geprägt, dem schwedischen Naturforscher des achtzehnten Jahrhunderts, dem die Grundlagen der modernen biologischen Klassifizierung zu verdanken sind – ein trügerisch einfaches System. Man beginnt damit, einzelne Exemplare von Pflanzen und Tieren in Spezies zu unterteilen. Dann ordnet man die einander ähnlichen Spezies in Gruppen an, beispielsweise in die Genera aller Krähen oder Eichen. Als nächstes benennt man jede Spezies mit einer binären lateinischen Bezeichnung wie zum Beispiel *Corvus ossifragus* für die Fischkrähe, wobei *Corvus* für das Genus im allgemeinen – alle zur Spezies Krähen gehörenden Exemplare – und *ossifragus* für die Fischkrähe im besonderen steht. Nun beginnt die höhere Klassifizierung, das heißt, ähnliche Genera werden zu Familien gruppiert, Familien zu Ordnungen und so weiter, bis hin zum Stamm (Phyle) und schließlich, als Krönung, zu den sechs Reichen Pflanzen, Tiere, Fungi (Pilze), Protisten (Einzeller), Moneren (Zellplasmateilchen) und Archebakterien. Es ist wie bei der Armee: Männer (und heutzutage auch Frauen) werden zu Gruppen zusammengefaßt, Gruppen zu Zügen, Züge zu Kompanien, und das Ganze ergibt eine Streitkraft unter der Leitung des Generalstabs. Mit anderen Worten, dies ist eine Begriffswelt, die wie geschaffen ist für den Verstand eines Achtzehnjährigen.

Ich hatte mir den Wissensstand Linnés aus dem Jahr 1735 angeeignet, oder genauer gesagt (da ich damals nur wenig über den schwedischen Meister wußte), mich auf das Niveau gebracht, das der große Naturforscher Roger Tory Peterson im Jahr 1934 mit der Erstausgabe seines *Field Guide to the Birds* vertrat. Meine linnaeische Periode war ein durchaus guter Start für eine wissenschaftliche Karriere – denn, wie schon die alten Chinesen sagten: Der erste Schritt zur Weisheit ist, die Dinge beim richtigen Namen zu nennen.

Dann entdeckte ich die Evolution. Urplötzlich – und das ist nicht übertrieben – sah ich die Welt aus einer völlig neuen Perspektive. Diese Offenbarung verdankte ich meinem Mentor Ralph Chermock, einem empfindsamen, kettenrauchenden jungen Assistenzprofessor, den es gerade mit einem Doktorat in Entomologie von der Cornell Universität in die Provinz verschlagen hatte. Eine Weile hatte er sich mein Geplapper über mein hochtrabendes Ziel angehört, alle Ameisen Alabamas klassifizieren zu wollen, dann gab er mir eine Ausgabe von Ernst Mayrs 1942 erschienenem Buch *Systematics and the Origin of Species*. Lies das, sagte er, wenn du ein echter Biologe werden willst.

Der dünne Band im schmucklosen blauen Umschlag gehörte zu den Werken der *New Synthesis*, die die Darwinsche Evolutionstheorie des neunzehnten Jahrhunderts mit der modernen Genetik vernetzte. Mayr gab der Naturgeschichte eine theoretische Struktur und erweiterte damit Linnés Unterfangen ins Unermeßliche. Irgendwo in meinem Kopf fiel der Groschen, und plötzlich öffnete sich die Tür zu einer neuen Welt. Ich war derart fasziniert, daß ich gar nicht aufhören konnte, mir die Auswirkungen der Evolution auf das Klassifizierungsprinzip und den ganzen Rest der Biologie auszumalen. Und auf die Philosophie. Und auf einfach alles. Das statische Muster verwandelte sich in einen fließenden Prozeß. Meine Gedanken – noch im Embryonalstadium des modernen biologischen Wissens – hangelten sich Glied für Glied entlang der Kausalkette von genverändernden Mutationen über die artenmultiplizierende Evolution bis hin zu den Spezies, die sich zu Faunas und Floras gruppieren. Die Skala erweiterte sich und wurde zum Kontinuum. Ich entdeckte, daß ich nur Zeit und Raum zu manipulieren brauchte, um alle Stufen der biologischen Organisation erklimmen zu können, von den mikroskopischen Zellpartikeln bis hinauf zum Wald, der die Berghänge bedeckt. Ich war begeistert. Die von mir so geliebten Tiere und Pflanzen betraten nun die Bühne als Hauptdarsteller in einem grandiosen Drama. Naturgeschichte war zu einer wirklichen Wissenschaft geworden.

Ich war in den Bann des Ionischen Zaubers geraten. Diese erst kürzlich geprägte Formulierung borge ich mir von dem Physiker und Historiker Gerald Holton. Gemeint ist damit der Glaube an die natürliche Einheit der Wissenschaften – also die weit über ein reines Arbeitstheorem hinausgehende Überzeugung, daß die Welt geordnet und mit ein paar wenigen Naturgesetzen erklärbar ist. Dieser Gedanke geht auf Thales von Milet im Ionien des sechsten vorchristlichen Jahrhunderts zurück. Für Aristoteles war der legendäre Philosoph zwei Jahrhunderte später der Begründer der Naturwissenschaften. Heute erinnert man sich seiner natürlich vor allem wegen seiner Überzeugung, daß alle Materie letzten Endes aus Wasser bestehe, eine Vorstellung, die immer wieder als Beispiel für die oft abenteuerlichen gedanklichen Verirrungen der frühen Griechen zitiert wird. Dabei liegt ihre wahre Bedeutung auf einem ganz anderen Gebiet, nämlich in ihrer metaphysischen Aussage über die materielle Grundlage der Welt und die Einheit der Natur.

Dieser Zauber, der zu immer differenzierterer Auseinandersetzung führte, hat das wissenschaftliche Denken seit Thales beherrscht. Mit der modernen Physik verlagerte er sich auf die Vereinigung aller natürlichen Kräfte – schwachströmend, starkströmend oder gravitativ –, in der Hoffnung, Theorie damit derart wasserdicht konsolidieren zu können, daß die Wissenschaft zu einem »perfekten« Denkschema würde, welches durch das schiere Gewicht von Evidenz und Logik allen Revisionen standhalten könnte. Auch andere Wissenschaftsbereiche erlagen diesem Zauber. Einige Kollegen glauben ihn in den Sozialwissenschaften und sogar den Geisteswissenschaften zu verspüren. Aber darauf werde ich später zurückkommen. Jedenfalls ist die Vorstellung von einer natürlichen Einheit allen Wissens keine bloße Idee geblieben. Sie wurde in den Säurebädern von Experiment und Logik getestet und konnte wiederholt verteidigt werden. Eine entscheidende Niederlage hat sie dabei noch nicht erfahren, obwohl sie im Prinzip immer als anfechtbar betrachtet werden muß – das liegt in der Natur wissenschaftlicher Methodik. Auch zu dieser Schwäche werde ich später Stellung nehmen.

Einstein, Architekt der grandiosen Vereinigung in der Physik, war ionisch bis ins Mark. Vielleicht war diese visionäre Kraft sogar seine größte Stärke. In einem frühen Brief an seinen Freund Marcel Grossmann schrieb er: »Es ist ein wunderbares Gefühl, wenn man erkennt, daß ein ganzer Komplex von Phänomenen eine Einheit bildet, obwohl es sich bei der Beobachtung um ganz unterschiedliche Dinge zu handeln scheint.« Er spielte damit auf seine erfolgreiche Abgleichung der mikroskopischen Kapillarphysik mit der makroskopischen Gravitationsphysik des Universums an. In seinem späteren Leben versuchte er, alles in einem einzigen, parsimonischen System zu verschmelzen, Raum mit Zeit und Bewegung, Gravitation mit Elektromagnetismus und Kosmologie. Leider konnte er sich diesem Gral nur nähern, ihn aber nie erreichen. Alle Wissenschaftler, da war auch Einstein keine Ausnahme, sind Kinder des Tantalus, frustriert vom Unvermögen zu ergreifen, was doch so nahe scheint. Ausgesprochenen Symbolcharakter dafür haben die Thermodynamiker, die sich seit Jahrhunderten Schritt für Schritt der absoluten Nulltemperatur annähern, wo alle Bewegungen eines Atoms zum Stillstand kommen. 1995 waren sie schließlich bei ein paar Milliardstel Grad über dem absoluten Nullpunkt angelangt und stellten die sogenannte Bose-Einstein-Kondensation her, eine Grundform von Materie jenseits aller bekannten Gase, Flüssigkeiten und Festkörper, in welcher sich viele Atome wie ein einziges Atom im Quantenzustand verhalten. Wenn die Temperatur sinkt und sich der Druck erhöht, kondensiert Gas in eine Flüssigkeit, bildet dann einen Festkörper und erreicht schließlich die Bose-Einstein-Kondensation. Doch an den absoluten, den wirklich absoluten Nullpunkt, eine Temperatur, die bislang nur in der Vorstellung existiert, ist man noch immer nicht herangekommen.

In einem viel bescheideneren Rahmen erlebte ich das wunderbare Gefühl, nicht nur von der Vereinigungsmetaphysik gekostet zu haben, sondern zugleich der Beengtheit einer fundamentalistischen Religion entkommen zu sein. Als Baptist im Süden der USA aufgewachsen und wiedergeboren, nachdem ich vom starken Arm eines Pastors rücklings ins Wasser getaucht worden war, hatte ich die heilende Kraft der Erlösung erfahren. Glaube, Hoffnung und Barmherzigkeit waren mir in Fleisch und Blut übergegangen, und wie Millionen andere Menschen war auch ich überzeugt, daß mir Christus, mein Erlöser, das ewige Leben schenken würde. Mit einer Frömmigkeit, die dem durchschnittlichen Teenager wohl sehr fremd war, las ich die Bibel zwei Mal von vorne bis hinten. Doch nun, im College und von den Steroiden zu jugendlicher Rebellion getrieben, wählte ich den Zweifel. Es leuchtete mir einfach nicht mehr ein, daß unsere heiligsten Glaubensgrundsätze ausgerechnet von bäuerlichen Gesellschaften südöstlich des Mittelmeers vor über dreitausend Jahren in Stein gemeißelt worden sein sollten. Ich litt sozusagen unter kognitiver Dissonanz – einerseits all die fröhlich berichteten Ausrottungskriege dieser Menschen, andererseits die christliche Zivilisation im

Alabama der vierziger Jahre. Die biblische Offenbarung schien mir wie die von schwarzer Magie genährte Halluzination eines Primitiven aus grauer Vorzeit. Zweifellos liebte ich Gott, weshalb ich auch hoffte, daß er niemanden im Stich lassen würde, der die buchstabengetreue Auslegung der biblischen Kosmologie ablehnt. Für diesen intellektuellen Mut konnte ich doch nur Pluspunkte erwarten. Besser in Gesellschaft von Platon und Bacon verdammt, wie Shelley einmal sagte, als mit Paley und Malthus in den Himmel auffahren. Mein größtes Problem war, daß die baptistische Theologie keinerlei Anhaltspunkte für die *Evolution* bot. Offenbar war die wichtigste aller Offenbarungen an den biblischen Autoren vorübergegangen! Konnte es sein, daß sie in die Gedanken Gottes gar nicht eingeweiht waren? Waren die Pastoren meiner Kindheit, all diese guten und fürsorglichen Männer, etwa im Irrtum? Das Ganze war einfach zuviel für mich, außerdem war der Geschmack der Freiheit viel zu süß. So trieb ich immer weiter von der Kirche ab, weder endgültig agnostisch oder atheistisch, sondern nur nicht mehr baptistisch.

Trotzdem hatte ich nicht das Bedürfnis, mich von allen religiösen Gefühlen zu befreien. Sie waren in mir genährt worden und ein Quell meines kreativen Lebens. Aber ich hatte mir offenbar ein gewisses Maß an gesundem Menschenverstand bewahrt. Um sich geistig entwickeln zu können, müssen sich Menschen irgendwo zugehörig fühlen. Sie sehnen sich nach etwas Sinnvollem, das über die eigene Existenz hinausgeht. Der mächtigste Motor unseres menschlichen Geistes ist der Wunsch, mehr als nur beseelten Staub aus uns zu machen. Außerdem wollen wir in der Lage sein, eine Geschichte über unsere Herkunft und den Grund unseres Daseins zu erzählen. Könnte es sein, daß die Heilige Schrift nur der erste literarische Versuch war, das Universum zu erklären und uns selbst darin eine Bedeutung zu geben? Vielleicht ist Wissenschaft eine Fortsetzung dieses Versuchs auf neuem und besser erprobtem Gelände, aber zum selben Zweck. Wenn ja, dann könnte man wohl sagen, daß Wissenschaft in diesem Sinne deutlich befreite und freiheitliche Religion ist.

Auf mich wirkt der Ionische Zauber als Aufforderung, der Suche nach objektiver Wahrheit den Vorzug vor der Offenbarung zu geben. Das ist auch eine Möglichkeit, den Hunger nach Religion zu stillen. Dieser Versuch ist fast so alt wie die Zivilisation selbst und verflochten mit traditioneller Religion. Allerdings gilt es dabei einen völlig anderen Weg einzuschlagen, dem Credo des Stoikers zu folgen und sich einem Reiseführer für ein Abenteuer quer durch sehr schwieriges Terrain anzuvertrauen. Das Ziel ist die Errettung der Seele – aber nicht durch die Kapitulation des menschlichen Geistes, sondern durch seine Befreiung. Der zentrale Grundsatz dabei ist, wie Einstein so gut wußte, die Vernetzung von Wissen. Denn erst wenn wir genügend gesicherte Erkenntnisse vereint haben, werden wir verstehen, wer wir sind und weshalb es uns gibt.

Wer sich dieser Suche verschrieben hat und versagt, dem wird vergeben werden. Wer sich dabei verirrt, wird einen anderen Weg finden. Der moralische Imperativ des Humanismus ist das Bemühen an sich, sei es erfolgreich oder nicht und immer vorausgesetzt, daß der Versuch achtbar ist und ein Mißerfolg im Gedächtnis behalten wird. Die alten Griechen kleideten diese Idee in einen Mythos des Ehrgeizes gegen alle Unbill. Daedalus und sein Sohn Ikarus fliehen aus Kreta, indem sie sich Flügel aus Wachs und Federn umhängen. Ikarus ignoriert die Warnungen seines Vaters und fliegt der Sonne entgegen. Das Wachs schmilzt, die Flügel lösen sich auf, er fällt ins Meer. Das ist das mythische Ende von Ikarus. Aber wir fragen uns, ob er wirklich nur ein dummer Junge war. Oder zahlte er den Preis für Hybris, für Stolz im Angesicht der Götter? Nun, ich glaube, daß sein Wagemut im Gegenteil für eine befreiende Eigenschaft des Menschen steht. Deshalb konnte auch der große Astrophysiker Subrahmanyan Chandrasekhar auf die Idee kommen, seinem geistigen Mentor Sir Arthur Eddington mit der Forderung Tribut zu zollen: »Laßt uns feststellen, wie hoch wir fliegen können, bevor die Sonne das Wachs in unseren Flügeln schmilzt.«

Kapitel 2

Die großen Wissensgebiete

Der Leser wird schnell nachvollziehen können, weshalb ich der Meinung bin, daß die großen Aufklärer des siebzehnten und achtzehnten Jahrhunderts meist auf Anhieb richtig lagen. Ihre Annahmen über eine materielle Welt, die bestimmten Gesetzmäßigkeiten unterliegt, über eine dem Wissen innewohnende Einheit und die unbegrenzten Möglichkeiten menschlichen Fortschritts sind dieselben, die wir uns noch heute zu Herzen nehmen, ohne die wir verzweifelt sind, und die wir um so zutreffender finden, je weiter wir uns intellektuell entwickeln. Das gewaltigste Projekt des Geistes war und wird immer der Versuch sein, die Natur- und Geisteswissenschaften miteinander zu vereinen. Im heute so fragmentierten Wissen und dem daraus resultierenden philosophischen Chaos spiegelt sich nicht die reale Welt, sondern ein Kunstprodukt der Gelehrten. Es sind die Thesen der großen Aufklärer, die vor allem von den naturwissenschaftlichen Beweisen zunehmend bestätigt werden.

»Konziliation«[1], also Vereinigung, ist der Schlüssel zur Vernetzung. Ich ziehe dieses Wort dem Begriff »Kohärenz« vor, weil durch seinen selteneren Gebrauch eine Präzision gewahrt werden konnte, die beim Wort Kohärenz verlorenging. In seiner Synthese *The Philosophy of the Inductive Sciences* sprach William Whewell 1840 als erster von Konziliation, vom buchstäblichen »Zusammensprung« des Wissens durch die interdisziplinäre Verkettung von Fakten und den darauf basierenden Theorien mit dem Zweck, eine allgemeine Erklärungsgrundlage zu schaffen. Whewell schrieb: »Die Konziliation von Induktionen findet statt, wenn eine Induktion, die anhand einer Kategorie von Fakten erzielt wurde, sich mit einer Induktion deckt, die anhand einer anderen Kategorie von Fakten erzielt wurde. Diese

---

[1] Anm. d. Übers.: »Consilience«, ein im modernen Englisch äußerst selten angewandter Begriff, den der Autor für die »Einheit allen Wissens« gewählt hat, ist mit »Konziliation« nur unzulänglich unserem Sprachgebrauch angemessen übersetzt und wird daher im folgenden meist mit »Vereinigung« oder »Vernetzung« umschrieben.

Konziliation ist der Wahrheitstest für die Theorie, in der sie zutage tritt.«

Die einzige Möglichkeit, Vereinigung zu erreichen oder abzulehnen, bieten naturwissenschaftliche Methoden – wobei ich schnellstens anfügen will, daß es hier nicht um einen von Wissenschaftlern geleiteten oder in mathematischer Abstraktion erstarrten Versuch geht, sondern darum, sich an den Denkgebäuden zu orientieren, die bei der Erforschung des materiellen Universums bereits so vorzügliche Dienste geleistet haben.

Der Glaube an die Möglichkeit einer Vereinigung, die über die Naturwissenschaften hinaus alle großen Wissensgebiete einbezieht, ist selbst noch nicht wissenschaftlich. Vielmehr steht er für eine metaphysische Weltanschauung, die erst von einer Minderheit vertreten wird, darunter nur von wenigen Wissenschaftlern und Philosophen. Sie kann weder mit der Logik von Naturgesetzen bewiesen werden noch sich auf irgendwelche präzisen empirischen Tests stützen, zumindest nicht nach dem gegenwärtigen Stand der Dinge. Nach gegenwärtigem Wissensstand wird sie am ehesten bestätigt, wenn man den beständigen Erfolg der Naturwissenschaften seit ihren Anfängen extrapoliert. Aber ihr überzeugendster Test wird ihre Effektivität in den Sozial- und Geisteswissenschaften sein. Die stärkste Anziehungskraft von Konziliation liegt in ihrem Versprechen auf intellektuelle Abenteuer und, falls sich auch nur der geringste Erfolg einstellt, in der Aussicht, daß wir durch sie mehr Gewißheiten über die Conditio humana erhalten werden.

Versuchen Sie bitte an meiner Seite zu bleiben, wenn ich diese Behauptung nun anhand eines Beispiels illustriere. Denken wir uns zwei kreuzweise überschnittene Linien und stellen uns die vier entstandenen Quadranten vor. Benennen wir nun den ersten »Umweltpolitik«, den nächsten »Ethik«, den dritten »Biologie« und den letzten »Sozialwissenschaften«.

Umweltpolitik	Ethik
Sozialwissenschaften	Biologie

Intuitiv erkennen wir, daß diese vier Bereiche eng miteinander verknüpft sind. Die rationale Erforschung des einen Quadranten führt automatisch zu Schlußfolgerungen über die anderen drei. Unbestreitbar aber behandelt das zeitgenössische akademische Denken jeden dieser Bereiche für sich, mit eigenen Experten, einer eigenen Sprache, eigenen analytischen Methoden und Validierungsstandards. Das Ergebnis ist Konfusion, und Konfusion nannte Francis Bacon vor vier Jahrhunderten völlig zu Recht den fatalsten aller Fehler, der immer dann auftritt, »wenn Argumentation oder Logik von einer Erfahrungswelt in die andere wechseln«.

Ziehen wir nun mehrere konzentrische Kreise um den Schnittpunkt.

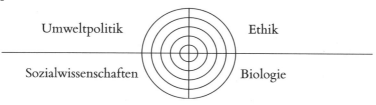

Während wir diese Kreise durchqueren und auf den Punkt zusteuern, an dem sich die Quadranten treffen, stellen wir fest, daß wir zunehmend instabilere und desorientierendere Regionen betreten. Im engsten Kreis um den Schnittpunkt, wo die meisten Probleme der realen Welt liegen, werden Grundlagenanalysen am dringendsten benötigt. Tatsächlich aber ist das nicht einmal geplant. Und es gibt so gut wie keine Begriffe oder Worte, an denen wir uns orientieren könnten. Es ist uns also nur gedanklich möglich, im Uhrzeigersinn von der Erkenntnis, daß es umweltpolitische Probleme und einen großen Bedarf an wohlfundierten politischen Ansätzen gibt, weiter zu einer Auswahl von Lösungen zu reisen, die auf moralischen Schlußfolgerungen basieren, dann weiter zu den biologischen Fundamenten dieser Schlußfolgerungen bis hin zu der Einsicht, daß gesellschaftliche Institutionen nötig sind, die sich an Biologie, Umwelt und Geschichte orientieren – um schließlich wieder bei der Umweltpolitik anzukommen.

Bedenken wir doch nur einmal die Tatsache, daß Regierungen in aller Welt ratlos vor der Frage stehen, welches die beste politische Strategie wäre, die dahinschwindenden Waldreserven der Erde zu retten. Es gibt nur wenige feststehende ethische Richtlinien, die als Argumentationsgrundlage dienen könnten, und die basieren alle auf unzulänglichem ökologischen Wissen. Aber selbst wenn adäquate wissenschaftliche Erkenntnisse zur Verfügung stünden, gäbe es noch immer kaum Grundlagen für eine langfristige Wertbestimmung unserer Wälder. Eine Ökonomie, die auf eine vertretbare Ausbeutung der Umwelt ausgerichtet ist, steckt noch in den Kinderschuhen, und der psychologische Gewinn, den wir aus natürlichen Ökosystemen ziehen, ist noch nahezu unerforscht.

Es ist höchste Zeit, diese Reise durch alle Kreise auch in der Realität anzutreten. Das ist ganz und gar keine müßige Übung zur intellektuellen Erbauung. Denn wie klug politische Beschlüsse künftig sein werden, wird davon abhängen, wie unbefangen die gebildete Öffentlichkeit – nicht nur die intellektuellen und politischen Eliten – konzentrisch zu denken lernt und mit welcher Leichtigkeit sie an jedem beliebigen Punkt ansetzen und sich in jede denkbare Richtung bewegen kann.

Die Frage, ob Konziliation in den innersten Bereichen dieser Kreise erreicht werden kann, so daß fundierte Beurteilungen problemlos von einer Disziplin in die andere einfließen können, ist genauso schwierig zu beantworten wie die Frage, ob sich Experten bei ihren interdisziplinären Zusammenkünften jemals auf gemeinsame abstrakte Prinzipien und beweiserhebliche Fakten einigen können. Ich denke aber, sie können es. Vertrauen in das Einheitsprinzip ist das Fundament der Naturwissenschaften. Und zumindest in bezug auf die materielle Welt gibt es bereits einen überwältigenden Impuls zu konzeptioneller Einheit. Disziplinäre Grenzen im naturwissenschaftlichen Bereich lösen sich mehr und mehr auf und werden durch variable Mischbereiche ersetzt, welchen Konziliation bereits implizit ist. Diese Mischbereiche umspannen schon viele komplexe Ebenen, von der Chemophysik und der physikalischen Chemie bis hin zu Molekulargenetik, Chemoökologie und Ökogenetik. Noch hält man keines dieser Fachgebiete für mehr als einen Forschungsbereich mit einem bestimmten Fokus. Aber bereits jetzt hat jeder von ihnen frische Ideen und neue Technologien hervorgebracht.

Angesichts der Tatsache, daß menschliche Handlungen auch auf physikalische Kausalzusammenhänge zurückgehen, muß man sich doch fragen, aus welchem Grund sich die Sozial- und Geisteswissenschaften der Vernetzung mit den Naturwissenschaften verschließen sollten. Wie könnten sie nicht von einer solchen Allianz profitieren? Es reicht einfach nicht mehr, sich auf die Einstellung zurückzuziehen, daß menschliches Handeln historisch und Historie die Entfaltung einmaliger Ereignisse ist. Denn es gibt nichts von Bedeutung, was den Gang der menschlichen Geschichte vom Gang der physikalischen Geschichte trennt, ob es nun um Sterne geht oder um die organische Vielfalt. Astronomie, Geologie und Evolutionsbiologie sind alle primär historische Disziplinen, die sich dennoch mit den restli-

Die großen Wissensgebiete 19

chen Naturwissenschaften vernetzt haben. Geschichte ist heute bereits ein grundlegendes fundamentales Wissensgebiet, und das bis ins kleinste Detail. Wenn nun aber Zehntausende von humanoiden Geschichten auf Zehntausenden von erdähnlichen Planeten entdeckt würden, und wenn aus der vergleichenden Studie dieser Geschichten empirische Tests und Prinzipien entwickelt würden, dann wäre die Historiographie, also die Erklärung von historischen Trends, bereits eine Naturwissenschaft.

Es gibt Philosophen, die von dieser Einheitsagenda nicht viel halten. Das Thema, das ich hier anspreche, beanspruchen sie allein für sich, weil es angeblich ausschließlich in ihrer Sprache und im Rahmen ihrer formalen Denkansätze formuliert werden kann. Ich höre schon ihre Anklage: *Konfluenz, Simplizität, ontologischer Reduktionismus, Szientismus* und andere sündige Ismen mehr. Darauf kann ich mich nur schuldig, schuldig, schuldig bekennen! Also lassen wir das, und gehen wir weiter. Die Philosophie spielt eine immens wichtige Rolle bei der intellektuellen Synthese. Sie ist es, die uns für die Kraft und Kontinuität des Denkens vergangener Jahrhunderte empfänglich macht. Sie späht für uns in die Zukunft, um dem Unbekannten Gestalt zu verleihen – wozu sie sich immer unaufgefordert berufen fühlte. Alexander Rosenberg, einer ihrer herausragendsten Vertreter, hat kürzlich behauptet, daß sich Philosophie letztlich nur auf zwei Gebiete konzentriere, nämlich auf die Fragen, die die Physik, Biologie oder die Sozialwissenschaften nicht beantworten können, und auf die Erforschung der Gründe für dieses Unvermögen. »Natürlich kann es sein«, folgert er, »daß es auf lange Sicht gesehen keine Fragen gibt, die die Wissenschaft nicht schließlich doch beantworten kann, sobald alle Fakten bekannt sind. Doch mit Sicherheit gibt es Fragen, die sie *noch* nicht beantworten kann.« Diese Einschätzung ist bewundernswert klar, ehrlich und überzeugend. Aber sie vernachlässigt die offensichtliche Tatsache, daß Wissenschaftler ebenso wie Philosophen zu der Beurteilung qualifiziert sind, was noch erforscht werden muß und weshalb. Nie gab es eine bessere Zeit für die Zusammenarbeit von Wissenschaftlern und Philosophen als heute, vor allem natürlich dort, wo sie sich längst begegnet sind, nämlich in den Grenzbereichen von Biologie, Sozialwissenschaften und Geisteswissenschaften. Wir nähern uns einem neuen Zeitalter der Synthese, in dem die größte aller intellektuellen Herausforderungen die Erprobung von Vernetzung sein wird. Die Philosophie, das Nachdenken über das Unbekannte, wird sich als Wissensgebiet zusehends verkleinern. Daher ist es unser gemeinsames Ziel, soviel Philosophie wie nur möglich in Wissenschaft zu verwandeln.

Wenn die Funktionsweisen der Welt tatsächlich zur Konziliation von Wissen auffordern, dann glaube ich, daß sich früher oder später auch das Unternehmen Kultur in die Wissenschaften eingliedern wird – womit ich die Naturwissenschaften und die Geisteswissenschaften, darunter vor allem den Kunstbereich meine. Diese Domänen werden sich zu den beiden großen Wissensgebieten des 21. Jahrhunderts entwickeln. Die Spaltung der Sozialwissenschaften hingegen wird sich fortsetzen, ein Prozeß, der unter erbitterten Kämpfen begann, seit sich ein sozialwissenschaftlicher Zweig der Biologie anschloß, beziehungsweise seine Verbindungen mit ihr entdeckte, und der andere mit den Geisteswissenschaften fusionierte. Grundsätzlich werden die Sozialwissenschaften natürlich weiterhin bestehen, aber in radikal veränderter Form. Im Laufe dieses Prozesses werden sich die Geisteswissenschaften – von der Philosophie über die Geschichte bis hin zur Ethik, den vergleichenden Religionswissenschaften und der wissenschaftlichen Kunstinterpretation – den Naturwissenschaften immer mehr annähern und zum Teil mit ihnen zusammenschließen. Auf all diese Themen werde ich in den folgenden Kapiteln noch mehrmals zu sprechen kommen.

Ich gebe zu, daß das Selbstvertrauen von Naturwissenschaftlern oft anmaßend wirkt. Aber die Naturwissenschaften bieten in der Tat die kühnste Metaphysik unseres Zeitalters. Sie sind ein durch und durch menschliches Konstrukt, denn sie sind von der Überzeugung geprägt, daß wir nur zu träumen, nach Entdeckungen drängen, Erklärungen finden, erneut träumen und dabei in immer neue Gebiete einzudringen brauchen, damit uns die Welt irgendwie klarer wird, wir die Fremdheit des Universums begreifen und es sich schließlich erweisen wird, daß all diese Fremdheit im Zusammenhang steht und einen Sinn ergibt.

Der britische Neurobiologe Charles Sherrington nannte in seinem 1941 erschienenen Klassiker *Körper und Geist* das Gehirn einen zauberischen Webstuhl, welcher unaufhörlich die Bilder der Außenwelt ineinander verwebt, wieder auflöst, neu verwebt und dabei ständig andere Welten erfindet und ein eigenes Miniaturuniversum erschafft. Der gemeinschaftliche Geist von gebildeten Gesellschaften – die Weltkultur also – ist ein noch unermeßlich viel größerer Webstuhl. Mit den Mitteln der Wissenschaft erwirbt er die Fähigkeit, äußere Realitäten weit jenseits der Reichweiten eines einzelnen Geistes zu erkennen, und mit den Mitteln der Kunst konstruiert er Geschichten, Bilder und Rhythmen, die weit mannigfaltiger sind, als es die Produkte eines einzelnen Genies je sein können. Der Webstuhl für Wissenschaft oder Kunst ist ein und derselbe. Sein Ursprung und seine Natur können prinzipiell erklärt werden und damit auch die Conditio humana, von der archaischen Geschichte der genetischen Evolution bis zur modernen Kultur. Und mit Hilfe der Vernetzung von Kausalerklärungen kann sich nun der einzelne Geist rasch und sicher von einem Teil des gemeinschaftlichen Geistes zum anderen bewegen.

Im Bereich der Lehre eröffnet das Bemühen um Vernetzung den Weg, die bröckelnden Strukturen der philosophischen Fakultäten zu erneuern. In den vergangenen dreißig Jahren wurde das Ideal einer ganzheitlichen Bildung, das uns Renaissance und Aufklärung hinterlassen haben, mehr oder weniger verworfen. Mit wenigen Ausnahmen haben amerikanische Universitäten und Colleges ihre Curricula zu einem Gebräu aus unbedeutenden Disziplinen und Spezialkursen verwässert. Während sich die Zahl der Nichtgraduiertenkurse pro Institution durchschnittlich verdoppelte, sank der prozentuale Anteil von allgemeinbildenden Pflichtseminaren um über die Hälfte. Gleichzeitig wurden die Naturwissenschaften immer stärker isoliert. Heute, im Jahr 1997, fordern nur noch ein Drittel aller amerikanischen Universitäten und Colleges von ihren Studenten, zumindest einen naturwissenschaftlichen Kurs zu belegen. Dieser Trend kann nicht rückgängig gemacht werden, indem man die Studenten zwingt, querbeet durch alle Fächer einen Happen von diesem und einen Happen von jenem zu lernen. Eine wirkliche Reform von Lehre und Forschung kann nur die Vernetzung der Naturwissenschaften mit den Sozial- und Geisteswissenschaften in Gang setzen. Jeder Student sollte in der Lage sein, die Frage zu beantworten, in welchem Zusammenhang Natur- und Geisteswissenschaften stehen und warum dies für das Wohlergehen der Menschheit von Bedeutung ist.

Im übrigen sollte auch jeder öffentlich engagierte Intellektuelle und jeder Politiker diese Frage beantworten können. Bereits heute ist die Hälfte aller Gesetzesvorlagen im amerikanischen Kongreß von wichtigen wissenschaftlichen und technologischen Komponenten geprägt. Und kaum eine der Fragen, die die Menschheit täglich beunruhigen – ethnische Konflikte, bewaffnete Eskalationen, Überbevölkerung, Abtreibung, Umwelt, endemische Armut, um hier nur die häufigsten anzuführen –, kann gelöst werden, ohne das Wissen der Naturwissenschaften mit dem der Sozial- und Geisteswissenschaften zu verbinden. Erst wenn es völlig selbstverständlich geworden ist, Erkenntnisse aus allen Disziplinen zusammenzutragen, wird sich ein klares Bild der Realitäten unserer Welt ergeben und jene Scheinwirklichkeiten ersetzen, die man durch die Prismen von ideologischen und religiösen Dogmen erblickt oder die durch kurzsichtige Antworten auf drängende Fragen entstehen. Doch die überwältigende Mehrheit unserer politischen Eliten ist sozial- und geisteswissenschaftlich geschult und verfügt kaum oder gar nicht über naturwissenschaftliche Kenntnisse. Dasselbe trifft auf öffentlich engagierte Intellektuelle zu, auf all die Kolumnisten, Medienmacher und Gurus aus den Denkfabriken. Die besten ihrer Analysen sind sorgfältig und verantwortlich, manchmal auch korrekt, aber die Grundlagen ihrer Weisheit sind fragmentarisch und einseitig.

Eine ausgewogene Perspektive entsteht nicht durch das bruchstückhafte Studium einzelner Disziplinen, sondern durch ganzheitliches Wissen. Die Vereinigung wird schwer sein, aber ich halte sie für unumgänglich. Vom intellektuellen Standpunkt aus ist sie das einzig Wahre, außerdem kommt sie den positiven Impulsen der menschlichen Natur entgegen. In dem Maße, in dem die Kluft zwischen den großen Wissensgebieten verringert werden kann, wird sich unser Wissen erweitern und variantenreicher werden – und zwar wegen, nicht trotz des erreichten Zusammenhangs. Im übrigen ist dieses Projekt noch aus einem anderen Grund wichtig: Es setzt dem Intellekt ein ultimatives Ziel. Es verspricht, daß jenseits des Horizonts Ordnung und nicht Chaos herrscht. Wir sollten dem Ruf dieses Abenteuers folgen, uns auf den Weg machen und die Wahrheit herausfinden.

Kapitel 3

Die Aufklärung

Zum ersten Mal schien sich der Traum von intellektueller Einheit während der ersten Aufklärungsphase zu verwirklichen, ein Geistesflug des Ikarus, der das siebzehnte und achtzehnte Jahrhundert überspannte. Die Aufklärung leistete mit ihrer Vision, das säkulare Wissen in den Dienst der Menschenrechte und des menschlichen Fortschritts zu stellen, den größten zivilisatorischen Beitrag des Abendlands. Sie öffnete der gesamten Welt das Tor zur modernen Zeit. Wir alle sind ihre Erben. Doch dann versagte sie.

Das ist eigentlich noch immer kaum zu glauben. Wann beginnt sich das Ende einer historischen Periode abzuzeichnen? Sie stirbt, wenn ihre Ideen aus irgendwelchen Gründen, meist sind es die Nachwehen eines Krieges oder einer Revolution, nicht mehr tragen. Es ist daher außerordentlich wichtig, den Charakter der Aufklärung und die Schwächen, die sie zu Fall gebracht haben, zu verstehen. Beides, könnte man sagen, manifestiert sich im Leben des Marquis de Condorcet. Kein anderes Ereignis könnte das Ende der Aufklärung besser kennzeichnen als sein Tod am 29. März 1794. Die Umstände, die dazu führten, entbehrten nicht einer gewissen Ironie. Condorcet galt als Prophet der Fortschrittsgesetze. Mit seinem überragenden Intellekt und seinen visionären politischen Ideen schien er dazu bestimmt, aus dieser Revolution als der Jefferson Frankreichs hervorzugehen. Doch statt dessen wurde er Ende 1793, Anfang 1794 – während er die ultimative Schrift der Aufklärung verfaßte, den *Entwurf einer historischen Darstellung der Fortschritte des menschlichen Geistes* – zum Gesetzesflüchtigen, den das Todesurteil im Namen genau der Sache erwartete, der er so treu gedient hatte. Sein Verbrechen war politischer Art: Man zählte ihn zu den Girondisten, zu den Anhängern jener Fraktion, die die radikalen Jakobiner für zu gemäßigt – zu vernünftig – hielten. Noch schlimmer war, daß er es gewagt hatte, die von der jakobinisch dominierten Nationalversammlung entworfene Verfassung zu kritisieren. Er starb auf dem Zellenboden des Gefängnisses von Bourg-la-Reine, nachdem er von den Dorfbewohnern bei der Flucht aufgegriffen und zusammengeschlagen worden war. Mit Sicherheit hätten sie ihn sonst an die Pariser Behörden überstellt, um ihm den Prozeß zu machen. Die Todesursache ist unbekannt. Selbstmord wurde sofort ausgeschlossen. Es ist nicht unmöglich, daß er doch zu dem Gift gegriffen hatte, das er immer bei sich trug. Aber es könnten auch die Folgen des Traumas oder eines Herzanfalls gewesen sein. Wenigstens wurde ihm so die Guillotine erspart.

Die Französische Revolution bezog ihre Kraft aus Männern und Frauen wie Condorcet. Bessere Ausbildungchancen hatten ihr den Weg geebnet, aber beseelt war sie von der Idee universeller Menschenrechte. Doch gerade als die Revolution in Europa politisch Früchte zu tragen schien, lief etwas schrecklich schief. Was erst nur nach ein paar geringfügigen Widersprüchen aussah, weitete sich plötzlich zu katastrophalen Fehlschlägen aus. Dreißig Jahre zuvor hatte Rousseau in seinem *Gesellschaftsvertrag* die schlagende Parole »Freiheit, Gleichheit, Brüderlichkeit« ausgegeben, gleichzeitig aber die fatale Abstraktion des »Gemeinwillens« erdacht, um diese Ziele durchzusetzen. Dieser Gemeinwille, schrieb er, formiere sich zu einem »sittlichen Gesetz, welches objektiv gerechtfertigt« sei, da es das einzige Interesse des »vernünftigen eigenen Willens freier Individuen« sei, dem Wohlergehen der Gesellschaft und jedes ihrer Mitglieder zu dienen. Dieser Gesellschaftsvertrag sollte »gleiche Bedingungen für alle« schaffen. »Jeder von uns stellt gemeinschaftlich seine Person und seine ganze Kraft unter die oberste Leitung des allgemeinen Willens, und wir nehmen jedes Mitglied als untrennbaren Teil des Ganzen auf.« Wer sich diesem Gemeinwillen nicht fügen wollte, galt als Abweichler und mußte sich der durch die Versammlung ausgeübten »notwendigen Gewalt« stellen. Für Rousseau gab es keinen anderen Weg, eine wirklich egalitäre Demokratie zu erreichen und die Menschheit von ihren Ketten zu befreien.

Robespierre, Anführer der Schreckensherrschaft, die 1793 über die Revolution hereinbrach, akzeptierte diese Logik nur allzugerne. Er und seine jakobinischen Mitstreiter setzten Rousseaus Gedanken der notwendigen Gewalt in ganz Frankreich in die Tat um, durch Verurteilungen im Schnellverfahren und die Exekution aller, die gegen die neue Ordnung opponierten. Etwa 300 000 Adlige, Priester, politische Dissidenten und andere Störenfriede wurden eingesperrt und 17 000 von ihnen noch im selben Jahr hingerichtet. In Robespierres Universum empfand man die Ziele der Jakobiner als edel und makellos. Im Februar 1794 (kurz bevor er selbst guillotiniert werden sollte) schrieb er allen Ernstes: »Wir wollen den friedlichen Genuß der Freiheit und der Gleichheit, die Herrschaft jener ewigen Gerechtigkeit, deren Gesetze nicht in Marmor und nicht in Stein, sondern in den Herzen aller Menschen geschrieben sind.«

So begann also das Zusammenspiel von egalitärer Ideologie und brutaler Zwangsherrschaft, das zur Plage der beiden kommenden Jahrhunderte werden sollte. Wer nicht bereit war, für die perfekte Gesellschaft einzutreten, sollte nach dieser Logik lieber aus dem Stamm ausgestoßen werden als Gelegenheit erhalten, andere mit abweichenden Gedanken anzustecken. Jeder Demagoge fordert Zweckeinheit ja nur im Namen der Tugend: »Mitbürger [Genossen, Brüder und Schwestern, Volksgenossen], um ein Omelette zu machen, muß man Eier zerschlagen. Um unser edles Ziel zu erreichen, werden wir vielleicht Krieg führen müssen.« Als die Revolution abgeflaut war, verwalteten Napoleon und seine Revolutionssoldaten dieses Prinzip. Nach ihrer Metamorphose zur *Grande Armée* waren sie wild entschlossen, Aufklärung durch Eroberung voranzutreiben. Doch statt dessen lieferten sie Europa lediglich einen weiteren Grund, die Herrschaft der Vernunft in Frage zu stellen.

Tatsächlich aber hatte Vernunft noch nie geherrscht. Der Niedergang der Aufklärung wurde nicht allein von den Tyrannen beschleunigt, die sie als Rechtfertigung benutzten, sondern auch von der aufstrebenden und oft wohlbegründeten intellektuellen Opposition. Ihr Traum einer Welt, welcher der freie Geist Ordnung und Erfüllung bringt, hatte einfach unzerstörbar gewirkt, weil er das instinktive Ziel aller Menschen zu sein schien. Seine Schöpfer zählten zu den größten Denkern seit Platon und Aristoteles. Sie stellten unter Beweis, was der menschliche Geist vollbringen kann. Isaiah Berlin, einer der scharfsichtigsten Historiker über diese Epoche und ihre Protagonisten, pries sie zu Recht mit den Worten: »Die intellektuelle Kraft, Aufrichtigkeit, Klarheit, der Mut und die uneigennützige Wahrheitsliebe dieser begabtesten Denker des achtzehnten Jahrhunderts suchen bis heute ihresgleichen. Ihr Zeitalter bezeichnet eine der besten und hoffnungsvollsten Episoden im Leben der Menschheit.« Aber sie griffen nach den Sternen, und nicht einmal ihre aufrichtigsten Bemühungen reichten aus, um die Vision eines nicht nachlassenden menschlichen Vorwärtsstrebens zu verwirklichen.

Ihre Geisteshaltung verdichtet sich im schicksalhaften Leben des Marie-Jean-Antoine-Nicolas Caritat, Marquis de Condorcet, letzter der französischen *philosophes* des achtzehnten Jahrhunderts, die sich in die politischen und gesellschaftlichen Themen ihrer Zeiten vertieften. Voltaire, Montesquieu, d'Alembert, Diderot, Helvétius oder Condorcets Mentor, der Ökonom und Staatsmann Anne-Robert-Jacques Turgot, Baron l'Aulne – keiner von diesen beeindruckenden Männern war 1789 noch am Leben. Condorcet war der einzige aus ihren Reihen, der die Revolution erlebte, sich ihr mit Haut und Haar verschrieb und vergeblich um die Kontrolle ihrer dämonischen Mächte kämpfte.

Geboren wurde er 1743 in der Picardie, einer der nördlichsten Provinzen des alten Frankreich, als Angehöriger einer alten Adelsfamilie, deren Wurzeln im Dauphiné lagen, jener südöstlichen Provinz Frankreichs, die dem ältesten Sohn des Königs, dem Dauphin, seinen Titel gab. Die Caritats waren Angehörige des erblichen Schwertadels *noblesse d'epée*, der sich traditionell dem Militär verpflichtet fühlte und von höherem Rang war als der Amtsadel *noblesse de robe*.

Zum Mißfallen seiner Familie beschloß Condorcet, nicht wie sein Vater Soldat, sondern Mathematiker zu werden. Bereits mit Sechzehn, noch als Schüler des Collège Navarre in Paris, stellte er seine erste mathematische Abhandlung in einer Vorlesung vor. Doch da er sich der einzigen wissenschaftlichen Profession zugewandt hatte, in der man Talent unschwer bereits im Alter von Zwanzig erkennen kann, wurde bald klar, daß Condorcet kein Mathematiker ersten Ranges war, jedenfalls keiner, der in einem Atemzug mit seinen Zeitgenossen Leonhard Euler und Pierre Simon de Laplace genannt werden konnte. Dennoch schaffte er es, in außergewöhnlich jungen Jahren in die *Académie des Sciences* gewählt und bald darauf deren ständiger Sekretär zu werden. Im August 1782 wurde er in die *Académie Française*, den Kreis der Gebieter über die literarische Sprache, aufgenommen, was in Frankreich als Gipfel der intellektuellen Anerkennung galt.

Condorcets eigentliche wissenschaftliche Errungenschaft waren seine Pionierleistungen bei der Übertragung mathematischer Prinzipien auf die Soziologie, wobei er sich den Titel »Pionier« mit Laplace teilen muß. Er war außerordentlich inspiriert von der ganz oben auf der Aufklärungsagenda rangierenden Idee, daß die Erkenntnisse der Mathematik und Physik grundsätzlich auch auf das kollektive Handeln bezogen werden können. Sein Aufsatz aus dem Jahr 1785, *Übertragung des Wahrscheinlichkeitskalküls auf die Politik und Sittenlehre*, kann als entfernter Vorläufer der heutigen Entscheidungstheorie gelten. Rein wissenschaftlich gesehen ist er jedoch nicht besonders beeindruckend. Während Laplace die Wahrscheinlichkeitsrechnung entwickelte und auf brillante Weise in der Physik anwandte, gelangen

Condorcet nur kleinere mathematische Fortschritte, und auch der Versuch, die von ihm erfundenen Techniken auf politische Verhaltensstudien zu übertragen, blieb relativ folgenlos. Doch das Konzept der quantitativen Analysierbarkeit oder sogar Vorhersagbarkeit von gesellschaftlichem Handeln geht auf Condorcets Konto. Es sollte die spätere Entwicklung der Sozialwissenschaften beeinflussen, vor allem die im neunzehnten Jahrhundert entstandenen Arbeiten der frühen Soziologen Auguste Comte und Adolphe Quételet.

Condorcet hatte den Beinamen »der edle Philosoph«, womit nicht nur auf seine adlige Herkunft, sondern auch auf sein Verhalten angespielt wurde. Ohne jegliche Ironie nannten ihn seine Freunde *Le Bon Condorcet*. Julie de Lespinasse, die den von ihm bevorzugten Salon in der Rue de Belle Chasse führte, beschrieb ihn in einem Brief: »Seine Gesichtszüge sind sanft und ruhig; Einfachheit und Nachlässigkeit prägen sein Auftreten«, worin sich »die freie Natur seiner Seele« spiegele.

Er war unfehlbar freundlich und großzügig, sogar gegenüber dem tödlich eifersüchtigen Jean-Paul Marat, dessen wissenschaftlicher Ehrgeiz ungelohnt blieb und der Condorcet am liebsten tot gesehen hätte. Condorcet hatte sich leidenschaftlich dem Ideal der sozialen Gerechtigkeit wie dem individuellen und kollektiven Wohlergehen aller verschrieben. Unter großen politischen Risiken intervenierte er gegen die Kolonialpolitik Frankreichs. Gemeinsam mit Lafayette und Mirabeau gründete er die gegen Sklavenhaltung gerichtete »Gesellschaft der Freunde der Schwarzen«. Sogar noch während der Schreckensherrschaft, als Condorcet bereits im Untergrund lebte, waren es seine Argumente, die die Nationalversammlung dazu bewogen, die Sklavenhaltung abzuschaffen.

Liberal bis auf die Knochen, zudem Anhänger des englischen Philosophen John Locke, glaubte Condorcet fest an die naturgegebenen Rechte des Menschen, und wie sein Zeitgenosse Immanuel Kant suchte auch er nach moralischen Imperativen, die die menschlichen Leidenschaften kanalisieren. An der Seite von Tom Paine gründete er *Le Républicain*, eine revolutionäre Zeitschrift zur Förderung der Idee eines progressiven, egalitären Staates. »Die Zeit wird kommen«, schrieb er später, »wo die Sonne nur auf freie Menschen scheinen wird, die keinen anderen Herrn als ihre Vernunft kennen.«

Condorcet war ein Enzyklopädist mit einem beinahe photographischen Gedächtnis. Wissen betrachtete er als einen Schatz, nach dem unermüdlich gegraben und der freigebig verteilt werden müsse. Es war vor allem dieser Charakterzug, den die von ihm betörte Julie de Lespinasse an ihm pries: »Unterhalte dich mit ihm, lies, was er geschrieben hat; sprich mit ihm über Philosophie, die schöngeistige Literatur, Wissenschaft, Kunst, Jurisprudenz, und wenn du ihn reden hörst, wirst du dir hundertmal am Tag sagen, daß dies der erstaunlichste Mann ist, dem du je gelauscht hast; es gibt nichts, dessen er unkundig ist, nicht einmal der Dinge, die seinem Geschmack und dem, womit er sich beschäftigt, am fremdesten sind; er kennt sich in allem aus ... in der Genealogie der Höflinge, in Fragen der Polizei und den Namen der Hüte, die gerade in Mode sind; in der Tat findet er nichts seiner Aufmerksamkeit unwürdig, und sein Gedächtnis ist so gewaltig, daß ihm nie etwas entfällt.«

Diese Kombination aus Talent und Persönlichkeit ließ Condorcet schnell in den Olymp der vorrevolutionären Pariser Gesellschaft aufsteigen und begründete seine Reputation als jüngster unter den *philosophes*. Seine Vorliebe für Synthese brachte ihn dazu, jene Grundideen, welche – wenn man das von einer solchen Sammlung überhaupt sagen kann – die Position der späten Aufklärung repräsentierten, in ein zusammenhängendes Ganzes einzupassen. Bei der Frage, was den menschlichen Charakter prägt, war er ein Verfechter der Sozialisation. Er war überzeugt, daß die geistige Entwicklung grundlegend vom Umfeld geprägt wird und es damit vom freien Willen des Menschen abhängt, wie er sich und seine Gesellschaft formt. Folglich vertrat er auch die These der menschlichen Perfektionierbarkeit. Die Lebensqualität des Menschen, betonte er, kann unbegrenzt verbessert werden. Politisch gesehen war er ein hundertprozentiger Revolutionär, antiklerikal und republikanisch, und distanzierte sich immer mehr von Voltaire und all den anderen, die »den Altar zerstören, aber den Thron bewahren«. Als Sozialwissenschaftler war er ein Historizist, im festen Glauben, Geschichte so interpretieren zu können, daß die Gegenwart verständlich und die Zukunft voraussagbar wird. Als Ethiker war er der Idee einer Gleichwertigkeit der menschlichen Rassen verpflichtet. Doch obwohl egalitär, vertrat er nicht die Idee einer im heutigen Sinne multikulturellen Gemeinschaft, sondern war eher von der Vorstellung geprägt, daß sich letzten Endes alle Gesellschaften an der europäischen Hochkultur orientieren würden. Allem voran aber war er ein Humanist, der Politik weniger als Machtquelle denn als Mittel zum Zweck betrachtete, hohe moralische Standards durchzusetzen.

Mit dem Ausbruch der Revolution 1789 wandte sich Condorcet abrupt von seinem Gelehrtendasein ab und stürzte sich in die Politik. Zwei Jahre blieb er gewähltes Mitglied des Pariser Stadtrats. Als 1791

Die Aufklärung 29

die Gesetzgebende Versammlung konstituiert wurde, wurde er Abgeordneter für Paris. Seine Beliebtheit unter den Revolutionsgenossen sorgte dafür, daß er erst zu einem Versammlungssekretär, dann zum Vizepräsidenten und schließlich zum Präsidenten ernannt wurde. Nachdem die Versammlung im September 1792 vom Nationalkonvent abgelöst worden war und dieser die Republik ausgerufen hatte, wurde Condorcet Abgeordneter des Department Aisne, das zu seiner Heimatprovinz Picardie gehörte.

Zeit seiner kurzen politischen Karriere versuchte Condorcet sich aus Parteipolitik herauszuhalten. Er hatte Freunde unter den gemäßigten Girondisten wie unter den radikalen Montagnards (Mitglieder der Bergpartei, so genannt, weil sie ihre Plätze auf den höhergelegenen Sitzreihen im Konvent hatten). Aber identifiziert wurde er mit den Girondisten, vor allem nachdem die Montagnards in den Bann des radikalen Flügels im Pariser Klub der Jakobiner gerieten. Nach der Niederschlagung der Girondisten während der Volksaufstände von 1793 kontrollierten die Montagnards den Konvent und schließlich auch den Sicherheitsausschuß, der die eigentliche Macht während der jahrelangen Schreckensherrschaft in Händen hielt. Im Laufe dieser staatsterroristischen Spasmen wurde der Held Condorcet zum kriminellen Verschwörer gestempelt. Schließlich ordnete der Nationalkonvent seine Verhaftung an.

Als er vom Haftbefehl erfuhr, floh Condorcet in die Pension der Madame Vernet in der Rue Servandoni in der Pariser Altstadt, wo er sich die folgenden acht Monate versteckt hielt. Im April 1794 wurde der Unterschlupf entdeckt, und Freunde warnten ihn, seine Verhaftung stehe unmittelbar bevor. Noch einmal konnte er entkommen. Mehrere Tage lang streunte er obdachlos herum, bis er schließlich aufgegriffen und in das Gefängnis in Bourg-la-Reine geworfen wurde.

Während der Monate in seinem Versteck in der Rue Servandoni schrieb Condorcet sein Meisterwerk, den *Entwurf einer historischen Darstellung der Fortschritte des menschlichen Geistes* – eine bemerkenswerte Leistung des Geistes und des Willens. In verzweifelter Ungewißheit, ohne Zugriff auf Bücher und nur unter Heranziehung seines gewaltigen Gedächtnisses verfaßte er eine Geistes- und Sozialgeschichte der Menschheit. Der in ungebrochen optimistischem Ton gehaltene Text enthält keinerlei Hinweise auf die Revolution oder seine Feinde in den Straßen von Paris. Condorcet schrieb, als sei Geschichte unvermeidbar und als seien Kriege wie Revolutionen nur Europas Art, sich immer wieder einmal eine neue Ordnung zu geben.

Seine gelassene Zuversicht erwuchs aus der Überzeugung, daß Kultur von ebenso exakten Gesetzen beherrscht wird wie die Physik. Wir müßten sie nur verstehen, schrieb er, um die Menschheit auf ihrem vorbestimmten Kurs zu einer besseren Gesellschaftsordnung zu halten, geregelt und bestimmt durch Wissenschaft und säkulare Philosophie. All diese Gesetze, fügte er hinzu, könnten aus dem Studium der Geschichte abgeleitet werden.

Wie falsch er auch im einzelnen gelegen und wie unverbesserlich er auch auf das Gute im Menschen vertraut haben mag, so hat Condorcet durch sein Bestehen darauf, daß Geschichte das Kontinuum eines sich entfaltenden materiellen Prozesses sei, doch einen entscheidenden Beitrag zu unserem Gedankengut geleistet. »Die einzige Grundlage für die Glaubwürdigkeit der Natur«, erklärte er, »ist die Idee, daß die allgemeinen Gesetze, welche die Erscheinungen im Universum bestimmen, ob man sie kennt oder nicht, notwendig und beständig sind; und aus welchem Grunde sollte dies Prinzip für die Entwicklung der intellektuellen und moralischen Fähigkeiten des Menschen weniger Gültigkeit haben als für die anderen Vorgänge in der Natur?«

Als er diese Worte zu Papier brachte, lag die Idee bereits in der Luft. Pascal hatte die menschliche Rasse mit einem Mann verglichen, der niemals stirbt und ständig neues Wissen erwirbt, während Leibniz von einer mit Zukunft beladenen Gegenwart sprach. Turgot, Condorcets Freund und Förderer, hatte schon vierzig Jahre vor dessen *Entwurf* geschrieben: »Alle Epochen sind durch die Abfolge von Ursache und Wirkung miteinander verkettet, weshalb auch die herrschenden realen Bedingungen mit allen Bedingungen, die jemals zuvor geherrscht haben, verbunden sind.« Daher »erscheint die menschliche Rasse, wenn man sie vom Augenblick ihrer Entstehung an beobachtet, in den Augen des Philosophen als ein unermeßliches Ganzes, das wie jedes Individuum auch ein eigenes Säuglingsalter hat und eigenen Wachstumsbedingungen unterliegt.« 1784 vertrat Kant im Kern dasselbe Konzept mit der Aussage, daß die menschliche Veranlagung zur Vernunft in der Menschheit als solcher und nicht im Individuum zum Ausdruck komme.

Die Idee, daß Fortschritt unvermeidlich ist, hat Condorcet und die Aufklärung überlebt. Bis zum heutigen Tage hat sie mit manchmal positiven und manchmal negativen Folgen nichts von ihrer Anziehungskraft verloren. Im letzten Kapitel des *Entwurfs*, »Zehnte Epoche: Von den künftigen Fortschritten des menschlichen Geistes«, zeichnete Condorcet beinahe schon übermütig optimistisch ein Bild ihrer Zukunft. Er versichert dem Leser, daß der ruhmreiche Prozeß bereits begonnen habe und sich alles zum Guten wenden werde. In seiner Fortschrittsvision ist wenig Platz für die hartnäckig negativen Charakterzüge des Menschen. Wenn die Menschheit erst einmal eine höhere Zivilisationsstufe erreicht habe, so verspricht er uns, würden alle Nationen und alle ihre Bürger gleich sein. Die Wissenschaft werde blühen und gedeihen und uns den Weg weisen. Die Kunst werde sich in Freiheit entfalten und an Einfluß und Schönheit gewinnen. Verbrechen, Armut, Rassismus und Geschlechterdiskriminierungen würden abgebaut. Die Lebenserwartung des Menschen werde sich mittels der wissenschaftlich fundierten Medizin ins Unendliche verlängern. Im Schatten der Schreckensherrschaft vor seiner Tür endet *Le Bon Condorcet* mit den Worten:

»Und was für ein Schauspiel bietet dem Philosophen das Bild eines Menschengeschlechts dar, das von allen Ketten befreit, der Herrschaft des Zufalls und der Feinde des Fortschritts entronnen, sicher und tüchtig auf dem Wege der Wahrheit, der Tugend und des Glücks vorwärtsschreitet; ein Schauspiel, das ihn über die Irrtümer, die Verbrechen, die Ungerechtigkeiten tröstet, welche die Erde noch immer entstellen und denen er selbst so oft zum Opfer fällt! In der Betrachtung dieses Bildes findet er den Lohn für seine Mühen um die Fortschritte der Vernunft, die Verteidigung der Freiheit.«

Die Aufklärung war der Nährboden für die moderne Geistestradition des Abendlands und einen Großteil seiner Kultur. Vernunft hielt man für das prägende Merkmal der Spezies Mensch und glaubte, daß sie nur ein wenig mehr gehegt werden müsse, damit sie sich universell durchsetzte. Doch es kam alles anders. Die Menschheit war nicht interessiert. Die Menschheit hegte ihre eigenen Vorstellungen. Die Ursachen für den bis heute währenden Niedergang der Aufklärung sind in den labyrinthischen Urquellen menschlicher Motivationen zu finden. Es lohnt sich – vor allem im gegenwärtigen Winter unserer kulturellen Unzufriedenheit –, die Frage zu stellen, ob der ursprüngliche Geist der Aufklärung (Zuversicht, Optimismus, Augen auf den Horizont gerichtet) zurückerobert werden kann. Mindestens ebenso lohnend aber ist die logische Gegenfrage, ob er zurückerobert werden *sollte*, wenn bereits über den ersten Aufklärungskonzepten der Todesengel schwebte, wie so manche behauptet haben. Könnte es sein, daß gerade der aufklärerische Idealismus zu jenem Terror beigetragen hat, welcher den furchtbaren Alptraum des totalitären Staates ankündigte? Wenn Wissen wirklich konsolidiert werden kann, dann kann auch die »perfekte« Gesellschaft entworfen werden – *eine* Kultur, *eine* Wissenschaft –, ob faschistisch, kommunistisch oder theokratisch.

Die Aufklärung selbst war nie eine einheitliche Bewegung. Sie war weniger ein zielgerader, schnellfließender Strom als vielmehr ein filigranes Netzwerk aus verzweigten Flüßchen, die sich einen Weg durch ihr gewundenes Bett bahnten. Schon zu Beginn der Französischen Revolution hatte sie ein hohes Alter erreicht, denn hervorgegangen war sie aus dem naturwissenschaftlichen Umbruch des frühen siebzehnten Jahrhunderts. Ihren größten Einfluß erreichte sie in der gelehrten Gemeinschaft Europas im achtzehnten Jahrhundert. Ihre Väter stritten sich häufig um grundlegende Fragen, und fast alle befaßten sich zu irgendeiner Zeit ihres Lebens mit absurden Abschweifungen und Spekulationen: Die einen suchten nach geheimen Codes in der Bibel, andere nach dem anatomischen Sitz der Seele. Dennoch überschnitten sich ihre Ansichten in hohem Maße, und sie waren klar und wohlbegründet genug, daß man sie auf folgenden einfachen Nenner bringen kann: Sie teilten den leidenschaftlichen Willen, die Welt zu entmystifizieren und den Geist von den diffusen Mächten zu befreien, die ihn gefangenhielten.

Sie waren von der Erregung des Entdeckers gepackt. Sie waren sich einig, daß allein die Wissenschaft geeignet sei, ein geordnetes, verständliches Universum zu enthüllen und damit eine dauerhafte Grundlage für den freien, rationalen Diskurs zu schaffen. Sie glaubten, daß die Perfektion der von Astronomie und Physik entdeckten Himmelskörper der menschlichen Gesellschaft als Beispiel dienen könnte. Sie vertrauten auf die Einheit allen Wissens, die individuellen Menschenrechte, die Existenz von Naturgesetzen und die uneingeschränkte Entwicklungsfähigkeit des Menschen. Metaphysik versuchten sie selbst dann noch zu umgehen, als die Schwächen ihrer eigenen Erklärungsansätze sie dazu zwangen, selber metaphysisch zu werden. Sie lehnten jede organisierte Form von Religion ab. Sie verachteten die biblische Offenbarung und ihre Dogmen. Sie unterstützen oder tolerierten zumindest den Staat als einen für die bürgerliche Ordnung notwendigen Apparat. Sie waren überzeugt, daß die Menschheit von Bildung und richtig angewandter Vernunft außerordentlich profitieren würde. Und einige wenige, wie Condorcet, hielten den Menschen sogar für perfektionierbar und fähig, das politische Utopia aufzubauen.

Die Aufklärung

Wir haben sie nicht vergessen. Zu ihren wichtigsten Vertretern gehört eine unverhältnismäßig hohe Zahl von Wissenschaftlern und Philosophen, die zu den wenigen zählen, bei denen die Erwähnung des Nachnamens genügt: Bacon, Hobbes, Hume, Locke und Newton in England; Descartes und die *philosophes* des achtzehnten Jahrhunderts um Voltaire in Frankreich; Kant und Leibniz in Deutschland; Grotius in Holland; Galileo in Italien.

Heute ist es Mode geworden, die Aufklärung als das idiosynkratische Konstrukt von männlichen Europäern aus grauer Vorzeit zu bezeichnen und festzustellen, daß auch sie nur eine Denkweise unter vielen anderen war, die im Laufe der Zeit von Legionen anderer Denker in anderen Kulturen entwickelt wurden und alle dieselbe Aufmerksamkeit und respektvolle Achtung verdienten. Die einzig anständige Antwort darauf ist: ja, natürlich – jedenfalls bis zu einem gewissen Grad. Kreatives Denken war und ist immer kostbar und jedes Wissen hat einen Wert an sich. Doch was in der Geschichte auf lange Sicht am meisten zählt, ist Keimfähigkeit, nicht Gefühl. Wenn wir uns fragen, wessen Ideen es waren, die für die herrschende Moral und die von uns allen gehegten Hoffnungen den Samen gelegt haben, wessen Ideale zu den größten materiellen Fortschritten der Geschichte geführt haben und wessen Ideen die Vorreiter für all diejenigen waren, die heute noch als nachahmenswert gelten, dann müssen wir die Aufklärung nennen. Denn ungeachtet der Erosion ihrer Visionen und trotz ihrer oft gewagten Prämissen war sie nicht nur *die* Inspiration für die Hochkultur des Abendlandes, sondern, in wachsendem Maße, für die der ganzen Welt.

Wissenschaft war der Motor der Aufklärung. Alle mehr wissenschaftsorientierten Autoren der Aufklärung verständigten sich darauf, daß der Kosmos eine geordnete materielle Struktur ist, die exakten Gesetzen unterliegt und in einzelne Entitäten zerlegt werden kann – in Hierarchien wie zum Beispiel Gesellschaften, welche sich aus Personen zusammensetzen, deren Gehirne aus Nerven bestehen, die ihrerseits aus Atomen gebildet werden. Zumindest im Prinzip können diese Atome wieder zu Nerven zusammengefügt werden, die Nerven zu Gehirnen und die Personen zu Gesellschaften, wobei das Gesamte als ein System aus Mechanismen und Kräften verstanden werden sollte. Wer nun immer noch auf einer göttlichen Intervention bestehe, so die Aufklärungsphilosophen, könne sich die Welt ja als Gottes Maschine vorstellen. Aber nur wir seien in der Lage, zum Wohle der ganzen Menschheit unsere Ansichten über die materielle Welt von den sie umwabernden begrifflichen Nebeln zu befreien. So rief auch Condorcet – in einer Ära, die noch völlig unbelastet war vom restriktiven Ballast des Faktischen – nach der Erhellung von Moral und politischen Wissenschaften durch die »Fackel der Analyse«.

Der große Architekt dieses Traums war jedoch weder Condorcet noch ein anderer jener *philosophes*, die ihn so gut formuliert haben, sondern Francis Bacon. Von allen Aufklärungsvätern hat sein Geist den nachhaltigsten Einfluß. Seit vier Jahrhunderten verdeutlicht er uns, daß wir erst einmal die Natur um uns und in uns selbst begreifen müssen, damit die Menschheit beginnen kann, sich selbst zu verbessern. Dabei sollten wir uns immer bewußt bleiben, daß das Schicksal der Menschheit in unseren eigenen Händen liegt und die Weigerung, diesen Traum zu realisieren, zurück in die Barbarei führt. In seinen geisteswissenschaftlichen Texten stellte Bacon die klassische »Schönwettergelehrsamkeit« in ihrer mittelalterlichen Form, basierend auf antiken Texten und logischen Ausschweifungen, in Frage und bestritt die Verläßlichkeit der damals vorherrschenden Scholastik. Statt dessen forderte er, das Studium der Natur und der Conditio humana nach ihrer jeweils eigenen Logik anzutreten, ohne irgendwelche Kunstgriffe. Als er seine außergewöhnlichen Einsichten auf geistige Prozesse übertrug, machte er die Beobachtung, daß Irrtümer immer überwiegen und auch nicht berichtigt werden, weil »der Geist eilfertig und wahllos die Erstwahrnehmung der Dinge in sich aufsaugt und hortet, von welchem Punkte aus der gesamte Prozeß fortschreitet«. Solches Wissen sei schlecht strukturiert und ähnele »einem prächtigen Gebäude, welches kein Fundament hat«.

»Da sich die Menschen darauf versteifen, die unwahren Kräfte des Geistes zu bewundern und zu verherrlichen und all solche, die wahr sein könnten, abzulehnen oder zu zerstören, bleibt kein anderer Weg, als die Arbeit mit besseren Hilfsmitteln erneut zu beginnen und die Wissenschaften, die Kunst sowie das gesamte menschliche Wissen auf einer sicheren, soliden Grundlage neu zu errichten.«

Nachdem Bacon alle nur denkbaren Forschungsmethoden seiner Zeit durchprobiert hatte, kam er zu dem Schluß, daß Induktion die beste Methode sei, um aus unzähligen einzeln beobachteten Fakten ein allgemeines Gesetz abzuleiten und vom Besonderen auf das Allgemeine zu schließen. Damit ein Maximum an Objektivität gewährleistet ist, dürfe es immer nur ein Minimum an vorgefaßten Meinungen geben. Zu diesem Zweck schlug er eine disziplinäre Pyramide vor – die Naturgeschichte als Basis, darüber und sie subsumie-

Die Aufklärung

rend die Physik und an der Spitze, alles darunterliegende erklärend, wenngleich vermutlich nur in Form von Kräften, die jenseits des menschlichen Fassungsvermögens liegen, die Metaphysik.

Bacon war weder ein begnadeter Wissenschaftspraktiker (»Ich kann kaum eine Nadel einfädeln«) noch ein versierter Mathematiker, aber als Denker und Begründer der Wissenschaftsphilosophie war er brillant. Als Mann der Renaissance konnte er noch den berühmten Satz prägen: Alles Wissen ist mein Metier. Und als erster Taxonomist und Meister der wissenschaftlichen Methodik nahm er sich schließlich des Metiers der Aufklärung an. Er war ein *buccinator novi temporis*, der Künder neuer Zeiten, der die Menschheit aufforderte, »Frieden untereinander zu schließen und sich mit vereinten Kräften der Natur der Dinge anzunehmen, ihre Schlösser zu sprengen und ihre Festungen zu stürmen und die Grenzen des Menschenreichs auszudehnen«. So stolz und verwegen das klingt, so angemessen war das in seinem Zeitalter. Bacon, 1561 geboren, war der jüngste Sohn von Sir Nicholas und Lady Ann Bacon, beide ausgesprochen gebildet und den Künsten zugetan. Im Laufe seines Lebens verwandelte sich England unter der Herrschaft von Elizabeth I. und später Jakob I. tumultreich von einer Feudalgesellschaft in einen Nationalstaat und eine aufstrebende Kolonialmacht, mit einer eigenen, neu angenommenen Religion und einer zunehmend mächtigen Mittelschicht. Bis zu Bacons Todesjahr 1626 war Jamestown zu einer eingesessenen Kolonie mit der ersten repräsentativen Regierung Nordamerikas geworden, und die Pilgrims hatten sich in Plymouth niedergelassen. Bacon erlebte, wie die englische Sprache zu ihrer ersten vollen Blüte kam, wobei er selber als einer ihrer Großmeister gilt, obwohl er sie als ungehobelt und provinziell betrachtete und es vorzog, in Latein zu schreiben. Er lebte im goldenen Zeitalter von Industrie und Kultur, umgeben von anderen Großmeistern wie Drake, Raleigh und Shakespeare.

Bacon genoß sein Leben lang die Privilegien seines Standes. Studiert hatte er im Trinity College in Cambridge, das gerade erst durch die von Heinrich VIII. geschenkten Ländereien reich geworden war (und ein Jahrhundert später zur Heimstatt von Newton werden sollte). 1582 wurde er als Advokat zugelassen und zwei Jahre später ins Unterhaus berufen. Von Kindesbeinen an hatte er dem Thron nahegestanden, da sein Vater Lordsiegelbewahrer war, der oberste Kronanwalt des Landes. Königin Elizabeth wurde schon früh auf den Jungen aufmerksam und pflegte sich oft mit ihm zu unterhalten. Entzückt von seinem frühreifen Wissen und zugleich würdevollen Verhalten nannte sie ihn liebevoll den »Kleinen Lordsiegel«.

Zeit seines Lebens war er ein anerkannter Höfling, der seine politischen Überzeugungen und persönlichen Geschicke fest an die Krone band. Unter Jakob I. stieg er, durch Schmeichelei und klugen Rat, in die Höhen auf, die seinem Ehrgeiz entsprachen: 1603, im Jahr von Jakobs Thronübernahme, wurde er zum Ritter geschlagen und anschließend erst zum Obersten Kronanwalt, dann zum Lordsiegelbewahrer und 1618 schließlich zum Lordkanzler ernannt. Mit dem letzten Amt war zugleich die Ernennung zum ersten Baron von Verulam und bald darauf zum Viscount Saint Albans verbunden.

Doch er hatte sich zu lange zu nahe an der königlichen Flamme gewärmt. Ein Kreis entschlossener Gegner sorgte dafür, daß er in Ungnade fiel. Sie machten sich sein korruptes Finanzgebaren zunutze. 1621 setzten sie ein öffentliches Verfahren gegen ihn wegen Amtsmißbrauch als Lordkanzler durch. Die Anklage, zu der er sich schuldig bekannte, lautete auf Annahme von Bestechungsgeldern im Amt – »Geschenke«, korrigierte Bacon. Er wurde zu einer hohen Geldstrafe verurteilt, durch das Traitor's Gate geführt und im Tower von London eingesperrt. Ungebrochen schrieb er sofort an den Marquis von Buckingham: »Mein guter Lord: Gebt den Befehl für meine Freilassung noch heute ... Obwohl ich das Urteil als gerecht und der Besserung geziemend anerkenne, [so war ich doch] von den fünf Nachfolgern Sir Nicholas Bacons der gerechteste Kanzler.«

Das und noch vieles mehr war er in der Tat gewesen. Innerhalb von drei Tagen wurde er freigelassen. Nunmehr all seiner öffentlichen Ämter beraubt, verbrachte er seine letzten Jahre vollständig zufrieden in sein Gelehrtendasein versunken. Sein Tod im Frühjahr 1626 war das auf symbolische Weise angemessene Resultat eines spontanen Experiments zur Überprüfung einer seiner Lieblingsthesen: »Als er bei einer Kutschfahrt mit Dr. Witherborne in Richtung High-gate frische Luft schöpfte«, berichtete John Aubrey damals, »war der Boden schneebedeckt, und es kam Mylord die Frage in den Sinn, weshalb Fleisch nicht ebenso in Schnee erhalten werden könne wie in Salz. Sie waren entschlossen, das Experiment augenblicklich durchzuführen. Sie stiegen aus der Kutsche und gingen ins Haus einer armen Frau am Fuße von High-gate Hill, kauften ein Huhn und baten die Frau, es auszunehmen. Anschließend stopften sie den Körper mit Schnee, wobei Mylord selbst Hand anlegte. Der Schnee fuhr ihm so frostig in die Glieder, daß er sich augenblicklich zu krank fühlte, um zu seiner Unterkunft zurückzukehren ...« Statt dessen brachte man ihn ins nahe gelegene Haus des Earl von Arundel, wo er am 9. April starb, vermutlich an einer Lungenentzündung.

Die Aufklärung

Den Schmerz der Schmach hatte er mit der Rückkehr zu seiner wahren Berufung als visionärer Gelehrter gelindert. Ein vielzitierter Satz von ihm lautet: »*He that dies in an earnest pursuit is like one that is wounded in hot blood, who for the time scarce feels the hurt.*« Er betrachtete sein Leben als einen Wettkampf zwischen zwei großen Ambitionen, aber gegen Ende bedauerte er, so viel Zeit und Mühe in den Dienst am Vaterland investiert und dementsprechend viel für seine Forschung verloren zu haben. »Meine Seele«, sinnierte er, »war ein Fremder auf der Pilgerfahrt durch das Leben.«

Sein Genius läßt sich mit dem Shakespeares vergleichen, auch wenn er völlig anders geartet war. Einige haben irrtümlicherweise sogar geglaubt, er sei Shakespeare gewesen. Daß er großes literarisches Talent besaß, ist in seiner Schrift *Über die Würde und den Fortgang der Wissenschaften* deutlich zu spüren. Außerdem war er ein leidenschaftlicher Verfechter der Synthese, verfügte also über jene beiden Qualitäten, die am Beginn der Aufklärung so dringend erforderlich waren. Sein Beitrag zum Wissen entsprach dem eines umfassend gebildeten Futuristen. Er setzte sich für einen grundlegenden Wandel in Lehre und Forschung ein: weg vom reinen Auswendiglernen und der deduktiven Auslegung klassischer Texte, hin zur Beschäftigung mit der realen Welt. In der Wissenschaft sah Bacon die Zukunft der Zivilisation.

Bacons Naturwissenschaftsbegriff war umfassend und schloß im Gegensatz zum heutigen Allgemeinverständnis nicht nur die Sozialwissenschaften beziehungsweise eine Vorahnung von ihnen ein, sondern auch einen Teil der Geisteswissenschaften. Er bestand auf einer wiederholten Überprüfung aller Erkenntnisse durch das Experiment als Dreh- und Angelpunkt jeder Forschung. Doch unter Experiment verstand er nicht nur eine kontrollierte Manipulation im Sinne der modernen Wissenschaft. Für ihn war darin alles eingeschlossen, was die Menschheit mit den Mitteln von Information, Agrikultur und Industrie zum Wandel in der Welt beitragen konnte. Die großen Wissensgebiete hielt er für unbegrenzt entwickelbar (»weshalb ich euch nichts versichern kann«) und propagierte zugleich mit großer Eloquenz seinen Glauben an die Einheit allen Wissens. Die seit Aristoteles verfolgte rigide Trennung der Disziplinen lehnte er ab. Wenn erforderlich, konnte er auch sehr zurückhaltend sein – so nahm er glücklicherweise Abstand von einer Vorhersage, wie sich die großen Wissensgebiete letztlich auswirken würden.

Bacon entwickelte die Methode der Induktion im Gegensatz zur klassischen und mittelalterlichen Deduktion, hatte sie jedoch nicht erfunden. Dennoch gebührt ihm der Titel des »Vaters der Induktion«, auf den sich sein Ruhm in späteren Jahrhunderten hauptsächlich gründen sollte. Das von ihm bevorzugte Verfahren war weit mehr als nur eine Generalisierung des Faktischen, wie sie beispielsweise in folgender Aussage zum Ausdruck kommt (um hier ein modernes Beispiel anzuführen): »Neunzig Prozent aller Pflanzen haben gelbe, rote oder weiße Blütenblätter und werden von Insekten aufgesucht.« Vielmehr forderte er, mit einer unvoreingenommenen Beschreibung wie dieser zu beginnen, dann die gemeinsamen Merkmale in einer generalisierenden Zwischenstufe zusammenzufassen, um schließlich zu höheren Generalisierungsebenen überzugehen wie beispielsweise zu der Aussage: »Blütenpflanzen haben Farben und Anatomien entwickelt, die dazu gedacht sind, bestimmte Arten von Insekten anzuziehen, und diese sind die einzigen Lebewesen, die sie befruchten.« Bacons Methode war eine Verbesserung gegenüber den in der Renaissance vorherrschenden Deskriptions- und Klassifikationsmethoden, aber sie hatte noch kaum etwas von den Begriffsbildungsmethoden, konkurrierenden Hypothesen und der Theoriebildung an sich, die den Kern moderner Wissenschaft ausmachen.

Im Bereich der Psychologie, vor allem im Hinblick auf die Ursachenforschung von Kreativität, war Bacon seiner Zeit am weitesten voraus. Obwohl er den Begriff Psychologie nicht kannte – er wurde erst 1653 geprägt –, verstand er ihre entscheidende Bedeutung für die wissenschaftliche Forschung und alle anderen Arten der Gelehrsamkeit. Er entwickelte ein tiefes, intuitives Verständnis für den Ablauf von mentalen Erkenntnisprozessen und dafür, wie sie am besten systematisiert und am überzeugendsten übermittelt werden können. »Der menschliche Verstand«, schrieb er, »ist kein reines Licht, sondern er erleidet einen Einfluß vom Willen und von den Gefühlen; dieses erzeugt jene ›Wissenschaft für das, was man will‹.« Das heißt nicht, daß er versucht habe, die Wahrnehmung der Realität durch die Zwischenschaltung eines Emotionenprismas zu verzerren. Realität sollte nach wie vor direkt aufgenommen und getreu berichtet werden. Doch er fand, daß sie am besten auf dieselbe Art übermittelt würde, in der sie wahrgenommen wird, das heißt unter Beibehaltung ihrer Lebendigkeit und einem vergleichbaren Spiel der Emotionen. Die Natur und ihre Geheimnisse sollten ebenso stimulierend auf die Vorstellungskraft wirken wie Dichtung und Fabeln. Deshalb riet Bacon, Aphorismen, Illustrationen, Geschichten, Fabeln und Analogien dafür einzusetzen, also alles, was es dem Entdecker erlaubt, seinen Lesern die Wahrheit so klar und deutlich wie eine exakte Abbil-

Die Aufklärung

dung zu vermitteln. Der Verstand, erklärte er, »ist keine Wachstafel. Auf eine Tafel kann man nichts Neues schreiben, solange man das Alte nicht abgerieben hat; im Geist hingegen kann man das Alte nicht ausradieren, es sei denn, man überschreibt es mit dem Neuen.« Mit der Betonung, die er auf mentale Prozesse legte, wollte Bacon quer durch alle Wissensgebiete das logische Denken reformieren. Hüte dich, sagte er, vor den *Götzen des Verstandes*, vor jenen Trugschlüssen, denen undisziplinierte Denker so leicht aufsitzen. Dies sind die wahren Zerrspiegel der menschlichen Natur: die *Götzen des Stammes* täuschen mehr Ordnung vor, als in der chaotischen Natur tatsächlich herrscht; die *Götzen der beengenden Höhle* spiegeln die Idiosynkrasien des individuellen Glaubens und der Leidenschaften; die *Götzen des Marktplatzes* postulieren die Macht von schieren Worten, welche den Glauben an nichtexistente Dinge bewirken; und die *Götzen des Theaters* fordern, philosophische Vorstellungen und irreführende Darstellungen zu akzeptieren, ohne sie zu hinterfragen. Halte dich fern von diesen Götzen, diesen Vorurteilen, drängte Bacon, beobachte die Welt, wie sie wirklich ist, und überlege, welches die besten Mittel sind, um ihre Realität so zu vermitteln, wie du sie erfahren hast; tue es mit jeder Faser deines Seins.

Wenn ich Francis Bacon in diesem Zusammenhang auch einen sehr hohen Stellenwert einräume, so ist es dennoch nicht meine Absicht, ihn als einen durch und durch modernen Menschen darzustellen. Davon war er in der Tat weit entfernt. Sein jüngerer Freund William Harvey, ein Mediziner und wirklicher Wissenschaftler, dem wir die bahnbrechende Entdeckung des Blutkreislaufs verdanken, bemerkte einmal sarkastisch, daß Bacon Philosophie wie ein Lordkanzler betreibe. Seine mit Schnörkeln und Floskeln gespickten Formulierungen eigneten sich großartig für marmorne Inschriften. Sein Verständnis von kultureller Einheit war weit entfernt vom heutigen Einheitskonzept, der bewußten, systematischen Verkettung von Ursache und Wirkung quer durch alle Disziplinen. Er richtete sein Augenmerk vielmehr auf die allgemeinen Mittel und Wege der induktiven Forschung, von der er glaubte, daß sie allen Wissensgebieten optimal von Nutzen sein könnte. Er suchte nach den Techniken, die erworbenes Wissen am besten vermitteln könnten, und plädierte zu diesem Zweck für den vollen Einsatz der Geisteswissenschaften, inklusive Kunst und Literatur. Wissenschaft in seinem Sinne sollte Poesie sein und Poesie Wissenschaft. Zumindest das hat einen wohltuend modernen Klang.

Den Schlüssel zur Verbesserung der Conditio humana sah Bacon in einer Vereinigung aller Wissensdisziplinen. Vieles in der veritablen Bibliothek, die unter seiner Feder entstand, liest sich noch heute interessant, seien es seine häufig zitierten Essays und Maximen oder seine Werke *Über die Würde und den Fortgang der Wissenschaften* (1605), *Neues Organon* (1620) oder *Neu-Atlantis* (1627), eine utopische Fabel über eine wissenschaftsgläubige Gesellschaft. Die meisten seiner philosophischen und literarischen Schriften waren dazu gedacht, das Konzept von der Einheit allen Wissens zu propagieren. Er nannte es *Instauratio Magna*, was soviel wie große Erneuerung oder Neubeginn bedeutet.

Seine Philosophie beeinflußte eine kleine, aber einflußreiche Öffentlichkeit und trug so zur Vorbereitung der Wissenschaftsrevolution bei, die auf so spektakuläre Weise in den kommenden Jahrzehnten stattfinden sollte. Bis heute gehört seine Vision zum Kern der wissenschaftlich-technischen Ethik. Er war eine großartige und unter den gegebenen Umständen notwendigerweise einsame Figur, die jene anrührende Kombination aus Bescheidenheit und unschuldiger Anmaßung in sich vereinte, welche nur unter den größten Gelehrten zu finden ist. Typisch dafür ist die Titelunterschrift, die er für sein *Neues Organon* wählte:

Franz von Verulam
hat folgendes überdacht und folgende Überlegung angestellt,
deren Kenntnis im eigenen Interesse der Lebenden
wie der Nachfahren liegt

Alle Geschichten, die in unseren Herzen weiterleben, sind von mythologischen Archetypen bevölkert, und das erklärt meiner Meinung nach auch die Anziehungskraft Bacons und die Dauer seines Ruhms. Im Tableau der Aufklärung ist Bacon der Herold des Abenteuers. Dort draußen, ruft er uns zu, wartet eine neue Welt. Laßt uns den langen und schwierigen Marsch in ihre unerforschten Gebiete antreten! René Descartes, Begründer der analytischen Geometrie und modernen Philosophie und Frankreichs überragendster Gelehrter aller Zeiten, ist in diesem Tableau der Mentor. Wie Bacon vor ihm forderte auch er die Gelehrten zum wissenschaftlichen Aufbruch auf. Einer, der seinem Ruf schon bald folgen sollte, war der junge Isaac Newton. Descartes zeigte, wie man Wissenschaft unter Zuhilfenahme der präzisen Deduktion betreiben kann, um zum Wesentlichen eines Phänomens vorzudringen und es zu skelettieren. Die Welt ist dreidimensional, erklärte er, also soll auch unsere Vorstellung von

Die Aufklärung 41

ihr mittels dreier Koordinaten gebildet werden – mit den kartesischen Koordinaten, wie man sie heute nennt. Damit können Länge,
Breite und Höhe eines jeden Objekts exakt festgelegt und mathematischen Verfahrensweisen unterzogen werden, um ihre Grundeigenschaften herauszufinden. Descartes vollzog diesen Elementarschritt,
indem er das algebraische Bezeichnungssystem so umformulierte,
daß es komplexe geometrische Probleme lösen und in mathematische Sphären eindringen konnte, die jenseits des sichtbaren Bereichs
des dreidimensionalen Raums liegen.

Descartes' große Vision war, Wissen als ein System von miteinander verbundenen Wahrheiten zu sehen, die letztlich mathematisch
abstrahierbar sind. Das, berichtete er, sei ihm in einer November-
nacht im Jahr 1619 klargeworden, als er durch einen Wirbel von
Symbolen in seinen Träumen (Donnerschläge, Bücher, ein böser
Geist, eine köstliche Melone) erkannt habe, daß das Universum sowohl rational sei als auch insgesamt durch Ursache und Wirkung
verbunden. Und dieses Konzept war seiner Meinung nach von der
Physik bis zur Medizin – ergo auch auf die Biologie – und sogar auf
das moralische Denken anwendbar. So gesehen war er es, der den
Grundstein für den Glauben an die Einheit des Wissens legte, die
den Aufklärungsgedanken im achtzehnten Jahrhundert so tiefgrei-
fend beeinflussen sollte.

Descartes betonte, daß methodischer Zweifel das Grundprinzip
aller Erkenntnis sei. In diesem Sinne müsse alles Wissen ausgebreitet
und anhand von eiserner Logik überprüft werden. Er gestattete sich
nur eine einzige unwiderlegbare Prämisse, festgehalten mit den
berühmten Worten: *Cogito ergo sum* (ich denke, also bin ich). Das
Prinzip des kartesischen Zweifels, das auch in der modernen Wissenschaft noch gilt, bedeutet, daß alle Annahmen systematisch eliminiert werden müssen, bis nur noch eine Gruppe von Axiomen übrig
ist, auf der rationales Denken logisch aufgebaut werden kann und die
die Grundlage für exakte Experimente bildet.

Dennoch machte auch Descartes eine grundsätzliche Konzession
an die Metaphysik. Zeit seines Lebens Katholik, glaubte er an die absolute Vollkommenheit Gottes, die sich darin manifestiere, daß die
Vorstellung eines solchen Wesens auf seinen Geist eine solche Macht
ausübe. Dementsprechend forderte er die vollständige Trennung von
Materie und Geist, ein Strategem, das es ihm ermöglichte, den Geist
hintanzustellen und sich auf die Materie als einen reinen Mechanismus zu konzentrieren. In seinen zwischen 1637 und 1649 veröffentlichten Arbeiten führte er den Reduktionismus ein, also die Erfor-

schung der Realität als eine Ansammlung von physikalischen Teilen, welche auseinandergenommen und jedes für sich analysiert werden können. Reduktionismus und mathematische Analysemodelle sollten zu den mächtigsten intellektuellen Werkzeugen der modernen Wissenschaft werden. 1642 war dabei für die Ideengeschichte von besonderer Bedeutung: Descartes hatte gerade seine *Meditationen über die Erste Philosophie* veröffentlicht und bereitete die Herausgabe der *Prinzipien der Philosophie* vor, Galileo starb, und zur Jahreswende 1643 wurde Newton geboren.

In der Geschichte der Aufklärung erreichte Isaac Newton einen ebenso hohen Stellenwert wie Galileo: Sie beide waren die einflußreichsten Helden, die Bacons Ruf folgten. Newton, der unermüdlich nach neuen Horizonten suchte und unglaublich einfallsreich war, erdachte noch vor Gottfried Leibniz die von ihm als »Fluxionenrechnung« bezeichnete Differentialrechnung; dessen Schreibweise war jedoch klarer und setzte sich daher durch. Sie wird bis heute verwendet. Zusammen mit der analytischen Geometrie sollte sie sich zu einer der beiden entscheidenden mathematischen Techniken in der Physik entwickeln, später auch in der Chemie, Biologie und Ökonomie. Newton war außerdem ein erfindungsreicher Experimentalist und einer der ersten, die entdeckten, daß allgemeine Naturgesetze durch die Manipulation von physikalischen Prozessen erkennbar werden. Bei der Untersuchung von Prismen entdeckte er den Zusammenhang zwischen der Brechungsfähigkeit von Licht und Farbe und leitete daraus den Brechungsindex von Sonnenlicht und die Spektralfarben des Regenbogens ab. Wie viele große wissenschaftliche Experimente ist auch dieses sehr einfach und kann von jedem nachvollzogen werden. Man braucht nur einen Sonnenstrahl durch ein Prisma zu krümmen, so daß sich seine unterschiedlichen Wellenlängen in die Farben des sichtbaren Spektrums zerlegen. Bündelt man nun umgekehrt die einzelnen Wellenlängen wieder zusammen, hat man erneut den Sonnenstrahl. Newton setzte seine Erkenntnisse in die Konstruktion des ersten Spiegelteleskops um, ein überragendes Instrument, das ein Jahrhundert später vom britischen Astronomen William Herschel perfektioniert werden sollte.

1684 formulierte Newton das Gravitationsgesetz und 1687 die drei Axiome der Mechanik. Mit diesen mathematischen Formeln gelang ihm der erste große Durchbruch der modernen Wissenschaft. Er bewies, daß die planetarischen Umlaufbahnen, die von Kopernikus postuliert und von Kepler als elliptisch bewiesen wurden, mit Hilfe der allgemeinen Hauptsätze der Mechanik vorausgesagt werden können.

Die Aufklärung 43

Seine Gesetze waren exakt und auf die gesamte unbelebte Materie anwendbar, vom Sonnensystem bis zum Sandkorn und natürlich auch auf den fallenden Apfel, der zwanzig Jahre zuvor seine Gedanken über dieses Thema ausgelöst hatte – wie es scheint, eine wahre Geschichte. Das Universum, sagte er, ist nicht nur geordnet, sondern auch erklärbar. Zumindest ein Teil von Gottes großem Plan konnte in wenigen Zeilen auf einem einzigen Blatt Papier festgehalten werden. Sein Triumph war nicht zuletzt, daß der kartesische Reduktionismus zum unerläßlichen Bestandteil der angewandten Wissenschaft wurde.

Weil Newton Ordnung herstellte, wo zuvor Chaos und Magie geherrscht hatten, war sein Einfluß auf die Aufklärung enorm. Alexander Pope pries ihn in seinem berühmten Couplet:

Nature and Nature's laws lay hid in night:
God said, »Let Newton be!« and all was light.

Nun ja – noch nicht ganz und noch nicht gleich. Aber das Gravitationsgesetz und die Axiome der Mechanik waren ein starker Auftakt. Und der brachte die Gelehrten der Aufklärung zu der Überlegung, weshalb es nicht auch eine Newtonsche Lösung auf Fragen geben sollte, die den Menschen betreffen. Diese Idee sollte zu einer der Säulen der Aufklärungsagenda werden. Noch 1835 schlug Adolphe Quételet eine »Sozialphysik« als Fundament einer Disziplin vor, die man bald schon Soziologie nennen sollte. Auch sein Zeitgenosse Auguste Comte hielt eine harte Sozialwissenschaft für unvermeidlich. Den Menschen, sagte er in Anlehnung an Condorcet, sei es nicht gestattet, frei über Chemie und Biologie zu spekulieren. Also weshalb sollte es ihnen erlaubt sein, frei über politische Philosophie zu spekulieren? Immerhin seien Menschen nichts anderes als extrem komplizierte Maschinen. Weshalb sollten ihr Verhalten und ihre gesellschaftlichen Institutionen nicht in Einklang stehen mit noch unbestimmten Naturgesetzen?

Heute mag der Reduktionismus angesichts seiner ungebrochenen Erfolgsserie während der nächsten drei Jahrhunderte als naheliegendste und beste Möglichkeit erscheinen, Wissen über die materielle Realität zu erwerben, doch in den Zeiten des wissenschaftlichen Aufbruchs lag das nicht unbedingt auf der Hand. Chinesische Gelehrte kamen zum Beispiel nie an diesen Punkt, obwohl sie über dasselbe intellektuelle Potential verfügten wie die Wissenschaftler des Abendlands, was nicht zuletzt durch die Tatsache bewiesen ist, daß sie trotz ihrer viel stärkeren Isolation ebenso schnell wissenschaftliche Erkenntnisse erwarben wie die Araber, denen das gesamte Wissen der Griechen gleichsam als Startrampe zur Verfügung stand. Zwischen dem ersten und dem dreizehnten Jahrhundert waren die Chinesen den Europäern weit voraus gewesen. Doch wie Joseph Needham erklärt, der wichtigste westliche Chronist der chinesischen Wissenschaften, konzentrierten sie sich weiterhin auf die ganzheitlichen Eigenschaften und die miteinander harmonierenden, hierarchischen Beziehungen aller Entitäten, von den Sternen bis hinunter zu den Bergen, Blumen und dem Sandkorn. Nach dieser Weltanschauung sind alle Entitäten der Natur unteilbar und in ständigem Wandel begriffen, wohingegen sie nach Ansicht der Aufklärungswissenschaftler partikulär und konstant waren. Das Resultat war, daß die Chinesen nie wie die europäische Wissenschaft des siebzehnten Jahrhunderts den Zugang zur Abstraktion und losgelösten analytischen Forschung fanden.

Wieso aber gab es keinen Descartes oder Newton im Reich des Himmels? Das hatte sowohl historische als auch religiöse Gründe. Die Chinesen hatten eine ausgesprochene Abneigung gegen abstrakte Gesetze entwickelt, was nicht zuletzt aus ihrer unseligen Erfahrung mit den Legalisten im Übergang vom Feudalismus zum Verwaltungsstaat während der Ch'in-Dynastie (221-206 v.Chr.) herrührte. Dieser Legalismus beruhte auf dem Glauben, daß der Mensch seiner Natur nach unsozial sei und daher Gesetzen unterworfen werden müsse, welche die Sicherheit des Staates über die persönlichen Bedürfnisse des Menschen stellen. Allerdings wog vermutlich noch schwerer, daß die chinesischen Gelehrten die Idee eines höchsten Wesens mit personalen und schöpferischen Eigenschaften längst verworfen hatten. In ihrem Universum gab es keinen rationalen Erfinder der Natur; folglich unterlagen auch die Objekte, die sie peinlich genau beschrieben, keinen universellen Prinzipien, sondern verhielten sich im Rahmen von spezifischen Gesetzen, denen jede einzelne Entität in der kosmischen Ordnung unterlag. In Ermangelung einer zwingenden Notwendigkeit für die Entwicklung des Begriffs allgemeiner Gesetze – sozusagen die Gedanken Gottes – wurde auch kaum oder gar nicht nach ihnen geforscht.

Die abendländische Wissenschaft übernahm die Führung also vor allem, weil sie den Reduktionismus und die physikalischen Gesetze kultivierte, um das Verständnis von Raum und Zeit weit über die Grenzen dessen hinaus zu erweitern, was für die beschränkten menschlichen Sinne wahrnehmbar ist. Allerdings trennte sie mit die-

Die Aufklärung

sem gewaltigen Schritt das Selbstbild der Menschheit noch stärker vom übrigen Universum, was zur Folge hatte, daß dem Menschen die umfassende Realität des Universums immer fremder wurde. Die Fetische der Wissenschaft des zwanzigsten Jahrhunderts, Relativität und Quantenmechanik, wurden zu Synonymen für diese Fremdheit. Einstein, Planck und andere Pioniere der theoretischen Physik entwickelten sie auf der Suche nach quantifizierbaren Wahrheiten, welche Außerirdischen ebenso bekannt sein müssen wie unserer Spezies und daher unabhängig vom menschlichen Geist existieren. Damit war den Physikern zwar ein außerordentlicher Wurf gelungen, doch gleichzeitig zeigten sie die Grenzen der Intuition auf, die ohne Hilfe von Mathematik auskommen muß. Sie mußten feststellen, wie schwer es ist, die Natur zu begreifen. Physiktheoretisches und molekularbiologisches Wissen erwirbt und entwickelt man, aber der Preis dieses wissenschaftlichen Fortschritts ist die demütigende Erkenntnis, daß die Realität ein für den menschlichen Geist nur schwer faßbares Konstrukt ist. Entsprechend lautet die Hauptlehre wissenschaftlicher Erkenntnis: Unsere Spezies und unsere geistigen Kapazitäten sind ein Produkt der Evolution und keineswegs ihr Ziel.

Wenden wir uns nun den letzten Archetypen des epischen Tableaus zu, den Wächtern des innersten Raumes. Die radikaleren Denker der Aufklärung, die sich der Konsequenzen des wissenschaftlichen Materialismus nur zu bewußt waren, begannen Gott selbst neu zu interpretieren. Sie erfanden einen Schöpfer, der der gehorsame Diener seiner eigenen Naturgesetze ist – man nennt diese Religionsauffassung Deismus. Sie verwarfen den jüdisch-christlichen Theismus mit seinem omnipotenten Gott und dessen persönlichem Interesse am Menschen ebenso wie die immaterielle Welt von Himmel und Hölle. Allerdings wagten nur wenige, den ganzen Weg zu gehen und sich vollständig dem Atheismus zuzuwenden, weil dieser kosmische Bedeutungslosigkeit zu implizieren schien und einen jeden in Gefahr brachte, sich die Gläubigen zum Feind zu machen. Im großen und ganzen vertraten sie daher eine Position der Mitte. Ein Gottschöpfer existiert, gestanden sie zu, doch er darf nur die Entitäten und Prozesse beeinflussen, die sein eigenes Werk sind.

Der deistische Glaube, der in abgewandelter Form bis heute existiert, erlaubte den Wissenschaftlern nun, nach Gott zu suchen. Oder genauer gesagt: veranlaßte einige wenige, ihn (sie? es? sie plural?) aus ihrem jeweiligen professionellen Blickwinkel heraus zu entwerfen. Die einen postulierten, er sei auf einer anderen Bewußtseinsebene

Die Einheit des Wissens

materiell existent, aber kein persönlicher Gott; die anderen vermuteten in ihm den Verwalter alternativer, aus schwarzen Löchern hervorschießender Universen, der physikalische Gesetze und Parameter anpaßt, um zu beobachten, was dabei herauskommt; manche glaubten, man könnte in den Wellungsmustern der kosmischen Untergrundstrahlung, die aus den ersten Minuten unseres eigenen Universums stammt, eine schwache Spur von ihm entdecken; andere, daß es uns vorherbestimmt sein könnte, ihn erst in Milliarden von Jahren an einem Omega-Punkt der Evolution zu finden – vollkommene Einheit, vollkommenes Wissen –, welchem die menschliche Spezies ebenso wie außerirdische Lebensformen zustrebten. Ich muß sagen, daß ich viele solcher Entwürfe gelesen habe und alle auf deprimierende Weise gegenaufklärerisch fand, obwohl sie von Wissenschaftlern verfaßt wurden. Denn daß der Schöpfer außerhalb unseres Universums existiert und sich am Ende irgendwie offenbaren wird, haben uns die Theologen schon immer erzählt.

Doch nur wenige Wissenschaftler und Philosophen, von den religiösen Denkern ganz zu schweigen, nehmen das Gefasel der Wissenschaftstheologie wirklich ernst. Ein interessanterer Ansatz von wesentlich mehr Kohärenz wäre der Versuch – wohl am ehesten im Rahmen der theoretischen Physik –, die folgende Frage zu beantworten: Ist ein Universum aus diskreten, also unstetigen Teilchen tatsächlich nur im Rahmen einer einzigen spezifischen Gruppe von Naturgesetzen und Parameterwerten denkbar? Mit anderen Worten, könnte es sein, daß die menschliche Vorstellungskraft, die sich ja durchaus noch andere Gesetze und Werte ausdenken kann, über mögliche Existenzformen hinausgeht? Jeder Schöpfungsakt ist vielleicht nur eine Teilmenge der Universen, die wir uns vorstellen können. Zu diesem Thema soll Einstein in einem Moment neo-deistischer Reflexion zu seinem Assistenten Ernst Straus gesagt haben: »Was mich eigentlich interessiert, ist, ob Gott die Welt hätte anders machen können.« Dieser Gedankengang kann auf eher mystische Weise bis zum »anthropischen Prinzip« weitergeführt werden, welches davon ausgeht, daß die Naturgesetze, jedenfalls die *unseres* Universums, notwendigerweise in einer bestimmten, präzisen Art und Weise angeordnet werden mußten, um die Erschaffung von Wesen zu ermöglichen, die in der Lage sind, Fragen über die Naturgesetze zu stellen. Hat jemand beschlossen, das zu tun?

Der Disput zwischen dem Deismus der Aufklärung und der Theologie kann also folgendermaßen zusammengefaßt werden: Der traditionelle christliche Theismus wurzelt sowohl in der Vernunft als auch in der Offenbarung, den beiden denkbaren Quellen von Wissen. Dieser Sichtweise zufolge können Vernunft und Offenbarung nicht in Konflikt geraten, da im Falle eines Widerspruchs der Offenbarung grundsätzlich größeres Gewicht beigemessen wird – was ja auch die Inquisition in Rom Galileo klarmachte, als sie ihm die Wahl zwischen Orthodoxie und Pein anbot. Der Deismus hingegen gibt der Vernunft den Vorzug und beharrt auf seiner Forderung, daß die Theisten auch ihrerseits die Offenbarung mit dem Einsatz von Vernunft rechtfertigen müßten.

Die traditionellen Theologen des achtzehnten Jahrhunderts weigerten sich angesichts der Herausforderungen, die die Aufklärung an sie stellte, auch nur einen Zentimeter Boden herzugeben. Der christliche Glaube, schossen sie zurück, könne sich keinem entwürdigenden Rationalitätstest unterwerfen. Es gebe grundsätzliche Wahrheiten, welche jenseits des menschlichen Vorstellungsvermögens lägen und die Gott uns an einem von ihm bestimmten Zeitpunkt und mit von ihm gewählten Mitteln offenbaren werde.

Angesichts der zentralen Bedeutung von Religion im Alltagsleben war der Standpunkt, den die Theisten gegen die Vernunft vertraten … nun ja, vernünftig. Den Gläubigen des achtzehnten Jahrhunderts bereitete es keinerlei Schwierigkeiten, ihr Leben sowohl von rationaler Logik als auch von der Offenbarung bestimmen zu lassen. Die Theologen gewannen bei diesem Streit einfach deshalb, weil es keinen zwingenden Grund gab, sich einer neuen Metaphysik zuzuwenden. Zum ersten Mal war die Aufklärung sichtlich ratlos.

Was dem Deismus auf fatale Weise fehlt, ist nicht Rationalität, sondern Emotionalität. Die reine Vernunft ist unattraktiv, weil sie blutleer ist. Zeremonien, denen jedes heilige Mysterium genommen wird, verlieren ihre emotionale Kraft. Zelebranten müssen sich einer höheren Macht beugen können, damit ihr Instinkt für Stammesloyalität aufleben kann. Vor allem in Zeiten von Gefahr und Not bedeuten Zeremonien, die eine totale Absage an die Vernunft sind, einfach alles. Es gibt keinen Ersatz für die Hingabe an ein unfehlbares und gütiges Wesen oder für jenes Versprechen, das man Erlösung nennt, auch keinen für die formale Anerkennung einer unsterblichen Lebenskraft, für jenen grenzüberschreitenden Glauben also, den man Transzendenz nennt. Die logische Schlußfolgerung ist, daß sich wohl die meisten Menschen von der Wissenschaft einen Beweis für die Existenz Gottes wünschten, nicht aber, daß sie ihm seine Kompetenzen streitig macht.

Deismus und Wissenschaft mißlang es im übrigen auch, die Ethik für sich zu beanspruchen. Das Versprechen der Aufklärung, eine objektive Grundlage für die Moralphilosophie zu liefern, konnte nicht erfüllt werden. Sollten überhaupt unverbrüchlich säkulare ethische Prämissen existieren, so war der menschliche Intellekt während der Aufklärung jedenfalls zu schwach und unbeständig, um sie zu erkennen. Also beharrten Theologen wie Philosophen auf ihren jeweiligen Positionen und verwiesen entweder auf eine religiöse Autorität oder brachten ihr subjektives Verständnis von Naturgesetzen zum Ausdruck. Es gab für sie keine logischen Alternativen. Die jahrtausendealten, von der Religion sakralisierten Gesetze schienen immer noch ziemlich gut zu funktionieren, und im übrigen hatten sie gar keine Zeit, um sich alle Fragen neu zu stellen. Reflexionen über himmlische Angelegenheiten kann man unendlich aufschieben, nicht aber die über die irdischen Belange von Leben und Tod.

Es gab und gibt noch einen anderen, eher rationalen Einwand gegen das Aufklärungsprojekt. Gehen wir einmal um des Argumentes willen davon aus, daß sich selbst die übertriebensten Behauptungen der Aufklärungsanhänger als wahr erwiesen hätten und es den Wissenschaftlern möglich geworden wäre, in die Zukunft zu blicken und festzustellen, welche Handlungsweisen der Menschheit am besten bekommen würden. Wären wir damit nicht in einem Käfig der Logik und des offenbarten Schicksals gefangen? Der Antrieb der Aufklärung war wie der ihres Vorläufers, des griechischen Humanismus, prometheisch – das akkumulierte Wissen sollte die Menschheit befreien, indem es sie über die unzivilisierte Welt erhob. Tatsächlich aber könnte auch das genaue Gegenteil eintreten. Denn würde die wissenschaftliche Forschung mit der Postulierung von unveränderlichen Naturgesetzen gleichzeitig den Begriff des Göttlichen einschränken, könnte die Menschheit die Freiheit, über die sie bereits verfügt, wieder verlieren. Vielleicht gibt es ja in der Tat nur eine »perfekte« Gesellschaftsordnung, und vielleicht wird sie von den Wissenschaftlern eines Tages entdeckt werden – oder schlimmer, werden sie vorgeben, sie entdeckt zu haben. Dann aber wird religiöse Autorität, der Hadrianswall der Zivilisation, zerstört werden, und die Barbaren totalitärer Ideologie werden einfallen. Das ist die dunkle Seite des säkularen Aufklärungsgedankens, die sich ja bereits in der Französischen Revolution enthüllte und in jüngerer Zeit in den Theorien sowohl des »wissenschaftlichen« Sozialismus als auch des rassistischen Faschismus zum Ausdruck kam.

Und noch etwas sollte man bedenken – daß nämlich eine wissen-

Die Aufklärung 49

schaftsgläubige Gesellschaft Gefahr läuft, die von Gott oder, wenn das besser gefällt, von Milliarden Jahren der Evolution bestimmte natürliche Ordnung der Welt ins Wanken zu bringen. Wer der Wissenschaft alle Autorität zuschreibt, riskiert die Konversion zu selbstzerstörerischer Ehrfurchtslosigkeit. Die gottlosen Schöpfungen von Wissenschaft und Technologie sind in der Tat bereits zu einem mächtigen und fesselnden Symbol moderner Kultur geworden. Frankensteins Monster und Hollywoods Terminator, seinerseits ein metallenes und von Microchips beherrschtes Monster Frankensteins, stillen ihren Rachedurst an ihren Schöpfern und den naiven Genies in Labormänteln, die arrogant ein neues, von Wissenschaft beherrschtes Zeitalter vorwegnehmen. Gewaltige Stürme toben, gemeingefährliche Mutanten breiten sich aus, das Leben erstirbt. Nationen bedrohen einander mit weltzerstörerischer Technologie. Sogar Winston Churchill, dessen Land ja immerhin durch den Einsatz der Radartechnik gerettet wurde, fragte sich nach dem Atombombenabwurf über Japan besorgt, ob nun »auf den strahlenden Flügeln der Wissenschaft« die Steinzeit zurückkehre.

Für all diejenigen, die in der Wissenschaft eher etwas Faustisches denn Prometheisches sahen, stellte das Aufklärungsprojekt eine Bedrohung der geistigen Freiheit, ja sogar des Lebens an sich dar. Und was ist die Antwort auf eine solche Bedrohung? Rebellion! Kehrt zurück zur Natur, stellt das Primat der individuellen Phantasie und das Vertrauen in die Unsterblichkeit wieder her! Sucht euch einen Fluchtweg in die höheren Sphären der Kunst, macht eine Romantische Revolution! 1807 beschwor William Wordsworth die Atmosphäre einer ursprünglicheren und heitereren Existenz jenseits des Einflußbereichs der Vernunft mit Worten, die typisch waren für die Bewegung, die gerade über ganz Europa schwappte:

Our Souls have sight of the immortal sea
Which brought us hither,
Can in a moment travel thither,
And see the Children sport upon the shore,
And hear the mighty waters rolling evermore.

Läßt man sich mit Wordsworths Sehnsüchten nach solch unbeschreiblichen Mächten treiben, schließen sich automatisch die Augen, der Verstand hebt in höhere Regionen ab, das Gravitationsgesetz kehrt sich ins Gegenteil und löst sich auf. Der Geist betritt eine andere Realität, unbelastet von Gewichten und Maßen. Wenn man das von Masse und Energie bestimmte Universum schon nicht abstreiten kann, wird man es doch wenigstens mit tiefster Verachtung strafen dürfen! Fraglos haben Wordsworth und seine Dichterkollegen der englischen Romantik in der ersten Hälfte des neunzehnten Jahrhunderts Werke von großer Schönheit geschaffen. Nur sprachen sie eben Wahrheiten in einer anderen Sprache aus und führten die Kunst noch weiter von den Wissenschaften weg.

Der Romantizismus blühte auch in der Philosophie, die eine Belohnung ausgesetzt hatte für Rebellion, Spontaneität, Emotion und Heldenvision. Auf der Suche nach der Verwirklichung von Sehnsüchten, die nur das Herz kennt, träumten die Romantiker vom Menschen als Teil einer grenzenlosen Natur. Rousseau war, obwohl oft den *philosophes* der Aufklärung zugerechnet, der Begründer und extremste Visionär dieses philosophischen Romantizismus. Für ihn waren Wissensgewinn und soziale Ordnung schlichtweg Feinde der Menschheit. In seinen Werken *Über Kunst und Wissenschaft* (1749) und *Emile oder Über die Erziehung* (1762) forderte er den »Schlaf der Vernunft«. Sein Utopia ist ein minimalistischer Staat, in dem die Menschen alle Bücher und anderen intellektuellen Hilfsmittel abgeschafft haben und sich allein der Kultivierung ihrer Sinne und der Pflege ihres gesunden Körpers widmen. Die Menschheit, so Rousseau, war einst eine Rasse von edlen Wilden im friedvollen Naturzustand, bis sie von Zivilisation – und Forschung – korrumpiert wurde. Religion, Ehe, Gesetz und Regierung sind Irreführungen, die von den Mächtigen bewußt zu ihren eigenen egoistischen Zwecken eingesetzt werden. Der Preis, den der durchschnittliche Mensch für diese hochgradigen Schikanen zu zahlen habe, sei Laster und Unglück.

Während Rousseau eine unglaublich abwegige Anthropologie ersann, brachen die deutschen Romantiker unter der Führung von Goethe, Hegel, Herder und Schelling auf, um wieder Metaphysik in die Wissenschaft und Philosophie einzuführen. Das Ergebnis, die Naturphilosophie, war eine Kreuzung aus Gefühlen, Mystizismus und pseudowissenschaftlicher Hypothese. Goethe, der am häufigsten interpretiert wurde, wollte vor allem ein großer Wissenschaftler sein. Das war ihm sogar wichtiger als die Literatur, zu der er in der Tat einen unsterblichen Beitrag leistete. Sein Respekt vor der Wissenschaft als Idee, als Erklärungsansatz für die faßbare Realität, war rückhaltlos, und er verstand ihre Prinzipien durchaus. Analyse und Synthese, pflegte er zu sagen, sollten aufeinanderfolgen wie das Ein-

Die Aufklärung 51

atmen auf das Ausatmen. Den mathematischen Abstraktionen der
Newtonschen Wissenschaft stand er allerdings kritisch gegenüber,
und das Ziel der Physik, eine Erklärung für das Universum zu finden, fand er viel zu ehrgeizig. Über die»technischen Kniffe« der experimentellen Wissenschaftler äußerte er sich geradezu verächtlich.
Dennoch versuchte er mit mäßigem Erfolg, Newtons optische Experimente zu wiederholen. Goethe kann leicht vergeben werden. Immerhin hatte er ein eh-
renhaftes Ziel im Visier, nämlich nichts Geringeres, als die Seele der
Geisteswissenschaften mit dem Motor der Naturwissenschaften zu
paaren. Er wäre sicher verzweifelt gewesen, hätte er bereits das Urteil
der Geschichte über ihn gekannt – großer Dichter, kleiner Wissenschaftler. Daß er bei seiner Synthese versagte, lag an seinem man-
gelnden wissenschaftlichen Instinkt, wie man heute sagen würde.
Aber vor allem auch am fehlenden technischen Können. Die Differentialrechnung verwirrte ihn, und man sagt, er habe eine Lerche
nicht von einem Spatzen unterscheiden können. Dennoch liebte er
die Natur in einem zutiefst geistigen Sinne und propagierte die Hin-
wendung zu ihr.»Sie freut sich an der Illusion. Wer diese in sich und
andern zerstört, den straft sie als der strengste Tyrann. Wer ihr zu-
traulich folgt, den drückt sie wie ein Kind an ihr Herz … Sie hüllt
den Menschen in Dumpfheit ein und spornt ihn ewig zum Lichte …
Ihre Krone ist die Liebe. Nur damit kommt man ihr nahe.« Im Em-
pyreum der Philosophen erhielt Goethe inzwischen sicher längst
einen Vortrag von Bacon über die Vorurteile des Verstandes, wohingegen Newton vermutlich sofort die Geduld mit ihm verlor.

Friedrich von Schelling, führender Philosoph der deutschen Romantik, versuchte den wissenschaftlichen Prometheus zu fesseln –
nicht mit Dichtung, sondern mit Vernunft. Er forderte eine kosmische Einheit, um das verlorene mythische Bewußtsein des Urzu-
stands wiederherzustellen und damit die Entzweiung von Mensch
und Natur aufzuheben. Fakten an sich könnten nie mehr als partielle
Wahrheiten sein, und die wenigen, die wir begreifen könnten, seien
nur Fragmente des universalen Flusses. Die Natur lebt, so Schelling.
Sie ist ein Schöpfer, der den Wissenden und das Gewußte vereint. Je
mehr Verständnis wir für sie entwickeln, je genauer wir sie wahrnehmen, um so eher werden wir den Stand vollkommener Selbstverwirklichung erreichen.

In Amerika spiegelte sich der Romantizismus der deutschen Philosophen in der neuenglischen Transzendentalphilosophie, deren ge-
feiertste Vertreter Ralph Waldo Emerson und Henry David Thoreau

waren. Die Transzendentalisten waren radikale Individualisten und lehnten den überwiegend kommerziellen Charakter ab, den die amerikanische Gesellschaft während der Ära von Präsident Jackson angenommen hatte. Sie entwarfen ein spirituelles Universum, das sich ausschließlich an ihrem persönlichen Ethos orientierte. Dennoch waren sie der Wissenschaft geistesverwandter als ihre europäischen Kollegen, wie aus den vielen exakten, naturgeschichtlichen Beobachtungen in *Faith in a Seed* und anderen Werken Thoreaus ersichtlich wird. Es hatte sich sogar ein handfester Wissenschaftler zu ihnen gesellt – Louis Agassiz, Direktor des Museums für Vergleichende Zoologie der Harvard Universität, Gründungsmitglied der *National Academy of Science*, Geologe, Zoologe und ein außerordentlich begabter Redner. In einer metaphysischen Exkursion, die der von Schelling vergleichbar war, bezeichnete der große Mann das Universum als eine Vorstellung im Gedanken Gottes. Die Gottheiten der Wissenschaft deckten sich in seinem Universum mit dem Gottesbegriff der Theologie. 1859, auf dem Höhepunkt seiner Laufbahn, sah sich Agassiz schockiert der Veröffentlichung von Darwins *Ursprung der Arten* ausgesetzt, in dem dieser die Theorie einer Evolution durch natürliche Auslese und die Ansicht vertrat, daß sich die Vielgestaltigkeit von Leben selbst erschafft. Ganz gewiß, behauptete Agassiz vor verzückten Auditorien in den Städten der Atlantikküste, würde Gott Leben nicht nach dem Zufallsprinzip erschaffen, und schon gar nicht eine Welt, in der nur die Stärksten überleben. Man dürfe nicht zulassen, daß unsere Vorstellung von kosmischer Grandeur auf die Niederungen von schmutzigen Tümpeln und Waldböden absinke. Allein schon der Gedanke, daß die Conditio humana solchen Bedingungen unterworfen sein könnte, sei nicht zu tolerieren.

Eingeschüchtert durch die heftigen Einwände, die gegen die Aufklärungsagenda vorgebracht wurden, ließen Naturwissenschaftler zumeist von der Erforschung des menschlichen Geisteslebens ab und überließen damit den Philosophen und Dichtern ein weiteres Jahrhundert lang das Feld. Aber letztlich hat sich diese Beschränkung für die naturwissenschaftliche Profession als ziemlich gesund erwiesen, denn sie bewahrte die Forscher vor den Fallen der Metaphysik. Und so konnte im Laufe des neunzehnten Jahrhunderts der Wissensstand der physikalischen und biologischen Wissenschaften exponentiell erweitert werden. Gleichzeitig wetteiferten die wie neue Herzogtümer emporstrebenden Sozialwissenschaften – Soziologie, Anthropo-

Die Aufklärung

logie, Ökonomie und politische Theorie – um die Besetzung des Raumes, der zwischen den harten Wissenschaften und den Geisteswissenschaften entstanden war. Die großen Wissensgebiete – Natur, Sozial- und Geisteswissenschaften – begannen sich in ihrer heutigen Form aus der Vision herauszuschälen, welche die Aufklärung des siebzehnten und achtzehnten Jahrhunderts entwickelt hatte.

Die Aufklärung, die zwar herausfordernd säkular war, aber dennoch in der Schuld der Theologie stand und ihr gegenüber auch besondere Aufmerksamkeit zeigte, hatte den abendländischen Geist an die Schwelle neuer Freiheiten geführt. Sie verwarf alles, jede Form von religiöser oder ziviler Autorität und jede nur denkbare Ehrfurchtshaltung, zugunsten des ethischen Grundsatzes einer freien Forschung. In ihrem Bild des Universums spielte die Menschheit die Rolle des steten Abenteurers. Zwei Jahrhunderte lang schien Gott einen neuen Ton gegenüber der Menschheit angeschlagen zu haben, einen Ton, den Giovanni Pico della Mirandola, ein Vorläufer der Aufklärer, bereits während der Renaissance 1486 mit folgendem Segen vorweggenommen hatte:

»Nicht himmlisch, nicht irdisch, nicht sterblich und auch nicht unsterblich haben wir dich erschaffen. Denn du selbst sollst, nach deinem Willen und zu deiner Ehre, dein eigener Werkmeister und Bildner sein und dich aus dem Stoffe, der dir zusagt, formen.«

Doch im frühen neunzehnten Jahrhundert begann dieses strahlende Bild zu verblassen. Die Vernunft schwieg, die Intellektuellen verloren ihren Glauben an das Primat der Wissenschaft, die Aussicht auf eine Einheit allen Wissens schwand rapide. Natürlich lebte der Geist der Aufklärung im politischen Idealismus und in den Hoffnungen einzelner Denker weiter. In den kommenden Jahrzehnten schossen neue Denkschulen wie Triebe aus dem Stumpf eines gefällten Baumes – die utilitaristische Sittenlehre von Bentham und Mill, der historische Materialismus von Marx und Engels, der Pragmatismus von Peirce, James und Dewey. Doch vom wesentlichen der alten Agenda schien man sich unwiderruflich verabschiedet zu haben. Das großartige Konzept, welches die Denker der vergangenen beiden Jahrhunderte so gefesselt hatte, verlor ein Gutteil seiner Glaubwürdigkeit.

Die Wissenschaft hatte ihre eigene Reise angetreten. Seit dem frühen achtzehnten Jahrhundert verdoppelte sich die Anzahl von Experten, Entdeckungen und Fachzeitschriften alle fünfzehn Jahre, bis erst um etwa 1970 herum wieder eine Art Stillstand eintrat. Die ständigen wissenschaftlichen Erfolge verliehen dem Konzept eines geordneten und erklärbaren Universums zwar wieder mehr Berechtigung, und auch die entscheidende Prämisse der Aufklärung fand wieder mehr Aufmerksamkeit in den Disziplinen – Mathematik, Physik, Biologie –, in denen sie ursprünglich von Bacon und Descartes postuliert worden war. Doch ausgerechnet die enorme Durchsetzungskraft des Reduktionismus, der Schlüsselmethode des gesamten Aufklärungsprojekts, wirkte ihrer Wiederbelebung entgegen. Denn gerade weil wissenschaftliche Erkenntnisse exponentiell anwuchsen, kümmerten sich die meisten Wissenschaftler nicht um eine Vernetzung und noch weniger um Philosophie. Sie handelten nach dem Motto: Was funktioniert, funktioniert, warum also weiter darüber nachdenken? Und noch mehr Zeit ließen sie sich, das mit so vielen Tabus beladene Thema der physikalischen Fundamente des Verstandes anzusprechen – ein Konzept, das im späten achtzehnten Jahrhundert als das Tor von der Biologie zu den Sozialwissenschaften gepriesen worden war.

Für dieses Desinteresse am Gesamtbild gab es aber einen ganz einfachen Grund: Den Wissenschaftlern mangelte es schlicht an der nötigen intellektuellen Energie. In ihrer überwältigenden Mehrheit waren sie nie etwas anderes als Handwerksgesellen gewesen, und das gilt heute in noch stärkerem Maße. Professionell konzentrieren sie sich auf eine einzige Sache, denn ihre Ausbildung hat nicht dafür gesorgt, daß sie die Konturen der Welt als Ganzes wahrnehmen. Sie erwerben die notwendigen Fachkenntnisse, um Grenzgebiete bereisen zu können, und versuchen, so schnell wie möglich ihre eigenen Entdeckungen zu machen, weil das Leben auf dem Weg zur Spitze teuer und riskant ist. Die produktivsten Wissenschaftler haben in ihren Millionen Dollar teuren Labors weder die Zeit, sich ein Gesamtbild zu machen, noch glauben sie, viel davon profitieren zu können. Die Rosette der *United States National Academy of Sciences,* die ihre zweitausend gewählten Mitglieder als Zeichen des Erfolgs am Revers tragen, stellt in ihrer Mitte das Gold der Wissenschaft dar, umgeben vom Purpur der Naturphilosophie. Leider sind die Augen der meisten Wissenschaftler fest aufs Gold gerichtet.

Es kann daher nicht überraschen, daß es Physiker gibt, die nicht einmal wissen, was ein Gen ist, und Biologen, die glauben, Stringtheorie habe etwas mit Violinen zu tun (das englische *string,* hier im Sinne von »Faden«, bedeutet auch Saite). Forschungsgelder und Ehren werden im Wissenschaftsbereich für Entdeckungen vergeben, nicht für Gelehrsamkeit oder Klugheit. Und so war es schon immer.

Die Aufklärung 55

Francis Bacon nützte seine politischen Fähigkeiten, die ihm schließlich sogar die Lordkanzlerschaft einbrachten, um die englischen Monarchen persönlich zu bestürmen, ihm die Mittel für sein Großprojekt der Vernetzung allen Wissens zur Verfügung zu stellen. Er bekam niemals auch nur einen Penny. Descartes wurde auf der Höhe seines Ruhms feierlich ein Stipendium des königlichen Hofes von Frankreich zuerkannt. Doch das Konto blieb leer, was ihn schließlich außer Landes und zum großzügigeren schwedischen Hof ins »Land der Bären zwischen Fels und Eis« trieb, wo er schon bald an einer Lungenentzündung sterben sollte.

Von dieser professionellen Atomisierung sind auch die Sozial- und Geisteswissenschaften betroffen. Die Hochschulfakultäten aller Welt wurden zu Sammelbecken für Experten. Ein wahrer Forscher zu sein bedeutet heute, eine hochspezialisierte, weltweit anerkannte Autorität an einem polyglotten, mit ähnlich orientierten Autoritäten übervölkerten Platz zu sein. 1797, als Jefferson den Vorsitz über die *American Philosophical Society* übernahm, paßten alle amerikanischen Naturwissenschaftler professionellen Kalibers mitsamt ihren geisteswissenschaftlichen Kollegen bequem in das Auditorium der Philosophical Hall. Und die meisten von ihnen konnten sich kenntnisreich über die Welt des Wissens austauschen, weil sie noch klein genug war, um sie als Ganzes sehen zu können. Ihren heutigen Nachfolgern, darunter allein 450 000 promovierte Naturwissenschaftler und Ingenieure, würde die Stadt Philadelphia nicht genügend Platz bieten. Sie haben kaum eine andere Wahl, als untereinander um Expertisen und Forschungsagenden zu würfeln. Ein erfolgreicher Wissenschaftler zu sein bedeutet, seine gesamte Karriere auf die Membranbiophysik, die Dichter der Romantik, die amerikanische Frühgeschichte oder irgendein anderes begrenztes Fachgebiet zu konzentrieren.

Diese Fragmentierung des akademischen Sachverstands spiegelte sich im zwanzigsten Jahrhundert auch in der modernen Kunst, die Architektur eingeschlossen. Die Werke der großen Meister – Picasso, Strawinsky, Eliot, Joyce, Martha Graham, Gropius, Frank Lloyd Wright und ihresgleichen – waren derart überraschend, daß sie sich gegen jede generische Klassifikation sperrten. Man konnte sie höchstens auf den Nenner bringen: Die Modernen versuchen unter allen Umständen, das Neue und Provokative zu erreichen. Sie fanden heraus, wo Tradition die größten Einschränkungen hervorruft, und brachen sie an diesen Stellen selbstbewußt auf. Viele lehnten Realismus als Ausdrucksform ab, um sich dem Unbewußten zuzuwenden.

Freud, ebenso literarischer Stilist wie Wissenschaftler, war ihre Inspiration, weshalb er auch durchaus zu ihren Reihen gezählt werden kann. Psychoanalyse war die Kraft, die die Aufmerksamkeit der modernen Intellektuellen und Künstler vom Sozialen und Politischen auf das Private und Psychologische lenkte. Wenn sie jedes Objekt im Rahmen ihrer jeweiligen Profession der »unbarmherzigen Zentrifuge des Wandels« unterwarfen, wie Carl Schorske es nannte, so nur, um damit stolz die Unverbundenheit der Hochkultur des zwanzigsten Jahrhunderts mit der Vergangenheit zu betonen. Dennoch waren sie keine Nihilisten. Sie versuchten einfach nur, neue Ordnungs- und Bezugsebenen herzustellen. Sie waren hundertprozentige Experimentalisten und wollten an einem Jahrhundert des radikalen technischen und politischen Wandels nicht nur teilhaben, sondern es auch mitbestimmen, und zwar ausschließlich anhand ihrer eigenen Maßstäbe.

Und so hat ausgerechnet der Flug der Freiheit, den nur die Aufklärung vorgemacht hat, und von dem die Geisteswissenschaften sich im Zeitalter der Romantik abwandten, bis Mitte des zwanzigsten Jahrhunderts alle Hoffnungen auf eine Vernetzung des Wissens mit Hilfe der Wissenschaft zerstört. Die zwei Kulturen, die C. P. Snow 1959 in seiner »Rede Lecture« beschrieb, die literarische und die wissenschaftliche, pflegten keinen Umgang mehr.

Alle Bewegungen tendieren zum Extrem. An diesem Punkt sind wir auch heute wieder in etwa angelangt. Der überschwengliche Selbstverwirklichungsdrang von der Romantik bis zur Moderne hat schließlich zur Postmoderne geführt (oft auch Poststrukturalismus genannt, vor allem in ihren eher politischen und soziologischen Ausdrucksformen). Die Postmoderne ist die äußerste Antithese der Aufklärung. Der Unterschied zwischen den beiden Polen könnte ungefähr so definiert werden: Aufklärer glauben, daß wir alles wissen können, radikale Postmoderne glauben, daß wir nichts wissen können.

Die postmodernen Philosophen, eine meuternde Mannschaft unter der schwarzen Fahne der Anarchie, stellen die Grundlagen von Wissenschaft und traditioneller Philosophie in Frage. Realität, behaupten sie, ist ein vom Geist hergestellter und nicht ein von ihm aufgegriffener Zustand. In der extremen Form dieses Konstruktivismus gibt es keine »reale« Wirklichkeit, keine objektiven Wahrheiten, die außerhalb der Aktivität des Geistes liegen, sondern ausschließlich Versionen, die von den herrschenden sozialen Gruppen verbreitet

Die Aufklärung 57

werden. Auch Ethik könne auf keiner festen Basis ruhen, angesichts der Tatsache, daß jede Gesellschaft ihre eigenen Werte zugunsten derselben unterdrückerischen Kräfte schaffe.

Träfen diese Prämissen zu, dann folgte daraus, daß eine Kultur so gut wie jede andere ist in ihrem Ausdruck von Wahrheit und Moralität, jede auf ihre Weise. Politisch multikulturelle Anschauungen sind prinzipiell gerechtfertigt, jede ethnische Gruppe und Menschen aller sexuellen Veranlagung in einer Gemeinschaft sind von gleichem Wert. Abgesehen von grundsätzlicher Toleranz verdienten alle die Unterstützung der Gesellschaft und ein Mitspracherecht im Erziehungssektor, und zwar nicht etwa, weil sie von allgemeiner Bedeutung für die Gesellschaft sind, sondern einfach weil sie existieren. Nochmals betont – *wenn* diese Prämissen zuträfen. Sie müssen zutreffen, sagen ihre Verfechter, weil jede andere Annahme bigott wäre. Und Bigotterie ist eine Kardinalssünde – jedenfalls wenn wir uns darauf verständigten, dieses eine Mal das postmoderne Verbot gegen universelle Wahrheit zu unterlaufen und alle damit einverstanden sind, zum gemeinsamen Wohl einverstanden zu sein. Rousseau redivivus!

Noch deutlicher kommt die Postmoderne in der Dekonstruktion zum Ausdruck, einer Technik der wissenschaftlichen Literaturinterpretation, die davon ausgeht, daß die Absichten eines Autors ausschließlich für ihn erkennbar seien, er nichts von seiner wahren Intention offenbare und ihm niemals verläßlich die Vermittlung von objektiver Realität zugeschrieben werden könne. Sein Text kann also von einem Kritiker, der einer ebenso solipsistischen, ichbezogenen Welt entstammt, unbekümmert analysiert und kommentiert werden. Doch dieser Kritiker unterliegt nun wiederum seinerseits der Dekonstruktion, ebenso wie der Kritiker des Kritikers, und immer so fort. Das meinte jedenfalls Jacques Derrida, der Erfinder der Dekonstruktion, als er die Formel prägte: *Il n'y a pas de hors-texte* (Es gibt nichts über den Text hinaus). Zumindest glaube ich, daß er das meinte, nachdem ich ihn, seine Verteidiger und seine Kritiker mit großer Aufmerksamkeit gelesen habe. Denn wenn die radikal postmoderne Prämisse stimmt, dann können wir nie sicher sein, ob es wirklich das ist, was er meinte. Und wenn er das tatsächlich meinte, sind wir wiederum nicht verpflichtet, uns seiner Argumente weiter anzunehmen. Dieses Puzzle, das ich geneigt bin, als »Derrida-Paradox« ad acta zu legen, ähnelt dem kretischen Paradox (ein Kreter schwört: »Alle Kreter sind Lügner«). Es sollte zwar irgendwann aufgelöst werden, aber man muß dieser Sache keine große Dringlichkeit beimessen.

Die Einheit des Wissens

Im übrigen wird aus Derridas blumig obskurer Prosa nicht einmal deutlich, ob er eigentlich selber weiß, was er meint. Manche glauben denn auch, daß seine Schriften als reines *jeu d'esprit* gedacht waren, als ein geistreiches Gedankenspiel, um nicht zu sagen, als Witz. Seine neue grammatologische »Wissenschaft« ist das Gegenteil von Wissenschaft, fragmentarisch und mit der Inkohärenz von Träumen, banal und zugleich phantastisch. Sie ist der Orientierung an Geistes- und Sprachwissenschaften, die irgendwo anders in der zivilisierten Welt entwickelt wurden, völlig unverdächtig und wirkt eher wie die Beschwörung eines Gesundbeters, der keine Ahnung hat, wo die Bauchspeicheldrüse liegt. Letztlich scheint sich Derrida seiner Unterlassungen selber bewußt zu sein, gibt sich aber dennoch mit der Einstellung Rousseaus, jenes selbsterklärten Feindes von Büchern und Schriften zufrieden, aus dessen Werk *Emile* er zitiert: »Man […] gibt allen Ernstes die Träumereien einiger unruhiger Nächte als Philosophie aus. Man wird mir sagen, daß auch ich träume. Ich gebe es zu. Aber ich gebe unumwunden meine Träume als Träume aus und überlasse es dem Leser zu prüfen, ob sich etwas Nützliches für wache Leute darin findet.«

Wache Wissenschaftler, die für das verantwortlich gemacht werden können, was sie im wachen Zustand von sich geben, konnten der Postmoderne keinen großen Sinn abgewinnen. Die Einstellung der Postmodernen gegenüber der Wissenschaft ist hinwiederum subversiv. Zwar scheinen sie einstweilig die Schwerkraft akzeptiert zu haben, auch die Tabelle des Periodensystems, die Astrophysik und ähnliche Stützen der äußeren Realität, doch im allgemeinen betrachten sie die Wissenschaftskultur nur als ein anderes und im übrigen ausschließlich von europäischen und amerikanischen weißen Männern erdachtes Erkenntnismittel.

Es wäre verlockend, die Postmoderne mitsamt der Theosophie und dem transzendentalen Idealismus ins Kuriositätenkabinett der Geschichte zu stellen, wäre da nicht die Tatsache, daß sie das Denken der Sozial- und Geisteswissenschaften wesentlich beeinflußt hat. Dort wird sie als eine metatheoretische Technik betrachtet (Theorie über Theorien), mit der Wissenschaftler weniger den Gegenstand ihrer wissenschaftlichen Disziplinen als die kulturellen und psychologischen Gründe analysieren, weshalb insbesondere die Wissenschaftler selbst so denken, wie sie denken. Der Analytiker legt die Betonung auf »Wurzelmetaphern«, jene vorherrschenden Symbole in der Vorstellungswelt des Denkenden, anhand deren er Theorien und Experimente entwickelt. Folgendermaßen beschreibt beispielsweise

Die Aufklärung

Kenneth Gergen, wie die moderne Psychologie von der Metapher des Menschen als Maschine beherrscht werde:

»Ungeachtet der Verhaltensmuster, die eine Person an den Tag legt, ist der mechanistische Theoretiker gezwungen, sie vom Umfeld abzuspalten, das Umfeld nach den vorgefundenen Reizen oder Stimulanzelementen zu beurteilen, die Person als reaktiv auf und abhängig von diesen Stimulanzelementen zu betrachten, die Indikatoren des Mentalen als etwas Strukturelles (aus interagierenden Elementen bestehend) zu sehen, das Verhalten in unterschiedliche Einheiten aufzuteilen, die dann wiederum den Stimulanzelementen zugeordnet werden können, und so fort.«

Kurzum, Psychologie laufe Gefahr, zur Naturwissenschaft zu werden. Als mögliches Gegenmittel für all diejenigen, die sie davor bewahren möchten – und es gibt viele Wissenschaftler, die das wollen –, führt Gergen andere, vermutlich weniger Schaden anrichtende Wurzelmetaphern für das Geistesleben an, beispielsweise den »Marktplatz«, die »Dramaturgie« und »Regeltreue«. Nur wenn man die Psychologie davor schütze, von zuviel Biologie kontaminiert zu werden, könne sie Heerscharen von künftigen Theoretikern noch gute Dienste leisten.

Als diese Metaphernvielfalt dem Multikulturismus und Geschlechterdualismus hinzugefügt wurde, um neue Arbeitsbereiche in der postmodernen akademischen Industrie zu schaffen und dem Ganzen eine politische Dimension zu verleihen, schossen neue Denkschulen und Ideologien wie Pilze aus dem Boden. Den gewöhnlich linksorientierten Denkmustern der allgemeinen Postmoderne sind der Afrozentrismus, die konstruktivistische Sozialanthropologie, die »kritische« Sozialwissenschaft, die komplexe Ökologie, der Ökofeminismus, die Lacansche Psychoanalyse, die Latoursche Wissenschaftssoziologie und der Neomarxismus zu verdanken. Hinzu kommen dann noch all die verwirrenden, unterschiedlichen Dekonstruktionstechniken und New Age-Ganzheitstheorien, die um diese Modelle herumschwirren und sie zum Teil durchdrungen haben.

Ihre Anhänger toben sich auf manchmal sehr, meist aber auf weniger brillante Weise auf ihren Spielfeldern aus, fachjargonverliebt und unpräzise. Jeder von ihnen scheint auf eigene Weise dem von der Aufklärung im siebzehnten Jahrhundert verworfenen Mysterium tremendum zuzustreben – und das unter nicht wenigen persönlichen

Seelenqualen. Über den verstorbenen Michel Foucault, der sich mit dem Gleichgewicht von politischer Macht in der Ideengeschichte, »auf dem Gipfel des abendländischen intellektuellen Lebens« befaßte, schrieb George Scialabba scharfsinnig:

> »Foucault rang mit den grundlegendsten und am schwersten lösbaren Dilemmas der modernen Identität … Wie sollen all diejenigen noch leben können, die glauben, daß weder Gott noch Naturgesetze, noch transzendentale Vernunft existieren, und die die unterschiedlichen und subtilen Formen erkennen, in denen materielle Interessen – Macht – jede Moralität nicht nur korrumpiert, sondern gar erschaffen haben…, an welchen Werten kann man sich da noch orientieren?«

Ja, wie, und an welchen? Damit wir diese beunruhigenden Probleme lösen können, sollten wir damit beginnen, uns einfach von Foucault und der existentialistischen Verzweiflung abzuwenden. Man erinnere sich an folgende Faustregel: Wenn philosophische Positionen nicht nur verwirren, sondern zudem alle Türen zu weiteren Forschungen verschließen, kann man getrost davon ausgehen, daß sie falsch sind.

Wenn ich es noch könnte, würde ich Foucault sagen (und ich meine das wirklich nicht herablassend), daß doch alles gar nicht so schlimm ist. So wir erst einmal den Schock der Erkenntnis überwunden haben, daß wir bei der Erschaffung des Universums gar nicht explizit vorgesehen waren, kann jede Bedeutung, die das Gehirn meistern kann, jede Emotion, die es bewältigen kann, und können all die gemeinsamen Abenteuer, die wir vielleicht noch eingehen möchten, entdeckt und erlebt werden, indem wir die ererbte Ordnung entziffern, die unsere Spezies durch die geologische Zeit getragen und ihr die Stempel der versunkenen Geschichte aufgedrückt hat. Die Vernunft wird neue Ebenen erreichen, und Emotionen werden sich in potentiell unendlichen Mustern ausdrücken. Das Richtige wird vom Falschen getrennt werden, und wir werden einander verstehen – immerhin gehören wir derselben Spezies an und verfügen über biologisch gleichartige Gehirne.

Und all den anderen, die über den wachsenden Auflösungsprozeß der Intelligentsia und ihre zunehmende Bedeutungslosigkeit besorgt sind – was in der Tat alarmierend ist –, möchte ich die Überlegung nahelegen, daß es schon immer zwei Arten von originären Denkern gegeben hat, nämlich solche, die angesichts von Unordnung versuchen, Ordnung zu schaffen, und solche, die bei der Konfrontation

Die Aufklärung

mit Ordnung protestieren und Unordnung zu schaffen versuchen. Es ist die Spannung zwischen diesen beiden Gruppen, die zu Erkenntnissen antreibt. Sie katapultiert uns in eine zickzackförmige Flugbahn des Fortschritts. Aber im Darwinschen Wettbewerb der Ideen gewinnt immer die Ordnung, einfach weil sie das Prinzip ist, nach dem das Universum funktioniert. Dennoch: Hier ein Salut an die Postmodernen. Als Zelebranten einer korybantischen, ausgelassenen Romantik bereichern sie unsere Kultur. Sie gemahnen uns daran, daß wir vielleicht, nur vielleicht, falschen Vorstellungen anhängen. Ihre Ideen sind wie die Funken eines Feuerwerks – sie stieben in alle Richtungen und verglimmen in Ermangelung eigener Folgeenergie bald schon im dimensionslosen Dunkel. Aber einige werden lange genug leuchten, um Unerwartetes zu erhellen. Das ist einer der Gründe, weshalb wir die Postmoderne positiv sehen sollten, selbst wenn sie eine Gefahr für das rationale Denken ist. Ein anderer Grund ist, daß sie denjenigen Erleichterung verschafft, die entschieden haben, sich nicht mit einer wissenschaftlichen Ausbildung zu belasten. Ein weiterer, daß sie eine kleine Ideenschmiede innerhalb der philosophischen und literarischen Studiengebiete hervorgebracht hat. Doch am meisten zählt, daß sie die traditionelle Wissenschaftlichkeit unermüdlich kritisiert. Wir werden immer Postmoderne oder andere Rebellen benötigen. Denn welchen besseren Weg gäbe es, organisiertes Wissen zu fördern, als es ständig gegen feindliche Kräfte verteidigen zu müssen? John Stuart Mill bemerkte einmal zu Recht, daß Lehrer wie Schüler auf ihren Plätzen einzuschlafen pflegen, wenn weit und breit kein Feind in Sicht ist. Und wenn gegen alle Beweise und alle Vernunft plötzlich doch alles auf ein erkenntnistheoretisches Chaos reduziert werden sollte, werden wir den Mut aufbringen, einzugestehen, daß die Postmodernen recht hatten. Und dann werden wir im besten Geiste der Aufklärung noch einmal von vorne beginnen. Denn wie der große Mathematiker David Hilbert einmal sagte und dabei so wunderbar jenen Teil des menschlichen Geistes einfing, der in der Aufklärung zum Tragen kam: »Wir müssen wissen. Wir werden wissen.«

Kapitel 4

Die Naturwissenschaften

Gemessen am Erreichten, war das Vertrauen der Aufklärer in die Wissenschaft verständlich. Heutzutage verläuft die Wasserscheide, welche die Menschheit trennt, allerdings nicht mehr zwischen Rassen oder Religionen, oder, wie allgemein behauptet wird, sogar zwischen Gebildeten und Analphabeten. Heute scheidet sie vielmehr wissenschaftliche von vorwissenschaftlichen Kulturen. Solche, die nicht über die Instrumente und das akkumulierte Wissen der Naturwissenschaften – Physik, Chemie und Biologie – verfügen, sind im Karzer ihrer eingeschränkten Erkenntnisfähigkeit gefangen. Sie sind wie intelligente Fische, die in einem tiefen, dunklen Gewässer geboren wurden. Unruhig und sehnsüchtig fragen sie sich, wie die Welt draußen wohl aussieht. Sie ergehen sich in wilden Spekulationen und erfinden kunstvolle Mythen über die Ursprünge ihres Elements, über die der Sonne, des Himmels, der Sterne, und über den Sinn ihres eigenen Daseins. Aber sie liegen falsch, immer liegen sie falsch, weil die materielle Realität zu entrückt von den alltäglichen Erfahrungen ist, als daß die bloße Vorstellungskraft ausreiche, sie zu erfassen.

Wissenschaft ist weder eine Philosophie noch ein Glaubenssystem. Sie ist ein Zusammenspiel von geistigen Prozessen, das den gebildeten Völkern immer mehr zur Gewohnheit wurde, eine Bildung des Geistes durch Erleuchtung, auf die wir dank einer glücklichen Fügung der Geschichte stießen, die die wirkungsvollste Methode hervorbrachte, etwas über die Welt zu erfahren.

Mit instrumenteller Wissenschaft konnte die Menschheit ihrem geistigen Karzer entkommen und immer mehr über die materielle Realität erfahren. Einst waren wir nahezu blind, nun können wir – buchstäblich – sehen. Wir lernten, daß das sichtbare Licht nicht, wie der vorwissenschaftliche gesunde Menschenverstand glaubte, die einzige Leuchtkraft des Universums ist, sondern nur ein infinitesimaler – also zum Grenzwert hin unendlich klein werdender – Splitter der elektromagnetischen Strahlung. Es besteht aus Wellenlängen von 400 bis 700 Nanometern (milliardstel Meter) innerhalb eines Spektrums, das von billionenfach kürzeren Gammastrahlen bis zu billionenfach längeren Radiostrahlen reicht. Ein Großteil dieser Strahlung ergießt sich unablässig und in ganz unterschiedlichen Stärken über unseren Körper. Ohne die entsprechenden Meßinstrumente hatten wir keine Ahnung von ihrer Existenz. Da die menschliche Netzhaut nur für die Aufnahme von 400 bis 700 Nanometern ausgestattet ist, muß der unbeholfene, also wissenschaftlich ungeschulte Verstand zu dem Schluß kommen, daß nur das für uns sichtbare Licht existiert.

Tiere wissen oft mehr. Sie leben in einer anderen visuellen Welt, sind blind für einen Teil unseres Spektrums, nehmen aber dafür andere Wellenlängen wahr. Unterhalb des Bereichs von 400 Nanometern finden Schmetterlinge Blumen, Pollen und Honigquellen punktgenau durch die Muster der ultravioletten Strahlung, die von Blütenblättern reflektiert werden. Wo wir eine rein gelbe oder rein weiße Blüte sehen, erkennen sie bei Licht wie Dunkelheit Tupfen aus konzentrischen Kreisen, Muster, die sich herausgebildet haben, um Insekten an die Staubbeutel und Nektarbecken zu locken.

Da wir heute die richtigen Instrumente haben, können auch wir die Welt mit den Augen des Schmetterlings sehen.

Den Wissenschaftlern hat sich die visuelle Welt von Tieren und anderen Lebewesen eröffnet, weil sie gelernt haben, das elektromagnetische Spektrum zu verstehen. Nun können sie jede Wellenlänge in sichtbares Licht und hörbaren Ton übersetzen und ihrerseits aus verschiedenen Energiequellen einen Großteil des Spektrums erzeugen. Indem sie ausgewählte Segmente des elektromagnetischen Spektrums manipulieren, können sie hinunter auf die Bahnen von subatomaren Teilchen und hinaus auf die Geburt von Sternen in entfernten Galaxien spähen, deren eintreffendes Licht beinahe auf den Beginn des Universums zurückdatiert. Sie (beziehungsweise genauer: wir, denn wissenschaftliche Erkenntnisse stehen weltweit allen von uns zur Verfügung) können Materie über siebenunddreißig Größenordnungen hinweg sichtbar machen. Der größte Sternenhaufen ist um den Faktor der Zahl Eins mit ungefähr siebenunddreißig angehängten Nullen größer als das kleinste bekannte Teilchen.

Ich meine es wirklich nicht respektlos, wenn ich sage, daß vorwissenschaftliche Menschen trotz ihrer angeborenen Genialität niemals die materielle Realität jenseits des winzigen Bereichs erraten könnten, der für den unbeholfenen Menschenverstand wahrnehmbar ist. Das ist noch nie und mit keinen Mitteln gelungen, nicht mit dem

Die Naturwissenschaften

Einsatz von Mythen, nicht durch Offenbarung, Kunst, Trance oder irgendwelche anderen vorstellbaren Hilfsmittel. Und was den Mystizismus anbelangt, diese intensivste Form vorwissenschaftlichen Eindringens in das Unbekannte, so befriedigt er zwar Emotionen, doch ansonsten ist sein Wert gleich Null. Kein Schamane kann durch Beschwörungen oder Fasten auf einem heiligen Berg das elektromagnetische Spektrum herbeirufen. Über dessen Existenz wurden die Propheten aller großen Religionen im unklaren gelassen, nicht weil es einen derart verschwiegenen Gott gäbe, sondern weil es ihnen an unseren hart erarbeiteten physikalischen Erkenntnissen mangelte. Ist dies ein Päan an den Gott der Wissenschaft? Nein – dies ist eine Hymne an die menschliche Erfindungsgabe, an die Fähigkeiten, die jeder von uns besitzt und die im modernen Zeitalter endlich entfesselt wurden. Es ist eine Lobpreisung des glücklichen Umstandes, daß das Universum verstehbar ist. Die größte Errungenschaft der Menschheit ist, daß sie sich ohne jegliche Hilfe von außen einen Weg durch die überraschend wohlgeordnete materielle Realität zu bahnen begann.

Wissenschaft hat all unsere Sinne geschärft. Einst waren wir taub, nun können wir alles hören. Die natürliche Gehörspanne des Menschen umfaßt 20 bis 20 000 Hz oder Luftkompressionsschwingungsdauern pro Sekunde. Oberhalb dieser Skala senden Fledermäuse im Flug Ultraschallschwingungen durch die Nacht und lauschen auf den Widerhall, um Motten und andere herumschwirrende Insekten zu lokalisieren. Allerdings haben viele ihrer potentiellen Opfer die Ohren auf dieselben Frequenzen eingestellt. Sobald sie die verräterischen Impulse hören, tauchen sie ab, beginnen in flinken Ausweichmanövern zu kreisen oder gehen im Sturzflug zu Boden. Vor den fünfziger Jahren unseres Jahrhunderts hatten die Zoologen keine Ahnung von diesen nächtlichen Luftkämpfen. Heute, ausgestattet mit Empfängern, Transformatoren und Infrarotgeräten, können sie jedem Piepser und Looping folgen.

Wir haben sogar Sinne entdeckt, die im menschlichen Repertoire gar nicht vorkommen. Während der Mensch Elektrizität nur indirekt, etwa durch ein Kribbeln auf der Haut oder das Aufblitzen eines Lichts bemerkt, leben die elektrischen Fische Afrikas und Südamerikas – eine bunte Mischung aus Süßwasseraalen, Wolfsfischen und Seegetier mit elefantenartigen Rüsseln – in einer galvanischen Welt. Mit ihrem Stammuskelgewebe, das von der Evolution zu organischen Batterien umgewandelt wurde, erzeugen sie elektrische Felder um ihre Körper. Die Spannung wird von einem Schalter im Nervensystem kontrolliert. Jedesmal, wenn er das Feld unter Strom setzt, messen die Fische die Spannungsstärke mit Elektrorezeptoren, die über ihren Körper verteilt sind. Schwankungen, die durch nahe Objekte verursacht werden und zu einer elektrischen Beschattung ihrer Rezeptoren führen, ermöglichen es ihnen, Größe, Gestalt und Bewegung zu erkennen. Auf diese Weise mit ständiger Information versorgt, gleiten die Fische im dunklen Gewässer elegant an Hindernissen vorbei, fliehen vor Feinden und peilen ihre Opfer an. Miteinander kommunizieren sie mittels kodierter Stromstöße. Mit Generatoren und Detektoren ausgerüstete Zoologen können heute an dieser Unterhaltung teilnehmen. Sie sind in der Lage, wie durch eine Fischhaut zu sprechen.

Aus solchen und zahllosen anderen Beispielen kann man eine informelle Regel der biologischen Evolution ableiten, die für das Verständnis der Conditio humana sehr wichtig ist: Ist ein organischer Sensor vorstellbar, der bestimmte Signale aus der Umwelt auffangen kann, dann gibt es auch irgendwo eine Spezies, die über ihn verfügt. All diese wunderbaren und großzügig mit solchen Hilfsmitteln ausgestatteten Lebensformen führen nun aber unweigerlich zu der Frage, weshalb die natürlichen Sinne des Menschen so reduziert sind. Warum ist unsere Spezies, diese angebliche Krone der Schöpfung, nicht wenigstens zu genauso viel fähig wie alle Tierarten zusammengenommen oder zu sogar mehr? Weshalb sind wir derart körperbehindert auf die Welt gekommen?

Die Evolutionsbiologie bietet darauf eine einfache Antwort. Die natürliche Auslese zum Zweck der differenzierten Überlebens- und Reproduktionsfähigkeit von unterschiedlichen genetischen Lebensformen stattet Organismen nur mit dem Allernotwendigsten aus. Biologische Leistungsfähigkeit entwickelt sich so lange, bis die Tauglichkeit des Organismus für die Nische, die er ausfüllen soll, maximiert ist, und nicht einen Schritt weiter. Jede Spezies, jede Art von Schmetterling, Fledermaus, Fisch und Primat, auch der Homo sapiens, besetzt eine artentypische Nische. Und genau dieser entsprechend lebt jede Spezies in ihrer eigenen Sinneswelt. Bei der Gestaltung dieser Welt orientiert sich die natürliche Auslese ausschließlich an den Lebensbedingungen, die in historischer Vergangenheit geherrscht haben, und an Ereignissen, die damals wie heute Augenblick für Augenblick stattfinden. Weil Motten zu klein und unverdaulich sind, um große Primaten mit genügend Nahrungsmittelenergie zu versorgen, hat der Homo sapiens nie eine Echoortung entwickelt, um

Die Naturwissenschaften   67

sie zu fangen. Und da wir nicht in dunklen Gewässern leben, war ein elektrischer Sinn auch niemals eine Option für die Spezies Mensch. Kurzum, die natürliche Auslese erkennt künftige Bedürfnisse nicht im voraus. Dieses Prinzip, das so vieles so gut erklärt, hat jedoch auch eine völlig unerklärliche Seite. Denn wenn es tatsächlich allgemeingültig ist, muß man sich doch fragen, wie die natürliche Auslese den Verstand auf die Zivilisation vorbereiten konnte, bevor es überhaupt eine Zivilisation gab? Das ist das große Geheimnis der menschlichen Evolution. Wie erklären sich Differentialrechnung und Mozart?

Später werde ich versuchen, eine Antwort darauf zu finden, indem ich Kultur und technische Innovation in das Evolutionsprinzip einbeziehe. Für den Augenblick möchte ich dieses Problem nur ein wenig abschwächen, indem ich den spezifischen Charakter der Naturwissenschaften als ein Produkt der Geschichte beleuchte. Es gab drei Vorbedingungen, sozusagen drei Glückstreffer in der evolutionären Arena, die zur wissenschaftlichen Revolution führten. Erstens die grenzenlose Neugier und der Schöpfungstrieb der gelehrtesten Köpfe. Zweitens die dem Menschen angeborene Fähigkeit, die Grundeigenschaften des Universums abstrahieren zu können. Schon unsere neolithischen Ahnen besaßen diese Gabe, obwohl sie doch sichtlich über jede Überlebensnotwendigkeit hinaus entwickelt war (auch hier wieder dieses größte aller Rätsel). In nur drei Jahrhunderten, zwischen 1600 und 1900, einem viel zu kurzen Zeitraum, als daß das menschliche Gehirn durch genetische Evolution verfeinert werden konnte, startete die Menschheit ins technowissenschaftliche Zeitalter.

Die dritte Vorbedingung war das, was der Physiker Eugene Wigner einmal die unlogische Effektivität der Mathematik in den Naturwissenschaften nannte. Aus Gründen, die Wissenschaftlern wie Philosophen bislang gleichermaßen verschlossen bleiben, ist die Übereinstimmung von mathematischer Theorie und experimenteller Physik derart groß, daß sich der Schluß geradezu aufzwingt, Mathematik sei in einem tieferen Sinne die natürliche Sprache der Wissenschaft. »Die enorme Nützlichkeit der Mathematik für die Naturwissenschaften«, schrieb Wigner, »ist etwas, das an ein Geheimnis grenzt und für das es keine vernünftige Erklärung gibt. Es ist ganz und gar nicht natürlich, daß ›Gesetze der Natur‹ existieren, und noch weniger, daß der Mensch in der Lage ist, sie zu erkennen. Das Wunder, daß die mathematische Sprache auf die Formulierung von physikalischen Gesetzen anwendbar ist, ist ein wunderbares Geschenk, das wir weder verstehen noch verdienen.«

68   Die Einheit des Wissens

Die Gesetze der Physik sind tatsächlich so exakt, daß sie sogar kulturelle Unterschiede transzendieren. Sie verdichten sich zu mathematischen Formeln, die unveränderbar und daher weder chinesisch noch äthiopisch oder auf irgendeine andere Weise interpretiert werden können. Auch machistische oder feministische Tendenzen sind ihnen völlig egal. Und wir können sogar mit an Sicherheit grenzender Wahrscheinlichkeit davon ausgehen, daß fortschrittliche außerirdische Zivilisationen, sofern sie Atomkraft nutzen und Raumfahrzeuge starten, dieselben Gesetze wie wir entdeckt haben und ihre Physik damit isomorph, das heißt Punkt für Punkt und Komma für Komma in das vom Menschen entwickelte Bezeichnungssystem übersetzbar ist.

Die größte Exaktheit wurde bei der Elektronenmessung erreicht. Ein einzelnes Elektron ist beinahe unvorstellbar klein. Auch wenn man es in die wahrscheinlichste Form von Wellenenergie abstrahiert, ist es nahezu unmöglich (wie generell bei allen Phänomenen der Quantenphysik), es im Rahmen des konventionellen Wahrnehmungsmusters, das von bewegten Objekten im dreidimensionalen Raum ausgeht, sichtbar zu machen. Und doch wissen wir zuversichtlich, daß es eine negative Ladung von 0,16 milliardstel Milliarden ($-1,6 \times 10^{-19}$) Coulomb und eine Ruhmasse von 0,91 milliardstel-milliardstel Milliarden ($9,1 \times 10^{-28}$) Gramm hat. Von solchen und anderen verifizierbaren Größen konnte man die Eigenschaften von elektrischen Strömen, des elektromagnetischen Spektrums, des photoelektrischen Effekts und chemischer Verbindungen exakt ableiten.

Die Theorie, die all diese Grundphänomene vereint, besteht aus einer Reihe von ineinandergreifenden graphischen Darstellungen und Gleichungen, genannt Quantenelektrodynamik, Kurzform QED. Sie behandelt die Position und den Impuls eines jeden Elektrons sowohl in seiner Eigenschaft als Wellenfunktion wie als diskretes Teilchen im Raum. Darüber hinaus stellt sich die QED das Elektron als ziellos Photone emittierend und resorbierend vor – jene einzigartigen masselosen Teilchen, die Träger von elektromagnetischer Kraft sind.

Hinsichtlich einer Eigenschaft des Elektrons, nämlich seinem magnetischen Moment, wurden Theorie und Experiment im höchsten jemals in der Physikwissenschaft erreichten Maße zur Deckung gebracht. Das magnetische Moment ist das Maß der Wechselwirkung zwischen einem Elektron und einem Magnetfeld. Genauer gesagt: Es ist das Kippmoment des Elektrons, geteilt durch die auf es einwirkende magnetische Flußdichte. Die Größe, die hier von Interesse ist,

ist das gyromagnetische Verhältnis, also das magnetische Moment, geteilt durch den Drehimpuls. Die Physiktheoretiker sagten den Wert des gyromagnetischen Verhältnisses durch Berechnungen voraus, die sowohl die Spezielle Relativitätstheorie als auch die Perturbationen (Störungen durch die Photonenemission und -resorption) einkalkulierten, das heißt jene beiden Phänomene, die laut QED zu geringfügigen Abweichungen von jenem Verhältnis führen sollten, welches von der klassischen Atomphysik vorhergesagt worden war. Die Atomwissenschaftler hatten ihrerseits das gyromagnetische Verhältnis berechnet. In einer technischen Tour de force hatten sie einzelne Elektrone in einer magnetisch-elektrischen Flasche eingeschlossen und sie über lange Zeiträume hinweg beobachtet. Ihre Daten stimmten mit den Voraussagen der theoretischen Physiker im Verhältnis Eins zu Einhundertmilliarden überein. Gemeinsam war den Theoretikern und experimentellen Physikern etwas gelungen, das der haargenauen Voraussage vergleichbar wäre, wo eine Nähnadel, die östlich von San Francisco in die Umlaufbahn geschossen wurde, wieder auf dem Boden auftrifft.

Das Abtauchen in die Minutissima, die Suche nach der ultimativen Winzigkeit einer Entität wie dem Elektron, ist ein Motor der abendländischen Naturwissenschaften. Man könnte fast sagen, es ist eine Art Instinkt. Menschen sind besessen von Bauteilen und fasziniert davon, sie immer wieder auseinanderzunehmen und erneut zusammenzusetzen. Dieser Impuls reicht bis ins fünfte Jahrhundert v. Chr. zurück, als Leukippos von Milet und sein Schüler Demokrit die sich als richtig erweisende protowissenschaftliche Spekulation anstellten, daß sich Materie aus Atomen zusammensetzt. Die Reduktion auf mikroskopische Einheiten wird von der modernen Wissenschaft nun ausgiebigst betrieben.

Die Suche nach dem Ultimativen wird überhaupt erst durch das ständig verbesserte Auflösungsvermögen von Mikroskopen ermöglicht, die eine direkte visuelle Beobachtung erlauben. Mit dieser technischen Errungenschaft haben wir eine andere elementare Sehnsucht gestillt: Wir wollen die gesamte Realität mit unseren eigenen Augen sehen. Die stärksten modernen Mikroskope wurden in den achtziger Jahren entwickelt – das Rastertunnelmikroskop und das Elektronenmikroskop, welche nahezu wirklichkeitsgetreue Ansichten von Molekülen und Atomen liefern. Eine DNA-Doppelhelix kann heute exakt so beobachtet werden, wie sie wirklich ist, inklusive aller Windungen und Drehungen, in die ein Molekül zerfällt, nachdem der Techniker es zur Ansicht vorbereitet hat. Hätten solche visuellen Techniken vor fünfzig Jahren existiert, hätte sich die noch immer in den Kinderschuhen steckende Molekularbiologie viel rapider entwickelt. In der Wissenschaft gilt dasselbe Prinzip wie beim Kartenspiel – einmal Kiebitzen ist mehr wert als hundert Finessen.

Die Sichtbarmachung der atomaren Ebene ist das Ergebnis von drei Jahrhunderten technischer Innovation auf der Suche nach dem ultimativen Einblick. Begonnen hat die Mikroskopie mit den primitiven optischen Instrumenten des Anton van Leeuwenhoek, die im späten siebzehnten Jahrhundert Bakterien und andere Objekte erkennen ließen, die hundertmal kleiner waren, als es die Auflösung des menschlichen Auges erfassen kann. Mit den heutigen Methoden kann man einmillionenfach kleinere Objekte betrachten.

Die leidenschaftliche Vorliebe für das Auseinandernehmen und Zusammensetzen von Gegenständen führte auch zur Erfindung der Nanotechnologie, der Herstellung von Gerätschaften, die aus einer relativ kleinen Anzahl von Molekülen bestehen. Folgende Entwicklungen zählen zu den beeindruckendsten Errungenschaften der jüngsten Zeit:

- Durch das Ätzen von Nadeln aus rostfreiem Stahl mit Ionenstrahlen haben Bruce Lamartine und Roger Stutz vom Los Alamos National Laboratory ROMs *(read-only memories)* von derart hoher Dichte geschaffen – ihre Rillen haben eine Feinheit von bis zu einem 150-Milliardstel-Meter –, daß es möglich geworden ist, Daten in der Größenordnung von 2 Gigabyte auf einer Nadel zu speichern, die nur 25 Millimeter lang und einen Millimeter breit ist. Da es sich hier um nichtmagnetische Materialien handelt, ist die gespeicherte Information nahezu unzerstörbar. Doch es wartet noch immer ein langer Weg auf uns. Denn zumindest theoretisch ist längst klar, daß Atome den Befehl erhalten können, Wissen zu speichern.

- Eine grundlegende Frage der Chemie lautete seit Lavoisiers Arbeit im achtzehnten Jahrhundert: Wie lange braucht ein Paar Moleküle, um zusammenzutreffen und sich zu verbinden, wenn verschiedene Reagenzien vermischt werden? Indem sie ihre Lösungen auf extrem kleine Räume begrenzten, gelang es Mark Wightman und seinen Kollegen von der University of North Carolina, Lichtblitze zu beobachten, die in dem Moment entstehen, wenn Reagensmoleküle mit entgegengesetzten Ladungen in Kontakt kommen. Damit war es den Chemikern möglich, diese Reaktionen mit bislang einmaliger Genauigkeit zeitlich zu bestimmen.

Die Naturwissenschaften 71

• Maschinen in Molekülgröße, die sich unter der Anleitung von
Technikern selbst montieren, wurden bereits seit Jahren theoretisch für möglich gehalten. Inzwischen sind sie auf dem Weg der
Verwirklichung. Eine der vielversprechendsten Techniken wurde
von George M. Whitesides und anderen Organikern der Harvard
University konstruiert. Dabei geht es um das selbständige Zusammenfügen von monomolekularen Einzelschichten. Diese sogenannten SAMs (Kurzform für *self-assembled monolayers*) bestehen
aus kolbenförmigen Molekülen, wie zum Beispiel den langen
Kohlenwasserstoffketten, genannt Alkanethiole. Nach der Labor-
synthese werden die Substanzen auf einen goldenen Untergrund
aufgetragen. Jedes Molekül verfügt am einen Ende über Eigenschaften, die es dazu veranlassen, an Gold zu haften, während das
aus Atomen mit anderen Eigenschaften aufgebaute andere Ende
nach außen in den Raum strebt. Aufgereiht wie Soldaten bei einer
Parade, bilden gleichartige Moleküle eine Einzelschicht von nur
ein bis zwei Nanometern Dicke. Als nächstes werden Moleküle
einer anderen Bauart aufgetragen, um eine zweite Schicht über
der ersten zu bilden, Verbindung für Verbindung und immer so
weiter, bis ein geschichteter Film von gewünschter Dichte und
mit den gewünschten chemischen Eigenschaften entstanden ist.
Da die SAMs bestimmte Grundeigenschaften mit den Membranen
lebender Zellen teilen, könnte ihr Bau ein möglicher Schritt hin
zur Erschaffung einfacher künstlicher Organismen sein. Auch
wenn sie noch bei weitem nicht lebendig zu nennen sind, sind
diese SAMs doch bereits ein Scheinbild von elementaren Bruch-
stücken des Lebens. Mit genügend und vor allem richtig zusam-
mengesetzten Komponenten werden Chemiker früher oder später in der Lage sein, eine passable lebende Zelle zu produzieren.

Der intellektuelle Motor der modernen Wissenschaft und seine Bedeutung für ein ganzheitliches Weltbild könnten folgendermaßen
zusammengefaßt werden: Unsere Verstandes- und Sinnessysteme
entwickelten sich prinzipiell als biologischer Apparat zur Erhaltung
und Vervielfachung der menschlichen Gene. Sie ermöglichten uns
jedoch nur, durch jenen winzigen Abschnitt der materiellen Welt zu
navigieren, dessen Beherrschung diesem Urprinzip dient. Die instru-
mentelle Wissenschaft hat dieses Handicap beseitigt. Doch Wissenschaft ist in ihrer Gesamtheit sehr viel mehr als nur die willkürliche
Erweiterung unserer Sinneswahrnehmungen mit Hilfe von Instrumenten. Zu dieser kreativen Mixtur gehören zwei weitere Elemente,

nämlich die Klassifikation von Daten und deren Interpretation durch die Theorie. Sie erst ermöglichen die rationale Verarbeitung der Sinneswahrnehmungen, zu denen uns die Instrumente verholfen haben.

In der Wissenschaft – und letztlich auch im übrigen Leben – ergibt nichts einen Sinn ohne Theorie. Es liegt in unserer Natur, alles Wissen in einen Kontext zu stellen, um eine Geschichte zu erzählen und die Welt entsprechend neu zu erschaffen. Also wollen wir uns nun für einen Moment dem Thema Theorie zuwenden. Wir sind verzaubert von der Schönheit der Natur. Das strahlend sichtbare Muster des Polarsternschweifs oder die Choreographie sich teilender Zellen in den Wurzelspitzen einer Pflanze entzücken unser Auge. Beide Beispiele zeigen Prozesse, die auch für uns lebenswichtig sind. Doch in unverarbeiteter Form, ohne den theoretischen Rahmen der heliozentrischen Astronomie oder der Mendelschen Vererbungslehre, sind sie nichts als schöne Lichtmuster.

Theorie ist ein mit Ungenauigkeit belasteter Begriff. Für sich genommen, ohne die Artikel *eine* oder *die*, schwingt irgendwie »Gelehrsamkeit« mit. Doch im alltäglichen Zusammenhang ist das Wort mit irreführenden Doppeldeutigkeiten überfrachtet. So hören wir zum Beispiel immer wieder, diese oder jene Behauptung sei »reine Theorie«. Jeder kann sich eine Theorie besorgen – nimm dein Geld und such dir unter all den Angeboten eine aus. Voodoo-Priester, die die Geister der Toten mit einem Hühneropfer besänftigen wollen, haben ebenso eine Theorie wie die Millenarier, die den Himmel über Idaho nach Zeichen der messianischen Wiederkehr absuchen. Aber auch wissenschaftliche Theorien sind nicht frei von Spekulationen und können daher ebenso auf Sand gebaut sein. Die Aussage: »Jedermanns Theorie ist von Wert und Interesse«, würde sich zwar vermutlich mit den Prinzipien der Postmodernen decken, doch wissenschaftliche Theorien sind etwas grundlegend anderes. Sie werden aufgestellt, um augenblicklich wieder eingerissen zu werden, wenn sie sich als falsch erweisen, was bedeutet: je früher, desto besser. »Mache deine Fehler schnell«, lautet die Devise der angewandten Wissenschaft. Ich gebe zu, daß sich Wissenschaftler oft in ihre eigenen Konstrukte verlieben – jedenfalls kenne ich das von mir selbst. Daher verbringen sie manchmal ein Leben mit dem erfolglosen Versuch, sie zu untermauern. Und ein paar vergeuden ihr ganzes Prestige und akademisch-politisches Kapital mit solchen Unterfangen. In diesen Fällen entwickelt sich Theorie, wie der Ökonom Paul Samuelson einmal bissig meinte, allenfalls Begräbnis für Begräbnis.

Die Naturwissenschaften

Quantenelektrodynamik und Evolution durch natürliche Auslese sind beides Beispiele einer erfolgreichen, großen Theorie für grundlegende Phänomene. Die Entitäten, die sie ins Bild setzen – Photone, Elektrone und Gene –, sind meßbar. Ihre Behauptungen können in den Säurebädern des Skeptizismus, des Experiments und rivalisierender Theorien überprüft werden. Ohne ihre prinzipielle Widerlegbarkeit würde ihnen niemand den Status von wissenschaftlichen Theorien zugestehen. Die besten Theorien entstehen nach der Regel von Occams »Rasiermesser«, jenes erstmals 1320 von Wilhelm von Ockham formulierten Parsimoniegesetzes, das da lautet: »Kann etwas mit weniger Annahmen erklärt werden, sind mehrere Annahmen unsinnig.« Parsimonie ist ein gutes Kriterium für solide Theorie. Mit solcherart abgespeckten und überprüften Theorien brauchen wir keinen Phöbos mehr, der im Streitwagen die Sonne über das Firmament zieht, oder Dryaden, die die Nordwälder bevölkern. Ich gebe zwar zu, daß wissenschaftliche Theorien weniger dichterische Freiheiten für New-Age-Träumereien lassen, aber dafür stellen sie die Realität dar, wie sie ist.

Dennoch sind auch sie Phantasieprodukte – allerdings Produkte sehr gut informierter Phantasien. Sie gehen über ihre eigene Reichweite, indem sie die Existenz von noch unbekannten Phänomenen voraussagen. Sie entwickeln Hypothesen, wissenschaftliche Einschätzungen unerforschter Fragen, deren Parameter sie selber zu definieren helfen. Die besten Theorien führen zu den fruchtbarsten Hypothesen. Sie lassen sich sauber in Fragen übersetzen und dann durch Beobachtung und Experiment beantworten. Theorien und ihre zugehörigen Hypothesen konkurrieren um die zur Verfügung stehenden Daten; sie sind die Ressourcen, die dem wissenschaftlichen Wissen Grenzen setzen. Eine Theorie, die in dieser turbulenten Umwelt überlebt, ist, ganz im Darwinschen Sinne, ein Sieger. Sie wird begeistert in den Kanon aufgenommen, setzt sich in unseren Köpfen fest und führt zu neuen Erforschungen der materiellen Realität und zu neuen Überraschungen. Und, ja, auch das: zu mehr Poesie.

Wissenschaft, um ihren Auftrag so präzise wie möglich zu formulieren, ist das *organisierte, systematische Unterfangen, Wissen über die Realität zusammenzutragen und es zu überprüfbaren Gesetzen und Prinzipien zu verdichten.* Die charakteristischen, Wissenschaft von Pseudowissenschaft unterscheidenden Merkmale sind (1) Wiederholbarkeit – dasselbe Phänomen wird, vorzugsweise durch unabhängige Untersuchungen, erneut erforscht und seine Interpretation mittels ergänzender Analysen und Experimente bestätigt oder widerlegt; (2) Ökonomie – Wissenschaftler versuchen, eine Information in die Form zu abstrahieren, die am einfachsten und ästhetischsten erscheint (was man gemeinhin Eleganz nennt) und zugleich die größtmögliche Erkenntnis unter Einsatz der geringstmöglichen Mittel verspricht; (3) Berechenbarkeit – wenn etwas richtig berechnet werden kann, normalerweise auf Basis von allgemein anerkannten Maßstäben, werden Generalisierungen eindeutig; (4) Heuristik – Wissenschaft im besten Sinne regt zu neuen Forschungen an, häufig in unvorhersehbar neue Richtungen, und die sich daraus ergebenden neuen Erkenntnisse bieten weitere Überprüfungsmöglichkeiten der Prämissen, die ursprünglich zur entsprechenden Entdeckung geführt hatten; und (5) und letztens Konfliktlösung durch Vernetzung – Erklärungen verschiedener Phänomene werden dann am ehesten überleben, wenn sie mit anderen Erklärungen in Verbindung gebracht und im Zusammenhang mit ihnen bewiesen werden können.

Astronomie, Biomedizin und physiologische Psychologie sind Disziplinen, die all diesen Kriterien entsprechen. Astrologie, Ufologie, Schöpfungslehre und Christliche Wissenschaft entsprechen bedauerlicherweise keinem einzigen davon. Man sollte auch nicht vergessen, daß Theorie und Evidenz in den echten Naturwissenschaften immer ineinandergreifen und die unauslöschliche technische Grundlage der modernen Zivilisation sind. Die Pseudowissenschaften können zwar individuelle psychologische Bedürfnisse befriedigen – aus Gründen, auf die ich noch zu sprechen kommen werde –, aber es mangelt ihnen an Ideen oder an den Mitteln, zu dieser technischen Grundlage einen Beitrag zu leisten.

Dreh- und Angelpunkt von Wissenschaft ist der Reduktionismus, die Aufspaltung der Natur in ihre natürlichen Bestandteile. Das Wort an sich hat gewiß einen sterilen Klang und den Beigeschmack von »Eingriff«, wie die Worte Skalpell oder Katheter. Wissenschaftskritiker bezeichnen den Reduktionismus daher auch als eine obsessiv betriebene Störung der allgemeinen Ordnung, die bis zur »Reduktionsmegalomanie« führen kann, wie ein Autor kürzlich schrieb. Doch das ist eine geradezu sträfliche Fehldiagnose. Die Vertreter der angewandten Wissenschaft, deren Geschäft es ist, überprüfbare Entdeckungen zu machen, betrachten den Reduktionismus mit ganz anderen Augen. Für sie ist er einfach eine mögliche Strategie, um einen Zugang zu ansonsten undurchdringlich komplexen Systemen finden zu können. Komplexität, das ist es, was Wissenschaftler letztlich interessiert, nicht Simplizität. Der Reduktionismus bietet eine Möglichkeit, Komplexität zu verstehen. Die Vorliebe für nicht reduzierte Komplexität ergibt Kunst, die Vorliebe für reduzierte Komplexität ergibt Wissenschaft.

In den meisten Fällen findet Reduktionismus nach folgender Gebrauchsanweisung statt: *Laß deine Gedanken um das System kreisen. Stelle eine interessante Frage. Zerlege diese Frage und vergegenwärtige dir ihre Elemente und die nächsten Fragen, die sich daraus ergeben. Denke dir alternative, verständliche Antworten aus. Formuliere sie so, daß eine angemessene Anzahl von Beweisen eine klare Entscheidung ermöglicht. Sollten zuviele begriffliche Schwierigkeiten auftreten, lasse davon ab. Suche nach einer anderen Frage. Wenn du schließlich auf einen entscheidenden Punkt gestoßen bist, suche nach einer systematischen Vorlage – etwa die kontrollierte Abgabe aus der Teilchenphysik oder den schnellbrütenden Organismus aus der Genetik –, auf deren Basis schwierige Experimente am einfachsten auszuführen sind. Mache dich ausgiebig vertraut mit dem System – besser noch: sei von ihm besessen. Lerne, seine Details zu lieben und ein Gefühl für alle zu bekommen, und zwar um ihrer selbst willen. Entwickle das Experiment so, daß die Antwort auf die Frage überzeugen muß, ganz unabhängig vom Ausgang des Experiments. Nimm den Ausgang als Grundlage für neue Fragen, neue Systeme. Je nachdem, wie weit andere bei dieser Versuchsreihe bereits gekommen sind (denke immer daran, daß du ihnen grundsätzlich erst einmal Glauben schenken mußt), kannst du nun an jedem beliebigen Punkt ansetzen.*

Geht man mehr oder weniger nach diesen Prinzipien vor, wird Reduktionismus zur wichtigsten und grundlegendsten wissenschaftlichen Aktivität. Doch Zerlegen und Analysieren ist nicht das einzige, womit sich Wissenschaftler beschäftigen. Ebenso entscheidend sind Synthese und Integration, in Schach gehalten von der philosophischen Reflexion über Wert und Bedeutung. Selbst Forscher, die sich stringent auf eine einzige Sache konzentrieren, vor allem all diejenigen, welche sich der Suche nach Elementareinheiten verschrieben haben, denken unentwegt über Komplexität nach. Um überhaupt Fortschritte erzielen zu können, müssen sie über das Netzwerk von Ursache und Wirkung auf allen angrenzenden Organisationsebenen nachdenken – von den subatomaren Teilchen über die Atome bis hin zu Organismen und Spezies –, und sie müssen sich über die Konzepte und Kräfte klar werden, die sich in den Netzwerken dieser Kausalzusammenhänge verbergen. Etwa so, wie sich Quantenphysik mit der chemischen Physik überschneidet, weil sie die Atombindungen und chemischen Reaktionen erklärt, welche die Grundlage der Molekularbiologie bilden, welche die Zellbiologie entmystifiziert.

Hinter der reinen Aufsplitterung von Aggregaten in kleinere Teile verbirgt sich noch eine andere Agenda, die ebenso mit dem Begriff Reduktionismus überschrieben ist, nämlich die Aufgabe, die Prinzipien und Gesetze jeder einzelnen Organisationsebene den Prinzipien und Gesetzen aller allgemeineren und daher fundamentaleren Ebenen anzugleichen. Strenggenommen bedeutet das vollständige Übereinstimmung, weil man davon ausgeht, daß die Natur durch einfache, allgemeingültige physikalische Gesetze organisiert ist und alle anderen Gesetze und Prinzipien auf diese reduziert werden können. Diese transzendentale Weltanschauung ist für viele wissenschaftliche Materialisten (zu denen ich mich zugegebenermaßen zähle) das Licht, das den Weg weist. Aber es könnte durchaus ein Irrlicht sein. Denn ziemlich sicher handelt es sich hier um eine allzu große Vereinfachung. Auf jeder Organisationsebene, vor allem bei lebenden Zellen und höheren Ebenen, gibt es Phänomene, die völlig neue Gesetze und Prinzipien erfordern, welche noch nicht durch all diejenigen vorausgesagt werden können, die auf allgemeineren Ebenen Gültigkeit haben. Vielleicht werden einige von ihnen ewig außerhalb unserer Reichweite bleiben. Vielleicht wird sich herausstellen, daß eine Vorhersage der komplexesten Systeme anhand von allgemeineren Ebenen überhaupt nicht möglich ist. Aber das wäre auch nicht weiter schlimm. Denn ich gebe gerne zu, was der Wissenschaft wirklich ihren metaphysischen Reiz verleiht, ist die Herausforderung und das Gefühl, sich auf knackendem, dünnem Eis zu bewegen.

Trotz all ihrer Unvollkommenheit ist die Naturwissenschaft das Schwert des Geistes. Ihre Frage nach einem universellen und geordneten Materialismus ist zugleich die bedeutendste aller Fragen für Philosophie und Religion. Wissenschaftliche Verfahrensweisen sind weder einfach zu beherrschen, noch einfach zu begreifen, deshalb dauerte es auch so lange, bis die Wissenschaft – nur zufälligerweise fast ausschließlich in Europa – in Schwung kam. Auch die wissenschaftliche Praxis ist hart und über lange Strecken frustrierend. Es gehört schon ein wenig Zwanghaftigkeit dazu, ein produktiver Wissenschaftler zu sein. Denn es sei nicht vergessen, daß neue Ideen fast immer platitüdenhaft und falsch sind. Die meisten Geistesblitze führen ins Nichts. Statistisch gesehen haben sie eine Halbwertzeit von Stunden oder bestenfalls Tagen. Fast alle Experimente zur Verifizierung von Behauptungen, die überhaupt bis zu diesem Punkt überleben konnten, sind umständlich und verschlingen eine Menge Zeit, nur um am Ende negative oder (schlimmer noch!) unklare Re-

Die Naturwissenschaften

sultate zu ergeben. Deshalb begann ich im Laufe der Jahre frischpromovierte Biologen auch grundsätzlich zu warnen: Wenn du eine akademische Karriere wählst, wirst du vierzig Stunden pro Woche für Lehre und administrative Pflichten aufwenden müssen, weitere zwanzig Stunden, um angesehene Forschung, und nochmals zwanzig Stunden, um wirklich wichtige Forschung zu betreiben. Das ist keine Milchmädchenrechnung. Über die Hälfte aller promovierten Naturwissenschaftler sind wissenschaftliche Totgeburten. Nach längstens ein oder zwei Veröffentlichungen steigen sie aus der eigentlichen Forschung aus. Percy Bridgman, der Begründer der Hochdruckphysik – kein Wortspiel beabsichtigt –, warnte:»Wissenschaftliche Methode bedeutet, dein verdammt Bestes zu geben, ganz egal wieviele Türen verschlossen sind.«

Eine Erstentdeckung bedeutet schlichtweg alles. In der Regel entdecken Wissenschaftler nicht, um zu wissen, sondern, wie der Philosoph Alfred North Whitehead einmal bemerkte, sie wissen, um eine Entdeckung machen zu können. Sie lernen, was sie wissen müssen – wobei sie oft äußerst schlecht informiert über den Rest der Welt und sogar die meisten anderen Wissensgebiete bleiben –, nur um schnellstens in jene Grenzgebiete vorzustoßen, in denen Entdeckungen gemacht werden. Dort breiten sie sich aus wie Herden auf Nahrungssuche. Einzeln oder in kleinen Grüppchen kosten sie vom sorgsam ausgewählten, kleinen Stück Weideland. Wenn sich zwei Wissenschaftler zum ersten Mal begegnen, eröffnen sie das Gespräch gewöhnlich mit der Frage:»Und an was arbeiten Sie?« Im allgemeinen wissen sie genau, was sie verbindet. Denn sie alle sind Goldsucher, die immer tiefer in eine abstrahierte Welt schürfen und sich meist damit begnügen, hie und da ein Nugget zu finden, aber ständig von der großen Goldader träumen. Zumindest unbewußt beginnen sie ihre Arbeit täglich mit dem Gedanken: *Es ist da, ich bin nahe dran, heute könnte der Tag sein.*

Sie kennen die Spielregeln der Profession genau: Mache eine bedeutende Entdeckung, und du wirst in die Elite der Topwissenschaftler aufsteigen und von da an einem Stand angehören, der sich schamlos elitär geben darf. Du wirst in die Lehrbücher eingehen. Nichts kann dir das wieder nehmen, auch wenn du dich den Rest deines Lebens auf deinen Lorbeeren ausruhst. Aber das tut natürlich niemand, denn wer je getrieben genug war, um eine bedeutende Entdeckung zu machen, wird kaum je wieder zur Ruhe kommen. Außerdem ist jede kleinste Entdeckung aufregend. Es gibt kein schöneres Gefühl, als den Fuß auf jungfräulichen Boden zu setzen. Keine Droge könnte zu größerer Abhängigkeit führen.

Wer nie eine Entdeckung macht, gilt im naturwissenschaftlichen Kulturbetrieb wenig oder nichts, ganz egal wieviel er weiß oder veröffentlicht hat. Natürlich machen auch Geisteswissenschaftler Entdeckungen, doch in ihren Domänen sind selbst die originellsten und wichtigsten Erkenntnisse nur Interpretationen oder Erläuterungen von bereits vorhandenem faktischem Wissen. In den Geisteswissenschaften gilt als gelehrt, wer Wissen nach Bedeutung aussiebt und es dann auch noch schafft, seine Erkenntnisse aus den Insiderkreisen hinauszutragen. Ohne je selbst etwas entdeckt zu haben, kann er zum wahren Erzengel der Intellektuellen werden, die Flügel weit über seine Domäne ausgebreitet, und dennoch nie zum innersten Kreis aufrücken. Der einzig wahre und endgültige Test einer wissenschaftlichen Karriere hängt davon ab, wie der folgende proklamative Satz ergänzt werden kann: *Er (oder sie) hat entdeckt, daß ...* Daher kommt es, daß in den Naturwissenschaften oft ein so krasser Unterschied zwischen Prozeß und Produkt herrscht, daß so viele umfassend ausgebildete Wissenschaftler engstirnig und ungebildet sind und so viele kluge Gelehrte als schwache Wissenschaftler auf ihrem Gebiet gelten.

Seltsamerweise gibt es jedoch kaum eine wissenschaftliche *Kultur*, zumindest im strikt anthropologischen Sinne. Es gibt keine Rituale, die der Rede wert wären. Ikonen treten höchstens vereinzelt auf. Dafür gibt es eine Menge Gezänk über Gebiets- und Statusansprüche. Die Gesellschaftsstruktur der Wissenschaft erinnert an eine lockere Konföderation von kleinen Lehnsgütern. Die religiösen Einstellungen von Wissenschaftlern rangieren von den zugegebenermaßen seltenen Erweckungsbewegten bis hin zu den weitverbreiteten hundertprozentigen Atheisten. Es gibt nur wenige Philosophen unter ihnen. Die meisten bleiben Handwerksgesellen des Intellekts, erforschen ein eng umgrenztes Gebiet, hoffen dabei auf einen Treffer und leben für die Gegenwart. Sie geben sich damit zufrieden, an einer Entdeckung zu arbeiten, unterrichten oft nur auf College-Ebene, erfreut darüber, relativ gutbezahlte Mitglieder eines Berufsstandes zu sein, der zwar zu den streitsüchtigeren zählt, im großen und ganzen aber kaum zu Verschwörungen neigt.

Charakterlich ist unter ihnen alles vertreten, was die Gesellschaft hergibt. Unter einer zufälligen Auswahl von tausend Wissenschaftlern wird man das gesamte menschliche Spektrum finden – gutmütig bis hinterhältig, angepaßt bis psychopathisch, zwanglos bis zwangsneurotisch, ernst bis leichtfertig, gesellig bis eremitisch. Manche sind so teilnahmslos wie amerikanische Steuereintreiber im

Die Naturwissenschaften   79

April, andere sind klinische Fälle von manischer Depression (oder
Bipolare, um diesen zweideutigen neuen Begriff zu verwenden).
Ihre Motivationsskala reicht von korrupt bis edel. Einstein zeichnete bei seiner Festrede zu Max Plancks sechzigstem Geburtstag im
Jahr 1918 ein schönes Bild der einzelnen Typen. Im Tempel der Wissenschaft, sagte er,»wandeln gar verschiedene Menschen. Gar mancher befaßt sich mit der Wissenschaft im freudigen Gefühl seiner
überlegenen Geisteskraft; ihm ist die Wissenschaft der ihm gemäße
Sport, der kraftvolles Erleben und Befriedigung des Ehrgeizes bringen soll; gar viele sind auch im Tempel zu finden, die nur um utilita-
ristischer Ziele willen hier ihr Opfer an Gehirnschmalz darbringen.
Käme nun ein Engel Gottes und vertriebe all die Menschen aus dem
Tempel, die zu diesen beiden Kategorien gehören, so würde er bedenklich geleert, aber es blieben doch noch Männer aus der Jetzt-
und Vorzeit im Tempel drinnen. Zu diesen gehört unser Planck, und
darum lieben wir ihn.«

Wissenschaftliche Forschung ist eine Art Kunst, weil es keine
Rolle spielt, wie man eine Entdeckung macht, sondern nur, ob die eigene Behauptung wahr ist und überzeugend bestätigt werden kann.
Der ideale Wissenschaftler denkt wie ein Dichter, arbeitet wie ein
Buchhalter und schreibt, sofern er diese Begabung auch noch mitbe-
kommen hat, wie ein Journalist. Wie ein Maler vor der nackten
Leinwand oder ein Schriftsteller, der vergangene Gefühle mit geschlossenen Augen wiederaufbereitet, durchsucht auch er seine Vorstellungswelt nach Themen und Schlußfolgerungen, nach Fragen
und Antworten. Selbst wenn seine größte Leistung nur die Erkenntnis ist, daß Bedarf an einem neuen Instrument oder einer neuen
Theorie besteht, kann das ausreichen, um einer ganzen neuen For-
schungsindustrie Tür und Tor zu öffnen.

Wie kreativ ein Wissenschaftler ist, hängt wie beim Künstler von
seinem Selbstbild und Talent ab. Damit er wirklich erfolgreich sein
kann, muß er genügend Selbstvertrauen haben, um sich aufs offene
Meer zu begeben und das rettende Land für eine Weile aus den
Augen zu lassen. Er schätzt das Risiko des Risikos wegen. Er hat
immer im Sinn, daß die Fußnoten längst vergessener Abhandlungen
voller Namen von begabten, aber viel zu zaghaften Forschern sind.
Wenn er nun aber wie die Mehrheit seiner Kollegen beschließt, sich
immer nur in Sichtweite der Küste fortzubewegen, muß er wenigstens zu den Glücklichen gehören, die in genügendem Maße über
jene optimale Intelligenz verfügen, wie ich es nennen möchte, die für
die Ausübung durchschnittlicher Wissenschaft notwendig ist – er

muß gescheit genug sein, um erkennen zu können, was getan werden muß, darf aber nicht so gescheit sein, daß er sich dabei langweilt. Wie ein Wissenschaftler seine Forschungen betreibt, hängt ganz von seiner Disziplin, seinem eigenen Geschick und seinem Geschmack ab. Ist er im Herzen ein Naturalist, läßt er sich auf der Suche nach noch unentdeckten Dingen und Abläufen treiben, manchmal durch den dichten Baumbestand wirklicher Wälder, heutzutage allerdings häufiger durch den dichten Molekülbestand von Zellen. Er verfügt über den Instinkt des Jägers. Ist er Mathematiktheoretiker, malt er sich einen bekannten, aber noch kaum verstandenen Prozeß aus, zerlegt ihn je nach eigener Intuition in seine wesentlichen Bestandteile und setzt ihn in Diagramme und Gleichungen um. Er sucht nach Beweisen für seine Behauptung, indem er den Experimentalisten sagt: Angenommen, der Prozeß läuft tatsächlich auf diese Weise ab, obwohl wir ihn nicht direkt beobachten können, dann sind dies die Parameter für eine indirekte Stichprobe und dann ist das die Sprache, mit der wir die Resultate erklären könnten.

Die verschiedenen Disziplinen haben ganz unterschiedliche Verifizierungskriterien. Systembiologen brauchen nur über eine ungewöhnliche neue Spezies zu stolpern und das Neue an ihr zu erkennen, und schon haben sie eine wichtige Entdeckung gemacht. 1995 stellten beispielsweise zwei dänische Zoologen einen völlig neuen Tierstamm auf, den fünfunddreißigsten bekannten, ausgehend von einer winzigen Spezies rädertierchenartiger Lebewesen, die ihren Lebensraum an den Mundwerkzeugen des Hummers haben. Biochemiker hingegen versuchen regelmäßig, die natürliche Synthese von Hormonen und anderen biologisch bedeutenden Molekülen aufzuspüren, indem sie mittels der Enzymreaktion die einzelnen Schritte im Labor nachvollziehen. Experimentelle Physiker, die noch weiter von der direkten Beobachtung entfernt sind als Chemiker – und daher auch die esoterischsten unter allen Wissenschaftlern –, deduzieren (um hier ein angemessen esoterisches Beispiel zu nehmen) die Raumverteilung der Quarks aus den energiereichen Zusammenstößen von Elektronen mit den Protonen der Atomkerne.

Mein Rat an den wissenschaftlichen Novizen lautet: Es gibt keine festgelegte Art und Weise, wie man eine wissenschaftliche Entdeckung macht und etabliert. Wirf dich mit all deinen Kräften auf das Thema, solange das Verfahren von anderen nachvollzogen werden kann. Überlege dir, wie du den physikalischen Vorgang unter verschiedensten Bedingungen wiederholt beobachten kannst. Denke über Experimente mit unterschiedlichen Methoden und Techniken

Die Naturwissenschaften

nach, über die Korrelation der angenommenen Ursachen und Wirkungen, über statistische Analysen zur Widerlegung der Nullhypothesen (die nur dazu gedacht sind, deine Schlußfolgerung über den Haufen zu werfen), über logische Argumente, und widme schließlich deine ganze Aufmerksamkeit den Details und der Übereinstimmung deiner Thesen mit den Ergebnissen, die von anderen veröffentlicht wurden. Dieser Handlungskatalog ist in jedem seiner Einzelschritte wie auch in dieser Kombination unbedingter Bestandteil der bewährten und bestätigten Ausrüstung der Wissenschaft. Steht deine Arbeit vor dem Abschluß, denke auch über das Auditorium nach, vor dem du berichten wirst. Plane, deine Arbeit in einer angesehenen Fachzeitschrift der Kollegenwelt zugänglich zu machen. Denn eine der strengsten Regeln des wissenschaftlichen Ethos lautet, daß eine Entdeckung nicht existiert, bis sie überprüft, bestätigt und veröffentlicht wurde.

Der wissenschaftliche Beweis baut sich akkumulativ auf, setzt sich aus verschiedenen Beweisblöcken zusammen und wird begleitet von den Blaupausen und Geschützen der Theorie. Nur sehr selten aber verändert eine Idee unser Realitätsverständnis in einem einzigen Quantensprung, wie es die Evolutions- und die Relativitätstheorie getan haben. Sogar die plötzliche Revolution der Molekularbiologie baute nur auf Physik und Chemie auf, veränderte diese Disziplinen aber nicht grundlegend.

Nur wenige wissenschaftliche Behauptungen werden als endgültig anerkannt, vor allem dann nicht, wenn sie ganze Konzepte nach sich ziehen. Häuft sich allerdings Beweis auf Beweis und greifen Theorien immer glaubwürdiger ineinander, gewinnen neue Erkenntnisse schnell weltweit Anerkennung. Im seminaristischen Sprachgebrauch verläuft die Skala der Glaubwürdigkeit einer Behauptung von »interessant« über »vielsagend« und »überzeugend« zu »zwingend«, bis sie nach einer angemessenen Zeit endlich »offensichtlich« ist.

Es gibt keinen objektiven Maßstab, an dem man den Grad von Akzeptanz messen könnte. Es gibt kein Instrument der äußeren objektiven Wahrheit, das sie kalibrieren könnte. Es gibt nur eine garantierte Behauptbarkeit, um hier die Formulierung von William James zu benützen. Das heißt, den Wissenschaftlern erscheinen bestimmte Beschreibungen der Realität immer einleuchtender, bis schließlich alle Einwände aufhören. Ein Beweis, sagte der Mathematiker Mark Kac einmal, ist das, was einen einsichtigen Menschen überzeugt; ein exakter Beweis ist das, was einen uneinsichtigen Menschen überzeugt.

Hin und wieder ist es möglich, eine wissenschaftliche Methode in ein Rezept zu fassen, wobei das erfolgversprechendste immer dasjenige ist, das auf multiplen konkurrierenden Hypothesen beruht, auch »starke Inferenz« genannt. Aber das funktioniert nur unter ganz bestimmten Bedingungen und auf Basis eines relativ einfachen Prozesses, vor allem in den Bereichen der Physik und Chemie, wo man kaum erwarten muß, daß sich Kontext oder Geschichte auf das Ergebnis auswirken. Angenommen, es ist ein Phänomen zu erforschen, von dem man nur weiß, daß es existiert, das man aber nicht direkt beobachten kann, was dazu führt, daß seine exakten Eigenschaften nur geraten werden können. Die Forscher malen sich nun jede nur vorstellbare Möglichkeit aus, wie der Prozeß ablaufen könnte – die multiplen konkurrierenden Hypothesen –, und ersinnen Experimente, die alle Hypothesen außer einer eliminieren.

Ein berühmtes Beispiel dafür datiert auf das Jahr 1958. Matthew Meselson und Franklin Stahl, damals am California Institute of Technology, benutzten diese Methode, um die einzelnen Schritte der Selbstduplikation von DNA-Molekülen zu demonstrieren. Zuerst einmal ihre Schlußfolgerung: Die Doppelhelix teilt sich der Länge nach, um zwei Einzelhelixe zu bilden; anschließend sucht sich jede Einzelhelix einen neuen Partner, um wieder eine Doppelhelix zu bilden. Die alternativen Hypothesen, daß sich die Doppelhelix als Ganzes dupliziert oder daß die Einzelhelixe im Duplikationsprozeß aufbrechen und dispergieren, mußten verworfen werden.

Hier nun der trotz seiner technischen Details elegant einfache Beweis. Nachdem sie die Frage formuliert hatten, die sich später als die richtige herausstellen sollte, entschieden sich Meselson und Stahl auch für das richtige Experiment, um aus den konkurrierenden Alternativen die richtige herauszufinden. Zuerst ließen sie Bakterien, die in einer schweren Stickstofflösung DNA-Moleküle produziert hatten, ihre Multiplikation in einer normalen Stickstofflösung fortsetzen. Dann extrahierten sie diese Moleküle und zentrifugierten sie in einer Caesiumchlorid-Lösung, die einen Dichtegradienten bildete. Die von den Bakterien mit schwerem Stickstoff gebauten DNA-Moleküle sanken tiefer in den Caesiumchlorid-Dichtegradienten ab als die ansonsten identischen DNA-Moleküle, die von denselben Bakterien mit normalem Stickstoff gebaut wurden. Als der Gleichgewichtszustand erreicht war, hatte sich die DNA in klar abgegrenzte Stränge aufgeteilt, und zwar in einem Muster, das exakt mit der Hy-

Die Naturwissenschaften 83

pothese der Einzelhelixseparation und der Doppelhelixregeneration übereinstimmte. Mit diesem Muster waren die beiden konkurrierenden Hypothesen – die gesamtmolekulare Duplikation und die Fragmentierung, gefolgt von der Dispersion der Fragmente – ausgeschlossen.

Wissenschaft ist selbst in der relativ geordneten Welt der Molekulargenetik ein Durcheinander von solchen Argumenten und Beweisen. Aber vielleicht liegen ihren unterschiedlichen Methoden doch gemeinsame Elemente zugrunde? Könnten wir uns einen allgemeingültigen Lackmustest für wissenschaftliche Behauptungen vorstellen und durch ihn endlich den Gral der objektiven Wahrheit erreichen? Die derzeit vorherrschende Meinung geht davon aus, daß wir dazu niemals in der Lage sein werden. Wissenschaftler wie Philosophen haben ihre Suche nach absoluter Objektivität mehr oder weniger eingestellt und geben sich damit zufrieden, ihr Handwerk auf andere Dinge zu konzentrieren.

Ich bin da anderer Meinung, auch wenn ich damit Gefahr laufe, als Häretiker zu gelten. Die Antwort könnte sehr wohl heißen: Ja, wir werden dazu in der Lage sein. Kriterien für die Ermittlung von objektiver Wahrheit könnten mit Hilfe der empirischen Forschung gefunden werden. Der Schlüssel liegt zum einen in der Klärung der noch immer kaum durchschauten Funktionsweisen, die den Verstand formen, und zum anderen in der Verbesserung der bruchstückhaften Ansätze, mit denen sich die Wissenschaft den materiellen Eigenschaften des Verstandes bisher genähert hat.

Hier meine Behauptung: Außerhalb unseres Kopfes existiert eine von uns unabhängige Realität. Nur Verrückte und ein paar konstruktivistische Philosophen bestreiten das. Innerhalb des Kopfes existiert eine Rekonstruktion dieser Realität, basierend auf Sinnesreizen und selbstentworfenen Vorstellungen. Reize und Selbstentwürfe formen den Verstand, nicht etwa irgendeine unabhängige Entität im Gehirn, jener »Geist in der Maschine«, wie der Philosoph Gilbert Ryle es abfällig nannte. In Wirklichkeit haben die Idiosynkrasien der menschlichen Evolution dafür gesorgt, daß die äußere Realität nicht im Einklang mit der inneren Vorstellung von ihr steht. Das heißt, die natürliche Auslese ließ ein Gehirn entstehen, das den Zwecken des Überlebens dienen sollte und nur zufälligerweise auch imstande ist, die Welt besser zu verstehen, als es für das Überleben nötig ist. *Die angemessene Aufgabe der Wissenschaft ist es nun, dieses Mißverhältnis zu diagnostizieren und zu korrigieren.* Auch wenn sie dabei noch ganz am Anfang steht, sollte niemand davon ausgehen, daß die objektive Wahrheit unmöglich herauszufinden ist, selbst wenn uns sogar die verantwortlichsten Philosophen drängen, endlich zu akzeptieren, daß dies völlig unmöglich sei. Vor allem ist es noch viel zu früh für die Wissenschaftler, diese Infanteristen der Erkenntnistheorie, ein Territorium aufzugeben, das derart lebenswichtig für ihre Mission ist.

Obwohl sie manchmal ausgesprochen phantastische Züge trägt, so ist doch keine andere intellektuelle Vision wichtiger, kühner oder ehrfurchtsgebietender als die einer wissenschaftlich begründbaren objektiven Wahrheit. Als erste hatten die griechischen Philosophen diese Vision diskutiert; ihre moderne Form nahm sie im achtzehnten Jahrhundert an, als die Aufklärung die Hoffnung hegte, daß die Wissenschaft in der Lage sein würde, die Gesetze zu entdecken, welchen die gesamte materielle Realität unterliegt. Sollte das gelingen, so glaubten die Gelehrten, könnten wir den ganzen Schutt der Jahrtausende abräumen und all die Mythen und falschen Kosmologien verbannen, mit denen das Selbstbild der Menschheit überfrachtet wurde. Dieser Traum der Aufklärung verblaßte vor den Reizen des Romantizismus. Aber ausschlaggebender für sein Dahinschwinden war wohl die Tatsache, daß die Wissenschaft keine Erfolge in jenem Bereich vorzuweisen hatte, der ihr am ehesten erlaubt hätte, ihr Versprechen zu erfüllen – bei der Definition der physikalischen Fundamente des Verstandes. Diese beiden Fehlschläge führten schließlich zu der verheerenden Annahme, daß der Mensch von Natur aus romantisch sei, weshalb er verzweifelt nach Mythen und Dogmen suche; und kein Wissenschaftler könne erklären, weshalb er dieses Bedürfnis habe.

Am Ende des neunzehnten Jahrhunderts wurde der Traum von objektiver Wahrheit durch zwei philosophische Trends wiedererweckt. Der erste, der Positivismus, war europäischen Ursprungs und ging von der Überzeugung aus, daß gesicherte Erkenntnisse ausschließlich durch die exakte Beschreibung unserer Sinneswahrnehmungen gewonnen werden könnten. Der zweite, der Pragmatismus, war amerikanischen Ursprungs und gründete auf dem Glauben, daß Wahrheit ist, was mit der Gesamtheit menschlicher Erfahrungen und Handlungsweisen am besten zu vereinen ist. Von Anfang an waren beide Positionen symbiotisch mit Wissenschaft verknüpft. Beide bezogen ihre hauptsächliche Schlagkraft aus den spektakulären Fortschritten, die sich damals in der Physik abzeichneten und die sie darin bestätigten, daß der Erwerb exakten, praktischen Wissens zum Beispiel durch elektromagnetische Motoren, Röntgenstrahlen, Reagens-Chemie ermöglicht wird.

Die Naturwissenschaften

Ihren Höhepunkt erlebte die Sehnsucht nach objektiver Wahrheit
kurz darauf mit der Formulierung des logischen Positivismus – einer
Variante des allgemeinen Positivismus –, welcher den Gehalt einer
wissenschaftlichen Aussage mit den Mitteln der Logik und durch die
Analyse der verwendeten Sprache zu definieren versuchte. Viele Intellektuelle hatten zu dieser Bewegung beigetragen, aber ihr Herz
war der sogenannte Wiener Kreis, eine vom Philosophen Moritz
Schlick 1924 gegründete Gruppe vor allem österreichischer Intellektueller. Bis zu Schlicks Tod 1936 traf sich dieser Kreis regelmäßig, danach löste er sich auf, und einige seiner Mitglieder und Förderer flohen vor dem nationalsozialistischen Regime in die USA.

Vom 3. bis 9. September 1939 trafen sich wissenschaftliche Vertreter des logischen Positivismus in der Harvard Universität zum Fünften Internationalen Kongreß für die Einheit der Wissenschaften –
eine vor Geist sprühende Gesellschaft, in der Namen vertreten
waren, die untrennbar mit der Ideengeschichte verknüpft bleiben
werden: Rudolf Carnap, Phillip Frank, Susanne Langer, Richard von
Mises, Ernest Nagel, Otto Neurath, Talcott Parsons, Willard van
Quine und George Sarton. Vermutlich waren sie durch Hitlers Ein-
marsch in Polen, der zwei Tage vor dem Start der Konferenz begonnen hatte, außerordentlich beunruhigt. Die napoleonischen Feldzüge
hatten die Glaubwürdigkeit der Aufklärung in Frage gestellt; nun
war es der barbarische und von den pseudowissenschaftlichen Theorien rassischer Überlegenheit angefeuerte Eroberungsfeldzug, welcher aus dem Postulat der Vernunft eine noch absurdere Posse zu
machen drohte. Doch die Wissenschaftler wichen nicht von ihrer
Idee, daß rational erworbenes Wissen der Menschheit größte Hoffnung sei.

Wie aber, fragten sie, kann man wissenschaftliches Ethos destillie-
ren? Die vom Wiener Kreis begründete Bewegung hatte im Laufe
der Jahre auf zwei Ebenen gearbeitet. Sie hatte zum einen das Kern-
ideal der Aufklärung bekräftigt, daß der Sache der Menschheit am
besten mit entschlossenem Realismus gedient sei. Da sie »weder Be-
schützer noch Feinde« habe, wie Carnap es formulierte, müsse die
Menschheit mittels ihrer eigenen Intelligenz und ihrem eigenen
Willen den Weg zu einer transzendenten Existenz finden. Wissenschaft sei dafür einfach das beste zur Verfügung stehende Instrument.
Ein Jahrzehnt früher hatte der Wiener Kreis erklärt: »Das wissenschaftliche Verständnis von Realität dient dem Leben und wird seinerseits vom Leben bedient.«

Auf der zweiten Ebene, als Ergänzung der ersten unerläßlich, ging es um die Suche nach unverfälschten Standards, an welchen wissenschaftliche Erkenntnisse gemessen werden könnten. Jedes einzelne Symbol, so die logischen Positivisten, sollte etwas Reales bezeichnen und mit der Gesamtstruktur der ermittelten Fakten und Theorien übereinstimmen. Offenbarungen oder Generalisierungen ohne faktische Grundlage waren nicht erlaubt. Theorie müsse immer direkt an die Fakten anschließen. Und schließlich sei der Informationsgehalt von Sprache ausdrücklich von ihrem emotionalen Gehalt zu unterscheiden. Um das alles zu erreichen, sei Verifikation das einzige Mittel – in der Tat liege die ureigenste Bedeutung einer Aussage darin, welche Verifikationsmethode angewandt wurde. So man diese Rahmenrichtlinien einhalten und Schritt für Schritt weiterentwickeln würde, könne man sich früher oder später der objektiven Wahrheit annähern. Und im Laufe dieses Prozesses werde die auf Unwissenheit beruhende Metaphysik der Wissenschaft weichen wie ein Vampir dem erhobenen Kreuze.

Den logischen Positivisten, die sich da in Cambridge trafen, war klar, daß die reine Mathematik zwar auf dem Weg zum Gral war, aber nicht selber das Endziel sein konnte. Mathematik ist tautologisch, trotz ihrer unbestreitbaren Stärke im Bereich der Theoriebildung. Das heißt, jede Schlußfolgerung ergibt sich voll und ganz aus ihren eigenen Prämissen, und die können, müssen aber nicht etwas mit der realen Welt zu tun haben. Mathematiker erfinden und beweisen Lemmata und Theoreme, die zu anderen Lemmata und Theoremen führen, und immer so weiter, ohne daß ein Ende in Sicht wäre. Die größten Mathematiker sind intellektuelle Athleten olympischer Dimension. Manchmal stoßen sie auf Konzepte, wie beispielsweise komplexe Zahlen, lineare Umformungen und harmonische Funktionen, die neuen Domänen des abstrakten Denkens Tür und Tor öffnen und sich als zugleich mathematisch interessant und der Wissenschaft von Nutzen erweisen.

Die reine Mathematik ist die Wissenschaft aller vorstellbaren Welten, ein logisch in sich geschlossenes System und dennoch unendlich in die Richtungen erweiterbar, die die Ausgangsprämissen zulassen. Mit der Mathematik können wir jedes nur denkbare Universum beschreiben, vor allem wenn Zeit und computertechnische Kapazitäten unbegrenzt zur Verfügung stehen. Aber Mathematik allein kann uns nichts über die spezifische Welt vermitteln, in der wir leben. Nur durch Beobachtung können eine Tabelle des Periodensystems, eine Hubble-Konstante oder all die anderen Gewißheiten unserer Existenz entdeckt werden, die in anderen Universen in anderer

Form oder gar nicht vorhanden sein mögen. Weil Physik, Chemie und Biologie von den Parametern unseres Universums abhängen – also desjenigen, das wir vom Inneren des Milchstraßensystems aus sehen können –, bilden sie zusammen die Wissenschaft aller möglichen Phänomene, die für uns faßbar sind.

Dennoch entsteht der Eindruck, als sei es die Mathematik, die, weil sie sich als so effektiv in den Naturwissenschaften erwiesen hat, pfeilgerade auf das ultimative Ziel der objektiven Wahrheit zustrebt. Was die logischen Positivisten vor allem beeindruckte, war das enge Zusammenspiel von physikalischer Beobachtung und abstrakter mathematischer Theorie bei der Quanten- und Relativitätsphysik. Diese beiden größten wissenschaftlichen Triumphe des zwanzigsten Jahrhunderts hatten wieder neues Zutrauen in die dem menschlichen Gehirn eigenen Kräfte entstehen lassen. Man mache sich das einmal klar: Hier ist der Homo sapiens, eine Primatenart, die kaum erst ihrer Steinzeit entronnen ist und schon exakt Phänomene erahnt, die auf beinahe unvorstellbare Weise über jede Alltagserfahrung hinausgehen. Da konnten die Theoretiker doch nur zu der Überzeugung kommen, daß wir einer allgemeingültigen Formel für objektive Wahrheit schon sehr nahe gekommen sein müssen.

Doch der Gral entzog sich ihnen. Der logische Positivismus kam ins Stolpern und schließlich zum Stillstand. Heute werden positivistische Analysen zwar noch immer von einigen gepflegt, von der Philosophie aber zumeist wie Dinosaurierfossile in paläontologischen Labors studiert, also um zu ergründen, weshalb sie ausgerottet wurden. Die vermutlich letzte Verteidigungsschrift des logischen Positivismus war Carnaps wenig gelesener monographischer Beitrag zu den *Minnesota Studies in the Philosophy of Science* aus dem Jahr 1956. Der fatale Fehler des logischen Positivismus war seine semantische Unklarheit: Gründer und Anhänger hatten sich nicht auf den grundlegenden Unterschied zwischen Fakt und Konzept einigen können, zwischen empirischer Generalisierung und mathematischer Wahrheit, zwischen Theorie und Spekulation und – aus einer Kollation all dieser umnebelten Dichotomien – zwischen wissenschaftlichen und unwissenschaftlichen Aussagen.

Der logische Positivismus war die mutigste konzertierte Aktion, die je von modernen Philosophen angestrengt wurde. Sein Versagen oder, um es etwas freundlicher auszudrücken, seine Mängel lagen einzig darin begründet, daß seine Vertreter keine Ahnung von den Funktionsweisen des Gehirns hatten. Das war meiner Ansicht nach das ganze Problem. Niemand, weder Philosoph noch Wissenschaft-

ler, konnte auf andere Weise als mit höchst subjektiven Begriffen erklären, welche physikalischen Vorgänge beim Prozeß des Beobach-
tens und logischen Denkens stattfinden. Und daran hat sich in den
letzten fünfzig Jahren nicht viel geändert. Heute ist man zwar dabei,
die Landkarte des Verstandes zu vermessen, aber die meisten Gebiete
darauf sind nach wie vor weiß. Da nun jedoch der wissenschaftliche
Diskurs, der ja der Fokus des logischen Positivismus war, selber aus
komplexen Denkvorgängen besteht, und da im Gehirn ein ziemli-
ches Durcheinander herrscht, selbst wenn nur die elementarsten Gedanken koordiniert werden sollen, sind nicht einmal Wissenschaftler
in der Lage, zielgerichtet zu denken. Sie entwerfen Begriffe, Erklärungen, Relevanz, Zusammenhänge und Analysen und zerlegen
sie in Fragmente, ohne dabei eine bestimmte Ordnung einzuhalten.
Der Nobelpreisträger Herbert Simon, der einen Teil seiner Karriere
diesem Thema gewidmet hatte, sagte über die Komplexität der
Begriffsbildung:»Was das kreative Denken im wesentlichen von
den üblicheren Denkmustern unterscheidet, ist (1) die Bereitschaft,
äußerst ungenau definierte Problemaussagen zu akzeptieren und
diese graduell zu strukturieren, (2) sich ununterbrochen über einen
ziemlich langen Zeitraum hinweg mit ein und demselben Problem
zu beschäftigen, und (3), sich ein umfassendes Hintergrundwissen in
relevanten und potentiell relevanten Bereichen anzueignen.«

Um es auf einen Nenner zu bringen: Kreatives Denken heißt Wissen, Obsession, Wagemut. Und dieser kreative Prozeß besteht aus
einem unentwirrbaren Tohuwabohu. Vielleicht könnten nur wirklich aufrichtige Autobiographien aufdecken – bisher gibt es nur wenige –, wie ein Forscher seinen Weg bis zu einer publizierbaren
Schlußfolgerung gefunden hat. Denn in einer Hinsicht werden wissenschaftliche Arbeiten immer irreführend sein: So, wie ein Roman
immer besser ist als der Romancier, ist ein Forschungsbericht immer
besser als der Forscher, denn auch er wurde vor seiner Veröffentlichung von allen unvermeidlichen Irrungen und Wirrungen gereinigt. Aber hinter einer solch voluminösen, unverständlichen und
meist schnell vergessenen Suada verbergen sich immer die Geheimnisse wissenschaftlichen Erfolges.

Die von den logischen Positivisten unermüdlich gesuchte kanoni-
sche Definition von objektivem wissenschaftlichen Wissen ist weder
ein philosophisches Problem, noch kann sie, wie man hoffte, mit den
Mitteln der Logik oder der semantischen Analyse gewonnen werden.
Hier geht es um eine empirische Frage, die nur durch die kontinu-
ierliche Erforschung der physikalischen Grundlagen des Denkpro-

Die Naturwissenschaften 89

zesses selbst beantwortet werden kann. Die erfolgversprechendsten Verfahrensweisen für die Simulation von komplexen Geistesaktivitäten liegen nahezu sicher im Bereich von künstlicher Intelligenz und der noch in den Kinderschuhen steckenden Erforschung von künstlicher Emotion. Dieses Modellsystem wird sich mit der schon fortgeschritteneren Hirnneurobiologie vereinen, die mit Hilfe des Hochauflösungsscanners all jene computerartigen Netzwerke im Gehirn sichtbar machen kann, die bei der Gedankenbildung aktiv werden. Wichtige Erkenntnisse sind auch von der molekularbiologischen Erforschung des Lernprozesses zu erwarten.

Wenn wir erst einmal in der Lage sind, die genauen biologischen Prozesse der Begriffsbildung zu definieren, wird es uns vielleicht möglich sein sein, überlegene Methoden für die Erforschung sowohl des Gehirns und seiner Außenwelt zu entwickeln. Dann können wir vermutlich auch den logischen Zusammenhang zwischen den Naturereignissen und -gesetzen und den physikalischen Grundlagen des Denkprozesses eher erkennen. Wird es dann möglich sein, den letzten Schritt zu gehen und eine unanfechtbare Definition von objektiver Wahrheit zu formulieren? Vielleicht nicht. Allein die Idee ist schon riskant, denn sie hat immer einen leichten Beigeschmack von Absolutismus, diesem gefährlichen Medusenhaupt der Natur- wie der Geisteswissenschaften. Außerdem wäre es sicher lähmender für die Forschung, diese Idee vorschnell zu akzeptieren, als sie erst einmal abzulehnen. Sollten wir sie also lieber gleich aufgeben? Niemals! Besser, sich vom Polarstern leiten zu lassen, als ziellos über ein dunkles Meer zu treiben. Ich glaube, wir werden es einfach wissen, wenn wir dem Ziel unserer Vordenker näher gekommen sind, selbst wenn sich erweisen sollte, daß wir es nie ganz erreichen werden. Das Strahlen dieses Ziels wird in der Eleganz, Schönheit und Kraft unserer gemeinsamen Ideen eingefangen sein und auch – im besten Geist des philosophischen Pragmatismus – in der Weisheit unseres Verhaltens.

Kapitel 5

Der Ariadnefaden

Mit Hilfe der wissenschaftlichen Methode haben wir die materielle
Welt auf eine Weise kennengelernt, wie es sich frühere Generationen
nicht einmal zu erträumen vermochten. Nun beginnt sich diese
große Abenteuerreise dem Inneren zuzuwenden, uns selbst. In den
vergangenen Jahrzehnten haben sich die Naturwissenschaften bis an
die Grenzen der Sozial- und Geisteswissenschaften ausgedehnt. Dort
muß sich nun das Prinzip des vernetzten und den Fortschritt bestimmenden Wissens seinem härtesten Test unterziehen. Die physikalischen Wissenschaften waren relativ leicht untereinander zu vernetzen; die Sozial- und Geisteswissenschaften werden uns nun vor die
eigentliche Herausforderung stellen. Denn die unklare Verbindung
dieser Disziplinen ist von geradezu mythischen Elementen umgeben,
um die uns die alten Griechen beneidet hätten – trügerische Passa-
gen, heroische Irrfahrten und geheimnisvolle Anweisungen, die uns
wieder nach Hause führen sollen. Aus solchen Elementen sind Sagen
seit Jahrhunderten gemacht, auch die Geschichte des Labyrinths von
Knossos, die eine ausgezeichnete Metapher für die Einheit allen
Wissens ist.

Theseus, der heraklische Held der Athener, begibt sich in das Herz
des Labyrinths von Knossos. Seinen Weg durch das Gewirr von Gän-
gen markiert er mit dem Faden eines Wollknäuels, das ihm Ariadne,
die verliebte Tochter des kretischen König Minos, gegeben hatte. In
den Tiefen des Labyrinths trifft er auf Minotauros, halb Mensch,
halb Stier, welchem jährlich sieben Knaben und sieben Mädchen aus
dem tributpflichtigen Athen zum Fraß vorgeworfen werden müssen.
Theseus tötet den Minotauros mit bloßen Händen. Dem Faden der
Ariadne folgend, findet er zurück aus den Wirren des Labyrinths.

Dieses Labyrinth, vermutlich eine Anspielung auf einen prähistorischen Konflikt zwischen Kreta und Attika, ist eine gute Metapher
für die geheimnisvolle materielle Welt, in die die Menschheit hin-
eingeboren wurde und die sie seither zu verstehen versucht. Die Vernetzung der großen Wissensgebiete ist der Ariadnefaden, den wir

brauchen, um hindurchzufinden. Theseus steht für die Menschheit, Minotauros für unsere gefährliche Irrationalität. Gleich hinter dem Eingang zum Labyrinth des empirischen Wissens beginnt der Weg der Physik, von dem mehrere Gänge abzweigen, die jeder Suchende auf dieser Reise durchlaufen muß. Im tiefsten Inneren des Labyrinthes führt ein ganzes Wegegewirr durch die Sozialwissenschaften, die Geisteswissenschaften, die Kunst und die Religion. Nur wenn der Faden der Kausalerklärungen richtig ausgelegt wurde, ist es möglich, zügig wieder herauszufinden, zurück durch die Gänge der Verhaltenswissenschaften, der Biologie und der Chemie bis zur Physik.

Im Laufe der Zeit stellen wir aber fest, daß dieses Labyrinth eine sehr beschwerliche Eigenart hat, die es uns letztlich unmöglich macht, es wirklich vollständig zu meistern: Es gibt zwar eine Art Eingang, doch kein wirkliches Zentrum und unzählige verschiedene Endpunkte, die in den Tiefen des Gängegewirrs versteckt sind. Wenn wir den Faden zurückverfolgen – von der Wirkung zur Ursache, sofern wir über genügend Wissen dazu verfügen –, können wir immer nur an einem der vielen möglichen Endpunkte beginnen. Das Labyrinth der realen Welt ist ein phantastisches Gewirr aus nahezu unendlichen Möglichkeiten. Es wird uns niemals gelingen, sie alle zu kartographieren, wir werden sie niemals alle entdecken und erklären können. Aber zumindest können wir hoffen, das uns bekannte Territorium zügig zu durchqueren, vom Besonderen zurück zum Allgemeinen, um dann, im Einklang mit dem menschlichen Geist, für immer und ewig nach neuen Wegen zu forschen. Und wir können die gespannten Fäden zu Erkenntnisnetzen verweben, denn uns sind die Fackel des Wissens und das Wollknäuel gegeben.

Diese Art der Wissensvernetzung hat aber noch eine zweite Eigenart: Es ist sehr viel leichter, das Gängegewirr zu verlassen, als es zu betreten. Wenn Teilerklärungen erst einmal wie ein Faden von einem Abschnitt zum anderen gespannt worden sind, von einer Organisationsebene zur nächsten bis hin zu den vielen verschiedenen Endpunkten (beispielsweise zu bestimmten geologischen Formationen oder Schmetterlingsarten), können wir an jedem beliebigen Faden entlang zurückgehen und zuversichtlich darauf vertrauen, daß er uns an den Kausalabzweigungen vorbei zu den Gesetzen der Physik zurückführen wird. Die Reise in umgekehrter Reihenfolge, also von der Physik zu den diversen Endpunkten, ist hingegen extrem schwierig. Je weiter man sich von der Physik entfernt, um so mehr Optionen eröffnen die Disziplinen, die man passiert – und zwar in exponentiellem Maße. An jeder Kausalabzweigung multiplizieren

Der Ariadnefaden 93

sich die fortlaufenden Fäden. So ist die Biologie auf beinahe unvorstellbare Weise komplexer als die Physik und die Kunst wiederum komplexer als die Biologie. Es scheint daher völlig unmöglich, konsequent auf Kurs zu bleiben. Am verwirrendsten aber ist, daß wir nicht einmal wissen, ob die Reise überhaupt je an den Punkt führen kann, den wir anpeilen.

Diese ständig wachsende Komplexität zwischen Eingang und Endpunkten wird lehrbuchhaft von der Zellbiologie illustriert. Mit Hilfe der Reduktionsprinzipien der Physik und Chemie haben Forscher die Struktur und Aktivität von Zellen bis hin zu den Details derart bewundernswert und brillant erklärt, daß für rivalisierende Erklärungsansätze kein Raum mehr blieb. Inzwischen gehen sie davon aus, schon bald alles Wissenswerte über jede beliebige Zellart erklären zu können, indem sie sie Organelle für Organelle (organartige Bildung des Zellplasmas von Einzellern) reduzieren und auf dem Rückweg zum Eingang des Labyrinths – zur Simplizität – wieder zu einem Ganzen zusammenfügen. Aber sie haben wenig Hoffnung, die Merkmale einer vollständigen Zelle mit den Mitteln der Physik und Chemie ebenso *voraussagen* zu können, also den richtigen Weg vom Eingang des Labyrinths zur wachsenden Komplexität zu finden. Eines der wissenschaftlichen Mantras heißt, daß physikalische Erklärungen notwendig, aber nicht ausreichend sind. Es gibt viel zu viele Idiosynkrasien im Aufbau eines Zellkerns und anderer Organellen mitsamt ihren Molekülen, und es herrscht viel zuviel Komplexität im sich konstant verändernden chemischen Austausch einer Zelle mit der Umwelt, als daß begriffliche Querverbindungen dieser Art möglich wären. Außerdem ist uns, von diesen Feinheiten einmal ganz abgesehen, die Geschichte der präskriptiven DNA, die sich über zahllose Generationen erstreckt, noch immer ein Geheimnis.

Kurzum, hier geht es um die Fragen, wie sich eine Zelle bildet und wie die Evolutionsgeschichte verlaufen ist, die zu ihren spezifischen Merkmalen führte. Um darauf Antworten finden zu können, sind die Biologen gezwungen, zunächst die Komplexität innerhalb einer Zelle zu beschreiben; erst dann können sie sie in ihre einzelnen Bestandteile zerlegen. Denn der umgekehrte Weg ist theoretisch zwar vorstellbar, praktisch jedoch nach einhelliger Meinung aller Biologen auf geradezu abschreckende Weise schwierig.

Ein Phänomen in seine einzelnen Bestandteile zu zerlegen – in diesem Fall eine Zelle in Organellen und Moleküle –, bedeutet Vernetzung von Wissen durch Reduktion. Es wiederherzustellen, vor allem aber, mit dem durch Reduktion erworbenen Wissen vorauszusagen, wie die Natur es ursprünglich konstruiert hat, bedeutet Vernetzung von Wissen durch Synthese. Und mit genau diesen beiden Schritten gehen Naturwissenschaftler üblicherweise vor: Durchquere von oben nach unten jeweils zwei oder drei Organisationsebenen mittels Analyse, dann durchquere von unten nach oben dieselben Ebenen mittels Synthese.

Diese Methode läßt sich ganz einfach anhand eines bescheidenen Beispiels aus meiner eigenen Forschungspraxis illustrieren: Ameisen warnen sich über gewisse Entfernungen hinweg vor Gefahr. Wenn eine Arbeiterin (alle Arbeitstiere sind weiblich) umgerempelt, zu Boden gedrückt oder auf irgendeine andere Weise bedroht wird, können die Gefährtinnen aus demselben Bau ihren Stress über mehrere Zentimeter Entfernung hinweg wahrnehmen und eilen ihr zu Hilfe. Ein Alarm kann visuell übermittelt werden, was allerdings nur selten vorkommt, da Konfrontationen üblicherweise im Dunkeln stattfinden und viele Ameisenarten ohnehin blind sind. Das Signal kann auch akustisch vermittelt werden, wobei die aufgeregten Arbeiterinnen quietschende Laute von sich geben, indem sie ihre hinteren Körperteile aneinanderreiben oder ihre Körper wiederholt auf- und abpumpen und dabei auf den Boden schlagen. Doch auch Ton wird nur von einigen Arten und bei ganz bestimmten Gelegenheiten eingesetzt.

Angesichts dieser Fakten vermutete ich als junger Entomologe in den fünfziger Jahren, daß die Alarmsignale demnach nur chemischer Art sein können. Tatsächlich handelt es sich hier um Substanzen, die von den Forschern damals »chemische Auslöser« genannt wurden und heute unter dem Namen Pheromone bekannt sind. Um meine Hypothese zu überprüfen, sammelte ich also ein paar Kolonien von Roten Waldameisen und einigen anderen Arten, in deren Naturgeschichte ich mich gut auskannte. Dann setzte ich sie in künstliche Bauten, nicht viel anders, als Kinder so etwas zu tun pflegen. Mit Hilfe eines Präpariermikroskops und einer Uhrmacherpinzette sezierte ich soeben getötete Arbeiterinnen, um herauszufinden, welche Organe die Alarmpheromone enthalten könnten. Ich drückte jedes dieser kaum sichtbaren weißen Gewebestückchen an die Spitzen von Applikatorenstäbchen und hielt sie nacheinander kleinen Gruppen von pausierenden Arbeiterinnen vor. Auf diese Weise erfuhr ich, daß zumindest zwei Drüsen aktiv sind. Eine öffnet sich unterhalb des Unterkiefers, die andere in der Anusregion. Die Ameisen waren wie elektrisiert von den Drüsensubstanzen. Sie rasten mit schnellen Drehungen hin und her und um die Applikatorenstäbchen herum und hielten nur inne, um die Gewebestückchen zu untersuchen und nach ihnen zu schnappen. Die Herkunft der Pheromone hatte ich nun also haargenau festgestellt. Aber woraus bestanden sie? Ich sicherte mir die Hilfe von Fred Regnier, einem gleichaltrigen Chemiker, der auch gerade erst seine Laufbahn begonnen hatte, aber bereits Experte auf einem Gebiet war, das damals absolut vordringlich für das Studium der Kommunikationsweisen von Ameisen war – die Analyse extrem kleiner Organproben. Unter Einsatz der damals modernsten Techniken, der Gaschromatographie und der Massenspektrometrie, identifizierte Regnier die aktiven Substanzen als eine Mischung aus einfachen Verbindungen, genannt Alkane und Terpenoide. Anschließend gewann er Proben von identischen Verbindungen, die im Labor synthetisiert worden waren, womit ihre Reinheit gewährleistet war. Als wir den Ameisenkolonien winzige Mengen davon vorhielten, reagierten sie genauso wie bei meinen ersten Experimenten. Damit konnten wir bestätigen, daß die Alarmpheromone tatsächlich aus der von Regnier identifizierten Drüsensekretmischung bestanden.

Diese Erkenntnis war der erste Schritt auf dem Weg zum Verständnis weiterer und grundsätzlicherer Phänomene. Als nächstes holte ich mir den jungen Mathematiker William Bossert zu Hilfe. (Wir waren alle jung damals; junge Wissenschaftler haben nicht nur die besten Ideen, sondern auch die meiste Zeit.) Angetan von dieser völlig neuen Problematik und dem kleinen Honorar, das ich ihm bieten konnte, machte er sich sofort daran, physikalische Modelle für die Pheromondiffusion zu entwickeln. Wir wußten, daß die Chemikalien aus den Drüsenöffnungen verdampfen. In nächster Nähe dieser Öffnungen sind die Moleküle dicht genug, um von den Ameisen gerochen werden zu können. Den dreidimensionalen Bereich, innerhalb dessen dies möglich ist, nannten wir den aktiven Raum. Die geometrische Form dieses aktiven Raums konnte mittels der physikalischen Eigenschaften der Moleküle vorausgesagt und durch die Zeit bestätigt werden, die erforderlich ist, damit der sich ausbreitende molekulare Niederschlag die Ameisen alarmiert. Wir wandten sowohl die Modelle als auch Experimente an, um die Verteilungsrate der Moleküle und die Sensibilität der Ameisen für ihren Geruch zu messen, und konnten mit an Sicherheit grenzender Wahrscheinlichkeit nachweisen, daß Arbeiterinnen durch die Absonderung von evaporierenden Pheromonen miteinander kommunizieren.

Zu dieser Schlußfolgerung waren wir mit den für die wissenschaftliche Forschung allgemein üblichen Schritten gelangt – das heißt mit solchen, die mit Hilfe der Vernetzung von Disziplinen entwickelt worden waren, welche Generationen von Wissenschaftlern vor uns etabliert hatten. Um die Frage der Alarmkommunikation von Ameisen zu klären, wandten wir die Reduktionsmethode an und arbeiteten uns von einer spezifischen Organisationsebene – dem Organismus – hinunter bis zur allgemeineren Molekularebene. Wir versuchten also, ein biologisches Phänomen mit den Mitteln der Physik und Chemie zu erklären. Und glücklicherweise funktionierte es.

Dieser Ansatz für die Erforschung von Pheromonen sollte auch in den kommenden Jahrzehnten erfolgreich sein. Eine Menge Biologen arbeiteten unabhängig voneinander daran und bewiesen, daß Ameisen ihre Kolonien mit Hilfe von diversen chemischen Systemen organisieren, ähnlich denjenigen, die zur Alarmierung eingesetzt werden. Wir fanden heraus, daß Ameisenkörper wandelnde Drüsenbatterien voller semiotischer Verbindungen sind. Wenn Ameisen ihre Pheromone versprühen, einzeln oder kombiniert und in unterschiedlichen Mengen, dann teilen sie anderen Ameisen mit: *Gefahr, komm schnell her*; oder *Gefahr, verteilt euch*; oder *hier gibt es was zu futtern, folgt mir*; oder *es gibt eine bessere Stelle für unseren Bau, folgt mir*; oder *ich bin ein Kollege aus deinem Bau, kein Fremder*; oder *ich bin eine Larve* und so weiter, wobei sie über ein Repertoire von bis zu zwanzig Botschaften verfügen, je nachdem welcher Kaste (Soldat oder Arbeiterin) und Ameisenart sie angehören. Diese Geschmacks- und Geruchscodes sind derart überzeugend und intensiv, daß sie ganze Ameisenkolonien zu einer einzigen Funktionseinheit verschmelzen. Dementsprechend kann jede einzelne Kolonie als ein Superorganismus betrachtet werden, als ein Kulturzug konventioneller Organismen, der sich wie ein einzelner, wesentlich größerer Organismus verhält. Die Kolonie ist ein primitives semiotisches Netzwerk, das entfernt an Nervenbahnen erinnert – eine hundertköpfige Hydra. Berührt man eine einzige Ameise, einen einzigen Strang des gesamten Netzwerkes, setzt man augenblicklich den gesamten sozialen Sicherheitsapparat in Bewegung.

Wir hatten vier Ebenen durchquert, vom Superorganismus zum Organismus über die Drüsen und Sinnesorgane bis hin zu den Molekülen. War es möglich, den umgekehrten Weg einzuschlagen und das Ergebnis ohne jegliches Vorwissen über die spezifische Biologie der Ameisen vorauszusagen? Ja, zumindest über den Weg einiger allgemeiner Prinzipien. Geht man nämlich von der Theorie der natürlichen Auslese aus, kann man erwarten, daß die als Pheromone dienenden Moleküle bestimmte Eigenschaften besitzen, welche ihre Produktion und ihren Ausstoß in ausreichendem Maße ermöglichen.

Legt man außerdem noch Prinzipien der organischen Chemie zugrunde, ist davon auszugehen, daß diese Moleküle aller Wahrscheinlichkeit nach fünf bis zwanzig Kohlenstoffatome besitzen und eine relative Molekülmasse zwischen achtzig und dreihundert haben. Moleküle, die sich als Alarmpheromone verhalten, werden normalerweise zu den weniger schweren Arten gehören. Sie werden in vergleichsweise hohen Mengen – von eher millionstel als milliardstel Gramm pro Ameise – produziert werden, und die reagierenden Arbeiterinnen werden in geringerem Maße für sie aufnahmefähig sein als für die meisten anderen Pheromone. Diese Merkmalskombination ermöglicht einen schnellen Ausstoß und einen ebenso schnellen Schwund der Signalwirkung, nachdem die Gefahr gebannt ist. Vorhersagbar ist auch, daß die Spurensubstanzen, die die Ameisen von ihrem Bau bis zur Nahrungsmittelquelle und wieder zurück verfolgen, aus Molekülen mit entgegengesetzten Eigenschaften bestehen, ihre Merkmale also eine langanhaltende Signaldauer und einen verdeckten Ausstoß ermöglichen. Diese Geheimhaltung verhindert, daß sich Raubtiere in die Signale einklinken und die Absender jagen können. Im Krieg – und die Natur ist zweifelsohne ein Schlachtfeld – sind Geheimcodes einfach nötig.

Solche Vorhersagen – oder begründete Hypothesen, wenn man so will – gehören unter die Rubrik »Vernetzung durch Synthese«. Von einigen rätselhaften Ausnahmen abgesehen haben sie sich bislang immer bestätigt. Doch ausschließlich mit den Mitteln der Physik und Chemie können Biologen weder die exakten Strukturen der Pheromonmoleküle noch die Art der sie produzierenden Drüsen voraussagen. Sie können nicht ausschließlich durch Experimente herausfinden, ob ein bestimmtes Signal von einer bestimmten Ameisenart benutzt wird oder nicht. Um diesen Grad von Exaktheit zu erreichen, muß man sich von der Physik und Chemie direkt hinter dem Eingang ins Labyrinth bis zu einem der Endpunkte vorarbeiten, die für das Sozialleben von Ameisen stehen, und zudem detaillierte Kenntnisse über die Evolutionsgeschichte dieser Spezies und ihre spezifische Umwelt haben.

Kurzum, eine voraussagende Synthese ist äußerst schwierig. Doch Schlußfolgerungen in umgekehrter Reihenfolge, also durch Reduktion, sind meiner Meinung nach in einigen Fällen über alle Organisationsebenen und damit auch alle Wissensgebiete hinweg möglich.

Um aufzuzeigen, wie das funktioniert, werde ich nun versuchen, den Traum eines Magiers bis hinunter auf die Ebene von Atomen zurückzuverfolgen.

Die Träume des Magiers sind von Schlangen bevölkert. Das habe ich mir nicht ausgedacht, das ist eine alte Sache. Schlangen gehören zu den wilden Tieren, die am häufigsten in den Träumen und Drogenräuschen von Menschen aller Kulturen auftreten. Für den Zulu wie den Stadtneurotiker von Manhattan ist die Schlange ein mächtiges Traumsymbol, ein Tier aus Fleisch und Blut, das in die Welt der laufenden Bilder des Unterbewußtseins übertragen wurde. Abhängig vom Kulturkreis und den individuellen Erfahrungen des Träumers wird sie zum Raubtier, bedrohlichen Dämon, Wächter einer geheimen Welt, Orakel, Geist der Toten oder Gott. Ihr schlüpfriger Körper und tödlicher Biß macht sie zum idealen Werkzeug für die Magie. Ihr Anblick ruft ein ganz bestimmtes Gefühlskonglomerat hervor – mathematisch betrachtet wäre es ein dreieckiger Gradient, begrenzt von den Punkten Angst, Ekel und ehrfürchtige Scheu. Während die reale Schlange Furcht erregt, führt der Anblick einer Traumschlange zur Erstarrung, denn im paralytischen Zustand des Schlafens kann ihr der Träumer nicht entkommen.

In den Regenwäldern des westlichen Amazonas leben unzählige Arten von Schlangen, die zum festen Bestandteil der amerikanisch-indianischen und mestizischen Kulturen wurden. Schamanen überwachen die Einnahme von halluzinogenen Drogen und interpretieren die Bedeutung von Schlangen und anderen häufig auftretenden Traumerscheinungen. Die equadorianischen Jívaro benützen dazu *Maikua*, den Saft der grünen Rinde des Nachtschattengewächses *Datura arborea*. Krieger trinken ihn, um die in der spirituellen Welt lebenden Ahnen *Arutam* anzurufen. Hat der Suchende Glück, erscheint ihm ein Geist aus der Tiefe des Waldes, häufig in Form zweier gigantischer Anacondas, die in der realen Welt zur Gattung des *Eunectes murinus* gehören, zu den schwersten Schlangen der Welt, groß genug, um einen Menschen allein mit ihrer Kraft zu töten. Die Traumschlangen winden und rollen sich ihm im Kampf verflochten entgegen. Sind sie zwanzig oder dreißig Meter von ihm entfernt, muß der Jívaro auf sie zulaufen und sie berühren, sonst würden sie »wie Dynamit« explodieren und verschwinden.

Hatte ein Jívaro diese Vision, muß er sie unbedingt für sich behalten, damit der Zauber seine Wirkung nicht verliert. Die folgende Nacht schläft er am Ufer des nächsten Flusses, wo im Traum *Arutam* in der Gestalt eines alten Mannes zu ihm zurückkehrt und spricht:

Der Ariadnefaden

»Ich bin dein Ahne. Ich habe lange Zeit gelebt, und auch du wirst lange leben. Ich habe oft getötet, und auch du wirst oft töten.« Wenn die Erscheinung wieder verschwindet, tritt ihre Seele in den Körper des Träumenden ein. Am Morgen erwacht der Jívaro und fühlt sich in seiner Tapferkeit gestählt und im Stand der Gnade. Daß er ein deutlich verändertes Verhalten angenommen hat, wird von den anderen in den verstreuten Hütten der Jívaro-Gemeinschaft natürlich sofort registriert. Wenn er es wünscht, kann er nun den Schulterschmuck aus Vogelfedern anlegen, der die Seelenkraft der *Arutam* symbolisiert. In früheren Zeiten wäre er damit in den Stand der Krieger aufgenommen worden und hätte an der Kopfjagd teilnehmen dürfen.

Achthundert Kilometer südöstlich, im peruanischen Teil des Amazonas, lebt der Mestizenschamane und Künstler Pablo Amaringo. Nach den Traditionen seiner amerikanisch-indianischen Vorfahren, den Weisen der Cocoma und Quechua aus dem Amazonas- und Cajamarcagebiet, schwört Amaringo Visionen herauf und hält sie in seinen Gemälden fest. Dazu bedient er sich der im Tal des Rio Ucayali weitverbreiteten Droge *Ayahuasca*, die aus der Dschungelliane *Banisteriopsis* gewonnen wird. In seinen Träumen tauchen Schlangen in allen Gestalten auf, die ihnen in der amazonischen Kultur traditionell zugeschrieben werden – als Berggötter, Waldgeister, Mensch und Tier auflauernde Raubtiere, heilige Samenspender, Gebieter über Seen und Wälder, und manchmal ist es die gewundene *Ayahuasca*-Liane selbst, die zur Schlange wird.

In der reichen Tradition der Schipibo, die sich in Amaringos Malerei spiegelt, werden schlangenförmige und andere natürliche wie übernatürliche Wesen mit komplizierten geometrischen Mustern in allen Grundfarben ausgeschmückt. Auch der Horror vacui der Schipibo findet sich in seinen Bildern wieder – jede verfügbare Fläche ist bis ins kleinste Detail ausgemalt, ein Stil, der ganz der realen Amazonasregion entspricht, in der es von den erstaunlichsten Lebewesen nur so wimmelt.

Amaringos Themen sind einigermaßen eklektisch. Geister, ihre Beschwörer und all die Phantasietiere aus den alten amerikanisch-indianischen Mythen werden mit den Artefakten der modernen peruanischen Industriewelt zusammengewürfelt. Es sind Schiffe und Flugzeuge auf seinen Bildern zu sehen, und manchmal schwebt eine fliegende Untertasse über dem Dach des Regenwaldes. Diese surrealen und beunruhigenden Darstellungen, unbelastet von allem, was uns unsere Sinne als normal eingeben, sind verbildlichte Emotionen auf der Suche nach Dichtung und Wahrheit. Ihre Verrücktheit ist ein Spiegelbild des Trance und Traum beherrschenden Prinzips – jede Metapher hat einen Sinn, und jedes Körnchen Erinnerung, das in das Unbewußte eindringt, findet Eingang in die Dichtung.

Seit Chemiker die heiligen Pflanzen analysiert haben, haben sie ihr Geheimnis verloren. Ihre Säfte sind von Neuromodulatoren durchzogen, die, wenn sie in großen oralen Dosen eingenommen werden, einen Erregungszustand erzeugen, der zu Delirium und Visionen führt. Dieser Wirkung folgt ein narkotisierter Traum. Die Säfte des Stechapfels der Jívaro, der *Datura*, bestehen aus den strukturell ähnlichen Alkaloiden Atropin und Scopolamin. Im *Banisteriopsis* der Mestizen kommt unter anderem Beta-Carbolin vor, welchem die Schamanen gewöhnlich noch das aus anderen Pflanzenarten gewonnene Dimethyltryptamin beimischen. Diese Substanzen wirken psychotrop und rufen eine Bilderflut von derartiger Intensität hervor, daß sie die Prozesse des kontrollierten Bewußtseins einfach durchbrechen. Sie verändern das Gehirn auf dieselbe Weise wie die natürlichen Neuromodulationsmoleküle, die das normale Träumen regulieren. Der Unterschied ist nur, daß Menschen unter Drogeneinfluß in eine semikomatöse Trance fallen, in der das unkontrollierte, impulsive und oft hartnäckige Träumen nicht mehr auf Schlafphasen beschränkt ist.

Man ist leicht versucht, die spirituelle Suche der amazonischen *Vegetalistas* mit ebensolcher Herablassung zu behandeln wie in den sechziger und siebziger Jahren des zwanzigsten Jahrhunderts die unschuldigen Träume der Hippies und ihrer bekifften Gurus und Schamanen. Abgesehen von ein paar Kultanhängern wird sich heute kaum noch jemand den verstorbenen Drogenguru Timothy Leary zum Vorbild nehmen oder sich an Carlos Castañeda und seine einst so viel gelesenen *Lehren des Don Juan* erinnern. Doch man sollte die Bedeutung von solchen Visionen nicht unterschätzen. Sie erzählen uns etwas Wichtiges über Biologie und die menschliche Natur. Seit Jahrtausenden haben Kulturen in aller Welt Halluzinogene zur Bewußtseinserweiterung eingesetzt. Nicht nur der natürliche Schlaf, auch durch Drogen hervorgerufene Träume wurden in der abendländischen Zivilisation lange als Zugang zum Göttlichen betrachtet. Sie sind Dreh- und Angelpunkt von Schlüsselszenen im Alten wie im Neuen Testament. In Matthäus 1,20 heißt es beispielsweise: Joseph »erschien ein Engel des Herrn im Traum«, um zu verkünden, daß Maria ein Kind vom Heiligen Geist erwarte. Diese Traumerscheinung wurde zu einem der beiden Grundpfeiler des christlichen

Der Ariadnefaden 101

Glaubens (auch der andere, der Bericht der Jünger über die Auferstehung, hatte etwas mit Traum zu tun).

Emmanuel Swedenborg, ein Wissenschaftler und Theologe des achtzehnten Jahrhunderts, dessen Anhänger die »Neue Kirche« gründeten, war der festen Überzeugung, daß Träume das Geheimnis des Göttlichen bergen. Gott begrenze sein Wort nicht auf die Heilige Schrift. Wenn der Heilige Code nicht unter dem Mikroskop geknackt werden könne (wie der schwedische Gelehrte zu seiner großen Enttäuschung feststellen mußte), könne er uns immer noch in den Szenarien unserer Traumwelten eröffnet werden. Deshalb schlug Swedenborg unregelmäßige Schlafenszeiten und Schlafentzug vor, um eindeutigere und häufigere Bilderfluten zu stimulieren. Wenigstens in der Physiologie kannte er sich aus; ich nehme an, daß er einer deftigen Prise *Ayahuasca* nicht abgeneigt gewesen wäre.

Man führe sich vor Augen, welche Träume erst ein Magier, Hexer, oder Schamane haben kann. In ihnen kommt mehr als nur das spezifische Produkt eines einzigen Verstandes zum Ausdruck, denn sie verarbeiten Sinnbilder, die der ganzen Spezies Mensch gemein sind. Die Kunst von Pablo Amaringo ist daher durchaus einer naturwissenschaftlichen Analyse wert. Seine Gemälde sind der Testfall für die Einheit allen Wissens, ein eindrucksvolles kulturelles Fragment, das möglicherweise erklärbar und deshalb auf der nächstniedrigen biologischen Komplexitätsebene – nach der künstlerischen Eingebung – von Bedeutung ist.

Wissenschaftler pflegen vor einer solchen Analyse erst einmal nach Elementen zu forschen, die ihnen als Zugangspunkte dienen könnten. Ich habe mir dafür zwei Elemente aus Amaringos Gemälden ausgesucht, die sich zur Erklärung geradezu anbieten: zum einen die Traumlandschaft als solche und zum anderen die Schlangen, die sie auf höchst auffällige Weise bevölkern.

Im Traum begegnen sich Mystizismus und Wissenschaft. Freud, der sich dieser Verbindung wohl bewußt war, stellte bei seiner Traumdeutung die Hypothese auf, daß der latente Traum aus unbewußten Impulsen des Es und aus Gedächtnisinhalten entsteht, die infolge von Verdrängung unbewußt geworden sind. Während wir schlafen, lockert das Ich seinen Griff über das Es – die Verkörperung des Impulses – und transformiert unsere latenten Ängste und Wünsche durch Traumarbeit in den manifesten Traum. Doch weder Ängste noch Wünsche werden in ihren Urformen erlebt. Wie die zensierten Charaktere eines schlechten viktorianischen Romans werden auch sie vom geistigen Zensor, Freuds »Traumverzerrung«, in Symbole verwandelt, damit der Schlaf nicht gestört wird. Der Durchschnittsmensch, so Freud, könne nicht erwarten, ihre Bedeutung im Wachzustand akkurat zu analysieren, daher brauche er einen Psychoanalytiker, der ihn durch die freie Assoziation leiten kann, um ihre Codes zu entschlüsseln. Im Verlauf dieser Aufdeckungsarbeit klärten sich dann die Zusammenhänge der Traumsymbole mit den eigenen Kindheitserfahrungen. Und sofern dieser Prozeß ordentlich abgewickelt werde, erlebe der Patient, wie die von den unterdrückten Gedächtnisinhalten hervorgerufenen Neurosen und anderen psychischen Störungen nachließen.

Freuds Konzept des Unbewußten schärfte die allgemeine Aufmerksamkeit für die versteckten irrationalen Prozesse des Gehirns und leistete damit einen entscheidenden kulturellen Beitrag. Es wurde zum Quell für die unterschiedlichsten Ideen, die dann von der Psychologie in die Geisteswissenschaften einflossen. Doch Freuds Konzept war größtenteils falsch. Sein fataler Fehler war seine beharrliche Weigerung, seine Theorien zu überprüfen, sie gegen konkurrierende Erklärungen zu behaupten und abzuändern, wo die Fakten das Gegenteil bewiesen. Außerdem hatte er einfach das Pech, intuitiv völlig danebenzugreifen. Die Hauptdarsteller seines Dramas – Es, Ich und Über-Ich – und die ihnen zugewiesenen Rollen bei Verdrängung und Übertragung wären durchaus geeignet gewesen, sich zu Elementen einer modernen Wissenschaftstheorie weiterzuentwickeln, hätte Freud nur die richtigen Vermutungen über ihre strukturelle Natur angestellt. Darwins Evolutionstheorie der natürlichen Auslese konnte sich eben wegen der richtigen Vermutungen durchsetzen, die der große Naturforscher trotz der Tatsache anstellte, daß er nicht die geringste Ahnung von den Spezifika des genetischen Vererbungsprozeß haben konnte. Erst die modernen Genetiker konnten seine Einsichten in den Evolutionsprozeß bestätigen. In der Auseinandersetzung mit der Traumwelt war Freud noch viel komplexeren und schwerer faßbaren Elementen ausgesetzt als Genen – und dabei stellte er, um es so freundlich wie möglich auszudrücken, falsche Vermutungen an.

Die modernere Gegenhypothese über die Grundstruktur des Träumens folgt dem sogenannten »Aktivierungs-Synthese-Modell« der Biologie, das in den vergangenen zwei Jahrzehnten von J. Allan Hobson und anderen Forschern der Harvard Medical School aufgestellt wurde und all unsere Erkenntnisse über die tatsächlichen zellularen und molekularen Vorgänge, die während des Träumens im Gehirn ablaufen, in sich vereint.

Der Ariadnefaden 103

Kurz gesagt ist Träumen eine Art Wahnsinnszustand, ein visionä-
res Delirium, größtenteils ohne jegliche Verbindung zur Realität,
emotional stark aufgeladen und symbolträchtig, mit völlig willkürlichen Inhalten in potentiell unendlichen Variationen. Aller Wahrscheinlichkeit nach ist Träumen ein Nebeneffekt der Reorganisation
und Aufbereitung von Informationen in den Datenbanken des Gehirns und nicht, wie Freud glaubte, das Ergebnis von ungezügelten
Emotionen und Materialien aus dem ererbten archaischen Unbewußten oder aus erlebten Erfahrungen, die sich am geistigen Zensor
vorbeimogeln konnten.

Die dem Aktivierungs-Synthese-Modell zugrundeliegenden Fakten können folgendermaßen zusammengefaßt werden: Während des
Schlafes, wenn es kaum zu Sinnesreizen kommt, wird das bewußtseinssteuernde Gehirn durch Impulse aus dem Hirnstamm aktiviert.
Um seine üblichen Funktionen ausführen zu können, das heißt, um
Bilder zu erstellen, die sich durch schlüssige Geschichten bewegen,
wirft es nun alles durcheinander. Weil es keinerlei Informationen
durch momentane Sinnesreize oder von Körperbewegungen ausgelöste Reize bekommt, kann es keine Verbindung zur äußeren Rea-
lität herstellen. Daher tut es einfach sein Bestes – es phantasiert.
Wenn nach dem Erwachen das bewußtseinssteuernde Gehirn wieder
die Kontrolle übernommen hat und seine sensorischen und motorischen Inputs wiederhergestellt wurden, überprüft es die nächtliche
Phantasie und versucht, eine rationale Erklärung für sie zu finden.
Doch alle Erklärungsmuster versagen, was zur Folge hat, daß die
Traumdeutung selbst zu einer Art Phantasie wird. Genau aus diesem
Grund sind psychoanalytische Traumtheorien ebenso emotional
überzeugend und zugleich faktisch falsch wie die übernatürlichen
Interpretationen, die uns Mythen und Religionen anbieten.

Die molekulare Basis des Träumens ist wissenschaftlich erst zum
Teil verstanden. Das Gehirn wird in den Schlaf versetzt, wenn die
Ausschüttung bestimmter chemischer Neurotransmitter – Amine,
wie zum Beispiel Norepinephrin und Serotonin – vermindert und
gleichzeitig die eines anderen Transmitters – Acetylcholin – erhöht
wird. Beide Substanzen durchspülen die neuronalen Knoten, die
darauf spezialisiert sind, auf eben diese Transmitter empfindlich zu
reagieren. Beide Arten von Neurotransmittern befinden sich im dynamischen Gleichgewicht. Die Amine wecken das Gehirn und stellen seine Kontrolle über das Sinnessystem und die willkürlichen
Muskeln her. Acetylcholin schläfert es ein, und je mehr davon freigesetzt wird, um so stärker werden nicht nur die Aktivitäten des be-

wußtseinssteuernden Gehirns reduziert, sondern auch alle anderen Körperfunktionen, ausgenommen Blutkreislauf, Atmung, Verdauung und – bemerkenswerterweise – die Bewegungen des Augapfels. Die willkürlichen Muskeln des Körpers sind während des Schlafes gelähmt. Auch die Körpertemperatur sinkt (weshalb es so gefährlich ist einzuschlafen, wenn der Körper ausgekühlt ist).

Im normalen nächtlichen Zyklus tritt zuerst ein tiefe, traumlose Schlafphase ein. Anschließend kommt es zu Intervallen eines flachen Schlafs, die insgesamt etwa fünfundzwanzig Prozent der gesamten Schlafperiode umfassen. Während dieser flachen Perioden kann der Schlafende sehr viel leichter geweckt werden. Seine Augen bewegen sich unregelmäßig in den Höhlen hin und her, ein Zustand, den man REM (*rapid eye movement*) nennt. Das bewußtseinssteuernde Gehirn ist aktiv und träumt, erhält jedoch keine Reize von außen. Träume werden ausgelöst, wenn die Nervenzellen im Hirnstamm wie verrückt Acetylcholin auszustoßen beginnen, das zu den sogenannten PGO-Wellen führt. Die Membranströme, immer noch vom Acetylcholin an den Nervenknoten gesteuert, bewegen sich von der Pons (P) – lateinisch für »Brücke« und Teil des Gehirns zwischen der Medulla und dem Mittelhirn –, einer zwiebelartigen Masse von Nervenzentren an der Spitze des Hirnstamms, hinauf zum unteren Zentrum der Gehirnmasse, wo sie in die knieförmig gebogenen Zellkerne (G) – »Geniculate nuclei« – des Thalamus eindringen, die wichtige Schaltzentren im Sehnervsystem sind. Schließlich laufen die PGO-Wellen zum Okzipitalkortex (O) im Hinterhaupt, wo die Integration aller visuellen Informationen stattfindet.

Da die Pons außerdem eine wichtige Kontrollstation für motorische Aktivitäten im Wachzustand ist, geben die von ihr durch das PGO-System entsandten Signale die falsche Botschaft an die Hirnrinde, daß der Körper in Bewegung sei. Doch natürlich ist der Körper unbewegt – tatsächlich ist er sogar gelähmt. Also beginnt der visualisierende Teil des Gehirns zu halluzinieren. Er holt sich Bilder und Geschichten aus den Datenbanken und integriert sie in Reaktion auf die PGO-Wellen. Ohne Informationen aus der Außenwelt und jeglichen Kontexts und jeder Kontinuität von Raum und Zeit beraubt, beginnt das Gehirn hastig Bilder zu konstruieren, die oft phantasmagorisch sind und in real unmögliche Ereignisse eingebettet werden. Wir fliegen durch die Luft, schwimmen tief unter Wasser, spazieren auf entfernten Planeten herum und unterhalten uns mit einem längst verstorbenen Elternteil. Menschen, wilde Tiere und namenlose Erscheinungen kommen und gehen. Ein paar davon sind

Der Ariadnefaden

Materialisierungen unserer von den PGO-Wellen ausgelösten Emotionen, das heißt, unsere Stimmung ist von Traum zu Traum unterschiedlich – mal gelassen, dann verängstigt oder verärgert, sexuell erregt, traurig, fröhlich, gefühlvoll, aber meistens ganz einfach nur ängstlich. Der Kombinationsgabe des träumenden Gehirns scheinen keine Grenzen gesetzt. Und was immer wir im Traum sehen, wir glauben es – jedenfalls solange wir träumen. Nur äußerst selten beginnen wir zu zweifeln, oft nicht einmal während der unglaublichsten Geschichten, in die wir unfreiwillig geraten sind. Jemand hat Wahnsinn einmal als die Unfähigkeit beschrieben, eine Entscheidung zwischen einer unwahren und einer irreführenden Alternative zu treffen. Im Traum sind wir verrückt. Wir durchqueren unsere endlosen Traumlandschaften als Wahnsinnige.

Starke Reize können die Sinnesbarriere jedoch durchbrechen. Sofern sie uns nicht aufwecken, werden sie in die Traumgeschichte eingebaut. Tobt vor dem Fenster ein Gewitter, kann der reale Donner Auslöser für alles mögliche sein. Die Traumgeschichte wird plötzlich zu einem Bankraub, ein Schuß wird abgefeuert, wir werden erschossen, nein, ein anderer wird erschossen, bricht zusammen, doch nein, wir sehen plötzlich, daß wir es doch selber sind, irgendwie können wir unseren Körper von außen sehen. Merkwürdigerweise empfinden wir keinen Schmerz. Dann wechselt die Szenerie. Wir laufen einen langen Gang entlang, verloren, ängstlich besorgt zu entkommen, da fällt ein neuer Schuß. Diesmal erwachen wir in höchster Anspannung, finden uns in der realen Welt wieder und lauschen den Donnerschlägen und dem Sturm vor dem Fenster.

Im Traum haben wir selten physische Empfindungen wie Schmerz, Übelkeit, Durst oder Hunger. Manche Menschen leiden unter Schnappatmung mit kurzfristigen Atemstillständen, die sich dann in Erstickungsträume oder das Gefühl umsetzen, sie würden ertrinken. Wir riechen und schmecken nicht im Traum, denn die Bahnen des Sinneskreislaufs wurden durch den Acetylcholinfluß des schlafenden Gehirns unterbrochen. Es sei denn, wir träumten kurz vor dem Erwachen, können wir uns an keinerlei Details erinnern. 95 bis 99 Prozent aller Träume werden vollständig vergessen. Einige Menschen glauben deshalb fälschlicherweise, daß sie niemals träumen. Diese erstaunliche Amnesie wird offenbar durch die niedrige Konzentration der Aminotransmitter hervorgerufen – der Substanzen, die für den Transport vom Kurzzeitgedächtnis ins Langzeitgedächtnis nötig sind.

Welche Funktion haben Träume überhaupt? Biologen haben aus der genauen Beobachtung von Mensch und Tier den vorsichtigen Rückschluß gezogen, daß die im Wachzustand erworbenen Informationen während des Schlafes sortiert und konsolidiert werden. Es gibt aber auch Anhaltspunkte dafür, daß zumindest ein Teil dieses Prozesses, vor allem die Schärfung kognitiver Fähigkeiten mittels Wiederholung, auf REM-Schlafperioden und somit auf Traumphasen beschränkt ist. Der Acetylcholinfluß selbst dürfte ein wesentlicher Bestandteil dieses Prozesses sein. Die Tatsache, daß Träume einen derart starken inneren Motor aktivieren und derart intensive Gefühle auslösen, hat einige Forscher auch zu der Überlegung gebracht, daß der REM-Schlaf eine noch grundlegendere, ja, sogar im Darwinschen Sinne evolutionäre Funktion hat: Wenn wir träumen, intensivieren wir Stimmungen und verbessern damit unsere Reaktionsfähigkeit, die für das Überleben genauso unerläßlich ist wie für die Reproduktion.

Die Erkenntnisse der Neurobiologie und experimentellen Psychologie sagen jedoch nichts über Trauminhalte aus. Zeugen diese Phantasien *alle* von temporärem Wahnsinn, und sind sie *nur* die Summe schnell vergessener Begleiterscheinungen der Konsolidierung des Lernprozesses? Oder können wir uns doch irgendwie an Freud orientieren und nach der Bedeutung von Traumsymbolen suchen? Fest steht, daß Träume keine reinen Zufallsprodukte sind, also muß die Wahrheit irgendwo in der Mitte liegen. Ihre Zusammenhänge mögen irrational sein, aber in ihren Details sind Informationsbruchstücke enthalten, die sich mit den Gefühlen decken, welche durch die PGO-Wellen hervorgerufen wurden. Möglicherweise ist das Gehirn tatsächlich genetisch prädisponiert, mehr von bestimmten Bildern und Episoden zu fabrizieren als von anderen. Das wäre dann im weitesten Sinne mit Freuds »ererbtem archaischen Unbewußten« oder den »Archetypen des kollektiven Unbewußten« aus der Jungschen Psychoanalyse vergleichbar. Vielleicht können diese beiden Theorien eines Tages mit den Mitteln der Neurobiologie konkretisiert und schließlich auch verifiziert werden.

Genetische Prädisposition und Evolution führen uns nun zum zweiten Element aus Amaringos Gemälden – den Schlangenwesen. Unsere Interpretationen dieser nächtlichen Kreaturen sind das genaue Gegenteil dessen, was wir für den allgemeinen Zweck von Träumen halten. Wie ich eben erklärt habe, haben Biologen inzwischen in einem ganz allgemeinen Sinne verstanden, wie Träume zustande kommen. Sie haben viele der wichtigsten zellularen und mo-

Der Ariadnefaden   107

lekularen Vorgänge während des Träumens entschlüsselt. Doch noch immer stehen sie ziemlich ratlos vor der Frage, welchen Wert Träume für Geist und Körper haben. Was nun das häufige Auftreten von Traumschlangen betrifft, so ist die Situation genau umgekehrt. Die Biologen haben zwar eine fundierte Arbeitshypothese über die Funktion solcher Bilder, aber noch immer keine Ahnung, von welchen zellularen und molekularen Prozessen sie ausgelöst werden. Sie wissen nur, was das Träumen im allgemeinen kontrolliert. Daß kein exakter Mechanismus gefunden wird, liegt einfach an der Tatsache, daß wir die Zellprozesse nicht kennen, die solche Gedächtniselemente wie beispielsweise Schlangen abrufen und emotional einfärben.

Was wir über das Traumbild Schlange wissen, läßt sich anhand der zwei analytischen Schlüsselmethoden darstellen, die in der Biologie angewendet werden. Die erste beleuchtet die unmittelbaren Ursachen, beteiligten Kräfte und physiologischen Prozesse, die dieses Phänomen hervorrufen. Ursachenforschung beantwortet die Frage, *wie* biologische Phänomene – normalerweise auf zellularer und molekularer Ebene – funktionieren. Die zweite Methode stellt die Frage nach dem *Warum*, nach dem Zweck, das heißt also nach den Vorteilen, die die Evolution, welche diese Mechanismen ja nicht grundlos entwickelt hat, dem Organismus damit verschaffen wollte. Biologen werden immer versuchen, beides herauszufinden, die Ursachen und den Zweck. Mit einem Wort, wir wissen eine ganze Menge über das, was das Träumen im allgemeinen verursacht, aber nur sehr wenig über seinen Zweck, wohingegen wir den Zweck von Schlangen als Traumbilder kennen, aber nicht, welche physikalischen Bedingungen sie hervorrufen.

Was ich nun über den wirklichen Zweck dieser besonderen Verbindung zwischen Schlange und Mensch erzählen möchte, ist eine Zusammenfassung diverser Berichte aus der Verhaltensforschung, wobei die Arbeiten des amerikanischen Anthropologen und Kunsthistorikers Balaji Mundkur eine besondere Rolle spielen. Die Furcht vor Schlangen ist eine tiefsitzende Urangst aller Altweltprimaten, jener phylogenetischen Gruppe also, zu der auch der Homo sapiens zählt. Wenn Makaken und Meerkatzen, weitverbreitete Altweltaffen in Afrika, bestimmten Schlangenarten begegnen, stoßen sie einen typisch keckernden Laut aus. Sie scheinen über einen ausgezeichneten Warninstinkt vor Kriechtieren zu verfügen, denn diese offenbar angeborene Reaktion erfolgt nur beim Anblick giftiger Kobras, Mambas und Puffottern, nicht aber bei harmlosen Schlangen. Sofort eilen die anderen Affen aus der Gruppe an die Seite dessen, der gewarnt hat, und gemeinsam beobachten sie den Eindringling, bis er ihr Territorium wieder verläßt. Sie verfügen übrigens auch über andere angeborene Warnimpulse, beispielsweise vor Adlern. In diesem Fall stoßen sie einen Laut aus, der die ganze Truppe veranlaßt, von den Bäumen herunter und aus der Gefahrenzone herauszuklettern. Ein Warnlaut vor Leoparden führt hingegen zum sofortigen Ausweichen hoch in die Baumwipfel, wo die großen Katzen sie nicht mehr erreichen können.

Gewöhnliche Schimpansen, eine Spezies, von der man annimmt, daß sie sich erst vor kurzem, das heißt vor fünf Millionen Jahren, von den gemeinsamen Vorfahren mit den Vormenschen abgespalten hat, sind ungewöhnlich ängstlich beim Anblick von Schlangen, sogar wenn sie keinerlei Erfahrungen mit ihnen haben. Sie ziehen sich in sichere Entfernung zurück, fixieren den Eindringling mit starrem Blick und warnen ihre Gefährten mit einem *Wah!*-Laut. Und dieser reaktive Warnlaut wird im Laufe der Adoleszenz immer greller.

Auch der Mensch hat eine Aversion gegen Schlangen, die sich ebenso wie beim Schimpansen während des Heranwachsens verstärkt. Doch seine Reaktion folgt keinem angeborenen Instinkt. Vielmehr beruht sie auf einer entwicklungsbedingten Voreingenommenheit, welche die Psychologen zur menschlichen »Reiz-Reaktions-Lerntendenz« zählen. Kinder lernen leichter, sich vor Schlangen zu fürchten, als indifferent zu bleiben oder Zuneigung für sie zu entwickeln. Bis zum fünften Lebensjahr empfinden sie keine besondere Angst. Später beginnen sie jedoch zunehmend wachsam zu werden. Schließlich bedarf es nur noch ein, zwei schlechter Erfahrungen – einer Schlange, die sich im nahen Gras vorbeischlängelt, oder einer Gruselgeschichte –, und schon werden sie sich zutiefst und dauerhaft vor ihnen fürchten. Gewöhnliche Ängste, insbesondere vor Dunkelheit, Fremden oder lauten Geräuschen, bauen sich nach dem siebenten Lebensjahr allmählich ab, doch die Tendenz, sich vor Schlangen zu fürchten, verstärkt sich. Allerdings ist durchaus auch der entgegengesetzte Lernprozeß möglich, also Schlangen furchtlos und sogar mit einer gewissen Zuneigung zu behandeln. Mir erging es so, und eine Weile erwog ich sogar ernsthaft, Herpetologe zu werden. Aber diese Anpassungsleistung war von mir selbst forciert und bewußt vollzogen worden. Die besondere Empfindlichkeit, die Menschen beim Anblick von Schlangen üblicherweise an den Tag legen, kann sich hingegen schnell zu einer ausgewachsenen Phobie entwickeln, zum pathologischen Extrem, wobei allein schon der Ge-

Der Ariadnefaden 109

danke an eine Schlange zu Panik, Ausbrüchen von kaltem Schweiß und Übelkeit führen kann. Was sich in den Nervenbahnen beim Anblick einer Schlange abspielt, wurde noch nicht erforscht. Wir kennen die Ursache des Phänomens nicht und können es nur im Rahmen der Reiz-Reaktions-Lerntendenz erfassen. Doch der vermutliche Zweck dieses Phänomens, also der Wert, den eine solche Aversion für das Überleben hat, ist absolut verständlich. Im Verlauf der gesamten Menschheitsgeschichte waren wenige Schlangenarten eine der Hauptursachen für Krankheit und Tod. Auf jedem Kontinent, außer in der Antarktis, leben giftige Schlangen. Fast überall in Afrika und Asien kommen jährlich, so weit bekannt, fünf von 100 000 Menschen durch Schlangenbisse zu Tode. Den Rekord hält eine Provinz in Burma (neuerdings Myanmar genannt); dort sind es jährlich 36,8 Tote auf 100 000 Einwohner. Australien verfügt über eine außergewöhnliche Vielzahl an tödlich giftigen Schlangen, meist evolutionäre Verwandte der Cobra, daher ist man dort auch gut beraten – es sei denn, man ist Experte –, einen ebenso weiten Bogen um jede Schlange zu machen wie anderswo um wilde Pilze. In Mittel- und Südamerika gibt es giftige Schlangen, die zu den größten und aggressivsten Grubenottern zählen, darunter die Buschmeisterschlange, die Lanzenschlange und die Scharakara. Sie alle sind den Jívaro und *Vegetalista*-Schamanen wohlbekannt. Getarnt in den Mustern und Farben von welken Blättern und ausgestattet mit Fangzähnen, die lang genug sind, um eine menschliche Hand zu durchbeißen, lauern sie auf dem Boden der tropischen Wälder auf kleine Vögel und Säugetiere. Würde ein Mensch vorbeigehen, würden sie ihn augenblicklich zur Verteidigung angreifen.

Reale wie geträumte Schlangen sind ein Beispiel dafür, wie Natur in kulturelle Symbole übersetzt werden kann. Seit Hunderttausenden von Jahren – Zeit genug für die genetische Evolution des Gehirns, um die Algorithmen für die Reiz-Reaktions-Lerntendenz einzuprogrammieren – sind Giftschlangen eine verbreitete Ursache für Verletzung oder Tod. Nun reagiert der Mensch auf diese Bedrohung nicht einfach mit einer Vermeidungstaktik, so wie er zum Beispiel bestimmte Beeren vermeidet, die im schmerzlichen Trial-und-Error-Verfahren als giftig erkannt wurden, sondern mit derselben Kombination aus Ängstlichkeit und morbider Faszination, die auch nichtmenschliche Primaten beim Anblick von Schlangen zeigen. Die Details, mit denen das Bild der Schlange ausgeschmückt wird, stehen oft nicht unmittelbar mit ihr im Zusammenhang und basieren ausschließlich auf Erlerntem; die intensiven Gefühle aber, die dieses Bild hervorruft, bereichern jede Kultur überall auf der Welt. Urplötzlich in Trance oder Traum auftauchende Schlangenbilder, ihre gewundene Gestalt, ihre Macht und ihr Geheimnis sind nur allzu logische Elemente für ihre Vereinnahmung durch Mythen und Religionen. Was Amaringo in seinen Bildern festhält, gibt es schon seit Jahrtausenden. Vor den pharaonischen Dynastien wurde den Königen Unterägyptens in Buto die Krone der Schlangengöttin Wadjet aufs Haupt gesetzt. In Griechenland gab es die Schlange Uroboros, die sich vom Schwanz her selber auffraß und aus dem Inneren heraus wieder regenerierte. Für die Gnostiker und Alchemisten späterer Jahrhunderte symbolisierte dieser Autokannibalismus den ewigen Kreis von Zerfall und Neubeginn. Eines Tages im Jahr 1865 träumte der deutsche Chemiker Friedrich August Kekulé von Stradonitz vorm Kamin von der Uroboros. Dabei kam ihm plötzlich die Eingebung, daß auch das Benzolmolekül einen Ring aus sechs Kohlenstoffatomen bilden könnte, die jeweils mit einem Wasserstoffatom verbunden sind. Diesem Traum ist es zu verdanken, daß sich einige der verwirrendsten Daten der organischen Chemie des neunzehnten Jahrhunderts plötzlich in eine Ordnung fügten. Im Pantheon der Azteken herrschte Quetzalcoatl, die Federschlange mit Menschenkopf, als Gott des Morgen- und Abendsterns und daher auch des Todes und der Auferstehung. Dieser legendäre Herrschergott des Toltekenreichs galt außerdem als Erfinder der Schrift und des Kalenders und als Patron der Bildung und der Priesterschaft. Tlaloc, der aztekische Gott des Regens und des Blitzes, war ebenfalls eine Schlangenschimäre mit menschlichen Oberlippen, allerdings geformt aus zwei Klapperschlangenköpfen. Wo, außer in Träumen und Trancezuständen, hätten solche Gestalten geboren werden können?

Geist und Kultur verwandeln die Schlange in ein Traumwesen. Will man verstehen, weshalb diese Transformation des irdischen Reptils stattfindet, betritt man unweigerlich eines der vielen Grenzgebiete, die die Natur- von den Geisteswissenschaften trennen. Nachdem wir der Schlange nun bereits auf einem beträchtlichen Teil der weiten Reise vom Magier zum Atom gefolgt sind, wollen wir uns jetzt ins Innere der biologischen Wissenschaften begeben. Hier stehen bereits bessere Landkarten zur Verfügung, wodurch auch leichter Fortschritte zu erzielen sind. Zahllose Nobelpreise, die Frucht von Millionen von Arbeitsstunden und Milliarden von Dollars, die in die biomedizinische Forschung gesteckt wurden, weisen den Weg durch

Der Ariadnefaden

diese Wissenschaft vom Körper über die Organe zu den Zellen bis hinunter zu den Molekülen und Atomen. Die allgemeine Struktur der menschlichen Nervenzelle wurde mittlerweile detailliert kartiert. Ihre elektrische Entladung und synaptische Chemie sind zum Teil bekannt und können in Formeln ausgedrückt werden, die sich an die Prinzipien der Physik und Chemie halten. Alles ist vorbereitet, um die wichtigste aller noch ungelösten biologischen Fragen anzusprechen: Wie arbeiten die Hundertmilliarden von Nervenzellen des Gehirns zusammen, um das Bewußtsein zu erschaffen?

Ich sage deshalb »wichtigste Frage«, weil die komplexesten Systeme des Universums, von deren Existenz man weiß, biologisch sind, und das bei weitem komplexeste aller biologischen Phänomene ist der menschliche Verstand. Wenn aber Gehirn und Verstand im Grunde biologische Phänomene sind, dann heißt das auch, daß die biologischen Wissenschaften von entscheidender Bedeutung für die Vernetzung aller Wissensgebiete sind, von den Geisteswissenschaften bis hin zur Physik. Die vor uns liegende Aufgabe wird ein wenig durch die Tatsache erleichtert, daß die biologischen Disziplinen untereinander bereits mehr oder weniger vernetzt sind und sich Jahr für Jahr noch enger zusammenschließen. Ich möchte nun gern berichten, wie das erreicht wurde.

Die Einheit der Biologie basiert auf dem grundlegenden Verständnis der unterschiedlichen Skalen von Raum und Zeit. Wenn man von einer Ebene zur nächsten wechseln will, beispielsweise vom Molekül zur Zelle oder vom Organ zum Organismus, ist eine genaue Orchestrierung der Veränderungen von Raum und Zeit erforderlich. Damit klar wird, was ich damit meine, kehre ich ein letztes Mal zum Magier, Künstler und unserem Mitorganismus Pablo Amaringo zurück. Stellen wir uns einmal vor, wir könnten die Zeit, die wir mit ihm verbringen, beschleunigen oder verlangsamen, während wir zugleich den Raum, in dem wir seine Gestalt und seine Umwelt wahrnehmen, erweitern oder verengen. Wir betreten also sein Haus, schütteln ihm die Hand, und Amaringo beginnt uns seine Bilder zu zeigen. Das ganze dauert Sekunden oder Minuten. Es ist ein völlig normaler Vorgang, warum ihn also hervorheben? Die Frage wird verständlicher, wenn wir sie in anderer Form stellen: Wieso dauern diese Handlungen statt dessen nicht millionstel Bruchteile von Sekunden oder gar Monate? Die Antwort lautet: Weil Menschen aus Milliarden von Zellen bestehen, die über Membranen durch chemische Ausstöße und elektrische Impulse kommunizieren. Um Amaringo sehen und mit ihm sprechen zu können, bedarf es nur einer

Sekunden oder Minuten dauernden Sequenz, nicht einer Mikrosekunden oder Monate währenden. Wir halten diese Zeitspanne für normal und erheben sie deshalb zum Standard für die Welt, in der wir leben. Aber das ist falsch. Da an diesem Vorgang nur Amaringo und wir beteiligt und wir allesamt organische Maschinen sind, geht es hier auch einzig um organische Zeit. Und weil unser gesamtes physisches Kommunikationssystem eine Oberfläche und ein Volumen von Millimetern bis Metern verdrängt, nicht von Nanometern oder Kilometern, verweilt auch unser unbeholfener Verstand ausschließlich im organischen Raum.

Stellen wir uns weiter vor, daß wir mit den besten zur Verfügung stehenden Instrumenten (und seiner Erlaubnis!) in Amaringos Gehirn blicken könnten. Bei ständiger Bildvergrößerung sehen wir zuerst die kleinsten Nerven, dann ihre Zellkörper und schließlich die Moleküle und Atome. Wir beobachten, wie sich eine Nervenzelle entlädt – entlang ihrer Membranen fällt die Spannung ab, während Natrium-Ionen nach innen fließen. An jedem Punkt des Nervenzellschafts dauern diese Vorgänge nur tausendstel Bruchteile einer Sekunde, während das dadurch verursachte elektrische Signal – Spannungsabfall – mit zehn Metern pro Sekunde wie ein olympischer Sprinter am Schaft entlangjagt. Nachdem wir unser Beobachtungsfeld nun auf eine Größe eingepegelt haben, die nur noch den zehntausendstel Bruchteil des ursprünglichen Sichtfelds zeigt, laufen die Ereignisse zu schnell ab, um von uns noch wahrgenommen werden zu können. Die elektrische Entladung einer Zellmembran durchquert unser Blickfeld schneller als eine Gewehrkugel. Um sie sehen zu können – man erinnere sich, als menschliche Beobachter befinden wir uns noch immer in der organischen Zeit –, müssen wir den Vorgang aufzeichnen und soweit verlangsamen, daß wir in der Lage sind, Ereignisse wahrzunehmen, die im Original nur tausendstel Bruchteile einer Sekunde oder noch kürzer gedauert haben. Jetzt erst befinden wir uns in der biochemischen Zeit, was unabdingbar ist, um Ereignisse beobachten zu können, die im biochemischen Raum stattfinden.

Während all dieses magischen Geschehens spricht Amaringo unaufhörlich weiter, ohne sich der Veränderungen bewußt zu sein, die mit der tausendfachen Beschleunigung unserer Handlungen einhergehen. Von seiner Zeit ist gerade einmal soviel vergangen, daß er ein oder zwei Worte sprechen konnte. Nun drehen wir die Skala in die entgegengesetzte Richtung und verändern Zeit und Raum so lange, bis wieder sein vollständiges Abbild erscheint und seine Worte unse-

Der Ariadnefaden

ren Verstand in einer für uns wahrnehmbaren Geschwindigkeit erreichen. Wir drehen die Skala weiter. Amaringo beginnt proportional zu schrumpfen und verschwindet schließlich mit ruckartigen Trippelschritten aus dem Raum, wie der Schauspieler in einem frühen Stummfilm. Vielleicht macht er das aus Frustration, weil wir ihm nun wie in der Bewegung erstarrte Marmorstatuen erscheinen. Unser Blickfeld erweitert sich ständig. Erheben wir uns in die Lüfte, um noch mehr Raum wahrnehmen zu können. Wieder vergrößert sich unser Blickfeld zusehends, zuerst sehen wir die Stadt Pucallpa, dann ein langes Stück des Ucayali-Flußtals. Häuser verschwinden, neue tauchen auf. Tag und Nacht verbinden sich zu einem permanent flackernden Zwielicht, während sich die kritische Flimmerfrequenz des Sehvermögens aus unserer organischen Zeit ständig steigert. Amaringo altert und stirbt. Seine Kinder altern und sterben. Der nahe Regenwald durchlebt alle möglichen Veränderungen. Bäume fallen und Lichtungen entstehen, Sprößlinge wachsen und die kahlen Stellen schließen sich wieder. Jetzt befinden wir uns in der ökologischen Zeit. Wir drehen noch weiter an der Skala. Raum und Zeit erweitern sich noch mehr. Einzelne Personen und Organismen sind nicht mehr unterscheidbar, wir erkennen nur noch verschwommen Populationen – Anacondas, Ayahuasca-Lianen, das Volk der peruanischen Zentralebene –, die wir alle über mehrere Generationen hinweg zugleich sehen. Ein Jahrhundert ihrer Zeit fällt zu einer Minute unserer Zeit zusammen. Einige ihrer Gene verändern sich sowohl in ihrer Art als auch in ihrer relativen Häufigkeit. Losgelöst von anderen Menschen und abgeschnitten von ihren Emotionen – endlich göttergleich –, erleben wir die Welt aus evolutionärer Zeit und evolutionärem Raum.

Mit genau diesem Skalierungskonzept wurden die biologischen Wissenschaften während der letzten fünfzig Jahre vernetzt. Je nachdem welcher Größenwert für Zeit und Raum bei der Analyse angesetzt wird, unterteilt sich die Biologie von oben nach unten betrachtet in die Evolutionsbiologie, die Ökologie, die Organbiologie, die Zellbiologie, die Molekularbiologie und die Biochemie. Dieser Reihenfolge entsprechend sind auch die wissenschaftlichen Gesellschaften und Curricula an den Colleges und Universitäten organisiert. Wie weit die Vernetzung bereits vollzogen wurde, kann anhand des Ausmaßes festgestellt werden, in dem die Prinzipien dieser biologischen Disziplinen ineinandergreifen.

Die Verzahnung der biologischen Disziplinen ist zwar ein gutes Konzept, wird in der Praxis jedoch noch immer von den labyrinthischen Problemen behindert, die am Anfang dieses Kapitels zur Sprache kamen. Das disziplinäre Wissen vernetzt sich von oben nach unten fortlaufend immer enger, je mehr Verbindungsglieder entstehen, angefangen beim Besonderen, beispielsweise Amaringos Gehirn, bis zum Allgemeinen, also dessen Molekülen und Atomen. Eine Vernetzung in umgekehrter Reihenfolge, vom Allgemeinen zum Besonderen, erweist sich jedoch als sehr viel schwieriger. Kurzum, es ist sehr viel einfacher, Amaringo zu analysieren, als ihn zu synthetisieren.

Das größte Hindernis für eine Vernetzung durch Synthese, für jenen oft ungenau »holistisch« genannten Ansatz, ist die exponentielle Zunahme von Komplexität auf dem steil ansteigenden Weg durch alle Organisationsebenen. Weshalb der vollständige Zellaufbau noch nicht allein durch die Kenntnis seiner Moleküle und Organellen vorausgesagt werden kann, habe ich bereits erklärt. Nun möchte ich verdeutlichen, wie groß dieses Problem wirklich ist: Die dreidimensionale Struktur eines Proteins ist nicht einmal dann voraussagbar, wenn man alles über seine einzelnen Bausteine weiß. Man kann zwar die Zusammensetzung von Aminosäuren bestimmen und mit Hilfe der Röntgenkristallographie exakt die Position eines jeden Atoms ermitteln. Wir wissen auch, daß das Insulinmolekül – um hier eines der einfachsten Proteine zu nennen – eine aus einundfünfzig Aminosäuren bestehende Kugel ist. Daß solche Rekonstruktionen möglich wurden, ist einer der vielen Triumphe der Reduktionsbiologie. Aber alles Wissen über die Sequenz aller Aminosäuren und der Atome, aus denen sie sich zusammensetzen, reicht nicht aus, um die kugelförmige Gestalt oder ihren inneren Aufbau, wie er von der Röntgenkristallographie dargestellt werden kann, voraussagen zu können.

Im Prinzip ist es allerdings möglich, die Form von Proteinen vorauszusagen. Die Synthese auf der Ebene von Makromolekülen ist ein technisches, kein konzeptionelles Problem. Allein die Versuche, es zu lösen, haben bereits zu einer wichtigen neuen biochemischen Industrie geführt. Aber erst im Falle des Erfolgs wäre uns ein wirklich großer medizinischer Durchbruch gelungen. Synthetische Proteine, die in mancher Hinsicht wirkungsvoller sein mögen als natürliche Moleküle, könnten auf Bestellung hergestellt werden, um krankheitsverursachende Organismen zu bekämpfen und die enzymatische Unzulänglichkeit von Heilmitteln zu beheben. Doch die prakti-

Der Ariadnefaden 115

schen Hindernisse scheinen schier unüberwindbar zu sein. Für eine Voraussage braucht man die Gesamtsumme der energetischen Beziehungen zwischen allen benachbarten Atomen im Molekül. Allein das herauszufinden ist schon ein kühnes Unterfangen. Doch dann müßten auch noch die Interaktionen aller weiter voneinander entfernt angeordneten Atome in diesem Molekül festgestellt werden. Die Kräfte eines Moleküls bestehen aus einem unermeßlich komplizierten Netz von Tausenden von Energiebeiträgen, die alle gleichzeitig integriert werden müssen, um das gemeinsame Ganze zu bilden. Einige Biochemiker glauben, daß dieser letzte Schritt nur möglich sein wird, wenn wir jeden einzelnen Energiebeitrag mit einer Genauigkeit berechnen können, die physikalisch noch gar nicht möglich ist.

Mit noch größeren Problemen ist man bei der Umweltforschung konfrontiert. In nächster Zukunft wird es die größte Herausforderung für die Ökologie sein, alle Organismen, die in einem Ökosystem leben, in ihre Einzelteile zu zerlegen und ihren Zusammenbau zu resynthetisieren. Von besonderer Bedeutung wird das vor allem bei so komplizierten Ökosystemen wie Flußmündungen, Meeresbuchten und Regenwäldern sein. Bisher konzentrierten sich die meisten ökologischen Studien nur auf ein oder zwei Arten unter den Tausenden von Organismen, die jeweils einen bestimmten Lebensraum bevölkern. Da die Forscher von den Umständen zur Reduktion gezwungen sind, pflegen sie immer mit den kleinsten Teilen eines Ökosystems zu beginnen. Doch natürlich sind sie sich bewußt, daß das Schicksal einer jeden Spezies von den Aktivitäten Aberhunderter anderer Spezies abhängt, die in ihrem Lebensraum zur Photosynthese beitragen, die Umwelt abweiden und zersetzen, jagen, selber zum Opfer und schließlich zu Humus werden. Die Ökologen wissen eine Menge über diesen Kreislauf, können aber noch immer kaum voraussagen, in welcher Form er sich in einem spezifischen Falle manifestiert. In noch größerem Maße als die Biochemiker bei der Manipulation von Atomen in großen Molekülen stehen Ökologen vor einer schier unvorstellbaren Vielfalt von dynamischen Beziehungen unter kaum bekannten Artenkombinationen.

Hier ein Beispiel für die Komplexität, mit der sie konfrontiert sind. Als 1912 der Panamakanal gebaut wurde, entstand der Gatunsee. Das ansteigende Wasser umschloß allmählich ein Stück höhergelegenes Land. Diese neue, von immergrünem Tropenwald bedeckte Insel wurde Barro Colorado genannt und zur biologischen Forschungsstation erklärt. In den folgenden Jahrzehnten sollte sie zum weltweit am besten erforschten Ökosystem seiner Art werden. Mit ihren siebzehn Quadratkilometern war die Insel zu klein, um weiterhin Jaguare und Pumas ernähren zu können. Zur Beute der großen Katzen hatten Agutis und Pakas gehört, übergroße Nagetiere, die entfernt an Hasen und kleines Rotwild erinnern. Befreit von ihren ärgsten Feinden, konnten sich diese Tiere bis zum Zehnfachen ihrer ursprünglichen Zahl vermehren. Das führte wiederum zu einer Überausbeutung ihrer Nahrungsmittel, hauptsächlich vom Dach des Regenwaldes abfallende Samen, was seinerseits zur Folge hatte, daß sich die Baumarten, die diese Samen produzierten, nicht mehr im selben Maße wie zuvor vermehren konnten. Die Auswirkungen setzten sich wellenartig fort. Andere Baumarten, deren Samen zu klein sind, um das Interesse der Agutis und Pakas zu wecken, profitierten vom verringerten Wettbewerb. Immer mehr ihrer Samen begannen zu sprießen, und immer mehr der jungen Bäume erreichten ihr Reproduktionsalter. Logischerweise begannen damit auch jene Tierarten zu gedeihen, die sich von den Kleinsamen zu ernähren pflegen, ebenso wie sich die von diesen Tierarten abhängigen Räuber und die Pilz- und Bakterienarten vermehrten, die als Parasiten auf den Kleinsamen leben. Die Populationsdichte der von den Pilzen und Bakterien lebenden mikroskopischen Tierchen wuchs, die Vertilger dieser Lebewesen vermehrten sich ebenfalls und immer so weiter. Die gesamte Nahrungsmittelkette kreuz und quer durch dieses Ökosystem veränderte sich mit der Isolation dieses Areals und dem Ausschluß der mächtigsten Raubtiere, die einst dort gelebt hatten.

Die größte Herausforderung, vor der wir heute nicht nur im Bereich der Zellbiologie und Ökologie, sondern auf allen wissenschaftlichen Gebieten stehen, ist die exakte und vollständige Beschreibung solcher komplexen Systeme. Da Wissenschaftler schon viele Systeme zerlegen konnten, glauben sie, daß sie die meisten ihrer Elemente und Kräfte bereits kennen. Also heißt die nächste Aufgabe, diese Systeme wieder zu rekonstruieren, zumindest in Form von mathematischen Modellen, welche deren wesentliche Eigenschaften in ihrer Gänze erfassen. Der Erfolg eines solchen Unterfangens wird daran gemessen werden, wieweit es den Wissenschaftlern gelingt, auch unerwartet auftretende Phänomene auf dem Weg von den allgemeineren zu den spezifischeren Organisationsebenen vorauszusagen. Dies ist, auf den einfachsten Nenner gebracht, die größte Herausforderung an das ganzheitliche wissenschaftliche Denken.

Physiker, deren Materie die einfachste unter den Naturwissen-

Der Ariadnefaden 117

schaften ist, hatten damit schon Erfolg. Indem sie einzelne Teilchen
wie beispielsweise Stickstoffatome als ungeordnete Agenzien behandelten, konnten sie die Muster ableiten, die entstehen, wenn Teilchen
in großen Mengen zusammenwirken. Die statistische Mechanik – im
neunzehnten Jahrhundert von James Clerk Maxwell (Erfinder der
elektromagnetischen Lichttheorie) und Ludwig Boltzmann begründet – konnte das Verhalten von Gasen unter verschiedenen Tempera-
turbedingungen exakt voraussagen, indem sie die klassische Mechanik auf die große Zahl der freien Moleküle anwandte, aus denen sich
die Gase zusammensetzen. Anderen Forschern gelang es, die Visko-
sität (Zähigkeit), Wärmeleitung, Phasenumwandlung und andere
makroskopische Eigenschaften als Ausdruck der zwischen den Molekülen bestehenden Kräfte zu definieren, indem sie sich ständig
zwischen den beiden Organisationsebenen Molekülen und Gasen
hin- und herbewegten. Im frühen zwanzigsten Jahrhundert haben
Quantentheoretiker auf nächstniedriger Ebene das kollektive Verhalten von Elektronen und anderen subatomaren Teilchen mit der
klassischen Physik von Atomen und Molekülen verbunden. Durch
viele solcher Erfolge im Laufe der letzten einhundert Jahre wurde
die Physik zur exaktesten aller Wissenschaften vereint.

Auf den höheren Organisationsebenen jenseits des traditionellen
Reichs der Physik sind Synthesen jedoch beinahe unvorstellbar viel
schwieriger. Entitäten wie Organismen und Spezies sind unendlich
vielgestaltiger als Elektronen und Atome. Eine zusätzliche Kompli-
kation ist, daß sich jeder Organismus und jede Spezies im Laufe der
spezifischen Entwicklung und der gesamten Evolution verändert.
Hier nur ein Beispiel: Zu den unzähligen Molekülen, die ein Organismus für seine Zwecke produzieren kann, gehören die einfachen
Kohlenwasserstoffe der Methangruppe, die ausschließlich aus Koh-
lenstoff- und Wasserstoffatomen bestehen. Bei einem Kohlenstoff-
atom ist nur eine einzige Art von Molekül möglich. Bei zehn Kohlenstoffatomen sind es 75, bei zwanzig sind es 366 319, und bei vierzig sind es 62 Billionen. Fügt man den Kohlewasserstoffketten nun
hie und da noch Sauerstoffatome hinzu, um Alkohol, Aldehyd und
Keton zu produzieren, dann wächst diese Zahl proportional zur
Größe der Moleküle in noch schnellerem Tempo. Nun braucht man
nur einige Teilmengen auszuwählen und sich verschiedene Möglichkeiten vorzustellen, wie sie durch enzymkatalysierte Erzeugung deri-
viert werden können, und schon ist man bei einer Komplexität angelangt, die unser heutiges Vorstellungsvermögen übersteigt.

Man sagt, Biologen beneideten Physiker. Zwar bauen Biologen

letztlich ähnliche, vom Mikroskopischen zum Makroskopischen
führende Modelle, doch dann stehen sie grundsätzlich vor dem
großen Problem, sie mit den ungeordneten Systemen in Übereinstimmung bringen zu müssen, die sie in der realen Welt vorfinden.
Aber theoretische Biologen sind leicht verführbar. (Ich gebe zu, selbst
dieser Sorte anzugehören und mehr als nur meinen Teil zum Mißerfolg beigetragen zu haben.) Denn mit komplizierten mathematischen Konzepten und rasend schnellen Computern ausgestattet,
können sie unbegrenzt Voraussagen über Proteine, Regenwälder und
andere komplexe Systeme machen. Bei jedem Übergang zu einer
höheren Organisationsebene müssen sie sich neue Algorithmen ausdenken, also Sätze für exakt definierte mathematische und auf die
Lösung eines bestimmten Problems ausgerichtete Operationen. Mit
derart kunstfertigen Verfahrensweisen können sie dann virtuelle
Welten erschaffen, die sich zu immer höher organisierten Systemen
entwickeln. Auf dem Weg durch das Labyrinth des Cyberspace begegnen sie dann unweigerlich neuen komplizierten Phänomenen,
die weder ausschließlich aus den Grundelementen und Prozessen
voraussagbar, noch sofort durch die Algorithmen erfaßbar sind.
Doch siehe da! Ein paar dieser Kunstprodukte sehen in der Tat genauso aus wie die Phänomene, denen sie in der realen Welt begegnen.

Ihre Hoffnungen steigen. Sie veranstalten Konferenzen, um
gleichorientierten Theoretikern von ihren Ergebnissen zu berichten.
Nach kurzen Kreuzverhören folgt allgemeines Kopfnicken: »Ja, originell, aufregend und wichtig – wenn es stimmt.« Wenn es stimmt,
ja, wenn es stimmt! Biologen leiden unter Größenwahn, immer glauben sie, den großen Wurf gemacht zu haben und kurz vor dem
Durchbruch zu stehen. Aber wie wissen sie, daß die Algorithmen der
Natur dieselben oder auch nur annähernd dieselben sind wie die von
ihnen erdachten? Viele Verfahrensweisen könnten falsch sein und
dennoch zu einigermaßen korrekten Antworten führen. Biologen
laufen ständig Gefahr, dem Trugschluß der Logik aufzusitzen. Es ist
einfach falsch zu glauben, nur weil man in der Theorie zu einem
richtigen Ergebnis gekommen ist, daß die Schritte, die dazu geführt
haben, notwendigerweise die gleichen sind wie in der Natur.

Um sich diesen Punkt besser vor Augen zu führen, stelle man sich
ein Gemälde vor, auf dem die photographischen Details einer Blüte
so realistisch und schön wie im richtigen Leben dargestellt sind.
Unser Verstand hält dieses makroskopische Gebilde für wahr, weil es
das genaue Abbild der wirklichen Blume ist, die aus dem Boden

Der Ariadnefaden 119

wächst. Aus der Entfernung betrachtet könnten wir sie leicht für echt halten. Doch sie basiert auf radikal anderen Algorithmen. Ihre mikrospischen Elemente sind Farbpigmente und nicht lebende Chromosomen oder Zellen. Sie entfaltete ihre Struktur im Kopf des Künstlers und nicht durch die Festlegungen der DNA. Wie wissen die Theoretiker, daß ihre Computersimulationen nicht einfach nur solche Blumenbilder sind?

Da man auf Schwierigkeiten dieser Art bei höheren Systemen ständig stößt, hat man sich natürlich gegen sie gewappnet. Forscher aus unterschiedlichsten wissenschaftlichen Disziplinen haben sich mit ihnen befaßt und beschlossen, sich unter dem Rubrum Komplexität, Komplexitätswissenschaft oder Komplexitätstheorie zusammenzutun. Diese Komplexitätstheorie (meiner Meinung nach die passendste Bezeichnung) könnte man als Suche nach jenen von der Natur benützten Algorithmen bezeichnen, welche auf vielen Organisationsebenen dieselben Merkmale aufweisen. Zumindest wollen die Befürworter der Komplexitätstheorie nahelegen, daß anhand solcher gemeinsamen Merkmale ein Atlas entwickelt werden könne, der es der Forschung gestattet, sich im Labyrinth der Realität schneller von den einfacheren zu den komplexeren Systemen fortzubewegen und die erdachten Algorithmen von allem Überflüssigen zu befreien, bis man bei denjenigen angelangt ist, die von der Natur gewählt wurden. Im allerbesten Fall würde das zur Formulierung von neuen Grundgesetzen führen, die für das Auftreten von Phänomenen wie Zellen, Ökosystemen und Verstand verantwortlich sind.

Im großen und ganzen haben die Theoretiker dabei ihre Aufmerksamkeit auf die Biologie konzentriert, und das ist durchaus sinnvoll. Denn Organismen sind die komplexesten aller bekannten Systeme. Außerdem bauen sich diese Systeme selber zusammen und sind anpassungsfähig. Lebende Systeme, die sich vom Molekül über die Zelle und den Organismus bis hin zum Ökosystem selbst aufbauen, können uns außerdem mit Sicherheit Hinweise geben, welche Grundgesetze der Komplexität und Entstehung innerhalb unserer Reichweite liegen.

Die Komplexitätstheorie wurde in den siebziger Jahren geboren, bekam in den frühen achtziger Jahren neuen Auftrieb und geriet Mitte der neunziger Jahre in eine heftige Kontroverse. Dabei sind die strittigen Fragen beinahe ebenso verwickelt wie die Systeme, die die Theoretiker zu entwirren hoffen. Ich versuche, gleich zum Kern der Sache zu kommen. Die überwältigende Mehrheit unter den Wissenschaftlern – ihre Augen fest auf klar umrissene Phänomene gerichtet – kümmert sich nicht um Komplexitätstheorie. Viele haben noch nicht einmal von ihr gehört. Damit es aber nun nicht so aussieht, als sei die gesamte zeitgenössische Wissenschaft ein einziger Hexenkessel, stelle ich diese Gruppe hier einmal hintan. Die anderen können in drei Lager eingeteilt werden. Zum einen gibt es die verstreute, heterogene Gruppe von Skeptikern. Sie glauben, Gehirne und Regenwälder seien viel zu kompliziert, als daß sie auf elementare Prozesse reduziert, geschweige denn so rekonstruiert werden könnten, daß sie voraussagbar werden. Einige von ihnen bezweifeln sogar, daß grundlegende Komplexitätsgesetze überhaupt existieren oder für den menschlichen Verstand faßbar sind.

Dem zweiten Lager gehören die radikalen Komplexitätsverfechter an, eine Gruppe kühner Theoretiker, exemplifiziert durch Stuart Kauffman (Autor von *The Origins of Order*) und Christopher Langton vom Santa Fe Institut in New Mexico, dem inoffiziellen Hauptquartier der Komplexitätsbewegung. Sie sind nicht nur von der Existenz solcher Grundgesetze überzeugt, sondern glauben auch, daß sie für uns bereits in greifbare Nähe gerückt sind. Ein paar grundlegende Elemente dieser Gesetze ergäben sich bereits aus mathematischen Theorien, die auf so exotischen Konzepten wie dem Chaos, der selbstkritischen Regulierung oder der Anpassungslandschaft beruhen. Diese Abstraktionen rückten deutlich ins Bild, wie sich komplexe Systeme selbst aufbauen, eine Weile überdauern und dann wieder auflösen können. Die Enthusiasten unter diesen Theoretikern – computerorientiert, in Abstraktionen absorbiert, das Augenmerk weniger auf Naturgeschichte als auf nichtlineare Transformationen gerichtet – meinen den Erfolg schon riechen zu können. Sie sind sich gewiß, mit dem massiven Einsatz von computergestützten Simulationen für die Erforschung aller denkbaren Welten jene Methoden und Prinzipien enthüllen zu können, die nötig sind, um der konventionellen Wissenschaft in Bocksprüngen vorauszueilen – allen voran der zeitgenössischen Biologie – und uns zu einem umfassenden Verständnis der Evolution von höherentwickelter Materie zu verhelfen. Ihr Gral ist eine Reihe von erhofften Superalgorithmen, die in Übereinstimmung mit der Realität den Weg der Erkenntnis vom Atom über das Gehirn bis zum Ökosystem beschleunigen, aber weit weniger faktisches Wissen erfordern, als anderenfalls nötig wäre.

Die dritte Gruppe von Wissenschaftlern, zu denen auch ich mich mit gewissem Zögern zähle, nimmt Positionen irgendwo zwischen den beiden Extremen der totalen Ablehnung und der totalen Anbetung ein. Daß ich zögere, liegt einfach daran, daß ich liebend gern ein

Der Ariadnefaden

wahrer Gläubiger wäre. Ich bin wirklich tief beeindruckt von den geistigen Fähigkeiten und dem Elan der Komplexitätstheoretiker. Mein Herz schlägt für sie, aber mein Verstand rückt von ihnen ab, jedenfalls noch. Wie viele andere meiner Gruppe, die die Mitte vertreten, glaube ich, daß die Theoretiker auf dem richtigen Weg sind, aber nur mehr oder weniger, nur vielleicht, und noch immer weit von irgendwelchen Erfolgen entfernt. Zweifel und Dissens über wichtige Fragen wurden sogar in ihren eigenen Reihen laut. Ihr grundlegendes Problem ist, um es ganz klar auszudrücken, daß sie nur über unzureichende Fakten verfügen. Die Komplexitätstheoretiker haben einfach noch nicht genügend Informationen, die sie mit sich in den Cyberspace nehmen könnten. Ihre Ausgangshypothesen beruhen eindeutig auf zu wenigen Details. Ihre Schlußfolgerungen sind noch viel zu vage und allgemein, um mehr als nur Schlagworte sein zu können, und ihre abstrakten Vorstellungen vermitteln uns nur sehr wenig wirklich Neues.

Nehmen wir einmal den »Rand des Chaos«, eines der meistzitierten Paradigmen aus der Komplexitätstheorie. Ausgangspunkt ist die Beobachtung, daß es in einem aus perfekter innerer Ordnung bestehenden System, beispielsweise in einem Kristall, zu keinen weiteren Veränderungen mehr kommen kann. Im anderen Extrem, bei einem chaotischen System wie einer kochenden Flüssigkeit, herrscht hingegen eine schmale Marge an veränderbarer Ordnung. Also geht es nun darum, daß das sich neu entwickelnde System äußerst schnell einen Zwischenraum finden beziehungsweise an den Rand des Chaos gelangen muß, wo zwar Ordnung herrscht, die einzelnen Teile jedoch lose genug miteinander verbunden sind, um entweder einzeln oder in kleinen Gruppen verändert werden zu können.

Kauffman wandte dieses Konzept in seinem »NK-Modell« auf die Evolution von Leben an. N steht für die Anzahl jener Teile eines Organismus – der Gene oder Aminosäuren –, die zu seinem Überleben und seiner Reproduktion und damit auch zu seiner Verteilung unter künftigen Generationen beitragen. K steht für die Anzahl der Gene und Aminosäuren desselben Organismus, die den Beitrag jedes einzelnen seiner Teile zum Gesamtorganismus bestimmen. Ein Gen agiert beispielsweise nicht nur als Anleitung für die Entwicklung einer Zelle, es interagiert auch auf komplizierte Weise mit anderen Genen. Kauffman wies nun darauf hin, daß, wenn die Wirkungen von Genen vollständig miteinander verknüpft sind – wenn K also gleich N ist –, kaum oder gar keine Evolution der Organismenpopulation möglich ist, weil nichts in der Erbmasse der Organismen ver-

Die Einheit des Wissens

ändert werden könnte, ohne daß zugleich alles verändert würde. Im anderen Extremfall, wenn es also keinerlei Verbindung zwischen den Genen gibt – wenn K gleich Null ist –, stürzt die Population ins evolutionäre Chaos. Wenn jedes Gen nur auf sich selbst gestellt ist, entwickelt sich die Organismenpopulation aufs Geratewohl in schier unendlich möglichen Genkombinationen; sie kommt zu keiner evolutionären Zeit zu einer Stabilisation; und sie kann sich nie für ein bestimmtes, anpassungsfähiges Stadium entscheiden. Wo hingegen ein gewisses Minimum an Verbindungen zwischen den Genen existiert – am Rande des Chaos –, kann sich die entwickelnde Population für eine anpassungsfähige Hochform entscheiden und dennoch in der Lage bleiben, sich relativ einfach zu einer naheliegenden anderen anpassungsfähigen Hochform zu entwickeln. Eine bestimmte Vogelart könnte zum Beispiel dazu übergehen, anstatt Körner nur noch Insekten zu fressen, oder eine Savannenpflanze könnte sich dem Wüstenklima anpassen. Am Rande des Chaos, so Kauffman, herrscht die größtmögliche Entwicklungsfähigkeit. Vielleicht ist es ja so, daß Spezies die Zahl ihrer genetischen Verbindungen immer so angleichen, daß sie in dieser fließendsten aller Anpassungszonen bleiben können.

Kauffman hat diese NK-Modelle so erweitert, daß sie auf eine Vielzahl von Fragen in der Molekular- und Evolutionsbiologie anwendbar werden. Seine Argumente sind ebenso originell wie die anderer führender Komplexitätstheoretiker und zielen immer auf entscheidende Probleme. Auf den ersten Blick wirken sie gut. Doch als Evolutionsbiologe mit entsprechendem Wissen über Genetik konnte ich kaum etwas von ihnen lernen. Während ich mich durch Kauffmans Gleichungen und merkwürdig schwülstige Texte durchbiß, wurde mir klar, daß mir die meisten seiner Schlußfolgerungen bereits aus anderem Kontext vertraut waren. Im Grunde hat er nur das Rad neu erfunden. Er hat längst beschriebene Prinzipien der allgemein anerkannten biologischen Literatur lediglich in eine schwierige neue Sprache übersetzt. Im Gegensatz zu den bedeutenden physikalischen Theorien verändern die NK-Formeln weder die Grundlagen unseres Denkens, noch ermöglichen sie in nennenswertem Maße Voraussagen. Bis heute offerieren sie nichts, was man in die Feldforschung oder ins Labor tragen könnte.

Mit dieser persönlichen und vielleicht auch etwas unfairen Einschätzung eines einzigen Beispiels will ich die Erfolgsaussichten der Komplexitätstheoretiker nicht schmälern. Einige der von ihnen vorangetriebenen Grundkonzepte, darunter vor allem die Chaostheorie

Der Ariadnefaden 123

und die fraktale Geometrie, haben dazu beigetragen, weite Bereiche der materiellen Welt besser zu verstehen. Im Bereich der Ökologie entdeckte der britische Biologe und Mathematiker Robert May beispielsweise durch realistische Differenzengleichungen Muster von Populationsfluktuationen, wie sie bei Pflanzen und Tieren tatsächlich zu beobachten sind. Sobald die Wachstumsrate einer Population steigt oder die Umwelt ihren Griff auf die Populationskontrolle lockert, geht die Anzahl der Individuen von einem nahezu stabilen Zustand in einen leichten Auf- und Ab-Zyklus über. Verändern sich Wachstumsrate und Umweltkontrolle weiterhin, verändert sich auch die Anzahl der Individuen im Laufe von komplizierten Zyklen mit multiplen Höhepunkten. Schließlich entsteht ein völlig chaotisches Auf und Ab ohne irgendein erkennbares Muster. Das interessanteste Merkmal von Chaos bei Populationen ist, daß es durch genau definierte Eigenschaften realer Organismen hervorgerufen werden kann. Im Gegensatz zu allem, was man zuvor geglaubt hatte, sind chaotische Muster nicht unbedingt das Produkt beliebig agierender Umweltkräfte, die eine Population in bestimmter Weise erschüttern. Vielmehr spiegelt auch die Chaostheorie wie viele komplexe physikalische Phänomene hier nur ein authentisches Grundprinzip der Natur – daß nämlich extrem komplizierte, von außen nicht zu entziffernde Muster von winzigen, meßbaren Veränderungen innerhalb des Systems bestimmt werden.

Doch welche Systeme und welche Veränderungen? Das ist der Kern des Problems. Kein einziges Element der Komplexitätstheorie verfügt auch nur annähernd über die Allgemeingültigkeit und Übereinstimmung mit dem Faktischen, die wir von einer Theorie erwarten. Keines hat zu entsprechenden theoretischen Innovationen und praktischen Anwendungen geführt. Was ist es, das der Komplexitätstheorie zum Erfolg in der Biologie fehlt?

Die Komplexitätstheorie braucht mehr empirische Informationen. Die Biologie kann sie damit ausstatten. Nach einem dreihundertjährigen Entwicklungsprozeß und nachdem sie vor kurzem mit der Physik und Chemie vernetzt wurde, ist die Biologie eine ausgewachsene Wissenschaft geworden. Aber vielleicht brauchen Biologen gar keine spezifische Theorie, um Komplexität meistern zu können. Sie haben die Reduktion bereits zu einer hohen Kunst entwickelt und auch schon Teilsynthesen auf der Ebene von Molekülen und Organellen erreicht. Wenn sich ihnen komplette Zellen und Organismen auch noch entziehen, so wissen sie doch, daß sie einige ihrer Elemente Stück für Stück rekonstruieren können. Sie haben keinen dringenden Bedarf an grandiosen Erklärungen als Vorbedingung für die Entwicklung von künstlichem Leben. Ein Organismus ist eine Maschine, und die meisten Biologen sind davon überzeugt, daß die Gesetze der Physik und Chemie ausreichen, um sie zu verstehen, vorausgesetzt, sie haben genügend Zeit und Geld zur Verfügung. Wenn wir eine lebende Zelle zusammensetzen können, wird das die Welt nicht wie die Einsteinsche Revolution von Raum und Zeit erschüttern. Die komplexen Strukturen real existierender Organismen werden nämlich schon heute derart schnell und häufig erkannt, daß die Seiten von *Nature* und *Science* Woche für Woche voll davon sind und der Bedarf an einer konzeptionellen Revolution ständig geringer wird. Es könnte zwar durchaus sein, daß plötzlich doch noch eine umwälzende Revolution stattfinden wird, aber die geschäftigen und wohlgenährten Forschermassen sitzen nicht in banger Erwartung herum und harren ihrer.

Die von den Biologen zerlegte Maschine ist eine Schöpfung von faszinierender Schönheit. In ihrem Zentrum stehen die Nucleinsäure-Codes, die bei einem typischen Wirbeltier etwa 50 000 bis 100 000 Gene enthalten. Jedes Gen bildet einen Strang aus zwei- bis dreitausend Basenpaaren (genetischen Buchstaben), und jedes Triplett (die Kombination dreier Basenpaare) dieser aktiven Gene setzt sich in eine Aminosäure um. Die molekularen Endprodukte der Gene, die durch zahllos perfekt orchestrierte chemische Reaktionen auf dem Weg von innen nach außen durch die Zelle umgeschrieben werden, sind in gigantische Proteinmoleküle gefaltete Aminosäuresequenzen. Es gibt etwa 100 000 Arten von Proteinen in einem Wirbeltier. Während die Nucleinsäuren die Codes sind, sind diese Proteine die Substanz des Lebens. Sie machen ungefähr die Hälfte des Trockengewichts eines Organismus aus. Sie geben dem Körper seine Form, halten ihn durch Kollagensehnen zusammen, bewegen ihn mittels Muskeln, katalysieren seine gesamten belebenden chemischen Reaktionen, transportieren Sauerstoff in seine sämtlichen Bestandteile, bewaffnen das Immunsystem und befördern die Signale, mit deren Hilfe das Gehirn die Umwelt abtastet und Verhaltensalternativen vermittelt.

Die Rolle des Proteinmoleküls wird aber nicht allein durch seine Primärstruktur und die Sequenz der in ihm enthaltenen Aminosäuren bestimmt, sondern auch durch seine Form. Jeder einzelne Aminosäurestrang ist auf präzise Weise gewunden, aufgewickelt wie ein Garn oder zusammengeknüllt wie ein Papierknäuel. Das vollständige

Der Ariadnefaden

Molekül hat ebensoviele unterschiedliche Formen, wie es Wolkenformationen am Himmel gibt. Wer sie betrachtet, fühlt sich an klumpige Himmelskörper, Donuts, Hanteln, Widderköpfe, Engel mit weit ausgebreiteten Flügeln oder Korkenzieher erinnert. Diese Oberflächenstrukturen sind für die Funktion der Enzyme – jener Proteine, die die Chemie eines Körpers katalysieren – besonders entscheidend. Irgendwo auf der Oberfläche befindet sich eine Andockstelle, eine Tasche oder Rille, bestehend aus einigen Aminosäuren, die durch den Aufbau der restlichen Aminosäuren an Ort und Stelle gehalten werden. Nur Substratmoleküle einer ganz besonderen Form können diese Andockstelle besetzen und sich der Katalyse unterziehen. Sobald eines in der richtigen Anordnung andockt, beginnt sich die Form der Andockstelle leicht zu verändern. Die beiden Moleküle verbinden sich enger, vergleichbar etwa mit Händen, die zur Begrüßung ineinandergelegt werden, und im Nu ist das Substratmolekül chemisch verändert und wieder freigesetzt. Beim Andocken des Enzyms Saccharase wird beispielsweise Saccharose in Fructose und Glucose gespalten. Genauso flink bildet sich die Andockstelle des Enzymmoleküls in seine alte Form zurück, wobei seine chemische Struktur unverändert geblieben ist. Die Produktivität, die fast alle Enzymmoleküle beim rasenden Wechsel vom aktiven in den inaktiven Zustand zu Tage legen, ist gewaltig. Ein einziges von ihnen kann eintausend Substratmoleküle pro Sekunde bearbeiten.

Wie soll man nun all diese Nanometer-Komponenten und Millisekunden-Reaktionen zu einem kohärenten Bild verarbeiten? Biologen sind entschlossen, dies von Grund auf zu tun, Molekül für Molekül, Stoffwechselreaktionsweg für Stoffwechselreaktionsweg. Also haben sie begonnen, die für den Bau einer vollständigen Zelle nötigen Daten und mathematischen Hilfsmittel zusammenzutragen. Wenn ihnen das erst einmal vollständig gelungen ist, werden sie die Ebene des kompletten, einfachen Organismus erklommen haben, der Einzellerbakterien und Protisten.

Die meisten Biologen favorisieren Mittelwertsmodelle bei ihren theoretischen Zellintegrationen, also weder primär mathematische noch rein deskriptive, sondern vielmehr solche, die eine Menge empirischer Informationen liefern und Teile des genetischen Netzwerks vorstellbar machen. Wie dieser Ansatz nach dem neuesten Stand der Technik aussieht, haben die beiden Forscher William Loomis und Paul Sternberg 1995 hervorragend beschrieben:
»Die Knotenpunkte solcher Netzwerke sind Gene oder ihre RNA-

und Proteinprodukte. Die Verbindungen sind die regulativen und physischen Interaktionen zwischen den RNAs, den Proteinen und den in *cis*-Stellung angeordneten DNA-Sequenzen eines jeden Gens. Die modernen molekulargenetischen Techniken haben die Geschwindigkeit, mit der Gene erkannt und ihre Primärsequenzen bestimmt werden können, um ein Vielfaches erhöht. Die Herausforderung ist nun, die Gene und ihre Produkte in funktionelle Reaktionswege, Kreisläufe und Netzwerke einzubinden. Analysen von Regulationsnetzwerken (beispielsweise solchen, die an der Signaltransduktion und den transkribierenden Regulationskaskaden beteiligt sind) veranschaulichen eine kombinierte Aktion, die zum Beispiel digitale Logik, analog-digitale Konversion, vernetzte Kommunikation und Isolierung sowie Signalintegration implemetieren. Die Existenz hochverfeinerter Netzwerkelemente wurde zwar bereits seit Jahrzehnten von physiologischen Studien angenommen, neu aber sind Ausmaß und Detail, in welchen sie den einzelnen Komponenten zur Verfügung stehen. Ein Großteil der gegenwärtigen Molekularbiologie konzentriert sich auf die Identifikation von neuen Komponenten, darauf, die regulativen Inputs und Outputs eines jeden Knotenpunkts zu definieren und die physiologisch relevanten Reaktionswege darzustellen.«

Die Komplexität, die in diesem einzigen Absatz zum Ausdruck kommt, übersteigt bei weitem die eines jeden Supercomputers oder einer aus Millionen Einzelteilen bestehenden Raumfähre und sonstiger vom Menschen erdachter Technologien. Wird es den Wissenschaftlern überhaupt je möglich sein, sie zu erklären, sie in einem mikroskopischen System darzustellen? Die Antwort lautet zweifelsohne: *Ja*. Schon allein aus gesellschaftlichen Gründen. Wissenschaftler wurden damit betraut, Krebs, genetische Erbkrankheiten und Virusinfektionen zu besiegen – alles in Unordnung geratene Zellen. Um diese Aufgabe zu erfüllen, erhalten sie riesige Summen von Forschungsgeldern. Den Weg zu diesen von der Öffentlichkeit gesetzten Zielen kennen sie schon ziemlich genau. Sie werden nicht versagen. Wissenschaftler haben genauso wie Künstler schon immer gemacht, was Schirmherren und Mäzenaten fordern.

Immer bessere Instrumente erlauben es den Biologen bereits heute, in das Innere von lebenden Zellen einzudringen und den molekularen Aufbau direkt zu inspizieren. Dabei entdecken sie, auf welch simple Weise anpassungsfähige Systeme sich organisieren können. Zu den bemerkenswertesten Simplizitäten gehören die Regeln, nach denen sich die Spiralstränge der Aminosäuren in die brauchbaren Formen der Proteinmoleküle falten, oder die Filtervorrichtungen, durch welche die Membranen bestimmte Substanzen in die Zellen und Organellen hinein- und herauslassen. Inzwischen verfügen Wissenschaftler auch über computergestützte Möglichkeiten, derart komplexe Prozesse zu simulieren. 1995 stellte ein amerikanisches Team mit zwei vernetzten Intel-Paragon-Computern den Weltrekord von 281 Milliarden Rechenvorgängen pro Sekunde auf. Das »U.S. Federal High-Performance Program« hat das Ziel gesteckt, am Ende des Jahrhunderts eine Billion Rechenvorgänge pro Sekunde zu erreichen, und bis zum Jahr 2020 werden »Petacrunchers« vermutlich in der Lage sein, eintausend Milliarden Rechenvorgänge pro Sekunde zu leisten. Dafür werden zwar neue Technologien und Programmierungsmethoden nötig sein, doch dann werden Brute-force-Simulationen in der Zellmechanik möglich, mit denen jedes aktive Molekül und seine Interaktionen verfolgt werden können – und das sogar ohne die vereinfachenden Prinzipien, die sich die Komplexitätstheorie vorstellt.

Wissenschaftler haben auch schon erste Antworten auf die Frage, wie sich fertige Zellen selbst zu Gewebestrukturen und vielzelligen Organismen organisieren. 1994 baten die Herausgeber von *Science* anläßlich des hundertsten Geburtstages der von Wilhelm Roux begründeten Entwicklungsbiologie einhundert Forscher um Antwort, welches ihrer Meinung nach die wichtigsten noch unbeantworteten Fragen in dieser Disziplin sind. Nach dem angegebenen Rang ihrer Bedeutung sind das:

1. Welche molekularen Mechanismen spielen bei der Entwicklung von Gewebe und Organen eine Rolle?
2. Welcher Zusammenhang besteht zwischen Entwicklung und genetischer Evolution?
3. Durch welche Schritte werden Zellen einem spezifischen Schicksal unterworfen?
4. Welche Rolle spielt die Signalweitergabe von Zelle zu Zelle bei der Entwicklung von Gewebe?
5. Wie bauen sich die Gewebemuster beim frühen Embryo auf?
6. Auf welche Art und Weise bauen Nervenzellen ihre spezifischen Verbindungen auf, um Nervenstrang und Gehirn zu erschaffen?
7. Wodurch werden Zellen dazu veranlaßt, sich zu teilen und während der Formung von Gewebe und Organen zu sterben?
8. Durch welche Schritte beeinflussen die Prozesse, die die Transkription (die Übertragung genetischer Informationen innerhalb

der Zelle durch Enzyme) kontrollieren, die Differenzierung von Gewebe und Organen?

Bemerkenswerterweise glaubten alle Biologen, daß der Stand der Forschung auf diesen Gebieten rapide voranschreitet und bei einigen schon bald zu Teilerfolgen führen wird.

Gehen wir einmal davon aus, daß sich die Hoffnungen der Molekular- und Zellbiologen schon bald im kommenden Jahrhundert erfüllen werden. Nehmen wir weiter an, daß sie in der Lage sein werden, eine menschliche Zelle in all ihre Bestandteile zu zerlegen, sämtliche Prozesse zu verfolgen und das gesamte System von den Molekülen an aufwärts exakt zu rekonstruieren. Und nehmen wir schließlich auch noch an, daß die Entwicklungsbiologen, deren Forschungsgegenstand Gewebe und Organe sind, ähnliche Erfolge verbuchen werden. In diesem Fall wäre die Bühne frei für den letzten Sturm auf die noch komplexeren Systeme des Verstandes und des Verhaltens. Denn immerhin sind ja auch sie Produkte eben dieser Moleküle, Gewebe und Organe.

Überlegen wir uns die Schritte, die zu dieser geballten Erkenntnis führen könnten. Hat man erst einmal die organischen Prozesse von einigen wenigen Spezies verstanden, wird es möglich sein, aus ihnen auf die Reproduktions- und Erhaltungsabläufe aller Spezies zu schließen. Derart erweitert, wird sich die vergleichende ganzheitliche Biologie dann nicht nur ein Bild vom heutigen Stand des Lebens machen können, sondern auch von seinen frühesten Evolutionsstufen und seinen Ausdrucksformen auf anderen Planeten mit unterschiedlichen, aber bewohnbaren Lebensräumen. Allerdings werden wir bei unserer Vorstellung von solchen bewohnbaren Lebensräumen sehr vorurteilslos sein und immer im Auge behalten müssen, daß in den antarktischen Felsen Algen wachsen und im kochenden Gewässer von Tiefseethermalspalten Bakterien gedeihen.

An irgendeinem Punkt werden sich aus vielschichtigen Simulationen mächtige neue Komplexitätsprinzipien ergeben. Sie werden die über viele Organisationsebenen bewahrten Algorithmen der Natur enthüllen, bis hin zu den komplexesten Systemen, die man sich nur vorstellen kann. Dies werden sich selbst aufbauende und erhaltende Systeme sein, die sich konstant verändern und dabei doch aufs Perfekteste reproduzieren – mit anderen Worten: lebende Organismen.

An diesem Punkt, so wir ihn erreichen – und daran glaube ich fest –, werden wir schließlich eine reine biologische Theorie gewon-

Der Ariadnefaden

nen haben, die all die umfangreichen und umständlichen Beschreibungen von Lebensprozessen, mit welchen die Wissenschaft heute noch arbeitet, vollständig ablösen wird. Ihre Prinzipien werden die Forschungsreise in den Verstand, in das Bewußtsein und in die Ökosysteme beschleunigen. Und weil es sich dabei um Produkte biologischer Organismen von extremer Komplexität handelt, wird dies die größte Herausforderung für uns sein.

Die wichtigsten Fragen sind daher erstens, ob allgemeine Oranisationsprinzipien existieren, die die vollständige Rekonstruktion eines lebenden Organismus erlauben, ohne zu den Mitteln einer Bruteforce-Simulation all seiner Moleküle und Atome greifen zu müssen; zweitens, ob dieselben Prinzipien auf Verstand, Verhalten und Ökosysteme anwendbar sein werden; drittens, ob es mathematische Formeln gibt, die der Biologie als natürliche Sprache dienen können, entsprechend der Sprache, die in der Physik so fabelhaft funktioniert; und viertens: Wie detailliert müssen faktische Informationen selbst dann noch sein, wenn wir die richtigen Prinzipien kennen, damit diese Prinzipien auf alle erwünschten Modelle angewandt werden können? Alles in allem sehen wir diese Dinge heute noch wie durch geschwärztes Glas – dunkel. Doch die Zeit wird kommen, da wir aus biblischen Andeutungen Antworten machen können. Wir werden den Dingen von Angesicht zu Angesicht gegenüberstehen und – vielleicht – alles in größter Klarheit sehen. Eines aber ist schon jetzt gewiß: Die Suche nach diesen Antworten wird den menschlichen Intellekt auf seine schwerste Probe stellen.

Kapitel 6

Der Verstand

Der Glaube an eine natürliche Einheit allen Wissens – die wahre
Natur des Labyrinths – baut letzten Endes auf der Hypothese auf,
daß jedem geistigen Prozeß eine physikalische Basis zugrunde liegt,
die naturwissenschaftlich erklärbar ist. Daß der Verstand von überra-
gender Bedeutung für das Vernetzungsprojekt ist, hat einen beinahe
verstörend elementaren Grund: Alles, was wir über das Leben wissen
und jemals wissen werden, wird von ihm produziert.
Auf den ersten Blick scheint eine geistige Auseinandersetzung mit
diesem Thema eher eine Angelegenheit der Philosophie als der Wissenschaft zu sein. Aber die Geschichte beweist, daß einer Logik, die
nur auf dem Wege der Introspektion gebildet wird, die Schubkraft
fehlt. Sie kommt nicht sehr weit und zielt normalerweise in die
falsche Richtung. Ein Großteil der modernen Philosophiegeschichte
seit Descartes und Kant besteht aus mißlungenen Denkmodellen des
Gehirns. Aber solche Fehlschläge sind nicht die Schuld der Philosophen, denn die haben ihre Methoden immer hartnäckig bis an ihre
Grenzen getrieben, sondern eine unmittelbare Folge der biologischen Evolution des Gehirns. Unser gesamtes empirisches Wissen
über die Evolution an sich und über mentale Prozesse im besonderen
legt nahe, daß das Gehirn eine Maschine ist, die nur zu Überlebens-
zwecken konstruiert wurde und nicht, um sich selbst zu verstehen.
Weil dies nun einmal zwei völlig unterschiedliche Ziele sind, kann
der Verstand, sofern er sich nicht auf das faktische Wissen der Wissenschaften stützen kann, die Welt nur in kleinen Portionen sehen.
Er wirft immer nur ein Schlaglicht auf jenen Teil der Realität, den er
verstehen muß, um den Tag zu überleben. Der Rest bleibt im dunkeln. Tausende von Generationen lebten und vermehrten sich ohne
das Bedürfnis, festzustellen, wie die Maschinerie des Gehirns funktioniert. Ihre Anpassungsmöglichkeiten fanden sie eher durch Mythen und Selbsttäuschungen, Stammesidentitäten und Ritualen, als
durch die Suche nach objektiver Wahrheit.
Aus diesem Grund wissen die Menschen noch heute mehr über

ihre Autos als über ihren Verstand. Und genau deshalb ist die grundlegende Erklärung des Verstandes auch eher die Aufgabe der Empirie
als die der Philosophie oder der Religion. Wir müssen die Reise ins
dunkle Innere des Gehirns ohne jede Voreingenommenheit antreten.
Die Schiffe, die uns bis zu diesem Punkt gebracht haben, müssen an
der Küste zurückgelassen und versenkt werden.

Das Gehirn ist eine helmförmige Masse aus grauem und weißem Gewebe etwa in der Größe einer Grapefruit und mit einem Volumen
von ein bis zwei Litern, bei einem mittleren Gewicht von 1300
Gramm (Einsteins Gehirn wog beispielsweise 1375 Gramm). Seine
Oberflächenstruktur ist faltig, und es hat die Konsistenz eines Pud-
dings, fest genug, um nicht auf den Boden der Hirnschale abzurut-
schen, weich genug, um mit einem Löffel ausgehoben werden zu
können.

Die wahre Bedeutung des Gehirns verbirgt sich in seinen mikroskopischen Details. Seine weiche Masse besteht aus einem verschlungenen Kabelsystem aus rund einhundertmilliarden Nervenzellen, die
jeweils wenige millionstel Bruchteile eines Meters dick und durch
Hunderte oder Tausende Endigungen mit anderen Nervenzellen
verbunden sind. Könnten wir selber auf die Größe eines Bakteriums
schrumpfen und das Innere des Gehirns leibhaftig erforschen, wie es
sich die Philosophen seit Leibniz im Jahr 1713 ausgemalt haben, wäre
es uns vielleicht möglich, alle Nervenzellen zu kartieren und alle
Stromkreise zu verfolgen. Aber noch nicht einmal dann wären wir in
der Lage, das Ganze zu verstehen. Dazu benötigten wir weit mehr Informationen. Wir müßten wissen, was das elektrische Flächenmuster
bedeutet, wie die Stromkreise zusammengeschlossen sind und – das
größte Rätsel überhaupt – zu welchem Zweck.

Was wir über Erbmasse und Entwicklung des Gehirns wissen,
beweist, wie beinahe unvorstellbar kompliziert es ist. Die bis 1995
erstellte Datenbank menschlicher Genome verzeichnet allein für
die Hirnstruktur mindestens 3195 spezifische Gene, fünfzig Prozent
mehr als für jedes andere Organ oder Gewebe (die Anzahl der Gene
im gesamten Genom wird auf 50 000 bis 100 000 geschätzt). Die
Entzifferung der molekularen Prozesse, die das Wachstum der Neuronen regeln und dafür sorgen, daß diese schließlich die ihnen zugewiesenen Plätze erreichen, hat gerade erst begonnen. Insgesamt gesehen ist das menschliche Gehirn das komplexeste aller bekannten
Objekte im Universum – das heißt, der ihm selbst bekannten.

Die Evolution des Gehirns bis zu seiner gegenwärtigen Form ging

Der Verstand 133

sehr schnell, sogar gemessen an den Standards des allgemein rapiden Tempos der stammesgeschichtlichen Entwicklung von Säugetieren, das wir an fossilen Zeugnissen ablesen können. Im Laufe von drei Millionen Jahren, vom ersten Menschenaffen Afrikas bis zum frühesten, anatomisch modernen Homo sapiens vor etwa 200 000 Jahren, steigerte sich das Volumen des Gehirns um das Vierfache. Dabei wuchs vor allem der Neokortex, in dem alle höheren Funktionen angesiedelt sind, darunter vor allem die Sprache und ihr auf Symbolen beruhendes Produkt Kultur. Damit hatte der Mensch die Fähigkeit erworben, sich den Planeten untertan zu machen. Der fortgeschrittene Mensch, dessen großer, kugelförmiger Schädel gefährlich auf einem Stiel aus miteinander verbundenen Halswirbeln schwankt, lief, paddelte und segelte von Afrika aus nach Europa und Asien und von dort zu allen anderen Kontinenten und großen Archipelen, die unbewohnbare Antarktis ausgenommen. Um 1000 v. Chr. erreichte er die äußersten Inseln des Pazifiks und Indischen Ozeans. Nur noch eine Handvoll abgelegener Inseln inmitten des Atlantiks, darunter St. Helena und die Azoren, blieben ein paar weitere Jahrhunderte lang verschont.

Es ist heutzutage in akademischen Kreisen wenig opportun, von evolutionärem Fortschritt zu sprechen. *Um so mehr Grund, es zu tun.* Denn Tatsache ist, daß die Kontroverse über dieses Thema, an die bereits so viel Tinte verschwendet wurde, im Grunde mit einer einfachen semantischen Klarstellung aus der Welt zu schaffen ist: Wenn wir mit»Fortschritt« die Annäherung an ein festgestecktes Ziel meinen – im Sinne einer vom menschlichen Verstand hergestellten Absicht –, dann ist Evolution durch natürliche Auslese, die ja keine festgesteckten Ziele kennt, nicht fortschrittlich. Wenn wir damit aber die Entwicklung von immer komplexeren und kontrollfähigeren Organismen und Gesellschaften mit zumindest gewissen erkennbaren Abstammungslinien und der ständigen Möglichkeit von Regression meinen, dann ist evolutionärer Fortschritt eine offensichtliche Realität. In diesem zweiten Sinne wäre der Erwerb von hoher Intelligenz und Kultur durch den Menschen der letzte von vier großen Schritten, die in der Geschichte des Lebens im Abstand von jeweils etwa einer Milliarde Jahre folgten. Der erste Schritt war der Beginn allen Lebens in Form von einfachen, bakterienartigen Organismen. Darauf folgte die Entstehung der komplexen eukaryotischen Zelle durch den Zusammenschluß des Zellkerns und anderer membranumschlossenen Organellen zu einer eng verbundenen Einheit. Nachdem der eukaryotische Baustein erst einmal vorhanden war, konnte als nächster Schritt die Entwicklung großer, mehrzelliger Organismen wie Krustentiere und Weichtiere folgen, deren Bewegungen von Sinnesorganen und zentralen Nervensystemen gelenkt wurden. Und schließlich entstand, zum Leidwesen fast aller bereits existierenden Lebensformen, der Mensch.

Alle modernen Wissenschaftler und Philosophen, die sich mit dem Thema befassen, sind sich im Grunde einig, daß der Bewußtsein und rationale Prozesse umfassende Verstand gleichbedeutend mit dem aktiven Gehirn ist. Der von René Descartes postulierte Dualismus von Geist und Gehirn wurde verworfen. In seinen *Meditationes* (1642) war er zu dem Schluß gekommen, daß »der Geist durch göttliche Fügung ohne Körper und der Körper ohne Geist existieren kann«. Der große Philosoph glaubte, der körperlose Geist und ergo auch die unsterbliche Seele hätten ihren Sitz irgendwo im sterblichen Körper, vermutlich in der Zirbeldrüse, einem winzigen Organ im Zwischenhirn. Dieses frühe neurobiologische Modell ging davon aus, daß das Gehirn seine Informationen vom gesamten Körper erhält und sie an das Zentrum der Zirbeldrüse weiterleitet, wo sie dann irgendwie in bewußtes Denken übersetzt werden. Dieser Dualismus entsprach ganz dem Geschmack der zeitgenössischen Philosophie und Naturwissenschaften: Man konnte sich einer materialistischen Erklärung des Universums hingeben, ohne zugleich seine Gottesfürchtigkeit aufgeben zu müssen. Und diese Einstellung überlebte in der einen und anderen Form bis ins späte zwanzigste Jahrhundert.

Das Gehirn und seine Satellitendrüsen sind mittlerweile so weit erforscht, daß feststeht: Es gibt keine spezifische Stelle, an welcher der Sitz eines körperlosen Geistes vernünftigerweise zu vermuten wäre. Von der Zirbeldrüse ist beispielsweise bekannt, daß sie das Hormon Melatonin produziert und dazu beiträgt, die biologische Uhr des Körpers und seinen täglichen Rhythmus zu steuern. Doch auch wenn der Dualismus von Körper und Verstand in den neunziger Jahren endgültig verworfen wurde, sind sich die Wissenschaftler über die präzise materielle Grundlage des Verstandes nach wie vor uneins. Einige sind überzeugt, daß bewußte Erfahrung einzigartige physikalische und biologische Eigenschaften aufweist, welche es noch zu entdecken gelte. Ein paar andere – von ihren Kollegen als Mystiker abgetan – glauben, daß bewußte Erfahrung viel zu fremdartig und komplex sei, als daß wir sie je verstehen könnten.

Zweifellos ist eine solch fatalistische Einstellung nur der außerordentlichen Problematik dieses Themas zu verdanken. Noch 1970

Der Verstand   135

waren die meisten Wissenschaftler der Meinung, man sollte das gesamte Konzept »Verstand« am besten den Philosophen überlassen. Doch inzwischen wurde das Thema in genau dem Bereich wieder aufgegriffen, wo es hingehört, nämlich am Kreuzweg von Biologie und Psychologie. Mit Hilfe von vorzüglichen neuen Techniken haben Forscher den Diskurs auf eine neue Denkebene verschoben, wo man in der Sprache von Nervenzellen, Neurotransmittern, Hormonausstößen und neuralen Abzweigschaltungen diskutiert.

Dreh- und Angelpunkt dieses Unterfangens sind die Neurowissenschaften, allgemein als Hirnforschung bekannt, ein Zusammenschluß von Neurobiologen, Erkenntnispsychologen und einer neuen Schule von empirisch orientierten Philosophen, manchmal auch Neurophilosophen genannt. Ihre Forschungsberichte sind wöchentlich in erstrangigen Wissenschaftsjournalen nachzulesen, und ihre leidenschaftlichen theoretischen Auseinandersetzungen füllen die Seiten der Diskussionsforen von Fachzeitschriften wie *Behavioral and Brain Sciences*. Viele ihrer populären Bücher und Artikel gehören zum Besten, was die gegenwärtige Wissenschaft zu bieten hat.

So etwas ist typisch für die heroische – oder, wie es oft heißt, romantische – Periode, die jede erfolgreiche wissenschaftliche Disziplin durchläuft, solange sie noch in den Kinderschuhen steckt. Für eine relativ kurze Zeit, normalerweise ein bis zwei Jahrzehnte (selten dauert es länger als ein halbes Jahrhundert), sind die Forscher berauscht von diesem Gebräu aus Entdeckung und vorstellbar gewordenem Unbekannten. Zum ersten Mal werden die elementaren Fragen in beantwortbarer Form gestellt, beispielsweise: *Aus welchen Zellvorgängen setzt sich der Verstand zusammen?* Nicht, aus welchen wird er erschaffen – diese Formulierung wäre zu vage –, sondern: aus welchen setzt er sich zusammen. Die Pioniere der jungen Zunft sind Paradigmenjäger. Sie nehmen Risiken auf sich und konkurrieren mit rivalisierenden Theoretikern um den großen Wurf, bereit, schmerzhafte Rückschläge zu ertragen. Sie ähneln den Entdeckern des sechzehnten Jahrhunderts, die sich nach Sichtung einer neuen Küste von den Flußmündungen bis zur Quelle vorarbeiteten, grobe Landkarten zeichneten und sich wieder nach Hause begaben, um weitere Expeditionsgelder zu erbetteln. Die staatlichen und privaten Förderer der Hirnforscher sind ebenso generös wie die königlich geographischen Gesellschaften vergangener Jahrhunderte. Sie wissen, daß mit der Entdeckung eines einzigen Küstenstrichs nicht nur Geschichte gemacht werden kann, sondern auch unberührtes Land betreten wird, das die künftigen Konturen eines Imperiums verändern kann.

Man mag diesen Drang für typisch abendländisch halten, ihn typisch männlich finden oder, natürlich, als zutiefst kolonialistisch ablehnen. Ich glaube aber, daß er der menschlichen Natur ganz einfach eingeschrieben ist. Wie auch immer, auf jeden Fall treibt er zu großen wissenschaftlichen Fortschritten an. Im Laufe meiner Karriere hatte ich das Privileg, aus nächster Nähe die heroischen Perioden der Molekularbiologie, der geologischen Plattentektonik und der modernen evolutionsbiologischen Synthese mitzuerleben. Jetzt ist die Zeit der Hirnforschung angebrochen.

Die Grundlagen für diese Revolution wurden im neunzehnten Jahrhundert von Medizinern gelegt, die festgestellt hatten, daß Verletzungen bestimmter Teile des Gehirns zu typischen Schädigungen führen. Der vielleicht berühmteste Fall war der von Phineas P. Gage im Jahr 1848, einem jungen Vorarbeiter, der einen Bautrupp bei der Verlegung von Eisenbahngleisen durch Vermont leitete. Zu seinen Aufgaben gehörte auch die Sprengung von Felsen, damit die Strecke weniger kurvenreich angelegt werden konnte. Gage war gerade dabei, Pulver in ein Bohrloch einzufüllen, als das Ganze vorzeitig explodierte. Der eiserne Bohrbesetzer schoß ihm wie eine Rakete gegen den Kopf, trat in seine linke Wange ein und aus seiner Schädeldecke wieder aus, wobei er einen Großteil des Stirnlappens der Großhirnrinde mit sich herausriß. Gage flog durch die Luft, landete nach gut hundertfünfzig Metern wieder auf dem Boden, war aber wunderbarerweise noch am Leben. Zum ungläubigen Erstaunen aller Umstehenden setzte er sich nach wenigen Minuten auf und war sogar in der Lage, mit etwas Unterstützung zu laufen. Er hatte nie das Bewußtsein verloren. »Unglaublicher Unfall« lautete die Schlagzeile im *Vermont Mercury* am nächsten Tag. Mit der Zeit heilten Gages äußere Verletzungen ab, und er war wieder fähig zu sprechen und logisch zu denken. Aber sein Charakter hatte sich grundlegend verändert. Einst ein freundlicher und verantwortungsbewußter Mann mit guten Manieren, ein geschätzter Mitarbeiter von Rutland & Burlington Railroad, war er nun zum gewohnheitsmäßigen Lügner geworden, arbeitete unzuverlässig und verhielt sich launisch und nahezu selbstzerstörerisch. Langjährige Studien an Patienten mit Verletzungen im selben Hirnbereich bestätigten die allgemeine Schlußfolgerung aus Gages Unglück: Der Stirnlappen enthält wichtige Zentren für Entschlußkraft und emotionale Ausgeglichenheit.

Zwei Jahrhunderte lang füllten sich die medizinischen Archive mit solchen Berichten über die Auswirkungen örtlich begrenzter

Der Verstand 137

Hirnverletzungen. Diese Datensammlung ermöglichte es den Neurologen, die Funktionen der verschiedenen Teile des Gehirns wie auf einer Landkarte zu erfassen. Hirnverletzungen können durch physische Traumata, Schlaganfälle, Tumoren, Infektionen und Vergiftungen herbeigeführt werden, dabei kann das Ausmaß der Verletzung punktuell und kaum wahrnehmbar sein oder die Zerstörung und Durchtrennung großer Bereiche des Gehirns zur Folge haben. Und je nach Lage und Umfang kann eine solche Verletzung die unterschiedlichsten Auswirkungen auf das Denken wie auf das Verhalten haben. Der meistbeachtete Fall jüngeren Datums ist der von Karen Ann Quinlan. Am 14. April 1975 beging die junge Frau aus New Jersey den Fehler, unter Einwirkung des Beruhigungsmittels Valium und des Schmerzmittels Darvon Gin-Tonic zu trinken. Obwohl diese Kombination an sich nicht gefährlich klingt, brachte sie Karen Ann Quinlan den Tod. Sie fiel in ein Koma, aus dem sie bis zu ihrem Tod durch schwere Infektionen zehn Jahre später nicht mehr aufwachen sollte. Die Autopsie zeigte, daß ihr Gehirn größtenteils intakt geblieben war, was erklärt, weshalb ihr Körper überlebt und sogar seinen täglichen Schlaf- und Wachzyklus beibehalten hatte. Er hatte sogar noch weitergelebt, nachdem ihre Eltern inmitten einer landesweiten Kontroverse über diesen Fall durchgesetzt hatten, daß das Beatmungsgerät abgeschaltet wurde. Der Autopsie zufolge war Quinlans Hirnschädigung zwar lokal begrenzt, aber sehr schwer. Der Thalamus war zerstört, als sei er von einem Laser ausgebrannt worden. Weshalb sich ausgerechnet dieses Zentrum aufgelöst hatte, war niemandem erklärlich. Wird das Gehirn durch einen heftigen Schlag oder bestimmte Arten von Vergiftungen verletzt, reagiert es normalerweise mit einer ausgedehnten Schwellung. Ist diese Reaktion sehr heftig, drückt sie auf die Zentren, die den Herzschlag und die Atmung kontrollieren, wodurch der Blutkreislauf stillgelegt und der Tod des gesamten Körpers eingeleitet wird.

Wird hingegen nur der Thalamus zerstört, ist die Folge Gehirntod, beziehungsweise genauer: der Tod des Verstandes. Der Thalamus besteht aus paarig angelegten, eiförmigen Nervenzellmassen im Zwischenhirn und fungiert als Schaltstation, die alle Sinneseindrücke, außer Geruch, an die Großhirnrinde und damit den bewußtseinsteuernden Teil des Gehirns übermittelt. Auch Träume werden durch Impulse ausgelöst, die durch die Schaltkreise des Thalamus laufen. Quinlans Medikamentenunfall hatte dieselben Folgen wie die Sprengung eines Elektrizitätswerkes – alle an seinen Schaltkreisen hängenden Lichter erloschen. Sie fiel in einen Schlaf, aus dem sie keine Chance hatte, je wieder zu erwachen. Ihre Großhirnrinde lebte weiter, in ständiger Erwartung, wieder aktiviert zu werden. Aber das Bewußtsein konnte nicht einmal mehr im Traum hergestellt werden. Solche Erkenntnisse über Hirnschädigungen sind zwar enorm informativ, können jedoch nur dann gewonnen werden, wenn ein Studienobjekt zur Verfügung steht. Im Laufe der Jahre konnte die experimentelle Gehirnchirurgie jedoch zur Intensivierung dieser Forschung beitragen. Neurochirurgen pflegen Patienten während Operationen routinemäßig bei Bewußtsein zu halten, um ihre Reaktionen auf elektrische Stimulationen des Großhirns zu testen, damit gesundes Gewebe lokalisiert und seine Exzision vermieden werden kann. Dieses Verfahren ist nicht schmerzhaft, denn das Hirngewebe verarbeitet zwar die Impulse des gesamten Körpers, verfügt jedoch über keine eigenen Rezeptoren. Anstelle von Schmerzen rufen solche Tests ein Potpourri aus Sinneswahrnehmungen und Muskelkontraktionen hervor. Werden bestimmte Punkte an der Oberfläche des Großhirns stimuliert, sehen die Patienten Bilder, hören Melodien und unzusammenhängende Geräusche und erleben ein ganzes Spektrum von anderen Empfindungen. Und manchmal bewegen sie dabei unwillkürlich Finger und andere Körperteile.

Seit den ersten hirnchirurgischen Experimenten von Wilder Penfield und anderen Pionieren in den zwanziger und dreißiger Jahren dieses Jahrhunderts haben Forscher die sensorischen und motorischen Funktionen aller Teile der Großhirnrinde verzeichnet. Allerdings ist diese Methode in zweierlei Hinsicht begrenzt – zum einen kann sie nicht einfach über das Großhirn hinaus in die unbekannten tieferen Hirnregionen ausgedehnt werden, und zum anderen ermöglicht sie keine Beobachtung der Nervenaktivitäten in ihren zeitlichen Abfolgen. Um das zu erreichen, um also bewegte Bilder vom gesamten Gehirn in Aktion zu bekommen, haben die Wissenschaftler eine Palette hochkomplizierter Techniken aus der Physik und Chemie übernommen. Seit ihren Anfängen in den siebziger Jahren haben diese *Brain-Imaging*-Methoden, wie man sie zusammenfassend nennt, eine der Mikroskopie vergleichbare Entwicklung genommen, indem Momentaufnahmen in immer feineren Auflösungen und immer kürzeren Zeitintervallen gemacht werden. Damit hoffen die Wissenschaftler, schließlich die Aktivität von Netzwerken einzelner Nervenzellen innerhalb des gesamten lebenden Gehirns kontinuierlich beobachten zu können.

Der Verstand 139

Zugegeben, die Maschinerie des Gehirns ist uns noch immer bedrohlich fremd und die Wissenschaft konnte bislang nur einen Bruchteil seines gesamten Schaltplans entschlüsseln. Doch die wesentlichen anatomischen Merkmale des Gehirns sind bekannt, und auch über ihre Funktionen haben wir eine Menge erfahren. Bevor ich mich nun der Frage zuwende, inwieweit der Verstand ein Produkt dieser Vorgänge ist, möchte ich einen kurzen Überblick über die physikalischen Grundlagen des Gehirns geben.

Am einfachsten ist die Komplexität eines biologischen Systems wie des Gehirns zu erfassen, wenn man das Ganze als technisches Problem betrachtet. Welche Grundprinzipien müßte man befolgen, um ein Gehirn von Grund auf zu konstruieren? Ganz gleich, ob durch wissenschaftliche Planung oder blinde natürliche Auslese entstanden, die Schlüsselmerkmale des Bauplans sind weitgehend voraussagbar. Biomechaniker haben immer wieder festgestellt, daß die Effizienz von organischen Strukturen, die sich durch natürliche Auslese entwickelt haben, höchsten technischen Kriterien entspricht. Auch die auf noch mikroskopischerer Ebene arbeitenden Biochemiker sind fasziniert von der Exaktheit und Leistungsfähigkeit, mit der Enzymmoleküle die Aktivitäten von Zellen kontrollieren. Wie Gottes Mühlen mahlen auch die Evolutionsprozesse langsam – doch sie mahlen, wie der Dichter sagte, unübertrefflich fein.

Rollen wir also die Blaupausen aus und betrachten das Gehirn als Lösung für eine ganze Reihe von physikalischen Problemen. Am besten beginnt man mit einfacher Geometrie. Weil eine Unmenge von Schalttechnik benötigt wird und Kabelnetze aus lebenden Zellen verlegt werden müssen, muß eine relativ große Masse von neuem Gewebe in der Hirnschale produziert und untergebracht werden. Die ideale Hirnschale müßte daher vollkommen oder doch fast kugelförmig sein, weil eine Kugel unter allen geometrischen Formen die im Verhältnis zum Volumen kleinste Oberfläche besitzt und ihr verletzbares Inneres daher den geringsten Gefahren ausgesetzt ist. Außerdem ermöglicht sie mehr Schaltkreise auf engem Raum, als es bei anderen Formen machbar wäre. Dadurch können wiederum die Durchschnittslänge eines Schaltkreises verkürzt, die Übertragungsgeschwindigkeit beschleunigt und die Energiekosten für Herstellung und Wartung gesenkt werden.

Weil die Basiseinheiten der Gehirnmaschine aus lebenden Zellen hergestellt werden müssen, ist es am günstigsten, diese zu strecken und wie Drähte zu verspannen, die gleichzeitig als Empfangsstationen und Koaxialkabel dienen können. Die entsprechenden, von der

Evolution entwickelten Mehrzweckzellen sind die Neuronen, auch Nervenzellen oder Nervenfasern genannt. Es ist außerdem praktisch, diese Neuronen so zu konstruieren, daß ihr Zellkörper auch Impulse anderer Zellen empfangen kann. Ihre eigenen Signale können die Neuronen durch Neuriten, ihre kabelartigen Fortsätze, senden.

Damit die Geschwindigkeit erhöht wird, sorge man nun dafür, daß die Übertragung als elektrische Entladung durch die Depolarisation der Zellmembran erfolgt. Die Neuronen erhalten dann den Befehl: »Feuer!« Um die Treffsicherheit bei der Neuronenentladung zu steigern, ummantle man die Neuriten mit einer Isolierung. Auch dafür hat die Natur gesorgt, und zwar in Form von weißen, fetthaltigen Myelinmembranen, die dem Gehirn seine helle Farbe verleihen.

Um eine höhere Integrationsebene zu erreichen, muß das Gehirn auf äußerst ausgeklügelte und präzise Weise verkabelt werden. Da es aus lebenden Zellen besteht, wird die Anzahl der Neuronenverbindungen am besten erhöht, indem man fadenartige Fortsätze aus dem Scheitel der Neuriten wachsen läßt, die jeweils an mehrere andere Zellkörper heranreichen und so ihr Signal an sie übertragen können. Die Entladung des Neuriten fließt bis in die Spitzen seiner verschiedenen Endigungen, welche dann den Kontakt mit den Empfängerzellen herstellen – entweder über die Oberfläche des Zellkörpers der Empfängerzelle oder über deren Dendriten, jene feinverästelten, fadenartigen Rezeptoren, die aus den Zellkörpern wachsen.

Stellen wir uns die gesamte Nervenzelle einmal als winzigen Tintenfisch vor. Aus seinem Körper wachsen eine Menge von Tentakeln (Dendriten). Einer davon (der Neurit) ist um ein Vielfaches länger als alle anderen. An seinem Ende wachsen wiederum Tentakel. Jede Botschaft wird auf dem Körper und von den kurzen Tentakeln des Tintenfischs empfangen und durch seinen langen Tentakel an andere Tintenfische weitergegeben. Das Gehirn besteht aus einhundermilliarden miteinander verbundenen Tintenfischen.

Die Verbindungen von Zelle zu Zelle – genauer gesagt, die Umschaltstellen zwischen den Nervenfortsätzen und die ultramikroskopisch kleinen Spalte dazwischen – werden Synapsen genannt. Ist eine elektrische Entladung bei einer Synapse angekommen, veranlaßt diese die Spitze des Endfortsatzes, einen Neurotransmitter auszustoßen, eine Chemikalie, die die elektrische Entladung der Empfängerzelle entweder stimuliert oder verhindert. Jede Nervenzelle sendet durch die Synapsen am Ende ihres Neuriten Signale an Hunderte oder Tausende von anderen Zellen und empfängt selber Impulse von den unzähligen Synapsen an ihrem Zellkörper und ihren Dendriten.

Der Verstand 141

In jedem Augenblick feuert eine Nervenzelle entweder Impulse durch ihre Synapsen am Ende ihrer Neuriten an andere Zellen oder wird still. Welche dieser beiden Reaktionen stattfindet, hängt von der Summe aller Neurotransmissionen ab, die sie von allen sie stimulierenden Zellen erhalten hat.

Die Aktivität des gesamten Gehirns, und damit auch die Lenkung der Aufmerksamkeit und Stimmungen des Bewußtseins, wird grundlegend von dem Ausstoß an Neurotransmittern bestimmt, die seine Billionen von Synapsen durchfließen. Zu den wichtigsten Neurotransmittern zählen das Acetylcholin und die Amine Norepinephrin, Serotonin und Dopamin, andere enthalten die Aminosäure GABA (g-Aminobuttersäure) und überraschenderweise auch das Elementargas Stickstoffoxid. Einige Neurotransmitter stimulieren die von ihnen kontaktierten Neuronen, andere hemmen sie, und wieder andere können beide Reaktionen hervorrufen, je nach Ort des Stromkreises innerhalb des Nervensystems.

Während sich das Nervensystem beim Fötus und Säugling entwickelt, strecken die Neuronen ihre Neuriten und Dendriten ins zelluläre Umfeld aus wie ein Tintenfisch seine wachsenden Tentakeln. Die von ihnen hergestellten Verbindungen sind genau programmiert und werden von Chemikalien an ihre Bestimmungsorte gelenkt. Sobald ein Neuron seinen Platz eingenommen hat, ist es auch bereit für eine spezifische Rolle bei der Signalübertragung. Sein Neurit kann sich entweder nur über den millionstel Bruchteil eines Meters oder über eine tausendfach längere Strecke erstrecken. Seine Dendriten und Neuritenendigungen können verschiedene Formen annehmen. Sie erinnern beispielsweise an eine unbelaubte Baumkrone im Winter oder eine dichte, filzartige Matte. In ihrer Ästhetik und Schönheit, typisch für reine Funktionalität, regen sie unsere Phantasie an. Der große spanische Histologe Santiago Ramón y Cajal schrieb, nachdem er 1906 für seine Forschung auf diesem Gebiet den Nobelpreis erhalten hatte: »Wie ein Entomologe Schmetterlinge in leuchtenden Farben verfolgt, jagte ich mit meiner ganzen Aufmerksamkeit im Blumengarten der grauen Substanz nach Zellen in grazilen und eleganten Formen, nach den geheimnisvollen Schmetterlingen der Seele, deren Flügelschlag eines Tages – wer weiß? – das Geheimnis des Geisteslebens enthüllen könnte.«

Die Bedeutung der Neuronenformen, die den Biologen so erfreuen, ist folgende: Nervensysteme sind richtungsorientierte Netzwerke, die Signale empfangen und senden. Sie kommunizieren kreuz und quer mit anderen Komplexen und bilden damit Systeme im System, stellenweise in Form von Kreisen, die sich wie Schlangen in ihren eigenen Schwanz beißen, um reverberierende Stromkreise zu erzeugen. Jedes Neuron wird von den Endigungen der Neuriten vieler anderer Neuronen berührt, wobei durch eine Art demokratischer Abstimmung entschieden wird, ob es aktiv werden oder still sein soll. Im Stakkato eines Morse-Codes sendet die Zelle ihre Botschaften an andere. Die Anzahl der Verbindungen, die eine Zelle herstellt, sowie ihre Verteilungsmuster und der Code, den sie benutzt, bestimmen die Rolle, die sie bei all den Aktivitäten des Gehirns spielt.

Um die Technikmetapher nun abzuschließen, sei noch darauf hingewiesen, daß man bei der Konstruktion eines menschlichen Gehirns unbedingt noch ein Optimierungsprinzip beachten sollte: Die Informationsübertragung kann verbessert werden, indem Neuronenschaltkreise mit bestimmten Funktionen jeweils zu einem Cluster gruppiert werden. Die bislang von den Neurobiologen identifizierten sensorischen Relaisstationen, Integrationszentren, Gedächtnismodule und Gefühlskontrollzentren sind Beispiele für solche Aggregate im Gehirn. Nervenzellkörper häufen sich zu flachen Ansammlungen, die man Schichten nennt, oder zu runden, die man als Nervenkerne (Nuclei) bezeichnet. Die meisten von ihnen liegen an oder nahe der Oberfläche des Gehirns. Verbunden sind sie sowohl durch ihre eigenen Neuriten als auch durch nichtcodierte Neuronen, die sich ihren Weg durch das tiefere Gehirngewebe bahnen. Ein Ergebnis davon ist die graue oder beige Farbe, die durch die Massierung von Zellkörpern an der Gehirnoberfläche entsteht – die sogenannte »graue Substanz«-, sowie die weiße Farbe im Inneren des Gehirns, die auf die Myelinisolierung der Neuriten zurückgeht.

Der Mensch besitzt proportional zu seiner Körpergröße das größte Gehirn von allen großen Tierarten, die jemals existiert haben. Für eine Primatenart ist das menschliche Gehirn aber ganz offensichtlich bereits an seine physischen Grenzen gestoßen oder doch kurz davor. Hätte das Neugeborene ein noch wesentlich größeres Gehirn, wäre die Passage des schützenden Schädels durch den Geburtskanal für Mutter wie Kind gefährlich. Selbst die Gehirngröße eines Erwachsenen ist technisch gesehen ein Risiko. Denn der Kopf ist eine fragile, mit Flüssigkeit angefüllte und auf einem empfindlichen Knochen- und Muskelstamm balancierende Kugel, mit einem verletzlichen Gehirn und einem Verstand, der schnell irritiert und außer Kraft gesetzt werden kann. Instinktiv vermeidet der Mensch deshalb heftigen Körperkontakt. Doch da unsere Ahnen im Laufe ihrer Entwicklung brutale Körperkraft gegen Intelligenz einge-

Der Verstand 143

tausch haben, brauchen wir unsere Feinde ja nicht mehr mit Reißzähnen zu packen und zu zerfetzen.

Angesichts der Grenzen, die dem Hirnvolumen gesetzt sind, mußte also ein anderer Weg gefunden werden, um Platz für all die Datenbanken des Gedächtnisses und die zur Entwicklung des Bewußtseins nötigen, höherentwickelten Integrationssysteme zu schaffen. Die einzige zur Verfügung stehende Option ist die Erweiterung des Oberflächenbereichs: Verteile die Zellen über eine große Folie und knülle diese zu einem Ball zusammen. Die Großhirnrinde ist eine solche Folie. Sie hat eine Größe von etwa 6450 cm², ist auf jedem Quadratzentimeter mit Millionen von Zellkörpern bepackt, exakt wie ein Origami gefaltet und in Furchen und Windungen gelegt. So paßt sie perfekt in die Schädelkapsel.

Was ist sonst noch über die ideale Gehirnstruktur zu sagen? Wäre sie unbelastet von der biologischen Menschheitsgeschichte von einem göttlichen Baumeister gestaltet worden, hätte Er den Menschen vielleicht als zwar sterbliches, aber engelsgleiches Wesen nach seinem eigenen Bild erschaffen. Dieses Wesen wäre vermutlich rational, weitsichtig, weise, barmherzig, mit sich und der Welt zufrieden, selbstlos und frei von aller Schuld – und als solches ein einfallsloser Verwalter des wunderschönen Planeten, der ihm gegeben wurde. Wir sind nichts dergleichen. Uns ist die Erbsünde gegeben, und die verhilft uns dazu, *besser* als Engel zu sein. Denn welche Güter wir auch besitzen, wir haben sie uns im Verlauf einer langen und mühsamen Evolutionsgeschichte selbst verdient. Das menschliche Gehirn trägt den Stempel einer 400 Millionen Jahre währenden Geschichte von Versuch und Irrtum, die in beinahe ununterbrochener Folge durch Fossilien und molekulare Homologie nachzuweisen ist, vom Fisch über die Amphibie, das Reptil und das primitive Säugetier bis hin zu unseren unmittelbaren Primatenvorfahren. In der letzten Entwicklungsstufe wurde das Gehirn auf eine vollständig neue Ebene katapultiert und für Sprache und Geistesbildung ausgerüstet. Aber wegen seines uralten Stammbaums konnte es nicht einfach wie ein neuer Computer in eine leere Hirnschale eingebaut werden. Diesen Platz nahm noch immer das evolutionär alte Gehirn ein, ein Vehikel des Instinkts, und es blieb lebenswichtig – Herzschlag für Herzschlag –, während ihm neue Teile hinzugefügt wurden. Das neue Gehirn mußte behelfsmäßig, Schritt für Schritt in und um das alte herum aufgebaut werden, sonst hätte der Organismus nicht von einer Generation zur nächsten überleben können. Das Ergebnis war die menschliche Natur – ein von animalischer Schlauheit belebter und von Gefühlen beseelter Genius, der seine Leidenschaft für manipulative Findigkeit und künstlerische Erfindungskraft mit Rationalismus verband, um so ein neues Instrument zum Überleben zu schaffen. Hirnforscher haben bestätigt, daß diese Darstellung der Evolution des Verstandes realistisch ist. Sie haben festgestellt, daß Leidenschaft untrennbar mit Vernunft verbunden ist. Gefühl ist nicht einfach nur ein Störfall der Vernunft, sondern vielmehr ihr entscheidender Bestandteil. Und genau diese chimärenhafte Eigenschaft des Verstandes macht ihn so schwer faßbar. Die schwierigste Aufgabe für die Hirnforschung ist nun, die gleichsam am Produkt getestete Technik der Schaltkreise im Großhirn vor dem Hintergrund der archaischen Geschichte unserer Spezies zu erklären. Dabei können sie sich jedoch nur auf die soeben dargestellten anatomischen Elemente berufen, denn es gibt keinerlei Anhaltspunkte für die Hypothese eines göttlichen Konstrukteurs. Und da sie nicht in der Lage sind, das optimale Gleichgewicht von Instinkt und Vernunft von bekannten Grundprinzipien abzuleiten, müssen sie die Positionen und Funktionen der Stromkreise, die die Abläufe im Gehirn bestimmen, Schritt für Schritt aufspüren. Ihre Erkenntnisse werden sich nur stückchenweise und nach jeweils sehr vorsichtigen Rückschlüssen ergeben. Hier ein paar der wichtigsten Schlußfolgerungen, zu denen die Forschung bis heute gelangt ist:

- Auch das menschliche Gehirn baut auf der primitiven Dreiteiligkeit auf, die bei allen Wirbeltieren, von den Fischen bis zu den Säugetieren, gefunden wurde: Hinterhirn, Mittelhirn und Vorderhirn. Die beiden ersten bilden den sogenannten Hirnstamm und formen den geschwollenen Hinterkopf, gegen den das massiv vergrößerte Großhirn gelagert ist.
- Das Hinterhirn besteht aus Pons (zwischen Medulla und Mittelhirn gelegen), Medulla (Mark) und Cerebellum (Kleinhirn). Gemeinsam sorgen sie für Herzschlag, Atmung und die Koordination der Körperbewegungen. Im Mittelhirn werden der Schlaf-Wach-Rhythmus und zum Teil auch Hörreflexe und Wahrnehmung gesteuert.
- Ein wesentlicher Bestandteil des Vorderhirns ist das limbische System, ein meisterhafter »Verkehrskontrollpunkt«, der die gefühlsmäßigen Reaktionen steuert und die Integration sowie den Transfer von Sinnesreizen bearbeitet. Seine wichtigsten Zentren sind: Amygdala (Emotionen), Hippocampus (Gedächtnis, vor allem

Der Verstand 145

Kurzzeitgedächtnis), Hypothalamus (Gedächtnis, Kontrolle der Körpertemperatur, Sexualverhalten, Hunger und Durst) und Thalamus (Temperatur-, Schmerz- und alle anderen Empfindungen außer Geruch sowie die Steuerung einiger Gedächtnisprozesse).

• Zum Vorderhirn gehört die Großhirnrinde, die im Laufe der Evolution gewachsen ist, bis sie das restliche Gehirn bedeckte. Sie ist der Hauptsitz des Bewußtseins, speichert und kollationiert sämtliche Sinnesinformationen, steuert bewußte Körperbewegungen und integriert höhere Funktionen wie Sprache und Motivation.

• Die Schlüsselfunktionen von Hinter- und Mittelhirn, limbischem System und Großhirnrinde könnten in dieser Reihenfolge zusammengefaßt werden: *Herzschlag, Herzenswärme, Herzlosigkeit.*

• Es gibt keinen einzigen Teil des Vorderhirns, in dem der Sitz von bewußter Erfahrung zu lokalisieren wäre. Alle höheren geistigen Aktivitäten fließen durch Stromkreise, die weite Teile des Vorderhirns umfassen. Wenn wir beispielsweise Farbe wahrnehmen oder bezeichnen, fließt die visuelle Information von den Zäpfchen und Interneuronen der Netzhaut durch den Thalamus zu den Sehzentren im Hinterhauptslappen der Großhirnrinde. Nachdem die Information dort codiert und Schritt für Schritt durch die Muster neuronaler Entladung neu integriert wurde, wird sie zu den Sprachzentren in der seitlichen Hirnrinde geschickt. Resultat ist, daß wir zuerst »Rot« sehen und dann erst »Rot« sagen. Während wir über das Phänomen nachdenken, werden immer mehr Verbindungen zwischen Mustern und Deutungen hergestellt und dadurch weitere Bereiche des Gehirns aktiviert. Je neuer und komplizierter diese Verbindungen sind, um so stärker weitet sich diese Aktivität aus. Je besser die Herstellung solcher Verbindungen durch Erfahrung erlernt wurde, desto eher werden sie künftig auf Autopilot umgestellt. Erfolgt derselbe Reiz dann erneut, ist das Ausmaß der gesamten Aktivierung bereits viel geringer und der Verlauf in den Stromkreisen besser vorhersagbar geworden. Das Verfahren wurde zur »Gewohnheit«. Bei einem einzigen solchen gedächtnisbildenden Stoffwechselweg wird der Sinneseindruck zum Beispiel von der Großhirnrinde über Amygdala und Hippocampus zum Thalamus, dann weiter zum Stirnlappen (direkt hinter den Augenbrauen) und schließlich zum Abspeichern wieder zurück zu den Sinnesregionen in der Hirnrinde geleitet. Auf dem ganzen Weg werden die Codes je nach den Inputs aus anderen Bereichen des Gehirns entziffert und verändert.

• Wegen der mikroskopischen Größe der Nervenzellen kann enorm viel Schalttechnik auf sehr wenig Raum untergebracht werden. Der Hypothalamus, ein wichtiges Relais- und Kontrollzentrum im Zwischenhirn, hat ungefähr die Größe einer Limabohne. (Nervensysteme von Tieren sind sogar auf noch beeindruckendere Weise miniaturisiert. Die Gehirne von Mücken und anderen sehr kleinen Insekten, die eine Reihe komplexer, instinktiver Handlungen steuern – vom Fliegen bis zur Paarung –, sind für das bloße Auge nicht mehr wahrnehmbar.)

- Störungen in den Schaltkreisen des menschlichen Gehirns führen oft zu bizarren Ergebnissen. Verletzungen an bestimmten Stellen unterhalb der Oberfläche von Hinterhauptslappen und Scheitellappen im hinteren und seitlichen Bereich der Großhirnrinde verursachen zum Beispiel den selten auftretenden Zustand der sogenannten Prosopagnosie. Der Patient kann andere Personen nicht mehr an ihren Gesichtern erkennen, sondern nur noch anhand ihrer Stimmen identifizieren. Seltsamerweise aber behält er die Fähigkeit, andere Objekte als Gesichter durch reine Ansicht zu erkennen.

- Vermutlich gibt es Zentren im Gehirn, die vor allem bei der Empfindung und Organisation von freiem Willen aktiv werden. Eines davon scheint in oder zumindest nahe der vorderen Basalfurche, also innerhalb einer der größeren Furchen in der Großhirnrinde, zu liegen. Patienten mit einer Verletzung in dieser Region verlieren jegliche Initiative und das Interesse am eigenen Wohlergehen. Vom einen Moment zum anderen können sie sich auf nichts Konkretes mehr konzentrieren, sind jedoch nach wie vor zu vernünftigen Reaktionen in der Lage, wenn man sie unter Druck setzt.

- Komplizierte mentale Vorgänge können sich empfindlich verändern, wenn während der Aktivierung eines Großteils des Gehirns lokale Störungen auftreten. Patienten, die unter zeitweiliger Schläfenlappenepilepsie leiden, entwickeln oft hyperreligiöse Zustände, das heißt die Tendenz, wichtigen wie unwichtigen Ereignissen kosmische Bedeutung zuzuschreiben. Zudem neigen sie zu Hypergraphie, dem Zwang, ihre Visionen in einem ungelenkten Strom von Gedichten, Briefen oder Geschichten zum Ausdruck zu bringen.

- Die für die Sinnesintegration benutzten Nervenbahnen sind hochspezialisiert. Wenn man Versuchspersonen während eines PET-Scannings (Positronenemissionstomographie), das die Muster neuronaler Entladung sichtbar macht, anweist, bestimmte Tiere anhand von Bildvorlagen Namen zuzuschreiben, blitzen in den

Sehzentren ihrer Hirnrinde dieselben Muster auf, die zu beobachten sind, wenn die Probanden die Aufgabe erhalten haben, kaum wahrnehmbare Unterschiede zwischen bestimmten Objekten festzustellen. Werden sie aufgefordert, bestimmte abgebildete Werkzeuge wortlos nur im Geiste zu benennen, wechselt die Nervenaktivität in diejenigen Bereiche der Hirnrinde über, die auch Handbewegungen koordinieren und Befehlsworte wie zum Beispiel »schreiben!« beim Anblick eines Bleistifts abrufen.

Bislang war die Rede von physikalischen Prozessen, die den Verstand herstellen. Um nun zum Kern der Sache zu kommen – was *ist* Verstand überhaupt? Verständlicherweise drücken sich die Hirnforscher vor dieser Frage. Sie sind meist klug genug, sich nicht auf eine einfache, deklarative Definition einzulassen. Die meisten von ihnen glauben, daß die Grundeigenschaften der für den Verstand verantwortlichen Elemente – Neuronen, Neurotransmitter und Hormone – zwar leidlich bekannt sind, doch ausreichende Kenntnisse über die ganzheitlichen Eigenschaften der Nervenschaltkreise und Erkenntnisvermögen noch fehlen, darüber also, wie diese Schaltkreise Informationen verarbeiten, um Wahrnehmung und Wissen zu kreieren. Obwohl jährlich immer differenziertere Depeschen von der Forschungsfront eintreffen, ist noch immer schwer zu beurteilen, wieviel wir wissen, im Vergleich dazu, wieviel wir wissen müßten, um eine wirklich durchgreifende und bleibende Theorie über die Verstandesbildung durch das Gehirn entwickeln zu können. Es wäre möglich, daß die große Synthese sehr bald kommt, aber ebenso, daß sie mit quälender Langsamkeit noch Jahrzehnte auf sich warten läßt.

Doch nicht alle Experten können Spekulationen über die grundlegende Natur des Verstandes widerstehen. Obwohl es sehr riskant ist, hier von einem Konsens zu sprechen – und auch ich nicht die Hand dafür ins Feuer legen möchte, daß ich völlig unvoreingenommen bin –, so glaube ich doch, daß ich genug fachübergreifende wissenschaftliche Positionen zusammentragen konnte, um eine wahrscheinliche Kontur einer kommenden Theorie wie folgt beschreiben zu können.

Der Verstand ist ein Strom aus bewußten und unbewußten Erfahrungen. Im wesentlichen ist er eine verschlüsselte Darstellung von Sinneseindrücken und der Erinnerung und Vorstellung von Sinneseindrücken. Die Informationen, aus denen er sich zusammensetzt, werden höchstwahrscheinlich durch eine Vektorverschlüsselung von Richtungs- und Größenangaben sortiert und abgerufen. Ein bestimmter Geschmack könnte beispielsweise zum Teil durch eine konzertierte Aktion von Nervenzellen klassifiziert werden, die auf unterschiedliche Grade von Süße, Salzigkeit und Säure reagieren. Ist das Gehirn zum Beispiel darauf programmiert, zehn Abstufungen jeder Geschmacksrichtung herauszufiltern, können mit der Verschlüsselung $10 \times 10 \times 10 = 1000$ Substanzen unterschieden werden. Das Bewußtsein besteht aus der parallelen Verarbeitung einer riesigen Anzahl solcher Verschlüsselungsnetzwerke. Viele sind durch die synchronisierte Entladung von Nervenzellen mit 40 Hz pro Sekunde miteinander verbunden, wodurch die gleichzeitige Kartierung verschiedenster Sinneseindrücke ermöglicht wird. Einige dieser Eindrücke sind real, stammen also von den permanenten Reizen außerhalb des Nervensystems, während andere aus den Datenbanken der Hirnrinde abgerufen werden. Gemeinsam stellen sie Szenarien her, die sich in einem realistischen Zeitrahmen bewegen. Es sind virtuelle Realitäten. Sie können Details der Außenwelt entweder exakt wiedergeben oder sich unendlich von ihnen entfernen. Sie rekonstruieren Vergangenheit und konstruieren verschiedene Möglichkeiten von Zukunft, die künftigem Denken und künftigen Körperbewegungen zur Wahl stehen. Die Szenarien selbst bestehen aus dichten und aufs Feinste unterschiedenen Mustern in den Schaltkreisen des Gehirns. Sind sie beispielsweise vollständig auf Input aus der Außenwelt eingestellt, korrespondieren sie genau mit den Bereichen der unmittelbaren Umwelt – inklusive Körperbewegungen –, die gerade von den Sinnesorganen überwacht werden.

Aber wer oder was im Gehirn überwacht all diese Aktivitäten? Niemand! Nichts. Es gibt keinen Teil des Gehirns, der sich diese Szenarien betrachten würde. Sie *sind.* Bewußtsein ist die aus solchen Szenarien zusammengesetzte virtuelle Welt. Es gibt nicht einmal einen »kartesischen Schauplatz«, um mir Daniel Dennetts abschätzige Formulierung zu borgen, keine einzige Stelle im Gehirn, wo die Szenarien in kohärenter Form abgespielt würden. Es gibt nur ineinandergreifende Muster von Nervenaktivitäten im und zwischen bestimmten Stellen im Vorderhirn, von der Großhirnrinde bis zu anderen kognitiven Zentren wie Thalamus, Amygdala und Hippocampus. Es gibt keine einzige Bewußtseinsströmung, bei der alle Informationen von einem Exekutiv-Ich gebündelt würden. Statt dessen gibt es viele unterschiedliche Aktivitätsströmungen, von denen einige einen Augenblick lang zum Bewußtsein beitragen und dann wieder erlöschen. Das Bewußtsein ist das gekoppelte Aggregat aller beteiligten Schaltkreise. Der Verstand ist ein sich selbst organisieren-

Der Verstand

des Gemeinwesen einzelner Szenarien, die jeweils unabhängig voneinander entstehen, wachsen, sich entwickeln, verschwinden und manchmal alle anderen dominieren, um neue Gedanken und aktuelle Körperbewegungen zu erzeugen. Die Nervenschaltkreise gehen nicht an und aus wie Teile eines Gitterstromkreises. Zumindest in weiten Bereichen des Vorderhirns sind sie parallel geschaltet und setzen sich von einer Neuronenebene auf die nächste fort, wobei sie bei jedem Schritt neue verschlüsselte Informationen integrieren. Die auf die Netzhaut auftreffende Lichtenergie, um das zuvor angeführte Beispiel hier weiterzuführen, wird in die Muster neuronaler Entladung umgewandelt. Diese Muster werden dann durch eine Schaltfolge des Nervensystems aus den Netzhautbereichen über die nervösen Schaltstationen des Thalamus zurück zum Hauptsehzentrum der Hirnrinde übertragen, wo die mit den integrierten Reizen gefütterten Zellen die Informationen aus den verschiedenen Teilen der Netzhaut auswerten. Sie erkennen Punkte und Linien und spezifizieren diese mittels ihrer eigenen Entladungsmuster. Andere Zellsysteme höherer Ordnung integrieren die Informationen der verschiedenen Senderzellen, um Gestalt und Bewegung von Objekten zu kartieren. Auf noch unbekannte Weise wird dieses Muster dann mit der simultanen Eingabe aus anderen Gehirnteilen gekoppelt, um Bewußtseinsszenarien zu komplettieren. Der Biologe S. J. Singer hat zu diesem Vorgang einmal trocken angemerkt: »Ich kopple, also bin ich.«

Weil allein die Herstellung von Bewußtsein eine derart astronomische Zellpopulation erfordert, ist die Leistungsfähigkeit des Gehirns, komplexe bewegte Bilder zu produzieren und festzuhalten, stark eingeschränkt. Ein entscheidender Maßstab für diese Fähigkeit kommt in dem Unterschied zum Ausdruck, den Psychologen zwischen Langzeit- und Kurzzeitgedächtnis machen. Das Kurzzeitgedächtnis ist der Bereitschaftszustand des Bewußtseins. Es umfaßt alle gegenwärtigen und erinnerten Bestandteile von virtuellen Szenarien und kann nur etwa sieben Worte und Symbole gleichzeitig bearbeiten. Das Gehirn braucht ungefähr eine Sekunde, um all diese Symbole zu scannen, und vergißt einen Großteil dieser Information innerhalb von dreißig Sekunden wieder. Um das Langzeitgedächtnis aufzubauen, braucht es viel mehr Zeit. Dafür hat es beinahe unbegrenzte Aufnahmefähigkeit und hält einen Großteil seiner Erinnerung ein Leben lang zum Abruf bereit. Indem es seine Aktivität ausweitet, holt sich das Bewußtsein Informationen aus den Datenbanken des Langzeitgedächtnisses und speichert sie übergangsweise im

Kurzzeitgedächtnis. Während dieser Zeit verarbeitet es Informationen – mit einer Geschwindigkeit von etwa einem Symbol pro 25 Millisekunden –, während gleichzeitig die aus diesen Informationen auftauchenden Szenarien um die Vorherrschaft kämpfen.

Das Langzeitgedächtnis erinnert sich an bestimmte Ereignisse der Vergangenheit, indem es für eine gewisse Zeit bestimmte Personen, Objekte und Aktionen ins Bewußtsein holt. Die Erinnerung an Momente einer Olympiade ist zum Beispiel einfach – das Entzünden der olympischen Flamme, der laufende Athlet, die Begeisterungsstürme des Publikums. Aber das Langzeitgedächtnis ruft nicht nur bewegte Bilder und Geräusche ab, sondern auch *Sinn*, und zwar in Form von miteinander verbundenen Konzepten gleichzeitig gemachter Erfahrungen. Feuer wird zum Beispiel mit heiß, rot, gefährlich, Gekochtem, sexueller Leidenschaft, dem Schöpfungsakt und unzähligen Zwischentönen verbunden, die je nach Zusammenhang ausgewählt und manchmal für den künftigen Abruf im Gedächtnis mit neuen Assoziationen verknüpft werden. Solche Begriffe nennt man Knoten oder Bezugspunkte im Langzeitgedächtnis. Viele sind mit Worten in Normalsprache bezeichnet, andere nicht. Der Abruf von Bildern aus der Langzeitdatenbank, die kaum oder gar nicht mit spezifischen Ereignissen gekoppelt sind, ist Gedächtnis; ist das Abgerufene mit etwas Bestimmtem gekoppelt und auch noch vom Nachhall spezifischer Gefühle begleitet, ist das Erinnern.

Die Fähigkeit, durch die Manipulation von Symbolen Erinnerung hervorzurufen, ist eine außerordentliche Leistung für eine organische Maschine. Ihr verdankt sich die gesamte Kultur. Doch das allein reicht noch lange nicht aus, um allen Anforderungen gerecht zu werden, die der Körper an das Nervensystem stellt. Hunderte von Organen müssen laufend präzise gesteuert werden, jede ernsthafte Störung bedeutet Krankheit oder Tod. Wird das Herz auch nur zehn Sekunden lang vergessen, werden wir wie ein Baum gefällt. Die Kontrolle der richtigen Funktionsweise aller Organe untersteht den im Gehirn und Rückenmark fest verankerten Autopiloten, deren Nervenschaltbahnen auf die Hunderte von Millionen Jahre währende Evolution von Wirbeltieren vor dem Entstehen des menschlichen Bewußtseins zurückgehen. Die Schaltkreise dieser Autopiloten sind kürzer und einfacher als die der höheren Zentren im Gehirn und kommunizieren mit diesen nur am Rande. Lediglich durch intensives meditatives Training können sie manchmal unter die Kontrolle des Bewußtseins geholt werden.

Von diesen Autopiloten und vor allem vom Gleichgewicht zwi-

Der Verstand

schen den antagonistischen Elementen des autonomen Nervensystems hängt es ab, ob sich die Pupillen erweitern oder verengen, Speichel sich bildet oder verringert, der Magen knurrt oder verstummt, das Herz rast oder schlägt und immer so weiter, durch all die möglichen Stadien aller Organe. Die sympathischen Nerven des autonomen Nervensystems, die dem Brust- und Lendenbereich des Rückenmarks entspringen, pumpen den Körper in Aktionsbereitschaft und steuern die Zielorgane durch den Ausstoß des Neurotransmitters Norepinephrin. Die parasympathischen Nerven entspannen den gesamten Körper und intensivieren zugleich den Verdauungsprozeß. Sie entspringen dem Hirnstamm und der Beckenregion des Rückenmarks. Der von ihnen an die jeweiligen Zielorgane weitergegebene Neurotransmitter ist Acetylcholin – jenes Mittel, das auch Schlaf hervorruft.

Reflexe sind schnelle, automatische Reaktionen, ausgelöst durch neuronale Kurzschlußströme, die durch das Rückenmark und das Kleinhirn fließen. Einer der komplexesten Reflexe ist die Schreckreaktion, die den Körper auf einen unmittelbar bevorstehenden Schlag oder eine Kollision vorbereitet. Vergegenwärtigen wir uns einmal die Situation, wenn man von einem lauten Geräusch in nächster Nähe aufgeschreckt wird – ein Auto hupt, jemand schreit, ein Hund beginnt wütend zu bellen. Man reagiert, ohne zu denken. Unwillkürlich schließen sich die Augen, der Kopf duckt sich, der Mund öffnet sich, die Knie sacken leicht ein – alles Reaktionen, die auf einen heftigen Zusammenprall im nächsten Moment vorbereiten. Die Schreckreaktion erfolgt im Bruchteil einer Sekunde, schneller als der bewußte Verstand folgen kann, schneller auch, als man es bewußt nachahmen könnte, selbst wenn man es lange übte.

Automatische Reaktionen sind für den bewußten Willen relativ unzugänglich. Dieses archaische Prinzip gilt sogar für den Gesichtsausdruck, mit dem Gefühle vermittelt werden. Ein spontanes, echtes Lächeln, das im limbischen System produziert und durch Emotion gesteuert wird, ist für den geübten Beobachter unmißverständlich. Ein bewerkstelligtes Lächeln wird hingegen durch bewußte Prozesse im Großhirn gesteuert und verrät sich durch bezeichnende Nuancen, etwa durch eine andere Konfiguration der Gesichtsmuskelkontraktion und die Tendenz zu einer einseitigen Anhebung der Mundlinien. Ein erfahrener Schauspieler kann das natürliche Lächeln nahezu perfekt imitieren. Auch durch das künstliche Herbeiführen von entsprechenden Emotionen kann es bewirkt werden, worauf ja zum Beispiel die Grundtechnik des »Method Acting« beruht. Im Alltag wird es bewußt und je nach kultureller Zugehörigkeit modifiziert, etwa um Ironie zu vermitteln (Lächeln mit gespitztem Mund), zurückhaltende Höflichkeit (dünnes Lächeln), Bedrohung (wölfisches Lächeln) und andere Nuancen der Selbstdarstellung.

Einen Großteil seines Inputs bekommt das Gehirn nicht von der Außenwelt, sondern durch innere Körpersensoren, die den Zustand der Atmung, des Herzschlages, der Verdauung und anderer physiologischer Aktivitäten überwachen. Die resultierende Flut von »Gefühlen im Bauch« vermengt sich mit dem rationalen Denken, nährt es und wird seinerseits durch die Reflexe der inneren Organe und der neurohormonellen Schleifen genährt.

Während die von Reizen ausgelösten Bewußtseinsszenarien durch den Kopf rauschen und Erinnerungen an vergangene Ereignisse aufrufen, werden sie von Gefühlen gewichtet und abgewandelt. Was ist Gefühl? Gefühl ist die Modifizierung von Nervenaktivitäten, welche mentale Prozesse beseelen und auf etwas Bestimmtes konzentrieren. Hervorgerufen wird es durch physiologische Aktivitäten, die dafür sorgen, daß bestimmten Informationsströmen der Vorzug vor anderen gegeben wird, wobei Körper wie Verstand in entsprechend höherem oder niedrigerem Maße aktiviert werden. Zugleich aktivieren sie die Schaltkreise, welche die Szenarien produzieren und filtern schließlich diejenigen heraus, die auf den gerade erforderlichen Ausgang hinauslaufen. Das heißt, es siegen immer Szenarien, welche sich mit den Zielen decken, die vom Instinkt und durch den guten Ausgang vorangegangener Erfahrungen vorprogrammiert wurden. Aktuelle Erfahrung und das Gedächtnis stören laufend den Zustand von Körper und Geist. Durch Denken und Handeln wird entweder der ursprüngliche Zustand wiederhergestellt, oder Körper und Geist werden auf Umstände vorbereitet, die ihrerseits aus neuen Szenarien ermittelt wurden. Die Dynamik dieses Prozesses führt zum Abruf von Worten, welche emotionale Grundkategorien bezeichnen – Ärger, Abscheu, Angst, Freude, Überraschung. Diese Kategorien werden in unzählige Abstufungen unterteilt und in zahllosen subtilen Variationen neu zusammengesetzt. So kommt es, daß wir Gefühle erleben, die unterschiedlich schwach, stark, gemischt oder auch ganz neu sind.

Ohne den Reiz und die Anleitung von Gefühlen verlangsamt sich das rationale Denken und löst sich schließlich auf. Der Verstand schwebt nicht über dem Irrationalen, er kann sich nicht vom Gefühl befreien, um sich ausschließlich mit der reinen Vernunft zu beschäftigen. Es gibt reine mathematische Theoreme, aber die Gedanken,

Der Verstand

die sie entdecken, sind niemals rein. Neurobiologische Theoretiker und Science-Fiction-Autoren phantasieren von Gehirnen, die in einer Nährstofflösung weiterleben, losgelöst von allen körperlichen Behinderungen und befreit, um das innere Universum des Verstandes zu erforschen. Aber in der Realität würde das nicht funktionieren. Alle Ergebnisse der Hirnforschung deuten darauf hin, daß dieses Experiment zum entgegengesetzten Resultat führen würde – in einen Vorhof der Hölle für lebende Tote, wo die erinnerten und phantasierten Welten zerfallen, bis Chaos gnädig Erlösung gewährt.

Das Bewußtsein befriedigt Gefühle, indem es inmitten von turbulenten Empfindungen zu bestimmten körperlichen Handlungen lenkt. Darauf ist jener Teil des Verstandes spezialisiert, welcher Szenarien kreiert und sortiert, also das Mittel bereithält, das die unmittelbare Zukunft errät und entsprechende Handlungsabläufe auswählt. Das Bewußtsein ist kein eigenständiges Kommandozentrum, sondern Teil des Systems, untrennbar mit allen neuronalen und hormonellen Schaltkreisen verkabelt, welche die Physiologie regulieren. Es agiert und reagiert, um einen gleichbleibend dynamischen Zustand zu erhalten. Es versetzt den Körper bei jeder Veränderung in genau kalkulierte Unruhe, um den für das Wohlergehen jeweils erforderlichen Zustand herzustellen und das Ergreifen von Chancen zu ermöglichen, und hilft ihm anschließend, wieder in den ursprünglichen Zustand zurückzukehren, in dem sich Chancen und Gefahren die Waage halten.

Die Reziprozität von Körper und Geist wird im folgenden Szenario deutlich, das ich einem Bericht des Neurologen Antonio R. Damasio entnommen habe: Man läuft abends auf einer verlassenen Straße in der Innenstadt verträumt vor sich hin. Auf einmal wird man von eiligen Schritten aufgestört. Sie kommen immer näher. Sofort beginnt sich das Gehirn darauf zu konzentrieren und alternative Szenarien abzurufen – ignorieren, erstarren, umdrehen und konfrontieren oder fliehen. Das letzte Szenarium gewinnt, man beginnt zu handeln. Man rennt zu einer beleuchteten Schaufensterfront am Ende der Straße. Innerhalb weniger Sekunden führt diese bewußte Reaktion zu automatischen Veränderungen der Physiologie. Die Catecholaminhormone Epinephrin (»Adrenalin«) und Norepinephrin werden vom Nebennierenmark in den Blutkreislauf gestoßen und verteilen sich im gesamten Körper, steigern den Grundumsatz des Stoffwechsels, spalten Glykogen in Leber und Skelettmuskulatur zu Glucose, um einen raschen Energieschub zu erwirken. Das Herz rast. Die Lungenbronchiolen weiten sich, um das Luftvolumen zu steigern. Die Verdauung verlangsamt sich. Blase und Dickdarm bereiten sich auf eine Entleerung vor, um den Körper vor der kommenden Gewaltaktion und einer möglichen Verletzung zu entlasten. Es vergehen ein paar weitere Sekunden. In einer Krisensituation verlangsamt sich die Zeit, Sekunden scheinen wie Minuten. Die von all den Veränderungen hervorgerufenen Signale werden an das Gehirn zurückgeschickt, von mehr Nervenfasern als üblich und durch einen gesteigerten Hormongehalt im Blutkreislauf. Im Laufe der nächsten Sekunden schließen sich Körper und Verstand auf exakt programmierte Weise zusammen. Die Schaltkreise des limbischen Systems setzen Gefühle zu. Neue Szenarien durchfluten den Verstand. Zuerst sind sie von Furcht, dann von Ärger eingefärbt. Damit wird die gesamte Aufmerksamkeit der Großhirnrinde auf das Geschehen konzentriert und jeder Gedanke ausgeschlossen, der nicht dem unmittelbaren Überleben dient.

Die Schaufensterfront ist erreicht, das Rennen ist gewonnen. In den Geschäften sind Menschen, der Verfolger ist verschwunden. War es überhaupt ein Verfolger? Das ist nun nicht mehr wichtig. Das Gemeinwesen der Körpersysteme kehrt nach den ersten beruhigenden Signalen des Bewußtseins allmählich zu seinem ausgeglichenen Zustand zurück.

Damasio versuchte, mit solchen Episoden ein ganzheitliches Bild vom Verstand zu zeichnen und die Existenz zweier allgemeiner Gefühlskategorien zu verdeutlichen. Die erste Kategorie, die primären Gefühle, bezeichnet die Reaktionen, die man gemeinhin angeboren oder instinktiv nennt. Primäre Gefühle erfordern kaum Bewußtseinsaktivitäten, die über das Erkennen von gewissen grundsätzlichen Reizen hinausgehen – jene Reize, die Verhaltensforscher, die sich mit dem Instinktverhalten von Tieren befassen, »Auslöser« nennen, weil man eben annimmt, daß sie vorprogrammiertes Verhalten »auslösen«. Beim Menschen sind solche Auslöser sexuelle Reize, laute Geräusche, das plötzliche Auftauchen großer Formen und Gestalten, die windende Bewegung von Schlangen oder schlangenartigen Objekten oder jene Arten von Schmerz, die man mit Herzanfällen oder Knochenbrüchen verbindet. Solche Primärgefühle wurden nahezu unverändert von unseren Wirbeltiervorfahren auf die menschliche Linie übertragen. Sie werden von den Schaltkreisen des limbischen Systems aktiviert, wobei die Amygdala die entscheidende Integrations- und Relaisstation zu sein scheint.

Sekundäre Gefühle entstehen aus typisch persönlichen Lebensumständen. Einen alten Freund zu treffen, sich zu verlieben, beför-

Der Verstand

dert zu werden oder eine Beleidigung ertragen zu müssen – all das setzt die limbischen Schaltkreise der Primärgefühle in Gang, allerdings erst, nachdem zuvor die höchsten integrativen Prozesse der Großhirnrinde in Aktion getreten sind. Dann gilt es zu erkennen, ob jemand Freund oder Feind ist und weshalb er sich auf eine bestimmte Weise verhält. So gesehen sind der Zorn des Kaisers oder das Entzücken des Dichters lediglich kulturelle Verfeinerungen, die auf dieselbe Maschinerie zurückgehen, von der schon unsere Primatenvorfahren angetrieben wurden. Da die Natur, so Damasio, »immer auf die Wiederverwertung des vorhandenen Materials bedacht [ist], hat sie keine unabhängigen Mechanismen zur Äußerung der primären und sekundären Gefühle gewählt. Sie läßt die sekundären Gefühle über den gleichen Kanal zum Ausdruck kommen, den sie für die Manifestation der primären Gefühle angelegt hat.«

Die Sprache, mit der wir unsere Gefühle und andere Prozesse mentaler Aktivität üblicherweise beschreiben, kann den Modellen kaum gerecht werden, die die Hirnforscher bei ihrem Versuch benutzen, zu peinlich genauen Erklärungen zu kommen. Dennoch sind unsere konventionellen Begriffe – von einigen Philosophen auch »Volkspsychologie« genannt – notwendig, wenn wir aus der jahrtausendealten Bildungsgeschichte einen gewissen Sinn herauslesen und die Kulturen der Vergangenheit mit denen der Zukunft in einen Zusammenhang stellen wollen. Neurowissenschaftlich akzentuierte Definitionen der wichtigsten Begriffe mentaler Aktivität sind etwa folgende:

Was wir *Sinn* nennen, ist nichts anderes als die Koppelung verschiedener neuronaler Netzwerke, die zustande kommt, wenn sich Erregung ausbreitet und so unsere Vorstellungen erweitert und zugleich Gefühle ins Spiel bringt. Die Auswahl eines von mehreren konkurrierenden Szenarien des Verstandes entspricht dem, was wir *Entscheidungsprozeß* nennen. Das Ergebnis, also das jeweilige Siegerszenarium, stimmt immer mit den Zuständen überein, die uns durch Instinkt oder Erfahrung vorteilhaft in Erinnerung geblieben sind. Es bestimmt die Art und Intensität des hervorgerufenen Gefühls. Ein in Art und Intensität beständiges Gefühl nennen wir *Stimmung*. Die Fähigkeit des Gehirns, neue Szenarien zu entwickeln und sich auf das effektivste von allen einzustellen, bezeichnen wir als *Kreativität*. Die unentwegte Produktion von Szenarien, welche jeglicher Realität entbehren und ohne Überlebenswert sind, nennen wir *Wahnsinn*.

Meine explizit materiellen Definitionen des Geisteslebens werden mit Sicherheit unter einigen Hirnforschern umstritten sein und von anderen für inadäquat gehalten werden. Das ist das unvermeidliche Schicksal von Synthese. Wenn ich hier bestimmte Hypothesen anderen vorgezogen habe, so nur, um bei der Suche nach dem Punkt, wo sich die diversen Meinungen treffen und die zur Verfügung stehenden Daten alles in allem am überzeugendsten und stärksten miteinander in Einklang stehen, als ehrlicher Makler zu dienen. Wollte ich alle Modelle und Hypothesen berücksichtigen, denen in dieser stürmischen Disziplin Respekt gebührt, und auch noch die Unterschiede zwischen ihnen verdeutlichen, müßte ich ein eigenes Lehrbuch schreiben. Zweifellos wird der Gang der Dinge zeigen, daß ich hie und da eine schlechte Auswahl getroffen habe. Für diesen Fall möchte ich mich bereits jetzt bei den Wissenschaftlern entschuldigen, deren Thesen ich vernachlässigt habe. Doch diese Konzession mache ich gerne, denn ich weiß, daß die Anerkennung, die sie verdienen und mit Sicherheit auch bekommen werden, durch die vorschnelle Auslassung von seiten eines reinen Beobachters wie mir nicht geschmälert werden kann.

Nachdem ich das Thema nun soweit eingegrenzt habe, möchte ich auf tiefergreifende Probleme zu sprechen kommen, die in jedem Fall gelöst werden müssen, bevor man behaupten kann, die Frage nach den physikalischen Grundlagen des Verstandes wirklich beantwortet zu haben. Als schwierigstes gilt gemeinhin die Definition von subjektiver Erfahrung. Der australische Philosoph David Chalmers hat kürzlich die Angelegenheit in die richtige Perspektive gerückt, indem er das »leichte Problem« des allgemeinen Bewußtseins dem »harten Problem« der subjektiven Erfahrung gegenüberstellte. Zur ersten Gruppe (wobei »leicht« vermutlich so zu verstehen ist, daß der Mont Blanc leichter im Badeanzug zu erklimmen wäre als der Mount Everest) gehören die klassischen Fragen der Verstandesforschung: Wie reagiert das Gehirn auf Sinnesreize, wie bezieht es Informationen in seine Muster ein, und wie verwandelt es diese Muster in Worte? Jeder einzelne dieser Erkenntnisschritte ist zur Zeit Gegenstand intensivster Forschung.

Das harte Problem ist schwerer zu definieren: Wie lassen die im Rahmen des leichten Problems angesprochenen physikalischen Prozesse im Gehirn subjektives Empfinden entstehen? Was genau bedeutet es, wenn wir sagen, wir *empfinden* eine Farbe als Rot oder Blau? Oder wenn wir, wie Chalmers fragt, »den unbeschreiblichen

Der Verstand 157

Klang einer entfernten Oboe, die Pein eines heftigen Schmerzes, ein augenblickliches Glücksgefühl oder die meditative Qualität eines gedankenverlorenen Moments empfinden? All das ist Teil dessen, was ich Bewußtsein nenne. Aus solchen Phänomenen besteht das wahre Geheimnis des Verstandes.«

Ein Gedankenexperiment, das der Philosoph Frank Jackson 1983 vorschlug, verdeutlicht, weshalb man glaubt, daß sich das subjektive Empfinden den Naturwissenschaften so beharrlich entziehe. Stellen wir uns Mary, eine Neurobiologin in zweihundert Jahren vor. Sie kennt alle physikalischen Eigenschaften von Farbe und alle Schaltkreise im Gehirn, die das Farbempfinden steuern. Doch Mary hat niemals selber Farbe empfunden, sie war ihr ganzes Leben lang in einem schwarz-weißen Raum eingesperrt. Sie weiß nicht, was es für andere Menschen bedeutet, Rot oder Blau zu sehen, sie kann sich nicht vorstellen, welche Gefühle Farben hervorrufen. Laut Jackson und Chalmers ergibt sich daraus, daß bewußte Erfahrung von Merkmalen geprägt ist, die nicht aus der Kenntnis physikalischer Abläufe im Gehirn abgeleitet werden können.

Auch wenn es in der Natur von Philosophen liegt, sich das Ausweglose vorzustellen, um sich dann hingebungsvoll schulmeisterlich in Buchlänge darüber auszulassen, ist das harte Problem begrifflich letzten Endes einfach zu lösen. Welche materielle Beschreibung könnte subjektive Erfahrung erklären? Um diese Frage zu beantworten, muß man erst einmal einräumen, daß Mary nicht wissen kann, welches Gefühl es ist, Farbe zu sehen. Niemals wird sie das Farbenspiel der untergehenden Sonne genießen können. Aus demselben Grund, aus dem ihr dies unmöglich ist, werden a fortiori auch wir niemals wissen, was eine Honigbiene empfindet, wenn sie sich von etwas angezogen fühlt, oder was ein elektrischer Fisch denkt, während er sich an einem Spannungsfeld orientiert. Wir können die Energie von Magnetismus und Elektrizität in Licht und Ton übersetzen, in jene sensorischen Fähigkeiten also, über die wir biologisch selber verfügen. Wir können die aktiven neuralen Schaltkreise von Bienen und Fischen lesen, indem wir ihre Sinnesorgane und Gehirne scannen. Aber wir können nicht fühlen, was sie fühlen – niemals. Selbst die phantasievollsten und kenntnisreichsten Experten können nicht wie Tiere denken, so sehr sie sich das auch wünschen oder einbilden mögen.

Aber es geht hier gar nicht um solches Unvermögen. Was subjektive Erfahrung von jeder anderen unterscheidet, wird deutlich, wenn man Wissenschaft und Kunst einander gegenüberstellt. Wissenschaft erkennt, wer »Blau« und andere Sinneswahrnehmungen empfinden kann und wer nicht, und erklärt, weshalb es diesen Unterschied gibt. Kunst hingegen weckt Gefühle in Menschen, die alle über dieselben Fähigkeiten verfügen. Mit einem Wort, Wissenschaft erklärt Gefühl, Kunst vermittelt Gefühl. Im Gegensatz zu Mary können die meisten Menschen das gesamte Farbenspektrum sehen. Das von Farbe ausgelöste Gefühl empfinden sie mittels der Reverberationen der Nervenbahnen durch das Vorderhirn. Die Grundmuster dafür sind bei allen farbsichtigen Menschen nachweislich dieselben. Es gibt zwar Unterschiede, doch die entstehen einzig durch die individuelle Erinnerung des einzelnen Gedächtnisses und die jeweilige kulturelle Ausprägung. Theoretisch können aber selbst diese Unterschiede aus den Mustern der Gehirnaktivitäten abgelesen werden. Die daraus gewonnenen physikalischen Erkenntnisse wären unserer isolierten Wissenschaftlerin Mary absolut verständlich. Sie würde sagen:»Ja, das ist die Wellenlängenkonstante, die entsteht, wenn andere etwas als blau bezeichnen, und das ist das Muster der Nervenaktivität, mit dem Blau erkannt und benannt wird.« Verfügten Bienen oder Fische über eigene Forscher auf irgendwie menschlichem Intelligenzniveau, wären diese Erklärungen auch für sie vollkommen eindeutig.

Kunst ist das Mittel, durch das Menschen mit vergleichbarem Wahrnehmungsvermögen einander Gefühle vermitteln. Aber wie können wir sicher sein, daß Kunst tatsächlich auf genau diese Weise kommuniziert und Menschen wirklich und wahrhaftig dasselbe *empfinden* angesichts von Kunst? Wir wissen es bisher nur intuitiv, durch das schiere Gewicht unserer kumulativen Reaktionen, die in all den vielen Kunstmedien zum Ausdruck kommen; durch detaillierte verbale Beschreibungen von Gefühlen; durch kritische Analysen und letztlich auch durch die zahllosen nuancierten und ineinandergreifenden Daten der Geisteswissenschaften, deren eigentlicher Sinn und Zweck ja die Vermittlung von Kultur ist. Grundlegend neue Informationen werden wir von den Naturwissenschaften erhalten, weil nur sie in der Lage sind, die dynamischen Muster des Sinnes- und Gehirnsystems in genau den Momenten zu studieren, in denen Kunst vergleichbare Gefühle in uns allen weckt.

Skeptiker werden natürlich sagen, daß das völlig unmöglich sei. Wissenschaftliche Fakten und Kunst könnten niemals zur Deckung gebracht werden. Das ist in der Tat die gängige Reaktion. Doch ich halte sie für falsch. Denn es gibt das entscheidende Verbindungsglied: Wissenschaft und Kunst vermitteln beide Information, und in einer Hinsicht unterliegen ihre Vermittlungsmethoden derselben Logik.

Der Verstand 159

Man stelle sich einmal das folgende Experiment vor: Ein Forscherteam – sagen wir, von unserer farbenblinden Mary geleitet – hat aus den Mustern visueller Gehirnaktivität eine Symbolsprache entwickelt, die chinesischen Ideogrammen ähnelt. Jedes Zeichen steht für eine bestimmte Entität, einen bestimmten Prozeß oder Begriff. Diese neue Schrift – nennen wir sie Geistesschrift – wird nun in andere Sprachen übersetzt. Je besser man sie beherrscht, um so genauer kann man diese Geistesschrift direkt von den Mustern der Gehirnaktivität einer anderen Person ablesen.

In den Tiefen des Verstandes erzählen sich freiwillige Helfer unsere Erlebnisse, rufen Abenteuer für unsere Träume auf, rezitieren Gedichte, lösen mathematische Gleichungen, spielen Melodien, und all dieses schlagwetterhafte Zusammenspiel unserer Nervenschaltkreise kann von der neurobiologischen Technologie im Moment des Geschehens sichtbar gemacht werden. Der Beobachter kann es wie ein Manuskript ablesen, nur daß es nicht auf Papier, sondern als elektrisches Muster auf lebendem Gewebe geschrieben steht. Dabei wird zumindest ein Teil der subjektiven Erfahrung des Denkenden vermittelt – nämlich seine Gefühle. Der Beobachter kommt ins Grübeln, lacht oder weint. Mit seinen eigenen Verstandesmustern kann nun auch er seine subjektiven Reaktionen übermitteln. Beide Gehirne sind durch die Wahrnehmung der Aktivität des jeweils anderen verbunden.

Ob sich die Kommunikatoren nun an einem Tisch gegenübersitzen, in separaten Räumen oder sogar verschiedenen Städten befinden, spielt keine Rolle. Sie können ein Kunststück vollbringen, das oberflächlich betrachtet an außersinnliche Wahrnehmung erinnert (ESP, *extrasensory perception*). Der eine Denker betrachtet eine Spielkarte in seiner Hand, der andere sieht das Bild der Karte, ohne irgendeinen anderen Hinweis als die neurale Bilderwelt des ersten Denkers zu haben. Der eine liest einen Roman, der zweite folgt der Geschichte.

Doch wie genau die Übermittlung von Geistesskripten ist, hängt wie bei konventioneller Sprache von den kulturellen Hintergründen der Denkenden ab. Ähneln sie sich nur in geringem Maße, wird das Skript auf etwa hundert Schriftzeichen begrenzt bleiben. Ist die Übereinstimmung groß, kann es auf Tausende von Zeichen erweitert werden. Und wo es nahezu deckungsgleich ist, können auch die für eine bestimmte Kultur und das einzelne Individuum typischen Zwischentöne übermittelt werden.

In diesem Fall würde ein Geistesskript an chinesische Kalligraphie erinnern, die ja nicht nur der faktischen Kommunikation und begrifflichen Information dient, sondern auch eine der höchsten Kunstformen der östlichen Zivilisation darstellt. Die Ideogramme variieren auf subtile Weise, und jede dieser Variationen hat ihre eigenen ästhetischen und anderen subjektiven Bedeutungen für den Schreibenden wie den Lesenden. Der Sinologe Simon Leys schrieb: »Die für die Kalligraphie benützte Seide oder das Papier haben große Saugfähigkeit: Die geringste Berührung mit dem Pinsel, das kleinste Tröpfchen Tinte bleiben sofort haften – unwiderruflich und unauslöschlich. Der Pinsel wird zum Seismographen des Geistes, reagiert auf den geringsten Druck, auf jede Bewegung des Handgelenks. Wie Malerei spricht chinesische Kalligraphie das Auge an und ist eine räumliche Kunst; wie Musik offenbart sie sich im Zeitlichen; wie Tanz entwickelt sie eine dynamische Abfolge von rhythmisch pulsierenden Bewegungen.«

Doch eine alte Frage ist offenbar nach wie vor nicht zu beantworten: Wenn der Verstand an die Gesetze der Physik gebunden ist und wenn er wie Kalligraphie verständlich und lesbar gemacht werden kann – wie kann es dann einen freien Willen geben? Damit meine ich nicht freien Willen im trivialen Sinne, also die Möglichkeit, seine Gedanken und sein Verhalten unabhängig vom Willen anderer frei wählen zu können. Hier geht es vielmehr darum, daß Wille von den Zwängen abhängig ist, die vom physikalisch-chemischen Zustand des eigenen Körpers und Geistes verursacht werden. Naturalistisch betrachtet ist freier Wille demnach in einem tieferen Sinn das Ergebnis des Konkurrenzkampfes der verschiedenen Szenarien, die das Bewußtsein bilden. Es dominieren immer Szenarien, denen es gelingt, die Schaltkreise der Emotionen am stärksten zu aktivieren und sie mit den spezifischen Phantasien zu verbinden. Sie setzen den Verstand unter Spannung und konzentrieren ihn vollständig auf ein Geschehen, während sie gleichzeitig den Körper auf bestimmte Handlungsabläufe vorbereiten. Diese Entscheidungen trifft offenbar das Ich. Aber wer oder was ist »Ich«?

Das Ich ist kein höheres Wesen, das völlig unabhängig irgendwo im Gehirn existiert. Es ist der Hauptdarsteller in all unseren Szenarien. Es ist unverzichtbar und steht ständig im Mittelpunkt, denn unsere Sinne sind im Körper verankert, und der Körper kreiert unseren Verstand als Beherrscher aller bewußten Handlungen. Das Ich und der Körper sind somit untrennbar verschmolzen. Auch wenn unsere Szenarien die Illusion eines unabhängigen Ichs herstellen, kann es

Der Verstand

nicht unabhängig vom Körper existieren, genausowenig wie der Körper lange ohne das Ich überleben kann. Diese Einheit ist derart stark, daß die Idee, es könne in Himmel und Hölle Seelen geben, die nicht wenigstens irgendein phantastisches Äquivalent von Körperlichkeit besitzen, nahezu unvorstellbar ist. Immerhin wurde uns ja auch beigebracht, daß Christus, und kurz darauf auch Maria, von den Toten auferstanden und in ihrer ganzen Körperlichkeit in den Himmel aufgefahren seien – zwar als überirdische Personifizierungen, aber dennoch als Körper. Wenn die naturalistische Sichtweise des Verstandes stimmt – was alle empirischen Daten nahelegen –, aber es tatsächlich auch so etwas wie eine Seele gibt, dann hat die Theologie in der Tat ein neues Mysterium zu klären: Die Seele ist körperlos und existiert unabhängig vom Geist, aber sie kann nicht vom Körper getrennt werden.

Das Ich, dieser Schauspieler in einem Drama mit ständig neuen Wendungen, hat nicht das alleinige Kommando über seine eigenen Handlungen. Es trifft seine Entscheidungen nicht nur durch bewußte und rein rationale Wahl. Ein Großteil der Kalkulationen, die bei Entscheidungsprozessen ablaufen, sind unbewußt – die Fäden lassen die Ego-Puppe tanzen. Schaltkreise und molekulare Prozesse sind unabhängig vom Bewußtsein aktiv. Sie konsolidieren bestimmte Erinnerungen und löschen andere aus, sie stellen Zusammenhänge und Analogien her und verstärken die neurohormonellen Schleifen, welche die emotionalen Reaktionen regulieren. Noch bevor der Vorhang aufgeht und sich das Stück entwickeln kann, sind Dramaturgie und Bühnenausstattung bereits maßgeblich festgelegt.

Die versteckte Vorbereitung geistiger Aktivität läßt die Illusion entstehen, es gäbe einen freien Willen. Doch wir treffen Entscheidungen aus Gründen, die uns oft kaum ersichtlich sind und die wir nur selten in ihrer Gänze verstehen. Diese Art von Unwissenheit wird nun von unserem Bewußtsein als Unsicherheit gedeutet, die es zu überwinden gilt, damit die Freiheit der Wahl garantiert ist. Aber einem allwissenden Verstand, der sich vollständig der reinen Vernunft hingibt und festgesteckte Ziele anstrebt, würde es an freiem Willen mangeln. Selbst die Götter, die dem Menschen diese Freiheit versprechen und zornig werden, wenn er eine dumme Entscheidung trifft, vermeiden es, sich mit derart beängstigender Macht zu belasten.

Freier Wille als Nebenprodukt von Illusion könnte doch ein durchaus ausreichendes Maß an freiem Willen sein, wenn es darum geht, den Menschen zum Fortschritt anzutreiben und ihm Glück zu verheißen. Sollen wir es dabei belassen? Nein. Das ließen auch die Philosophen nicht zu. Sie würden uns nämlich sofort fragen: Könnten wir, wenn wir dank der Wissenschaft all diese versteckten Prozesse im Detail kennen würden, behaupten, daß der Verstand vorhersagbar ist und, weil er also fundamental determiniert ist, über keinen freien Willen verfügt? Soviel müssen wir im Prinzip konzedieren, allerdings nur in einer einzigen Hinsicht: Wenn wir die Netzwerke, die im Laufe einer Mikrosekunde aktiv werden und so das Denken gestalten, bis zu jedem einzelnen Neuron, Molekül und Ion kennen würden, dann könnten wir vielleicht ihren genauen Zustand für die nächste Mikrosekunde voraussagen. Aber pragmatisch gesehen ist es völlig zwecklos, diese Logik auf das Reich des Bewußtseins übertragen zu wollen. Denn sobald wir versuchen, die Operationen des Gehirns zu verstehen und zu meistern, haben wir sie bereits wieder verändert. Außerdem werden die mathematischen Prinzipien des Chaos immer gültig bleiben. Körper und Geist bestehen aus streitbaren Legionen von Zellen, die sich unentwegt mikroskopisch zu neuen diskordanten Mustern verändern, die sich der unbeholfene Verstand nicht einmal vorstellen kann. Sie werden in jedem Augenblick mit äußeren Reizen bombardiert, welche die menschliche Intelligenz im voraus nicht erkennen kann. Jeder dieser Vorgänge kann Kaskaden von mikroskopischen Geschehnissen nach sich ziehen, die jeweils zu wieder völlig neuen Nervenmustern führen. Ein Computer, der diese Folgeerscheinungen aufspüren könnte, müßte von gewaltigen Ausmaßen sein und außerdem in der Lage, Operationen durchzuführen, die noch um ein Vielfaches komplexer sind als die des Gehirns. Hinzu kommt, daß die Szenarien des Verstandes vom unendlichen Detailreichtum der einzigartigen Geschichte und Physiologie eines jeden Individuums geprägt sind. Wie sollten wir einen Computer je mit all diesen Informationen füttern?

Es kann also gar keinen Determinismus im menschlichen Denken geben, zumindest nicht im Sinne eines Kausalprinzips analog zu den physikalischen Gesetzen, mit denen sich die Bewegungen des Körpers und die atomare Konfiguration von Molekülen beschreiben lassen. Weil der individuelle Verstand niemals vollständig erklär- und voraussagbar sein wird, kann das Ich also weiterhin leidenschaftlich an seinen eigenen freien Willen glauben. Und das ist ein Glück. Denn das Vertrauen auf freien Willen führt zu biologischer Anpassung. Hätten wir es nicht, würde sich der im Fatalismus gefangene Verstand verlangsamen und schließlich abbauen. Aus organischer Zeit und organischem Raum betrachtet – und in jedem anderen ope-

Der Verstand 163

rativen Sinne, der auf das uns bekannte Ich angewandt werden kann – *hat* der Verstand einen freien Willen.

Schließlich die Frage: Wird es angesichts der Tatsache, daß bewußte Erfahrung ein physikalisches und kein übernatürliches Phänomen ist, je möglich sein, einen künstlichen menschlichen Verstand zu erschaffen? Ich glaube, daß die Antwort auf diese philosophisch so heikle Frage lautet: im Prinzip ja, aber nicht in der Praxis, jedenfalls nicht in den kommenden Jahrzehnten oder vielleicht sogar Jahrhunderten.

Descartes, der sich vor drei Jahrhunderten erstmals mit dieser Frage beschäftigt hatte, hielt die Erschaffung einer künstlichen Intelligenz für unmöglich. Zwei absolut sichere Kriterien machten die Maschine immer vom menschlichen Verstand unterscheidbar. Zum einen könnte die Maschine niemals »ihre Redewendungen so abwandeln, daß diese sinngemäß beantworten, was in ihrer Gegenwart gesagt wurde, wozu selbst der dümmste Mensch fähig ist«, und zum anderen wäre sie niemals in der Lage, »sich in jedem Moment des Lebens so zu verhalten, wie es uns unsere Vernunft eingibt«. 1950 schlug der englische Mathematiker Alan Turing die operative Probe aufs Exempel vor. Bei diesem Turing-Test, wie er heute genannt wird, wird eine Person aufgefordert, irgendeine Frage zu stellen, ohne zu wissen, ob sie Mensch oder Maschine beantworten wird. Kann der Proband nach einer gewissen Zeit nicht sagen, ob Mensch oder Maschine ihm geantwortet hat, hat er das Spiel verloren, und der Maschine wird der Rang eines menschlichen Verstandes zuerkannt. Der amerikanische Philosoph und Erziehungswissenschaftler Mortimer Adler schlug im wesentlichen dasselbe Kriterium vor, um einerseits zu testen, ob Humanoiden überhaupt denkbar sind, andererseits das gesamte materialistische Denkmodell auf die Probe zu stellen. Solange wir so ein künstliches Wesen nicht erschaffen haben, so Adler, können wir nicht von einer ausschließlich materiellen Basis der menschlichen Existenz ausgehen. Während Turing glaubte, ein Humanoide könne innerhalb weniger Jahre gebaut werden, kam Adler, ein gläubiger Christ, zur selben Schlußfolgerung wie Descartes: Eine solche Maschine wird es niemals geben können.

Wenn man Wissenschaftlern sagt, daß etwas unmöglich ist, liegt es einfach in ihrer Natur, augenblicklich das Gegenteil beweisen zu wollen. Doch hier geht es ihnen nicht um eine endgültige Definition des Sinns allen Lebens. Eine derart kosmische Aufgabenstellung würden Wissenschaftler wohl mit den Worten kommentieren:»Das ist

Die Einheit des Wissens

nicht produktiv.« Sie erforschen das Universum lieber in konkreten Schritten, immer einen nach dem anderen. Und ihr größter Lohn ist, einmal einen Gipfel zu erreichen, den man bis dahin für unbezwingbar hielt, und von dort aus, wie Keats' Cortez in Darien, »wilde Mutmaßungen« über die vor ihnen liegende, unermeßliche Weite anstellen zu können. Ihrem Ethos gemäß ist es immer besser, eine lange Reise anzutreten, als sie beendet zu haben, besser, eine zukunftsträchtige Entdeckung zu machen, als einer Theorie ihren letzten Schliff zu geben.

Das Forschungsgebiet Künstliche Intelligenz, kurz AI (*artificial intelligence*) genannt, wurde in den fünfziger Jahren aus der Taufe gehoben, kaum daß die ersten elektronischen Computer erfunden waren. AI-Forscher definieren ihr Fachgebiet als Suche nach Rechenmethoden, die für das intelligente Verhalten und den Versuch, dieses Verhalten mit Hilfe von Computern zu duplizieren, nötig sind. Ein halbes Jahrhundert Forschung auf diesem Gebiet hat in der Tat zu beeindruckenden Resultaten geführt. Es gibt heute Programme, die Objekte und Gesichter anhand von wenigen ausgewählten Merkmalen aus unterschiedlichen Perspektiven erkennen können, wobei Regeln der geometrischen Symmetrie auch für die menschliche Erkenntniswahrnehmung umgesetzt wurden. Es stehen Übersetzungsprogramme zur Verfügung – allerdings noch ziemlich fehlerhafte –, und solche, die neue Objekte auf der Basis von kumulativer Erfahrung generalisieren oder klassifizieren, also auf sehr ähnliche Weise, wie es der menschliche Verstand tut.

Einige Programme können Optionen für bestimmte, zu einem vorgegebenen Ziel führende Handlungsweisen durchforsten und auswählen. 1996 verdiente sich der Schachcomputer Deep Blue den Status eines Großmeisters, nachdem er ein Match über sechs Spiele gegen den damaligen menschlichen Weltmeister Garry Kasparow knapp verloren hatte. Deep Blue funktioniert auf Brute-force-Basis. Pro Sekunde setzt er 32 Mikroprozessoren zur Prüfung von 200 Millionen Schachpositionen ein. Er verlor, weil ihm Kasparovs Fähigkeit fehlte, die Schwächen des Gegners einzuschätzen und eine langfristige Strategie zu entwickeln, die nicht zuletzt auf Täuschung beruht. 1997 konnte der neu programmierte Deep Blue Kasparow schließlich knapp schlagen. Das erste Spiel ging an Kasparow, das zweite an Deep Blue, dann folgten drei Unentschieden, und das letzte Spiel gewann Deep Blue.

Bei der Simulation des menschlichen Verstandes ist man auf der Suche nach Quantensprüngen. AI-Programmierer haben bei der

Der Verstand 165

Entwicklung von lernfähigen Rechnern organismenähnliche Entwicklungsstufen in den Evolutionsprozeß ihrer künstlichen Wesen eingebaut. Sie statten die Computer mit einer Reihe von Problemlösungsoptionen aus und lassen sie dann selber die nötigen Verfahren auswählen und modifizieren. Damit wurden die Maschinen auf ein ähnliches Niveau wie Bakterien und andere einfache Einzeller gebracht. Nun kann dem Ganzen eine wahrhaft Darwinsche Wendung gegeben werden, indem man der Maschine Elemente einbaut, die nach dem Zufallsprinzip mutieren und die zur Verfügung stehenden Verfahren verändern. Die verschiedenen Programme wetteifern um die beste Problemlösung, ganz wie beim natürlichen Kampf um Nahrung und Raum. Welche Programme dabei geboren werden und welche Neugeborenen sich durchsetzen, ist nicht immer voraussagbar, daher kann sich die »Spezies« Maschine auf eine Art und Weise entwickeln, die ihr Schöpfer Mensch nicht voraussieht. Die Erschaffung von mutationsfähigen Robotern, die sich frei im Labor bewegen, reale Fähigkeiten erwerben und einzuschätzen lernen und damit die Pläne anderer Roboter durchkreuzen können, ist bereits in greifbare Nähe der Computerwissenschaften gerückt. Auf dieser Ebene entsprächen ihre Programme dann nicht mehr nur dem Instinktrepertoire von Bakterien, sondern hätten sich dem von einfachen Mehrzellern wie Plattwürmern und Schnecken angenähert. In fünfzig Jahren werden die Computerwissenschaftler – wenn sie weiterhin so erfolgreich sind – das Äquivalent von Hunderten Millionen Jahren organischer Evolution nachvollzogen haben.

Trotz all dieser Fortschritte behauptet jedoch kein AI-Fan, zu wissen, wie der direkte Weg vom Instinkt des Plattwurms zum menschlichen Verstand verläuft. Wie kann diese immense Kluft geschlossen werden? Hier gibt es zwei Denkschulen. Die eine, vertreten durch Rodney Brooks vom Massachusetts Institute of Technology, folgt einem Ansatz, der davon ausgeht, daß man das Darwinsche Robotermodell auf immer höhere Ebenen hieven, dann auf jeder Stufe neue Erkenntnisse gewinnen und den künftigen technologischen Bedarf entsprechend neu ausrichten kann. Wahrscheinlich werden mit diesem Ansatz im Laufe der Zeit tatsächlich humanoide Fähigkeiten entstehen. Der zweite Ansatz folgt dem umgekehrten Weg. Ihn vertritt Marvin Minsky, Gründungsvater von AI und Brooks' Kollege am MIT. Er konzentriert sich von vornherein auf die Phänomene höchster Ordnung bezüglich Lernfähigkeit und Intelligenz und darauf, wie sie unter Umgehung aller evolutionären Zwischenstufen erfaßt und auf eine Maschine umgesetzt werden könnten.

Trotz aller pessimistischen Äußerungen über die Beschränktheit des Menschen muß man sich bewußt machen, daß der menschliche Genius nicht voraussagbar und zu erstaunlichen Fortschritten in der Lage ist. In naher Zukunft könnten wir durchaus fähig sein, den menschlichen Verstand wenigstens in seiner Rohform zu simulieren. Dazu müßte die Hirnforschung ein Niveau erreicht haben, auf dem sie bereits alle Grundfunktionen des Verstandes kennt, und die Computertechnologie fortgeschritten genug sein, um diese imitieren zu können. Wir könnten in der Tat eines nicht so fernen Morgens die Zeitung aufschlagen und von diesem Triumph der Wissenschaft aus den Schlagzeilen erfahren, vielleicht sogar Hand in Hand mit der Neuigkeit, daß Krebs endgültig heilbar ist oder lebende Organismen auf dem Mars entdeckt wurden. Aber ich bezweifle ernsthaft, daß das jemals geschehen wird. Und ich vermute, daß ein Großteil der AI-Experten meiner Meinung ist. Dafür gibt es zwei Gründe – sozusagen ein funktionelles und ein evolutionäres Hindernis.

Das funktionelle Hindernis ist die ungeheure Komplexität der Informationen, die vom menschlichen Verstand aufgegriffen und verarbeitet werden. Rationales Denken entsteht durch den ständigen Austausch von Körper und Gehirn, mittels der elektrischen Entladung der Nerven und des Hormonflusses im Blutkreislauf, die ihrerseits von den emotionalen Kontrollen beeinflußt werden, welche den Zustand des Geistes, seine Aufmerksamkeit und die Auswahl seiner Zielvorhaben steuern. Um diesen Verstand in einer Maschine zu reproduzieren, wird es bei weitem nicht ausreichen, Hirnforschung und AI-Technologie zu perfektionieren. Die Pioniere des Simulationsprozesses müßten eine völlig neue Computermethode erfinden und installieren – nämlich die Künstliche Emotion, AE (*artificial emotion*).

Das evolutionäre Hindernis für die Erschaffung eines humanoiden Verstandes ist die einzigartige genetische Geschichte der Spezies Mensch. Die generische Natur des Menschen – das psychische Verbindungsglied der Menschheit – ist das Produkt von Millionen Jahren der Evolution in heutzutage meist längst vergessenen Umwelten. Auch ohne sich detailliert an die ererbten Blaupausen der menschlichen Natur zu halten, könnte der simulierte Verstand eine furchteinflößende Leistungsfähigkeit erreichen – ähneln aber würde er eher dem eines außerirdischen Besuchers als dem eines Menschen.

Selbst wenn diese Blaupausen genau bekannt wären und selbst wenn man sie exakt nachvollziehen könnte, wäre das erst ein Einstieg in den Gesamtprozeß. Denn um menschlich sein zu können, müßte

Der Verstand

der künstliche Verstand den einer individuellen Person imitieren. Seine Datenbanken müßten mit den Erfahrungen eines ganzen Lebens angefüllt werden – den visuellen, akustischen, chemorezeptiven, taktilen und kinästhetischen Erfahrungen, die jeweils mit unendlich vielen emotionalen Nuancen behaftet sind. Und was ist mit der sozialen Komponente? Auch die intellektuellen und emotionalen Erfahrungen aus unzähligen menschlichen Begegnungen müßten diesem Verstand einprogrammiert werden. Jede einzelne dieser Erinnerungen müßte mit allem verknüpft werden, was jemals gemeinsam mit ihr abgespeichert wurde – mit den multiplen Bedeutungen jedes einzelnen Wortes, mit allen Nuancen aller involvierten Sinneseindrücke. Kommt man diesen Anforderungen nicht nach, wird der künstliche Verstand Turings Test niemals bestehen können. Jede menschliche Jury könnte die Maschine innerhalb von Minuten demaskieren. Und wenn nicht, würde sie die angebliche Person wegen ihres Geisteszustands wahrscheinlich augenblicklich in die Psychiatrie einweisen.

Kapitel 7

Von den Genen zur Kultur

Den Naturwissenschaften gelang es, ein kausales Netzwerk zu knüpfen, das von der Quantenphysik bis zur Hirnforschung und Evolutionsbiologie reicht. Noch gibt es Löcher unbekannter Größe in diesem Gewebe, und viele seiner Fäden sind so zart wie der Seidenfaden einer Spinne. Synthesen, die Voraussagen ermöglichen – das ultimative Ziel der Wissenschaft –, sind vor allem im Bereich der Biologie noch im Frühstadium. Trotzdem glaube ich, daß wir bereits genug wissen, um das Vertrauen in das Prinzip einer universellen, rationalen Einheit aller Naturwissenschaften rechtfertigen zu können.

Das Erklärungsnetzwerk berührt nun bereits die Schwelle zur Kultur, hat also die Grenze erreicht, die die Naturwissenschaften von den Geistes- und Sozialwissenschaften trennt. Zugegeben, noch gehen die meisten Wissenschaftler davon aus, daß diese beiden, im allgemeinen wissenschaftliche und literarische Kultur genannten Domänen auf Dauer voneinander geschieden bleiben werden. Denn man kann zwar problemlos die Grenze zwischen ihnen überschreiten – vom apollinischen zum dionysischen Geist, von der Prosa zur Poesie, von der linken zur rechten Gehirnhälfte –, aber niemand weiß, wie die Sprache der einen Domäne in die der anderen übersetzt werden könnte. Sollten wir das denn überhaupt versuchen? Ich finde schon, und zwar aus dem guten Grund, daß es nicht nur ein wichtiges, sondern auch ein erreichbares Ziel ist. Es ist an der Zeit, diese Grenze neu zu bestimmen.

Man mag über diese Auffassung streiten und wird dies auch sicherlich tun; kaum aber bestreiten wird jemand, daß die Spaltung dieser beiden Kulturen ein ständiger Anlaß zu Mißverständnissen und Konflikten ist. »Diese Aufspaltung in zwei Pole ist ein reiner Verlust für uns alle«, schrieb C. P. Snow 1959 in seinem bahnbrechenden Buch *Die zwei Kulturen*, »für uns als Volk und als Gesellschaft. Es ist ein Verlust gleichzeitig in praktischer, in geistiger und in schöpferischer Hinsicht.«

Diese Polarisierung führt unter anderem zum ständigen Wiederaufleben der Kontroverse, ob das menschliche Verhalten durch genetische Veranlagung oder Sozialisation geprägt ist, mit meist fruchtlosen Debatten über die Unterschiede der Geschlechter, über geschlechtsspezifische Präferenzen, ethnische Zugehörigkeiten und sogar über die Natur des Menschen. Die Wurzel des Übels ist heute noch ebenso offensichtlich wie damals, als Snow sich an der Speisetafel der Fellows im Christ College den Kopf darüber zerbrach: Es geht um die Überspezialisierung der gebildeten Eliten. Die meisten tonangebenden Intellektuellen sind ebenso wie die Medienmacher in ihrem Gefolge in den Sozial- und Geisteswissenschaften geschult. Daher glauben sie auch, daß Fragen, die mit der menschlichen Natur zu tun haben, grundsätzlich nur aus dem Blickwinkel ihrer Domäne zu beantworten seien. Die Bedeutung der Naturwissenschaften für das Sozialverhalten und die Politik zu erkennen fällt ihnen schwer. Allerdings sind Naturwissenschaftler für diese Fragen auch tatsächlich schlecht gerüstet. Sie haben sich meist so spezialisiert, daß ihre Fachkenntnisse das Alltagsleben kaum noch berühren. Was weiß schon ein Biochemiker über Rechtstheorien oder den Handel mit China? Aber es genügt nicht mehr, ständig das alte Patentrezept herunterzubeten, daß alle Forscher, Natur- wie Sozial- und Geisteswissenschaftler, vom selben schöpferischen Geist getrieben seien. Denn Tatsache ist, daß sie zwar im schöpferischen Sinne verwandt sein mögen, aber keine gemeinsame Sprache haben.

Es gibt nur eine einzige Möglichkeit, die großen Wissensgebiete zu vernetzen und diese Kulturkämpfe zu beenden: Man darf das Niemandsland zwischen wissenschaftlicher und literarischer Kultur nicht als territoriale Grenze betrachten, sondern muß es als ein weitläufiges und größtenteils unerforschtes Gebiet sehen, in das gemeinsame Expeditionen unternommen werden können. Mißverständnisse entstehen, weil keine der beiden Seiten dieses Gebiet kennt, nicht, weil es fundamentale Mentalitätsunterschiede zwischen ihnen gäbe. Beide Kulturen stehen vor derselben Herausforderung. Wir wissen, daß im Grunde das gesamte menschliche Verhalten kulturell vermittelt wird. Wir wissen aber auch, daß die Biologie einen wesentlichen Beitrag zur Entstehung und Verbreitung von Kultur leistet. So bleiben also nur die Fragen, wie Biologie und Kultur interagieren; wie ihnen das quer durch alle Gesellschaften gelingt, so daß sich Merkmale ausprägen können, die der ganzen Menschheit gemein sind; und was die größtenteils genetisch geprägte archaische Geschichte der Spezies Mensch mit den jüngeren kulturellen Geschichten ihrer diversen Gesellschaften verbindet. Diese Fragen sind meiner Meinung nach Dreh- und Angelpunkt für die Klärung des Zusammenhangs von wissenschaftlicher und literarischer Kultur. Sie stehen nicht nur im Zentrum der Sozial- und Geisteswissenschaften, sondern bilden auch einen der letzten großen Fragenkomplexe der Naturwissenschaften. Aber sie sind lösbar. Zur Zeit hat allerdings noch niemand eine Antwort parat. Bedenkt man jedoch, daß 1842 noch niemand etwas über die eigentliche Ursache der Evolution wußte und 1952 noch niemand das Wesen des genetischen Codes kannte, kann man durchaus davon ausgehen, daß auch diesmal die Lösung des Problems schon in greifbarer Nähe liegt. Einige Forscher, zu denen auch ich mich zähle, glauben sogar, bereits zu wissen, wie sie in etwa aussehen wird. Von ihren jeweiligen biologischen, psychologischen und anthropologischen Standpunkten aus kamen sie zu dem Schluß, daß es einen Prozeß gibt, den man die *genetisch-kulturelle Koevolution* nennen kann. Im wesentlichen beruht dieses Konzept auf der Überzeugung, daß der genetischen Evolution erstens durch das Menschengeschlecht das Parallelgleis einer kulturellen Evolution hinzugefügt wurde und zweitens diese beiden Evolutionsformen miteinander verbunden sind. Ich nehme an, die Mehrheit der Forscher, die in den letzten zwanzig Jahren zu dieser Theorie beigetragen haben, wird der nun folgenden Interpretation ihrer Prinzipien beipflichten.

Kultur wird vom kollektiven Verstand erschaffen. Jeder einzelne Verstand ist seinerseits das Produkt des genetisch strukturierten menschlichen Gehirns. Gene und Kultur sind daher untrennbar miteinander verbunden. Diese Verbindung ist jedoch flexibel und bis zu einem gewissen Grad noch unbestimmt. Außerdem ist sie äußerst kompliziert. Die Gene legen die epigenetischen Regeln fest, also die Nervenbahnen und die Regelmäßigkeiten der geistigen Entwicklung, durch die sich der individuelle Verstand selbst organisiert. Der Verstand erweitert sich von der Geburt bis zum Tod, indem er Bestandteile der für ihn zugänglichen Kultur absorbiert und eine Auswahl trifft, die wiederum von den epigenetischen Regeln, welche das individuelle Gehirn geerbt hat, gelenkt wird.

Damit wir uns ein besseres Bild von dieser genetisch-kulturellen Koevolution machen können, kehren wir noch einmal zum Beispiel der realen und geträumten Schlangen zurück: Die Tendenz, mit Angst und Faszination zugleich auf Schlangen zu reagieren, ist die epigenetische Regel. Die Kultur zieht diese Angst und Faszination heran, um Metaphern und Geschichten zu erschaffen.

Im Rahmen der genetisch-kulturellen Koevolution wird Kultur in jeder Generation mit dem anteiligen Verstand eines jeden Individuums kollektiv rekonstruiert. Wo mündliche Überlieferung durch Schrift und Kunst ergänzt wird, kann sich Kultur unbegrenzt ausweiten und Generationen überdauern, ja, sogar einige überspringen. Aber der grundsätzliche Einfluß der epigenetischen Regeln bleibt unverändert, da sie genetisch und daher unauslöschlich sind.

Deshalb bereichert das auffällig häufige Auftreten von Traumschlangen in den Legenden und der Kunst der Schamanen im Amazonasgebiet ihre Kultur über Generationen hinweg, geleitet jedoch von der epigenetischen Regel, die sich auf reale Schlangen bezieht.

Einige Individuen erben epigenetische Regeln, die sie eher dazu befähigen, ihre Umwelt zu überleben und sich zu reproduzieren, als andere Individuen, die nicht oder nur in abgeschwächter Form über diese Regeln in ihrem Erbmaterial verfügen. Dadurch konnten sich die erfolgreicheren epigenetischen Regeln über mehrere Generationen hinweg gemeinsam mit den Genen, die diese Regeln festlegen, in der Bevölkerung verbreiten. Folglich hat sich die Spezies Mensch genetisch ebenso durch eine natürliche Auslese des Verhaltens entwickelt wie durch eine natürliche Auslese der Anatomie, der Physiologie und des Gehirns.

Giftschlangen hatten während der gesamten Evolution des Menschen in beinahe allen Gesellschaften einen wesentlichen Anteil an der Mortalitätsrate. Verhält man sich nun besonders vorsichtig ihnen gegenüber und wird diese Tendenz noch durch Traumschlangen und kulturelle Symbole verstärkt, kommt das zweifellos den Überlebenschancen zugute.

Die Art der »genetischen Leine« und die Rolle von Kultur wird noch besser verständlich, bedenkt man folgendes: Auch bestimmte kulturelle Normen überleben und reproduzieren sich besser als andere, und sie führen dazu, daß sich Kultur auf einem Parallelgleis zur genetischen Evolution und normalerweise sogar schneller als diese entwickelt. Je schneller kulturelle Evolution stattfindet, um so lockerer ist die Verbindung zwischen Genen und Kultur, auch wenn sie niemals völlig abgebrochen wird. Kultur ermöglicht eine rasche Anpassung an Umweltveränderungen, indem sie genau abgestimmte Adaptionen ersinnt und diese ohne entsprechend präzise genetische Präskription verbreitet. In dieser Hinsicht unterscheidet sich der Mensch grundlegend von allen anderen Tierarten.

Und schließlich, um dieses Beispiel für die genetisch-kulturelle Evolution hier abzuschließen, entspricht die Häufigkeit des Auftretens von Traumschlangen und Schlangensymbolen in einer Kultur immer dem Vorkommen von realen Giftschlangen in der jeweiligen Umwelt. Aber der mächtige Einfluß von Angst und Faszination, der auf die epigenetische Regel zurückgeht, führt dazu, daß den Schlan-

Von den Genen zur Kultur 173

gen je nach Kultur zusätzliche unterschiedliche mythische Bedeutungen etwa als Heiler, Boten, Dämonen oder Götter zugeschrieben werden.

Die genetisch-kulturelle Koevolution stellt eine spezifische Erweiterung des allgemeinen Evolutionsprozesses durch natürliche Auslese dar. Im allgemeinen sind sich Biologen einig, daß natürliche Auslese der entscheidende Motor der Evolution des Menschen und aller anderen Organismen ist. Sie war es, die im Laufe der fünf oder sechs Millionen Jahre, seit sich unsere hominidischen Vorfahren von einem primitiven, schimpansenähnlichen Stamm abgesondert haben, zum Homo sapiens geführt hat. Evolution durch natürliche Auslese ist keine leere Hypothese. Die genetische Variation, auf die das Ausleseverfahren reagiert, ist uns im Prinzip bis hinunter auf die Ebene von Molekülen bekannt. »Evolutionsbeobachter« unter den Biologen konnten die Folgen der natürlichen Auslese bei Generationen von Tier- und Pflanzenpopulationen in der Natur miterleben und oft auch im Labor reproduzieren, sogar bis hin zur Erschaffung ganz neuer Arten, beispielsweise durch Hybridisierung oder die Züchtung von reproduktionsisolierten Stämmen. Auch wurde bereits ausführlich dokumentiert, wie Organismen durch die Veränderung ihrer anatomischen und physiologischen Merkmale und ihres Verhaltens an ihre Umwelt angepaßt werden. Der fossile Nachweis für Hominiden, vom Menschenaffen bis hin zum modernen Menschen, ist zwar in vielen Details unvollständig, aber in seinen wesentlichen Umrissen deutlich und chronologisch gesichert.

Auf den einfachsten Nenner gebracht heißt das, die natürliche Auslese folgt erstens dem Zufallsprinzip und zweitens der Notwendigkeit, wie es der französische Biologe Jacques Monod (in Anlehnung an Demokrit) einmal formuliert hat. Unterschiedliche Formen ein und desselben Gens, Allele genannt, entstehen durch Mutationen, also durch zufällige Veränderungen in den langen Sequenzen der DNA (Desoxyribonucleinsäure), aus denen das Gen besteht. Abgesehen von diesen punktuellen Verwürfelungen der DNA werden bei den Rekombinationsprozessen der sexuellen Reproduktion in jeder Generation neue Allel-Mischungen geschaffen. Diejenigen Allele, die die Überlebens- und Reproduktionsfähigkeit des Trägerorganismus steigern, breiten sich in der Population aus, während die anderen verschwinden. Mutationen nach dem Zufallsprinzip sind das Rohmaterial der Evolution. Die Anforderungen der Umwelt, die darüber entscheiden, welche Mutanten und Kombinationen überleben, stehen für die Notwendigkeit, aus dem wandelbaren und vielgestaltigen genetischen Ton immer präziser angepaßte Wesen zu modellieren.

Stehen genügend Generationen zur Verfügung, können Mutationen und Rekombinationen nahezu unendliche Variationen im Erbmaterial der Individuen einer Population hervorbringen. Existierten in einer Population zum Beispiel nur eintausend der fünfzig- bis hunderttausend Gene des menschlichen Genoms in zwei verschiedenen Formen, wären 10^{500} genetische Kombinationen vorstellbar, mehr, als es Atome im sichtbaren Universum gibt. Folglich ist – außer bei eineiigen Zwillingen – die Wahrscheinlichkeit, daß zwei Menschen identische Gene haben oder im Verlauf der gesamten Hominidengeschichte jemals hatten, verschwindend gering.

In jeder Generation werden die Chromosomen und Gene der Eltern zu neuen Mischungen verwürfelt. Doch nicht dieses unaufhörliche Teilen und Rekonfigurieren führt zur Evolution. Die einzig beständige Kraft, von der sie angetrieben wird, ist die natürliche Auslese. Gene, die Merkmale der Anatomie, Physiologie und des Verhaltens festlegen, welche ihrem Trägerorganismus einen höheren Überlebens- und Reproduktionserfolg versprechen, nehmen in der Population von einer Generation zur nächsten zu. Alle anderen nehmen ab. Nach demselben Prinzip und zu denselben evolutionären Zwecken vermehren sich Populationen oder Spezies, die bessere Überlebens- und Reproduktionserfolge vorweisen können als andere.

Dies sind die unpersönlichen Kräfte, die uns zu dem gemacht haben, was wir sind. Alles, von der Molekular- bis zur Evolutionsbiologie, spricht für diese These. Dennoch muß ich einräumen – selbst auf die Gefahr, daß es so aussieht, als ginge ich nun in die Defensive –, daß viele, auch ausgesprochen gebildete Menschen es dennoch vorziehen, den Ursprung des Lebens mit einem einzigartigen Schöpfungsakt zu erklären. Laut einer Umfrage des »National Opinion Research Center« im Jahr 1994 lehnten 23 Prozent aller Amerikaner den Gedanken ab, daß sich der Mensch durch Evolution entwickelt hat, während ein weiteres Drittel bei dieser Frage unentschieden blieb. Unwahrscheinlich, daß sich dieses Denkmuster in den kommenden Jahren radikal verändern wird. Da ich selbst in einer stark anti-evolutionär geprägten Kultur im protestantischen Süden der Vereinigten Staaten aufwuchs, tendiere ich jedoch dazu, dieser Einstellung empathisch und versöhnlich gegenüberzustehen. Alles ist möglich, so könnte man sagen, wenn man an Wunder glaubt. Vielleicht hat Gott tatsächlich alle Organismen, den Menschen inklusive, auf einen Schlag und sofort in ihren höchsten Entwicklungsstadien erschaffen, und vielleicht geschah das tatsächlich erst vor ein paar tausend Jahren. Doch wenn das so war, dann muß Gott die Erde ganz bewußt von Pol zu Pol mit endlos vielen falschen Fährten übersät und aus irgendeinem Grund gewollt haben, daß wir zu der Schlußfolgerung kommen, Leben habe sich erstens durch Evolution entwickelt und dieser Prozeß habe zweitens Milliarden von Jahren gedauert. Nun macht uns die Bibel aber eindeutig klar, daß Gott so etwas niemals tun würde. Der Herr aller Dinge, ob nun im Alten oder Neuen Testament, kann liebend oder gebieterisch sein, sich verweigern, im Mysterium verstecken oder seinen donnernden Zorn über uns kommen lassen, aber durchtrieben ist Er gewiß niemals.

Alle Biologen, die sich mit dieser Materie befassen, halten die Beweise für eine Evolution des Menschen für überwältigend, und sie alle räumen der natürlichen Auslese die führende Rolle in diesem Prozeß ein. Es gibt allerdings zumindest noch eine andere Kraft, die bei keiner Darstellung der Evolution unerwähnt bleiben darf: den Zufall. Der Austausch, der im Verlauf langer Zeitspannen in den DNA-Buchstaben und den von ihnen verschlüsselten Proteinen stattfindet, ist nach einhelliger Meinung aller Biologen rein zufällig. Dennoch verläuft der Wandel meist sehr kontinuierlich, so daß sich das Alter der verschiedenen Linien, die sich bei den Organismen herausgebildet haben, berechnen läßt. Allerdings trägt dieser »genetische Drift« wenig zur Evolution auf der Ebene von Zellen, Organismen und Gesellschaften bei, weil sich die daran beteiligten Mutanten als neutral oder nahezu neutral erwiesen haben – das heißt, sie haben wenig oder gar keine Auswirkungen auf die in Zellen und Organismen manifesten höheren biologischen Organisationsebenen.

Zur genetischen Evolution, um diesen Punkt so genau wie möglich darzustellen, hat die natürliche Auslese das Parallelgleis der kulturellen Evolution hinzugefügt, und diese beiden Versionen der Evolution sind nun in irgendeiner Weise miteinander verbunden. Wir sitzen also nicht nur in der Falle unserer Gene, wie der eine entsetzt und der andere beruhigt feststellen mag, sondern auch in der unserer Kultur. Aber was genau ist nun dieser Superorganismus, dieses seltsame Etwas, das man Kultur nennt? Hier sollte den Anthropologen, die bereits Tausende von Beispielen analysiert haben, das Privileg einer Antwort zukommen. Ihrer Definition nach ist Kultur die Summe all dessen, was die Lebensart einer spezifischen Gesellschaft ausmacht – Religion, Mythen, Kunst, Technik, Sport und all das andere systematische Wissen, das von Generation zu Generation weitergegeben wird. 1952 versuchten Alfred Kroeber und Clyde Kluckhohn, einhundertvierundsechzig Definitionen, die sich auf alle Kulturen bezogen, folgendermaßen zusammenzufassen: »Kultur ist ein Produkt; es ist historisch, es enthält bestimmte Ideen, Muster und Werte, ist selektiv und erlernt, basiert auf Symbolen und ist eine Abstraktion des Verhaltens sowie der Produkte von Verhalten.« An anderer Stelle hatte Kroeber erklärt, daß Kultur zudem etwas Ganzheitliches sei, »eine Anpassung einzelner, größtenteils von außen einfließender Teile an ein mehr oder weniger funktionsfähiges Gebilde«. Zu diesen Teilen gehörten zwar auch Artefakte, doch solche Gegenstände seien bedeutungslos, sofern sie nicht der Begriffsbildung des aktiven Verstandes dienten.

Nach Ansicht der extremen Sozialisationsverfechter bei der Kontroverse, ob Gene oder Sozialisation das Verhalten prägen, deren Sichtweise die Gesellschaftstheorie die längste Zeit des zwanzigsten Jahrhunderts über bestimmte, hat die Kultur sich von den Genen entfernt und ist zu etwas Eigenständigem geworden. Nunmehr selbständig, breitete sie sich wie ein Strohfeuer aus und bildete neue Merkmale heraus, die nicht mehr auf jene genetischen und psychologischen Prozesse zurückzuführen waren, welche einstmals zur Bildung von Kultur geführt hatten. Ergo: Omnis cultura ex cultura.

Ob man diese Metapher nun gutheißt oder nicht, unbestreitbar ist, daß jede Gesellschaft Kultur schafft und von Kultur geschaffen wird. Durch ständige Pflege, ornamentale Ausschmückungen, den Austausch von Geschenken, das Teilen von Lebensmitteln und Getränken, durch Musik und Geschichten nimmt das symbolische Sozialleben des Verstandes reale Formen an und vereint die jeweilige Gruppe in einer Traumwelt, die dazu dient, die äußere Realität zu meistern, in die die Gruppe hineingestoßen wurde, sei dies ein Waldgebiet, Grasland, eine Wüste, ein Eisfeld oder eine Stadt. Und von dieser irrealen Welt ausgehend, werden die Netze aus moralischem Konsens und Ritualen geknüpft, die jedes Stammesmitglied an das gemeinsame Schicksal binden.

Kultur wird mit Hilfe von Sprache konstruiert, die produktiv und aus künstlichen Worten und Symbolen aufgebaut ist und nur dazu erdacht wurde, Informationen auszutauschen. In dieser Hinsicht ist der Homo sapiens einzigartig. Auch einige Tiere verfügen über beeindruckend ausgeklügelte Kommunikationssysteme, aber sie erfinden sie nicht selber und lehren sie nicht. Mit wenigen Ausnahmen, beispielsweise Dialekten von Vögeln, handelt es sich dabei um in-

Von den Genen zur Kultur   177

stinktive und daher über Generationen unveränderte Systeme. Der Zickzacktanz der Bienen und die Duftspuren der Ameisen enthalten zwar symbolische Elemente, doch die Ausdrucksformen und ihre Bedeutungen sind strikt durch die Gene festgelegt und können nicht durch Erfahrung verändert werden.

Wirklichen linguistischen Fähigkeiten am nächsten kommen die Menschenaffen. Schimpansen und Gorillas können die Bedeutung von künstlichen Symbolen erlernen, wenn man ihnen die Benutzung von Signaltastaturen beibringt. Ihr derzeitiger Meister ist Kanzi, ein Bonobo oder Zwergschimpanse (Pan paniscus), angeblich das gescheiteste Tier, das jemals in Gefangenschaft beobachtet wurde. Ich traf dieses Primatengenie, als es noch ein frühreifes Kind war, im »Yerkes Regional Primate Center« der Emory Universität in Atlanta. Seit seiner Geburt war er von Sue Savage-Rumbaugh und ihren Kollegen intensiv beobachtet worden. Während ich mit ihm spielte und einen Becher Grapefruitsaft mit ihm teilte, verblüffte mich sein Verhalten, das mir dem eines zweijährigen Menschenkindes ungeheuer ähnlich schien. Inzwischen, mehr als ein Jahrzehnt später, verfügt Kanzi über einen umfangreichen Wortschatz, den er einsetzt, um seine Wünsche und Absichten mittels einer Bild-Symbol-Tastatur zu signalisieren. Er kann lexikalisch und sogar grammatikalisch korrekte Sätze bilden. Wenn er beispielsweise Ice water go (gib mir Eiswasser) signalisiert, weiß er genau, daß er bekommt, was er will. Es ist ihm sogar gelungen, ungefähr einhundertfünfzig englische Worte spontan aufzuschnappen, also indem er Gespräche unter Menschen belauschte und nicht etwa, indem man ihm ihre Bedeutung antrainierte wie einer schlauen Hunderasse, der man irgendwelche Tricks beibringen will. Einmal deutete Sue Savage-Rumbaugh auf einen seiner Gefährten und sagte: »Kanzi, wenn du Austin deine Maske gibst, gebe ich dir ein paar von Austins Frühstücksflocken.« Sofort reichte Kanzi Austin seine Maske und deutete auf das Paket mit den Frühstücksflocken. Er hat viel zu oft in derart eindeutiger Weise auf Worte reagiert, als daß diese Vorgänge reiner Zufall gewesen sein könnten. Allerdings benutzt Kanzi nur Worte und Symbole, die ihm von Menschen angeboten wurden. Seine eigenen linguistischen Fähigkeiten haben noch nicht einmal das Frühstadium der menschlichen Kindheit erreicht.

Bonobos und andere Menschenaffen besitzen, an tierischen Standards gemessen, ein hohes Intelligenzniveau, aber es fehlt ihnen die einzigartige menschliche Fähigkeit, selber etwas zu ihrer reinen Symbolsprache hinzuzufinden. In ihrer Listigkeit stehen gewöhnliche Schimpansen dem Menschen allerdings in nichts nach. Sie sind die tierischen Meister der »Machiavellischen Intelligenz«. Der Primatologe Frans de Waal und seine Kollegen konnten in der afrikanischen Wildnis wie im Zoo von Arnheim beobachten, daß Schimpansen Koalitionen bilden und zerstören, Freunde manipulieren und Feinde überlisten. Ihr Vorhaben teilen sie durch Stimmsignale und Körperhaltung, Körperbewegungen, Gesichtsausdruck und das Sträuben ihres Fells mit. Doch obwohl eine produktive, menschenähnliche Sprache von großem Vorteil für sie wäre, haben sie niemals auch nur etwas annähernd Ähnliches wie Sprache entwickelt, auch keine raffiniertere Form von Symbolsprache. Tatsächlich verbringen Menschenaffen die meiste Zeit sogar schweigend. Der Primatologe Allen Gardner beschrieb seine Beobachtungen in Tansania: »Eine Gruppe von zehn wilden Schimpansen unterschiedlichen Alters und Geschlechts, die friedlich fressend in einem Feigenbaum bei Gombe sitzt, kann so wenige Geräusche machen, daß ein unerfahrener Beobachter unter ihr vorbeigeht, ohne sie überhaupt zu bemerken.«

Den Homo sapiens hingegen kann man mit gutem Recht den brabbelnden Affen nennen. Menschen kommunizieren unentwegt stimmlich – es ist sehr viel einfacher, sie zum Sprechen zu bringen, als dazu, den Mund zu halten. Sie beginnen damit bereits als Säugling, beim Austausch mit Erwachsenen, von denen sie mit einem langsamen, vokallastigen und gefühlsbetonten Singsang zum Brabbeln stimuliert werden. Wieder alleingelassen, fahren sie in ihrer »Krippensprache« fort, gurren, quietschen und stoßen unsinnige einsilbige Laute aus, die sich im Laufe weniger Monate zu einem komplexen Spiel mit Worten und Sätzen entwickeln. Dieses erste verbale Repertoire, das mehr oder weniger an den Wortschatz von Erwachsenen angepaßt ist, wird nun endlos wiederholt, modifiziert und zu experimentellen Mischungen kombiniert. Mit vier Jahren hat das durchschnittliche Kind die Syntax gemeistert. Mit sechs verfügt es – jedenfalls in den Vereinigten Staaten – über einen Wortschatz von etwa 14 000 Worten. Kleine Bonobos hingegen spielen und experimentieren frei mit Bewegungen und Tönen und manchmal auch mit Symbolen, doch eine Weiterentwicklung bis hin zu Kanzis Niveau hängt allein von dem reichen linguistischen Umfeld ab, das menschliche Trainer anbieten können.

Ist es nun möglich, daß Menschenaffen eine Kultur haben, obwohl ihnen eine wirkliche Sprache fehlt? Nach Feldbeobachtungen und der Überzeugung vieler Experten zu schließen, scheint es so zu sein. Freilebende Schimpansen erfinden und benutzen regelmäßig

Von den Genen zur Kultur

Werkzeuge, und die bleiben, wie auch in vielen menschlichen Kulturen üblich, häufig auf die lokale Population beschränkt. Während die eine Gruppe Nüsse mit Steinen aufzubrechen pflegt, knackt sie die andere, indem sie sie gegen Baumstämme schlägt. Die einen verwenden Zweige, um Ameisen und Termiten aus ihren Bauten zu angeln, die anderen nicht. Und selbst unter den Anglern gibt es noch eine Minderheit, die erst einmal die Rinde von den Zweigen schält. Eine Schimpansengruppe wurde dabei beobachtet, wie sie lange Zweige mit hakenförmig gebogenen Enden benutzte, um die Äste eines Feigenbaums zu sich herunterzuziehen und besser an die Früchte heranzukommen.

Es ist nur natürlich, wenn man aus solchen Beobachtungen schließt, daß Schimpansen über Rudimente von Kultur verfügen und sich ihre Fähigkeiten letztlich nur graduell von menschlicher Kultur unterscheiden. Doch mit einer solchen Einschätzung sollte man vorsichtig sein, denn es ist möglich, daß die Erfindungen von Schimpansen mit Kultur in unserem Sinne nichts zu tun haben. Die wenigen Beweise, die es bisher gibt, legen nahe, daß Schimpansen zwar den Zweck eines Werkzeuges schneller erfassen, wenn sie andere bei seiner Nutzung beobachten, doch dabei selten genau dieselben Bewegungen imitieren und keineswegs deutlich den Anschein erwecken, den Sinn des Vorgangs wirklich verstanden zu haben. Einige Forscher behaupten sogar, daß sie durch die Beobachtung anderer einfach nur dazu animiert werden, selbst auch aktiv zu werden. Diese Reaktionsweise, von Zoologen »soziale Aktivierung« genannt, ist unter vielen sozialen Tieren üblich, von Ameisen über Vögel bis hin zu Säugetieren. Obwohl noch ohne Beweiskraft, ist es also denkbar, daß allein diese soziale Aktivierung, in Kombination mit der Manipulation von zur Verfügung stehenden Materialien nach dem Prinzip von Versuch und Irrtum, die freilebenden Schimpansenpopulationen Afrikas dazu bringt, Werkzeuge zu benutzen.

Der menschliche Säugling zeigt hingegen ein präzises Nachahmungsverhalten, und zwar bereits in erstaunlich frühem Stadium. Schon vierzig Minuten nach der Geburt, um hier das früheste Beispiel anzuführen, streckt er seine Zunge heraus und folgt mit dem Kopf der Bewegung eines Erwachsenen. Mit zwölf Tagen imitiert er komplexe Gesichtsausdrücke und Handbewegungen. Mit zwei Jahren kann das Kind verbal aufgefordert werden, einfache Gerätschaften zu benutzen.

Alles in allem besteht der Sprachinstinkt aus präziser Nachahmung, zwanghafter Schwatzhaftigkeit, einer fast automatischen Beherrschung der Syntax und der raschen Aneignung eines umfangreichen Wortschatzes. Dieser Instinkt ist jedoch ein bezeichnendes Merkmal des Menschen und offenbar tatsächlich auf ihn beschränkt, denn er erfordert geistige Fähigkeiten, die weit über das hinausgehen, wozu irgendeine andere Tierart in der Lage ist. Und er ist die Grundbedingung für wirkliche Kultur. Könnten wir herausfinden, wie sich Sprache im Laufe der Evolution herausgebildet hat, wäre das eine außerordentlich bedeutende Entdeckung. Doch bedauerlicherweise ist Verhalten nicht durch Versteinerungen nachzuweisen. Jahrtausendelanges Geplauder und Gebärdenspiel an den Feuerstellen sind spurlos versunken, und damit auch all die linguistischen Evolutionsschritte, die es seit unseren schimpansenartigen Vorfahren gegeben haben mag.

Dafür stehen den Paläontologen versteinerte Knochen zur Verfügung, die uns von der Verlagerung und Verlängerung des Stimmkastens und von möglichen Veränderungen in den Sprachzentren des Gehirns berichten, abzulesen an den Abdrücken auf den Innenseiten von Schädelknochen. Auch für die Evolution von Artefakten gibt es genügend Nachweise, angefangen beim kontrollierten Gebrauch von Feuer vor 450 000 Jahren – vermutlich durch unseren Vorfahren Homo erectus –, über die Herstellung von geschickt geformten Werkzeugen durch den frühen Homo sapiens vor 250 000 Jahren in Kenia, weiter über die kunstvoll gearbeiteten Speerspitzen und Dolche, die 160 000 Jahre später im Kongo hergestellt wurden, bis hin zu den vollendeten Gemälden und Ritualgegenständen aus Südeuropa dreißig- bis zwanzigtausend Jahre vor unserer Zeit.

Die Geschwindigkeit, mit der die Entwicklung der Artefaktenkultur stattfand, ist faszinierend. Wir wissen, daß das Gehirn des modernen Homo sapiens vor hunderttausend Jahren anatomisch ausgereift war. Von diesem Augenblick an entwickelte sich die materielle Kultur, zuerst ganz allmählich, dann immer schneller, bis sie schließlich explodierte. Während der ersten neunzig Prozent dieser Zeitspanne standen zunächst nur eine Handvoll Werkzeuge aus Stein und Knochen und schließlich dann Gerätschaften zur Verfügung, die zur Feldarbeit und im Dorfalltag benötigt wurden. Und urplötzlich – in einem einzigen Augenblick – wurde die komplizierteste Technik erfunden (allein in den Vereinigten Staaten gibt es fünf Millionen Patente). Im wesentlichen ähnelt die kulturelle Evolution also einer exponentiell ansteigenden Flugbahn. Wann aber Symbolsprache entstand und wie sie diese exponentielle Entwicklung in Gang brachte, ist noch immer ein Geheimnis.

Von den Genen zur Kultur 181

Zu schade, aber dieses große Rätsel der menschlichen Paläontologie scheint im Moment noch unlösbar zu sein. Um dennoch die Spur der genetisch-kulturellen Koevolution aufnehmen zu können, ist es daher sinnvoller, die Rekonstruktion der prähistorischen Vergangenheit zu verschieben und sich auf die Frage zu konzentrieren, auf welche Weise das menschliche Gehirn Kultur hervorbringt. Der bestmögliche Ansatz dafür ist meiner Meinung nach die Suche nach der Grundeinheit von Kultur. Obwohl noch niemand ein solches Element identifiziert hat – jedenfalls nicht zur allgemeinen Befriedigung der Experten –, kann man durchaus auf seine Existenz und einige seiner Merkmale schließen.

Auf den ersten Blick mag dieser Fokus an den Haaren herbeigezogen erscheinen, doch es gibt eine Menge bedenkenswerter Präzedenzfälle: Der große Durchbruch der Naturwissenschaften wurde im wesentlichen durch die Reduktion von physikalischen Phänomenen auf ihre einzelnen Bestandteile erreicht. Man zerlegte sie und fügte ihre Teile anschließend wieder so zusammen, daß ihre ganzheitlichen Eigenschaften wiederhergestellt waren. Fortschritte in der Makromolekularchemie führten beispielsweise zur genauen Beschreibung von Genen, und das Studium der auf den Genen basierenden Populationsbiologie verfeinerte wiederum unser Verständnis der biologischen Arten.

Was aber kann als Grundeinheit von Kultur definiert werden? Warum sollte man überhaupt davon ausgehen, daß es so etwas gibt? Betrachten wir zunächst einmal die Unterscheidung, die der kanadische Neurowissenschaftler Endel Tulving 1972 zwischen dem episodischen und dem semantischen Gedächtnis getroffen hat. Das episodische Gedächtnis ruft die präzise *Wahrnehmung* von Personen und anderen konkreten Objekten in Zeit und Raum ab, wie Bilder aus einem Film. Das semantische Gedächtnis ruft hingegen ihre *Bedeutung* ab. Es verbindet Objekte und Ideen mit anderen, und zwar entweder direkt durch die im episodischen Gedächtnis gespeicherten Bilder oder durch die Symbole, die diesen Bilder zugewiesen wurden. Da das semantische Gedächtnis auf Episoden aufbaut, veranlaßt es das Gehirn nahezu unablässig, andere Episoden abzurufen. Das Gehirn aber tendiert dazu, wiederholt auftretende Episoden einer bestimmten Art zu Begriffen zu verdichten, welche dann durch Symbole dargestellt werden. So kommt es, daß sich beispielsweise die Aufforderung »Nehmen Sie diesen Weg zum Flughafen« in die Silhouette eines Flugzeugs und eines Pfeils verwandelt, oder daß aus der Warnung »Diese Substanz ist giftig« ein Totenkopf mit zwei darunter gekreuzten Knochen wird.

Nachdem wir nun diese beiden Gedächtnisarten unterschieden haben, können wir zum nächsten Schritt auf der Suche nach der Grundeinheit von Kultur übergehen und uns Begriffe als »Knoten« oder Bezugspunkte im semantischen Gedächtnis vorstellen, die schließlich mittels der Nervenaktivitäten im Gehirn verknüpft werden können. Begriffe und ihre Symbole werden normalerweise durch Worte bezeichnet. Komplexe Informationen werden also von Sprache, die aus Worten besteht, organisiert und übermittelt. Knoten sind beinahe immer mit anderen Knoten verbunden, so daß die Erinnerung an einen Gedächtnisknoten immer den Abruf von anderen zur Folge hat. Diese Verbindung, mit all ihren zugleich abgerufenen emotionalen Einfärbungen, ist das Wesen dessen, was wir »Bedeutung« nennen. Bei der Verknüpfung dieser Knoten wird immer eine bestimmte Hierarchie eingehalten, wobei Informationen im Range ihrer Bedeutung organisiert werden. Die Knoten »Hund«, »Hase« und »Jagd« symbolisieren beispielsweise gemeinsam eine Klasse mehr oder weniger ähnlicher Bilder. Ein Hund auf der Jagd nach einem Hasen nennt man einen »Vorschlag«, also die nächsthöhere Komplexitätsordnung bei der Informationsverarbeitung. Auf den Vorschlag folgt das »Schema«. Ein typisches Schema wäre Ovids Erzählung über Apollos Werben um Daphne – wie ein nicht zu bremsender Hund auf der Jagd nach einem unerreichbaren Hasen. Das Dilemma kann nur gelöst werden, indem Daphne – der Hase und zugleich der Begriff – in einen Lorbeerbaum verwandelt wird, ergo in einen anderen, durch einen neuen Vorschlag zustande gekommenen Begriff.

Ich vertraue darauf, daß die ebenfalls nicht zu bremsenden Neurowissenschaftler auf kein derartiges Dilemma stoßen werden. Sie werden zur rechten Zeit die physikalischen Grundlagen von geistiger Begriffsbildung erkennen, indem sie die Muster von Nervenaktivitäten aufzeichnen. Schon heute haben sie den direkten Nachweis für jene »Aktivierungsausweitung«, die in den verschiedenen Bereichen des Gehirns während der Recherchen in den Gedächtnisspeichern stattfindet. Nach vorherrschender Meinung der Forscher werden neue Informationen auf ganz ähnliche Weise eingeordnet und gespeichert. Das heißt, wenn dem Gedächtnis neue Episoden und Begriffe zugefügt werden, werden auch sie bearbeitet, indem ständig die Suche im limbischen System und im Großhirn ausgeweitet wird, so daß schließlich Verbindungen mit bereits eingerichteten Knoten hergestellt werden können. Diese Knoten sind aber keine räumlich isolierten Zentren, die mit anderen isolierten Zentren verknüpft

Von den Genen zur Kultur

wären. Vielmehr handelt es sich auch bei ihnen um komplexe, aus einer großen Zahl von Nervenzellen bestehende Schaltkreise, die sich über große und sich überlappende Bereiche des Gehirns erstrecken.

Nehmen wir einmal an, wir bekommen eine uns unbekannte Frucht ausgehändigt. Automatisch ordnen wir sie nach ihrem Aussehen, Geruch und Geschmack und den Umständen ein, unter denen wir sie erhalten haben. Innerhalb weniger Sekunden werden Massen an Informationen aktiviert, und zwar nicht nur solche, die diese Frucht mit anderen vergleichen, sondern auch Gefühle, Erinnerungen an Entdeckungen ähnlicher Art und an entsprechende Eßgewohnheiten. Nachdem alle Eigenschaften der Frucht identifiziert wurden, geben wir ihr einen Namen. Denken wir zum Beispiel an die asiatische Durian – sie sieht aus wie eine stachelige Grapefruit, schmeckt süß, mit einem leichten Beigeschmack von Pudding, und sobald man sie vom Mund weg hält, stinkt sie wie eine Kloake. Wer auch nur einmal ein Stück von ihr gekostet hat, wird den Begriff »Stinkfrucht« für den Rest seines Lebens gespeichert haben.

Man kann also davon ausgehen, daß die natürlichen Elemente von Kultur jene hierarchisch strukturierten Komponenten des semantischen Gedächtnisses sind, die durch die einzelnen Nervenschaltkreise verschlüsselt wurden und ständig ihrer Entschlüsselung harren. Die Idee einer Kultureinheit als dem grundlegenden Element schlechthin gibt es seit mehr als dreißig Jahren und ist von verschiedenen Autoren unter wechselnden Bezeichnungen aufgegriffen worden – mal als Mnemotype, mal als Idee, Idene, Mem, Soziogen, Konzept, Kulturgen oder Kulturtypus. Der Begriff, der sich am stärksten durchgesetzt hat und den ich für den endgültigen Gewinner halte, ist »Mem«, 1976 eingeführt von Richard Dawkins in seinem einflußreichen Werk *Das egoistische Gen*.

Die Definition von Mem, die ich nun vorschlagen möchte, ist allerdings etwas enger gefaßt und weicht von Dawkins' Definition ab. Sie deckt sich mit derjenigen, die der Theoretische Biologe Charles J. Lumsden und ich 1981 aufstellten, als wir die erste vollständige Theorie der genetisch-kulturellen Koevolution umrissen und als Grundeinheit von Kultur – nunmehr Mem genannt – den Knoten im semantischen Gedächtnis und dessen Wechselbeziehungen zur Gehirnaktivität vorschlugen. Welcher Ebene dieser Knoten angehört – der begrifflichen (der am einfachsten zu erkennenden Grundeinheit), der vorschlagenden oder der schematischen –, bestimmt die Komplexität der Idee, des Verhaltens oder des Artefakts, zu deren kulturellem Überleben dieser Knoten wiederum beiträgt.

Es ist mir bewußt, daß neue neurowissenschaftliche und psychologische Erkenntnisse wahrscheinlich dazu führen werden, die Vorstellung des Knotens als Mem – und vielleicht sogar die Unterscheidung zwischen episodischem und semantischem Gedächtnis – durch raffiniertere und komplexere Taxonomien zu ersetzen. Mir ist auch klar, daß die Zuordnung der Grundeinheiten von Kultur zum Bereich der Neurowissenschaften so aussehen könnte, als wolle man die Semiotik – die allgemeine Lehre aller Kommunikationsformen – torpedieren. Doch dieser Einwand wäre nicht gerechtfertigt. Denn mit meiner Auslegung verfolge ich genau das entgegengesetzte Ziel. Mir geht es darum, die Plausibilität des Vernetzungsprojekts zu begründen, in diesem Fall durch die Kausalzusammenhänge zwischen Semiotik und Biologie. Sofern diese Zusammenhänge empirisch nachgewiesen werden können, werden sich künftige Entdeckungen hinsichtlich der Knoten des semantischen Gedächtnisses natürlich auch auf die Definition des Mems auswirken. Ein solcher Fortschritt aber wird die Semiotik bereichern, nicht ersetzen.

Ich gebe zu, daß allein schon die Formulierung »von den Genen zur Kultur«, die ja als begrifflicher Stützpfeiler der Brücke zwischen Natur- und Geisteswissenschaften gedacht ist, einen ätherischen Beigeschmack hat. Wie kann man nur davon ausgehen, daß ein Gen Kultur festlegen könnte? Die Antwort lautet: Kein ernstzunehmender Wissenschaftler hat das je getan. Das Kausalnetz der genetisch-kulturellen Evolution ist sehr viel komplizierter geflochten – und auch wesentlich interessanter. Tausende von Genen legen das Gehirn, den Sinnesapparat und all die anderen physiologischen Prozesse fest, die mit der materiellen und sozialen Umwelt interagieren, um die ganzheitlichen Fähigkeiten des Verstandes und damit Kultur zu produzieren. Und durch natürliche Auslese bestimmt letztlich die Umwelt, welche Gene die Präskription vornehmen.

Wegen seiner Folgen für die Biologie und die Sozialwissenschaften ist kein Thema von größerer intellektueller Bedeutung als dieses. Alle Biologen sprechen von den Interaktionen zwischen Erbgut und Umwelt, aber niemand spricht davon – es sei denn einmal im Stenogrammstil im eigenen Labor –, daß ein Gen ein bestimmtes Verhalten »verursacht«, und wenn, hat das keiner je wortwörtlich so gemeint. Denn das ergäbe ebensowenig Sinn wie das Gegenteil, die Vorstellung nämlich, daß Verhalten ausschließlich kulturell geprägt sei und sich ohne die Interventionen von Gehirnaktivitäten herausbilde. Die Kausalität zwischen Genen und Kultur – so die allgemein

Von den Genen zur Kultur

akzeptierte Erklärung, die auch für die Kausalität zwischen Genen und allen anderen Produkten des Lebens gilt – beschränkt sich nicht auf das Erbmaterial. Sie beschränkt sich auch nicht auf die Umwelt. Sie ergibt sich vielmehr aus der Interaktion dieser beiden Faktoren.

Daß es um Interaktion geht, ist unumstritten. Aber wir brauchen mehr Informationen über diesen Vorgang, um die gesamte genetisch-kulturelle Koevolution erfassen zu können. Der zentrale Begriff dieses Interaktionismus ist *Reaktionsnorm*. Er ist leicht zu erklären. Man wähle ein spezifisches Gen oder eine Gruppe von Genen aus irgendeiner Organismenspezies – Tier, Pflanze oder Mikroorganismus –, welche gemeinsam agieren, um ein bestimmtes Merkmal zu beinflussen. Dann erstelle man eine Liste aller Umweltformen, in denen diese Spezies überleben kann. Die Unterschiede zwischen diesen Umweltformen können, müssen aber nicht zu Variationen des spezifischen Merkmals führen, das von diesem Gen oder dieser Gengruppe festgelegt wird. Die Variationsbreite, die dieses Merkmal in allen Umweltformen, in der diese Spezies überleben kann, aufweist, nennt man die Reaktionsnorm dieses Gens oder dieser Gengruppe in der untersuchten Spezies.

Ein klassischer Fall von Reaktionsnorm ist die Blattform des amphibischen Pfeilkrauts. Wächst ein Exemplar dieser Spezies auf dem Land, erinnern seine Blätter an Pfeilspitzen; wächst es in seichtem Wasser, sehen die an der Wasseroberfläche liegenden Blätter wie Seerosenblätter aus, und ist es in tiefere Gewässer abgetaucht, entwickeln sich die Blätter zu seegrasartigen Bändern, die in der Strömung hin- und herschwingen. Trotz dieses außerordentlichen Variantenreichtums gibt es keine bekannten genetischen Unterschiede bei den verschiedenen Formen dieser Pflanze. Alle genannten drei Grundtypen sind schlicht von der Umwelt verursachte Ausdrucksvarianten ein und derselben Gengruppe. Zusammen bilden sie die Reaktionsnorm jener Gene, welche die Blattform festlegen. Sie umfassen, in anderen Worten, die gesamte Variationsbreite der Ausprägungen, die diese Gengruppe hervorrufen kann, in allen bekannten Umwelten, in denen diese Pflanze überleben kann.

Die Variation innerhalb einer Spezies kann zum Teil auch auf genetische Unterschiede einzelner Mitglieder zurückgehen, ist also nicht immer ausschließlich durch verschiedene Umwelten hervorgerufen. Doch selbst dann kann die Reaktionsnorm für jedes Gen oder jede Gengruppe im Prinzip definiert werden. Der Zusammenhang zwischen den Variationen eines bestimmten Merkmals, seinen genetischen Varianten und ihren Reaktionsnormen läßt sich am Beispiel des menschlichen Körpergewichts illustrieren. Es gibt genügend Beweise, daß die Figur vom Erbmaterial beeinflußt wird. Hat eine Person die genetische Veranlagung zu Korpulenz, kann sie sich zwar einigermaßen schlank hungern, wird jedoch schon bald nach Ende der Diät wieder ihre ursprüngliche Figur zurückerhalten. Auch eine durch Veranlagung schlanke Person wird immer ihre Figur behalten, es sei denn, übermäßiges Essen oder Drüsenprobleme führten zur Gewichtszunahme. Die relevanten Gene beider Gewichtstypen haben einfach unterschiedliche Reaktionsnormen, weshalb es trotz gleicher Umweltbedingungen sowie identischer Eß- und Bewegungsgewohnheiten zu unterschiedlichen Ergebnissen kommt. Vertrauter klingt vielleicht das umgekehrte Bild: Bei zwei erblich unterschiedlich veranlagten Individuen bedarf es auch unterschiedlicher Umwelten, unterschiedlicher Eßgewohnheiten und unterschiedlicher Körperbelastungen, damit sie zu ein und demselben Resultat, also derselben Figur kommen.

Diese Art der Interaktion zwischen Genen und Umwelt ist in jeder Kategorie der Humanbiologie festzustellen, einschließlich des Sozialverhaltens. Der amerikanische Sozialhistoriker Frank J. Sulloway demonstrierte 1996 in seinem wichtigen Buch *Der Rebell der Familie*, daß Menschen während ihrer Persönlichkeitsentwicklung ausgesprochen stark auf ihren Geburtsrang reagieren und dementsprechend auf die Rolle, die sie in der Familiendynamik einnehmen. Spätergeborene, die sich am wenigsten mit den Rollen und Ansichten der Eltern identifizieren, sind tendenziell innovativer und akzeptieren politische wie wissenschaftliche Revolutionen eher als Erstgeborene. Das führt dazu, daß sie im Verlauf der Geschichte im Durchschnitt mehr zum kulturellen Wandel beitrugen als Erstgeborene. Sie neigen zu unabhängigen, oft rebellischen Rollen in der Familie und später auch im größeren gesellschaftlichen Umfeld. Da sich nun aber Erst- und Nachgeborene genetisch in keiner Weise unterscheiden, die mit dem Rang ihrer Geburt zu tun hätte, kann man davon ausgehen, daß die Gene, die ihre Entwicklung beeinflussen, ihre Wirkungen den diversen Nischen anpassen, die in der jeweiligen Umwelt zur Verfügung stehen. In diesem Fall bildet der von Sulloway dokumentierte Effekt des Geburtsranges die Reaktionsnorm.

In einigen biologischen Kategorien, beispielsweise bei den elementarsten Molekularprozessen und allgemeinen anatomischen Merkmalen, verfügen fast alle Menschen über dieselben Gene und damit auch über dieselben Reaktionsnormen. Vor langer geologischer Zeit, als sich die wirklich universellen Merkmale herauszubil-

Von den Genen zur Kultur 187

den begannen, hatte es vermutlich noch genetische Varianten gegeben, die seitdem durch natürliche Auslese bis nahe Null reduziert wurden. Primaten haben beispielsweise ausnahmslos zehn Finger und zehn Zehen, ganz unabhängig von ihrer Umwelt. Demnach beschränkt sich die Reaktionsnorm auf genau diesen einen Zustand – zehn Finger und zehn Zehen. Doch in den meisten anderen Kategorien sind die genetischen Unterschiede von Mensch zu Mensch beträchtlich, sogar bei Merkmalen, die derart beständig sind, daß man sie als kulturelle Universalien bezeichnen könnte. Damit wir nun aber aus all diesen Variationen das Beste herausholen können, um Gesundheit und Talent weiterzuentwickeln, ja, um überhaupt das menschliche Potential zu erkennen, müssen wir erst einmal die Rollen von Erbmaterial und Umwelt grundlegend verstehen.

Mit Umwelt meine ich nicht einfach nur die unmittelbaren Umstände, unter denen ein Mensch lebt. Eine solche Momentaufnahme wäre nicht ausreichend. Für unsere Zwecke ist es vielmehr erforderlich, sich der von Entwicklungsbiologen und Psychologen verwendeten Definition anzuschließen, die nicht weniger als all die Myriaden von Einflüssen umfaßt, welche in jedem Moment des Lebens auf Körper und Geist einwirken.

Da Menschen nicht wie Tiere unter kontrollierten Bedingungen gezüchtet und aufgezogen werden können, sind Informationen über die Interaktion von Genen und Umwelt nur schwer zu bekommen. Bislang konnten erst relativ wenige verhaltensbeeinflussende Gene auf den Chromosomen lokalisiert werden (einige werde ich später beschreiben), und auch die genauen, von ihnen beeinflußten Entwicklungswege konnten bisher nur selten nachvollzogen werden. Deshalb wurde als Zwischenlösung die *Heritabilität* – der erblich bedingte Anteil an den Variationen eines Merkmals – zum bevorzugten Maßstab für die Einschätzung dieser Interaktion. Allerdings läßt sich Heritabilität nicht auf Individuen, sondern immer nur auf Populationen anwenden. Denn es wäre ja widersinnig zu behaupten: »Die sportliche Fähigkeit dieses Marathonläufers verdankt sich zu zwanzig Prozent seinen Genen und zu achtzig Prozent seiner Umwelt.« *Korrekt* wäre hingegen die Aussage: »Zwanzig Prozent der bei kenianischen Marathonläufern festgestellten Variationsbreite hinsichtlich ihrer Leistungen entwickelten sich durch erbliche Veranlagung und achtzig Prozent durch ihre spezifischen Umweltbedingungen.« Für Leser, die eine präzisere Definition von Heritabilität und Varianz – dem von Statistikern und Genetikern angewandten Maß für Variation – erwarten, sei hier hinzugefügt:

Die Einheit des Wissens

Heritabilität wird – mathematische Feinheiten nicht berücksichtigt – wie folgt geschätzt: Man messe in einem Sample, das sich aus Individuen einer Population zusammensetzt, ein bestimmtes Merkmal auf standardisierte Weise, beispielsweise die körperliche Ausdauer, indem man die Probanden auf einem Fitnesstepper laufen läßt. Anhand der gemessenen Schwankungen zwischen den einzelnen Testpersonen dieses Samples schätze man den Anteil an der Variation, der auf die Erbanlagen zurückgeht. Dieser Bruchteil bezeichnet die Heritabilität. Das benutzte Schwankungsmaß ist die Varianz. Um sie zu erhalten, nehme man den Mittelwert aller Probanden, subtrahiere davon den Punktwert eines jeden einzelnen und quadriere die Differenz. Die Varianz ergibt sich aus dem Mittelwert aller quadrierten Differenzen.

Die Hauptmethode zur Schätzung des genetisch bedingten Anteils an der Variation – der Heritabilität – ist die Untersuchung von Zwillingen. Eineiige Zwillinge mit identischen Genen werden mit zweieiigen Zwillingen verglichen, die normalerweise nur ebenso viele Gene teilen wie Geschwister, die zu unterschiedlichen Zeitpunkten geboren wurden. Zweieiige Zwillinge ähneln sich also wesentlich weniger als eineiige. Die Differenz zwischen eineiigen und zweieiigen Zwillingen dient als Näherungswert für den Beitrag der Erbmasse zur Variationsbreite eines Merkmals. Diese Methode kann noch um einiges verbessert werden, wenn man eineiige Zwillingspaare studiert, die im Säuglingsalter getrennt und von verschiedenen Familien adoptiert wurden, also mit demselben Erbmaterial unter verschiedenen Umweltbedingungen aufwuchsen. Noch genauer wird sie durch die Untersuchung von Mehrfachkorrelationen, mit deren Hilfe die Schlüsseleinflüsse der Umwelt identifiziert und ihr Beitrag zur Variationsbreite individuell beurteilt werden können.

Heritabilität ist seit Jahrzehnten ein Standardmaß bei der Aufzucht von Pflanzen und Tieren. Ihre Anwendung auf den Menschen geriet jedoch 1994 mit dem Buch *The Bell Curve* von Richard J. Herrnstein und Charles Murray und anderen populären Arbeiten über die Vererbung von Intelligenz und Persönlichkeit in die Schußlinie. Heritabilität hat zwar beträchtliche Vorzüge und ist in der Tat nach wie vor das Rückgrat der Verhaltensgenetik, sie birgt jedoch Eigentümlichkeiten, die im Hinblick auf eine Vernetzung von Genetik und Sozialwissenschaften einer näheren Betrachtung wert sind. Als erstes stößt man auf eine seltsame Sache namens »Genotyp-Umwelt-Korrelation«, welche dazu beiträgt, die menschliche Vielfalt über ihre unmittelbar biologischen Ursprünge hinaus zu verstärken. Das funktioniert folgendermaßen: Menschen pflegen nicht nur die Rollen anzunehmen, die ihren angeborenen Talenten und Charakteren entsprechen, sie haben auch eine Vorliebe für Umweltformen, die ihren ererbten Neigungen entgegenkommen. Schon die Eltern, die ja entsprechende angeborene Merkmale haben, tendieren dazu, eine Atmosphäre in der Familie zu schaffen, die diesen Neigungen entgegenkommt. Mit anderen Worten, die Gene tragen dazu bei, daß sich der Mensch ein Umfeld schafft, in dem seine Gene größere Ausdrucksmöglichkeiten finden als in anderen. Diese Interaktion von Genen und Umwelt führt wiederum zu einer größeren Rollendivergenz in der Gesellschaft. Zum Beispiel wird ein musikalisch begabtes Kind, das durch Erwachsene gefördert wird, wahrscheinlich schon früh zu einem Instrument greifen und zu stundenlangem Üben bereit sein. Sein Klassenkamerad, mit einer angeborenen Vorliebe für spannungsreiche Situationen, impulsiv und aggressiv, zeigt hingegen ein Faible für schnelle Autos. Das erste Kind wird sich zu einem professionellen Musiker entwickeln, das zweite (wenn es ihm gelingt, sich aus Schwierigkeiten herauszuhalten) zu einem erfolgreichen Rennfahrer. Die ererbten Unterschiede in Begabung und Persönlichkeitsstruktur zwischen den beiden müssen gar nicht groß sein und können sich dennoch stark auswirken, wenn sie in verschiedene Bahnen gelenkt werden. Die Genotyp-Umwelt-Korrelation läßt sich in einem Satz zusammenfassen: Die auf biologischer Ebene gemessene Heritabilität reagiert mit der Umwelt auf eine Weise, daß sich die auf der Verhaltensebene gemessene Heritabilität verstärkt.

Wenn man diese Korrelation zwischen Genotyp und Umwelt verstanden hat, wird auch ein zweites Prinzip hinsichtlich der Beziehung zwischen Genen und Kultur deutlich. Es gibt kein Gen für gutes Klavierspiel oder gar ein »Rubinstein-Gen« für ausgezeichnete Pianistenfähigkeiten. Aber es gibt eine Unzahl von Genen, deren Zusammenspiel der Fingerfertigkeit, Kreativität, Emotion, dem Ausdruck, Fokus, der Konzentrationsfähigkeit oder der Kontrolle von Stimmlage, Rhythmusgefühl und Timbre zugute kommt. Gemeinsam führen sie zu jener besonderen Begabung des Menschen, die der amerikanische Psychologe Howard Gardner »musikalische Intelligenz« nennt. Übrigens sorgt diese Kombination meist auch dafür, daß das begabte Kind zur rechten Zeit die richtige Chance ergreift. Es übt ein Instrument, das es vermutlich von ebenso musikalisch begabten oder zumindest interessierten Eltern erhielt, wird durch verdientes Lob in seinem Bemühen bestärkt, übt weiter, wird erneut bestärkt und beginnt sich bald schon auf das zu konzentrieren, was ein Leben lang seine Hauptbeschäftigung bleiben wird.

Eine weitere Besonderheit der Heritabilität ist ihre Flexibilität. Allein durch den Wechsel in eine andere Umwelt kann der erblich bedingte Anteil an der Variation erhöht oder verringert werden. Die bei weißen Amerikanern (jenem Bevölkerungsanteil, der üblicherweise aus reiner Bequemlichkeit ausgewählt wird oder um die statistische Glaubwürdigkeit durch die Uniformität des Samples zu erhöhen) gemessenen Punktwerte für Heritabilität im Hinblick auf Intelligenzquotienten und andere meßbare Persönlichkeitsmerkmale liegen meistens um die Fünfzigprozentmarke, oder jedenfalls näher daran als an der Null-, respektive der Hundertprozentmarke.

Wollen wir diese Zahlen verändern? Ich denke nicht, daß das ein vordringliches Ziel sein sollte. Man braucht sich nur einmal eine wirklich egalitäre Gesellschaft vorzustellen. Alle Kinder würden unter nahezu identischen Bedingungen aufwachsen und ermutigt werden, sich mit allem zu befassen, was im Rahmen ihrer Fähigkeiten liegt. Die Variationsbreite der Umwelt würde auf diese Weise drastisch verringert, wohingegen die angeborenen Fähigkeiten und Persönlichkeitsmerkmale überdauern würden. In einer solchen Gesellschaft würde die Heritabilität ständig zunehmen. Jede bestehende sozio-ökonomische Klassentrennung würde das Erbmaterial in bislang nie gekanntem Ausmaß spiegeln.

Würde man statt dessen die individuellen Fähigkeiten aller Kinder testen und sie schon früh auf Berufe vorbereiten, die einzig ihren spezifischen Begabungen entsprechen, nähme in dieser Schönen Neuen Welt die Variationsbreite in der Umwelt zu, während die angeborenen Fähigkeiten unverändert blieben. Falls sich die individuellen Meßwerte und damit die Umwelt mit den genetischen Veranlagungen decken, steigt die Heritabilität. Nun stelle man sich schließlich noch eine Gesellschaft vor, in der die entgegengesetzte Politik betrieben wird und Uniformität als erstrebenswertestes Ziel gilt. Damit die Fähigkeiten und Leistungen eines jeden dasselbe Niveau erreichen können, müssen begabte Kinder gebremst werden und langsam Lernende intensiven Einzelunterricht erhalten. Zu diesem Zweck wäre ein weites Spektrum unterschiedlichster Umwelten vonnöten, zugeschnitten auf die jeweiligen Erfordernisse; die Heritabilität würde daher sinken.

Es ist wirklich nicht empfehlenswert, solche idealisierten Gesellschaften in die Realität umzusetzen. Sie haben alle einen totalitären Beigeschmack. Aber theoretisch eignen sie sich gut, um zu verdeutlichen, welche gesellschaftliche Relevanz die augenblicklich so entscheidende Phase der genetischen Forschung hat. Heritabilität ist ein brauchbares Maß für den Einfluß, den Gene auf die Variation in einer gegebenen Umwelt haben. Sie ist sogar unerläßlich, will man den Anteil oder die Wirkung von Genen überhaupt feststellen. Noch in den sechziger Jahren glaubte man zum Beispiel, daß Schizophrenie durch kindesschädliches Verhalten von Eltern und vor allem Müttern in den ersten drei Lebensjahren hervorgerufen werde. Und bis in die siebziger Jahre hinein hielt man auch Autismus für eine sozialisationsbedingte Verhaltensstörung. Dank der Heritabilitätsstudien wissen wir heute, daß Gene bei beiden Schädigungen eine große Rolle spielen. Alkoholismus wurde hingegen lange Zeit als eine größtenteils erblich bedingte Funktionsstörung betrachtet – man war sich dessen sogar so sicher, daß man erst in den neunziger Jahren mit vorsichtigen Heritabilitätsstudien begann. Nun wissen wir, daß Alkoholismus bei Männern ein wenig und bei Frauen so gut wie gar nichts mit erblicher Veranlagung zu tun hat.

Dennoch, abgesehen von jenen seltenen Bedingungen, wo Verhalten nahezu ausschließlich genetisch determiniert ist, sind Heritabilitäten ziemlich unzuverlässige Prädiktoren für die Leistungsfähigkeit eines Menschen in einer gegebenen oder künftigen Umwelt. Die von mir aufgeführten Beispiele verdeutlichen auch, welche Gefahren es birgt, wenn man Heritabilitäten als Maßstab für den Wert eines einzelnen oder einer Gesellschaft einsetzt. Die Botschaft der Genetiker an Intellektuelle und Politiker lautet vielmehr: Wähle die Gesellschaft, die du fördern willst, und sei bereit, mit ihren Heritabilitäten zu leben. Versuche niemals das Gegenteil, nämlich eine bestimmte Sozialpolitik zu betreiben, nur um die Heritabilitäten zu verändern. Und um die besten Ergebnisse zu erzielen, fördere lieber Individuen als Gruppen.

Ich habe diese Fragen aus der Genetik ins Spiel gebracht, um die leidigen Differenzen in der Kontroverse Gene versus Sozialisation zu erhellen und um aufzuzeigen, daß durchaus beide Seiten eine gemeinsame Basis finden könnten. Denn solange die nicht hergestellt wurde, wird der Versuch einer Vernetzung weiterhin von endlosen ideologischen Streitigkeiten unterlaufen werden. Beide Seiten werden ihre eigene politische und soziale Agenda durchsetzen wollen und dabei ständig aneinander vorbeireden. Erst wenn man hier mit den präziseren Begriffen der Genetik arbeitet, wird deutlich, daß die Vertreter der Sozialisationstheorie der Meinung sind, die verhaltensprägenden Gene des Menschen hätten ausgesprochen weitreichende Reaktionsnormen, wohingegen die Verfechter des genetisch bedingten Verhaltens davon ausgehen, daß diese Normen relativ begrenzt sind. So gesehen sind die Meinungsverschiedenheiten zwischen beiden Gruppen eher graduell als grundsätzlich. Und das heißt, daß sie geklärt werden können und man sich empirisch verständigen kann, jedenfalls wenn die gegnerischen Lager bereit sind, sich diesem Thema objektiv zu nähern.

Die Vertreter der Sozialisationstheorie gingen auch lange davon aus, daß die Heritabilität von Intelligenz- und Persönlichkeitsmerkmalen gering sei, wohingegen die Erblichkeitstheoretiker sie sehr hoch einschätzten. Wenigstens dieser Streit konnte mittlerweile im großen und ganzen beigelegt werden, denn zumindest bei amerikanischen und europäischen Weißen ließ sich nachweisen, daß die Heritabilität normalerweise im mittleren Bereich liegt (die exakten Werte schwanken von Merkmal zu Merkmal).

Die Sozialisationstheoretiker glauben, daß Kultur, wenn überhaupt, an einer sehr langen genetischen Leine liege, was bedeutet, daß die Kulturen verschiedener Gesellschaften unendlich voneinander abweichen können. Die Erblichkeitstheoretiker halten diese Leine für sehr kurz, woraus sich wiederum ergibt, daß völlig unterschiedliche Kulturen stark übereinstimmende Merkmale entwickeln können. Dieses Problem ist technisch gesehen weniger leicht zu klären als die beiden ersten, aber da es ebenfalls seiner Natur nach empirisch ist, kann man es im Prinzip auch lösen. Ich werde diese Frage in Kürze nochmals aufgreifen und anhand verschiedener Beispiele zeigen, wie eine Lösung erreicht werden könnte.

Inzwischen gibt es wenigstens einen kleinen gemeinsamen Nenner, auf dem sich aufbauen läßt. Beide Seiten sind sich im Prinzip einig, daß nahezu alle kulturellen Unterschiede Produkte von Geschichte und Umwelt sind. Während sich die verhaltensprägenden Gene von Individuen *innerhalb* einer bestimmten Gesellschaft stark unterscheiden, verwässern sich diese Unterschiede statistisch gesehen *zwischen* verschiedenen Gesellschaften. Die Kultur der Jäger und Sammler in der Kalahari ist völlig anders als die der Bewohner von Paris, doch das, was sie unterscheidet, ist in erster Linie das Ergebnis einer jeweils anderen Geschichte und Umwelt und nicht das Resultat anderer Gene.

Reaktionsnormen und Heritabilität richtig einzuschätzen ist eine zugegebenermaßen etwas technische und trockene Angelegenheit, aber der notwendige erste Schritt, um den Anteil von Genen und Umwelt am menschlichen Verhalten zu klären und somit eine Grundlage für

Von den Genen zur Kultur 193

die Vernetzung von Biologie und Sozialwissenschaften zu schaffen. Der logische nächste Schritt ist die Lokalisierung der Gene, die das Verhalten beeinflussen. Sobald Gene auf den Chromosomen verzeichnet und ihre Expressionswege identifiziert werden, kann auch ihre Interaktion mit der Umwelt genauer verfolgt werden. Wenn viele solcher Interaktionen bestimmt wurden, kann man das Ganze zurückverfolgen und erhält ein vollständigeres Bild von der geistigen Entwicklung.

Auf welchem Stand die Verhaltensgenetik – inklusive all der unglaublichen Schwierigkeiten, Gene zu kartieren – heute ist, wird am Beispiel der Schizophrenieforschung deutlich. Unter dieser häufigsten aller Psychosen leidet gerade einmal knapp ein Prozent in allen Populationen der Welt. Die Symptome der Schizophrenie sind von Fall zu Fall verschieden, doch ein bestimmtes diagnostisches Merkmal ist immer vorhanden: Der Verstand arbeitet ständig gegen die Realität an. In einigen Fällen glauben Patienten, eine bekannte Persönlichkeit zu sein (wobei der Messias äußerst beliebt ist), in anderen fühlen sie sich als Opfer einer allgegenwärtigen Konspiration und in wieder anderen halluzinieren sie Stimmen oder Visionen, die oft genauso bizarr sind wie Träume, nur daß sie im Wachzustand ablaufen.

1995 gelang drei Gruppen von Wissenschaftlern unabhängig voneinander ein Durchbruch bei der Suche nach den physikalischen Ursprüngen der Schizophrenie. Neurobiologen der University of California in Irvine entdeckten, daß einige Nervenzellen im vorderen Teil des Großhirns während der fötalen Entwicklung nicht mit den Zellen kommunizieren, die für den normalen Austausch mit dem restlichen Gehirn erforderlich sind. Insbesondere sind diese Zellen nicht in der Lage, jene Boten-RNA-Moleküle zu produzieren, die die Synthese des Neurotransmitters GABA (γ-Aminobuttersäure) anleiten. Ohne GABA können Nervenzellen nicht funktionieren, obwohl sie äußerlich völlig normal wirken. Auf noch unbekannte Weise führt diese Fehlfunktion zu geistigen Konstrukten, die keinerlei Zusammenhang mit äußeren Reizen oder rationalen Denkprozessen haben. Das Gehirn schafft sich seine eigene Welt, als sei es wie im Schlaf von der Außenwelt abgeschottet.

Im selben Jahr berichtete ein zweites Forscherteam der Cornell Universität und zweier medizinischer Forschungszentren in England von den ersten direkten Beobachtungen der Gehirnaktivitäten, die bei schizophrenen Patienten im Halluzinationsstadium ablaufen. Mittels der Positronenemissionstomographie (PET) konnten sie verfolgen, welche Bereiche im Großhirn und im limbischen System während normaler und welche während psychotischer Phasen von Patienten aktiv wurden. In einem Fall konnten sie beobachten, wo das Gehirn eines männlichen Patienten aufleuchtete, während er (nach eigenen Angaben) enthauptete Köpfe visionierte, die ihm ständig Befehle zubrüllten. Die für die abnormsten Vorgänge zuständige Region liegt im vorderen Rindenfeld des Großhirns in einem Bereich, von dem man annimmt, daß er andere Teile der Großhirnrinde reguliert. Seine Fehlfunktion verringert offenbar die Integration von externen Informationen und führt zu unberechenbaren, traumartigen Konfabulationen des wachen Gehirns.

Was aber ist die eigentliche Ursache von Schizophrenie? Jahrelang gesammelte Daten aus der Zwillings- und Stammbaumforschung legen nahe, daß diese Fehlfunktion zumindest teilweise auf genetische Ursachen zurückzuführen ist. Doch frühe Versuche, die dafür verantwortlichen Gene zu lokalisieren, schlugen fehl. Es wurden zwar verschiedene Chromosome als Sitz von Schizophreniegenen vermutet, doch keiner Folgestudie gelang eine identische Reduplizierung. 1995 konnten schließlich vier unabhängige Forscherteams mit dem Einsatz von fortgeschrittenen Chromosomenkartierungstechniken bei großen Samples von Versuchspersonen zumindest ein für Schizophrenie verantwortliches Gen auf dem kurzen Strang von Chromosom 6 lokalisieren. (Menschen verfügen über 22 Autosomenpaare und ein Paar Geschlechtschromosome, XX bei der Frau und XY beim Mann; jedem Chromosomenpaar wurde zur einfacheren Bezugnahme willkürlich eine Nummer zugeteilt.) Zwar gelang es auch diesmal zwei anderen Teams nicht, dieses Ergebnis zu bestätigen, doch das schiere Gewicht der Beweislage aus den vorliegenden vier positiven Tests hat bis heute, im Jahr 1997, dazu geführt, daß die Fachwelt diese Plazierung von zumindest einem der – wie man heute glaubt multiplen – Schizophreniegene für korrekt hält.

Solche Fortschritte jüngeren Datums haben den Weg zur Verständigung über eine der wichtigsten Geisteskrankheiten geebnet, die zugleich ein komplexer Bestandteil menschlichen Verhaltens ist. Denn obwohl Schizophrenie keineswegs normal zu nennen ist, beeinflußt sie die Evolution von Kultur: Den Wahnvorstellungen von Verrückten sind Terrorregime und religiöse Kulte, aber auch großartige Kunstwerke zu verdanken. Und systematische Reaktionen auf extreme Abartigkeit waren schon immer ein kultureller Bestandteil jener zahlreichen Gesellschaften, in denen Schizophrene entweder als von Göttern Gesegnete galten oder als von Dämonen Besessene.

Nun mag man einwenden, daß Kultur doch wohl eher auf Normalität denn auf Wahn beruht. Weshalb also hat die Wissenschaft so wenig Forschungserfolge im Bereich von Liebe, Altruismus, Rivalität und all den anderen Elementen des ganz normalen Sozialverhaltens vorzuweisen? Die Antwort liegt in der pragmatischen Voreingenommenheit von Genforschern. Alle Genetiker suchen bei der Erforschung von Erbanlagen und erblich bedingten Entwicklungen zunächst nach großen, von einzelnen Mutationen verursachten Effekten, denjenigen also, die relativ leicht aufzuspüren und zu analysieren sind. In der klassischen Periode der Mendelschen Genetik hatte man sich beispielsweise mit unmittelbar erkennbaren Merkmalen befaßt, etwa mit den verkümmerten Flügeln der Fruchtfliege *Drosophila* oder den verschrumpelten Samenschalen von einjährigen Erbsen. Es ist einfach so, daß große Mutationen grundsätzlich nachteilige Auswirkungen haben, so wie auch große willkürliche Veränderungen an einem Motor eher als kleinere dazu führen, daß er blockiert. Große Mutationen verringern in den meisten Fällen die Überlebens- und Reproduktionsfähigkeit. Deshalb widmete sich die frühe humangenetische Forschung auch in erster Linie medizinisch-genetischen Fragen, wie nach den Ursprüngen der Schizophrenie.

Der praktische Wert dieses Ansatzes steht ganz außer Frage. Die wissenschaftliche Auswertung von großen Veränderungen führte schon oft zu wichtigen Erkenntnissen in der medizinischen Forschung. Inzwischen konnten über 1200 physische und psychische Krankheiten bestimmten Genen zugeordnet werden, vom Aarskog-Scott-Syndrom bis zum Zellweger Syndrom. Ein Ergebnis dessen ist das OGOD-Prinzip – *One Gene, One Disease*. Und dieser Forschungsansatz hat sich als so erfolgreich erwiesen, daß Wissenschaftler bereits Wetten abschließen, welche »Krankheit des Monats« in den wissenschaftlichen Fachzeitschriften und großen Medien als nächste veröffentlicht werden wird. Heute kennt man die genetischen Ursachen von so unterschiedlichen Erkrankungen wie Farbenblindheit, zystischer Fibrosis, Hämophilie, Huntingtonscher Chorea, Cholesterinüberproduktion, dem Lesch-Nyhan-Syndrom, Retinoblastom oder der Sichelzellenanämie. Die Beweise, daß solche Pathologien ihre Ursache in einzelnen oder multiplen Genabweichungen haben, sind derart unumstößlich – sogar für Nikotinabhängigkeit wurde ein Erbfaktor gefunden –, daß Biomediziner die Maxime ausgaben: »Jede Krankheit ist genetisch.«

Daß Forscher und praktizierende Mediziner über die OGOD-Entdeckungen so begeistert sind, liegt aber auch daran, daß jede Genmutation eine unverkennbare biochemische Signatur hat, die eine

Diagnose erleichtert. Weil diese Signatur einen Defekt bezeichnet, der an irgendeinem Punkt in der Sequenz der Molekularereignisse auftritt, welche die Transkription des betroffenen Gens nach sich zieht, kann er auch meist durch einen einfachen biochemischen Test entdeckt werden. Inzwischen steigen die Hoffnungen, daß genetisch bedingte Krankheiten eines Tages mit magischer Treffsicherheit therapiert werden können, indem der biochemische Defekt elegant und schmerzfrei einfach korrigiert und damit das Krankheitssymptom beseitigt wird.

Trotz all der ersten Erfolge kann das OGOD-Prinzip jedoch außerordentlich irreführend sein, will man es auf das menschliche Verhalten übertragen. Denn auch wenn die Mutation eines einzelnen Gens oft zu einer signifikanten Veränderung eines Merkmals führt, heißt das noch lange nicht, daß dieses Gen auch das entsprechende Organ oder den jeweiligen Prozeß *determiniert*. Normalerweise sind nämlich viele Gene an der Präskription jedes komplexen biologischen Phänomens beteiligt. Wieviele? Um diese Information zu erhalten, müssen wir uns vom Menschen ab- und der Hausmaus zuwenden. Als wichtigstes Versuchstier mit einer kurzen Lebensspanne ist sie das genetisch bekannteste Säugetier. Doch selbst über sie haben wir erst fragmentarische Kenntnisse. Man weiß, daß die zur Zusammensetzung von Haar und Haut beitragenden Gene bei der Hausmaus an nicht weniger als zweiundsiebzig Chromosomenstellen liegen und es von mindestens einundvierzig anderen Genen Varianten gibt, die zu Defekten im Gleichgewichtsorgan des Innenohrs führen, wodurch abnormale Schüttelbewegungen des Kopfes und zwanghafte Kreisbewegungen des Körpers hervorgerufen werden.

Die Komplexität im Erbmaterial der Maus ist nur ein Hinweis auf die Schwierigkeiten, mit denen erst die Humangenetik zu kämpfen hat. Ganze Organe, physische Prozesse und sogar genau definierte Merkmale im Rahmen dieser Systeme werden von Gengruppen festgelegt, die jeweils ganz verschiedene Positionen auf den Chromosomen einnehmen. Zum Beispiel wird die unterschiedliche Hautpigmentierung von Menschen afrikanischer und europäischer Herkunft vermutlich von drei bis sechs solcher »Polygene« bestimmt. Doch selbst mit dieser Schätzung könnten wir, wie bei anderen Systemen auch, noch viel zu niedrig liegen. Denn einmal abgesehen von den potenteren Genen, die viel einfacher zu entdecken sind, könnte es noch eine Menge anderer geben, die einfach deshalb unentdeckt bleiben, weil sie in viel geringerem Maße zur beobachteten Variation beitragen.

Von den Genen zur Kultur   197

Daraus folgt, daß eine Mutation in einem einzigen Polygen sowohl einen überwältigenden OGOD-Effekt haben als auch zu einer ausgesprochen geringen Abweichung von der Norm führen kann. Das häufige Auftreten von Mutationen der zweiten Art ist einer der Gründe, weshalb Gene, die zur Entwicklung von chronischer Depression, dem manisch-depressiven Syndrom oder anderen Krankheiten prädisponieren, so schwer faßbar sind. Beispielsweise könnte eine in Irland auftretende klinische Depression zumindest teilweise auf einer anderen genetischen Prädisposition beruhen als eine in Dänemark auftretende. In diesem Fall würde die Laborforschung im einen Land die Lage des entsprechenden Gens auf dem einen Chromosom lokalisieren, während die Forscher im anderen Land es auf einem anderen Chromosom fänden. Sie könnten ihre Entdeckungen niemals gegenseitig bestätigen.

Schon die kleinsten Umweltunterschiede können die klassischen Muster der Mendelschen Vererbungslehre verzerren. Ein bekannter Effekt ist die sogenannte »unvollständige Penetranz« (Penetranz steht in der Verhaltensgenetik für die Häufigkeit, in der sich ein bestimmtes Merkmal ausprägt): Ein Merkmal kann bei einer Person auftreten, nicht aber bei einer anderen, obwohl beide dieselben Gene dafür besitzen. Wenn zum Beispiel ein eineiiger Zwilling Schizophrenie entwickelt, liegen die Chancen, daß der andere Zwilling folgen wird, nur bei fünfzig Prozent, obwohl beide über exakt die gleichen Gene verfügen. Eine andere Konsequenz ist die »variable Expressivität«, das heißt Form und Intensität von Schizophrenie sind bei jedem Erkrankten unterschiedlich ausgeprägt.

Mit einem Wort, die Verhaltensgenetik ist ein entscheidendes Verbindungsglied in dem Gleis, das von den Genen zur Kultur führt. Noch steckt diese Disziplin in den Kinderschuhen und wird von enormen theoretischen und technischen Schwierigkeiten behindert. Ihre Hauptmethoden sind Zwillingsstudien und Stammbaumanalysen, die Kartierung von Genen und, jüngst hinzugekommen, die Identifizierung von DNA-Sequenzen. Bisher sind all diese Forschungsansätze nur lose miteinander verbunden. Doch je weiter ihre Synthese fortschreitet und je mehr sie durch psychologische Entwicklungsstudien ergänzt werden, um so klarer wird unser Bild von den Grundlagen der menschlichen Natur.

Bis es soweit ist, läßt sich unser Wissen über die erblichen Grundlagen der menschlichen Natur – oder was wir über sie zu wissen *glauben* – am ehesten durch die Verknüpfung von drei bestimmenden biologischen Organisationsebenen ausdrücken. Ich will sie hier in ihrer Reihenfolge von oben nach unten darstellen: zuerst die kulturellen Universalien, dann die epigenetischen Regeln des Sozialverhaltens, und schließlich werde ich einen zweiten Blick auf die Verhaltensgenetik werfen.

In einem klassischen Kompendium aus dem Jahr 1945 listet der amerikanische Anthropologe George P. Murdock siebenundsechzig soziale Verhaltensweisen, Vereinbarungen und Institutionen auf, die im *Human Relations Area File* für jede der damals hundert erforschten Gesellschaften verzeichnet waren und von ihm als kulturelle Universalien eingestuft wurden: Aberglaube, Altersgruppendifferenzierung, Arbeitskooperation, Arbeitsteilung, Beerdigungsrituale, Begrüßungsformen, Besiedlungsprinzipien, Besuchsbrauchtum, Bevölkerungspolitik, Chirurgie, Eheschließung, Eigentumsrechte, Erbschaftsregeln, Erziehung, Eschatologie, Ethik, Etikette, Familienfeiern, Feuergebrauch, Folklore, Gastfreundschaft, Gärtnern, Geburtshilfe, Geburtsnachsorge, Geschenke, Gesetze, Gesten, Haartrachten, Handel, Hausrechte, Hygiene, Inzesttabus, Kalender, Kochen, Körperschmuck, Kommunalorganisation, Kosmologie, Liebeswerben, Magie, Mahlzeitgewohnheiten, Medizin, Ornamentalkunst, Personennamen, Pubertätsverhalten, Regierungsbildung, religiöse Rituale, Sauberkeitserziehung, Schwangerschaftssitten, Seelenkonzepte, sexuelle Verbote, Speisegesetze, Spiele, Sport, Sprache, Standesunterschiede, Strafsanktionen, Sühneopfer, Tanz, Traumdeutung, Verwandtschaftsgruppierungen, Verwandtschaftsnomenklatura, Wahrsagerei, Webkunst, Werkzeugfabrikation, Wetterbeobachtung, Witze und Wunderheilglaube.

Man ist schnell versucht, diese Merkmale als unzureichende Charakterisierung des Menschen und als nicht wirklich genetisch bedingt abzutun, auch wenn sie für die Evolution einer *jeden* Spezies unumgänglich scheinen, die ungeachtet ihrer erblichen Prädispositionen in der Lage ist, eine komplexe, auf hoher Intelligenz und schwieriger Sprache beruhende Gesellschaft hervorzubringen. Daß dies eine Fehleinschätzung ist, läßt sich leicht zeigen. Man braucht sich nur einmal eine Termitenart vorzustellen, die auf Basis der Sozialstruktur einer lebenden Spezies eine Zivilisation entwickelt hat. Nehmen wir die hügelbauenden Termiten *Macrotermes bellicosus* in Afrika, deren stadtähnliche Bauten unterhalb der Erdoberfläche Millionen von Einwohnern beherbergen. Erheben wir nun ihre soziale Grundstruktur auf die Ebene einer Kultur, die, wie die des Menschen, von erblich bedingten epigenetischen Regeln angeleitet wird.

Zur grundlegenden »termitischen Natur« dieser sechsfüßigen Zivilisation gehörten die Nutzung von chemischen Sekreten (Pheromonen) zu Kommunikationszwecken, das Zölibat und folglich die Nichtfortpflanzung von Arbeitern, der Austausch von symbiotischen Bakterien durch die Verspeisung der Exkremente von Mitbürgern sowie Kannibalismus, der im Verspeisen von abgestreiften Häuten und toter oder verletzter Familienmitglieder zum Ausdruck kommt. Um den Unterschied zu den kulturellen Universalien der Menschheit vollends deutlich zu machen, habe ich eine »Rede zur Lage der Kolonie« verfaßt, die eine Termitenherrscherin zur Bekräftigung der moralischen Werte an die termitische Masse richten könnte:

Seit unsere makrotermitischen Vorfahren während ihrer rapiden Evolution im späten Tertiär ein Gewicht von zehn Kilogramm und größere Gehirne erreicht und gelernt haben, in pheromonaler Schrift zu schreiben, konnten sich unsere termitische Gelehrsamkeit und damit auch unsere Moralphilosophie verfeinern. Heute ist es uns möglich, die Imperative des moralischen Verhaltens präzise zum Ausdruck zu bringen. Sie sind offensichtlich und universell. Sie sind das eigentliche Wesen der Termitenheit. Zu diesen Imperativen gehören unsere Liebe zur Dunkelheit und zum tiefen, von Fäulnis und Basidienpilzen durchzogenen Innersten der Erde; die zentrale Bedeutung des kolonialen Lebens inmitten des Reichtums von Krieg und Handel mit anderen Kolonien; die Unverletzlichkeit unseres physiologischen Kastensystems und die Ablehnung von Persönlichkeitsrechten (die Kolonie ist ALLES); unsere tiefe Liebe zu den königlichen Nachkommen, die sich für uns vermehren; unsere Freude am chemischen Lied; das ästhetische Vergnügen und die tiefe gesellschaftliche Befriedigung, die wir beim Verspeisen der Exkremente vom Anus unserer Mitbürger nach dem Abstreifen der Haut empfinden; und das ekstatische Glück, das uns Kannibalismus und die Hingabe unseres eigenen Körpers bescheren, wenn wir krank oder verletzt sind (gesegneter denn diejenigen, die speisen, sind die, die verspeist werden).

Ein anderes Zeugnis für die kulturellen Universalien der Menschheit ist der duale Ursprung der Zivilisationen in der Alten und Neuen Welt. Sie entstanden völlig isoliert voneinander, und dennoch ergaben sich in vielen Details bemerkenswerte Übereinstimmungen. Der zweite Teil des »Großen Experiments« begann vor 12 000 Jahren oder etwas früher, als Nomadenstämme aus Sibirien in die Neue Welt eindrangen. Bei den Kolonisten handelte es sich um paläolithische Sammler und Jäger, die vermutlich in Gruppen von hundert oder weniger Personen lebten. In den folgenden Jahrhunderten verteilten sie sich in Richtung Süden über die gesamte Neue Welt, von der arktischen Tundra bis zu den eisigen Wäldern auf Feuerland in mehr als 16 000 Kilometern Entfernung. Während dieser Wanderung teilten sie sich in regionale Stämme auf, die sich an die jeweils angetroffene Umwelt anpaßten. Hie und da entwickelten sich die Gesellschaften zu hierarchischen und feudalen Strukturen, die denjenigen der Alten Welt erstaunlich ähnlich waren. 1940 stellte der amerikanische Archäologe Alfred V. Kidder, ein Pionier der Forschung über die frühe nordamerikanische Besiedlung und die Mayas, die Zivilisationsgeschichten der Alten und Neuen Welt einander gegenüber, um das gemeinsame Erbmaterial der Menschheit zu verdeutlichen. In beiden Hemisphären, so Kidder, begann man auf steinzeitlicher Basis. Zuerst kultivierten die Menschen wilde Pflanzen und ermöglichten dadurch Bevölkerungswachstum und die Anlage von Dörfern. Währenddessen entwickelten sie soziale Hierarchien, Künste und Religionen, mit Priestern und Herrschern, die ihre besonderen Kräfte von den Göttern erhielten. Sie erfanden die Töpferkunst und verwebten Pflanzenfasern und Wolle zu Stoffen. Sie domestizierten wilde Tiere ihrer Gegend als Nahrungsmittellieferanten und Transportmittel. Sie verarbeiteten Metalle zu Werkzeugen und Kunstgegenständen, zuerst Gold und Kupfer und schließlich Bronze, die härtere Legierung von Kupfer und Zinn. Sie erfanden Schriften und benutzten sie, um ihre Mythen, Kriege und vornehmen Abstammungslinien aufzuzeichnen. Sie schufen erbliche Klassen für den Adel, das Priestertum, Krieger, Handwerker und die Bauernschaft. Schließlich, schreibt Kidder, »stieg in der Neuen wie in der Alten Welt die Priesterschaft auf und verbündete sich mit den herrschenden Mächten oder stellte selbst die Herrscher nach eigenen Gnaden und errichtete riesige, mit Gemälden und Statuen geschmückte Tempel für ihre Götter. Die Priester und Herrscher bauten sich kunstvolle, für das künftige Leben reich ausgestattete Grabmäler. Auch die politische Geschichte gleicht sich. In beiden Hemisphären schlossen sich Gruppen mit Gruppen zu Stämmen zusammen; Koalitionen und Eroberungen führten zu Vorherrschaften; Imperien wuchsen und umgaben sich mit den Insignien von Ruhm und Ehre.«

So beeindruckend diese Universalien auch sein mögen, so ist es doch riskant, sie als Beweis für die Verbindung zwischen Genen und Kultur anzuführen. Die von Kidder angeführten Kategorien sind sich

Von den Genen zur Kultur

zwar in der Tat zu ähnlich und auch zu beständig, um reiner Zufall gewesen sein zu können, doch im Detail gibt es nach wie vor enorme Unterschiede innerhalb und zwischen beiden Hemisphären. Außerdem sind solche Kennzeichen von Zivilisation zu allgemein und ihre Ursprünge zu jungen Datums, als daß man davon ausgehen könnte, sie hätten sich genetisch entwickelt und wären einfach nur von Sammlern und Jägern auf der ganzen Welt verbreitet worden. Es wäre absurd, von Genen zu sprechen, die Landwirtschaft, Schrifttum, Priesterschaft und monumentale Grabmäler festlegen.

Seit der Veröffentlichung meines Buches *On Human Nature* im Jahr 1978 verfechte ich die These, daß sich die Ätiologie von Kultur einen gewundenen Weg von den Genen durch Gehirn und Sinne bis zum Lern- und Sozialverhalten bahnt. Was wir erben, sind neurobiologische Merkmale, die uns veranlassen, die Welt auf bestimmte Weise zu sehen und spezifische Verhaltensweisen anderen vorzuziehen. Diese genetisch ererbten Merkmale sind keine Meme – keine Grundeinheiten von Kultur –, sondern eher der angeborene Hang, bestimmte Gedächtniselemente zu erfinden, anderen vorzuziehen und dann weiterzuvermitteln.

Bereits 1972 haben Martin Seligman und andere Psychologen diese systematische Tendenz des Entwicklungsprozesses präzise definiert und »Lernbereitschaft« genannt. Mit diesem Begriff meinten sie, daß Mensch und Tier über die angeborene Bereitschaft verfügen, bestimmte Verhaltensweisen zu erlernen und Abneigung gegen andere zu verspüren. Die vielen dokumentierten Beispiele für diese Lernbereitschaft bilden eine Unterklasse der epigenetischen Regeln. In der Biologie gilt, daß es epigenetische Regeln für die gesamte Bandbreite von ererbten Regelmäßigkeiten der Entwicklung gibt, von der Anatomie über die Physiologie und die Erkenntnisfähigkeit bis hin zum Verhalten. Sie sind die Algorithmen jenes Wachstums und jener Differenzierung, welche den vollständig funktionsfähigen Organismus erschaffen.

Die Soziobiologie hat uns die produktive Erkenntnis vermittelt, daß soziale Lernbereitschaft, wie alle anderen Epigenesen, üblicherweise eine Anpassungsleistung im Darwinschen Sinne ist, durch die Steigerung ihrer Überlebens- und Reproduktionsfähigkeit. Die Anpassungsfähigkeit der für das menschliche Verhalten verantwortlichen epigenetischen Regeln ist jedoch weder das ausschließliche Ergebnis von Biologie noch von Kultur, sondern ein Produkt der subtilen Ausdrucksformen beider. Am besten lassen sich die epigenetischen Regeln des menschlichen Sozialverhaltens mit Methoden der konventionellen Psychologie unter Einbeziehung der Prinzipien des Evolutionsprozesses studieren. Deshalb nennen sich die mit diesem Thema befaßten Wissenschaftler oft auch Evolutionspsychologen und bezeichnen damit eine Mischdisziplin aus zu gleichen Teilen Soziobiologie – also der systematischen Suche nach den biologischen Ursachen des Sozialverhaltens bei allen Organismen, auch des Menschen – und Psychologie, der systematischen Untersuchung der Grundlagen menschlichen Verhaltens. Eingedenk unseres wachsenden Verständnisses für die genetisch-kulturelle Koevolution kann man jedoch die Evolutionspsychologie durchaus als mit der auf den Menschen bezogenen Soziobiologie identisch betrachten. Dies empfiehlt sich auch im Interesse größerer Einfachheit, Klarheit und – gelegentlich – intellektuellen Mutes angesichts ideologischer Feindseligkeiten.

In den siebziger Jahren stand die Soziobiologie bei der Erforschung von Mensch und Tier vor allem dem Problem des Altruismus gegenüber. Doch das konnte mittlerweile durch die Entwicklung einer durchsetzungsfähigen Theorie und erfolgreiche empirische Forschungen größtenteils gelöst werden. In den neunziger Jahren verlagerten die Soziobiologen, die sich mit der Humangeschichte befassen, ihre Aufmerksamkeit allmählich auf die genetisch-kulturelle Koevolution. In dieser neuen Forschungsphase sind wichtige neue Erkenntnisse über die menschliche Natur am ehesten zu gewinnen, wenn man zuerst einmal zu definieren versucht, was epigenetische Regeln überhaupt sind. Dieser Schwerpunkt scheint nur logisch, da sich der Zusammenhang von Genen und Kultur in den Sinnesorganen und Programmierungen des Gehirns feststellen läßt. Bis dieser Prozeß besser erforscht ist und berücksichtigt werden kann, werden mathematische Modelle für die genetische und kulturelle Evolution nur von geringem Wert sein.

Meiner Meinung nach funktionieren die epigenetischen Regeln ebenso wie Emotionen auf zwei Ebenen. Primäre epigenetische Regeln sind jene automatischen Prozesse, die sich von der Reizfilterung und -verschlüsselung in den Sinnesorganen bis zur Wahrnehmung dieser Reize im Gehirn erstrecken. Diese Abfolge wird kaum – wenn überhaupt – von Erfahrung beeinflußt. Sekundäre epigenetische Regeln sind hingegen die Regelmäßigkeiten, die bei der Integration großer Mengen neuer Information auftreten. Unter Rückgriff auf bestimmte Wahrnehmungsfragmente, das Gedächtnis und emotionale Einfärbung veranlassen diese Regeln den Verstand zu prädispo-

Von den Genen zur Kultur

nierten Entscheidungen, indem sie bestimmte Meme und Reaktionen anderer vorziehen. Der Anteil dieser beiden epigenetischen Regeln am Gesamtprozeß ist immer subjektiv bestimmt und lediglich am jeweiligen Nutzen ausgerichtet. Doch zwischen ihnen gibt es Verbindungsebenen, weil komplexere Primärregeln sich den einfacheren Sekundärregeln einordnen.

Sämtliche Sinne unterliegen primären epigenetischen Regeln, zu deren grundlegendsten Merkmalen es gehört, die pausenlos einströmenden Sinnesreize in einzelne Bestandteile aufzugliedern. Von Geburt an brechen beispielsweise die Netzhautzäpfchen und die Neuronen der Zellkerne im Thalamus das aus verschiedenen Wellenlängen bestehende sichtbare Licht in vier Grundfarben. Auf ähnliche Weise unterteilt auch der Gehörapparat beim Kind wie beim Erwachsenen automatisch zusammenhängende Gesprächslaute in einzelne Phoneme. Laute, die melodisch von *Ba* zu *Ga* übergehen, werden nicht als Kontinuum gehört, sondern entweder deutlich als *Ba* oder als *Ga*. Dasselbe gilt beim Wechsel von *V* zu *S*.

Ein Säugling beginnt sein Leben mit Hilfe von eingebauten akustischen Reaktionen, die später seine Kommunikation und soziale Existenz bestimmen. Das Neugeborene hat die angeborene Fähigkeit, Lärm und Laut zu unterscheiden. Mit vier Monaten zieht es bereits harmonische Töne vor und reagiert auf ein schrilles Geräusch oft mit demselben Ausdruck von Widerwillen, der auch mit einem Tropfen Zitrone auf seiner Zunge hervorgerufen werden kann. Seine Reaktion auf ein lautes Geräusch nennt man den Moro-Reflex. Liegt der Säugling auf dem Rücken, streckt er zuerst seine Arme vor, führt sie dann langsam wie zu einer Umarmung zusammen, stößt einen Schrei aus und beginnt sich allmählich wieder zu entspannen. Nach vier bis sechs Wochen wird dieser Moro-Reflex durch die Schreckreaktion ersetzt, die, wie schon gesagt, der komplexeste aller Reflexe ist und ein Leben lang anhält. Erinnern wir uns – innerhalb des Bruchteils einer Sekunde, nachdem wir ein unerwartet lautes Geräusch gehört haben, schließen sich die Augen, der Mund öffnet sich, der Kopf sinkt, die Schultern sacken ein, die Arme hängen herab und die Knie beugen sich leicht. Der gesamte Körper nimmt eine Abwehrhaltung gegen den erwarteten Schlag ein.

Auch für chemischen Geschmack gibt es sofort oder kurz nach der Geburt klare Präferenzen. Neugeborene ziehen Zuckerlösungen reinem Wasser vor, und zwar in genau der Reihenfolge Saccharose, Fructose, Lactose, Glucose. Sie verweigern alle sauren, salzigen oder bitteren Substanzen, wobei sie auf jede mit dem typischen Gesichtsausdruck reagieren, den sie ein Leben lang dafür beibehalten werden.

Die primären epigenetischen Regeln rüsten das menschliche Sinnessystem für die Verarbeitung von hauptsächlich audiovisuellen Informationen. Diese Prädisposition steht im Gegensatz zu der bei fast allen Tierarten beobachteten angeborenen Abhängigkeit von Geruch und Geschmack. Die audiovisuelle Tendenz des Menschen drückt sich auch in ihrem unverhältnismäßig hohen Anteil am Vokabular aus. In allen Sprachen der Welt, von Englisch und Japanisch bis zu Zulu und Teton Lakota, beziehen sich zwei Drittel bis drei Viertel aller die Sinneseindrücke beschreibenden Wörter auf Hören und Sehen. Das restliche Drittel oder Viertel verteilt sich auf die anderen Sinne wie Geruch, Geschmack, Tasten und auf die Empfindlichkeiten gegenüber Temperatur, Luftfeuchtigkeit und elektrische Felder.

Von dieser audiovisuellen Tendenz sind auch jene primären epigenetischen Regeln geprägt, welche die sozialen Bindungen im Säuglings- und Kleinkindalter herstellen. Tests haben gezeigt, daß Säuglinge ihren Blick bereits zehn Minuten nach der Geburt eher auf Poster fixieren, die Gesichter mit normalen Zügen zeigen, als auf solche mit abnormalen Zügen. Nach zwei Tagen konzentrieren sie sich eher auf die Mutter als auf unbekannte Frauen. Andere Experimente haben ihre ebenso bemerkenswerte Fähigkeit bewiesen, die Stimme der Mutter von der anderer Frauen zu unterscheiden. Aber auch Mütter brauchen nur einen Moment des ersten Kontakts, um den Schrei ihres Neugeborenen und seinen Körpergeruch von anderen unterscheiden zu können.

Das Gesicht ist das Hauptfeld für die visuelle, nonverbale Kommunikation, aber in diesem Fall prägen die sekundären epigenetischen Regeln die psychische Entwicklung. Es gibt nur wenige Varianten des Gesichtsausdrucks, und die sind für die gesamte Spezies Mensch von gleicher Bedeutung, auch wenn sie je nach Kultur andere Nuancen hat. Bei einem klassischen Experiment zum Beweis der Universalität dieses Phänomens photographierte Paul Ekman von der University of California in San Francisco Amerikaner, die mit Angst, Widerwillen, Ärger, Überraschung oder Begeisterung auf etwas reagierten. Anschließend hielt er Mitglieder eines Stammes in erst kurz zuvor entdeckten Dörfern im Hochland von Neuguinea im Bild fest, während sie Geschichten lauschten, die ähnliche Gefühle hervorriefen. Als einzelnen Personen beider Kulturen die Portraits der jeweils anderen Gruppe gezeigt wurden, interpretierten sie den jeweiligen Gesichtsausdruck mit einer Treffsicherheit von über achtzig Prozent.

Im Gesicht ist der Mund das wichtigste Instrument für visuelle

Kommunikation. Vor allem das Lächeln ist stark von sekundären epigenetischen Regeln geprägt. Psychologen und Anthropologen haben entdeckt, daß der Einsatz des Lächelns bei allen Kulturen auf höchst ähnlich programmierten Entwicklungen beruht. Bei Säuglingen zeigt es sich erstmals im Alter zwischen zwei und vier Monaten, was unvermeidlich einen Ausbruch an Zuneigungsbezeugungen seitens der Erwachsenen zur Folge hat. Dennoch hat die Umwelt kaum Einfluß auf die Ausprägung des Lächelns. Die Kleinkinder der !Kung, eines Jäger- und Sammlervolks in der südafrikanischen Kalahariwüste, wachsen unter ganz anderen Bedingungen auf als Kinder in den USA oder Europa. Die Mütter gebären sie ohne fremde Hilfe oder Betäubungsmittel, die Kinder sind nahezu unentwegt dem physischen Kontakt mit Erwachsenen ausgesetzt, werden mehrmals die Stunde gestillt und müssen zum frühestmöglichen Zeitpunkt sitzen, stehen und laufen lernen. Doch ihr Lächeln ist absolut identisch mit dem von amerikanischen und europäischen Säuglingen, tritt erstmals im selben Alter auf und hat dieselbe soziale Funktion. Selbst taube und zugleich blinde Säuglinge geben pünktlich zur üblichen Zeit ein erstes Lächeln von sich, und das tun sogar Thalidomid-geschädigte Kinder, die nicht nur taub und blind sind, sondern derart schwer verkrüppelt, daß sie ihr eigenes Gesicht nicht berühren können.

Während des ganzen Lebens hat Lächeln im wesentlichen die Funktion, Freundlichkeit und Zustimmung oder ganz allgemein gute Laune zu signalisieren. Jede Kultur entwickelt ihre eigenen Nuancen, wobei die Bedeutung eines Lächelns jeweils nach seiner spezifischen Form und seinem Kontext variiert. Es kann ironisch, spöttisch oder auch der Versuch sein, Verlegenheit zu verbergen. Doch selbst in diesen Fällen weicht die Botschaft nur minimal von der grundlegenden Bedeutung ab, die das Lächeln als spezifischer Gesichtsausdruck in allen Kulturen hat.

Auf den höchsten Ebenen mentaler Aktivität wird den komplexen sekundären epigenetischen Regeln mit einem Prozeß Folge geleistet, den man Reifikation nennt – Verdinglichung oder auch Vermenschlichung. Dabei geht es um die Komprimierung von Vorstellungen und komplexen Phänomenen zu einfacheren Begriffen, die dann mit vertrauten Objekten und Handlungsweisen verglichen werden können. Die Dasun in Borneo – um hier nur eines der zahllosen Beispiele aus den Archiven der Anthropologen aufzugreifen –, vermenschlichen jedes Haus zu einem »Körper« mit Armen, einem Kopf, Bauch, Beinen und anderen Körperteilen. Sie glauben, daß dieser Körper nur richtig »stehen« könne, wenn er in einer bestimmten Richtung ausgerichtet wird. An einen Hang gebaute Häuser empfindet man beispielsweise als »kopfunter«. In anderen Zusammenhängen wird das Haus als dünn oder dick kategorisiert, als jung oder alt oder auch als erschöpft. Seine Innenausstattung wird mit großem Bedacht für ihre Bedeutung gewählt. Jeder Raum und jedes Möbelstück wird mit jahreszeitlichen Ritualen, Aberglauben und gesellschaftlichen Überzeugungen in Verbindung gebracht.

Reifikation ist der schnelle und einfache mentale Algorithmus, um Ordnung in einer Welt zu schaffen, die ansonsten unbegreiflich und überwältigend detailreich wäre. Eine Ausdrucksform davon ist der sogenannte dyadische Instinkt, also die Tendenz, Zweierbündnisse einzugehen oder duale Klassifizierungen vorzunehmen, um wichtigen sozialen Ordnungsstrukturen zu begegnen. Alle Gesellschaften teilen Menschen in In- und Out-Gruppen ein, Kinder versus Erwachsene, Verwandte versus Nichtverwandte, Verheiratete versus Singles, und Handlungen in geheiligt versus profan, gut versus böse. Sie verstärken die jeweilige Grenze mit Tabus und Ritualen. Um von der einen Gruppe in die andere wechseln zu können, bedarf es diverser Initiationsriten, einer Hochzeit, Segnung, Ordination oder anderer kulturspezifischer Wandlungsrituale.

Der französische Anthropologe Claude Lévi-Strauss und andere Mitglieder der von ihm mitbegründeten Strukturalismus-Schule gingen davon aus, daß dieser dyadische Instinkt von den Interaktionen angeborener Regeln bestimmt wird, welche Gegensätze postulieren, etwa Mann/Frau, Endogamie/Exogamie oder Erde/Himmel. Sie werden vom Verstand als Widersprüche aufgefaßt, weshalb er sie zu lösen versucht, was häufig mit Hilfe von Mythen geschieht. So bedingt beispielsweise der Begriff Leben zwingend den Begriff Tod, aber der Widerspruch wird gelöst, indem der Todesmythos als Pforte zum ewigen Leben angeboten wird. Solche binären Gegensätze werden nach formal strukturalistischer Sichtweise zu immer neuen, komplexen Kombinationen verbunden, mit dem Zweck, Kulturen zu einem jeweils integrierten Ganzen zusammenzubinden.

Der strukturalistische Ansatz stimmt potentiell mit dem Bild von Verstand und Kultur überein, das sich aus den Naturwissenschaften und der Bioanthropologie ergibt. Doch die Auseinandersetzungen unter Strukturalisten über die bestmögliche Analysemethode hat seine Bedeutung wieder abgeschwächt. Soweit ich die umfangreiche und oft diffuse strukturalistische Literatur verstehen konnte, ist das Problem nicht das Grundkonzept, sondern die Tatsache, daß diesem

der realistische Zusammenhang mit der Biologie und Erkenntnispsychologie fehlt. Aber der kann hergestellt werden, und eines Tages
wird er vielleicht zu fruchtbaren Ergebnissen führen.

Nun zum nächsten Schritt auf der Suche nach der menschlichen
Natur, zur genetischen Basis der epigenetischen Regeln. Worin besteht diese Basis, und wieviel Variation herrscht unter den präskriptiven Genen? Bevor ich darauf antworte, muß ich noch einmal betonen, daß die humane Verhaltensgenetik bislang sehr beschränkte
Möglichkeiten hat. Sie steckt noch immer in den Kinderschuhen und
ist daher ein gefundenes Fressen für jeden Ideologen, der seine eigene Agenda umsetzen will. Nur hinsichtlich einer einzigen analytischen Ebene, nämlich bei der Einschätzung von Heritabilität, kann
man bereits von einer fortgeschrittenen Wissenschaftsdisziplin sprechen. Mit ausgefeilten statistischen Methoden haben Genetiker den
anteiligen Beitrag berechnet, den die Gene zu diversen Merkmalen
der Sinnesphysiologie, Gehirnfunktion, Persönlichkeitsstruktur und
Intelligenz leisten. Dabei sind sie zu folgendem wichtigen Schluß gekommen: Variation ist im Grunde bei jedem Aspekt des menschlichen Verhaltens in bestimmtem Maße erblich und wird daher auf irgendeine Weise von genetischen Unterschieden zwischen den Menschen beeinflußt. Aber das sollte nicht weiter überraschen, denn
diese Erkenntnis trifft auf das Verhalten aller bis heute erforschten
Tierarten zu.

Durch die Berechnung von Heritabilität können allerdings keine
spezifischen Gene identifiziert werden. Außerdem liefert sie uns keinerlei Hinweise auf die verzweigten physiologischen Entwicklungswege von den Genen bis zu den epigenetischen Regeln. Die größte
Schwäche der zeitgenössischen Verhaltensgenetik und Soziobiologie
ist, daß erst so wenige relevante Gene und epigenetische Regeln
identifiziert werden konnten. Das heißt jedoch nicht, daß es nur wenige gäbe – im Gegenteil –, sondern nur, daß viele einfach deshalb
noch nicht entdeckt und auf den genetischen Karten verzeichnet
wurden, weil die Verhaltensgenetik auf dieser Ebene technisch
außerordentlich schwierig ist.

Dieser Mangel an Beispielen hat jedoch noch eine andere gravierende Konsequenz. Da nicht nur die Gene, die die epigenetischen
Regeln beeinflussen, sondern auch diese Regeln selbst üblicherweise
von verschiedenen Wissenschaftlerteams erforscht werden, ist die
Chance, Übereinstimmungen zwischen ihnen zu entdecken, äußerst
gering. Meistens stößt man aus purem Zufall darauf. Nehmen wir

einmal an, daß bisher ein Prozent aller relevanten Gene und zehn Prozent aller epigenetischen Regeln entdeckt wurden. Die Zahl der Übereinstimmungen entspräche lediglich einem Vielfachen dieser beiden Prozentzahlen, in diesem Fall einem Zehntel von einem Prozent. Doch diese niedrige Zahl ist weniger Ausdruck von wissenschaftlichem Versagen als von den vor uns liegenden Möglichkeiten. Denn genau in diesem Grenzbereich zwischen Biologie und Sozialwissenschaften sind einige der wichtigsten Erkenntnisse über das menschliche Verhalten zu erwarten.

Zu den bekannten Genmutationen, die das komplexe Verhalten beeinflussen, gehört zum Beispiel diejenige, die zu Dyslexie führt, einer Lesestörung, hervorgerufen durch die Beeinträchtigung der Fähigkeit, einen Zusammenhang zwischen räumlichen Bezugspunkten herzustellen. Es gibt noch eine andere bekannte Mutation, die zu Schwierigkeiten bei der räumlichen Kombinationsfähigkeit führt. Man hat sie durch drei verschiedene psychologische Tests festgestellt, während sich bei drei anderen Tests erwies, daß die Sprachfähigkeit, die Schnelligkeit der Aufnahmefähigkeit und das Gedächtnis trotz alledem unbeeinträchtigt bleiben und weiterhin völlig normal funktionieren. Auch Gene, die die Persönlichkeitsstruktur beeinflussen, wurden entdeckt. Zum Beispiel wurde eine Mutation auf dem X-Chromosom lokalisiert, die zu aggressiven Ausbrüchen führt. Bislang wurde sie jedoch erst bei einer einzigen holländischen Familie festgestellt. Offensichtlich verursacht sie eine Fehlfunktion bei der Oxidation des Enzyms Monoamin, welches nötig ist, um jene Neurotransmitter abzubauen, die den Kampf- oder Fluchtreflex auslösen. Da sich diese Neurotransmitter statt dessen anreichern, ist das Gehirn ständig überreizt und bereit, selbst auf den geringsten Stress ungestüm zu reagieren. Eine normalere Variante der Persönlichkeit wird durch ein »neuheitensuchendes« Gen verursacht, welches die Reaktion des Gehirns auf den Neurotransmitter Dopamin verändert. Testpersonen, die über dieses Gen verfügten, waren impulsiver und tendierten zu Neugierde und Launenhaftigkeit. Die Moleküle dieses Gens und der Proteinrezeptor, zu dessen Präskription es beiträgt, sind länger als bei den nichtmutierten Formen. Diese Mutation scheint relativ weit verbreitet zu sein. Sie wurde bei verschiedenen ethnischen Gruppen in Israel und in den Vereinigten Staaten gefunden (allerdings nicht bei einer Gruppe finnländischer Abstammung). Inzwischen wurde noch eine Vielzahl von anderen Genvarianten entdeckt, die den Stoffwechsel und die Aktivitäten der Neurotransmitter verändern, aber ihre Auswirkungen auf das Verhalten sind noch nicht erforscht.

Von den Genen zur Kultur 209

Mit solchen Beispielen möchte ich keinesfalls den Eindruck erwecken, als brauchte man nur ein Gen nach dem anderen zu entdecken und kartieren, um die genetische Basis des menschlichen Verhaltens zu kennen. Die Genkartierung ist erst der Anfang. Denn die meisten Merkmale, selbst die einfachsten Elemente von Intelligenz und Erkenntnisfähigkeit, werden von Polygenen beeinflußt, also von multiplen Genen, die zwar auf verschiedene Chromosomenstellen verteilt sind, aber kollektiv wirken. In einigen Fällen addieren diese Polygene einfach ihre Wirkung, so daß das Vorhandensein von mehreren Genen in einer bestimmten Anordnung nichts anderes bedeutet als eine Vervielfachung ihres Produkts – beispielsweise die Erhöhung des Anteils eines Transmitters oder eine höhere Konzentration von Hautpigmenten. Dieses »Additiverbgut«, wie es genannt wird, führt zur sogenannten Glockenkurve bei der Verteilung eines Merkmals in einer Population. Andere Polygene addieren ihre Wirkung so lange, bis ein bestimmter Schwellenwert erreicht ist, der das Auftreten eines Merkmals auslöst. Diabetes und diverse Geistesstörungen scheinen dieser Klasse anzugehören. Außerdem können Polygene epistatisch interagieren, das heißt, die Existenz eines bestimmten Gens auf einer Chromosomenstelle unterdrückt die Wirkung eines anderen Gens auf einer anderen Chromosomenstelle. Die mit dem Elektroenzephalogramm (EEG) dargestellten Muster von Gehirnströmen stehen zum Beispiel für ein neurologisches Phänomen, das auf diese Weise vererbt wurde.

Und um das Ganze endgültig zu komplizieren, gibt es schließlich Pleiotropie, die Präskription mehrerer Merkmale durch ein einziges Gen. Ein klassisches Beispiel für Pleiotropie beim Menschen liefert das mutierte Gen, das Phenylketonurie hervorruft, zu dessen Symptomen die übermäßige Ausschüttung der Aminosäure Phenylalanin, ein Mangel an Tyrosin und abnorme Stoffwechselprodukte des Phenylalanin gehören, welche dann zu einer Verdunkelung des Urins, Aufhellung der Haarfarbe, Vergiftungsschäden im zentralen Nervensystem und schließlich zur geistigen Retardierung führen.

Die Stoffwechselwege von den Genen bis zu den von ihnen festgelegten Merkmalen mögen zwar unglaublich gewunden erscheinen, können aber entziffert werden. Ein Großteil der künftigen Humanbiologie wird sich damit beschäftigen, ihren Einfluß auf die Entwicklung von Körper und Geist aufzudecken. In den ersten beiden Jahrzehnten des kommenden Jahrhunderts werden wir – sofern die derzeitige Forschung ihre Richtung beibehält – die vollständige Sequenzierung der menschlichen Genome und die Kartierung fast aller

Gene erleben. Auch die Vererbungsmethoden sind wissenschaftlich nachvollziehbar. Die Anzahl der Polygene, welche individuelle Verhaltensmerkmale kontrollieren, ist begrenzt – die Zahl derjenigen, die den größten Anteil an einer Variation haben, beschränkt sich oft auf weniger als zehn. Die multiplen Effekte einzelner Gene sind ebenfalls begrenzt. Je länger die Molekularbiologen den chemischen Reaktionskaskaden nachspüren, welche die Gengruppen nach sich ziehen, und je öfter Neurowissenschaftler deren Endprodukte – die Muster von Gehirnaktivitäten – aufzeichnen, um so genauer werden wir diese Effekte benennen können.

In nächster Zukunft werden die Verhaltensgenetiker vor allem zwei Trends folgen. Zum einen werden sie sich der Frage der Erblichkeit von Geistesstörungen widmen, zum anderen den Unterschieden zwischen den Geschlechtern und sexuellen Präferenzen. Denn beiden Gebieten gilt starkes öffentliches Interesse, außerdem haben sie den Vorteil, Prozesse nach sich zu ziehen, die deutlich umrissen, relativ leicht zu isolieren und meßbar sind. Beide passen daher gut zu einem Kardinalsprinzip der angewandten Wissenschaft: Finde ein Paradigma, für das du genügend Geld locker machen kannst, und dann blase mit jeder analytischen Methode, die dir zur Verfügung steht, zum Angriff.

Geschlechterunterschiede sind ein besonders produktives, wenngleich politisch kontroverses Paradigma. Sie wurden bereits ausführlich in der psychologischen und anthropologischen Literatur beschrieben, und ihre biologischen Grundlagen sind wenigstens teilweise bekannt. Längst dokumentiert sind sie zum Beispiel in den Abläufen im Hirnbalken und anderen Gehirnstrukturen, sowie in bezug auf die Muster von Gehirnaktivitäten, auf den Geruchs-, Geschmackssinn und andere Sinne; in bezug auf die räumlichen und verbalen Fähigkeiten und in ihren Auswirkungen auf den angeborenen Spieltrieb des Kleinkinds. Auch die Hormone, die zur Divergenz der Geschlechter und zu den statistischen Unterschieden – mit Überlappungen bei diversen Merkmalen – führen, sind verhältnismäßig gut erforscht. Das entscheidende Gen, das die Produktion und Ausschüttung dieser Hormone während der Entwicklung des Fötus und später des Kleinkindes auslöst, wurde auf dem Y-Chromosom lokalisiert – man nennt es *SrY, sex-determining region of Y* (geschlechtsbestimmende Region von Y). Ist dieses Gen nicht vorhanden und hat der fötale Organismus zwei X-Chromosomen anstelle eines X- und eines Y-Chromosoms, entwickeln sich die Gonaden zu Ovarien, mit allen Konsequenzen, die das für die endoktrine und psycho-physiologische Entwicklung hat. Diese Fakten können sicher keine ideologischen Wünsche befriedigen, aber sie veranschaulichen einmal mehr, daß der Homo sapiens eine biologische Spezies ist, ob es uns gefällt oder nicht.

Nun habe ich fast alle Schritte der genetisch-kulturellen Koevolution im Rahmen der derzeitigen Beweislage dargestellt, von den Genen zur Kultur und wieder zurück zu den Genen. In Kurzform könnten sie folgendermaßen zusammengefaßt werden:

Gene legen die epigenetischen Regeln fest, also die Regelmäßigkeiten bei der Aufnahme von Sinnesreizen und bei der geistigen Entwicklung, welche zum Erwerb von Kultur animieren und diese kanalisieren.
Kultur trägt zur Bestimmung bei, welche dieser präskriptiven Gene überleben und sich von einer Generation zur nächsten vermehren.
Erfolgreiche neue Gene verändern die epigenetischen Regeln von Populationen.
Die veränderten epigenetischen Regeln wirken sich wiederum auf die Richtung und die Effektivität der zum Erwerb von Kultur nötigen Kanäle aus.

Der letzte Schritt in dieser Reihenfolge ist der entscheidendste, aber auch der umstrittenste. Er kommt deutlich im Problem der »genetischen Leine« zum Ausdruck. In der gesamten prähistorischen Zeit, vor allem bis zu jenem Punkt vor etwa hunderttausend Jahren, an dem das Gehirn des modernen Homo sapiens ausgereift war, waren die genetische und die kulturelle Evolution eng miteinander verflochten. Mit dem Aufkommen der neolithischen Gesellschaften und den Anfängen von Zivilisation begann die kulturelle Evolution dann mit einer Geschwindigkeit vorwärtszupreschen, die die genetische Evolution vergleichsweise im Stillstand verharren ließ. Wie weit gestatteten die epigenetischen Regeln in dieser letzten explosionsartigen Entwicklungsphase den verschiedenen Kulturen, voneinander abzuweichen? Wie kurz wurden sie tatsächlich an der genetischen Leine gehalten? Das ist die Schlüsselfrage, auf die es bislang nur halbe Antworten gibt.

Im allgemeinen sind epigenetische Regeln stark genug, um sich deutlich einschränkend niederzuschlagen. Sie haben selbst den höchstentwickelten Kulturen ihren unauslöschlichen Stempel aufgedrückt. Doch das Ausmaß an Vielfalt, das Kulturen im Laufe der Evolution unter den bislang bekannten epigenetischen Regeln erreicht haben, muß auf jeden hartnäckigen Verfechter der reinen genetischen Erblehre verstörend wirken. Mitunter haben sich sogar kulturelle Merkmale herausgebildet, die die Tauglichkeit im Darwinschen Sinne zumindest für einen gewissen Zeitraum verminderten. Kultur kann in der Tat eine Weile lang verrückt spielen und am Ende sogar die Individuen zerstören, die sie hegten und pflegten.

Am besten läßt sich unser noch rudimentäres Wissen über den Übergang von den epigenetischen Regeln zur kulturellen Vielfalt anhand realer Fälle beschreiben. Ich werde dafür ein vergleichsweise einfaches und ein sehr komplexes Beispiel anführen.

Zuerst das einfache. Wären wir plötzlich aller verbalen Kommunikationsmöglichkeiten beraubt, hätten wir noch immer unsere reiche Parasprache zur Verfügung, mit der wir die meisten unserer Grundbedürfnisse mitteilen – Körpergerüche, Erröten und andere bezeichnende Reflexe, Gesichtsausdruck, Haltung, Gestik und nonverbale Laute. Ihre vielfältigen Variations- und Kombinationsmöglichkeiten fügen sich – häufig völlig unbeabsichtigt – zu einem veritablen Lexikon unserer Stimmungen und Eindrücke. Diese Parasprache ist unser Primatenerbe, das sehr wahrscheinlich ohne große Veränderungen seit vorsprachlichen Zeiten überlebt hat. Obwohl diese Signale im einzelnen von einer Kultur zur anderen variieren, enthalten sie unveränderliche Elemente, die ihren archaischen genetischen Ursprung verraten:

- Anstrostenol ist ein männliches Pheromon, das in konzentrierter Form in Schweiß und frischem Urin vorhanden ist. Oft verglichen mit dem Geruch von Moschus oder Sandelholz, verstärkt es die sexuelle Anziehung und positive Stimmung während des sozialen Kontakts.
- Einander zu berühren, ist eine Begrüßungsform, die von den folgenden angeborenen Regeln beherrscht wird: Man berührt Fremde nur an den Armen, vergrößert das Berührungsfeld je nach Vertrautheit und geht am weitesten dann, wenn es um Intimpartner geht.
- Die Erweiterung der Pupillen ist eine positive Reaktion auf andere und kommt bei Frauen häufiger vor.
- Das Herausstrecken der Zunge und Spucken sind Darbietungen einer aggressiven Reaktion; das Befeuchten der Lippen mit der Zunge ist eine soziale Aufforderung und am gebräuchlichsten während des Flirtens.

Von den Genen zur Kultur 213

- Das Schließen der Augen und Rümpfen der Nase sind universal-typische Zeichen der Ablehnung.

- Das Öffnen des Mundes und gleichzeitige Herunterziehen der Mundwinkel, so daß die untere Zahnreihe freigelegt wird, ist eine verächtliche Drohgebärde.

Diese und andere nonverbale Signale sind ideale Beispiele für das Verständnis der Koevolution von Genen und Kultur. Ein Großteil ihrer Anatomie und Physiologie ist bereits bekannt. Ihre genetische Präskription und die sie kontrollierenden Gehirnaktivitäten werden sich im Vergleich zur verbalen Kommunikation einfach bestimmen lassen. Die vielfältigen Bedeutungen, die ein jedes Signal im Verlauf der kulturellen Evolution angenommen hat, können anhand seiner verschiedenen Gebrauchsformen in vielen Gesellschaften beobachtet werden. Jedes Signal hat eine spezifische Bandbreite an Variations-möglichkeiten, eine bestimmte Flexibilität und daraus resultierende Nuancen in allen Weltkulturen. Anders ausgedrückt heißt das, daß jede Gengruppe, die die Grundstruktur von bestimmten Signalen festlegt, eine charakteristische Reaktionsnorm hat.

Die Kultur der nonverbalen Signale harrt noch ihrer vergleichen-den Erforschung. Ein bekanntes Beispiel für ein Instinktverhalten mit mäßiger Variationsbreite ist das Hochziehen der Augenbrauen – eines von vielen Beispielen, die der bahnbrechende deutsche Verhal-tensforscher Irenäus Eibl-Eibesfeldt anführte. Wenn etwas die Auf-merksamkeit eines Menschen erregt, reißt er seine Augen auf, um seinen Überblick zu verbessern. Ist er überrascht, öffnet er sie sehr weit und zieht dabei gleichzeitig auffällig die Brauen hoch. Dieses Anheben der Brauen wurde – vermutlich durch genetische Präskrip-tion – weltweit in Form eines ruckartigen Auf und Ab als Signal ritualisiert, das zur sozialen Kontaktaufnahme einlädt. Mit Rituali-sierung ist hier die Evolution einer Bewegung mit einer bestimmten Funktion in einem bestimmten Kontext – in diesem Fall die Kombi-nation aus weit geöffneten Augen und Heben der Brauen – hin zu einer auffälligen, stereotypen Form gemeint, zu einem ruckartigen Brauensignal, das Kommunikationsbereitschaft ausdrückt. Das ist der genetische Anteil an dieser spezifischen genetisch-kulturellen Koevolution. Der kulturelle Anteil hat dazu geführt, daß die Brauen-bewegung quer durch die Gesellschaften mit einer gewissen Band-breite von Bedeutungen versehen worden ist. Je nach Gesellschaft und Kontext wird dieser Ausdruck mit anderen körpersprachlichen Aussagen kombiniert, beispielsweise um eine Begrüßung zu signalisieren, einen Flirt, Zustimmung, die Bitte um Bestätigung, Dank oder zur Unterstreichung einer verbalen Botschaft. In Polynesien bedeutet das Hochziehen der Brauen schlicht »Ja«.

Das zweite Beispiel für die genetisch-kulturelle Evolution habe ich ausgewählt, weil es das bis heute am gründlichsten erforschte der komplexeren Fallbeispiele ist. Hier geht es um die sprachliche Identifizierung von Farbe. Wissenschaftler haben die Entstehung des Farbenvokabulars von den Genen, die das Erkennen von Farben festlegen, bis hin zur sprachlich-kulturellen Umsetzung der biologischen Farberkennung verfolgt.

Farbe gibt es nicht in der Natur – jedenfalls nicht so, wie wir sie sehen. Sichtbares Licht besteht aus ständig variierenden Wellenlängen und hat keine Farben in unserem Sinne. Unsere Farbsicht entsteht erst durch die lichtempfindlichen Zäpfchenzellen der Netzhaut und die zugehörigen Nervenzellen im Gehirn. Dieser Prozeß beginnt, wenn Lichtenergie von drei verschiedenen Pigmenten in den Zäpfchenzellen absorbiert wird, die von Biologen blaue, grüne oder rote Zellen genannt werden, je nachdem, welche lichtempfindlichen Pigmente sie enthalten. Die von der Lichtenergie hervorgerufene Molekularreaktion wird in elektrische Signale umgewandelt, die an die Ganglienzellen der Netzhaut – den Sehnerv – weitergegeben werden. Hier wird die Information über die Wellenlängen für die Übermittlung von Signalen entlang zweier Achsen rekombiniert. Das Gehirn interpretiert daraufhin die eine Achse als Grün bis Rot, die andere als Blau bis Gelb, wobei Gelb als eine Mischung aus Grün und Rot definiert wird. Beispielsweise kann eine bestimmte Ganglienzelle durch den Input von roten Zäpfchen erregt und durch den von grünen Zäpfchen gehemmt werden. Die Stärke des von dieser Zelle übertragenen elektrischen Signals gibt dem Gehirn vor, wieviel Rot oder Grün die Netzhaut empfängt. All diese Informationen werden von einer riesigen Anzahl von Zäpfchen und Ganglienzellen an das Gehirn zurückgeleitet – über die Sehnervenkreuzung zu den Kniehöckern des Thalamus im Zwischenhirn, wo sich Massen von Nervenzellen nahe dem Gehirnzentrum zu einer Relaisstation zusammenballen, bis hin zu den Zellansammlungen, die das eigentliche Sehzentrum im hintersten Teil des Gehirns bilden.

Innerhalb von Millisekunden verbreitet sich nun diese mittlerweile farbcodierte visuelle Information in den unterschiedlichen Bereichen des Gehirns. Wie das Gehirn darauf reagiert, hängt von der Kombination aller anderen Informationseingaben und gleichzeitig aufgerufenen Erinnerungen ab. Die von vielen solcher Kombinationen heraufbeschworenen Muster veranlassen den Menschen schließlich, sich Worte zu denken, die diese Muster bezeichnen, beispielsweise: »Dies ist die amerikanische Flagge, ihre Farben sind rot, weiß und blau.« Wenn man wieder einmal darüber grübelt, ob die Natur des Menschen offen auf der Hand liegt, sollte man sich den folgenden Vergleich vor Augen führen: Ein Insekt, das an dieser Fahne vorbeifliegt, empfängt andere Wellenlängen und bricht sie in andere Farben – oder, je nach Spezies, in gar keine. Könnte dieses Insekt irgendwie sprechen, wären seine Worte für das, was es sieht, kaum verständlich für uns. Seine amerikanische Flagge wäre dank seiner Insektennatur (im Gegensatz zur Menschennatur) eine völlig andere als unsere.

Die Chemie dieser drei Zäpfchenpigmente – die Aminosäuren, aus denen sie bestehen, und die Formen, in die sich ihre Ketten falten – ist ebenso bekannt wie die Chemie der DNA in den Genen auf dem X-Chromosom, die diese Zäpfchenpigmente festlegen, oder die Chemie der Genmutationen, die zu Farbenblindheit führen.

Mit Hilfe ererbter und inzwischen einigermaßen gut erforschter Molekularprozesse brechen das menschliche Sinnessystem und das Gehirn unentwegt die unterschiedlichen Wellenlängen des Lichts in mehr oder weniger voneinander abgegrenzte Einheiten, deren spezifische Anordnung wir das Farbenspektrum nennen. Im biologischen Sinne ist diese Anordnung letztlich völlig willkürlich, denn sie ist nur eine von vielen, die sich in den vergangenen Jahrmillionen herausgebildet haben könnten. Im kulturellen Sinne ist sie jedoch ganz und gar nicht willkürlich, denn nachdem sie sich genetisch entwickelt hat, kann sie weder durch Erfahrung noch per Erlaß verändert werden. Diesem einheitlichen Prozeß verdankt sich die gesamte menschliche Farbenkultur. Als biologisches Phänomen steht unsere Farbwahrnehmung im Kontrast zur Wahrnehmung von Helligkeit, der zweiten Grundeigenschaft von sichtbarem Licht. Wenn wir Helligkeit beispielsweise mit einem Dimmer in übergangslosen Stufen verstellen, nehmen wir die Veränderung als jenen kontinuierlichen Prozeß wahr, der er in der Realität tatsächlich ist. Benutzen wir jedoch monochromatisches Licht – mit nur einer Wellenlänge – und verändern die Wellenlänge graduell, nehmen wir keine Kontinuität wahr. Was wir sehen, während wir die gesamte Skala von Kurz- zu Langwellen abtasten, ist zuerst ein breites blaues Band (zumindest wird es mehr oder weniger als blau empfunden), dann ein grünes, ein gelbes und schließlich ein rotes.

Der kulturelle Entwicklungsprozeß von Worten zur Beschreibung von Farben unterlag in allen Kulturen genau diesen biologischen Zwängen. Bei einem berühmten Experiment, das Brent Berlin und Paul Kay in den sechziger Jahren an der University of California in Berkeley durchführten, wurde dieser Zwang anhand von zwanzig Testpersonen mit unterschiedlichen Muttersprachen – darunter Arabisch, Bulgarisch, Kantonesisch, Katalanisch, Hebräisch, Ibibio, Thai, Tzeltal und Urdu – untersucht. Die Probanden wurden aufgefordert, ihr Farbvokabular direkt und genau zu beschreiben. Dazu legte man ihnen die sogenannte Munsell-Anordnung vor, eine Reihe von Chips, die von rechts nach links gesehen die Varianten des Farbenspektrums und von unten nach oben die verschiedenen Grade von Helligkeit zeigen, und forderte sie auf, diejenige Karte für jedes Grundfarbenwort ihrer Sprache auf den Farbchip zu legen, welcher der Bedeutung dieses Wortes am nächsten kam. Obwohl die Bezeichnungen in den diversen Sprachen sowohl vom Wortstamm als auch von der Lautfärbung her völlig unterschiedlich waren, häuften sich die Wortkarten der Probanden um die Chips, die in etwa mit den Grundfarben blau, grün, gelb und rot übereinstimmten.

Wie intensiv sich diese biologische Voreingenommenheit auf das Lernverhalten auswirkt, stellte sich bei einem Experiment heraus, das Eleanor Rosch in den späten sechziger Jahren an der University of California in Berkeley zur Erforschung der Farbwahrnehmung durchführte. Auf der Suche nach den »natürlichen Kategorien« von Erkenntnisfähigkeit nutzte Rosch die Tatsache, daß das Volk der Dani in Neuguinea kein einziges Wort zur Bezeichnung von Farbe kennt, sondern nur »mili« (was in etwa »dunkel« heißt) und »mola« (hell) unterscheidet. Rosch ging von folgender Fragestellung aus: Würde es den erwachsenen Dani leichter fallen, ein Farbenvokabular zu erlernen, wenn die Farbenworte ihrem angeborenen Farbempfinden entsprechen? Mit anderen Worten, würde diese kulturelle Innovation in einem gewissen Maß von den angeborenen genetischen Zwängen kanalisiert werden? Rosch teilte die 68 männlichen Probanden der Dani in zwei Gruppen auf. Der einen brachte sie eine Reihe von neu erdachten Worten für jene Farben bei, die auf den grundlegenden Kategorien für die Farben Blau, Grün, Gelb und Rot basierten und auf die sich auch die meisten natürlich entstandenen Vokabularien anderer Kulturen konzentrieren. Die zweite Gruppe lehrte sie eine Reihe neuer Begriffe, die von dieser Anordnung wegführten, die also von den Clustern der anderen Sprachen abwichen. Die erste Gruppe, die anhand der »natürlichen« Farbempfindungstendenzen angeleitet worden war, lernte doppelt so schnell wie die

Von den Genen zur Kultur   217

zweite, welche die als weniger natürlich empfundenen Farbbegriffe übernehmen sollte. Im übrigen waren die Probanden auch eher bereit, ein Wort zu übernehmen, wenn man ihnen eine Wahl angeboten hatte.

Nun stellt sich eine Frage, die angesichts der Tatsache, daß das Sehen von Farben einerseits genetisch bedingt ist und andererseits große Auswirkungen auf die kulturelle Entwicklung von Sprache hat, einfach beantwortet werden muß, will man den Übergang von den Genen zur Kultur vollständig erfassen: Wie stark haben Worte, mit denen Farben bezeichnet werden, das Vokabular unterschiedlicher Kulturen insgesamt erweitert? Darauf haben wir zumindest eine halbe Antwort. Einige Gesellschaften kümmern sich relativ wenig um Farben, das heißt, ihnen genügen ein paar rudimentäre Klassifikationen. Andere hingegen unterscheiden die Varianten jeder Grundfarbe auf das Feinste, je nach Farbempfinden und Helligkeit, das heißt, sie haben ihr Vokabular stark erweitert.

War die Art dieser Erweiterung jeweils zufallsbedingt? Offenbar nicht. Bei späteren Untersuchungen fanden Berlin und Kay heraus, daß jede Gesellschaft zwischen zwei bis elf Begriffe für Grundfarben kennt, die Bezugspunkte in den vier Blöcken der Munsell-Anordnung bilden. Die vollständige Reihe besteht aus Schwarz, Weiß, Rot, Gelb, Grün, Blau, Braun, Purpur, Rosa, Orange und Grau. Die Sprache der Dani kennt wie gesagt nur hell und dunkel als Äquivalente für zwei dieser Begriffe, das Englische kennt alle elf. Von den Gesellschaften, die nur einfache Unterscheidungen kennen, bis zu solchen, die genaue Abstufungen vornehmen, steigern sich die Farbkombinationen in der Regel hierarchisch:

Sprachen, die nur zwei Grundbegriffe für Farben kennen, benutzen diese Worte, um Schwarz und Weiß zu unterscheiden.
Sprachen mit drei Grundbegriffen unterscheiden Schwarz, Weiß und Rot.
Sprachen mit vier Grundbegriffen unterscheiden Schwarz, Weiß, Rot und entweder Grün *oder* Gelb.
Sprachen mit fünf Grundbegriffen unterscheiden Schwarz, Weiß, Rot, Grün *und* Gelb.
Sprachen mit sechs Grundbegriffen unterscheiden Schwarz, Weiß, Rot, Grün, Gelb und Blau.
Sprachen mit sieben Grundbegriffen unterscheiden Schwarz, Weiß, Rot, Grün, Gelb, Blau und Braun.
Die restlichen vier Farben – Purpur, Rosa, Orange und Grau –

werden nicht in eine bestimmte Rangordnung gestellt, sofern sie neben den sieben ersten Farben überhaupt benannt werden.

Wären die grundlegenden Farbbegriffe zufällig gewählt worden – was eindeutig nicht der Fall ist –, wären die Farbvokabularien aller Kulturen völlig willkürlich aus den mathematisch möglichen 2036 Kombinationen abgeleitet worden. Doch wie die Berlin-Kay-Progression nahelegt, wurden sie fast überall anhand von nur 22 Kombinationen gebildet.

Auf einer bestimmten Ebene analysiert, entsprechen diese 22 sprachlichen Grundkombinationen genau den Memen – den Grundeinheiten von Kultur –, die von den epigenetischen Regeln für das Farbensehen und vom semantischen Gedächtnis hervorgebracht werden. Einfacher formuliert heißt das: Unsere Gene legen fest, daß wir die verschiedenen Wellenlängen des Lichts auf eine ganz bestimmte Weise sehen, und unsere zusätzliche Veranlagung, die Welt in Einheiten einzuteilen und diese mit Worten zu benennen, bewegt uns dazu, daß wir bis zu elf farbliche Grundeinheiten in einer bestimmten hierarchischen Reihenfolge strukturieren.

Doch das ist noch nicht das Ende der Geschichte. Der menschliche Verstand ist viel zu subtil und produktiv, um sich mit elf Worten für die Unterscheidung von Wellenlängen zu begnügen. Der britische Sprachforscher John Lyons hat einmal darauf hingewiesen, daß die Erkennung von Farbe im Gehirn nicht notwendigerweise nur zu einem Begriff für die jeweilige Wellenlänge führen muß. Worte für Farben beziehen häufig andere Eigenschaften wie etwa Gewebestruktur, Glanz oder den Eindruck von Frische mit ein. In Hanunóo, einer malayo-polynesischen Sprache auf den Philippinen, bezeichnet das Wort *malatuy* eine bräunliche, feuchte, glänzende Oberfläche wie bei einem frisch geschnittenen Bambus, während *marara* eine gelblich harte Oberfläche wie die eines alten Bambus beschreibt. Mit unserem Sprachverständnis tendieren wir dazu, *malatuy* als braun zu übersetzen und *marara* als gelb, doch damit erfassen wir nur einen und vielleicht sogar den weniger wichtigen Teil der Bedeutung dieser Worte. Das altgriechische *chloros* wird ebenfalls meist nur als grün übersetzt, dabei beschrieb dieses Wort ursprünglich die Frische oder Feuchtigkeit von grünem Laub.

Das Gehirn sucht ständig nach Bedeutung, nach den Zusammenhängen zwischen Objekten und ihren jeweiligen Eigenschaften, die von den Sinnen empfunden werden und Informationen über die äußere Realität anbieten. Wir können diese Welt nur durch die Pfor-

Von den Genen zur Kultur

ten der restriktiven epigenetischen Regeln betreten. An den elementaren Beispielen von Parasprache und Farbvokabular wird deutlich, daß sich Kultur aus den Genen erhob und für immer ihren Stempel tragen wird. Mit der Erfindung der Metapher und neuer Bedeutungen hat Kultur zugleich ihr eigenes Leben begonnen. Um die Conditio humana wirklich zu begreifen, muß man den genetischen Beitrag ebenso verstehen wie den kulturellen – aber nicht auf die klassische natur- und geisteswissenschaftliche Weise als etwas Getrenntes, sondern in Anerkennung der Realitäten der menschlichen Evolution als etwas Zusammengehöriges.

Kapitel 8

Die Tauglichkeit der menschlichen Natur

Was ist unter »menschlicher Natur« zu verstehen? Sie ist weder die Summe der präskriptiven Gene noch die ihres Endprodukts Kultur. Die menschliche Natur ist etwas, für das wir noch keine passende Bezeichnung gefunden haben. Sie wird von den epigenetischen Regeln, jenen ererbten Regelmäßigkeiten unserer geistigen Entwicklung bestimmt, welche die kulturelle Evolution in die eine oder andere Richtung lenken und somit die Gene mit Kultur verknüpfen.

Der Begriff ist deshalb so schwer zu definieren, weil unser Verständnis der epigenetischen Regeln, aus denen die menschliche Natur sich zusammensetzt, bislang nur rudimentär ist. Die Regeln, die ich in den vorangegangenen Kapiteln beispielhaft genannt habe, sind nur fragmentarische Ausschnitte aus der unendlichen Weite unserer geistigen Landschaft. Da sie aber aus so unterschiedlichen Verhaltenskategorien stammen, sind sie ein überzeugender Hinweis darauf, daß es so etwas wie eine menschliche Natur gibt, die auf Genen basiert. Man mache sich nur einmal die Bandbreite der bisher beispielhaft erwähnten Regeln klar: das halluzinatorische Moment von Träumen, die mit Faszination verbundene Angst vor Schlangen, die Konstruktion von Phonemen, die elementaren Vorlieben des Geschmackssinnes, das Entstehen der Bindung zwischen Mutter und Kind, die Grundformen des Gesichtsausdrucks, die Reifikation von Begriffen und die Vermenschlichung von unbeseelten Gegenständen oder die Tendenz, ständig wechselnde Objekte und Prozesse in duale Klassen einzuteilen. Eine weitere Regel – die Brechung des Lichts in die Farben des Regenbogens – wurde bereits in ihrem gesamten Kausalzusammenhang von den Genen bis zur Erfindung eines Vokabulars nachvollzogen und kann damit der künftigen Forschung als Prototyp beim Brückenbau zwischen Natur- und Geisteswissenschaften dienen.

Es gibt epigenetische Regeln, darunter die für unsere Farbsicht, die jahrmillionenalte Primatenmerkmale sind. Andere, wie die zu Sprache befähigenden Nervenmechanismen, sind hingegen ausschließlich auf den Menschen beschränkt und vermutlich erst vor einigen hunderttausend Jahren entstanden. Die Suche nach der menschlichen Natur ist gleichsam die Archäologie der epigenetischen Regeln, und sie wird ein entscheidender Schwerpunkt bei der künftigen interdisziplinären Forschung sein.

Nach dem herrschenden Verständnis von Biologen und Sozialwissenschaftlern setzen sich bei der genetisch-kulturellen Koevolution die Kausalereignisse wellenartig von den Genen über die Zellen und das Gewebe bis in das Gehirn und schließlich das Verhalten fort. Durch ihre Interaktionen mit der materiellen Umwelt und bereits vorhandener Kultur beeinflussen sie die künftige kulturelle Evolution. Doch diese Sequenz – also das, was die Gene über Epigenese in Kultur einfließen lassen – ist nur die eine Hälfte des Kreises. Die andere ist markiert durch den Einfluß, den Kultur auf die Gene hat. Aus diesem zweiten koevolutionären Halbkreis ergibt sich nun die Frage, wie Kultur zu der Auslese derjenigen mutierenden und sich rekombinierenden Gene beiträgt, die der menschlichen Natur zugrunde liegen.

Wenn ich die genetisch-kulturelle Koevolution hier auf einen derart einfachen Nenner bringe, so will ich damit weder die Metapher des egoistischen Gens überstrapazieren noch die schöpferischen Kräfte des Geistes abwerten. Schließlich sind auch Gene, die die epigenetischen Regeln des Gehirns und des Verhaltens bestimmen, nur Segmente gigantischer Moleküle. Sie fühlen nichts, sorgen sich um nichts und beabsichtigen nichts. Ihre Aufgabe besteht lediglich darin, die chemische Reaktionskette in den kompliziert strukturierten, befruchteten Zellen auszulösen, welche die Epigenese orchestrieren. Ihr Einfluß beschränkt sich auf die Ebene von Molekülen, Zellen und Organen. Dieses frühe, aus der Verkettung physikalisch-chemischer Reaktionen bestehende Stadium der Epigenese kulminiert schließlich in der Selbstorganisation des Sinnessystems und des Gehirns. Erst wenn der Organismus vollendet ist, setzt die geistige Aktivität als emergenter Prozeß ein. Das Gehirn ist ein Produkt der höchsten biologischen Ordnungsebenen; die wiederum von den epigenetischen Regeln eingegrenzt werden, die der Anatomie und Physiologie des Organismus eingeschrieben sind. Das Gehirn verarbeitet eine chaotische Flut von Umweltreizen, sieht, hört, lernt und plant seine eigene Zukunft. Dadurch bestimmt es auch das Schicksal der Gene, die seinen eigenen Aufbau festgelegt haben. Aus Sicht der gesamten evolutionären Zeit betrachtet, ist es also die Summe der von vielen Gehirnen getroffenen Entscheidungen, die das Darwinsche Schicksal alles

Die Tauglichkeit der menschlichen Natur 223

Menschlichen bestimmt – der Gene, der epigenetischen Regeln, des kommunizierenden Verstandes und der Kultur. Gehirne, die kluge Entscheidungen treffen, besitzen eine im Darwinschen Sinne überlegene Tauglichkeit. Sie überleben statistisch gesehen länger und hinterlassen mehr Nachkommenschaft als Gehirne, die schlechte Entscheidungen treffen. Diese Generalisierung, die gewöhnlich mit der Formel »Überleben des Stärksten« zusammengefaßt wird, klingt wie eine Tautologie – die Stärksten überleben, und diejenigen, die überleben, sind die Stärksten. Dennoch kommt darin ein mächtiger und in der Natur wohldokumentierter Entstehungsprozeß zum Ausdruck. Im Verlauf mehrerer hunderttausend Jahre paläolithischer Geschichte haben sich Gene, die bestimmte epigenetische Regeln festlegen, vermehrt und auf Kosten anderer Gene durch natürliche Auslese unter der Spezies Mensch verbreitet. Mit diesem ausgeklügelten Prozeß hat sich die menschliche Natur selbst konstruiert.

Absolut einzigartig bei der Evolution des Menschen – etwa im Gegensatz zur Evolution des Schimpansen oder des Wolfs – ist, daß die Umwelteinflüsse, die dabei eine Rolle spielten, zu großen Teilen kultureller Natur waren. Die Kultur leistet also ihren Beitrag zu den verhaltensbestimmenden Genen über den Aufbau eines bestimmten Umfelds. Mitglieder vergangener Generationen, die das Beste aus ihrer Kultur für sich herausholten, so wie Sammler, die die beste Nahrung aus dem nächstgelegenen Wald herausholen, genossen demnach auch im Darwinschen Sinne den größten Vorteil. Im Verlauf der Prähistorie vermehrten sich ihre Gene und veränderten Schritt für Schritt die Schaltkreise im Gehirn und Verhaltensmerkmale, bis die menschliche Natur in ihrer heutigen Form entstanden war. Dabei spielten natürlich auch historische Zufälle eine Rolle, und im übrigen gab es viele Ausdrucksformen von epigenetischen Regeln, die sich als selbstzerstörerisch erwiesen. Aber im großen und ganzen war die natürliche Auslese über lange Zeit hinweg die treibende Kraft der menschlichen Evolution. Die menschliche Natur ist anpassungsfähig oder war es zumindest zur Zeit ihres genetischen Ursprungs.

Fast sieht es so aus, als schaffe die genetisch-kulturelle Evolution ein Paradox – Kultur entsteht durch menschliches Handeln, und gleichzeitig entsteht menschliches Handeln durch Kultur. Dieser Widerspruch löst sich jedoch sofort auf, wenn wir die Conditio humana mit der einfacheren Reziprozität vergleichen, die so oft im Tierreich zwischen Umwelt und Verhalten zu entdecken ist. Afrikanische Elefanten schaffen sich selber die offene Waldung, in der sie am besten gedeihen, indem sie die Blätter und Triebe einer großen Anzahl von Bäumen und Büschen verzehren. Die Termiten zu ihren Füßen verzehren die übriggebliebene, abgestorbene Vegetation und errichten festzementierte Bauten aus Erde und ihren eigenen Exkrementen, um das hochgradig kohlenstoffdioxidhaltige Mikroklima zu erzeugen, an das ihre Physiologie – wen überrascht es! – bestens angepaßt ist. Um uns vorzustellen, wie sich der Mensch im Pleistozän inmitten des Lebensraums von Elefanten und Termiten entwickelt hat, brauchen wir lediglich Umwelt zum Teil durch Kultur zu ersetzen. Denn auch wenn Kultur – strikt als komplexes, sozial erlerntes Verhalten definiert – offensichtlich auf den Menschen beschränkt ist und daher auch die Reziprozität zwischen Genen und Kultur/Umwelt einzigartig bleibt, ist das zugrundeliegende Prinzip dasselbe. Die Aussage, daß Kultur durch menschliches Handeln und menschliches Handeln durch Kultur entsteht, ist daher nicht im geringsten widersprüchlich.

Die biologische Sichtweise der Entstehung der menschlichen Natur hat so manchen Denker abgestoßen, darunter auch einige der scharfsinnigsten Sozial- und Geisteswissenschaftler. Doch ich bin mir sicher, daß ihre Einwände auf einer falschen Voraussetzung basieren. Sie mißverstehen die genetisch-kulturelle Koevolution, weil sie sie mit rigidem genetischen Determinismus verwechseln, mit jener diskreditierten Vorstellung also, daß Gene bestimmte Kulturformen regelrecht diktieren. Ich glaube, die verständlichen Sorgen über eine solche Interpretation können mit der folgenden Darstellung zerstreut werden. Gene legen keine Konventionen wie etwa Totemismus, die Bildung eines Ältestenrats oder religiöse Zeremonien fest. Meines Wissens nach hat das auch noch kein ernstzunehmender Natur- oder Geisteswissenschaftler behauptet. Richtig aber ist, daß diverse Gruppen von genetisch bedingten epigenetischen Regeln den Menschen dazu prädisponieren, solche Konventionen zu erfinden und zu übernehmen. Wenn diese epigenetischen Regeln mächtig genug sind, führen sie dazu, daß sich die von ihnen ausgelösten Verhaltensweisen übereinstimmend in vielen verschiedenen Gesellschaften entwickeln. Solche von der Kultur initiierten und von den epigenetischen Regeln beeinflußten Konventionen werden dann kulturelle Universalien genannt. Aber auch kulturelle Ausprägungen, die sich nicht verbreiten, sind nach diesem Prinzip möglich. Man kann das Ganze auch deutlich machen, indem man zu den Vorstellungen der Entwicklungsgenetik zurückkehrt: Die Reaktionsnorm der verantwortlichen Gene ist im Fall einer kulturellen Universalie stark eingegrenzt. Mit anderen Worten, die Konvention kann in nahezu jeder dem Menschen zur Verfügung stehenden Umweltform entstehen. Gene hingegen, die auf Umweltveränderungen mit der Erzeugung von vielen einzeln auftretenden Konventionen reagieren und damit die kulturelle Vielfalt erweitern, sind immer solche, die eine größere Reaktionsnorm haben.

Die genetische Evolution hätte auch in die entgegengesetzte Richtung führen können, wenn sie den Einfluß der Epigenese eliminiert, die Reaktionsnorm der präskriptiven Gene unendlich erweitert und damit zu einer explosionsartigen Entwicklung von kultureller Vielfalt geführt hätte. Theoretisch ist das möglich, aber die Tatsache, daß dies als phänomenologische Möglichkeit existiert, bedeutet nicht, daß Kultur vom menschlichen Genom getrennt werden könnte. Es besagt nur, daß die präskriptiven Gene in der Lage sind, das Gehirn so zu entwerfen, daß es auf jede Erfahrung mit derselben Lernfähigkeit und Bereitwilligkeit reagiert. Völlig unbeeinflußtes Lernen, wenn das überhaupt vorstellbar ist, würde die genetisch-kulturelle Koevolution nicht ausradieren, sondern wäre selber ein äußerst spezialisiertes und auf einer sehr seltsamen epigenetischen Regel basierendes koevolutionäres Produkt. Doch es ist müßig, diesen Gedanken weiterzuverfolgen, denn bisher hat man noch kein einziges Beispiel für eine völlig unbeeinflußte geistige Entwicklung gefunden. In jeder der wenigen kulturellen Kategorien, die bisher auf das Vorhandensein oder Nichtvorhandensein eines epigenetischen Einflusses untersucht wurden, konnte er in einem gewissen Ausmaß nachgewiesen werden.

Nun könnte man die Geschwindigkeit, mit der die kulturelle Evolution in historischer Zeit stattgefunden hat, als ein Zeichen dafür werten, daß es die Menschheit irgendwie geschafft habe, ihren genetischen Vorschriften zu entkommen oder sie zu unterlaufen. Aber das ist reine Illusion. Alle archaischen Gene nehmen, ebenso wie die von ihnen festgelegten epigenetischen Verhaltensregeln, nach wie vor ihren angestammten Platz ein. In fast der gesamten Evolutionsgeschichte des Homo sapiens und seiner Vorgänger Homo habilis, Homo erectus und Homo ergaster verlief die kulturelle Evolution langsam genug, um eng mit der genetischen Evolution verbunden zu bleiben. Sowohl Kultur als auch die der menschlichen Natur zugrundeliegenden Gene hatten sich vermutlich während dieser ganzen Periode als genetisch tauglich erwiesen. In den Zehntausenden von Jahren des Pleistozäns wurden kaum neue Artefakte entwickelt, und die Sozialstruktur der Sammler und Jäger, die sie benutzten, verharrte vermutlich ebenso statisch. Während ein Jahrtausend ins andere überging, blieb also genügend Zeit, damit sich die Gene und epigenetischen Regeln in Übereinstimmung mit Kultur entwickeln konnten. In der späten Altsteinzeit jedoch, ungefähr 40 000 bis 10 000 Jahre vor unserer Zeit, beschleunigte sich das Tempo der kulturellen Evolution, und mit den agrikulturellen Errungenschaften der folgenden Jungsteinzeit begann die Geschwindigkeit dramatisch zuzunehmen. Nach Auffassung der Populationsgenetiker ging dieser Wandel einfach viel zu schnell, als daß die genetische Evolution ihn noch hätte einholen können. Aber es gibt keinerlei Hinweise darauf, daß die paläolithischen Gene während dieser »schöpferischen Revolution« einfach verschwunden wären. Sie blieben, wo sie waren, und legten weiterhin die Grundregeln der menschlichen Natur fest. Sie konnten zwar nicht Schritt mit der Kultur halten, aber die Kultur konnte sie auch nicht ausradieren. Zum Guten wie zum Schlechten trugen sie die menschliche Natur in das Chaos der modernen Geschichte.

So gesehen ist es nur klug, bei der Erforschung des menschlichen Verhaltens auch verhaltensbestimmende Gene einzukalkulieren. Die Soziobiologie (Darwinsche Anthropologie, Evolutionspsychologie oder wie immer man dieses Fachgebiet politisch korrekt nennen möchte) ist ein entscheidendes Glied bei dem Versuch, die biologischen Grundlagen der menschlichen Natur zu erklären. Und da diese Disziplin evolutionstheoretische Fragen stellt, hat sie die anthropologische und psychologische Forschung bereits in ganz neue Richtungen gelenkt. Ihre wesentliche Forschungsstrategie besteht darin, bei der Vorhersage von sozialen Verhaltensweisen, welche zu bestmöglicher Tauglichkeit im Darwinschen Sinne führen, von den Grundsätzen der Populationsgenetik und Reproduktionsbiologie auszugehen. Überprüft werden die Vorhersagen dann anhand von Daten aus ethnographischen Archiven, historischen Zeugnissen und neuesten, explizit zu diesem Zweck entwickelten Feldstudien. Für einige dieser Tests werden ungebildete oder in anderer Hinsicht traditionell gebliebene Gesellschaften herangezogen, deren konservative Sozialpraktiken denjenigen ihrer paläolithischen Vorfahren wahrscheinlich am nächsten kommen. Einige wenige Gesellschaften in Australien, Neuguinea und Südamerika befinden sich tatsächlich noch auf der Ebene von Steinzeitkulturen, und sind daher für Anthropologen natürlich von besonderem Interesse. Andere Tests werden anhand von Daten aus modernen Gesellschaften vorgenommen, deren kulturelle Normen aufgrund ihrer schnellen Entwicklung möglicherweise über keine optimale Tauglichkeit im Darwinschen Sinne mehr verfügen. Bei beiden Studien wird das gesamte Arsenal an analytischen Techniken zum Einsatz gebracht – mehrfachkonkurrierende Hypothesen, mathematische Modelle, statistische Analysen und sogar die Rekonstruktion der Memen und kulturellen Konventionen mit denselben quantitativen Verfahrensweisen, die eingesetzt werden, um die Evolution von Genen und Spezies nachzuzeichnen.

In den letzten 25 Jahren hat sich die Soziobiologie zu einem umfassenden und technisch komplexen Fachbereich entwickelt. Dennoch ist es möglich, ihre Hauptprinzipien bei der Evolutionsforschung auf die folgenden sechs Kategorien zu reduzieren:

Sippenauslese ist die natürliche Auslese von Genen auf Basis sowohl der Effekte, die sie auf ihre Träger, als auch der Effekte, die sie auf alle genetischen Verwandten haben – Eltern, Kinder, Geschwister, Vettern und alle anderen lebenden Blutsverwandten, die entweder zur Reproduktion fähig sind oder in der Lage, auf die Reproduktion ihrer Blutsverwandten Einfluß zu nehmen. Sippenauslese ist besonders gut geeignet, die Evolution von altruistischem Verhalten nachzuvollziehen. Wenn Handlungsweisen genetisch festgelegt sind und häufig auftauchen, können sich die entsprechenden Gene in der Population verbreiten, selbst wenn das bedeutet, daß einzelne Individuen ihren individuellen Vorteil unterordnen müssen. Anhand dieser einfachen Prämisse und ihren Erweiterungen wurden bereits unzählige Voraussagen über die Muster von Altruismus, Patriotismus, Ethnizität, Erbschaftsregeln, Adoptionspraktiken und Kindesmord abgeleitet. Viele davon waren neu, aber die meisten hielten der Überprüfung stand.

Elterliche Investition bezeichnet das Verhalten gegenüber den eigenen Kindern, das deren Tauglichkeit auf Kosten der elterlichen Fähigkeit steigert, in weitere Kinder zu investieren. Die verschiedenen Muster dieser Investition wirken sich auf die Tauglichkeit derjenigen Gene aus, die Individuen dazu prädisponieren, sich für eines dieser Muster zu entscheiden – wähle das eine, und du hinterläßt mehr Nachkommenschaft; wähle das andere, und du hinterläßt weniger Nachkommenschaft. Diese Vorstellung führte zu einer biologisch gestützten »Familientheorie«, aus der sich neue Erkenntnisse ergaben über die Sexualproportion (das demographisch definierte Zahlenverhältnis beider Geschlechter), Eheverträge, Eltern-Kind-Konflikte, Trauer beim Verlust eines Kindes, Kindesmißbrauch und

Kindesmord. Im nächsten Kapitel werde ich diese Familientheorie nochmals aufgreifen, um zu verdeutlichen, welche Relevanz eine solche evolutionsgeschichtliche Orientierung für die Sozialwissenschaften hat.

Paarungsstrategien werden von der entscheidenden Tatsache beeinflußt, daß es für Frauen bei sexueller Aktivität um mehr geht als für Männer, weil sie nur begrenzte Zeit für die Reproduktion zur Verfügung haben und jedes Kind erneut enorme Investitionen von ihnen fordert. Ein Ei, um das Ganze in seinem ursächlichen Zusammenhang darzustellen, ist weit mehr wert als ein Spermium, welches mit Millionen anderer Spermien um das Ei konkurrieren muß. Die Schwangerschaft verhindert für eine beträchtliche Zeitspanne der verbleibenden Fortpflanzungsfähigkeit der Mutter jede weitere Empfängnis, wohingegen der Vater über die physische Kapazität verfügt, nahezu sofort eine andere Frau zu schwängern. Dieses Konzept mit all seinen Nuancen legten Wissenschaftler erfolgreich zugrunde, um die Muster von Partnerwahl und -werbung, die relativen Abstufungen von sexueller Freizügigkeit, Vaterschaftsängste, die Behandlung von Frauen als Mittel zum Zweck, und Polygynie vorauszusagen (die früher bei mindestens drei Vierteln aller Gesellschaften akzeptierte Vielweiberei). Der »optimale Sexualinstinkt« von Männern – diese Bezeichnung hat sich in der populärwissenschaftlichen Literatur durchgesetzt – fordert dazu auf, bejahend und allzeit bereit zu sein, der von Frauen hingegen, zurückhaltend und wählerisch zu bleiben. Männer fühlen sich erwartungsgemäß stärker zu Pornographie und Prostitution hingezogen als Frauen, und bei der Partnerwerbung legen sie vorhersagbar größeren Wert auf exklusiven sexuellen Zugang und garantierte Vaterschaft, wohingegen Frauen durchweg auf ihrem Anteil an den Ressourcen und materieller Sicherheit bestehen.

Status steht im Mittelpunkt aller komplexen Säugetiergesellschaften, die Menschheit eingeschlossen. Die Aussage, daß Menschen allgemein um Status bemüht sind, sei es bei ihrer gesellschaftlichen Position oder im Zusammenhang mit Klassenzugehörigkeit und Wohlstand, faßt einen Großteil des Kataloges menschlichen Sozialverhaltens zusammen. In traditionellen Gesellschaften wird die genetische Tauglichkeit des einzelnen häufig, aber nicht immer mit seinem Status verbunden. Vor allem in feudal und despotisch strukturierten Staaten haben dominante Männer leichten Zugang zu mehreren Frauen gleichzeitig und zeugen daher meist auch unverhältnismäßig mehr Kinder. Im Verlauf der gesamten Geschichte ver-

Die Tauglichkeit der menschlichen Natur 229

langten Despoten immer Zugang zu Hunderten oder sogar Tausenden von Frauen. In solchen Staaten herrschten sogar oft genaue Zuteilungsregeln. Bei den peruanischen Inkas standen Stammesfürsten beispielsweise sieben Frauen pro hundert Untertanen zu, Gouverneuren acht von je hundert, Führern fünfzehn von je tausend und Adeligen und Königen nicht weniger als jeweils siebenhundert. Gewöhnliche Sterbliche nahmen, was übrigblieb. Entsprechend ungleich war natürlich auch Vaterschaft verteilt. In den modernen Industriestaaten ist das Verhältnis zwischen Status und genetischer Tauglichkeit weniger eindeutig. Anhand von Daten läßt sich zwar feststellen, daß auch hier der höhere Status eines Mannes mit längerer Lebensdauer und mehr Geschlechtsbeziehungen als üblich verbunden wird, aber nicht unbedingt auch damit, mehr Kinder zu zeugen.

Der Drang zu *territorialer Expansion und Verteidigung* durch Stämme und ihre modernen Äquivalente, die Nationalstaaten, ist eine kulturelle Universalie. Ihr Beitrag zur Sicherung des Überlebens und der künftigen Reproduktionsfähigkeit – vor allem von Stammesfürsten – ist ebenso überwältigend wie der kriegerische Imperativ der Stammesverteidigung. »*Our country!*«, deklamierte Kommmodore Stephen Decatur, der kampflüsterne amerikanische Kriegsheld von 1812, »*may she always be right; but our country, right or wrong.*« (Individueller Aggressivität sind jedoch offenbar Darwinsche Grenzen gesetzt – Decatur wurde 1820 bei einem Duell getötet.)

Biologen fanden allerdings heraus, daß Territorialverhalten im Laufe der sozialen Evolution nicht unvermeidlich auftritt. Ganz offensichtlich gibt es viele Tierarten, die nicht den geringsten Territorialinstinkt haben, denn er entsteht im Laufe einer Evolution nur dann, wenn irgendeine lebenswichtige Ressource zum dichtebestimmenden Faktor wird: Das Wachstum der Bevölkerungsdichte verlangsamt sich zunehmend, weil immer größerer Mangel an Nahrungsmitteln, Wasser oder geeigneten Brutstätten herrscht oder sich der Umfang des Gebiets verringert, das den einzelnen auf der Suche nach diesen Ressourcen zugänglich ist. Die Mortalitätsrate steigt oder die Geburtenrate sinkt oder beides, bis beide wieder mehr oder weniger im Gleichgewicht sind und sich die Bevölkerungsdichte auf einem niedrigeren Niveau eingependelt hat. Unter solchen Umständen tendieren Tierarten dazu, Territorialverhalten zu entwickeln. Erklärt wird das mit der Theorie, daß Individuen mit der erblichen Veranlagung, ihre eigenen Ressourcen und die der sozialen Gruppe zu verteidigen, mehr Gene an die nächste Generation weitergeben als andere.

Populationswachstum wird aber nicht nur durch Ressourcenknappheit begrenzt, sondern kann auch durch verstärkte Abwanderung, Krankheiten oder Raubtiere gestoppt werden oder sogar zurückgehen. Wenn solche dichtebestimmenden Faktoren überwiegen und es daher nicht um eine Kontrolle der Ressourcen geht, bildet sich normalerweise auch kein territorialer Verteidigungsinstinkt als Erbreaktion heraus.

Die Menschheit ist eindeutig eine territoriale Spezies. Da die Kontrolle von begrenzten Ressourcen in allen Jahrtausenden der evolutionären Zeit eine Frage von Leben und Tod war, ist territoriale Aggression als Verhaltensmuster weit verbreitet und hat oft mörderische Reaktionen hervorgerufen. Es wäre tröstlich zu sagen, daß Krieg vermieden werden kann, weil er kulturellen Ursprungs ist. Doch bedauerlicherweise ist diese Erkenntnis des gesunden Menschenverstands nicht die ganze Wahrheit. Sehr viel korrekter und klüger wäre nämlich die Aussage, daß Krieg sowohl genetisch als auch kulturell bedingt ist und am besten vermieden werden kann, indem man so gut wie möglich zu verstehen lernt, auf welche Weise diese beiden Vererbungsformen im unterschiedlichen historischen Kontext interagieren.

Vertragsbildung bestimmt das menschliche Sozialverhalten derart weitreichend und selbstverständlich, daß sie keine besondere Aufmerksamkeit mehr auf sich zu ziehen pflegt – bis etwas schiefläuft. Doch aus einem bestimmten Grund gebührt auch diesem Sozialphänomen eine genauere wissenschaftliche Erforschung. Alle Säugetiere, auch der Mensch, bilden ihre Gesellschaften auf Basis einer Vereinigung von rein egoistischen Interessen. Im Gegensatz zu den Arbeiterkasten der Ameisen und anderen sozialen Insekten weigern sie sich, ihren Körper und ihre Dienste dem Wohle aller unterzuordnen. Sie widmen ihre Energien lieber dem eigenen Wohlergehen und dem der engsten Verwandtschaft. Für Säugetiere ist Sozialleben eine Einrichtung zur Förderung des eigenen Überlebens- und Reproduktionserfolges. Daher kommt es, daß nichtmenschliche Säugetiergesellschaften weit weniger organisiert sind als Insektengesellschaften und eher von einer Kombination aus Dominanzhierarchie, rapide wechselnden Allianzen und Blutsbanden abhängig sind. Nur der Mensch ist darüber hinausgegangen und hat seine soziale Organisationsstruktur verbessert, indem er mittels langfristiger Verträge auch zu Nichtverwandten verwandtschaftsartige Beziehungen eingeht.

Vertragsbildung ist mehr als nur eine kulturelle Universalie. Sie ist ein ebenso charakteristisches Kennzeichen unserer Spezies wie Sprache und abstraktes Denken – hervorgebracht von sowohl Instinkt als auch hoher Intelligenz. Dank der bahnbrechenden Experimente der Psychologen Leda Cosmides und John Tooby an der University of California in Santa Barbara wissen wir, daß Vertragsbildung nicht einfach nur das Produkt einer einzigartigen Rationalität ist, die die Fähigkeit, Verträge abzuschließen, ermöglicht, sondern auch auf unser Vermögen zurückgeht, mit äußerstem Scharfsinn und schnellster Berechnung betrügerische Absichten zu entlarven. Das ist wesentlich stärker ausgeprägt als unsere Fähigkeit, Fehler zu erkennen oder die altruistischen Absichten eines anderen einzuschätzen. Sobald die Kosten und Nutzen eines Sozialvertrages eingeschätzt werden müssen, beginnen wir genauestens zu kalkulieren. Die Möglichkeit, von anderen übers Ohr gehauen zu werden, zieht unsere Aufmerksamkeit stärker auf sich als jeder mögliche Fehler, jede gute Tat und sogar jede potentielle Profitsteigerung. Sie weckt Gefühle und ist der Hauptauslöser für feindselige Gerüchte und moralisierende Aggression, immer zum Schutze der Integrität der eigenen politischen Ökonomie.

Die Hypothese von genetischer Tauglichkeit basiert auf der Vorstellung, daß die am weitesten verbreiteten kulturellen Merkmale den Genen, denen sie sich verdanken, einen Vorteil im Darwinschen Sinne verschaffen. Dafür gibt es genügend Beweise: Weitverbreitete Merkmale sind für gewöhnlich anpassungsfähig, und ihr Vorhandensein stimmt mit den Hauptgrundsätzen der Evolution durch natürliche Auslese überein. Außerdem ist dem Verhalten des Menschen im Alltagsleben abzulesen, daß er sich mehr oder weniger bewußt von solchen Grundprinzipien lenken läßt. Der Wert dieser Hypothese liegt nicht nur in den Erkenntnissen, die sie über die menschliche Natur ermöglicht, sondern auch in den produktiven neuen Richtungen, zu denen sie die wissenschaftliche Forschung bereits angeregt hat.

Dennoch hat sie eine Menge Schwächen, allerdings weniger aufgrund widersprüchlicher Beweise, sondern weil uns erst so wenige Informationen von Bedeutung zur Verfügung stehen. Da die auf den Menschen bezogene Verhaltensgenetik noch in den Kinderschuhen steckt, konnten auch noch kaum direkte Verbindungen zwischen Genen und Verhaltensmustern hergestellt werden, die universalen kulturellen Merkmalen zugrunde liegen. Die beobachteten Übereinstimmungen zwischen Theorie und Praxis basieren im wesentlichen auf statistischen Korrelationen. Eine der wenigen Ausnahmen ist die erfolgreiche Bestätigung der im vorangegangenen Kapitel besprochenen Zusammenhänge von Genetik und der Entwicklung eines Vokabulars, das unserer Farbsicht entspricht.

Auch epigenetische Regeln, welche die Verhaltensentwicklung anleiten, sind noch im wesentlichen unerforscht. Daher können wir meist nur Vermutungen über die exakte Natur der genetisch-kulturellen Koevolution anstellen. Es wäre in der Tat ein großer Unterschied, ob sich epigenetische Regeln als starre, spezialisierte Funktionen des Gehirns herausstellen und deshalb mehr mit einem animalischen Instinkt vergleichbar wären, oder ob sie eher als allgemeinere rationale Algorithmen aufzufassen sind, die auf eine große Bandbreite von Verhaltenskategorien einwirken. Nun deuten alle vorliegenden Beweise darauf hin, daß es diese Regeln in beiden Versionen gibt. Zu welchem Zweck ein Lächeln eingesetzt wird, unterliegt beispielsweise der ersten, starren Art von epigenetischen Regeln, wohingegen die territoriale Reaktion von der allgemeineren zweiten Regelgruppe kanalisiert wird. Aber solange man diese Regeln und die Art, wie sie die geistige Entwicklung anleiten, nicht besser dokumentiert und entwirrt hat, wird es schwierig sein, den großen kulturellen Variantenreichtum zu erklären, der in den meisten Verhaltenskategorien feststellbar ist.

Die Unzulänglichkeiten der Verhaltensgenetik und Entwicklungsforschung sind konzeptioneller und technischer Art, und sie sind gewaltig. Aber letztlich sind sie lösbar. Denn solange es keine neuen Beweise gibt, die zwingend in eine andere Richtung führen, kann man auf die natürliche Einheit jener Disziplinen bauen, die zur Zeit die Verbindung zwischen Erbmaterial und Kultur erforschen (auch wenn die Unterstützung für diese Vernetzung erst ganz allmählich in Gang kommt). Um all die anstehenden Probleme lösen zu können, bedarf es einer Expansion der Biologie und ihrer Vereinigung mit der Psychologie und der Anthropologie.

Die Hypothese der genetischen Tauglichkeit läßt sich nach heutigem Forschungsstand am ehesten anhand einer Kategorie des menschlichen Verhaltens überprüfen: der Vermeidung von Inzest. Über dieses Phänomen stehen eine Menge Informationen auf verschiedenen biologischen und kulturellen Ebenen zur Verfügung. Außerdem handelt es sich um ein universelles oder nahezu universelles Verhalten, das zudem relativ deutliche Ausdrucksformen hat. Sexuelle Aktivitäten zwischen Geschwistern oder zwischen Eltern und ihren Kindern sind in allen Gesellschaften vergleichsweise ungewöhnlich; es gibt nur

Die Tauglichkeit der menschlichen Natur   233

wenige Kinder, die aus solchen Verbindungen hervorgegangen sind;
und langfristige inzestuöse Beziehungen, die mit einem ausdrückli-
chen Kinderwunsch beider Partner eingegangen werden, kommen
so gut wie nicht vor.

Die Erklärung, die man heute für dieses – evolutionär sowohl
genetisch wie kulturell bedingte – Inzestvermeidungsverhalten hat,
folgt einer klaren soziobiologischen Linie. Inzucht zwischen Geschwistern oder zwischen Eltern und Kindern führt in hohem Maße
zu genetischen Defekten bei der Nachkommenschaft. Im Normalfall
tendiert der Mensch daher dazu, unbewußt die folgende epigenetische Regel zur Vermeidung dieses Risikos einzuhalten: Wachsen ein
Junge und ein Mädchen in enger häuslicher Gemeinschaft auf, bevor
zumindest einer von ihnen das Alter von dreißig Monaten erreicht
hat – benutzen sie sozusagen dasselbe Töpfchen –, dann haben sie
später nicht das geringste sexuelle Interesse aneinander und schon
der Gedanke daran erregt in ihnen Widerwillen. Diese emotionale
Verweigerung, die in vielen Gesellschaften überdies durch das rationale Verständnis der Folgen von Inzucht verstärkt wird, hat zu kulturellen Inzesttabus und schließlich zum Inzestverbot durch Sitte und
Gesetz geführt.

Das Risiko, daß aus einer inzestuösen Verbindung erblich geschä-
digte Kinder hervorgehen – »Inzuchtdepression« nennen es die Genetiker –, ist wissenschaftlich belegt. Im Schnitt verfügt jeder Mensch
irgendwo auf seinen 23 Chromosomenpaaren über zwei Stellen, die
rezessive letale Gene enthalten. Diese Stellen können sich nahezu
überall auf den Chromosomen befinden. Ihre genaue Anzahl und
Lage sind von Mensch zu Mensch verschieden. Nur eines der beiden
homologen Chromosome im entsprechenden Chromosomenpaar
trägt letale Gene an der jeweiligen Stelle, wohingegen das andere ho-
mologe Chromosom über ein normales Gen verfügt, welches die
Wirkung des letalen Gens außer Kraft setzt. Grund dafür ist die Le-
talität selbst. Wenn beide Chromosome ein letales Gen an einer bestimmten Stelle tragen, wird der Fötus auf natürliche Weise abgetrie-
ben oder das Kind stirbt noch im Säuglingsalter.

Verfügt eine Frau über ein letales Gen an einer Chromosomenstelle und wird sie von ihrem Bruder schwanger, dann wird ihr
Kind – wenn das Elternpaar beider nicht miteinander verwandt
war – mit einer Wahrscheinlichkeit von 1:8 als Fötus oder Kleinkind
sterben. Verfügt sie über letale Gene an zwei Chromosomenstellen,
hat das Kind nur noch eine Überlebenschance von 1:4. Darüber hinaus gibt es eine ganze Reihe von anderen rezessiven Genen, die zu

massiven anatomischen und geistigen Defekten führen. Die Früh-
sterblichkeit von Inzestkindern ist ungefähr doppelt so hoch wie die
der Kinder von nicht verwandten Eltern. Bei überlebenden Inzestkindern kommen genetische Defekte wie Zwergenwuchs, Deforma-
tionen am Herzen, schwerste geistige Retardierung, Taubstummheit,
Dickdarmvergrößerungen und Abnormalitäten im Harntrakt zehn
Mal häufiger vor als gewöhnlich.

Inzest hat nicht nur für den Menschen destruktive Folgen, sondern auch für Pflanzen und Tiere. Beinahe jede Spezies, die für eine
leichte oder schwere Form von Inzuchtdepression anfällig ist, verfügt
über irgendeine biologisch programmierte Methode, Inzest zu vermeiden. Unter Menschenaffen und anderen nichtmenschlichen Primaten gibt es sogar eine doppelte Absicherung. Bei allen neunzehn
sozialen Arten, deren Paarungsverhalten bisher erforscht wurde,
pflegen Jungtiere das Äquivalent zur menschlichen Exogamie einzuhalten (Paarung außerhalb der eigenen Sippe). Noch bevor sie die
vollständige sexuelle Reife erreicht haben, verlassen sie die Gruppe,
in der sie geboren wurden, und schließen sich einer anderen an. Bei
den Lemuren in Madagaskar und fast allen Meerkatzenarten der
Alten und Neuen Welt sind es die Männchen, die auswandern. Bei
den Roten Stummelaffen, Mantelpavianen, Gorillas und afrikanischen Schimpansen gehen die Weibchen, bei den Brüllaffen in Mit-
tel- und Südamerika verlassen beide Geschlechter die Gruppe. Die
rastlosen Jungtiere dieser Primatenarten werden jedoch nie von aggressiven Erwachsenen aus der Gruppe vertrieben, sondern scheinen
völlig freiwillig zu gehen.

Was immer der evolutionäre Ursprung dieses Verhaltens und
seine Auswirkungen auf den Reproduktionserfolg sein mögen, fest
steht jedenfalls, daß bereits die Abwanderung der Jungtiere vor ihrer
vollständigen sexuellen Reife die Möglichkeit von Inzucht reduziert.
Nun ist ihnen noch eine zweite Schranke eingebaut: Tiere, die bei
ihrer alten Gruppe bleiben, pflegen sexuelle Aktivität meistens ganz
zu vermeiden. Bei allen erwachsenen Männchen und Weibchen
nichtmenschlicher Primatenarten, deren sexuelles Verhalten studiert
wurde – darunter die Marmosetten und Tamarine aus der Gattung
der südamerikanischen Krallenäffchen, die asiatischen Makaken, Pa-
viane und Schimpansen –, zeigte sich der sogenannte »Westermarck-
Effekt«, das heißt, Tiere, zu denen schon früh im Leben eine Beziehung bestand, werden meist zurückgewiesen. Mütter und Söhne ko-
pulieren fast nie; Brüder und Schwestern, die gemeinsam aufwuchsen, paaren sich wesentlich seltener als entferntere Verwandte.

Die Tauglichkeit der menschlichen Natur

Diese natürliche Reaktion wurde vom finnischen Anthropologen Edward A. Westermarck allerdings nicht bei Affen, sondern beim Menschen entdeckt und erstmals 1891 in seinem Meisterwerk *Die Geschichte der Ehe* beschrieben. In den folgenden Jahren stützten immer mehr Forscher seine Darstellung dieses Phänomens, am überzeugendsten Arthur P. Wolf von der Stanford University in seiner Untersuchung über taiwanesische »Kinderehen«. Diese in Südchina einst weitverbreitete Tradition basierte auf dem Usus, nichtverwandte Mädchen im Kleinkindalter zu adoptieren und sie mit den biologischen Söhnen der neuen Familie im üblichen Geschwisterverhältnis aufzuziehen, um sie später mit ihnen zu verheiraten. Das Motiv für diese Praxis war ganz offenbar, Partnerinnen für die Söhne einer Gesellschaft zu sichern, in der ein unausgewogenes Geschlechterverhältnis und ungleich verteilter Wohlstand zu äußerster Konkurrenz auf dem Heiratsmarkt führten.

Zwischen 1957 und 1995 studierte Wolf die Geschichten von 14 200 taiwanesischen Frauen, die im späten neunzehnten und frühen zwanzigsten Jahrhundert zu solchen Kinderehen gezwungen worden waren. Seine Statistiken ergänzte er mit Interviews, die er mit vielen dieser »kleinen Schwiegertöchter« – *Sim-pua*, wie sie in der Hokkin-Sprache heißen – und ihren Freunden und Verwandten geführt hatte.

Wolf war auf ein – unbeabsichtigt – kontrolliertes Experiment zur Erforschung der psychologischen Ursprünge dieses wichtigen menschlichen Sozialverhaltens gestoßen. Da die *Sim-pua* und ihre Ehemänner biologisch nicht miteinander verwandt waren, konnten die typischen, aus genetischer Verwandtschaft entstehenden Faktoren von vornherein vernachlässigt werden. Aber sie waren wie alle Brüder und Schwestern in einem taiwanesischen Haushalt in großer Nähe zueinander aufgezogen worden.

Die Resultate dieses »Experiments« sprechen unmißverständlich für Westermarcks Hypothese. War die künftige Ehefrau adoptiert worden, bevor sie das Alter von dreißig Monaten erreicht hatte, versuchte sie sich später normalerweise gegen eine Ehe mit ihrem de-facto-Bruder zu wehren. Oft mußten die Eltern das Paar sogar unter Androhung von physischer Gewalt zwingen, die Ehe zu vollziehen. Die Ehen endeten dreimal häufiger mit Scheidung als die »Erwachsenenehen« in denselben Gemeinden. Es gingen fast vierzig Prozent weniger Kinder aus ihnen hervor, und ein Drittel der Ehepartnerinnen beging Ehebruch, im Gegensatz zu etwa zehn Prozent der Ehefrauen an Erwachsenenehen.

Aus einer Reihe exakter Kreuzanalysen filterte Wolf als entscheidenden Hemmfaktor die enge Koexistenz der späteren Ehepartner in der Lebensphase heraus, bevor einer oder beide von ihnen das Alter von dreißig Monaten erreicht hatten. Je länger und enger die Beziehung während dieser kritischen Periode gewesen war, desto stärker war die spätere Abneigung gegen eine Ehe. Wolfs Daten ermöglichten die Reduzierung oder Eliminierung aller anderen denkbaren Faktoren, die bei dieser Entwicklung eine Rolle gespielt haben könnten, beispielsweise die Adoptionserfahrung per se, der finanzielle Status der Gastfamilie, Gesundheit, das Alter bei der Eheschließung, Geschwisterrivalität oder der natürliche Widerwille gegen Inzest, der durch die Behandlung des Paares als genetisches Geschwisterpaar hätte entstehen können.

Ein ähnlich unbeabsichtigtes Experiment fand in israelischen Kibbuzim statt, wo Kinder in eigenen Kinderhäusern lebten und dort wie Brüder und Schwestern in konventionellen Familien aufwuchsen. Der Anthropologe Joseph Shepher und seine Mitarbeiter berichteten 1971, daß von 2 769 Eheschließungen unter jungen Erwachsenen, die in diesem Umfeld aufgewachsen waren, keine einzige unter Kibbuzniks geschlossen wurde, die gemeinsam erzogen worden waren. Es war nicht einmal ein einziger Fall von heterosexueller Aktivität zwischen jungen Leuten aus demselben Kibbuz bekannt, obwohl die Erwachsenen gar nicht ausdrücklich dagegen gewesen wären.

Anhand dieser Beispiele und vieler anekdotischer Nachweise aus anderen Gesellschaften wird deutlich, daß das menschliche Gehirn darauf programmiert ist, einer einfachen Faustregel zu folgen: *Man hat kein sexuelles Interesse an Menschen, die einem von frühesten Kindesbeinen an eng vertraut sind.*

Dieser Westermarck-Effekt stimmt im übrigen auch mit dem psychologischen Prinzip der sogenannten Stufenwirkung überein. Zeugnisse aus vielen Gesellschaften legen nahe, daß eine heterosexuelle Beziehung mit um so geringerer Wahrscheinlichkeit eingegangen wird, je intimer sich zwei Menschen in der kritischen frühen Kindheitsperiode kannten. Ein Mutter-Sohn-Inzest, der sich durch die intensiven Bande seit dem Säuglingsalter des Sohnes verbietet, kommt daher bei weitem am seltensten vor. Auf nächster Wahrscheinlichkeitsstufe folgt der geschwisterliche Inzest und darauf der sexuelle Mißbrauch von Mädchen durch ihre biologischen Väter (hier spreche ich ausdrücklich von Mißbrauch, weil Töchter kaum je freiwillig ihre Einstimmung geben). Auf letzter Stufe schließlich folgt der sexuelle Mißbrauch von Mädchen durch ihre Stiefväter.

Die Tauglichkeit der menschlichen Natur 237

Obwohl all diese Nachweise ein klares und überzeugendes Bild ergeben, sind wir von einer wirklich vollständigen Erklärung für das Inzestvermeidungsverhalten noch immer weit entfernt. Es gibt keinen schlüssigen Beweis, daß der Westermarck-Effekt im Rahmen der genetischen Evolution durch natürliche Auslese entstanden wäre. Gewiß weist alles darauf hin, denn Inzestvermeidung verringert logischerweise die Möglichkeit von Inzucht und steigert damit die Produktion von gesunden Nachkommen. Selbst wenn man eine schmale Marge genetischer Abweichung im Hinblick auf das sexuelle Entgegenkommen unter ehemaligen Kindheitskameraden annimmt, wären die Unterschiede in der genetischen Tauglichkeit wirksam genug – jedenfalls nach Theorie der Populationsgenetik –, damit der Westermarck-Effekt sich von seinem ersten, begrenzten Auftreten an im Laufe von nur zehn Generationen in einer ganzen Population ausbreiten könnte. Ein weiterer Beweis für diesen Effekt ist, daß es ihn auch unter anderen Primaten gibt, darunter bei unserem engsten Verwandten, dem Schimpansen, wo er ohne Frage genetischen und nicht kulturellen Ursprungs ist. Aber noch wurde kein Versuch unternommen, die Heritabilität dieses Verhaltens beim Menschen zu messen oder die verantwortlichen Gene zu entdecken.

Ein anderes Problem an der Forschungsfront ist, daß wir die exakten psychischen Auslöser dieses Westermarck-Effekts nicht kennen. Noch wurde nicht festgestellt, welche Reize zwischen Kindheitskameraden diese Hemmung hervorrufen. Wir wissen nicht, ob die Auslöser das gemeinsame Spiel, gemeinsame Mahlzeiten, das unvermeidliche kindliche Aggressionsverhalten oder andere, vielleicht noch viel subtilere und unterschwelliger empfundene Dinge sind. Der auslösende Reiz könnte alles sein, klein oder groß, verbunden mit dem Seh-, Hör-, Geruchs- oder einem anderen Sinn, und es ist noch nicht einmal gesagt, daß wir ihn mit unserem Erwachsenenbewußtsein überhaupt erfassen können. Das wesentliche am Instinktverhalten ist nach Interpretation von Biologen, daß es von einfachen Schlüsselreizen ausgelöst wird, die im realen Leben nur mit einem bestimmten Objekt in Verbindung gebracht werden müssen. Ein bestimmter Geruch oder eine einzige Berührung kann im entscheidenden Moment komplexeste Verhaltensweisen hervorrufen oder verhindern.

Die Erfassung des menschlichen Inzestvermeidungsverhaltens wird außerdem durch die Existenz einer dritten Schranke erschwert – die Inzesttabus, jene kulturell vermittelten Regeln, welche sexuelle Aktivitäten unter engen Verwandten verbieten. Viele Gesellschaften gestatten oder fördern Eheschließungen zwischen Vettern ersten Grades, vor allem wenn eine solche Verbindung dem Gruppenzusammenhalt dient und den familiären Wohlstand konsolidiert, verbieten sie jedoch zwischen Geschwistern und Halbgeschwistern.

Solche Tabus sind bewußte Entscheidungen und nicht einfach nur instinktive Reaktionen, und sie können im einzelnen von einer Gesellschaft zur anderen enorm variieren. In vielen Kulturen stehen sie außerdem mit der jeweiligen Einstufung von Verwandtschaftsgraden und exogamen Eheverträgen in Zusammenhang. In ungebildeten Gesellschaften wird Inzest gemeinhin für eine Folge von Kannibalismus, Vampirismus und unheilbringender Hexerei gehalten und als ebenso strafwürdig empfunden wie diese. Moderne Gesellschaften erlassen Gesetze, die von Inzest abhalten sollen. In der Zeit des englischen Commonwealth und Protektorats von 1650 bis zur Restauration ein Jahrzehnt später wurde Inzest mit dem Tode geahndet. In Schottland galt er bis 1887 zumindest auf dem Papier als Kapitalverbrechen, doch Gesetzesbrecher bekamen selten mehr als eine lebenslange Haftstrafe. In den Vereinigten Staaten wurde Inzest allgemein als Schwerverbrechen behandelt, das mit einer Geldbuße, Gefängnis oder beidem bestraft wurde. Der sexuelle Mißbrauch von Kindern wird als noch abscheulicher empfunden, wenn es sich dabei außerdem um Inzest handelt.

Doch die Geschichte, an der sich die Sitten und Gebräuche der Menschen immer am besten ablesen lassen, kennt auch Ausnahmen. Es gab Gesellschaften, in denen zumindest ein gewisser Grad an Freizügigkeit herrschte, zum Beispiel bei den Inkas, Hawaianern, Thais, den alten Ägyptern, den Nkolen (Uganda), Bunjoro (Uganda), Ganda (Uganda), Zande (Sudan) und bei den Dahomeanern in Westafrika. In allen Fällen sind inzestuöse Praktiken (oder waren, denn in vielen Fällen wurden sie eingestellt) von Ritualen begleitet und auf Mitglieder der Königsfamilie oder anderer hochrangiger Gruppen beschränkt. Das Arrangement besteht immer darin, daß der Mann neben der »reinen« – also verwandtschaftlichen – Nachkommenschaft auch mit nichtverwandten Frauen Kinder zeugt. Die Erbfolge der herrschenden Familien folgt der väterlichen Linie. Ein gesellschaftlich hochstehender Mann wird versuchen, seiner Familie die höchstmögliche genetische Tauglichkeit zu sichern, indem er sich zum einen mit der eigenen Schwester verbindet und mit ihr Kinder zeugt, die durch die gemeinsame Abstammung 75 Prozent der familiären Gene – anstatt der üblichen 50 Prozent – tragen, gleichzeitig

Die Tauglichkeit der menschlichen Natur 239

aber auch mit genetisch nichtverwandten Frauen, deren Kinder mit höherer Wahrscheinlichkeit normal sein werden. Weniger leicht zu erklären sind die wohldokumentierten Fälle von Geschwisterehen, die zwischen 30 v. Chr. und 324 n. Chr. im römischen Ägypten unter Bürgern geschlossen wurden. Papyrustexte aus dieser Zeit belegen eindeutig, daß es zumindest einige Geschwisterpaare gab, die scham- und furchtlos sexuelle Beziehungen miteinander eingingen.

Die Inzesttabus führen uns wieder einmal in das Grenzgebiet zwischen den Natur- und Sozialwissenschaften, denn sie werfen die Frage auf, in welcher Beziehung der biologisch bedingte Westermarck-Effekt zu den kulturell bedingten Inzesttabus steht.

Dieser Punkt wird sehr viel klarer, wenn man die beiden grundsätzlichen Hypothesen, die um die Erklärung des menschlichen Inzestvermeidungsverhaltens konkurrieren, einander gegenüberstellt. Einerseits also die Hypothese von Westermarck, die ich nochmals in einer moderneren Wissenschaftssprache zusammenfassen will: Menschen vermeiden Inzest aufgrund einer ererbten epigenetischen Regel der menschlichen Natur, die sie in Tabus übersetzen. Die konkurrierende Hypothese stammt von Sigmund Freud. Es gibt keinen Westermarck-Effekt, insistierte der große Theoretiker, als er von dieser Hypothese erfuhr. Ganz im Gegenteil, heterosexuelle Lust unter den Mitgliedern derselben Familie sei ursprünglich und unwiderstehlich und werde durch keine instinktive Schranke vereitelt. Um der katastrophalen Folge von Inzest, dem Zerreißen der Familienbande, vorzubeugen, würden Gesellschaften Tabus erfinden. Daraus entwickelte Freud dann eine seiner psychologischen Universaltheorien, den Ödipuskomplex: die unerfüllte Sehnsucht des Sohnes nach sexueller Befriedigung mit der Mutter und der gleichzeitige Haß gegenüber dem als Rivalen betrachteten Vater. »Die erste Objektwahl des Menschen«, schrieb er 1917, »ist regelmäßig eine inzestuöse, beim Manne auf Mutter und Schwester gerichtete, und es bedarf der schärfsten Verbote, um diese fortwirkende infantile Neigung von der Wirklichkeit abzuhalten.«

Freud tat die Idee des Westermarck-Effekts als lächerlich ab und errang damit einen Sieg auf ganzer Linie. Die Erkenntnisse der Psychoanalyse, versicherte er, entzögen dieser Theorie den Boden. Außerdem machte er sich eine Replik des britischen Anthropologen und Klassizisten James Frazer, Autor des Buches *Der Goldene Zweig,* zunutze. Wenn es den Westermarck-Effekt wirklich gäbe, so Frazer, wären keine Tabus erforderlich. »Es ist schwer vorstellbar, daß irgendein tiefsitzender menschlicher Instinkt durch das Gesetz bekräftigt werden müßte.« Diese Logik beherrschte fast das gesamte zwanzigste Jahrhundert lang die Lehrbücher und wissenschaftlichen Abhandlungen.

Westermarcks Reaktion auf Frazer war einfach, ebenso logisch und wurde überdies durch immer neue Beweise bekräftigt. Doch nach dem siegreichen Vorstoß der psychoanalytischen Theorie wurde sie völlig ignoriert. Der Mensch, schrieb er, orientiere sich an folgendem Gedankengang: *Ich empfinde meinen Eltern und Geschwistern gegenüber sexuelle Gleichgültigkeit. Doch manchmal frage ich mich, wie es wäre, sexuellen Verkehr mit ihnen zu haben. Schon der Gedanke daran ist abstoßend! Inzest ist etwas Erzwungenes und Unnatürliches. Er würde die Bindungen, die ich zu ihnen geschaffen habe und zu meinem eigenen Wohl auf täglicher Basis pflegen muß, verändern oder zerstören. Auch wenn andere Inzest verüben, finde ich das widerwärtig, und so empfinden es offenbar auch andere, deshalb sollten die seltenen Fälle, in denen es dazu kommt, als unmoralisch verdammt werden.*

So logisch diese Erklärung auch sein und so sehr sie auch durch Beweise gestützt sein mag, so leicht ist doch ebenfalls nachzuvollziehen, weshalb sich Freud und viele andere einflußreiche Sozialtheoretiker so vehement gegen den Westermarck-Effekt wehrten: Er gefährdete ein Fundament des modernistischen Denkens, weil er in Frage stellte, was zu dieser Zeit als entscheidender intellektueller Fortschritt empfunden wurde. Wolf hat dies sehr präzise formuliert: »Freud sah nur allzu klar: Wenn Westermarck recht hatte, mußte *er* unrecht haben. Die Möglichkeit, daß frühe Kindheitsbeziehungen sexuelle Anziehung unterdrücken, mußte bestritten werden, wenn nicht das ganze Fundament des Ödipuskomplexes zusammenfallen sollte und damit auch sein Konzept der Persönlichkeitsdynamik, seine Erklärung für Neurosen und seine gesamte Sichtweise der Ursprünge von Gesetz, Kunst und Zivilisation.«

Der Westermarck-Effekt bringt aber auch noch andere Boote ins Wanken. Es stellt sich nämlich die Frage, ob gesellschaftliche Vorschriften ganz allgemein dazu dienen, die menschliche Natur zu unterdrücken, oder ob es eher darum geht, ihr Ausdruck zu verleihen. Und daraus ergibt sich die gar nicht triviale Frage, was Inzesttabus über die Entwicklung von Moral aussagen. Die orthodoxe Sozialtheorie vertritt den Standpunkt, daß Moral im wesentlichen eine anhand von Sitten und Gebräuchen gebildete gesellschaftliche Konvention von Verbindlichkeit und Pflicht ist. Die alternative, von Westermarck in seinen Schriften zur Ethik favorisierte Sichtweise geht hingegen davon aus, daß moralische Konzepte aus angeborenen Gefühlen hergeleitet werden.

Die Tauglichkeit der menschlichen Natur 241

Zumindest der ethiktheoretische Konflikt über den Ursprung von Inzestvermeidung kann empirisch beigelegt werden: entweder war Westermarck faktisch im Recht oder Freud. Die heutige Faktenlage spricht sehr für Westermarck. Doch bei Inzesttabus geht es um mehr als nur darum, persönlichen Präferenzen kulturelle Konventionen aufzupfropfen, denn die Menschen können die Auswirkungen von Inzest unmittelbar beobachten und sind in der Lage, zumindest ansatzweise zu erkennen, daß deformierte Kinder häufig das Produkt von inzestuösen Vereinigungen sind. William H. Durham, ein Kollege von Arthur Wolf an der Stanford University, durchforstete ethnographische Daten von sechzig nach dem Zufallsprinzip ausgewählten Gesellschaften in aller Welt nach Hinweisen auf ein wie immer geartetes Verständnis für die Folgen von Inzest. Er fand zwanzig Gesellschaften, die nachweislich ein bestimmtes Bewußtsein dafür entwickelt hatten. Die amerikanisch-indianischen Tlingit in der nordwestlichen Pazifikregion stellten beispielsweise einen direkten Bezug zwischen der Häufigkeit von behinderten Kindern und sexuellen Beziehungen innerhalb der engen Verwandtschaft her. Andere Gesellschaften verfügten nicht nur über dieses Wissen, sondern hatten auch verschiedene Volkstheorien darüber entwickelt. Die Lappen in Skandinavien sprachen zum Beispiel vom »schlechten Blut«, welches sich durch Inzest bilde. Die tikopischen Polynesier glaubten, daß *mara*, das von inzestuösen Partnern hervorgerufene böse Schicksal, an deren Nachkommen weitergegeben werde. Die Kapauku in Neuguinea hatten eine ähnliche Theorie entwickelt: Der inzestuöse Akt führe zur Entartung der Lebenssäfte der Missetäter, die dann an deren Kinder weitergegeben werde. Die Torodja in Sulawesi, Indonesien, fanden eine eher kosmische Erklärung: Wann immer sich Menschen mit unvereinbaren Merkmalen paarten, wie bei engen Verwandten der Fall, werde die Natur in Aufruhr gestürzt.

Merkwürdigerweise gab es zwar bei sechsundfünfzig der von Durham erforschten sechzig Gesellschaften zumindest einen Mythos mit Inzestmotiven, doch nur bei fünfen war von nachteiligen Folgen die Rede. Öfter wurden dem Inzest sogar vorteilhafte Effekte zugeschrieben, wie zum Beispiel die Erschaffung von Riesen und Helden. Doch selbst in diesen Fällen wurde er als etwas Außergewöhnliches, wenn nicht Abnormales betrachtet.

Nochmals zusammengefaßt: Das faktische Bild, das sich aus der Erforschung der Inzestvermeidungshaltung beim Menschen ergibt, zeigt mehrere aufeinanderfolgende Hürden. Als erstes den Westermarck-Effekt, jene archaische emotionale Verweigerung, die bislang bei allen Primaten entdeckt wurde und daher höchstwahrscheinlich auch ein universales Merkmal des Menschen ist. Als zweites die Abwanderung von Jungtieren im Stadium der sexuellen Reife, ein universales Merkmal aller Primaten, welches sich beim Menschen in der pubertären Unruhe und der Gepflogenheit manifestiert, außerhalb der eigenen Sippe zu heiraten. Die tiefenpsychologischen Motive für dieses Abwanderungsverhalten und die epigenetischen Regeln, die dazu führen, sind noch unbekannt. Und als letztes die kulturellen Inzesttabus, die den Westermarck-Effekt und das Abwanderungsverhalten verstärken. Höchstwahrscheinlich leiten sich diese Tabus aus dem Westermarck-Effekt ab, und, bei zumindest einigen Gesellschaften, aus der unmittelbaren Beobachtung der destruktiven Folgen von Inzest.

Mit der Übersetzung des Westermarck-Effekts in Inzesttabus scheint der Mensch vom reinen Instinktverhalten zur rationalen Entscheidung übergegangen zu sein. Aber ist das wirklich der Fall? Was ist eine rationale Entscheidung überhaupt? Ich möchte dafür die folgende Definition vorschlagen: Wir entscheiden uns rational, indem wir uns aus allen alternativen geistigen Szenarien auf diejenigen festlegen, die in einem bestimmten Kontext den wichtigsten epigenetischen Regeln am weitesten entgegenkommen. Diese Regeln und ihre Hierarchisierung entsprechend ihrer relativen Wirkungsmacht haben dazu geführt, daß der Mensch Hunderttausende von Jahren überleben und sich reproduzieren konnte. Der Fall des Inzestvermeidungsverhaltens kann uns Hinweis sein, auf welche Weise die Koevolution von Genen und Kultur nicht nur bestimmte Verhaltensweisen, sondern die gesamte Struktur menschlichen Sozialverhaltens miteinander verwoben hat.

Kapitel 9

Die Sozialwissenschaften

Die Menschen erwarten von den Sozialwissenschaften (Anthropologie, Soziologie, Ökonomie und Politische Wissenschaft), daß sie ihnen Kenntnisse vermitteln, die ihnen helfen, ihr Leben zu verstehen und ihre Zukunft zu kontrollieren. Sie wollen in der Lage sein, Dinge vorauszusehen, nicht den vorherbestimmten Gang der Ereignisse – den gibt es nicht –, aber sie möchten wissen, was geschieht, wenn die Gesellschaft einer bestimmten Handlungsweise den Vorzug vor einer anderen gibt.

In Politik und Wirtschaft dreht sich bereits alles um die Machbarkeit von Voraussagen. Auch die Sozialwissenschaften bemühen sich beständig darum, aber sie tun das ohne jeglichen Zusammmenhang mit den Naturwissenschaften. Wie gut ihnen dieser Alleingang bekommt? Nicht sehr gut, vergleicht man ihre Erkenntnisse mit den Ressourcen, die ihnen zur Verfügung stehen.

Auf welchem Stand die Sozialwissenschaften gegenwärtig sind, wird deutlich, wenn man sie mit der medizinischen Forschung vergleicht. Beide wurden mit der Aufgabe betraut, gravierende und drängende Probleme zu lösen. Forschungsmediziner werden dafür bezahlt, daß sie Krebs heilen, genetische Geburtsfehler korrigieren und beschädigte Nervenstränge reparieren. Von den Sozialwissenschaftlern wird erwartet, daß sie uns erklären, wie man ethnische Konflikte mäßigen, Entwicklungsländer in blühende Demokratien verwandeln oder den Welthandel optimieren kann. In beiden Bereichen steht man vor unendlich komplexen Problemen, die vor allem deshalb so schwer lösbar sind, weil wir so wenig über ihre Ursachen wissen.

Dennoch macht die Medizin dramatische Fortschritte. Der Grundlagenforschung gelang ein Durchbruch nach dem anderen, und jederzeit ist ein neuer zu erwarten, der vielleicht dazu führt, daß die Zahl schmerzloser und schier wundersamer Heilmethoden weiter wächst. In den globalen Informationsnetzwerken, die Tausende von gutfinanzierten Forschungsgruppen miteinander verbinden, schlägt die Begeisterung hohe Wellen. Neurobiologen, Virologen und Molekulargenetiker verstehen und ermutigen einander selbst dann, wenn sie beim Wettlauf um Entdeckungen miteinander konkurrieren.

Auch in den Sozialwissenschaften gibt es Fortschritte zu verzeichnen, allerdings kommen sie viel langsamer voran und sind wahrlich nicht von einem vergleichbaren Informationsaustausch oder Optimismus getrieben. Kooperation findet bestenfalls schleppend statt, und selbst wirklich neue Erkenntnisse werden oft von bitteren ideologischen Streitigkeiten überschattet. Anthropologen, Ökonomen, Soziologen und Politikwissenschaftler sind in aller Regel nicht imstande, einander zu verstehen oder gar zu ermutigen.

Der entscheidende Unterschied zwischen diesen beiden Domänen ist der Stand der Vernetzung: Die medizinische Forschung ist vernetzt, die sozialwissenschaftliche ist es nicht. Mediziner bauen auf der kohärenten Grundlage von Molekular- und Zellbiologie auf. Sie verfolgen die Elemente von Gesundheit und Krankheit bis hinunter auf die Ebene der biophysischen Chemie. Der Erfolg ihrer Projekte hängt immer davon ab, wie stark der jeweilige experimentelle Entwurf mit den Grundprinzipien übereinstimmt, die die Forscher quer durch alle biologischen Organisationsebenen Schritt für Schritt in Einklang zu bringen versuchen, vom Gesamtorganismus bis hin zu den Molekülen.

Wie die Mediziner, so können auch die Sozialwissenschaftler aus einem riesigen Fundus an Fakten schöpfen, für deren Analyse ihnen ein ganzes Arsenal hochentwickelter statistischer Techniken zur Verfügung steht. Und auch intellektuell sind sie ebenso fähig. Viele der führenden Sozialwissenschaftler werden daher behaupten, daß alles zum Besten stehe und ihre Disziplinen mehr oder weniger auf der richtigen Spur seien. Doch selbst bei oberflächlicher Betrachtung wird deutlich, daß ihre Bestrebungen von Uneinigkeit und einem Mangel an Vision unterlaufen werden. Die Gründe dafür treten immer klarer zutage. Das Gros der Sozialwissenschaftler verabscheut die Vorstellung einer hierarchischen Strukturierung des Wissens. Aber genau das eint die Naturwissenschaften und spornt sie an. Sozialwissenschaftler haben sich zu Kadern gruppiert, die zwar alle betonen, wie wichtig terminologische Präzision in ihrem jeweiligen Fachgebiet sei, aber nur selten fachübergreifend dieselbe Sprache sprechen. Viele von ihnen genießen dieses Chaos sogar, weil sie es für einen kreativen Gärungsprozeß halten. Andere, die zu parteiischem gesellschaftlichem Aktivismus neigen, stellen die Theorie in den

Die Sozialwissenschaften 245

Dienst ihrer persönlichen politischen Einstellungen. In den vergangenen Jahrzehnten haben Sozialwissenschaftler für den Marxismus-Leninimus plädiert und für die schlimmsten Exzesse des Sozialdarwinismus gesorgt – ebenso wie fehlgeleitete Biologen, denen man jedoch normalerweise allein den Schwarzen Peter dafür zuschiebt. Heute sind mehr ideologische Fraktionen unter ihnen vertreten, von den Verfechtern des Laissez-faire-Kapitalismus oder radikalen Sozialismus bis hin zu den Vertretern irgendeiner Version des postmodernistischen Relativismus, der ja bereits die Möglichkeit von objektivem Wissen in Frage stellt.

Sozialwissenschaftler neigen zu Stammesloyalität. Ein Großteil der gültigen Sozialtheorien ist noch immer sklavisch an ihren einstigen Großmeistern orientiert – ein schlechtes Zeichen angesichts des Prinzips, daß wissenschaftlicher Fortschritt immer auch daran gemessen werden kann, wie schnell die Urväter einer Disziplin in Vergessenheit geraten. Simon Blackburn liefert im *Oxford Dictionary of Philosophy* ein aufschlußreiches Beispiel dafür: »Semiotik in der Tradition von Saussure wird manchmal auch Semiologie genannt. Verwirrenderweise findet dieser Begriff in den Arbeiten von Kristeva auch Anwendung auf die irrationalen Effluvien des infantilen Ichs.« Und so geht es weiter, quer durch die gesamte kritische Theorie, den Funktionalismus, Historizismus, Antihistorizismus, Strukturalismus, Poststrukturalismus , jeden Nebenweg auskostend, bis – sofern der Verstand nicht widerstehen kann – in die Höhlen des Marxismus und der psychoanalytischen Theorie, wo so große Teile der akademischen Welt im zwanzigsten Jahrhundert förmlich verschwanden.

Jedes dieser Unterfangen hat seinen Teil zum Verständnis der Conditio humana beigetragen. Faßt man ihre wichtigsten Erkenntnisse zusammen, werden einem Erklärungen für die gesamte Bandbreite des Sozialverhaltens angeboten – zumindest in jenem elementaren Sinn, in dem mündlich überlieferte Schöpfungsmythen das Universum erklären, also mit Überzeugung und einer gewissen inneren Folgerichtigkeit. Aber noch nie, und das halte ich nicht für übertrieben, sind Sozialwissenschaftler in der Lage gewesen, ihre Beschreibungen in die materiellen Realitäten der Humanbiologie und Psychologie einzubetten, obwohl Kultur doch ganz eindeutig aus diesen Realitäten hervorgegangen und nicht etwa irgendwelchen Astralebenen entschwebt ist.

Ich gestehe zu, daß jeder Kritiker Gefahr läuft, eines Besseren belehrt und beschämt zu werden. Jeder weiß, daß die Sozialwissenschaften extrem komplex sind, ja, weit schwieriger noch als Physik oder Chemie, weshalb eigentlich ihnen und nicht den beiden anderen Disziplinen der Titel »harte Wissenschaften« gebührte. Sie wirken nur einfacher, weil man mit Menschen – im Gegensatz zu Photonen, Gluonen oder sulfiden Radikalen – reden kann. Und genau dieser Anschein hat letztlich auch dazu geführt, daß viel zu viele sozialwissenschaftliche Lehrbücher einfach skandalös banal sind.

Das ist das Paradox der Sozialwissenschaften. Vertrautheit führt zu Bequemlichkeit und Bequemlichkeit zu Unvorsichtigkeit und Fehlern. Genauer gesagt: Die meisten Menschen glauben zu wissen, wie sie selbst denken, was andere denken und sogar wie sich Denken institutionalisiert. Aber da liegen sie falsch. Ihr Wissen beruht auf reiner Volkspsychologie, dem auf gesundem Menschenverstand basierenden Verständnis der menschlichen Natur – von Einstein als das definiert, was der Mensch bis zum Alter von achtzehn Jahren gelernt hat. Volkspsychologie ist durchzogen von Irrtümern und kaum weiter vorangeschritten als die frühen Ideen der griechischen Philosophen. Selbst kenntnisreiche Sozialtheoretiker, die die kompliziertesten mathematischen Modelle entwickeln, geben sich mit ihr zufrieden und ignorieren in der Regel die Erkenntnisse der wissenschaftlichen Psychologie und Biologie. Das ist zum Beispiel einer der Gründe, weshalb Sozialwissenschaftler die Durchsetzungskraft des Kommunismus immer über- und das Potential ethnischer Feindseligkeit immer unterschätzt haben. Sie waren äußerst verblüfft, als das sowjetische Imperium zusammenbrach und der Dampfdrucktopf UdSSR explodierte. Und nicht weniger überrascht waren sie, als diese jähe Freisetzung von Energie unter anderem zu ethnischen Auseinandersetzungen und nationalistischen Kriegen in den einstmals kommunistischen und sozialistischen Staaten führte. Auch den islamischen Fundamentalismus, der sein Feuer aus ethnischen Vorbehalten gewinnt, haben die Theoretiker konsequent unterschätzt. Und in den USA mißlang es ihnen sogar, den Zusammenbruch des eigenen Wohlfahrtsstaates vorauszusehen, auf dessen Ursachen sie sich bis heute nicht einigen können. Kurzum, das Gros der Sozialwissenschaftler zeigt kaum Interesse an den Grundlagen der menschlichen Natur und noch weniger an deren archaischen Wurzeln.

Dafür gibt es allerdings genügend historische Vorbilder, und die behindern die Sozialwissenschaften bis heute. Prinzipielle Ignoranz gegenüber den Naturwissenschaften war die Strategie der sozialwissenschaftlichen Gründergeneration – vor allem von Émile Durkheim, Karl Marx, Franz Boas, Sigmund Freud – und ihren unmittel-

Die Sozialwissenschaften 247

baren Nachfolgern, deren Ziel es war, ihre jungen Disziplinen von den Basiswissenschaften Biologie und Psychologie zu isolieren. Zugegeben, in den Anfangsjahren der Sozialwissenschaften waren diese Disziplinen tatsächlich noch zu primitiv, um von wirklicher Relevanz zu sein. Zunächst war diese Haltung daher durchaus fruchtbar, denn sie ermöglichte es den Forschern, unbelastet vom Patronat der Naturwissenschaften nach den Mustern von Kultur und Sozialstrukturen zu forschen und damit die Gesetze des sozialen Handelns anhand von Prima-facie-Beweisen zu formulieren. Doch als diese Pionierphase vorüber war, hätten die Theoretiker besser daran getan, Psychologie und Biologie einzubeziehen, denn nun war es ganz entschieden kein Vorteil mehr, die Wurzeln der menschlichen Natur zu ignorieren.

Aber es gibt noch ein anderes endemisches Problem, das die Sozialwissenschaftler hindert, in diese Richtung zu sondieren – politische Ideologie. Vor allem in der amerikanischen Anthropologie waren ideologische Auswüchse deutlich zu spüren. Franz Boas führte mit Hilfe seiner berühmten Schülerinnen Ruth Benedict und Margaret Mead einen Kreuzzug gegen den von ihnen (zu Recht) als eugenisch und rassistisch verurteilten Sozialdarwinismus. Doch ihre moralische Inbrunst ließ sie unvorsichtig werden, und so wurde aus ihrer gesunden Opposition eine neue Ideologie – der kulturelle Relativismus. Seine Logik, der die meisten professionellen Anthropologen noch heute in unterschiedlichem Maße anhängen, könnte folgendermaßen zusammengefaßt werden:

Die Annahme, daß »zivilisierte« Völker im Darwinschen Existenzkampf die Sieger über »primitive« Völker und diesen daher überlegen seien, ist falsch; der Glaube, daß die Unterschiede zwischen ihnen durch ihre Gene gegeben und nicht das Produkt von historischen Umständen seien, ist falsch. Kultur ist erstaunlich komplex und immer der Umwelt angepaßt, in der sie sich entwickelt hat. Daher ist es eine irrige Annahme, Kulturen hätten sich aus einem niedrigeren in einen höheren Stand entwickelt, und es ist falsch, biologische Erklärungen für die kulturelle Vielfalt anzuführen.

Boas und andere einflußreiche Anthropologen hielten es für ihre moralische Pflicht zu erklären, daß alle Kulturen auf unterschiedliche Weise gleich seien. Also hißten sie die Fahne des kulturellen Relativismus. In den sechziger und siebziger Jahren unseres Jahrhunderts verlieh dieser wissenschaftliche Standpunkt dem politischen

Multikulturismus in den Vereinigten Staaten und anderen westlichen Gesellschaften erhebliche Schubkraft. Dieser Trend, in den
USA auch *Identity Politics* genannt, folgt der Idee, daß ethnische Gruppen, Frauen und Homosexuelle jeweils über eine eigene Subkultur
verfügen und ihnen daher dieselbe Position eingeräumt werden
müsse wie der »Majoritätskultur«, auch auf die Gefahr hin, daß diese
Doktrin die Idee einer vereinten Nationalkultur degradiert. Aus dem
Motto der Vereinigten Staaten, *e pluribus unum*, »aus den vielen
mache eins«, wurde »aus dem einen mache viele«. Und aus gutem
Grund fragten sich die Befürworter dieser Umkehrung, was denn
eigentlich falsch sein sollte an einer Identitätspolitik, die die Bürgerrechte eines jeden erweitert. Viele Anthropologen, deren instinktive
Annahmen nun durch einen humanitären Zweck bekräftigt wurden,
suchten nun verstärkt den kulturellen Relativismus zu untermauern,
während sich ihr Widerstand gegen jede Form von Biologie verhär-
tete.

Also keine Biologie! Der Kreis schloß sich schließlich mit einer
Wendung, die die Götter der Ironie zum Lächeln bringen mußte.
Während der kulturelle Relativismus einst angetreten war, die Vorstellung auszuräumen, daß es erblich bestimmte Unterschiede im
Verhalten ethnischer Gruppen gebe – ein unbestreitbar völlig unbe-
wiesenes und ideologisch gefährliches Konzept –, wandte er sich nun
gegen die Idee einer einheitlichen menschlichen Natur, die sich auf
ein gemeinsames Erbe gründet. Und damit war eines der großen
Rätsel der Menschheit geschaffen – denn wenn weder Kultur noch
ererbte menschliche Natur die Menschheit eint, was dann? Diese
Frage kann nicht einfach in der Luft hängen bleiben, denn wenn
ethische Normen tatsächlich nur durch Kultur gebildet werden,
Kulturen aber unendlich unterschiedlich und zugleich gleichwertig
sind, wer oder was disqualifiziert dann beispielsweise eine Theokra-
tie oder den Kolonialismus? Oder Kinderarbeit, Folter und Sklaverei?

Angesichts dieser Frage reagierte die Anthropologie verwirrt damit,
daß sie sich selber in zwei unterschiedliche aber (natürlich) gleichwertige Kulturen spaltete. Für die biologische Anthropologie ist Kultur letztlich ein Produkt der genetischen Menschheitsgeschichte, das
in jeder Generation durch die Entscheidungen der von dieser Geschichte beeinflußten Individuen erneuert wird. Die kulturelle Anthropologie in der Nachfolge von Boas betrachtet Kultur in scharfem
Gegensatz dazu als ein Phänomen höherer Ordnung, welches wei-

Die Sozialwissenschaften 249

testgehend unbeeinflußt von genetischer Geschichte ist und im Grunde grenzenlos zwischen Gesellschaften divergiert. Die Sicht der biologischen Anthropologen kann mit der Filmserie *Star Wars* verglichen werden, in der Außerirdische anatomisch unterschiedlich, aber merkwürdigerweise alle durch eine unerschütterlich menschliche Natur geeint dargestellt werden. Die Sicht der kulturellen Anthropologen entspricht eher dem Film *Invasion of the Body Snatchers*, dessen Protagonisten menschliche Gestalt annehmen, aber ihre jeweilige außerirdische Natur bewahren. (Nur der Film *Independence Day* hat den richtigen Dreh gefunden: Was nicht menschlich ist, ist *immer* außerirdisch.)

Das Schisma der zeitgenössischen Anthropologie kommt in einer Resolution zum Ausdruck, die 1994 von Funktionären der »American Anthropological Association« verabschiedet wurde. Sie bekräftigt einerseits die »unverbrüchliche Verpflichtung auf biologische und kulturelle Vielfalt«, andererseits aber auch die »Weigerung, Verschiedenheit zu biologisieren oder auf irgendeine andere Weise überzubetonen«. Es wurde kein einziger Vorschlag gemacht, wie diese beiden widersprüchlichen Ziele miteinander vereint werden könnten. Wie sollte die Anthropologie nun also mit Verschiedenheit umgehen? Da es keine gemeinsame Suche nach übereinstimmenden Erklärungen gibt, gibt es auch keine Lösung. Das Schisma zwischen den beiden Lagern wird sich weiter vertiefen. Während sich die biologischen Anthropologen zunehmend auf Vererbung und die Rekonstruktion der menschlichen Evolution konzentrieren, entfernen sich die kulturellen Anthropologen immer weiter von den Naturwissenschaften, verbünden sich immer enger mit den Geisteswissenschaften und betrachten jede Kultur – sei sie kwakiutl, yanomamo, kapauku oder japanisch – als eine einzigartige Entität. Kultur als solche ist in ihren Augen weder voraussagbar noch mit den Gesetzen, die sich aus den Naturwissenschaften ergeben, definierbar. Einige von ihnen haben sich sogar der extremen postmodernistischen Sichtweise angeschlossen, daß Wissenschaft nichts weiter als eine Denkungsart von vielen sei, eben eine achtbare intellektuelle Subkultur unter vielen.

Die zeitgenössische Soziologie hält noch größeren Abstand zu den Naturwissenschaften als die Anthropologie. Ihrer allgemeinen Praxis nach könnte man sie als die Anthropologie komplexer Gesellschaften bezeichnen, vor allem solcher, denen die Soziologen selber angehören. Umgekehrt ließe sich die Anthropologie als die Soziologie einfacherer und entfernterer Gesellschaften definieren, solcher Gesellschaften also, denen die Anthropologen *nicht* selber angehören. Ein typisch soziologisches Thema wäre beispielsweise der Zusammenhang zwischen Familieneinkommen und Scheidungsrate in den USA, ein typisch anthropologisches die Mitgift sudanesischer Bräute.

Ein Großteil der modernen Soziologie besteht aus exakten Berechnungen und statistischen Analysen. Doch mit Ausnahme von ein paar Häretikern – am unverblümtesten unter ihnen Pierre L. van den Berghe von der University of Washington, Lee Ellis von der Minot State University, Joseph Lopreato von der University of Texas und Walter L. Wallace von der Princeton University –, schart sich das Gros der akademischen Soziologen um das nichtbiologische Ende des Kulturforschungsspektrums. Viele von ihnen sind – wie Ellis meinte – biophobisch. Sie fürchten die Biologie und tun alles, um sie zu vermeiden. Sogar die Psychologie wird mit Vorsicht behandelt. James S. Coleman von der University of Chicago, ein hervorragender und einflußreicher Mainstream-Sozialtheoretiker und sehr bewandert in den analytischen Methoden der Naturwissenschaften, konnte (1990) tatsächlich behaupten, »die prinzipielle Aufgabe der Sozialwissenschaften ist die Erklärung gesellschaftlicher Phänomene, nicht des Verhaltens einzelner Individuen. In bestimmten Fällen kann ein gesellschaftliches Phänomen zwar durch Summierung direkt vom Verhalten einzelner abgeleitet werden, aber meistens ist das nicht der Fall. Folglich muß der Fokus auf dem Gesellschaftssystem liegen, dessen Verhalten zu erklären ist. Ob dies nun so klein wie eine Dyade oder so groß wie eine Gesellschaft oder gar ein Weltensystem ist, die Grundvoraussetzung ist in jedem Fall, daß der erklärende Fokus auf dem System als einer Einheit liegt, nicht auf den Individuen oder anderen Komponenten, aus denen es sich zusammensetzt.«

Um zu begreifen, wie weit entfernt Colemans Forschungsansatz von dem der Naturwissenschaften ist, ersetze man den Begriff »System« durch Organismus, »Individuum« durch Zelle und »andere Komponenten« durch Moleküle. Nun lautet seine Aussage: »Die Grundvoraussetzung ist in jedem Fall, daß der erklärende Fokus auf dem Organismus als einer Einheit liegt, nicht auf den Zellen oder Molekülen, aus denen er sich zusammensetzt.« Mit dieser begrenzten Sichtweise wäre die Biologie schon um 1850 stehengeblieben. Doch statt dessen wurde sie zu einer Wissenschaft, die Kausalzusammenhänge über viele Organisationsebenen hinweg erklären kann, vom Gehirn und Ökosystem bis hinunter zum Atom. Es gibt keinen zwingenden Grund, weshalb die Soziologie nicht eine ähnliche Orientierung annehmen und von einer Sichtweise geleitet sein sollte, die sie von der Gesellschaft bis zum Neuron führt.

Die Sozialwissenschaften 251

Seit der Veröffentlichung von Durkheims Manifest *Die Regeln der soziologischen Methode*, mit dem er vor rund einem Jahrhundert (1894) dazu beitrug, die soziologischen Grundregeln festzulegen, blieb der enge disziplinäre Ansatz für die Erforschung von Industriegesellschaften nahezu unverändert. Robert Nisbet von der Columbia University schreibt in einer erhellenden Analyse der klassischen Soziologie, daß sie ungeachtet ihrer großartigen Konzeptionen mehr als eine Art von Kunst denn Wissenschaft entstanden sei. Als Beleg dafür zitiert er die von Herbert Read favorisierte Definition des Ziels großer Kunst, nicht nur persönliche Bedürfnisse zu befriedigen oder philosophische und religiöse Ideen umzusetzen, sondern eine künstliche und in sich stimmige Welt zu erschaffen, durch Bilder, die »uns etwas über das Universum erzählen, etwas über die Natur, über den Menschen oder den Künstler selbst«.

Nach Nisbets Auslegung hat sich Soziologie nicht als logische Erweiterung der Naturwissenschaften entwickelt, wie es die Propheten der späten Aufklärungsphase vorausgesagt hatten, sondern ist vielmehr zur Gänze aus den großen Themen des abendländischen Ethos – Individualismus, Freiheit, Sozialordnung und progessiver Wandel – hervorgegangen. Ein Großteil der klassischen soziologischen Literatur, so Nisbet weiter, besteht aus den festgefahrenen Perspektiven des sozialen, wirtschaftlichen und politischen Lebens im westeuropäischen neunzehnten und frühen zwanzigsten Jahrhundert. »Was uns Tocqueville und Marx, dann Toennies, Weber, Durkheim und Simmel mit ihren großen Werken gegeben haben – von *Demokratie in Amerika* und dem *Kapital* bis zu Toennies' *Gemeinschaft und Gesellschaft* oder Simmels *Metropolis* –, sind Landschaften, von denen eine jede so charakteristisch und unwiderstehlich ist wie irgendeines der größeren Werke der Literatur oder Malerei ihrer Zeit.« Die wichtigsten Leitthemen der modernen Soziologie – von Gemeinwesen und Autorität über Status und Symbole bis hin zu Entfremdung – konnten auf diesem humanistischen Humus bestens blühen und gedeihen.

Weil die Ursprünge der Soziologie so chimärenhaft sind – ein bißchen Naturwissenschaft, ein bißchen Geisteswissenschaft –, ist sie noch immer das Bollwerk des *Standard Social Science Model* (SSSM; Sozialwissenschaftliches Standardmodell), jener unumschränkten gesellschaftstheoretischen Doktrin des zwanzigsten Jahrhunderts. Aus der Sicht des SSSM ist Kultur ein komplexes System aus Symbolen und Bedeutungen, welche individuelle Gesinnung wie gesellschaftliche Institutionen formen. Soweit ist das natürlich ganz richtig. Aber dieses Modell betrachtet Kultur als ein unabhängiges Phänomen, das sich weder auf biologische noch psychologische Elemente reduzieren läßt und daher einzig das Produkt des sozialen Umfelds und historischer Ereignisse ist.

Das Sozialwissenschaftliche Standardmodell in seiner reinsten Form stellt die intuitiv erfaßbare Abfolge von Ursache und Wirkung auf den Kopf: Der menschliche Verstand erschafft keine Kultur, sondern ist selbst ein Produkt von Kultur. Auch diese Logik basiert auf der vollständigen Negierung der Möglichkeit, daß die Grundlagen der menschlichen Natur biologisch sein könnten. Ihr polarer Gegensatz ist die Doktrin des genetischen Determinismus, also die Überzeugung, daß das menschliche Verhalten einzig von den Genen bestimmt wird und daher selbst seine zerstörerischsten Varianten wie Rassismus, Krieg oder Klassentrennung unvermeidlich seien. Diesem genetischen Determinismus, sagen die Vertreter des rigiden SSSM, müsse man entschieden entgegentreten, weil er nicht nur faktisch falsch, sondern auch moralisch im Unrecht sei.

Offen gestanden bin ich selber noch nie einem Biologen begegnet, der an diesen genetischen Determinismus geglaubt hätte. Aber auch die Extremform des SSSM, die noch vor zwanzig Jahren selbst unter ernstzunehmenden Sozialwissenschaftlern weit verbreitet war, ist heute kaum noch zu finden. Dieser Konflikt der konträren Überzeugungen ist in der Tat im wesentlichen ein Produkt der Alltagskultur und wird unseligerweise von Journalisten und Hochschullehrern künstlich am Leben erhalten. Wenn aber nun etwas derart verzerrt dargestellt wird, pflegen sich Wissenschaftler auf ihre archaischen Verteidigungsstrategien zurückzuziehen, was bedeutet, daß weiterhin Verwirrung herrschen und sich der Ärger aller Beteiligten Luft machen wird.

Genug! Ein Jahrhundert der Mißverständnisse, dieses in die Länge gezogene Verdun der abendländischen Geistesgeschichte, sollte sich allmählich selbst ausgeblutet haben. Der Kulturkrieg ist zum faden Spiel geworden. Es ist höchste Zeit, den Waffenstillstand auszurufen und ein Bündnis einzugehen. Denn im großen Mittelfeld zwischen den beiden Extremen, dem Sozialwissenschaftlichen Standardmodell und dem genetischen Determinismus, sind die Sozialwissenschaften ausgesprochen kompatibel mit den Naturwissenschaften. Die beiden großen Forschungsbereiche können nur profitieren, wenn ihre Methoden und Kausalerklärungen in Einklang gebracht werden.

Der erste Schritt zu dieser Vernetzung wäre das Eingeständnis, daß

Die Sozialwissenschaften 253

die Sozialwissenschaften zwar wirklich wissenschaftlich sind, wenn sie deskriptiv und analytisch betrieben werden, daß aber die Sozialtheorie keine wirkliche Theorie ist. Die heutigen Sozialwissenschaften sind von denselben allgemeinen Merkmalen gekennzeichnet wie die Naturwissenschaften in der frühen naturgeschichtlichen beziehungsweise fast ausschließlich deskriptiven Periode ihrer historischen Entwicklung. Auch sie strukturieren und klassifizieren soziale Phänomene anhand einer umfangreichen Datenbasis. Sie haben unvermutete Muster im Sozialverhalten entdeckt und erfolgreich die Interaktionen zwischen Geschichte und kultureller Evolution nachvollzogen. Aber sie haben noch kein Kausalnetz quer über alle Organisationsebenen geknüpft, von der Gesellschaft bis zum Verstand und Gehirn. Mit diesem Versäumnis konnten sie auch keine wirklich wissenschaftliche Theorie entwickeln. Und daher haben sie noch nicht einmal untereinander und trotz der ständigen Rede von einer gemeinsamen »Theorie« eine Einigung erreicht, und das, obwohl sie sich mit ein und derselben Spezies und Organisationsebene befassen.

Ein Wort für Naturgeschichte, auf das man in den Sozialwissenschaften immer wieder stößt, lautet Hermeneutik. In seinem ursprünglich viel engeren Sinn bezog sich dieser vom griechischen *hermeneutikós* (interpretationsgeübt) abgeleitete Begriff auf die exakte Auslegung und Erklärung von Texten, vor allem von Texten des Alten und Neuen Testaments. Sozial- und Geisteswissenschaftler haben ihn nun auf die systematische Erforschung von gesellschaftlichen Beziehungen und Kulturen ausgedehnt, wobei jeder Gegenstand von vielen Gelehrten unterschiedlicher Couleur und Kulturzugehörigkeit untersucht wird. Doch solide Hermeneutik bedarf langer Zeiträume und sogar mehrerer Generationen von Forschern. Und weil nur selten mit menschlichen Beziehungen experimentiert werden kann, beurteilen Sozialwissenschaftler hermeneutische Studien teils anhand der Fülle der vorliegenden Beschreibungen und Analysen, teils aufgrund der Reputation der Experten, die sich mit dem jeweiligen Thema befaßt haben, und des Grads an Übereinstimmung, den sie erreicht haben. Erst seit einigen Jahren erwarten immer mehr von ihnen, daß exakt gemessene replizierte Stichproben statistisch behandelt werden, wann immer die Umstände eine Übernahme dieses Standardverfahrens der Naturwissenschaften zulassen.

Dieselben Kriterien gelten auch für den Teil der naturgeschichtlichen Forschung, der noch immer in weiten Bereichen der Biologie, Geologie und anderen naturwissenschaftlichen Zweigen Bestand hat. Sowohl Sozial- als auch Naturwissenschaftler haben Respekt vor kenntnisreichen, exakten Analysen von faktischen Informationen. In diesem Sinne ist die Hermeneutik des balinesischen Tanzes mit der Naturgeschichte der balinesischen Vogelfauna durchaus vergleichbar.

Doch wenn Naturgeschichte, welchen Namens auch immer, die Grundlage aller Wissenschaften ist, warum ist sie dann noch immer keine Theorie? Weil auch sie sich kaum bemüht, Kausalnetze über alle angrenzenden Organisationsebenen zu spannen, um Phänomene zu erklären. Ihre Analyse ist lateral, nicht vertikal. Die Naturgeschichte durchwandert zum Beispiel weite Gebiete der balinesischen Kultur, nimmt dabei aber nicht den Weg vom Gehirn über den Verstand zur Kultur; und sie betrachtet ganze Reihen von Vogelarten, aber nicht mit dem Blick vom einzelnen Vogel über die Spezies hin zum Ökosystem. Naturgeschichte kann annähernd wissenschaftstheoretisch sein, wenn sie die gesicherten Erkenntnisse aller Disziplinen quer über alle Organisationsebenen verknüpft. Zur strikt wissenschaftlichen Theorie wird sie jedoch erst, wenn Forscher konkurrierende und überprüfbare Hypothesen vorschlagen, die sämtliche plausiblen Vorgänge auf allen unterschiedlichen Ebenen erfassen.

Würden sich die Sozialwissenschaftler eine ebenso strikte Theorie als letztes Ziel setzen, wie es die Naturwissenschaftler getan haben, wäre ihr Erfolg in dem Maße garantiert, in dem es ihnen gelingt, dabei die Skalen von Zeit und Raum zu durchqueren. Das bedeutet nichts weniger, als daß sie ihre Erklärungen an den Erkenntnissen der Naturwissenschaften orientieren müßten. Und sie sollten – es sei denn auf Cocktailempfängen – derart spielerische Definitionen vermeiden, wie sie der Philosoph Richard Rorty von sich gab, als er Hermeneutik und Epistemologie (systematische Erkenntnistheorie) einander gegenüberstellte: »Wir werden epistemologisch sein, wenn wir das Geschehen vollständig verstehen, es aber systematisieren wollen, um es zu erweitern, zu untermauern, zu lehren oder zu ›etablieren‹. Wir müssen hermeneutisch sein, wo wir das Geschehen nicht verstehen, aber ehrlich genug sind, dies zuzugeben ...« Nach Rortys Verständnis ist Hermeneutik kein Name für eine Disziplin oder ein Forschungsprogramm, sondern »ein Ausdruck der Hoffnung, daß der kulturelle Raum, der durch den Rückzug der Epistemologie entstand, nicht ausgefüllt werden wird – daß Forderungen nach Zwang und Konfrontation in unserer Kultur nicht mehr spürbar sein werden«. Mit einem Wort, der Diskurs unter Wissenschaftlern kann fortgeführt werden, ohne dabei einen Gedanken an die natürliche Einheit allen Wissens zu verschwenden, und wie es scheint, kann man auch wis-

Die Sozialwissenschaften

senschaftliche Strenge und Präzision vergessen. Obwohl diese Konzession von postmodernistischen Wissenschaftlern begrüßt wird, bedeutet sie doch letztlich, vorzeitig die Segel zu streichen und die wissenschaftliche Forschung eines Großteils ihrer Kraft und ihrer Freude zu berauben. Kreativität kann sich natürlich bei jeder Art von wissenschaftlicher Forschung urplötzlich Bahn brechen, aber wenn man verhindert, daß Erkenntnisse in ihre kausalen Zusammenhänge gestellt werden, nimmt man ihnen ein Gutteil ihrer Glaubwürdigkeit. Wer die wissenschaftliche Synthese – das mächtigste Instrument, das bislang vom menschlichen Geist erdacht wurde – mit einer Handbewegung abtut, wertet auch den Intellekt ab.

Welche Form könnte nun eine Union von Sozial- und Naturwissenschaften annehmen? Nehmen wir einmal vier Disziplinen, die sukzessive immer breitere Skalen von Raum und Zeit einbeziehen. Von ihren jeweiligen Vertretern könnten sie folgendermaßen beschrieben werden:

Der *Soziologe* sagt mit berechtigtem Stolz: »Wir interessieren uns für das Hier und Jetzt, für die exakte Analyse des Lebens in bestimmten komplexen Gesellschaften und die Ursachen und Wirkungen in der jüngsten Geschichte. Wir halten uns an präzise Details, von denen wir selbst oft ein Teil sind, das heißt, wir schwimmen buchstäblich in den Details. Aus unserer Perspektive scheinen die Variationen des menschlichen Verhaltens enorm und vielleicht sogar unendlich formbar zu sein.«

Der *Anthropologe* antwortet: »Ja, das stimmt soweit. Aber treten wir ein Stück zurück und riskieren einen zweiten Blick. Man darf nicht vergessen, daß wir Anthropologen Tausende von Kulturen erforschen, viele von ihnen ungebildet und vorindustriell. Daher sind die von uns verzeichneten Variationen noch größer als solche, auf die Soziologen stoßen. Aber ich garantiere, daß sie alles andere als unendlich formbar sind. Wir haben ganz klare Grenzen und Muster entdeckt. Die Informationen, die wir aus den zahlreichen separaten, sich über viele Jahrhunderte erstreckenden Experimenten der kulturellen Evolution erhalten, werden es uns letztlich ermöglichen, die Gesetze des sozialen Handelns zu formulieren.«

Der *Primatologe* fällt ihm ungeduldig ins Wort: »Zugegeben, vergleichende Studien über einfach oder komplex strukturierte Gesellschaften sind das Rückgrat der Sozialwissenschaften. Dennoch müssen Ihre Konzeptionen in einen viel breiteren Zusammenhang gestellt werden, Sie müssen Ihre Perspektive erweitern. Die Variation im menschlichen Verhalten ist enorm, aber sie umfaßt noch nicht einmal ansatzweise all die sozialen Übereinkünfte, die wir bei Menschenaffen und anderen Primaten entdeckt haben und die sich nicht nur im Laufe von Jahrtausenden, sondern von 50 Millionen Jahren Evolution entwickelt haben. Genau dort, bei den über hundert Spezies, die der Menschheit genetisch am nächsten stehen, müssen wir nach den Prinzipien der sozialen Evolution suchen, wenn wir die Ursprünge von Kultur verstehen wollen.«

Der *Soziobiologe* fügt hinzu: »Ja, der Schlüssel zu allem ist Perspektive. Warum sie also nicht *wirklich* erweitern? Meine Disziplin, die gemeinsam von Biologen und Sozialwissenschaftlern entwickelt wurde, untersucht die biologische Basis des Sozialverhaltens aller Arten von Organismen. Ich weiß, daß allein schon die Vorstellung, menschliches Verhalten sei biologisch beeinflußt, zu heftigen Kontroversen geführt hat, besonders in der politischen Arena, aber bedenken Sie doch einmal: Der Mensch mag zwar hinsichtlich der Formbarkeit seines Verhaltens einzigartig sein, und er mag auch als einziger zu Sprache, Selbst-Bewußtsein und Voraussicht fähig sein, aber alle bekannten menschlichen Systeme zusammen bilden nur eine winzige Untermenge all derjenigen, die sich unter den Tausenden lebenden Arten von höchst sozialen Insekten und Wirbeltieren herausgebildet haben. Wenn wir eine echte Wissenschaft des Sozialverhaltens begründen wollen, werden wir die unterschiedliche Evolution all dieser Organismengruppen über einen Zeitraum von Hunderten von Jahrmillionen zurückverfolgen müssen. Außerdem wäre es sinnvoll, endlich anzuerkennen, daß sich das menschliche Sozialverhalten letztlich mit der biologischen Evolution entwickelt hat.«

Jede sozialwissenschaftliche Disziplin kann bequem in der von ihr selbst gewählten Skala von Zeit und Raum bestehen, solange sie dabei mehr oder weniger blind für all die anderen bleibt. Aber ohne eine wirkliche Sozialtheorie wird es den Sozialwissenschaften nicht gelingen, mit den Naturwissenschaften zu kommunizieren – noch können sie es ja nicht einmal untereinander. Wenn Sozial- und Naturwissenschaften vernetzt werden sollen, müssen die Disziplinen beider Wissenschaften zuerst einmal anhand der Zeit- und Raumskalen definiert werden, die sie jeweils abdecken, und nicht nur wie bisher allein durch ihren jeweiligen Forschungsgegenstand. Erst dann kann eine Vernetzung stattfinden.

Tatsächlich hat eine gewisse Annäherung bereits begonnen, und zwar durch die rasche Ausweitung der naturwissenschaftlichen Forschungsbereiche in den letzten Jahrzehnten. Vier Brücken überspan-

Die Sozialwissenschaften 257

nen schon den Graben. Die erste ist die Hirnforschung oder kognitive Neurowissenschaft, ergänzt durch einige Elemente der Erkenntnispsychologie, die die physikalischen Grundlagen mentaler Aktivitäten analysiert und sich zum Ziel gesetzt hat, hinter das Geheimnis des Bewußtseins zu kommen. Die zweite ist die auf den Menschen bezogene Verhaltensgenetik, die nun damit beginnt, die erblichen Grundlagen dieses Prozesses herauszufinden. Das beinhaltet auch den Einfluß der Gene auf die geistige Entwicklung. Die dritte Brücke ist die Evolutionsbiologie – inklusive ihres hybriden Sprößlings, der Soziobiologie – welche die erbbedingten Ursprünge des Sozialverhaltens zu erklären versucht. Und die vierte schließlich ist die Umweltforschung, deren Zusammenhang mit Sozialtheorie auf den ersten Blick seltsam anmuten mag, es aber ganz und gar nicht ist. Denn die natürliche Umwelt ist der Schauplatz, auf dem sich die Spezies Mensch entwickelt hat und an den ihre Physiologie und Verhaltensweisen genauestens angepaßt sind. Weder die Humanbiologie noch die Sozialwissenschaften ergeben wirklich einen Sinn, solange ihre Weltanschauungen diesen unverrückbaren Rahmen nicht berücksichtigen.

Es ist gar nicht schwer, sich vorzustellen, wie die Trittsteine zwischen den Natur- und Sozialwissenschaften ausgelegt und überquert werden könnten. Denken wir an einen konkreten makrosozialen Vorgang, beispielsweise an den Zerfall der Familie in den amerikanischen Slums, an die Implosion von Mexico City durch den Zuzug der Landbevölkerung, oder an die Ängste der Mittelschichten in den europäischen Staaten angesichts der geplanten Einführung einer gemeinsamen Währung. Üblicherweise beschränken sich Sozialwissenschaftler auf die konventionelle Analyse solcher Themen. Sie ordnen die Fakten, quantifizieren sie mit Tabellen, Graphiken und statistischen Schätzungen. Sie untersuchen den historischen Hintergrund, ziehen Vergleiche mit ähnlichen Phänomenen anderenorts, erforschen, welche Zwänge und Einflüsse das kulturelle Umfeld ausübt, und bestimmen, ob der untersuchte Vorgang weitverbreitet oder einzigartig für diese Zeit und diesen Raum ist. Aus all diesen Informationen ziehen sie dann Rückschlüsse auf Ursachen, Bedeutung und Fortgang des Geschehens.

Hier beenden die meisten Sozialwissenschaftler heutzutage ihre Studie und schreiben ihren Bericht. Nach einer Vernetzung der Theorien würden die Analytiker solchen Phänomenen sehr viel tiefer auf den Grund gehen können und damit auch ein umfassenderes

Verständnis erreichen und die Aussagekraft ihrer Voraussagen verbessern. Im Idealfall werden sie sich in den kommenden Jahrzehnten an psychologischen und vor allem sozialpsychologischen Prinzipien orientieren. Damit meine ich nicht, daß sie sich einfach auf die Intuition eines einzelnen oder eines Teams verlassen (wie begabt diese auch sein mögen) oder von irgendeinem Volksglauben über das menschliche Verhalten abhängig machen sollten (wie emotional zufriedenstellend er auch sein mag). Ich meine vielmehr, daß sie sich das Wissen der gereiften, exakten Psychologie aneignen sollten, kurzum jener Disziplin, die von den Sozialwissenschaftlern normalerweise völlig ignoriert wird.

Stellen wir uns einmal das Szenarium einer vernetzten Forschung ab diesem Punkt vor. Unsere künftigen Analytiker wissen genau, auf welche Weise sich Sozialverhalten als Summe von individuellen Emotionen und Intentionen innerhalb einer bestimmten Umwelt herausbildet. Sie wissen auch, daß sich individuelles Verhalten am Schnittpunkt von Biologie und Umwelt zu entwickeln beginnt. Ihr Verständnis von kulturellem Wandel haben sie mit den Erkenntnissen der Evolutionsbiologie erweitert, welche die Verhaltensmerkmale der gesamten Spezies Mensch als ein Produkt der genetischen Evolution betrachtet. Aber sie überlegen sich genau, wie sie mit dieser Vorstellung umgehen, das heißt, sie werden nicht von der Annahme ausgehen, daß Gene Verhaltensweisen in simpler Eins-zu-Eins-Manier festlegen, sondern sie werden die viel exaktere Formel zugrunde legen: *Verhalten wird von epigenetischen Regeln gelenkt.*

Epigenese, einst ein rein biologischer Begriff, steht für die Entwicklung eines Organismus unter dem kollektiven Einfluß von Erbmaterial und Umwelt. Die epigenetischen Regeln – um meine Darstellungen in den letzten zwei Kapiteln nochmals zusammenzufassen – sind die angeborenen Operationsweisen des Sinnessystems und Gehirns, sozusagen die Faustregeln, die es dem Organismus erlauben, schnelle Lösungen für Probleme zu finden, auf die er in der Umwelt stößt. Sie prädisponieren Individuen, die Welt auf bestimmte Weise wahrzunehmen und automatisch bestimmte Entscheidungen anderer vorzuziehen. Aufgrund dieser Regeln sehen wir zum Beispiel den Regenbogen in vier Grundfarben und nicht als ein Kontinuum von Lichtfrequenzen, vermeiden wir sexuellen Kontakt zu nahen Verwandten, sprechen in grammatikalisch zusammenhängenden Sätzen, lächeln Freunden zu und fürchten uns vor Fremden, wenn wir ihnen allein begegnen. Die typischerweise emotional gelenkten epigenetischen Regeln veranlassen das Individuum

Die Sozialwissenschaften 259

in allen Verhaltenskategorien zu jenen relativ schnellen und richtigen Reaktionen, die unsere Überlebens- und Reproduktionsfähigkeit am ehesten garantieren. Aber sie lassen Raum für die potentielle Entwicklung einer immensen Bandbreite kultureller Variationen und Kombinationen. Und manchmal, vor allem in komplexen Gesellschaften, führen sie mittlerweile gar nicht mehr zu Lösungen, die zum Erhalt von Gesundheit und Wohlergehen beitragen. Das von ihnen gelenkte Verhalten kann sogar schädlich sein und dem Wohl eines Individuums oder einer Gesellschaft entgegenwirken.

An diesem Punkt werden unsere künftigen Analytiker das Irrationale am menschlichen Handeln ausgelotet und dem Ariadnefaden der Kausalerklärungen vom historischen Phänomen bis zur Hirnforschung und Genetik gefolgt sein. Damit hätten sie die Kluft zwischen Sozial- und Naturwissenschaften bereits überbrückt. Einige Wissenschaftler auf beiden Seiten des Grabens erwarten dies voller Optimismus, doch ihnen gegenüber stehen mindestens ebenso viele Kritiker, die diese Vorstellung für wissenschaftsphilosophisch bedenklich oder zumindest für technisch viel zu schwierig halten, als daß sie jemals in die Tat umgesetzt werden könnte. All meine Instinkte sagen mir jedoch, daß es geschehen wird. Und wenn diese Union erst einmal besteht, werden die Sozialwissenschaften mit sehr viel breiteren Skalen von Zeit und Raum als heute arbeiten und neue Ideen in Hülle und Fülle ernten können. Vereinigung ist die beste Möglichkeit für sie, die Aussagekraft ihrer Voraussagen entscheidend zu verbessern.

Wie aber lassen sich die Skalen von Raum und Zeit erweitern? Es gibt viele Zugangsmöglichkeiten im Gesamtspektrum des menschlichen Verhaltens, darunter auch solche, die Kunst und Ethik nach sich ziehen, über die ich in den folgenden Kapiteln sprechen werde. Einen Zugang, der für Sozialwissenschaftler von unmittelbarer Bedeutung ist, bietet die Familientheorie, die in den vergangenen dreißig Jahren von Evolutionsbiologen und Psychologen entwickelt wurde. 1995 beendete Stephen T. Emlen von der Cornell University eine Überarbeitung dieser Theorie unter besonderer Berücksichtigung des Kooperations- und Konfliktverhaltens zwischen Eltern und erwachsenen Kindern. Ihr Ausgangspunkt ist Evolution durch natürliche Auslese: Kooperations- und Konfliktverhalten haben sich als Instinkte herausgebildet, weil sie die Überlebens- und Reproduktionsfähigkeit von Individuen erhöhen. Die Daten, anhand deren Emlen diese Annahme weiterentwickelte und die auf ihr beruhende

Die Einheit des Wissens

Theorie überprüfte, bezog er aus diversen Studien über Hunderte von Vogel- und Säugetierarten in aller Welt.

Die von dieser Theorie vorausgesagten Muster decken sich im großen und ganzen mit den Ergebnissen der Studien. Zwar stammen die Daten ausschließlich aus der Beobachtung des Instinktverhaltens von Tieren, doch die Relevanz, die diese Muster für die Kernfragen der Sozial- und Geisteswissenschaften haben, wird schnell offensichtlich:

Bei Vögeln und nichtmenschlichen Säugetieren sind Familienstrukturen im wesentlichen instabil; die Kontrolle hochwertiger Ressourcen erhöht allerdings ihre Stabilität. Dynastien, in denen sich eine bestimmte genetische Abstammungslinie über viele Generationen hinweg fortsetzen kann, entwickeln sich nur in Gebieten, die einen dauerhaften Ressourcenreichtum aufweisen.

Je enger die genetische Verwandtschaft ist, beispielsweise Vater-Sohn im Gegensatz zu Onkel-Neffe, desto stärker ist auch die Kooperationsbereitschaft.

Aufgrund der Kooperationsbereitschaft und des allgemeinen Inzestvermeidungsinstinkts vermindert sich die Häufigkeit von sexuellen Konflikten, je enger die Familienmitglieder genetisch miteinander verwandt sind.

Der Verwandtschaftsgrad beeinflußt auch, welche Formen Konflikt und Verpflichtung annehmen. An der Aufzucht beteiligte Männchen investieren weniger in Nachkommen, wenn ihre Vaterschaft ungewiß ist. Steht der Familie ein einziges Gattenpaar vor und verliert sie einen von beiden, konkurriert der Nachkomme, der dem anderen Geschlecht als der verbliebene Elternteil angehört, mit diesem um den Erzeugerstatus. Stirbt beispielsweise der Vater, wird die noch fortpflanzungsfähige Mutter gewöhnlich in einen Konflikt mit ihrem Sohn über den Status seiner neuerworbenen Partnerin geraten, und auch der Sohn wird seine Mutter von einer neuen sexuellen Partnerschaft abzuhalten versuchen.

Ein generelles Ergebnis dieses Musters von Konflikt und Verpflichtung ist, daß Stieffamilien weniger stabil sind als biologisch intakte Familien. Stiefeltern investieren weniger in angenommene als in biologische Kinder. Bei vielen Spezies werden angenommene Jungen getötet, wenn dadurch der Erfolg der eigenen Nachkommenschaft beschleunigt werden kann. Das geschieht vor allem dann, wenn der Stiefelternteil dem dominierenden Geschlecht angehört.

Die (mit Partnern von außerhalb produzierte) Nachkommenschaft wird eher dann gemeinsam aufgezogen, wenn sich damit die Option für rangniedere Familienmitglieder verbessert, den Familienverband zu verlassen

Die Sozialwissenschaften

und eigene Familien zu gründen. Solche Rücksicht auf das Wohlergehen anderer Familienmitglieder herrscht am stärksten unter den genetisch engsten Verwandten und eher zwischen Geschwistern als zwischen Eltern und Kindern.

Bei einer Übertragung dieser durch Studien untermauerten Theorie auf den Menschen sollte man natürlich immer im Gedächtnis behalten, welche massiven Einwirkungen kulturelle Veränderungen mit sich bringen. Sie können Konventionen derart stark verändern, daß ausgesprochen bizarre und perverse Varianten entstehen. Als was sonst sollten wir die Tatsache empfinden, daß es unter einem der vielen melanesischen Stämme in Papua-Neuguinea üblich war, die mit einem seltenen Virus infizierten Gehirne von verstorbenen Verwandten zu verspeisen (ohne eine Ahnung zu haben, daß damit zugleich eine tödliche Krankheit aufgenommen wurde)? Erforschte Verhaltensweisen wie Inzestvermeidung haben jedenfalls gezeigt, daß tiefsitzende animalische Instinkte in die epigenetischen Verhaltensregeln des Menschen übersetzbar sind. Wie die antiken Siedlungshügel in der Ebene des Euphrat warten auch sie auf Archäologen, die die in ihnen verborgene Kulturgeschichte ausgraben. Es ist also die praktische Aufgabe der Evolutionstheorie, auf das Schürffeld hinzuweisen, in dem diese epigenetischen Regeln am wahrscheinlichsten zu entdecken sind.

Die sozialwissenschaftliche Disziplin, die sich am besten zur Überbrückung des Grabens zu den Naturwissenschaften eignet, weil sie ihnen in Stil und Selbstvertrauen am ähnlichsten ist, ist die Ökonomie. Gewappnet mit mathematischen Modellen, alljährlich mit einem eigenen Nobelpreis bedacht und reichlich mit wirtschaftlicher und politischer Macht ausgestattet, verdient die Ökonomie durchaus den Titel, der ihr so oft verliehen wird: Königin der Sozialwissenschaften. Allerdings hat sie oft nur oberflächlich Ähnlichkeit mit einer »wirklichen« Wissenschaft, und selbst die wurde zu einem hohen intellektuellen Preis erkauft.

Dieser Preis, aber auch das Potential der theoretischen Ökonomie sind am besten vor historischem Hintergrund zu verstehen. Jürg Niehans betrachtet in seiner *Geschichte der Außenwirtschaftstheorie im Überblick* (1995) drei Entwicklungsperioden der Mainstream-Ökonomie. In der klassischen Ära des achtzehnten und frühen neunzehnten Jahrhunderts stellten sich Gründungsväter wie Adam Smith, David Ricardo und Thomas Malthus die Ökonomie als ein geschlossenes System aus umlaufendem Einkommen vor. Angetrieben von Angebot und Nachfrage, kontrolliert sie die weltweiten Ressourcen und macht diese nutzbringend zu Geld. Adam Smith stellte zu dieser Zeit das Postulat der freien Marktwirtschaft auf. Nach seinem Konzept der »unsichtbaren Hand« treiben Hersteller und Verbraucher die Wirtschaft an und interagieren daher zum Wohle der gesamten Gesellschaft, sofern sie dabei nur uneingeschränkt ihren eigenen Nutzen verfolgen können.

In der Ära der Grenzproduktivitätstheorie, die etwa um 1830 einsetzte und ihren Höhepunkt vierzig Jahre später erlebte, verlagerte sich der Fokus auf die spezifischen Eigenschaften dieser unsichtbaren Hand. Die imaginären inneren Funktionsweisen der Wirtschaft wurden als die jeweils individuellen Entscheidungen jener Kräfte definiert – Einzelpersonen, Unternehmen, Regierungen –, deren Aktivitäten mit Hilfe von mathematischen Modellen untersucht werden konnten. Im Rahmen einer der Physik ähnlichen abstrakten Theorie konnten die Analytiker die Ökonomie nun wie eine virtuelle Welt manipulieren und die Konsequenzen der schwankenden Produktions- und Konsumtionsniveaus einschätzen und voraussagen. Um ökonomische Veränderungen infolge von geringfügigen – also »grenzproduktiven« – Veränderungen bei Produktion und Verbrauch schätzen zu können, wurde die Differentialrechnung angewandt. Je nachdem ob Knappheit und Nachfrage steigen oder sinken, steigt oder fällt auch der Preis für jede neue Produktionseinheit, beispielsweise Gold, Öl oder Wohnungsbau. Kollektiv führen diese Schwankungen durch ein komplexes Austauschsystem dann entweder zur Stabilisierung oder Instabilisierung von Angebot und Nachfrage.

Zur Grundlage der Mikroökonomie, welche vorgibt, ökonomische Veränderungen exakt berechnen zu können, wurden die folgenden vier Einheiten: (1) die Grenzkosten: der Kostenzuwachs, der auf einem bestimmten Produktionsniveau mit der Produktion einer weiteren Gütereinheit anfällt; (2) das Grenzprodukt: der Gesamtproduktionszuwachs durch den Einsatz einer zusätzlichen Gütereinheit; (3) die Grenzeinnahmen: die Differenz zwischen Umsatz und variablen Kosten; und (4) der Grenznutzen: der Nutzenzuwachs, der durch den gesteigerten Verbrauch einer Gütereinheit entsteht. Nach Art des naturwissenschaftlichen Prinzips erlauben die Modelle der Grenzproduktivitätsökonomie den Variablen, sich einzeln oder in Kombinationen zu verändern, während der Rest konstant bleibt. Sachkundig angewandt, ergeben diese Modelle tatsächlich ein or-

Die Sozialwissenschaften 263

dentliches Bild. Nun wurde die Makroanalyse der klassischen Ära mit der Mikroanalyse aus der Ära der Grenzproduktivitätstheorie verbunden, wobei Alfred Marshall mit seinem 1890 erschienenen Werk *Principles of Economics* den größten Einfluß ausübte. Damit war die neoklassische Ökonomie – ein 1900 von Thorstein Veblen geprägter Begriff – entstanden.

Neoklassische Ökonomie ist das, was wir noch heute haben. Aber durchsetzen konnte sie sich erst, nachdem sich die Periode der Modellkonstruktion dazwischengeschoben hatte. Anfang der dreißiger Jahre begannen Theoretiker, die ökonomische Welt mit Hilfe von linearer Planungsrechnung, Spieltheorie und anderen erfolgreichen mathematischen und statistischen Techniken in immer feineren Details zu simulieren. Beflügelt vom Glauben an ihre eigene Genauigkeit, wandten sie sich auch zunehmend wieder der Gleichgewichtsanalyse zu. So gut es ihnen damit möglich war, spezifizierten sie Angebot und Nachfrage, die von Unternehmen und Verbrauchern ausgehenden Impulse, den Wettbewerb, die Fluktuationen und Fehlschläge des Marktes sowie den optimalen Einsatz von Arbeit und Ressourcen.

Die Gleichgewichtsmodelle der neoklassischen Theorie gelten noch heute als Knackpunkt der ökonomischen Theorie. Die Betonung liegt immer auf Exaktheit. In diesem Punkt stimmen die Analytiker ganz und gar mit Paul Samuelson überein – einem der einflußreichsten Ökonomen des zwanzigsten Jahrhunderts –, welcher gefordert hatte, daß sich »die Ökonomie auf Konzepte konzentriere, die tatsächlich berechenbar sind«.

Darin liegen sowohl die Stärken als auch die Schwächen der heutigen theoretischen Ökonomie. Ihre Stärken haben bereits Legionen von Theoretikern und Journalisten gefeiert, deshalb möchte ich hier vor allem ihre Schwächen unter die Lupe nehmen. Man kann sie im Prinzip in zwei Worten zusammenfassen: Sie ist newtonisch und hermetisch. Newtonisch, weil Ökonomen nach einfachen, allgemeinen Gesetzen suchen, die alle nur erdenklichen wirtschaftlichen Arrangements abdecken. Universalität ist ein logisches und nachvollziehbares Ziel, allerdings sorgen die dem Menschen angeborenen Verhaltensweisen dafür, daß nur ein verschwindender Teil solcher Arrangements wahrscheinlich oder überhaupt möglich ist. Genausowenig wie die Grundgesetze der Physik ausreichen, um ein Flugzeug zu bauen, reichen die allgemeinen Bauteile der Gleichgewichtstheorie aus, um sich ein optimales oder gar stabiles Wirtschaftssystem vorstellen zu können. Außerdem sind diese Modelle hermetisch, weil sie die Komplexitäten des menschlichen Verhaltens und der umweltbedingten Zwänge nicht in Rechnung stellen. Daher haben die Ökonomen trotz der unbestreitbaren Genialität vieler Theoretiker auch nur so wenige Erfolge, aber um so mehr peinliche Mißerfolge bei der Voraussage der ökonomischen Zukunft vorzuweisen.

Zu den Erfolgen gehört, daß ihnen die partielle Stabilisierung einiger weniger Volkswirtschaften gelang. Der Zentralbankrat in den Vereinigten Staaten verfügt heute über genügend Wissen und rechtliche Mittel, um den Geldfluß zu regulieren und die Wirtschaft davor zu bewahren – wollen wir es hoffen! –, in katastrophale Inflation und Depression abzustürzen. Auch die Bedeutung von technologischer Innovation für das Wachstum wird mittlerweile relativ gut verstanden – jedenfalls im nachhinein. Und Preisbestimmungsmodelle haben großen Einfluß auf die Wall Street.

Wir sind immer besser dran, wenn Ökonomen reden, als wenn sie schweigen. Doch auf die meisten makroökonomischen Fragen, die die Gesellschaft beschäftigen, haben die Theoretiker keine definitiven Antworten – wieviel fiskalische Regulierung darf sein, wie sieht die künftige Einkommensverteilung in und zwischen Nationen aus, was ist das optimale Bevölkerungswachstum und die beste Bevölkerungsverteilung, wie sieht es mit der langfristigen finanziellen Sicherheit des einzelnen aus, welche Rolle spielen Boden, Wasser, biologische Vielfalt und all die anderen abbaubaren und schwindenden Ressourcen, und wie steht es mit solchen »Äußerlichkeiten« wie dem Verschleiß der globalen Umwelt? Die Weltwirtschaft ist ein Schiff, das durch ein auf keiner Karte verzeichnetes Meer voller gefährlicher Untiefen prescht. Man kann sich einfach nicht darauf verständigen, wie sie wirklich funktioniert. Das Ansehen der Ökonomen entstand weniger durch ihre nachweislichen Erfolge als durch die Tatsache, daß sich Busineß und Staat an niemand anderen wenden können.

Das heißt jedoch nicht, daß Ökonomen besser daran täten, sich zugunsten von Intuition und Deskription von mathematischen Modellen zu verabschieden. Der große Vorteil von Modellen – zumindest in den Naturwissenschaften – ist, daß sie den Forscher zu eindeutigen Definitionen von bestimmten Einheiten wie Atomen und Genen und von bestimmten Prozessen wie Mobilität und Wandel zwingen. Richtig geplant, läßt ein Modell keinerlei Zweifel an seinen Prämissen. Es integriert die wichtigsten Faktoren und bietet die Möglichkeit, deren Interaktionen konkret einzuschätzen. Im Rahmen dieser selbstauferlegten Beschränkungen kann der Forscher nun Voraussagen über die reale Welt treffen – natürlich je präziser, desto

Die Sozialwissenschaften

besser. Anschließend setzt er sein Denkkonstrukt der Überprüfung anhand der Beweise aus. Es gibt nichts Provokanteres in der Wissenschaft als eine klar definierte und überraschende Voraussage, und nichts verschafft mehr Ruhm als eine Voraussage, die im Detail bestätigt werden konnte.

Dazu suchen Wissenschaftler allgemein bei der Theorie und insbesondere bei mathematischen Modellen nach vier Eigenschaften. Zuerst einmal nach *Parsimonie.* Je weniger Hypothesen und Axiome zur Erklärung eines Phänomens herangezogen werden müssen, desto besser. Aufgrund der erfolgreichen Anwendung des Parsimoniegesetzes in der Physik benötigen wir heute beispielsweise keinen imaginären Stoff namens Phlogiston mehr, um eine Erklärung für den Verbrennungsprozeß von Holz zu haben, und auch keinen nichtexistenten Äther, um die Leere des Raums zu füllen. Die zweite Eigenschaft ist *Allgemeingültigkeit:* Je mehr Phänomene durch ein Modell erklärt werden können, um so größer ist die Wahrscheinlichkeit, daß es stimmt. In der Reagens-Chemie war es die Tafel des Periodensystems, die eine separate Theorie für jedes einzelne Element und jede einzelne Verbindung unnötig machte – eine einzige exakte Theorie für alle.

Die dritte Eigenschaft ist *Kongruenz:* Disziplinäre Einheiten und Prozesse, die mit dem verifizierten Wissen anderer Disziplinen übereinstimmen, haben sich in Theorie und Praxis schon immer allen nichtkongruenten Einheiten und Prozessen überlegen erwiesen. Aus genau diesem Grund haben die Daten, die uns aus der organischen Evolution durch natürliche Auslese auf allen biologischen Ebenen, von der DNA-Chemie bis hin zur fossilen Datierung, zur Verfügung stehen, auch den Schöpfungsglauben in seine Grenzen gewiesen. Vielleicht gibt es Gott, und vielleicht gefällt Ihm, was wir auf diesem winzigen Planeten treiben, aber um die Biosphäre zu erklären, wird Seine Finesse nicht benötigt. Die alles entscheidende Eigenschaft schließlich ergibt sich aus allen oben genannten: *Voraussagbarkeit.* Es behalten immer diejenigen Theorien Gültigkeit, die präzise Voraussagen über mehrere Phänomene treffen können und sich außerdem am einfachsten anhand von Beobachtung und Experiment überprüfen lassen.

Bevor wir nun die theoretische Ökonomie an diesen Kriterien messen, halte ich es nur für fair, daß wir uns einen Zweig der Biologie ansehen, der mit vergleichbaren technischen Schwierigkeiten zu kämpfen hat: die Populationsgenetik. Sie erforscht die Häufigkeit und Verteilung von Genen und anderen Einheiten des Erbmaterials innerhalb ganzer Populationen (eine Population bilden beispielsweise alle Mitglieder einer bestimmten Fischart in einem bestimmten See). Von der Populationsgenetik, die wie die theoretische Ökonomie eine ganze Enzyklopädie von Modellen und Gleichungen angesammelt hat, sagt man, sie sei die respektierteste Disziplin innerhalb der Evolutionsbiologie. Ihr Urmodell ist das Hardy-Weinberg-Prinzip oder -»Gesetz«, eine einfache, auf den Mendelschen Vererbungsregeln beruhende Wahrscheinlichkeitsformel: Wenn in einer sich sexuell reproduzierenden Population zwei Formen – oder Allele – desselben Gens vorkommen, beispielsweise solche, die jeweils verschiedene Blutgruppen oder Ohrformen festlegen, und wenn wir den Prozentsatz dieser Allele in der Population kennen, dann können wir auch exakt den Prozentsatz von Individuen voraussagen, die andere Allelpaare besitzen. Umgekehrt können wir anhand des bekannten Prozentsatzes eines einzigen solchen Paares sofort eine Aussage über die Häufigkeit der Allele in der gesamten Population machen. Hier ein Beispiel, wie das funktioniert. Menschen haben entweder freihängende oder an der Kopfseite angewachsene Ohrläppchen. Dieser Unterschied entsteht durch zwei verschiedene Formen desselben Gens. Nennen wir die freihängenden Ohrläppchen Allel A, und die angewachsenen Allel a. Freihängende Ohrläppchen dominieren über angewachsene. Daraus folgt, daß Individuen einer Population über die eine oder andere der folgenden drei Kombinationen verfügen:

AA = freihängende Ohrläppchen
Aa = freihängende Ohrläppchen
aa = angewachsene Ohrläppchen.

Nach Usus der Genetik wird nun die Häufigkeit (in der Anordnung von 0 bis 1,0 – das heißt, von Null bis 100 Prozent) von A mit p bezeichnet, und die Häufigkeit von a mit q. Das Hardy-Weinberg-Prinzip beruht auf den Mendelschen Vererbungsregeln und der Zufälligkeit, mit der ein Allel in einem Ei auf ein Allel in einem Spermium bei der Befruchtung trifft. Das ganze wird als einfache binomische Erweiterung dargestellt, denn per definitionem ergibt $p + q = 1,0$ und daher gilt $(p + q)^2 = (1,0)^2 = 1,0$. Hieraus folgt:

$$p + q = (p + q)^2 = p^2 + 2pq + q^2 = 1,0,$$

Die Sozialwissenschaften

wobei p^2 für die Häufigkeit von AA, 2pq für die Häufigkeit von Aa und q^2 für die Häufigkeit von aa stehen. Das Grundprinzip der Formel ist folgendes: Es gibt p Chancen, daß ein Ei A enthält, und p Chancen, daß das befruchtende Spermium ebenso A enthält, also gibt es p^2 Chancen (Häufigkeitsverteilungsmomente), daß das entstehende Individuum AA ist. Gleiches gilt für die Kombinationen pq und q^2. Nehmen wir einmal an, daß 16 Prozent (das entspricht einer Häufigkeitsverteilung von 0,16) aller Mitglieder einer Population angewachsene Ohrläppchen haben, ihre Allele also aa sind. In diesem Fall sagt die Hardy-Weinberg-Formel voraus, daß 40 Prozent (0,4 = die Quadratwurzel aus 0,16) der Allele in der Population a und 60 Prozent A sind, 36 Prozent (0,36 oder 0,60 x 0,60) der Individuen die Kombination AA haben und 48 Prozent (0,48 oder 2 x 0,4 x 0,6) die Kombination Aa.

In der realen Welt ist die Anwendung der Hardy-Weinberg-Formel jedoch an ein paar sehr grundsätzliche Bedingungen geknüpft. Aber die lassen das Gerüst nicht gleich einstürzen, sondern machen »H-W« noch interessanter und sogar nützlicher: Einfache H-W-Voraussagen sind immer dann absolut korrekt, wenn die natürliche Auslese keine mögliche Genkombination einer anderen vorzieht, wenn sich alle Mitglieder einer Population nach dem Zufallsprinzip paaren und wenn diese Population unbegrenzt groß ist. Die beiden ersten Bedingungen sind unwahrscheinlich, die dritte ist unmöglich. Um nun der Realität näherzukommen, »lockern« Biologen diese Restriktionen eine nach der anderen und anschließend in ihren diversen Kombinationen. Beispielsweise reduzieren sie das zahlenmäßige Vorkommen der angenommenen Organismen von unbegrenzt auf Zahlen, die in existenten Populationen realistisch sind und sich je nach Spezies meistens zwischen Zehn und einer Million bewegen. Dann berücksichtigen sie die zufällige Abweichung der Häufigkeitsverteilung eines Gens von einer Generation zur nächsten, wobei das Prinzip gilt: je kleiner die Population, desto größer die Abweichung. Wenn man zum Beispiel eine Million identischer Münzen mehrere Male hintereinander wirft, so wird das Ergebnis nahezu immer an halb Kopf und halb Zahl heranreichen. Wirft man jedoch nur zehn Münzen, wird das Ergebnis nur gelegentlich eine genau halbierte Aufteilung in Kopf und Zahl sein; und nur bei einem von durchschnittlich 512 Versuchen werden entweder nur Zahl oder nur Kopf erscheinen.

Stellen wir uns die sexuelle Reproduktion einmal wie einen Münzwurf vor und jede Generation als erneuten Wurfversuch. Die zufallsbedingte Veränderung der Häufigkeitsverteilung eines Gens von einer Generation zur nächsten nennt man »Evolution durch genetische Drift«. Bei Populationen mit hundert oder weniger Individuen kann genetische Drift gewaltige Veränderungen hervorrufen. Das Ausmaß einer solchen Veränderung kann mittels statistischer Berechnungen, die uns stichprobenartig etwas über das Schicksal gleichgroßer Populationen erzählen, genau festgestellt werden. Diese Berechnungen zeigen nun, daß genetische Drift hauptsächlich zu einer Reduktion der Variationsbreite führt, da sie einige Genformen eliminiert. Kombiniert mit der Zufälligkeit der Veränderung bedeutet dies, daß die genetische Drift ein weit weniger kreativer Prozeß ist als die natürliche Auslese.

Sobald die natürliche Auslese in diese Modelle einbezogen wird, vermindert sich der Einfluß der genetischen Drift und die Häufigkeitsverteilung von Genen wird mit voraussagbarer Geschwindigkeit in die eine oder andere Richtung gedrängt. Nun gestalten Populationsgenetiker ihre Modelle aber noch komplexer, um sie in verschiedener Hinsicht noch enger an die Natur anzulehnen. Beispielsweise erklären sie das Paarungsverhalten für nicht-zufällig, teilen Populationen in Splittergruppen auf, welche ständig Migranten austauschen, oder beschreiben charakteristische Merkmale nicht anhand von einzelnen Genen, sondern von Genkonstellationen.

Die Modelle der Populationsgenetiker ermöglichen exakte Voraussagen in virtuellen Welten, jeweils begrenzt von den Annahmen, welche bei der Beurteilung der Daten zugrunde gelegt wurden, und können oft anhand von sorgfältig behandelten Tier- und Pflanzenpopulationen in den Labors bestätigt werden. Aber sie sind kaum in der Lage, entsprechende evolutionäre Vorgänge vorauszusagen, die sich in der realen Natur abspielen. Das Problem dabei ist nicht mangelnde innere Logik der Theorie, sondern die Unvorhersagbarkeit der Natur selbst. Die Umwelt verändert sich unentwegt, und mit ihr die Werte der Parameter, die die Genetiker bei ihren Modellen ansetzen. Klimatische Veränderungen und Wetterkatastrophen können ganze Populationen auflösen und andere dazu bringen, sich auszubreiten oder miteinander zu verschmelzen. Neue Raubtiere und Rivalen dringen ein, alte ziehen sich zurück. Seuchenartige Krankheiten breiten sich über ganze Lebensräume aus. Traditionelle Nahrungsquellen versiegen und neue tun sich auf.

Evolutionsbiologen sind von den Turbulenzen in der real existierenden Welt ebenso leicht aus dem Tritt zu bringen wie Meteorologen. Sie hatten zwar einige Erfolge bei der Voraussage von Verände-

Die Sozialwissenschaften 269

rungen, die bei kleinen Gen-Ensembles und weniger einflußreichen Merkmalen im Laufe von einigen Generationen stattfinden; und durch fossile Nachweise sowie die logische Rekonstruktion der Stammbäume von lebenden Spezies können sie rückwirkend viele große Abweichungen und Veränderungen während der langfristigen Evolution erklären. Doch bisher waren sie kaum in der Lage, *künftige* Vorgänge auch nur mit annähernder Genauigkeit vorauszusagen. Und ebenso große Schwierigkeiten haben sie, Ereignisse der Vergangenheit rückwirkend vorauszusagen – also das Auftreten von vergangenen Ereignissen zu definieren, noch bevor nach Spuren dieser Ereignisse gesucht wurde und Rekonstruktionen erstellt werden konnten. Es ist wenig wahrscheinlich, daß ihnen das gelingen wird, solange die Ökologie und Umweltforschung nicht ausgereifter und ihrerseits voraussagekräftiger geworden sind und uns den vollständigen, exakten Kontext, in dem Evolution stattfindet, liefern können.

Die Ökonomie, am Schnittpunkt der verschiedenen Sozialwissenschaften, ist mit denselben Schwierigkeiten wie die Populationsgenetik und die Umweltforschung konfrontiert. Auch sie wird von »exogenen Schocks« gebeutelt, von all den unerklärlichen historischen Vorgängen und Umweltveränderungen, die die Werte der Parameter auf- und abschnellen lassen. Allein dadurch wird die Genauigkeit von ökonomischen Voraussagen stark begrenzt. Außer ganz allgemein oder in statistischen Zusammenhängen sind ökonomische Modelle weder in der Lage, eine Hausse oder Baisse an den Börsenmärkten noch die von Kriegen oder technischen Innovationen hervorgerufenen und Jahrzehnte dauernden Zyklen vorauszusagen. Sie können uns nicht sagen, ob Steuersenkungen oder ein Abbau des Haushaltsdefizits effektiver sind, um das Pro-Kopf-Einkommen zu erhöhen, oder wie sich ein Wirtschaftswachstum auf die Einkommensverteilung auswirkt.

Nun steht die theoretische Ökonomie jedoch noch vor einer anderen, ebenso fundamentalen Schwierigkeit. Im Gegensatz zur Populationsgenetik und Umweltforschung fehlt ihr nämlich die solide Grundlage von bestimmten Einheiten und Prozessen, und sie hat noch nicht einmal ernsthaft versucht, sich mit den Naturwissenschaften zu vernetzen. Alle Theoretiker wissen, daß die Grundmuster ökonomischer Prozesse ihren Ursprung auf die eine oder andere Weise in den mannigfaltigen Entscheidungen haben, welche von Menschen getroffen werden, ob als Individuen oder als Angehörige von Unternehmen oder staatlichen Behörden. Die ausgefeiltesten wirtschaftstheoretischen Modelle versuchen nun, dieses mikroöko-

nomische Verhalten in weiter gefaßte Maßstäbe und Muster zu übersetzen, die man dann allgemein als »die Wirtschaft« definiert. Die
Übersetzung von Einzelverhalten in Gesamtverhalten ist das größte
analytische Problem der Ökonomie und der übrigen Sozialwissenschaften. Denn sie berücksichtigen dabei kaum je die konkreten Formen und Ursachen von individuellem Verhalten. Statt dessen legen
die Konstrukteure ihren Modellen volkspsychologisches Wissen zugrunde, das auf mehr oder weniger gesundem Menschenverstand
und Intuition beruht, deren Grenzen bekanntlich längst weit überschritten wurden.

Doch das muß nicht unbedingt falsch sein. Die theoretische Öko-
nomie ist nicht ptolemäisch, also strukturell nicht derart unzuläng-
lich, daß eine grundlegende konzeptionelle Revolution nötig wäre.
Die am weitesten fortgeschrittenen Modelle, die sich mit dem
Mikro-Makro-Übersetzungsproblem befassen, sind auf der richtigen
Spur. Allerdings haben sich die Theoretiker selbst ein unnötiges
Handicap geschaffen, indem sie ihre Theorie vor der Biologie und
Psychologie und ihren wissenschaftlichen Methoden Deskription,
Experiment und statistische Analyse verschlossen haben. Meines Er-
achtens nach taten sie das nur, um Verwicklungen mit der ungeheu-
ren Komplexität dieser Basiswissenschaften zu vermeiden. Sie ver-
folgten einfach die Strategie, die Mikro-Makro-Problematik mit so
wenigen Annahmen wie nur möglich auf Mikroebene zu lösen. Mit
anderen Worten, sie haben es mit der Parsimonie zu weit getrieben.
Hinzu kommt, daß ökonomische Theorien immer darauf zielen,
Modelle für den größtmöglichen Anwendungsbereich zu schaffen.
Und dabei wird oft derart extrem abstrahiert, daß kaum mehr als
Übungen in angewandter Mathematik herauskommen. Hier haben
sie es mit der Allgemeingültigkeit zu weit getrieben. Das Ergebnis ist
ein Theorienkomplex, der in sich konsistent, aber auch nicht mehr
als das ist. Obwohl sich die Ökonomie meiner Meinung nach in die
richtige Richtung bewegt und damit den Weg gewiesen hat, dem
auch die Sozialtheorie klugerweise folgen sollte, ist sie also noch
immer mehr oder weniger irrelevant.

Die Stärken und Schwächen der theoretischen Ökonomie kommen vorzüglich im Werk von Gary S. Becker von der University of
Chicago zum Ausdruck. 1992 erhielt er den Nobelpreis für Wirtschaftswissenschaften, weil er »den Bereich der ökonomischen Theorie auf Aspekte des menschlichen Verhaltens ausgedehnt hat, mit
denen sich zuvor – wenn überhaupt – nur andere sozialwissenschaftliche Disziplinen wie die Soziologie, Demographie und Kriminolo-

gie befaßt haben«. Becker war es gelungen, tiefer als jeder Ökonom vor ihm in die Ursachen für menschliche Präferenzen einzudringen. Er hatte erkannt, daß die meisten ökonomischen Schlußfolgerungen auf der impliziten Annahme beruhen, daß der Mensch von grundlegenden biologischen Bedürfnissen wie etwa nach Nahrung, Obdach und Entspannung getrieben sei. Dabei gebe es, so Becker, auch noch ganz andere Motivationen – zum Beispiel die unterschiedlichen Arten von Wohnungen, Einrichtungsstilen, Restaurants und Freizeitbeschäftigungen, zwischen denen man wählen kann –, die mit diesen elementaren Imperativen gar nichts zu tun hätten. Jede Wahl, die man in bezug auf diese Dinge trifft, hänge von unterschiedlichen persönlichen Erfahrungen und sozialen Kräften jenseits der individuellen Kontrolle ab. Wenn man das menschliche Verhalten wirklich grundlegend erklären wolle, müsse man die Nützlichkeit, also den Vorteil, den eine solche Wahl für den Konsumenten bedeutet, in ökonomische Modelle einbeziehen.

Die unverbrüchliche Annahme, die Beckers Denken zugrunde liegt, ist das Prinzip der rationalen Entscheidung. Von früheren Ökonomen als Eckstein der quantitativen Modellkonstruktion eingeführt, besagt es schlicht, daß der Mensch seine Befriedigung durch überlegtes Handeln maximiert. Allerdings hatten sich alle auf diesem Konzept basierenden ökonomischen Modelle weitestgehend auf die Nützlichkeit von limitierten Eigeninteressen beschränkt. Becker drängte seine Kollegen nun, ihre Sicht auf die Bereiche der anderen Sozialwissenschaften zu erweitern, also auch Wünsche einzubeziehen, die von altruistischen, loyalen, heimtückischen oder masochistischen Motiven geprägt sind, welche seiner Meinung nach jede rationale Entscheidung mitbestimmen.

Nachdem sie ihre formalen Modelle also entsprechend erweitert hatten, glaubten Becker und Gleichgesinnte nun mit größerer Zuversicht einige der beunruhigendsten Probleme der Industriegesellschaft analysieren zu können. Im Bereich der Kriminologie empfahlen sie beispielsweise optimale Abschreckungsmethoden – ökonomische natürlich – für unterschiedlich schwere Vergehen, vom Kapitalverbrechen und bewaffneten Raubüberfall bis hin zu Unterschlagung, Steuerhinterziehung und Gesetzesbrüchen in Geschäfts- und Umweltschutzbereichen. Auch auf das Gebiet der Soziologie wagten sie sich und schätzten die Auswirkungen von Rassendiskriminierung auf Produktion und Arbeitslosigkeit und von sozioökonomischer Klassenzugehörigkeit auf die Wahl des Ehepartners. Im Bereich des öffentlichen Gesundheitswesens analysierten sie den

Einfluß von gesetzlichen Restriktionen und Sondersteuern auf den Verbrauch von Zigaretten und Drogen.

Ihre Modelle beinhalten elegante graphische Darstellungen und analytische Lösungen für theoretische Gleichgewichtsprobleme. Doch betrachtet man sie mit den bewährten Prinzipien der Verhaltensforschung, erscheinen sie einem nicht nur zu stark vereinfachend, sondern oft auch irreführend. Die Wahlmöglichkeiten des persönlichen Verhaltens bleiben auf wenige Optionen beschränkt, zum Beispiel ob man raucht oder nicht, ob man innerhalb derselben sozioökonomischen Klasse heiratet oder nicht, ob man ein Verbrechen riskiert oder ob man in eine Gegend zieht, die von der eigenen ethnischen Gruppe bevorzugt wird. Ihre Voraussagen basieren auf dem Prinzip »mehr von diesem, weniger von jenem« und der Annäherung an jene Schwellen, wo Trends einsetzen, nachlassen oder in die entgegengesetzte Richtung schwenken. Typisch ist auch, daß diese Voraussagen immer auf dem intuitiven gesunden Menschenverstand – der Volkspsychologie – beruhen und daher trotz aller formalanalytischen Schritte auch nur Ansichten bestätigen, die ebenso nur auf gesundem Menschenverstand basieren. So erfahren wir zum Beispiel in einer trockenen und höchst technischen Sprache, daß eine dauerhafte Erhöhung des Tabakpreises den Zigarettenkonsum eher reduziert als eine temporäre; daß Reiche Vorkehrungen zur Vermeidung von Begegnungen oder gar Liebesbeziehungen mit Armen treffen, um ihren Reichtum nicht zu gefährden; daß Leute einen Gewinn daraus ziehen, In-Lokale zu besuchen, auch wenn die Konkurrenz eine preislich wie geschmacklich gleichwertige Küche anbietet, und so weiter. Die Prämissen, von denen diese Modelle ausgehen, werden nur selten überprüft und die Schlußfolgerungen nur selten an quantitativen Felddaten gemessen. Der Reiz dieser Modelle liegt, bildlich gesprochen, in der Karosserie und dem Motorengeräusch, nicht aber in der Geschwindigkeit und dem Ziel, auf das der Wagen zusteuert.

Das Ziel von psychologisch orientierten Ökonomen wie Becker, Jack Hirshleifer, Thomas Schelling, Amartya Sen, George Stigler und anderen ist die Stärkung der Mikroökonomie, in der Hoffnung, genauere Voraussagen über das makroökonomische Verhalten treffen zu können. Das ist natürlich ein bewundernswertes Unterfangen, doch um auf diesem Weg voranzukommen, müßten sie die Grenze zwischen Sozial- und Naturwissenschaften überschreiten und mit den Biologen und Psychologen auf der anderen Seite Handel treiben. Geradeso wie Becker in seiner Nobelpreisrede meinte, daß sein Beitrag darauf ausgerichtet sei, »Ökonomen aus ihrer engen Ecke der auf Eigeninteresse beschränkten Annahmen herauszuholen«, müßte es ihr nächster Schritt sein, sich endlich vollständig vom SSSM, dem Sozialwissenschaftlichen Standardmodell der Verhaltensforschung, zu verabschieden und die biologischen und psychologischen Grundlagen der menschlichen Natur ernstzunehmen. Erstaunlicherweise ist die große Mehrheit unter den Ökonomen, trotz überwältigender gegenteiliger Beweise, noch immer der Ansicht, daß der Mensch in modernen Gesellschaften erstens nur seine biologischen Grundbedürfnisse erfüllen wolle und zweitens nur Wahlmöglichkeiten habe, die, so Becker, »von der Kindheit, sozialen Interaktionen und kulturellen Einflüssen abhängen« – also ganz offensichtlich nicht von den ererbten epigenetischen Regeln der menschlichen Natur. Die fatale Konsequenz dieser Sichtweise ist, daß sogar die genialsten ökonomischen Modelle nur auf Volkspsychologie basieren.

Um Psychologie und Biologie in ökonomische und andere sozialwissenschaftliche Theorien einfließen zu lassen – was ihnen nur zum Vorteil gereichen kann –, muß man erst einmal die einzelnen Konzepte von Nützlichkeit mikroskopisch unter die Lupe nehmen und fragen, warum Menschen letztlich zu bestimmten Entscheidungen neigen, warum sie, derart prädisponiert, auf bestimmte Weise handeln und unter welchen Umständen sie das tun. Hat man diese Aufgabe erfüllt, folgt die Frage nach der Mikro-Makro-Problematik, nach den Prozessen, die die Summe aller individuellen Entscheidungen in soziale Verhaltensmuster übersetzen. Daran schließt sich, eingebettet in eine noch erweiterte Skala von Raum und Zeit, das Problem der Koevolution an, also die Frage nach den Mitteln, die die biologische Evolution einsetzt, um Kultur zu beeinflussen, und umgekehrt. Jede mögliche Erklärung, welche die Bereiche der menschlichen Natur, des Übergangs von Mikro zu Makro und der genetisch-kulturellen Koevolution betrifft, erfordert einen Brückenschlag von den Sozialwissenschaften über die Psychologie zur Hirnforschung und Genetik.

Die aus biologischen und psychologischen Studien gewonnenen Fakten ermöglichen bestimmte Generalisierungen in bezug auf Nützlichkeit:

• Die Entscheidungskategorien, also die wesentlichen Denk- und Verhaltensmuster von Moment zu Moment, sind epistatisch, das heißt, die in einer Kategorie auftretenden Bedürfnisse und Möglichkeiten verändern den Einfluß von anderen. Die Rangordnung der einzelnen Kategorien, beispielsweise nach Geschlecht, Statusschutzvorkehrungen oder Spieltrieb geordnet, scheint genetisch programmiert zu sein.

- Einige Bedürfnisse und Möglichkeiten sind nicht nur epistatisch, sondern zwingend. Zustände wie Drogenabhängigkeit oder sexuelle Besitzgier können die Gefühlslage derart überwältigen, daß sie sich nur noch auf ein einziges, übermächtiges Ziel konzentriert und Aktivitäten in anderen Kategorien im Grunde ausschließt.

- Rationale Berechnung basiert auf einer Woge von konkurrierenden Emotionen, deren wechselseitiges Kräftespiel durch die Interaktion von ererbten und umweltbedingten Faktoren bestimmt wird. Inzestvermeidung unterliegt beispielsweise einer starken, ererbten epigenetischen Regel, die einerseits durch kulturelle Tabus verstärkt, andererseits aber durch zunehmend besser reflektierte persönliche Erfahrung überwunden werden kann.

- Rationale Berechnung ist häufig selbstlos. Aus komplexen und noch immer kaum verstandenen Gründen gehören Patriotismus und Altruismus zu den einflußreichsten Gefühlen. Und es ist nach wie vor ein überraschender Fakt, daß viele Menschen vom einen Moment zum anderen bereit sind, ihr Leben zu riskieren, um das eines Fremden zu retten.

- Entscheidungen sind gruppenabhängig, soviel ist klar. Weit weniger klar ist jedoch, weshalb die Einflußnahme einer sozial ebenbürtigen Gruppe von Verhaltenskategorie zu Verhaltenskategorie derart unterschiedlich ist. Der bevorzugte Kleidungsstil hängt fast ausschließlich von der jeweils ebenbürtigen Gruppe ab, wohingegen die Inzestvermeidung im wesentlichen von ihr unabhängig ist. Haben solche Unterschiede eine genetische Basis und demnach auch eine evolutionäre Geschichte? Vermutlich ja, und es ist höchste Zeit, sie genauer unter die Lupe zu nehmen.

- Entscheidungsprozesse sind in all ihren Kategorien von epigenetischen Regeln beeinflußt, also von unserer angeborenen Neigung, uns zunächst einmal unserer Optionen klarzuwerden und erst dann für ganz bestimmte zu entscheiden. Üblicherweise divergiert diese Neigung nach Alter und Geschlecht.

Die psychobiologische Subtilität von Entscheidungsprozessen kommt besonders im »r-K-Kontinuum« der diversen Reproduktionsstrategien zum Ausdruck. Wenn nur wenige und außerdem instabile Ressourcen zur Verfügung stehen, tendiert der Mensch zur

Die Sozialwissenschaften 275

r-Strategie, das heißt, er zieht es vor, viele Kinder zu bekommen und somit sicherzustellen, daß wenigstens einige überleben werden. Sind reichliche und stabile Ressourcen vorhanden, zieht er die K-Strategie vor, also weniger, aber »qualitativ hochstehende« Nachkommen zu zeugen und diese besonders zu beschützen und auszubilden, um ihnen den Zugang in eine sozioökonomisch höherstehende Schicht zu ermöglichen. (Das Symbol »r« bezieht sich in der Demographie auf die Bevölkerungswachstumsrate, welche mit der r-Strategie ansteigt; das Symbol »K« bezeichnet die Übertragungskapazität der Umwelt, also jene Größe, bei der es zum Stillstand des Bevölkerungswachstums kommt.) Überlagert ist das r-K-Kontinuum von der unter sozial einflußreichen Männern vorherrschenden Neigung, um die Gunst mehrerer Frauen im fortpflanzungsfähigen Alter zu buhlen und damit ihre Reproduktions- und Überlebenschancen im Darwinschen Sinne in die Höhe zu treiben.

Ein umfassendes Verständnis von Nützlichkeit ist von der Biologie und Psychologie zu erwarten, weil sie menschliches Verhalten zuerst einmal auf seine einzelnen Elemente reduzieren und anschließend hierarchisch aufwärtsstrebend synthetisieren. Es wird sich nicht aus den Sozialwissenschaften ergeben, da ihre Prämissen üblicherweise auf hierarchisch abwärtsstrebenden Schlußfolgerungen und auf Intuition basieren. Nur von der Biologie und Psychologie werden Ökonomen und andere Sozialwissenschaftler die nötigen Prämissen erhalten, um Modelle von besserer Voraussagekraft entwickeln zu können – geradeso wie die Biologie von den Prämissen der Physik und Chemie aufgewertet werden konnte.

Was eine künftige Sozialtheorie zu leisten imstande sein wird, hängt auch davon ab, ob sich ein psychobiologisches Verständnis für den logischen Denkprozeß entwickeln wird. Derzeit basiert die vorherrschende Erklärungsmethode auf der bereits erwähnten rationalen Entscheidungstheorie, die von der Ökonomie gebildet und dann von den politischen Wissenschaften und anderen Disziplinen übernommen wurde und deren Hauptthese besagt, daß der Mensch allem voran rational handle. Zuerst prüfe er alle einschlägigen Faktoren und gewichte die Konsequenzen aller möglichen Entscheidungen, und bevor er dann eine endgültige Entscheidung trifft, führe er noch eine Kosten-Nutzen-Analyse durch – Investition, Risiko, emotionaler und materieller Gewinn. Bevorzugt werde am Ende immer die Option, die Nützlichkeit maximiere.

Das ist wahrlich keine adäquate Wiedergabe der menschlichen

Denkungsart. Das menschliche Gehirn ist keine besonders schnelle Rechenmaschine, aber die meisten Entscheidungen müssen ziemlich schnell getroffen werden, und das auch noch unter komplexen Bedingungen und mit unvollständigen Informationen. Also wäre doch die wichtigste Frage für die rationale Entscheidungstheorie: Wieviel Information ist genug? Mit anderen Worten, an welchem Punkt hört der Mensch auf nachzudenken und faßt seine Entschlüsse? Eine simple Abbruchstrategie ist beispielsweise »Satisfizierung«. Der aus dem Schottischen stammende Begriff ist zusammengefügt aus den Wörtern *satisfying* (zufriedenstellend) und *sufficing* (ausreichend) und heißt soviel wie »eine akzeptable Entscheidung treffen«. In die Psychologie eingeführt hat diese Entscheidungstheorie 1957 Herbert Simon, ein Ökonom der Carnegie Mellon University. Satisfizierung bedeutet, die erstbeste zufriedenstellende Entscheidungsmöglichkeit unter all denjenigen zu ergreifen, die vorstellbar und kurzfristig machbar sind. Im Gegensatz dazu steht die überlegte optimale Entscheidung, nach der man so lange sucht, bis man sie gefunden hat. Ein junger Mann, der unbedingt heiraten möchte, wird vermutlich eher nach dem Satisfizierungsprinzip vorgehen und der attraktivsten, in seinem Umfeld zur Verfügung stehenden Kandidatin einen Antrag machen, als langwierig nach jener Idealpartnerin zu suchen, die sich hundertprozentig mit seiner spezifischen Vorstellung deckt.

Eine Alternative zu den traditionellen rationalen Entscheidungskonzepten ist die Befolgung von Faustregeln – ein Verhalten, das man auch unter dem Begriff »Heuristik« kennt. Diese Idee wurde erstmals 1974 von den amerikanischen Psychologen Daniel Kahneman und Amos Tversky propagiert. Anstatt die Kosten und Nutzen zu kalkulieren, handelt der Mensch anhand von einfachen Schlüsselreizen und heuristischen Prinzipien, die fast immer funktionieren. Dabei ist die komplexe Aufgabe, Wahrscheinlichkeiten einzuschätzen und Ergebnisse vorauszusagen, auf einige wenige Beurteilungsoptionen reduziert.

Normalerweise funktioniert das heuristische Prinzip tatsächlich gut und erspart eine Menge Zeit und Energie, doch in vielen Situationen führt es außerordentlich in die Irre. Ein Beispiel dafür ist jene heuristische Methode, die beim Zwang zu einer schnellen arithmetischen Berechnung – »Verankerung« genannt – verwendet wird. Wie das funktioniert, begreift man schnell, wenn man sich fünf Sekunden lang die folgenden beiden Multiplikationszahlenreihen ansieht und das Ergebnis zu erraten versucht:

Die Sozialwissenschaften

8 x 7 x 6 x 5 x 4 x 3 x 2 x 1
1 x 2 x 3 x 4 x 5 x 6 x 7 x 8

Obwohl beide Zahlenreihen identisch sind, glauben die meisten Menschen, daß die obere Zahlenreihe einen höheren Wert ergebe. Da wir von links nach rechts lesen, »verankern« wir unsere Schätzung in der zuerst gelesenen linken Zahl. Zudem zeigte sich, daß wir beide Reihen zu unterschätzen pflegen. Von Kahneman und Tversky getestete High-School-Schüler kamen durchschnittlich auf das Ergebnis 2 250 für die obere und 512 für die untere Reihe, wohingegen die korrekte Antwort für beide Reihen 40 320 lautet.

Hier ein Beispiel für systematisch fehlerhafte Heuristik im Reich der Wahrscheinlichkeit: Fast jeder, der beobachtet, wie mehrmals eine Münze geworfen wird, glaubt, daß dabei die folgende Sequenz von Kopf (K) und Zahl (Z)

K-Z-K-Z-Z-K

wahrscheinlicher ist als ein Ergebnis, bei dem Kopf und Zahl jeweils eine eigene Gruppe bilden:

K-K-K-Z-Z-Z

Tatsache ist, daß beide gleichermaßen wahrscheinlich sind.

Wieso macht ein Verstand, dem beigebracht werden kann, Infinitesimalrechnung und Statistik zu begreifen, beständig solche Fehler? Die richtige Antwort liegt vermutlich in der genetischen Evolution. Über Tausende von Generationen hat sich das Gehirn entwickelt, um mit einfachen Zahlen und Proportionen umzugehen, nicht aber mit komplexen Problemen, die abstrakte und logische Rechenleistungen erfordern. Die oben angeführten Beispiele illustrieren, daß Heuristik nichts anderes als Volksmathematik ist. Doch obwohl die Lösungen beim heuristischen Versuch, komplexe formale Berechnungen anzustellen, offenbar völlig verzerrt werden, kann Heuristik im realen Leben sehr sinnvoll sein. Denn dort antizipiert der erste Eindruck das folgende Ereignis zumeist sehr genau.

Diese Erklärung trifft auch bei anderen seltsamen Fehlbewertungen zu, die durch Heuristik entstehen. Beispielsweise tendieren wir dazu, eine uns vertraute Mahlzeit nicht zu essen, wenn sie anders schmeckt als sonst, auch wenn die Zutaten ganz offensichtlich frisch und zuträglich sind. Nach einem Flugzeugabsturz wechseln viele aufs Auto über, obwohl sie wissen, daß die Unfallrate pro gereistem Kilometer auf der Straße viel höher ist als in der Luft. Natürlich sind das irrationale Entscheidungen, aber vielleicht unterliegen sie einer übergeordneten heuristischen Risikovermeidungsregel, die bei diesen beiden Beispielen folgendermaßen lauten würde: Gehe keinerlei Risiken einer Lebensmittelvergiftung ein; bleibe Orten fern, an welchen kürzlich andere Menschen sterben mußten, ganz egal, was mathematische Wahrscheinlichkeitsgesetze dazu sagen.

Die Forschung könnte durchaus herausfinden, daß das Gehirn manchmal als computerartiger Optimalisierer und das andere Mal als schneller Entscheidungsprozessor funktioniert, gelenkt von mächtigen, angeborenen heuristischen Prinzipien. Aber wie diese Mischung im einzelnen auch aussehen mag, eines steht fest – die rationale Entscheidungstheorie, die noch immer so vielen Sozialtheoretikern den Weg weist, ist unter Psychologen höchst umstritten. Ihre Kritiker meinen, daß sie einfach zu sehr von Analogien mit Computeralgorithmen und abstrakten Optimalisierungslösungen abhänge. Außerdem berücksichtige sie die Eigenschaften des realen Gehirns zu wenig, das ja immerhin ein steinzeitliches Organ ist, welches sich im Laufe von Hunderttausenden von Jahren entwickelte und erst in jüngster Zeit der völlig neuen Umwelt von Industriegesellschaften ausgesetzt wurde. Aus diesem Grund stimmt die rationale Entscheidungstheorie auch nicht mit den uns zur Verfügung stehenden gesicherten Erkenntnissen überein, die beschreiben, wie Menschen in ungebildeten Kulturen denken. Sie aber spiegeln aller Wahrscheinlichkeit nach das menschliche Denken in der gesamten evolutionären Zeit. Die Merkmale dieses Denkens hat C. R. Hallpike in seinem Buch *Die Grundlagen Primitiven Denkens* (1984) folgendermaßen zusammengefaßt: intuitiv und dogmatisch, eher von emotionalen Bezügen abhängig als von materieller Kausalität, vorrangig mit Grundlegendem und Metamorphosen beschäftigt, unzugänglich für logische Abstraktion oder die Betrachtung des hypothetisch Möglichen, dazu tendierend, Sprache für soziale Interaktion und nicht als begriffsbildendes Werkzeug einzusetzen, bei Berechnungen auf meist nur ungefähre Vorstellungen von Häufigkeit und Seltenheit beschränkt sowie geneigt, den Verstand als etwas durch Umwelt Geprägtes zu betrachten und daher auch für fähig zu halten, seinerseits auf die Umwelt einzuwirken, so daß Worte zu Entitäten von eigener Kraft werden.

Es wird sofort deutlich – und sollte auch die Arbeitshypothese von Ökonomen und anderen Sozialwissenschaftlern sein –, daß diese

Die Sozialwissenschaften 279

Merkmale von ungebildeten Kulturen auch unter den Bürgern von modernen Industriegesellschaften nicht verlorengegangen sind und immer um so deutlicher zum Tragen kommen, je stärker sich eine Person zu einem Kult oder einer Religion hingezogen fühlt oder je ungebildeter sie ist. Solche Merkmale durchdringen und bereichern die Metaphern der Kunst. Sie sind, ob es einem gefällt oder nicht, Bestandteile auch der modernen Zivilisation. Systematisches, logisch-deduktives Denken, das ja vor allem ein Produkt der abendländischen Kultur ist, fällt noch immer schwer und ist noch immer selten zu finden. Wenn wir es perfektionieren wollen, dann sollten wir die alten Denkweisen zwar disziplinieren, aber niemals völlig abschaffen. Denn wir sollten nie vergessen, daß sie ein Teil der anpassungsfähigen menschlichen Natur sind und daher dazu beigetragen haben, daß wir uns bis heute am Leben erhalten und mehren konnten.

Die Massivität der technischen Probleme, vor denen vor allem die Sozialtheoretiker stehen, ist, ich gestehe es bereitwillig zu, außerordentlich entmutigend. Einige Wissenschaftsphilosophen haben bereits resigniert die Hände gehoben und erklärt, daß die Grenzgebiete zwischen den Natur- und Sozialwissenschaften einfach zu komplex seien, als daß sie mit unseren heutigen geistigen Mitteln durchschritten werden könnten, und es sei durchaus möglich, daß sie für immer außerhalb unserer Reichweite lägen. Doch damit stellen sie bereits die Vorstellung einer Vernetzung von der Biologie bis zur Kultur in Frage. Sie verweisen einfach auf die Nichtlinearität aller entwicklungsfähigen Gleichungen, auf die zweit- und drittrangigen Interaktionen von Faktoren, auf die Stochastik und all die anderen Monster, die im Meer der großen Strudel lauern – und dann seufzen sie: *Hoffnungslos, hoffnungslos!* Aber genau das erwarten wir ja von den Philosophen. Schließlich ist es ihre klassische Aufgabe, die Grenzen der Wissenschaft im großen Zusammenhang zu definieren und zu erklären; und innerhalb dieses Zusammenhangs sind alle rationalen Prozesse am besten – wie sollte es anders sein – bei den Philosophen aufgehoben. Einzuräumen, daß Wissenschaft keine intellektuellen Grenzen hat, wäre geradezu unziemlich und unprofessionell für sie. Allerdings sind ihre Zweifel Wasser auf die Mühlen der – immer wenigeren – Sozialtheoretiker, die die Grenzen zu ihren Herrschaftsgebieten geschlossen halten und sich bei ihrem Studium der Kultur nicht von den Träumen der Biologie stören lassen wollen.

Glücklicherweise denken Wissenschaftler nicht so kategorisch wie

Philosophen. Wären frühere Generationen dem Unbekannten derart nachdenklich und demütig begegnet, wäre unser Wissen über das Universum im sechzehnten Jahrhundert stehengeblieben. Der philosophische Stachel ist nötig, um uns zur Vorsicht zu gemahnen. Doch wir sollten immer das Gegenmittel »Selbstvertrauen« parat haben, damit er keine tödliche Wirkung auf uns ausüben kann. Denn es war genau die gegenteilige Überzeugung – blinder Glaube, wenn man so will –, der Wissenschaft und Technik ins moderne Zeitalter katapultiert hat. Und man sollte auch nicht vergessen, daß der Urgedanke der Aufklärung in der Welt der Philosophie, nicht aber in der Welt der Wissenschaft gestorben ist. Was die Sozialwissenschaften anbelangt, so mögen die pessimistischeren unter den Philosophen natürlich durchaus recht haben, aber wir tun in jedem Fall besser daran, so vorwärtszustreben, als seien sie im Unrecht. Es gibt nur einen Weg, das herauszufinden. Und je unbezwingbarer die Aufgabe scheint, um so größer wird die Belohnung für diejenigen sein, die es wagen, sich ihrer anzunehmen.

Kapitel 10

Kunst und Interpretation

Die in vielerlei Hinsicht interessanteste Herausforderung bei der Vernetzung von Wissen stellt sich mit dem Übergang von Wissenschaft zu Kunst. Mit Kunst meine ich die bildende und darstellende Kunst, jene Werke aus Literatur, Malerei, Schauspiel, Musik und Tanz, die wir in Ermangelung treffenderer Worte (die es wohl nie geben wird) wahr und schön nennen.

Manchmal wird der Begriff »Kunst« auf die gesamten Geisteswissenschaften ausgedehnt, laut Empfehlung der von 1979 bis 1980 tagenden amerikanischen Geisteswissenschaftlichen Kommission auf die Kerngebiete von Geschichte, Philosophie, Sprachwissenschaften, vergleichende Literaturwissenschaft und sogar auf die Rechtswissenschaft, vergleichende Religionswissenschaft und »all diejenigen Aspekte der Sozialwissenschaften, die humanistische Inhalte haben und humanistische Methoden anwenden«. Doch sinnvollerweise sind es nach wie vor überwiegend die primären und intuitiv als schöpferisch empfundenen Künste, *ars gratia artis*, die als »Kunst« definiert werden.

Recht schnell stößt man bei diesem Thema auf zwei grundlegende Fragen: Woraus resultiert Kunst, sowohl im historischen als auch im Kontext persönlicher Erfahrungen betrachtet; und wie kann man ihre wesentlichen Eigenschaften Wahrheit und Schönheit mit den Mitteln der Alltagssprache beschreiben? Diese Fragen stehen im Mittelpunkt der Interpretation der wissenschaftlichen Analyse und Deutung von Kunst. Interpretation ist immer selbst zum Teil Kunst, da in ihr nicht nur die fachlichen Kenntnisse des Kritikers zum Ausdruck kommen, sondern auch sein eigener Charakter und seine eigene ästhetische Beurteilung. Wenn sie erstklassig ist, kann Interpretation ebenso inspiriert und eigenständig sein wie das Werk, mit dem sie sich befaßt. Darüber hinaus kann sie – wie ich im folgenden zu zeigen hoffe – auch Bestandteil von Naturwissenschaft sein, geradeso wie Naturwissenschaft ein Teil von ihr sein kann. Die Kunstinterpretation wird gewaltig an Einfluß gewinnen, wenn sie zu einem Geflecht aus Geschichte, Biographie, persönlicher Überzeugung – und Naturwissenschaften wird.

Nach diesen gotteslästerlichen Worten auf geweihter Erde sei schnell ein Dementi angefügt. Es ist zwar richtig, daß wissenschaftlicher Fortschritt erreicht wird, indem man Phänomene auf ihre aktiven Elemente reduziert – indem man beispielsweise Gehirne in Neuronen aufspaltet und Neuronen in Moleküle –, doch Wissenschaft hat niemals zum Ziel, die Integrität eines Ganzen zu zerstören. Im Gegenteil, der zweite Teil des naturwissenschaftlichen Prozedere ist immer die Synthese dieser Elemente, die Wiederherstellung ihres ursprünglichen Zusammenhangs. Letztlich ist das sogar das eigentliche Ziel der Naturwissenschaften.

Im übrigen gibt es auch nicht den geringsten Grund für die Annahme, daß es mit der Kunst bergab gehe, wenn es mit der Wissenschaft bergauf geht. Es stimmt nicht, wie der hervorragende Literaturkritiker George Steiner kürzlich postulierte, daß die Kunst vor sich hindämmere, ihren Zenit in der Zivilisation des Abendlands überschritten habe und es daher höchst unwahrscheinlich sei, daß sie einen zweiten Dante, Michelangelo oder Mozart hervorbringen werde. Ich kann mir nicht vorstellen, daß künstlerische Originalität und Brillanz künftig eingeschränkt werden könnten, nur weil man die kreativen Prozesse in Kunst und Wissenschaft mittels reduktionistischer Methoden zu verstehen versucht. Ganz im Gegenteil, die Allianz von Kunst und Wissenschaft ist überfällig, und mit den Mitteln der wissenschaftlichen Interpretation ist sie herzustellen. Weder Wissenschaft noch Kunst können ihre volle Kraft entfalten, ohne ihre jeweiligen Stärken zu kombinieren. Wissenschaft braucht die Intuition und metaphorische Kraft von Kunst, und Kunst braucht frisches Blut aus der Wissenschaft.

Die Geisteswissenschaftler sollten endlich den Bannfluch über den Reduktionismus aufheben. Naturwissenschaftler sind keine Conquistadores, die darauf aus sind, das Gold der Inka zu schmelzen. Die Wissenschaft ist frei, und die Kunst ist frei. Beide haben radikal unterschiedliche Ziele und Methoden, auch wenn sie sich in ihrem schöpferischen Geist ähnlich sind. Der Schlüssel zum Austausch zwischen ihnen ist nicht die Erschaffung von Mischformen, also irgendwelcher gehemmten oder überheblichen Formen von naturwissenschaftlicher Kunst oder künstlerischer Naturwissenschaft, sondern die Stärkung der Interpretation durch naturwissenschaftliche Erkenntnisse und das der Wissenschaft eigene Gespür für die Zukunft. Die Interpretation ist das natürliche Mittel, durch das sich die Vernetzung von Wissenschaft und Kunst konkretisiert.

Kunst und Interpretation 283

Betrachten wir als ein mögliches Beispiel unter vielen die Episode in Miltons *Verlorenem Paradies – Buch IV*, in der er uns fesselnd erzählt, wie Satan in den Garten Eden eindringt. Nachdem der Erzschurke und Inbegriff der Hinterlist eine undurchdringliche Brombeerhecke und einen hohen Wall übersprungen hat, läßt er sich »in eines Kormorans Gestalt« in den Ästen des Lebensbaums nieder. Er wartet auf den Einbruch der Nacht, um in die unschuldigen Träume Evas eindringen zu können. Nun entfesselt Milton seine ganze Phantasie, um uns klarzumachen, welchen Schatz die Menschheit drauf und dran ist zu verlieren. Der dösende Intrigant ist von einer Welt umgeben, die Gott mit ästhetischem Perfektionismus erschaffen hat: »Die krausen Wasserbäche ziehn/ Auf Perlgeschimmer, über goldne Watten« und ergießen sich »in eine[n] See, der dem gesäumten Strand/ Dem heidelbeergekrönten, seines Spiegels/ Kristall entgegenhält«. Überall in dieser gesegneten Oase wachsen »der Blumen bunte Zier/ Und ohne Dorn die Rose«.

Milton hatte sich trotz seiner Erblindung einen ausgeprägten Sinn für die Biophilie bewahrt, die angeborene Freude an der Fülle und Vielfalt des Lebens, wie sie vor allem in dem Impuls des Menschen zum Ausdruck kommt, eine perfekte Natur in seinen Gärten zu imitieren. Doch mit dem bloßen Wunschtraum von natürlicher Harmonie mochte Milton sich nicht zufriedengeben. In acht Zeilen von erstaunlich sinfonischer Kraft versucht er, auch noch den mythischen Kern des Paradieses einzufangen:

> *Es konnte selbst*
> *Ennas Gefilde, wo Proserpina,*
> *die, selbst die Schönste, schöne Blumen brechend,*
> *Vom finstern Pluto dort gebrochen ward,*
> *Und so der Ceres all die Mühsal schuf,*
> *Sie auf der ganzen Welt zu suchen, nicht*
> *Mit diesem Paradies sich messen, noch*
> *Der Daphne süßer Hain, Orontes nah,*
> *noch der begeisternde kastalische Quell (...)*

Wie kann man nur hoffen, das Wesen der Schöpfung am Beginn allen Erwachens festhalten zu können? Milton hat es gewagt. Er beschwört Archetypen, die sich unverfälscht vom griechischen und römischen Altertum bis in seine Zeit – und dann unsere – erhalten haben und, wie ich später zeigen werde, Parallelen zum menschlichen Denkprozeß selbst aufweisen. Schönheit überschattet Milton mit einer Spur von Tragik und läßt uns damit eine noch ungehemmt schöpferische Welt erahnen, die bereits ihres Verderbens harrt. Die Schönheit des Gartens verwandelt er in die einer jungen Frau, Proserpina, kurz bevor sie von dem Gott Pluto ergriffen und in die Unterwelt entführt wird. Sie, die Schönheit der Natur, wird wegen des Streits der Götter im Dunkeln verborgen gehalten. Ceres, Proserpinas Mutter und Göttin des Ackerbaus, vernachlässigt in ihrer Trauer ihre Pflichten und stürzt die Welt in eine Hungersnot. Apollos Leidenschaft für die schöne Daphne bleibt unerwidert; um ihm zu entfliehen, verwandelt sie sich in einen Lorbeerbaum im eigenen Garten.

Milton spielt mit den Gefühlen der Leser seiner Zeit, des siebzehnten Jahrhunderts, als griechische Mythologie der gebildeten Schicht zur zweiten Haut geworden war. Er kontrastiert Gefühle, um ihre Kraft hervorzuheben. Schönheit trifft auf Dunkelheit, Freiheit auf Schicksal, Leidenschaft auf Ablehnung. Geschickt baut er Spannung auf, indem er uns erst durch unbedeutendere Paradiese führt, nur um uns plötzlich in den mystischen Prototyp des Garten Edens eintreten zu lassen. Ein anderer gelungener Kunstgriff – Vertrauen auf die wirkliche Autorität – ist, daß Milton jede Anspielung auf die Autoritäten seiner eigenen Zeit, etwa auf Cromwell, Karl II. oder die Restauration, bei der er als Fürsprecher von Revolution und Commonwealth selber nur knapp dem Tod entronnen war, vermeidet. Statt dessen setzt er auf die antiken Texte des alten Griechenlands und Roms, welche eindringlich genug waren, um Jahrhunderte in der Erinnerung zu überleben. Durch diesen Bezug vermittelt er uns, daß wir Wahrheit auch dann erkennen müssen, wenn niemand sie uns weist.

Kunst, sagte Picasso, ist die Lüge, die uns hilft, die Wahrheit zu erkennen. Es ist ihr charakteristischstes Merkmal, daß Kunst die Conditio humana auszudrücken vermag, indem sie Stimmungen und Gefühle einfängt, alle Sinne anspricht und Ordnung wie Unordnung wiedergibt. Doch woraus entsteht die Fähigkeit, Kunst zu erschaffen? Nicht aus kalter, auf Fakten basierender Logik. Auch nicht durch die göttliche Anleitung aller Gedanken, wie Milton selber glaubte. Und es gibt auch nicht den geringsten Nachweis für die Existenz jenes überirdischen Funkens, der auf das Genie überspringt – jenes Genie, das auch im *Verlorenen Paradies* zu spüren ist. Bei keinem Scanner-Experiment konnte im Gehirn auch nur ein einziges neurobiologisches Merkmal für musikalische Begabung gefunden werden. Statt dessen zeigte sich, daß bei musikalisch begabten Menschen nur ein größerer

Kunst und Interpretation

Bereich derselben Hirnstrukturen aktiviert wird, der auch bei weniger begabten aktiv ist. Diese »Zuwachshypothese« wird im übrigen auch von der Geschichte gestützt. Hinter Shakespeare, Leonardo da Vinci, Mozart und all den anderen an vorderster Front stehen Legionen von Künstlern, deren offensichtliche Ausdrucksmöglichkeiten ein abwärtsstrebendes Kontinuum bis hin zu nur noch durchschnittlicher Kompetenz bilden. Was die Großmeister des abendländischen Kanons und anderer Hochkulturen gemein hatten, war die Kombination aus außerordentlichem Wissen, technischer Begabung, Originalität, Sensibilität für das Detail, Ambition, Unerschrockenheit und Energie.

Sie waren besessen, ihr Innerstes brannte. Aber zugleich hatten sie die angeborene Natur des Menschen intuitiv und genau genug erkannt, um das Wesentliche aus den meist mittelmäßigen Gedanken herauszufiltern, die uns alle durchströmen. Vielleicht war ihr Talent tatsächlich nur geringfügig größer als das von anderen, ihre Werke schienen jedenfalls allen etwas qualitativ völlig Neues zu sein. Und sie übten lange genug Einfluß aus, um zu dauerhaftem Ruhm zu gelangen. Doch dazu verhalf weder Zauberei noch göttlicher Segen, sondern einzig ein Übermaß an Talent, über das in geringerem Ausmaß auch weniger Begabte verfügten. Und dieses Mehr genügte für eine Auftriebskraft, die sie über allen anderen schweben ließ.

Künstlerische Eingebung, über die jeder Mensch in unterschiedlichem Maße verfügt, schöpft aus den artesischen Brunnen der menschlichen Natur. Ihre Werke sollen das Empfindungsvermögen des Betrachters direkt und ohne den Umweg über analytische Erklärungen ansprechen. Kreativität ist daher ihrem Ursprung nach im umfassenden Sinne des Wortes humanistisch. Werke von gleichsam unvergänglichem Wert sind solche, die diesem Ursprung am treuesten verpflichtet sind. Daraus ergibt sich, daß selbst die größten Kunstwerke auf der Basis unserer Erkenntnisse über die biologisch entstandenen und zur künstlerischen Produktion anleitenden epigenetischen Regeln interpretiert werden können.

Dies ist allerdings nicht die herrschende Meinung. Akademische Kunsttheoretiker pflegen wenig Wert auf Biologie zu legen, und der Begriff »Einheit allen Wissens« gehört nicht zu ihrem Wortschatz. Eher sind sie vom Postmodernismus beeinflußt – der eine mehr, der andere weniger – von der Gegenhypothese also, daß es so etwas wie eine universale menschliche Natur gar nicht gibt. In der Literaturkritik manifestierte sich der Postmodernismus am extremsten im Dekonstruktivismus und seinen provokantesten Vertretern Jacques Derrida und Paul de Man. Ihnen zufolge ist Wahrheit immer relativ und individuell. Jeder Mensch schaffe seine eigene innere Welt, indem er aus den endlos variablen sprachlichen Zeichen die für ihn gültigen auswählt. Es gebe keinen privilegierten Zugang, keinen Leitstern für literarische Intelligenz. Angesichts dieser Tatsache sei Wissenschaft nur eine von vielen Möglichkeiten, die Welt zu betrachten, und daher gebe es auch keine nach wissenschaftlichen Kriterien erstellbare Landkarte der menschlichen Natur, anhand welcher die tiefere Bedeutung von Texten erkennbar würde. Dem Leser stünden unbegrenzte Möglichkeiten zur Verfügung, den Text im Rahmen der von ihm selbst konstruierten Welt zu interpretieren und zu kommentieren. »Der Autor ist tot«, heißt eine beliebte Maxime der Dekonstruktivisten.

Dekonstruktivisten forschen nach Widersprüchen und Zweideutigkeiten. Sie suchen und analysieren, was vom Autor ausgelassen wurde, und legen diese fehlenden Elemente dann ihren Kommentaren im postmodernistischen Stil zugrunde. Postmodernisten, die diese Mixtur dann noch mit politischer Ideologie anreichern, betrachten den traditionellen Kanon der Literatur zudem als eine Sammlung von Werken, die nur die Weltanschauung der herrschenden und vor allem männlichen Weißen bestätige.

Die Tatsachen sprechen wenig für diese Hypothese, welche unbeleckt von allem ist, was wir über die Funktionsweisen des Verstandes wissen. Aber *irgendeinen* Grund für die Popularität des Postmodernismus muß es ja geben – abgesehen von seiner Vorliebe für das Chaos. Wenn nun die Gegenannahme der Biologie stimmt, dann müssen die Ursachen für seine in weiten Kreisen empfundene Attraktivität zwangsläufig in der menschlichen Natur zu finden sein. Postmodernismus in der Kunst ist mehr als eine »School of Resentment«, wie Harold Bloom in seinem *Western Canon* urteilte, und auch mehr als »die Rache des Eunuchen«, um mir hier diese Formulierung von Alexander Pope zu borgen. Im übrigen verdient er auch mehr als die armselige Beachtung, die ihm das amerikanische Akademikertum schenkt, das der französischen Kultur traditionell skeptisch gegenübersteht. Im Postmodernismus steckt nämlich auch ein revolutionärer Geist, angetrieben von der realen – nicht dekonstruierten – Tatsache, daß es in jeder Bevölkerung, und vor allem unter Frauen, viele einzigartige Talente gibt, die jahrhundertelang einfach übergangen wurden und sich erst heute in ihrer ganzen intellektuellen Bandbreite auf die Mainstream-Kultur auszuwirken beginnen.

Kunst und Interpretation

Die vor allem im letzten Vierteljahrhundert von der Biologie und den Verhaltenswissenschaften angesammelten Beweise legen nahe, daß sich der genetische Unterschied zwischen Frauen und Männern nicht nur auf die Anatomie beschränkt. Trotz großer statistischer Überlappungen ist wohl zu sagen, daß Frauen im Durchschnitt auch eine andere Sprache sprechen, die ihren unterschiedlichen sozialen Erfahrungen entspricht und heute laut und deutlich zu vernehmen ist. Aber ich kann in diesem willkommenen sozialen, wirtschaftlichen und künstlerischen Sieg des Feminismus keine Bestätigung des Postmodernismus erkennen. Dieser Fortschritt hat der Kreativität mit Sicherheit neue Wege eröffnet und große Talente freigesetzt, aber die menschliche Natur keineswegs in unzusammenhängende Stücke gerissen. Vielmehr hat er den Boden für eine noch umfassendere Erforschung all der universalen Merkmale bereitet, die Männern und Frauen in der gesamten Menschheit gemein sind.

Betrachtet man den Postmodernismus aus einer anderen Perspektive, erkennt man in ihm auch eines jener Extreme, die die historisch oszillierende literarische Weltanschauung kennzeichnen. 1926 schrieb der große amerikanische Kritiker Edmund Wilson, daß die Literatur des Abendlandes offenbar beständig zwischen den beiden Polen Neoklassizismus und Romantizismus »hin- und herzuschwingen gezwungen ist«. Etwas oberflächlich dargestellt ist dieser Zyklus erstmals während der Aufklärung aufgetreten, mit Pope, Racine und den anderen Schriftstellern, die sich die wissenschaftliche Sichtweise einer methodisch geordneten Welt zu eigen gemacht hatten. Dann wandte sich die öffentliche Wertschätzung plötzlich den rebellisch-romantizistischen Dichtern des neunzehnten Jahrhunderts zu, die ihrerseits wieder Flaubert und den anderen Platz machen mußten, welche zu einer rationalen Ordnung der Dinge zurückgekehrt waren. Aber auch sie mußten bald schon einer neuen Gegenströmung weichen, nämlich den modernistischen Schriften der französischen Symbolisten wie Mallarmé und Valéry und ihrer britischen Kollegen Yeats, Joyce und Eliot. Weil sich jedes dieser Extreme am Ende immer wieder als »modisch untragbar« erwies, so Wilson, war der Umschwung zum Gegenpol jeweils bereits programmiert.

Ein solcher Stimmungsumschwung hat auch in der Literaturkritik nach Wilson wieder stattgefunden. Im ersten Teil des zwanzigsten Jahrhunderts hatten die Literaturwissenschaftler die Betonung auf die persönlichen Erfahrungen des Autors und deren Zusammenhänge mit der Geschichte seiner Zeit gelegt. In den fünfziger Jahren kam dann der »New Criticism« zu voller Blüte, der sich wieder völlig auf die Gesamtbedeutung des Textes konzentrierte und der persönlichen Geschichte des Autors wenig Wert beimaß. Er schloß sich Joseph Conrads berühmtem Diktum an, daß die Berechtigung eines Kunstwerks in jeder einzelnen Zeile spürbar sein müsse. Aber schon in den achtziger Jahren mußten die »New Critics« ziemlich plötzlich den Postmodernisten weichen, die nun wiederum den entgegengesetzten Ansatz vertraten und erklärten, man müsse das suchen, was der Text übergehe, und das Ganze als soziales Konstrukt des Autors betrachten. Der Dichter und Kritiker Frederick Turner brachte ihre Einstellung auf folgenden Punkt: Künstler und Dichter müßten sich sogar während einer ökologischen Krise über die Zwänge der Natur hinwegsetzen, Wissenschaft sei zu ignorieren, von den Formen und Disziplinen der Kunst und damit auch von der mythischen Tradition der eigenen Kultur solle man sich verabschieden, die Vorstellung von der Existenz einer universalen menschlichen Natur sei abzulehnen, und wenn man sich nun endlich von all diesen lähmenden Beschränkungen befreit habe, müsse man sich der Verkommenheit und dem Zorn stellen, anstatt sich immer nur der Hoffnung und anderen erbaulichen Gefühlen zu widmen. Doch auch Turner sah bereits einen neuen Umschwung am Horizont: »Die Tradition von Homer, Dante, Leonardo, Shakespeare, Beethoven und Goethe ist keineswegs tot. Schon beginnt sie wieder aus den Rissen im postmodernen Zement hervorzuwachsen.«

Edmund Wilson hoffte, daß diese Zyklen in der Kunst, die er für einen typischen Ausdruck des Kulturpessimismus des modernen Geistes hielt, endlich einmal abklingen würden, und erklärte als prinzipieller Verfechter der Synthese seine Bewunderung für Bertrand Russell und Alfred North Whitehead, die beiden großen kulturellen Vereiniger aus der ersten Hälfte des zwanzigsten Jahrhunderts. Wir bewunderten die Klassiker, schrieb er, weil es ihnen offenbar gelungen sei, ein Gleichgewicht herzustellen. »Die Stetigkeit und Logik von Sophokles schließen weder Zärtlichkeit noch Gewalt aus; und Virgil nicht die Art, in der Flaubert arbeitet; die exakte, objektive Reproduktion von Dingen schließt nicht aus, was Wordsworth und Shelley schaffen können, das Geheimnisvolle, das Fließende, das Ergreifende, und das Unbestimmte.« Ich möchte gern glauben, daß Edmund Wilson der Idee von der Einheit allen Wissens sehr wohlwollend gegenübergestanden hätte.

Können die gegensätzlichen Impulse für diese Stimmungsumschwünge in Kunst und Interpretation, die apollinisch kühle Ver-

Kunst und Interpretation 289

nunft und ihre dionysisch leidenschaftliche Preisgabe, harmonisiert werden? Ich halte das für eine empirische Frage. Denn die Antwort hängt ganz davon ab, ob es eine angeborene menschliche Natur tatsächlich gibt oder nicht. Doch die bis heute gesammelten Beweise lassen wenig Raum für Zweifel – es gibt die menschliche Natur, sie ist tief in uns verankert und höchst kompliziert strukturiert.

Hat man dies einmal akzeptiert, kann der Zusammenhang zwischen Wissenschaft und Kunstinterpretation folgendermaßen verdeutlicht werden. Interpretation hat verschiedene Dimensionen, nämlich eine historische, biographische, linguistische und eine ästhetisch beurteilende. Ihnen allen liegen die materiellen Prozesse des menschlichen Geistes zugrunde. Schon in der Vergangenheit haben theoriebewußte Kritiker Zugangsmöglichkeiten zu diesem versteckten Reich zu finden versucht, vor allem durch die Psychoanalyse und den postmodernen Solipsismus. Aber ihre Versuche sind bisher kläglich gescheitert, weil sie sich hauptsächlich von ihren intuitiven Vorstellungen über die Funktionsweisen des Gehirns leiten lassen. Sie gehen zu viele falsche Wege und geraten in zu viele Sackgassen, da ihnen kein Kompaß zur Verfügung steht, der am fundierten Wissen über materielle Grundlagen geeicht worden wäre. Sollte es jemals gelingen, das Gehirn vollständig zu kartieren und im Rahmen dieses Projekts auch eine Kunsttheorie von Bestand zu entwickeln, so wird dies Schritt für Schritt nur durch die in Einklang gebrachten Beiträge der Hirnforschung, Psychologie und Evolutionsbiologie geschehen. Und wenn bei diesem Prozeß auch der kreative Geist verstanden werden soll, wird es der Zusammenarbeit von Natur- und Geisteswissenschaftlern bedürfen.

Diese gerade in ihrem Frühstadium befindliche Kooperation wird sehr wahrscheinlich zu der Erkenntnis führen, daß Innovation ein konkreter biologischer Prozeß ist, der auf dem komplizierten Zusammenwirken von neuronalen Schaltkreisen und Neurotransmitterausstößen basiert. Innovation besteht nicht aus Symbolen, die von einem Allzweckgenerator oder irgendwelchen ätherischen Zauberformeln hervorgerufen werden. Wenn wir die Ursprünge von künstlerischer Innovation erst einmal ergründet haben, wird dies beträchtliche Auswirkungen auf die Art und Weise haben, wie wir ihre Werke interpretieren. Die Naturwissenschaften haben sich bereits ein erstes Bild vom Verstand gemacht, darunter auch schon von einigen Elementen des kreativen Prozesses. Sie sind zwar noch weit vom eigentlichen Ziel entfernt, aber bereits heute ist deutlich, daß sie damit die Aussagefähigkeit der Kunstinterpretation verbessern werden.

Zu dieser Schlußfolgerung kamen Charles Lumsden und ich Anfang der achtziger Jahre, als wir gerade dabei waren, die Theorie der genetisch-kulturellen Koevolution zu entwickeln. Zu einer ähnlichen Erkenntnis kam, aus einer anderen Perspektive, auch ein kleiner Kreis von Künstlern und Kunsttheoretikern, darunter Joseph Carroll, Brett Cooke, Ellen Dissanayake, Walter Koch, Robert Storey und Frederick Turner. Einige von ihnen nennen ihren Ansatz »biopoetisch« oder »bioästhetisch«. Gestützt werden ihre Analysen durch die Studien des Verhaltensforschers Irenäus Eibl-Eibesfeldt über den menschlichen Instinkt, von den Berichten der amerikanischen Anthropologen Robin Fox und Lionel Tiger über Rituale und Folklore und von den zahlreichen Arbeiten der Erforscher von Künstlicher Intelligenz, deren Studien über den künstlerischen Innovationsprozeß von Margaret Boden (um hier nur ein ausgezeichnetes Beispiel hervorzuheben) in ihrem Buch *Die Flügel des Geistes – Kreativität und Künstliche Intelligenz* (1995) zusammengefaßt wurden.

Die uns heute vorliegenden Forschungsdaten zur Innovation können wie folgt mit den Prinzipien der genetisch-kulturellen Koevolution in Einklang gebracht werden:

- *Im Verlauf der menschlichen Evolution gab es genügend Zeit, um den Innovationsprozeß durch natürliche Auslese zu gestalten.* Über Tausende von Generationen hinweg, also mit ausreichend Zeit für genetische Veränderungen in Gehirn, Sinnesapparat und Drüsensystem, hat die Variation im menschlichen Denken und Handeln zu individuell unterschiedlichen Überlebens- und Reproduktionserfolgen geführt.
- *Diese Variation war zum Teil erblich.* Damals wie heute unterscheiden sich Individuen nicht nur durch das, was sie von ihrer Kultur erlernt haben, sondern ebenso durch ihre ererbte Veranlagung, gewisse Dinge zu erlernen und auf bestimmte, statistisch nachweisbare Weisen zu reagieren.
- *Die unvermeidliche Folge war genetische Evolution.* Die natürliche Auslese, die immer einige Gen-Ensembles anderen vorzieht, formte die epigenetischen Regeln als erbliche Regelmäßigkeiten in der geistigen Entwicklung, die die menschliche Natur bestimmen. Zu den ältesten bisher beschriebenen Regeln gehören der Westermarck-Effekt von Inzestvermeidung und die natürliche Aversion gegen Schlangen. Zu den Regeln jüngeren Ursprungs – vielleicht nicht älter als hunderttausend Jahre – gehören die programmierten Entwicklungsstufen für den rapiden kindlichen

Kunst und Interpretation

Spracherwerb und, davon können wir getrost ausgehen, auch einige kreative künstlerische Prozesse.

- *Im Verlauf der Evolution von Kultur bildeten sich Universalien oder zumindest nahezu universelle Muster heraus.* Wegen der unterschiedlichen Durchsetzungsfähigkeit der epigenetischen Regeln sind gewisse Gedanken und Verhaltensweisen effektiver als andere, was die von ihnen hervorgerufenen emotionalen Reaktionen betrifft sowie die Häufigkeit, mit der sie auf Phantasie und kreatives Denken einwirken. Zudem führen sie zu der Tendenz, daß im Rahmen der kulturellen Evolution Archetypen erfunden werden, also Abstraktionen und Mythen, die sich in nahezu allen Kulturen gleichen und zu den dominierenden Themen der Kunst gehören – beispielsweise die Ödipus-Tragödie (der Verstoß gegen den Westermarck-Effekt) oder das Schlangenbild in Mythos und Religion.

- *Kunst konzentriert sich ganz natürlich auf bestimmte Formen und Themen, während sie gestalterisch völlig frei agiert.* Diese Archetypen decken all die vielen Metaphern ab, die nicht nur einen Großteil der Kunst bestimmen, sondern auch wesentliche Bestandteile der alltäglichen Kommunikation sind. Metaphern sind die Grundbausteine des kreativen Denkens. Sie entstehen durch die sich im Laufe von Lernprozessen ausweitende Aktivierung des Gehirns und verbinden die unterschiedlichen Gedächtnisbereiche, wobei sie sie zugleich synergetisch verstärken.

Ich bin davon überzeugt, daß die Entwicklung des Gehirns und somit auch die von Kunst dem Prozeß der genetisch-kulturellen Koevolution unterlag. Denn von allen vorstellbaren Möglichkeiten deckt sich diese am genauesten mit den Erkenntnissen von Hirnforschung, Psychologie und Evolutionsbiologie. Doch *direkte* Nachweise für die Evolution von Kunst haben wir kaum. Es ist daher durchaus möglich, daß neue Erkenntnisse über Gehirn und Evolution dieses Bild noch einmal grundlegend verändern werden – das liegt in der Natur der Wissenschaft. Diese Ungewißheit macht jedoch die Suche nach den Vernetzungsmöglichkeiten von Natur- und Geisteswissenschaften letztlich nur noch interessanter.

Eines kann allerdings bereits heute mit Gewißheit gesagt werden: Die sich mehrenden Beweise für die Existenz einer strukturierten, einflußreichen und die geistige Entwicklung kanalisierenden menschlichen Natur sprechen für eine eher traditionelle Sichtweise von Kunst. Das heißt, Kunst wird nicht einfach nur von exzentrischen Genies geschaffen, die überempfindlich auf historische Bedingungen und persönliche Erfahrungen reagieren. Vielmehr reichen die Wurzeln künstlerischer Inspiration bis in die Tiefen der genetischen Ursprünge des menschlichen Gehirns zurück, wo sie ein für allemal verankert sind.

Nun spielt Biologie zwar eine entscheidende Rolle bei der wissenschaftlichen Interpretation von Kunst, aber Kunst selbst kann niemals einfach irgendeiner Wissenschaftsdisziplin zugeordnet werden, denn ihre einzige Rolle besteht ja darin, all die verschlungenen Wege menschlicher Erfahrung künstlerisch zu vermitteln und ästhetische wie emotionale Reaktionen zu intensivieren. Kunstwerke wecken Gefühle durch die direkte Kommunikation zwischen Verstand und Verstand, ohne jede Erklärungsabsicht ihrer spezifischen Wirkungsweise. Diese charakteristische Eigenschaft von Kunst macht sie zur Antithese von Wissenschaft.

Wissenschaft, die sich mit menschlichem Verhalten befaßt, ist grobkörnig und überblickt das Gesamtbild, wohingegen Kunst feinkörnig und interstitiell ist, also auch Zwischenräume und -töne erfaßt. Das heißt, Wissenschaft strebt danach, Prinzipien zu schaffen, mit deren Hilfe sie in der Humanbiologie die diagnostizierbaren Merkmale der Spezies Mensch definieren kann, wohingegen Kunst dieselben Merkmale bis ins feinste Detail darstellt und durch Implikation deren eigentliche Bedeutung eindrucksvoll verständlich macht. Kunstwerke, die sich als von bleibendem Wert erweisen, sind immer ausgesprochen humanistisch. Sie erwachsen der individuellen Vorstellungskraft und berühren doch die universelle, im Laufe der Evolution entstandene Natur alles Menschlichen. Selbst wenn sie Welten phantasieren, die unmöglich existieren können, bleiben sie immer ihren menschlichen Ursprüngen treu. Kurt Vonnegut, dieser Meisterphantast, hat einmal gesagt, daß Kunst die Menschheit in den Mittelpunkt des Universums stellt, ob sie dorthin gehört oder nicht.

Die genetische Evolution des Gehirns gewährte der künstlerischen Begabung ein paar ausgesprochene Besonderheiten. Zuerst einmal die Fähigkeit, mühelos Metaphern zu bilden und diese fließend von Kontext zu Kontext bewegen zu können. Man denke nur einmal an die Fachsprache der Kunst selbst. »Plot« war ursprünglich die Bezeichnung für einen Standort oder Bauplan, dann erweiterte sich seine Bedeutung auf den dramaturgischen Aufbau des Schauspiels und schließlich ganz allgemein auf die Entwicklung einer Geschichte. Im sechzehnten Jahrhundert verstand man unter Frontispiz die verzierte Vorder- oder Giebelseite eines Hauses. Allmählich

Kunst und Interpretation

wurde dieser Begriff auf die figurative Titelbildornamentik eines Buches erweitert, normalerweise die allegorische Darstellung eines Gebäudes, und schließlich zur Bezeichnung der Illustrationsseite vor dem Titelblatt. Es gibt viele derartige Beispiele.

Ob nun in Kunst oder Wissenschaft, das programmierte Gehirn sucht immer nach Eleganz, nach der knappsten und eingängigsten Formel für Muster, die ein detailreiches Wirrwarr verständlich machen können. Edward Rothstein, ein mathematisch gebildeter Kunstkritiker und Musiker, vergleicht die kreativen Prozesse in den Bereichen Kunst und Wissenschaft folgendermaßen:

»Zuerst einmal betrachten wir ähnlich aussehende Gegenstände. Wir vergleichen, entdecken bestimmte Muster und Analogien zu uns Vertrautem. Wir distanzieren uns und schaffen Abstraktionen, Gesetze, Systeme, wir beginnen zu transformieren, kartieren und greifen zu Metaphern. Auf diese Weise wird die Mathematik immer abstrakter und einflußreicher; daraus bezieht Musik einen Großteil ihrer Kraft; aus kleinen Einzelteilen entstehen großartige Strukturen. Diesem Verständnis unterliegt ein wesentlicher Teil des abendländischen Denkens. Wir suchen nach Erkenntnis, die in ihrer Perspektive universal ist, obgleich ihre Kräfte immer im Partikularen verankert sind. Dabei legen wir beide dieselben Prinzipien zugrunde, enthüllen aber unterschiedliche Details.«

Vergleichen wir diese Beschreibung mit der folgenden Darstellung von Kreativität in der Physik. Autor ist Hideki Yukawa, der sein ganzes Berufsleben den Bindungskräften des Atoms widmete und dabei Entdeckungen machte, für die er als erster Japaner den Nobelpreis für Physik erhielt.

»Nehmen wir einmal an, es gibt etwas, das eine Person nicht verstehen kann. Nun stellt sie zufällig eine Ähnlichkeit zwischen dieser Sache und einer anderen fest, die sie gut versteht. Indem sie beide vergleicht, kann sie die Sache, die sie bis zu diesem Moment nicht verstehen konnte, vermutlich plötzlich verstehen. Wenn sich nun erweist, daß ihre Erkenntnis anwendbar ist und noch nie zuvor ein anderer Mensch zu dieser Erkenntnis gelangt ist, kann sie behaupten, daß ihr Denken wirklich kreativ war.«

Wie Wissenschaft geht auch Kunst immer von der realen Welt aus. Erst dann greift sie nach allen möglichen und schließlich allen vorstellbaren Welten. Dabei projiziert sie die menschliche Existenz immer auf das gesamte Universum. Bedenkt man, welche Macht Metaphern haben, könnte Kunst tatsächlich durch den »Picasso-Effekt« entstanden sein. Brassaï, der Photograph und Chronist des Künstlers, gibt aus einem 1943 geführten Gespräch die folgenden Worte Picassos wieder: »Der Mensch ist doch nur darauf gekommen, Bilder festzuhalten, weil er sie um sich herum, fast geformt, in erreichbarer Nähe fand. Er erkannte sie in einem Knochen, in den Unebenheiten einer Höhlenwand, in einem Stück Holz ... Die eine Form ähnelte einer Frau, die andere erinnerte ihn an ein Bison, wieder eine andere an den Kopf eines Ungeheuers.« Vielleicht ist der Mensch tatsächlich durch die Wahrnehmung von »Metamustern« auf den Weg der Kunst gestoßen, wie Gregory Bateson und Tyler Volk all die Kreise, Kugeln, Umrandungen und Zentren, Verdoppelungen, Schichten, zyklischen Wiederholungen, Abbrüche und anderen geometrischen Formen genannt haben, die ständig in der Natur zu sehen sind und leicht erinnerbare Anhaltspunkte für kompliziertere Objekte bieten.

Es war nur ein kleiner Schritt vom bewußten Sehen bis zum Abbilden des Gesehenen durch Linien, die mit Holzkohle über Felswände gezogen oder in Stein, Knochen und Holz graviert wurden. Diese ersten unsicheren Schritte waren Versuche, die sichtbare Natur zu beleben und damit zu humanisieren. Der Kunsthistoriker Vincent Scully schrieb, daß Menschen in der Frühgeschichte ihren Sakralbauten an Berge, Flüsse und Tiere erinnernde Formen verliehen, weil sie hofften, auf diese Weise von den Mächten der Umwelt zu profitieren. Als den bedeutendsten rituellen Fundort im präkolumbianischen Amerika bezeichnete er Teotihuacán in Zentralmexiko. »Die Straße der Toten führt direkt zum Fuß der Mondpyramide, hinter der sich der Berg Tenan (Unsere Frau aus Stein) erhebt. Dieser von Quellen durchzogene Berg hat die Grundform einer Pyramide mit stufenartigen Einkerbungen in der Mitte. Der Pyramidentempel imitiert die Gestalt des Berges, verstärkt, erhellt und geometrisiert sie und macht sie dadurch noch gewaltiger, als könne so das Wasser des Berges angezogen und in die Felder zu seinen Füßen geleitet werden.«

Imitieren, geometrisieren, verstärken – das ist gar kein schlechtes Formeltrio für den Motor, der Kunst antreibt. Künstler scheinen einfach zu wissen, wie sie vorgehen müssen, weil sie Erscheinungsformen aus der Natur wählen, die eine emotionale und ästhetische Kraft ausstrahlen. Im Verlauf der Geschichte verfeinerten sich ihre

Techniken, und sie begannen, ihre Gefühle auf die Natur zurückzuprojizieren. Architekten und bildende Künstler orientierten ihre Werke an den idealisierten Formen des menschlichen Körpers und an Göttern, denen sie in ihrer Vorstellung menschliche Körper verliehen. Demut und Ehrerbietung, Liebe, Trauer, Siegesgewißheit und Erhabenheit, all diese gefühlsbetonten Konstrukte des menschlichen Verstandes wurden abstrahiert und der lebendigen, unbeseelten Landschaft aufgezwungen.

Künstler pflegen sich zwar frei auszudrücken, aber dennoch an angeborene ästhetische Universalien zu halten. In allen zwischen 1905 und 1908 gemalten Variationen seines *Bauernhofs* stellte der junge Piet Mondrian dürre Bäume vor einem beschatteten Haus dar. Die Abstände zwischen den Baumstämmen wirken intuitiv richtig, und die Üppigkeit des filigranen Blattwerks gibt nahezu genau wieder, was das menschliche Gehirn nach Beurteilung der modernen EEG-Beobachtung als reizvoll einstuft (darauf werde ich noch zurückkommen). Auch das Arrangement von offener Landschaft und Wasser entspricht nach jüngsten psychologischen Studien genau dem, was der Mensch natürlicherweise als schön empfindet. Ohne sich dieser neurobiologischen Korrelationen bewußt zu sein – vermutlich wären sie ihm auch dann egal gewesen, hätte man ihm davon erzählt –, wiederholte Mondrian dieses Baumgruppen-Thema immer wieder im Verlauf einer zehnjährigen Periode, in der er sich allmählich in neue Ausdrucksformen hineinfühlte. Nachdem er den Einfluß von Vermeer und van Gogh schließlich vollends hinter sich gelassen hatte, entdeckte er den Kubismus und begann mit ihm zu experimentieren. In *Studie von Bäumen II* (1913) setzte er die Baumkronen weiter in den Vordergrund und ließ sie damit über Zäune und andere angedeutete Strukturen außerhalb des Brennpunkts dominieren. Dennoch steht alles im völligen kompositorischen Gleichgewicht zueinander und ergibt eine nach dem Reizempfinden des Gehirns nahezu perfekte Komplexität. In dieser Periode malte er diverse, immer abstraktere Variationen dieses Themas, indem er netzartige Linien zu labyrinthischen Konfigurationen fügte. Die in den Zwischenräumen eingefangenen Licht- und Farbmuster variieren in jedem Teilabschnitt, so daß der Gesamteindruck entsteht, als erblicke man von unten durch die Baumkronen eines Waldes vielfältige Himmelsmuster. Auch andere Motive wie Gebäude, Dünen, Strände und das Meer transformierte er auf solche Weise. Am Ende hatte Mondrian schließlich jene reine Abstraktion erreicht, für die er so gefeiert werden sollte: »Nichts Menschliches, nichts Eigentliches!«, darum ging es ihm nach eigenen Worten. In diesem Sinne hat er seine Kunst befreit. Doch wirklich frei ist auch sie nicht, und ich bezweifle, daß er das in seinem tiefsten Inneren je wollte. Denn auch sie bleibt immer den archaischen Grundregeln der menschlichen Ästhetik treu, die in unserem Erbmaterial definiert sind.

Mondrians Entwicklung ist kein typisches Produkt der abendländischen Kultur. Demselben Prozeß unterlag auch die reiche Kunst Asiens. Chinesische Schriftzeichen wurden vor dreitausend Jahren als grobe Piktogramme entwickelt, welche die Objekte stilisierten, für die sie standen. Sonne und Mond, Berg und Fluß, Mensch und Tier, Häuser und Utensilien aus den frühen Handschriften sind noch heute sofort als solche zu erkennen. Auch sie näherten sich den nach EEG-Standards optimalen Komplexitätsebenen an. Im Laufe der Jahrhunderte entwickelten sich diese Schriftzeichen zur immer eleganteren *Karayo*-Kalligraphie der Standardschrift. In Japan bildeten sich nach Einführung einer frühen Karayo-Version neue Formen heraus, darunter die nur dort existierende Schreibschrift *Wayo*. Nicht anders als bei den Schriftzeichen und ornamentalisierten Anfangsbuchstaben der mittelalterlichen Handschriften des Abendlands drückten auch in Asien die angeborenen ästhetischen Standards der Kunst dem geschriebenen Wort ihren Stempel auf.

Nur durch Intuition und eine Sensibilität, die sich nicht so einfach Formeln unterwirft, wissen Künstler und Schriftsteller, wie sie emotionale und ästhetische Reaktionen hervorrufen können. Kunstwerk für Kunstwerk bleiben sie dem Diktum *ars est celare artem* hörig – Kunst verbirgt Kunst – und lotsen uns von der Möglichkeit weg, ihre Werke zu interpretieren. Louis Armstrong soll einmal über den Jazz gesagt haben: Wenn du fragen mußt, wirst du es nie wissen. Aber Wissenschaftler versuchen nun einmal alles, um zu wissen, und sind begierig darauf, ihr Wissen mitzuteilen und die Dinge zu erklären. Doch auch sie müssen respektvoll warten, bis der Vorhang fällt oder der Buchdeckel geschlossen wird.

Kunst wird immer diskursiv sein. Sie versucht größtmögliche Effekte zu erzielen, indem sie Darstellungen schafft, die sich derart ins Gedächtnis einbrennen, daß selbst die reine Erinnerung an sie immer von den Gefühlen begleitet wird, die beim ersten Eindruck geweckt wurden. Zu den von mir besonders geschätzten Beispielen gehört die wunderbare Eröffnung von Nabokovs Pädophilieroman: »*Lo-lee-ta: the tip of the tongue taking a trip of three steps down the palate to tap, at three, on the teeth. Lo. Lee. Ta.*« (Lo-li-ta: die Zungenspitze macht drei

Kunst und Interpretation

Sprünge den Gaumen hinab und tippt bei Drei gegen die Zähne.
Lo.Li.Ta.) Mit anatomischer Genauigkeit, alliterierten *T*-Lauten und
perfektem Versmaß badet Nabokov den Namen, der zugleich Buch-
titel und Plot ist, in reiner Sinnlichkeit.

Überraschend, geistvoll und originell, das sind die Kennzeichen
einer Metapher, die im Gedächtnis bleibt. Die Dichterin Elizabeth
Spires, die wieder einem ganz anderen Genre zuzurechnen ist, bringt
das in einer Erzählung über eine Religionsstunde fertig, die eine
Nonne in der St. Joseph's Grundschule in Circleville, Ohio, eines
verschneiten Wintermorgens hält – und zwar zum Thema Eschatologie für Anfänger.

>>*Wie lange werden diese verlorenen Seelen für ihre Sünden bezahlen müs-
sen? Bis in alle Ewigkeit.* Ewigkeit. Wie, so muß sie wohl denken,
sollten wir mit unseren elf Jahren nur begreifen können, wie
lange eine Ewigkeit dauert. *Stellt euch den höchsten Berg der Welt vor,
nichts als massiver Fels. Einmal alle hundert Jahre fliegt ein Vogel vorbei
und streift mit seinen Flügelspitzen ganz leicht die Bergspitze. Ewigkeit ist
die Zeit, die es dauern würde, bis die Flügel des Vogels den Berg vollkommen abgetragen hätten.* Seither verbinde ich Hölle und Ewigkeit
nicht mit Feuer und Flammen, sondern mit etwas Kaltem und
Unwandelbarem, eine verschneite Tundra im Schatten eines riesigen Berges aus Granit, der sich wie ein Leichentuch über die
Landschaft legt.<<

Was können wir wirklich über die Schöpfungskraft des menschlichen Geistes erfahren? Erkenntnisse über ihre materielle Basis werden sich am Kreuzweg von Natur- und Geisteswissenschaften ergeben. Dabei ist die oberste Prämisse des naturwissenschaftlichen Bei-
trags, daß der Homo sapiens eine biologische Spezies ist, die sich
durch natürliche Auslese in einem biotisch reichhaltigen Umfeld
entwickelt hat. Der Folgesatz ist, daß die epigenetischen Regeln, die
das menschliche Gehirn beeinflussen, im Laufe der genetischen Evolution durch genau die Anforderungen geformt wurden, die dieses
Umfeld an die Menschen im Paläolithikum stellte.

Prämisse und Folgesatz führen zu folgendem Schluß. Kultur, die
aus den geistigen Konstrukten vieler Menschen entsteht, welche sich
im Laufe vieler Generationen verflechten und ergänzen, dehnt sich
wie ein wachsender Organismus in ein Universum von scheinbar
unbegrenzten Möglichkeiten aus. Doch nicht alle möglichen Richtungen sind gleichermaßen wahrscheinlich. Vor der Wissenschafts-

revolution wurde jede Kultur von ihrem jeweiligen primitiven empirischen Wissensstand über die materielle Welt beschränkt. Die Kultur entwickelte sich je nach den herrschenden klimatischen Bedingungen, Wasservorräten und Nahrungsmittelquellen. Weniger offensichtlich ist, daß ihre Entfaltung ebenso grundsätzlich von der menschlichen Natur beeinflußt wurde.

Damit sind wir wieder bei Kunst angelangt. Die epigenetischen Regeln der menschlichen Natur beeinflussen Innovations- und Lernfähigkeit sowie Entscheidungsfindung. Sie sind Gravitationszentren, die die Entwicklung des Verstandes in bestimmte Richtungen lenken und von anderen fernhalten. Aus diesen Zentren heraus haben bildende Künstler, Komponisten und Schriftsteller im Laufe der Jahrhunderte Archetypen entwickelt, also Themen, die mit voraussagbar hoher Wahrscheinlichkeit in originären Kunstwerken zum Ausdruck kommen.

Archetypen sind zwar allein schon durch ihr wiederholtes Auftreten erkennbar, aber es ist nicht einfach, sie anhand ihrer generischen Merkmalskombinationen zu definieren. Leichter entdeckt man sie, wenn man sie beispielhaft zu Gruppen mit denselben hervorstechenden Eigenschaften zusammenfügt. Diese Methode – genannt Definition durch Spezifikation – funktioniert bei der elementarbiologischen Klassifizierung sehr gut, auch wenn die Natur der jeweiligen Spezies als Kategorie umstritten bleibt. In Mythos und Dichtung gibt es höchstens zwei Dutzend solcher thematischen Gruppierungen, welche fast alle Archetypen einbeziehen, die als solche eingestuft werden. Zu den am häufigsten zitierten gehören folgende:

Am Anfang wurde der Mensch von Göttern erschaffen, durch die Paarung von Giganten oder den Kampf der Titanen. Aber um welche Version es auch geht, von Anfang an ist der Mensch ein besonderes Wesen und steht im Zentrum der Welt.

Der Stamm wandert in ein verheißenes Land (nach Arkadien, ins Geheime Tal oder in die Neue Welt).

Der Stamm trifft auf die Mächte des Bösen in einem verzweifelten Überlebenskampf; er siegt trotz großer Unterlegenheit.

Der Held fährt in die Hölle oder wird in die Wildnis geschickt oder begibt sich auf eine Iliade in ein entferntes Land; er kehrt trotz aller Widrigkeiten nach einer Odyssee zurück und hat furchterregende Hindernisse auf seinem Weg überwunden, um sein Schicksal zu erfüllen.

Die Welt endet in einer Apokalypse durch Flut, Feuer, fremde Eroberer oder die Rache der Götter; sie wird von einer heldenhaften Gruppe Überlebender gerettet.

Ein Quell großer Kraft wird im Lebensbaum, Lebensfluß, dem Stein der Weisen, in einem heiligen Zauber, verbotenen Ritual oder einem Geheimrezept entdeckt.

Die stillende Frau wird zur Apotheose der Übergöttin, Übermutter, heiligen Frau, göttlichen Königin, Mutter Erde, Gaja.

Der Seher verfügt über geheimes Wissen und Geisteskräfte, die er nur an diejenigen weitergibt, die es wert sind, sie zu empfangen; es kann sich dabei um einen weisen alten Mann oder eine alte Frau handeln, um einen heiligen Mann, einen Zauberer oder einen großen Schamanen.

Die Jungfrau verfügt über die Macht der Reinheit, ist die Verkörperung heiliger Kräfte, muß unter allen Umständen geschützt werden oder wird den Göttern und Dämonen zur Besänftigung geopfert.

Die sexuelle Erweckung der Frau bleibt dem Einhorn, dem sanften Biest, dem kraftvollen Fremden oder dem Zauberkuß überlassen.

Der Schwindler stört die etablierte Ordnung und entfesselt die Leidenschaften in der Gestalt eines Weingottes, Königs der Lüste, der ewigen Jugend, des Possenreißers, Hanswurst oder weisen Narren.

Ein Ungeheuer bedroht die Menschheit in der Gestalt eines Schlangendämonen (Satan schlängelt sich über den Höllengrund), Drachen, Gorgonen, Golems oder Vampirs.

Wenn Kunst von angeborenen, die geistige Entwicklung bestimmenden Regeln gelenkt wird, dann ist sie nicht nur das Produkt von Geschichte, sondern auch von genetischer Evolution. Es bleibt die Frage, ob diese genetischen Anleitungen reine Nebenprodukte – Epiphänomene – dieser Evolution waren oder Adaptionen, die die Überlebens- und Reproduktionschancen unmittelbar steigerten. Und wenn es Adaptionen waren, welche Vorteile brachten sie? Einige Forscher glauben, daß man die Antwort darauf in den Artefakten finden kann, die aus der Zeit des künstlerischen Erwachens erhalten sind und die wir nicht nur anhand unseres eigenen Wissens, sondern auch am Beispiel der Stammesbräuche überprüfen können, die von noch heute steinzeitlich lebenden Jägern und Sammlern praktiziert werden.

Mit Hilfe dieser Methode beginnt sich folgendes Bild von den Ursprüngen der Kunst abzuzeichnen: Die überragendsten Merkmale der Spezies Mensch sind ihre extrem hohe Intelligenz, ihre Sprache,

Kultur und ihr Vertrauen auf langfristige Sozialverträge. Diese Kombination verschaffte dem frühen Homo sapiens einen großen Vorteil vor allen konkurrierenden Tierarten, forderte allerdings auch einen Preis, den wir noch immer zahlen – nämlich unsere erschreckende Fähigkeit zu Selbst-Erkenntnis, zum Wissen um die Tauglichkeit oder Untauglichkeit unserer eigenen Existenz und um das Chaos, das in unserer Umwelt herrscht.

Diese Offenbarungen, nicht der Ungehorsam gegenüber den Göttern, haben die Menschheit aus dem Paradies vertrieben. Der Homo sapiens ist die einzige Spezies, die ein psychologisches Exil erdulden muß. Alle Tiere werden, auch wenn sie bis zu einem gewissen Grad lernfähig sind, vom Instinkt und von einfachen Schlüsselreizen aus der Umwelt geleitet, die komplexe Verhaltensmuster auslösen. Auch Menschenaffen haben die Gabe der Selbst-Erkenntnis, doch wir verfügen über keinerlei Hinweise, daß sie darüber hinaus über ihre Geburt und ihren Tod oder die Bedeutung allen Seins reflektieren könnten. Die Komplexität des Universums bedeutet ihnen nicht das Geringste. Sie sind wie alle Tiere ausgezeichnet an die Umwelt angepaßt, von der ihr Leben abhängt, widmen aber allem anderen kaum oder gar keine Aufmerksamkeit.

Kunst wurde maßgeblich vom Bedürfnis beeinflußt, Ordnung in die Verwirrung zu bringen, die durch Intelligenz entstand. Vor der Expansion des Geistes hatten sich die prähumanen Populationen wie jede andere Tierart entwickelt. Sie griffen instinktiv auf Reaktionen zurück, die ihre Überlebens- und Reproduktionschancen steigerten. Erst mit der Homo-Ebene von Intelligenz entstanden wirklich große Vorteile, da Informationen nun sehr viel ausgiebiger verarbeitet werden konnten als allein durch Instinktreaktionen auf Schlüsselreize. Diese Stufe der Intelligenz ermöglichte flexible Reaktionen und die Erschaffung von geistigen Szenarien, die sich sogar auf entfernte Bereiche und in die Zukunft erstrecken. Doch das sich entwickelnde Gehirn konnte sich nicht in ein reines Intelligenzorgan, in einen Allzweck-Computer verwandeln. Deshalb wurden die animalischen Überlebens- und Reproduktionsinstinkte im Laufe der Evolution in die epigenetischen Algorithmen der menschlichen Natur transformiert. Es war unbedingt nötig, diese angeborenen Programmierungen beizubehalten, damit der schnelle Erwerb von Sprache, differenzierten sexuellen Verhaltensweisen und anderen geistigen Entwicklungsprozessen gewährleistet blieb. Wären diese Algorithmen ausgelöscht worden, hätte die Spezies Mensch ihrer Ausrottung entgegengesehen, denn die Lebensspanne eines Menschen ist nicht lang

Kunst und Interpretation

genug, um Erfahrungen einzig anhand von generalisierten und nicht kanalisierten Lernprozessen verarbeiten zu können. Aber diese Algorithmen waren noch nicht sehr ausgereift. Sie funktionierten adäquat, aber nicht wirklich vorzüglich. Und wegen der Langsamkeit der natürlichen Auslese, die hundert oder Hunderte von Generationen braucht, um alte Gene durch neue zu ersetzen, konnte das menschliche Erbmaterial nicht sofort mit den ungeheuer vielen neuen ungewissen Möglichkeiten zurechtkommen, die durch Intelligenz entdeckt wurden. Es wurden zwar neue Algorithmen entwickelt, aber sie reichten nicht aus und waren nicht präzise genug, um automatisch die bestmögliche Reaktion auf jeden denkbaren Vorgang zu gewährleisten.

Diese Lücke füllte die Kunst. Die Menschen erfanden sie, weil sie versuchten, auf dem Wege der Magie die Vielfalt der Umwelt, die Macht von Solidarität und all den anderen Kräften, welche eine so große Rolle für ihr Überleben und ihre Reproduktionsfähigkeit spielten, zum Ausdruck zu bringen und zu kontrollieren. Kunst war das Mittel, um diese Kräfte zu ritualisieren und in einer neuen, simulierten Realität auszudrücken. Sie befand sich im vollkommenen Einklang mit der menschlichen Natur und folglich auch mit den emotionsgelenkten epigenetischen Regeln – Algorithmen – der geistigen Entwicklung. Diese Übereinstimmung erreichte sie, indem sie Worte, Bilder und Rhythmen von ausgesprochen beschwörender Qualität wählte und im Einklang mit den emotionalen Anleitungen der epigenetischen Regeln zu den richtigen Mitteln griff, um sie auszudrücken. Noch heute vermittelt Kunst diese primäre Funktion auf fast dieselbe archaische Weise. Ihre Qualität wird an ihrer Menschlichkeit gemessen, also daran, wie treu sie der menschlichen Natur bleibt. Letztlich meinen wir genau das, wenn wir vom Wahren und Schönen der Kunst sprechen.

Vor ungefähr 30 000 Jahren wandte der Homo sapiens Kunst an, um sich große Tiere mittels der sie verkörpernden Darstellung in seine Höhlen zu holen. Einige der ältesten und kunstvollsten Werke sind die Malereien, Gravuren und Skulpturen in den Felshöhlen des eiszeitlichen Südeuropas. Über zweihundert solcher Höhlen mit Tausenden von Abbildungen wurden im Laufe des letzten Jahrhunderts in Italien, der Schweiz, Frankreich und Spanien gefunden. Die jüngste und zugleich zeitlich älteste Entdeckung ist die grandios bemalte Höhle von Chauvet im Tal der Ardèche, einem Rhonezufluß. Chemische Tests ergaben ein Alter der Gemälde von 32 410 plus/minus

302 Die Einheit des Wissens

720 Jahren. Die jüngsten Höhlengalerien stammen aus der altstein-
zeitlichen Magdalénien-Periode vor 10 000 Jahren, beinahe schon am
Übergang zur Neusteinzeit.

Selbst an strengen modernen Standards gemessen sind die meisten
dieser Tierzeichnungen exakte, wunderschöne, mit klaren, schwung-
vollen Linien gemalte Darstellungen. Einige von ihnen haben seitli-
che Schattenkonturen, als wollte ihnen der Künstler Dreidimensio-
nalität verleihen. Außerdem sind sie ein vorzüglicher Feldstudienka-
talog der Säugetiere, die es in dieser Region einmal gab: Löwe, Mam-
mut, Bär, Pferd, Rhinozeros, Bison. Und sie sind mehr als nur abstrakte Darstellungen. Es gibt Figuren eindeutig männlichen oder
weiblichen Geschlechts und unterschiedlichen Alters. Einige weibliche Tiere sind deutlich trächtig, bei anderen ist klar zu erkennen, ob
sie ein Winter- oder Sommerfell tragen. In Chauvet sieht man sogar
zwei wütende Rhinozerosse kampfbereit ihre Hörner ineinander
verkeilen.

Angesichts des Alters von Chauvet und der Tatsache, daß kaum äl-
tere Werke darstellender Kunst vorhanden sind, liegt der Rückschluß
nahe, daß sich die Kunstfertigkeit der Felsmaler sehr schnell, vielleicht sogar nur im Laufe weniger Generationen entwickelt hat. Aber
das wäre ein voreiliger Schluß. Genetische und fossile Nachweise
legen nahe, daß sich der moderne Homo sapiens vor etwa 200 000
Jahren in Afrika entwickelt und Europa erst vor 50 000 Jahren betreten hat. Bis zur Zeit der Chauvet-Gemälde hatte er den Neandertaler
bereits ersetzt – der von einigen Anthropologen inzwischen als eine
eigene menschliche Spezies betrachtet wird. Es ist daher wahrscheinlicher, daß die Künstler ihre Techniken und Stile schon entwickelt
hatten, bevor sie jene Höhlen bezogen, in denen sich die ältesten
heute bekannten Kunstwerke befinden. Viele der frühen Gemälde
waren womöglich auf die Außenseiten von Felswänden gemalt worden – wie es die Jäger- und Sammlervölker in Australien und im
südlichen Afrika noch heute tun –, und konnten daher die harten
klimatischen Bedingungen der europäischen Eiszeit nicht überste-
hen.

Vielleicht werden wir nie dahinterkommen, ob die europäische
Felsmalerei urplötzlich in voller Blüte stand oder Schritt für Schritt
im Laufe von Jahrtausenden entwickelt wurde. Aber zumindest
haben wir deutliche Hinweise darauf, *weshalb* sie geschaffen wurde.
Bei einer ganzen Anzahl von Beispielen, etwa bei über 28 Prozent
der Felsmalerei von Cosques in der Nähe von Marseille, sind Darstellungen von Pfeilen oder Speeren zu sehen, die über die Tierkörper

Kunst und Interpretation 303

fliegen. Ein Bison in der Höhle von Lascaux etwa ist von einem Pfeil getroffen, der in seinen Anus ein- und aus seinen Genitalien wieder austritt. Die einfachste und überzeugendste Erklärung für diese Art von Wandschmuck bot Anfang des zwanzigsten Jahrhunderts Abbé Breuil, der sich als einer der ersten mit der Erforschung und Auslegung der europäischen Kunst des Paläolithikums befaßte. Er war der Ansicht, daß es sich dabei um magischen Jagdzauber handelte, geprägt vom Glauben, daß der Jäger mit der bildlichen Neuerschaffung des Tieres und der gleichzeitigen Tötung seines Abbilds seiner Beute eher gewachsen sein werde, sobald die reale Jagd vor der Höhle beginnt.

Kunst ist Magie – das hat einen durchaus modernen Klang, denn wie oft hören wir, daß der eigentliche Sinn von Kunst Verzauberung ist. Breuils Hypothese wird im übrigen durch die verblüffende Tatsache gestützt, daß wiederholt dasselbe Tier auf derselben Felswand dargestellt wurde. In einem Fall haben chemische Tests erwiesen, daß die einzelnen Portraits im Abstand von mehreren Jahrhunderten entstanden waren. Oft finden sich auch exakt über das Original gemalte – oder in Knochenfragmente geritzte – Duplikate. Es gibt Reproduktionen von Rhinozeroshörnern, Mammuts mit mehreren Schädeldecken oder Löwen mit zwei oder drei vollständig ausgemalten Köpfen. Obwohl wir nie erfahren werden, was die Künstler wirklich im Sinn hatten, legt dies durchaus die Interpretation nahe, daß sie die Darstellungen mit jedem Duplikat zu neuem Leben erwecken wollten, damit diese ihre rituelle Bedeutung erneut erfüllen konnten. Entsprechende Zeremonien waren offenbar von frühen Formen der Musik und des Tanzes begleitet. In vielen Höhlen wurden aus Knochen geschnitzte Flöten entdeckt, die so gut erhalten waren, daß man sie nach der Reinigung sofort wieder bespielen konnte. Und alle Felsmalereien wurden an Orten gefunden, wo eine hervorragende Akustik herrscht.

Magischer Jagdzauber hat bis heute in der einen oder anderen Form in den noch existierenden Jäger- und Sammlergesellschaften überlebt. Es handelt sich dabei um eine Art von sympathetischem Zauber, um den Ausdruck des in fast allen vorwissenschaftlichen Völkern herrschenden Glaubens, daß mit der Manipulation von Symbolen und Bildern die dargestellten Objekte beeinflußt werden können. Voodoo-Praktiken wie das Durchstechen von Puppen mit Nadeln gehören zu den bekanntesten volkskulturellen Beispielen von »bösem« Zauber. Die meisten religiösen Rituale enthalten Elemente von sympathetischem Zauber. Kinder, die dem aztekischen

Regengott Tlaloc geopfert werden sollten, wurden erst einmal zum Weinen gebracht, damit Regentropfen auf das mexikanische Tal fallen konnten. Die christliche Taufe befreit von der Erbsünde. Um unschuldig neugeboren zu werden, muß man erst mit dem Blut des Lammes gereinigt werden.

Der Glaube an Astrologie und außersinnliche Wahrnehmungen, vor allem an Psychokinese, beruht auf denselben Wundermitteln aus dem Zauberkasten. Dieser beinahe universelle Glaube an sympathetischen Zauber der einen oder anderen Art ist leicht zu erklären. In einer verwirrenden und bedrohlichen Welt klammern sich die Menschen mit allen nur erdenklichen Mitteln an höhere Mächte. Kunst mit sympathetischem Zauber zu verbinden, bietet einen ganz natürlichen Zugang dazu.

Nun kann man natürlich auch die Gegenhypothese zum Jagdzauber aufstellen, daß nämlich die Höhlenmalerei dem viel simpleren Zweck diente, die Nachwachsenden zu unterrichten. Vielleicht war sie ja tatsächlich nur ein prähistorischer Bildband über die großen Säugetiere des Pleistozäns. Aber da nicht mehr als ein Dutzend Spezies zu erforschen waren, bleibt unklar, weshalb diese Portraits wiederholt übereinander gemalt wurden oder weshalb die Lehrlinge ihre Jagdkünste nicht besser lernen konnten, indem sie ihre Väter auf die Jagd begleiteten, wie es unter den heutigen Jäger- und Sammlervölkern üblich ist.

Die Hypothese, daß diesen Tierbildern magische Kräfte zugeschrieben wurden, wird auch durch Verhaltensweisen gestützt, die unter den noch heute steinzeitlich lebenden Menschen zu finden sind. Die Jäger befassen sich intensiv mit dem Leben der großen Säugetiere ihrer Region, da sie sie immer erst aufspüren müssen, um sie dann aus dem Hinterhalt töten zu können. Sie kümmern sich viel weniger um kleinere Tiere wie Springhasen oder Stachelschweine, die mit Fallen gefangen oder aus ihren Erdlöchern ausgegraben werden können. Oft schreiben sie den großen Beutetieren Verstand und außerordentliche Kräfte zu, in denen sich ihre eigenen Sehnsüchte nach übermenschlicher Macht spiegeln. Und manchmal versuchen sie sogar, sich mit den getöteten Tieren feierlich zu versöhnen. In vielen Kulturen sammeln die Jäger Schädel, Klauen und Häute als Trophäen der eigenen Tapferkeit. Die totemistischen Tiere, ausgestattet mit übernatürlichen Kräften und mit kunstvollen Mitteln geehrt, dienen als Symbole für den Zusammenhalt der Stammesmitglieder. Ihre Geister präsidieren Siegesfeiern und helfen den Menschen über dunkle Stunden der Niederlage hinweg. Sie gemahnen jeden einzelnen an eine höhere Existenz, an etwas Unsterbliches, von dem er selbst ein Teil ist. Die Totems fordern zur Mäßigung bei einem Streit auf und verringern Dissens unter den Stammesmitgliedern. Sie sind die Quellen einer ganz realen Kraft. Es ist daher nicht überraschend, daß unter den wenigen vorzüglichen Menschendarstellungen der eiszeitlichen Kunst immer auch Schamanen zu finden sind, die Geweihe als Kopfschmuck tragen oder Vogel- und Löwenköpfe haben. Und es scheint nur logisch, daß sich das Wirkungsfeld der Götter, die in Tiergestalt die alten Zivilisationen im Vorderen Orient und in Mittelamerika beherrscht hatten, mit diesem sympathetischen Zauber ausweitete. Nicht nur Sammler- und Jägerstämme, auch hochzivilisierte Gruppen und Nationen tendieren dazu, Tiere zu totemisieren, welche all die Eigenschaften besitzen, die sie sich selber wünschen. Amerikanische Footballfans haben jedenfalls einen Weg zurück zu altsteinzeitlichem Stammesverhalten gefunden, indem sie die Detroit *Lions*, Miami *Dolphins* oder Chicago *Bears* vergöttern.

Daß Kunst biologischen Ursprungs ist, ist eine Arbeitshypothese, die davon abhängig ist, ob die epigenetischen Regeln und von ihnen hervorgerufenen Archetypen tatsächlich existieren. Sie wurde im Geiste der Naturwissenschaften aufgestellt und ist daher auch überprüfbar, anfechtbar und mit allen biologischen Erkenntnissen vereinbar.

Doch wie soll man diese Hypothese überprüfen? Eine Möglichkeit ist, mittels der Evolutionstheorie die epigenetischen Regeln für die Themenschwerpunkte vorauszusagen, die von der Kunst am wahrscheinlichsten zu erwarten sind. Wir wissen, daß es solch nahezu universelle Themen gibt und daß sie das Gerüst fast der gesamten bildenden und darstellenden Kunst bilden. Genau diese Allgemeingültigkeit ist der Grund, weshalb ein Film aus Hollywood auch in Singapur Erfolg hat und warum der Nobelpreis für Literatur sowohl an Afrikaner und Asiaten als auch an Europäer vergeben wird. Weit weniger gut verstehen wir jedoch, weshalb das so ist, warum geistige Entwicklungsprozesse so beständig die Aufmerksamkeit auf ganz bestimmte Bilder und Erzählmuster lenken. Die Evolutionstheorie ist ein potentiell aussagekräftiges Mittel, will man die zugrundeliegenden epigenetischen Regeln voraussagen und ihre Ursprünge in der genetischen Geschichte verstehen.

Ein wichtiges Beispiel für diesen evolutionären Ansatz habe ich bereits mit der Inzestvermeidung und den Inzesttabus angesprochen. Die angeborenen Vermeidungshaltungen, die zu diesen Phänomenen führen, haben sich in allen Mythen und der gesamten Kunst der aufgezeichneten Geschichte niedergeschlagen. Weitere Verhaltens- und Darstellungsweisen, die biologische Theorie und Kunst miteinander vereinen, sind unter anderem die Eltern-Kind-Bindung, das Kooperations- und Konfliktverhalten in der Familie und die territorialen Angriffs- und Verteidigungsmuster.

Eine zweite und ganz andere Möglichkeit, die auf die Kunst einwirkenden epigenetischen Regeln zu entdecken, besteht darin, sie einfach mit neurowissenschaftlichen und verhaltenspsychologischen Methoden aufzuspüren. 1973 veröffentlichte die belgische Psychologin Gerda Smets eine bahnbrechende »bioästhetische« Studie. Während ihre Probanden unterschiedlich komplexe abstrakte Darstellungen betrachteten, zeichnete sie die Veränderungen in den Mustern ihrer Hirnströme auf. Erregung registrierte sie durch die Desynchronisation von Alphawellen, ein Standardverfahren der Neurobiologie. Nun ist es im allgemeinen so, daß Probanden immer von stärkerer psychischer Erregung berichten, je mehr Alphawellen desynchronisiert wurden. Smets machte nun die überraschende Entdeckung, daß die Reaktion des Gehirns jedesmal an einem Höhepunkt anlangte, wenn es in den Darstellungen, die die Probanden vor Augen hatten, die Wiederholung bestimmter Elemente in Form einer zwanzigprozentigen Redundanz gab. Das entspricht beispielsweise genau der Ordnungsstruktur, die in einem einfachen Irrgarten herrscht oder in zwei vollständigen Drehungen einer algorithmischen Spirale oder in einem Kreuz mit asymmetrischen Balken. Dieser »Zwanzigprozentige Redundanzeffekt« scheint also angeboren zu sein. Neugeborene starren am ausdauerndsten auf Gegenstände, die genau diese Ordnungsstruktur enthalten.

Was hat diese epigenetische Regel nun mit Ästhetik und Kunst zu tun? Der Zusammenhang ist enger, als es auf den ersten Blick erscheinen mag. Smets Diagramme für höchste Erregung erinnern verblüffend – obwohl von einem Computer dargestellt – an die abstrakten Entwürfe für Friese, Gitterwerke, Logos, Kolophone oder Fahnen in aller Welt. Ihre Ordnungsstruktur und Komplexität ähneln nicht nur den Piktogrammen der chinesischen, japanischen, thailändischen, tamilischen, bengalischen und anderen asiatischen Schriften unterschiedlichen Ursprungs, sondern auch den Hieroglyphen der alten Ägypter und der Mayas. Es scheint daher ausgesprochen wahrscheinlich, daß sich auch einige der meistgeschätzten Werke der abstrakten Kunst diesem Optimalwert von Ordnung annähern, der ja auch beispielhaft in Mondrians Œuvre zum Ausdruck kommt. Diese

Verbindung zur Neurobiologie mag noch schwach sein, aber sie bietet bereits einen vielversprechenden Hinweis auf die Zusammenhänge zwischen Kunst und ästhetischem Instinkt. Und der wurde meines Wissens bislang weder von Naturwissenschaftlern noch von Kunsttheoretikern systematisch erforscht.

Eine weitere Möglichkeit, unmittelbar nach den relevanten epigenetischen Regeln für Ästhetik zu forschen, ist die Beurteilung der Schönheit eines jungen Gesichts. Seit über einem Jahrhundert ist bekannt, daß ein Gesicht, welches mit photographischen Mitteln aus den Bestandteilen vieler Gesichter komponiert wurde, als attraktiver empfunden wird als die meisten dieser Gesichter einzeln betrachtet. Dieses Phänomen hat zu der Überzeugung geführt, daß ein als schön empfundenes Gesicht schlicht den Mittelwert einer Bevölkerung wiedergibt. Doch diese durchaus vernünftige Schlußfolgerung hat sich nur als halbe Wahrheit erwiesen. Denn 1994 haben erneute Studien ergeben, daß ein Gesicht, welches aus einzelnen Gesichtern komponiert wurde, die jeweils zuvor als besonders attraktiv deklariert wurden, höher bewertet wird als eines, das aus Gesichtern zusammengesetzt wurde, die ohne vorangegangene Bewertung ausgesucht wurden. Mit anderen Worten, das Durchschnittsgesicht einer Bevölkerung scheint als attraktiv, aber nicht als optimal empfunden zu werden. Offenbar wird einigen Komponenten bei der Bewertung von Schönheit mehr Gewicht beigemessen als anderen. Die anschließende Analyse brachte nun etwas wirklich Überraschendes zutage: Wenn die attraktiven Komponenten identifiziert und bei der künstlichen Komposition nochmals besonders hervorgehoben wurden, wurde das Gesicht grundsätzlich als noch attraktiver bewertet. Festgestellt wurde dieser Effekt bei einem Test anhand von weißen und japanischen Frauengesichtern, die jungen britischen und japanischen Versuchspersonen beiderlei Geschlechts gezeigt wurden. Als besonders attraktiv bewertet wurden hohe Wangenknochen, ein schmaler Kiefer, im Verhältnis zur gesamten Gesichtsproportion große Augen und eher etwas kürzere Abstände zwischen Mund/Kinn und Nase/Kinn als etwas längere.

Nur ein geringer Prozentsatz junger Frauen entspricht dem Durchschnitt oder kommt ihm nahe. Etwas anderes ist auch gar nicht zu erwarten bei einer Spezies, deren genetisch unterschiedliche Gesichtszüge in und zwischen Familien Generation für Generation neu festgelegt werden. Erstaunlich aber ist die Abweichung zwischen dem als wirklich optimal Empfundenen und dem herrschenden Durchschnitt. Nur außerordentlich wenige Frauen reichen an das

Optimum heran. Hätte nun das Schönheitsempfinden für ein bestimmtes Gesicht tatsächlich zu höheren Überlebens- und Reproduktionschancen für die Schönstmöglichen geführt, dann müßten die Schönsten zugleich dem Bevölkerungsdurchschnitt entsprechen oder nahe kommen. Denn das voraussagbare Resultat einer stabilisierenden natürlichen Auslese ist eindeutig, daß Abweichungen von den optimalen Dimensionen in jeder Richtung mißbilligt und das Optimum die gesamte evolutionäre Zeit über als Norm bevorzugt wird.

Daß große Schönheit so selten ist, könnte – spekulativ – eine weitere Bestätigung jenes Verhaltensphänomens sein, das man »übernormale Reizanerkennung« nennt. Dabei handelt es sich um die unter Tieren weitverbreitete Vorliebe, mittels Signalen zu kommunizieren, die weit über die natürliche Norm hinausgehen, sofern sie in der Natur überhaupt vorkommen. Ein interessantes Beispiel dafür ist das Attraktivitätsempfinden, das weibliche Perlmutterfalter auslösen, ein orange und silber gesprenkelter Schmetterling, der in den Waldlichtungen zwischen Westeuropa und Japan zu finden ist. Die männlichen Falter erkennen die weiblichen ihrer Gattung instinktiv an ihren spezifischen Färbungen und Flugbewegungen. Sie jagen eifrig hinter ihnen her, obwohl sie offenbar gar nicht ihren wirklichen Präferenzen entsprechen. Forscher, die männliche Perlmutterfalter mit Nachbildungen aus Kunststoff und mechanisch hervorgerufenen Flügelbewegungen anlocken konnten, fanden nämlich zu ihrer Überraschung heraus, daß sich die Männchen sofort von den echten Weibchen abwandten und dem Modell entgegenflogen, das die größten, strahlendsten und am schnellsten flatternden Flügel hatte – obwohl es solche Superfalter in der Natur gar nicht gibt.

Den Faltermännchen scheint eine Vorliebe für eine möglichst intensive Ausdrucksform gewisser Reize einprogrammiert zu sein, wobei nach oben keine Grenzen gesetzt sind. Dieses Phänomen ist im gesamten Tierreich zu beobachten. Als ich vor einigen Jahren mit westindischen Anolis-Echsen experimentierte, konnte ich feststellen, daß sich die Männchen begeistert vor Photographien von Exemplaren ihrer Spezies produzierten, obwohl diese auf Kleinwagenformat vergrößert waren. Andere Forscher haben herausgefunden, daß Silbermöwen sogar ihre eigenen Eier ignorieren, sobald sie mit einem entsprechend bemalten Holzmodell konfrontiert werden, das so groß ist, daß sie es nicht einmal besteigen könnten.

In der realen Welt funktioniert diese Reaktion auf übernormale Reize nur, weil es die von Forschern geschaffenen Monstrositäten

Kunst und Interpretation

dort nicht gibt und sich die Tiere problemlos an die epigenetische Regel halten können: Nimm das größte (oder bunteste oder sich am auffallendsten bewegende) Exemplar, das du finden kannst. Weibliche Perlmutterfalter könnten sich gar nicht erst zu Rieseninsekten mit phantastisch schwirrenden Flügeln entwickeln, weil solche Kreaturen nicht einmal genügend Nahrung finden würden, um ihr Raupenstadium durchzustehen und in den eurasischen Wäldern zu überleben. Demselben Prinzip entsprechend wären Frauen mit besonders großen Augen und grazilen Gesichtszügen zwar gesundheitlich weniger robust und während einer Schwangerschaft weniger widerstandsfähig als Frauen, die dem Bevölkerungsdurchschnitt eher entsprechen, doch – und das ist womöglich das entscheidende Anpassungsmerkmal – sie symbolisieren in höherem Maße körperliche Jugend, Jungfräulichkeit und daher die Aussicht auf eine lange Fortpflanzungsfähigkeit.

Wenn im Tierreich weibliche Exemplare bevorzugt werden, deren Attraktivität auf völlig irreale Weise optimiert wurde, ist das allerdings auch nicht merkwürdiger als viele soziale Verhaltensweisen des Menschen. Die gesamte Schönheitsindustrie macht nichts anderes, als Mittel zur übernormalen Reizdarstellung zu produzieren. Lidschatten und Wimperntusche vergrößern die Augen, Lippenstift läßt die Lippen voller erscheinen, Rouge gaukelt ständige Errötung vor, mit Puder und Make-up werden Gesichtskonturen weicher und lassen sich der angeborenen Idealvorstellung annähern, Nagellack täuscht eine verstärkte Blutzirkulation in den Händen vor, und durch Toupieren und Färben wirkt das Haar voller und jugendlicher. All diese Tricks gehen weit über die Imitation natürlicher physiologischer Anzeichen von Jugendlichkeit und Fruchtbarkeit hinaus. Auch sie lassen die Norm weit hinter sich.

Nach demselben Prinzip werden männliche und weibliche Körperhüllen gestaltet. Kleidung und Schmuck demonstrieren Vitalität und die Bereitschaft, sich umwerben zu lassen. Jahrtausende bevor Künstler Tiere und kostümierte Schamanen auf die Höhlenwände Europas malten, hatten die Menschen schon Perlen auf ihre Kleidung genäht und mit Raubtierzähnen Muster in ihre Gürtel und Kopfbänder gestochen. Man könnte also sagen, daß der menschliche Körper einstmals selber als künstlerische Leinwand diente.

Die amerikanische Ästhetikhistorikerin Ellen Dissanayake meint, daß es schon immer die primäre Rolle von Kunst gewesen sei, die charakteristischen Merkmale von Mensch, Tier und unbeseelter Umwelt »zu überhöhen«. Am Beispiel von weiblicher Schönheit ist jedenfalls zu sehen, daß der Mensch biologisch prädisponiert ist, solchen Merkmalen besondere Aufmerksamkeit zu schenken. Daher eignen sie sich auch besonders gut dazu, die epigenetischen Regeln der mentalen Entwicklung aufzuspüren.

Kunst bringt nicht nur Ordnung und Sinn in das Chaos des Alltags, sondern nährt auch unser heftiges Verlangen nach dem Mystischen. Wir fühlen uns zu den Schattenbildern hingezogen, die durch unser Unterbewußtsein geistern. Wir träumen vom Unerklärlichen, von unerreichbaren Orten und Zeiten. Wie kommt es, daß wir das Unbekannte so lieben? Vermutlich ist das paläolithische Umfeld, in welchem sich das Gehirn entwickelte, dafür verantwortlich. Meiner Meinung nach sind unsere Gefühle noch immer dort verankert. Als Naturforscher sind meine Tagträume über diese formbildende Welt von ausgesprochen geographisch pointierten Vorstellungen geprägt.

Heimat ist der Mittelpunkt unserer Welt. Im Mittelpunkt dieses Mittelpunkts stehen Schutzbehausungen vor dem Hintergrund einer Felswand. Von den Schutzbehausungen gehen oft beschrittene Pfade aus, wo uns jeder Baum und Stein vertraut ist. Jenseits von ihnen stehen uns alle Möglichkeiten für weitere Erkundungen und Reichtümer offen. Unten am Fluß, hinter der Baumreihe am gegenüberliegenden Ufer, liegen saftige Weiden, wo es Jagdbeute und eßbare Pflanzen im saisonalen Überfluß gibt. Doch diesen Möglichkeiten stehen ebenso viele Risiken gegenüber. Wir könnten uns bei einem Beutezug in zu großer Entfernung verlaufen. Wir könnten von einem Unwetter überrascht werden. Benachbarte Völker – mit Giftspeeren bewaffnet, oder Kannibalen, also eigentlich unmenschliche Wesen – werden entweder mit uns handeln oder aber uns angreifen. Ihre wirklichen Absichten können wir nur erraten. Aber in jedem Fall schaffen sie eine unpassierbare Grenze. Auf der anderen Seite scheint die Welt zu Ende – der Blick verbaut durch ein Bergmassiv, das Weiterkommen durch ein steiles Kliff zum Meer. Da draußen könnte alles sein, Drachen, Dämonen, Götter, das Paradies, das ewige Leben. Von dort kamen unsere Vorfahren. Die uns vertrauten Geister werden bei Anbruch der Nacht aktiv. Es gibt so vieles, was unbegreiflich und unerklärlich ist! Wir wissen genug, um überleben zu können, aber der Rest der Welt bleibt ein Mysterium.

Was ist dieses Mysterium, von dem wir uns so angezogen fühlen? Sicher weit mehr als nur ein Puzzle, das zusammengesetzt werden muß, denn es ist noch viel zu amorph und unverstanden, als daß wir es überhaupt in Teile eines Puzzles zerlegen könnten. Unsere Gedanken reisen leicht – und begierig! – vom Vertrauten und Erfaßbaren ins Reich der Mystik. Heutzutage ist unser gesamter Planet Heimat.

Kunst und Interpretation

Die globalen Informationsnetzwerke sind die Pfade, die von unseren Schutzbehausungen wegführen. Doch das mystische Reich ist noch immer nicht verschwunden, es hat sich nur weiter zurückgezogen, zuerst aus dem Vordergrund, dann hinter das entfernte Bergmassiv, und nun suchen wir es in den Sternen, in der nicht erkennbaren Zukunft, im noch immer betörenden Übernatürlichen. Der menschliche Geist wird vom Bekannten und dem Unbekannten, den Welten unserer Vorfahren, genährt. Und seine Musen Wissenschaft und Kunst flüstern uns zu: Folge uns, forsche, finde es heraus.

Um die Einflüsse des archaischen Verstandes zu begreifen, brauchen wir uns jedoch nicht allein auf Introspektion und Phantasie zu verlassen. Anthropologen haben ausführlich die noch existierenden Gruppen von Jägern und Sammlern studiert, deren Lebensweisen vermutlich stark an die unserer gemeinsamen paläolithischen Vorfahren erinnern. Sie haben ihre Sprachen, täglichen Aktivitäten und Gespräche aufgezeichnet und konnten daraus nachvollziehbare Schlüsse über die Denkprozesse ihrer Studienobjekte ziehen.

Louis Liebenberg berichtet von den »Buschmännern« in der Kalahari, genauer gesagt über die !Kung, /Gwi und !Xo in Botswana und Namibia und ihre San-Sprache. Um die dahinschwindende Kultur dieser bemerkenswerten Menschen aufzuzeichnen, stützte er sich nicht nur auf seine eigene Forschung, sondern auch auf die Berichte anderer Anthropologen, vor allem von Richard B. Lee und George B. Silberbauer.

Damit sie von den spärlichen Ressourcen der Wüste leben können, müssen die Kalaharigruppen außerordentlich umsichtig planen und handeln. Dafür ist die Kenntnis des Geländes und der saisonalen Ökologie ganz besonders wichtig, am allerwichtigsten aber ist die Einteilung der Wasservorräte in ihrem Gebiet. Liebenberg schreibt:

»Während der Regensaison leben sie an den saisonalen Wassertümpeln in den Nußwäldern. Zuerst werden nur die schmackhaftesten und am reichlichsten vorhandenen Nahrungsmittel in nächster Nähe des Wassers gesammelt. Mit der Zeit müssen sie sich bei der Nahrungssuche immer weiter und weiter entfernen. Normalerweise bleiben sie ein paar Wochen oder Monate an einer Lagerstätte und essen sich sozusagen von dort ihren Weg nach draußen. In der Trockenzeit lagern die Gruppen an den ständigen Wasserlöchern. Sie bauen eßbare Nahrung in immer größeren Kreisen ab, und je weiter entfernt die Nahrungsquellen vom Wasser sind, desto mehr müssen sie um ihre Versorgung ringen.«

Die Gruppen der Kalahari sind Experten der örtlichen Geographie und der vielen Tiere und Pflanzen, von denen ihr Leben abhängt. Die Sammler – normalerweise Frauen, aber auch Männer, auf dem Heimweg von einer erfolglosen Jagd – nutzen ihr Wissen über die Botanik, um ausschließlich eßbare Pflanzenarten zu pflücken. Außerdem macht sie die Notwendigkeit zu Naturschützern. Liebenberg fährt fort:

»Sie vermeiden es, sämtliche Exemplare einer bestimmten Pflanzenart aus einem Gebiet zu pflücken, und lassen immer einige unberührt, um die Regeneration nicht zu gefährden. Restexemplare einer bestimmten Pflanze werden selbst dann nicht gepflückt, wenn sie sich inmitten anderer Pflanzenarten verbergen.«

Auch was die Besonderheiten des Tierlebens betrifft, sind die Jäger Spezialisten. Ihre Chancen, große Tiere aufzuspüren, hängen von diesem Wissen ab.

»Entdecken die Jäger eine frische Fährte, schätzen sie das Alter des Tieres und mit welcher Geschwindigkeit es sich bewegt hat, um zu entscheiden, ob es einer Verfolgung wert ist. Im dichten Busch, wo es nicht immer klare Spuren gibt, oder auf festem Boden, wo meist nur Schürfspuren zu sehen sind, sind die Jäger oft nicht in der Lage, ein Tier zu identifizieren. In diesem Fall müssen sie der Spur folgen und nach weiteren Zeichen suchen, etwa nach niedergetrampelter Vegetation und anderen Schürfzeichen, bis sie auf lesbare Spuren stoßen. Indem sie rekonstruieren, was das Tier getan hat, sagen sie voraus, wohin es sich bewegt hat.«

Wie seit Jahrtausenden bei allen Jägern und Sammlern der Welt spielt die Jagd auch in der Kalahari eine zentrale Rolle im Sozialleben einer Gruppe.

»Wenn sie abends am Feuer sitzen und Geschichten erzählen, berichten die Männer höchst anschaulich von den letzten oder von länger zurückliegenden Jagdausflügen. Um Tiere aufzuspüren, bedarf es jeder Information über ihre Gepflogenheiten. Diese gewinnen sie aus den Beobachtungen anderer Jäger und durch ihre eigenen Zeichenauslegungen. Sie verbringen viele Stunden damit, die Gewohnheiten und Bewegungen von Tieren zu diskutieren.«

Kunst und Interpretation

Das Leben einer Kalaharigruppe, die im Optimalfall aus fünfzig bis siebzig Personen besteht, ist stark gemeinschaftsorientiert und kooperativ. Weil die Gruppe mehrmals im Jahr mit all ihren Habseligkeiten auf dem Rücken umziehen muß, sammeln ihre Mitglieder kaum materielle Güter an, die nicht für das Überleben notwendig sind.

»Besitz beschränkt sich auf Kleidung, die Waffen und Werkzeuge des Mannes und die Haushaltsgegenstände der Frau. Weder das Territorium einer Gruppe noch das, was es bietet, ist individueller Besitz. Alles gehört der Gemeinschaft, der gesamten Gruppe.«

Um die Gruppe zusammenzuhalten, werden Anstandsregeln und das Prinzip der Gegenseitigkeit strikt gewahrt.

»Obwohl die Jagd wichtig für das Überleben der Jäger und Sammler ist, wird von erfolgreichen Jägern, die natürlicherweise stolz auf sich sind, erwartet, daß sie bescheiden und zuvorkommend bleiben. Bei den Ju/wasi gilt zum Beispiel die Ankündigung, ein Wild erlegen zu wollen, als überheblich und wird heftig mißbilligt. Viele gute Jäger gehen oft wochen- oder monatelang nicht auf die Jagd, denn nach einer Reihe von erfolgreichen Beutezügen pflegen sie das Jagen einzustellen, damit andere die Chance zu einer Gegenleistung bekommen.«

Obwohl die Jäger der Kalahari das Verhalten von Tieren sehr genau studieren, tendieren sie zu ausgesprochen vermenschlichenden Interpretationen. So strengen sie sich beispielsweise aufs Äußerste an, um in die Gedanken der Tiere, die sie verfolgen, einzudringen. Sie glauben, daß sie ihre Gedanken unmittelbar auf ihre Umwelt projizieren können. Und sie analogisieren.

»Das Verhalten von Tieren wird als rational und motiviert beurteilt, wobei ihre Motive immer auf den Werten der Sammler und Jäger oder befreundeter Gruppen beruhen (oder auf ihrer Negation). Die /Gwi glauben, daß das Verhalten von Tieren an die natürliche Ordnung von N!adima (Gott) gebunden sei. Jede Tierart lege ein charakteristisches Verhalten an den Tag, das von kxodzi (Sitten) bestimmt sei, und habe ihre eigene kxwisa (Sprechweise, Sprache). Alle Tiere hätten ihre Fähigkeiten durch rationales Denken erworben.«

Erkennt man, daß in den Glaubenssystemen von ungebildeten Menschen die Gleichwertigkeit von materieller und immaterieller Welt zum Ausdruck kommt, von rationalen und irrationalen Erklärungsmustern, ist leicht zu verstehen, weshalb sie mit Mythen und Totems überladene Erzählungen erfinden. Die Akzeptanz des Geheimnisvollen ist ein bedeutender Aspekt ihres Lebens.

> »Die /Gwi glauben, daß das Wissen von bestimmten Tieren das von Menschen transzendiere. Ein Adler wisse, wann ein Jäger erfolgreich sein wird, daher pflege er als Omen des bevorstehenden Erfolges über ihm zu schweben. Der Grysbock verfüge über geheime Kräfte, um sich vor dem Pfeil des Jägers zu schützen, und die Antilope verhexe ihre tierischen Feinde und sogar die Rivalen der eigenen Gattung. Von den Pavianen glaubt man wegen ihrer legendären Gewitztheit, daß sie die Jäger belauschen und deren Pläne an die Beutetiere weitergeben.«

Das Bild, das ungebildete Menschen aus den sichtbaren Tatsachen der Welt ableiten, umfaßt nur einen winzigen Teil der gesamten Natur. Aus schierer Notwendigkeit ist der primitive Verstand daher unentwegt auf das Geheimnisvolle eingestellt. Für die Sammler und Jäger der Kalahari und andere zeitgenössische Gruppen geht alltägliche Erfahrung unmerklich und fließend in die Zauberwelt über. In Bäumen und Felsen leben Geister, Tiere denken, und menschliche Gedanken lassen sich mit physischer Kraft auf die Außenwelt projizieren.

Gemessen an dem, was aus uns noch werden kann, sind wir alle noch Primitive. Ob akademisch gebildete Städter oder Sammler und Jäger, wir alle kennen maximal einen der Tausenden von Organismen – Pflanze, Tier, Mikroorganismus –, die jedes Ökosystem erhalten. Wir wissen ausgesprochen wenig über die wirklichen biologischen und physikalischen Kräfte, denen wir Luft, Wasser und Erde verdanken. Selbst der kenntnisreichste Naturforscher kann nicht mehr als einen Bruchteil des Ökosystems aufspüren, dem er ein lebenslanges Studium widmet.

Doch allmählich beginnen sich diese riesigen Wissenslücken zu füllen. Das ist die Stärke von kumulativer Wissenschaft in einer gebildeten Welt. Menschen lernen und vergessen, sterben, und selbst ihre durchsetzungsfähigsten Institutionen verschwinden wieder, aber das von Generation zu Generation weitergegebene globale Wissen expandiert. Jeder geschulte Mensch kann daran teilhaben und es er-

Kunst und Interpretation

gänzen. Auf diese Weise werden alle Arten von Organismen in allen
Ökosystemen wie etwa der Kalahari-Wüste irgendwann bekannt
sein. Man wird ihnen wissenschaftliche Namen geben, ihren Platz in
der Nahrungsmittelkette entdecken, in ihre Anatomien und Phy-
siologien bis auf die Ebene von Zellen und Molekülen eindringen,
das animalische Instinktverhalten bis auf den einzelnen neuronalen Schaltkreis, Neurotransmitter und Ionenaustausch reduzieren.
Nimmt man die Geschichte der Biologie als Anhaltspunkt, werden
sich schließlich alle Fakten als kongruent erweisen. Alle Erkenntnisse
werden sich im Raum von den Molekülen bis zum Ökosystem und
in der Zeit von der Mikrosekunde bis zum Jahrtausend zusammenfügen.

Mit derart harmonisierten Erkenntnissen werden wir die einzelnen Entitäten auf allen biologischen Organisationsebenen rekonstruieren können. Wir werden in der Lage sein, Pflanzen und Tiere
vollständig in der Form zu rekonstruieren, in der wir sie sehen – also
nicht mehr nur als molekulare Ansammlungen in biochemischer
Zeit, die für die Wahrnehmung des menschlichen Auges zu klein
sind und sich zu schnell verändern, und auch nicht als ganze Populationen, die im Zeitlupentempo der ökologischen Zeit leben. Wir
werden sie genau in jener winzigen organischen Zeitspanne rekonstruieren, in der das menschliche Bewußtsein – selber ein Organismus – zu existieren gezwungen ist.

Nach unserer phantastischen Wissenschaftsreise durch Raum und
Zeit werden wir wieder in die Zeit zurückkehren, für die uns die
Evolution des Gehirns präpariert hat. Und nachdem wir nunmehr
Wissenschaft und Kunst vereint haben, haben wir den Kreis ge-
schlossen.

*Dichter in meinem Herzen, wandere mit mir durch das geheimnisvolle
Land. Wir können noch immer Jäger in der jahrmillionenalten Traumzeit
sein. Unser Verstand ist berechnend und emotional. Wir sind ängstliche
Ästheten. Aber der Adler zieht noch immer seine Kreise über uns, versucht
uns etwas zu sagen, das wir übersehen, vergessen haben. Wie können wir nur
so sicher sein, daß Adler nicht sprechen, daß wir jemals alles über diese Welt
wissen werden? Vor uns führt die Spur der Hexenmeisterin Antilope ins Ge-
strüpp – sollen wir ihr folgen? Magie fließt verführerisch durch unser Denken
wie eine Droge durch die Venen. Wenn wir ihre Macht über unsere Gefühle
akzeptieren, erfahren wir etwas Wichtiges über die menschliche Natur, etwas,
das auch von großer intellektueller Bedeutung ist: Der magische Kreis von
Wissenschaft und Kunst kann im erweiterten Rahmen von Raum und Zeit
geschlossen werden.*

In diesem erweiterten Rahmen wird die archaische Welt der Mythen und Leidenschaften verständlich und auf die Weise sichtbar, wie
sie wirklich ist, mit all ihren Ursachen und Wirkungen. Jede Gelän-
destruktur, jede lebende Pflanze, jedes Tier und den menschlichen
Intellekt, der sie alle überragt – alles können wir begreifen, wenn wir
es als eine einzige materielle Einheit betrachten. Doch damit haben
wir die instinktive Welt unserer Vorfahren nicht verlassen. Und
wenn wir die spezifische Nische bedenken, die der Mensch im Kontinuum besetzt, können wir, wenn wir das wollen (und wir wollen es
verzweifelt!), in den Werken der Kunst denselben Sinn für Schönheit
und Mysterium wiederfinden, der uns seit unserem Erwachen in seinem Bann hält. Zwischen der materiellen Welt der Wissenschaft und
den sinnlichen Wahrnehmungen des Jägers und Dichters gibt es
keine Grenzen.

Kapitel 11

Ethik und Religion

Die seit Jahrhunderten währenden Debatten über den Ursprung
von Ethik sind einfach zusammenzufassen: Entweder sind ethische
Gebote wie Gerechtigkeit und allgemeine Menschenrechte der
menschlichen Erfahrung übergeordnet, oder sie sind Erfindungen
des Menschen. Reflexionen über diesen Unterschied sind mehr als
nur erbauliche Übungen für Philosophieseminaristen. Denn welcher
Prämisse wir den Vorzug geben, bestimmt, welche Vorstellung wir
von uns als Spezies haben. Wir gewichten damit die Autorität, die
wir Religion zugestehen, und definieren, nach welcher Logik wir uns
moralisch verhalten.

Diese beiden Prämissen stehen sich wie zwei Inseln in einem Meer
von Chaos gegenüber, unbeweglich und so verschieden voneinander
wie Leben und Tod, Materie und Leere. Welche von beiden richtig
ist, kann mit Logik allein nicht erfaßt werden. Wie die Dinge im
Moment liegen, bedarf es eines Glaubensumschwungs, um von der
einen zur anderen zu wechseln. Eine wirkliche Antwort wird sich
erst ergeben, wenn die objektive Faktenlage ausreicht. Aber ich bin
überzeugt, daß moralisches Denken auf jeder Ebene naturwissenschaftlich erklärbar ist.

Jeder denkende Mensch hat sich eine eigene Meinung über die
Gültigkeit dieser Prämissen gebildet. Nur verläuft der Graben nicht,
wie allgemein behauptet wird, zwischen religiös Gläubigen und Säkularen, sondern zwischen Transzendentalisten, die davon ausgehen,
daß moralische Richtlinien außerhalb des menschlichen Verstands
existieren, und Empiristen, die sie für eine Erfindung des menschlichen Verstands halten. Die Entscheidungen zwischen religiöser oder
nichtreligiöser Überzeugung und zwischen ethischem Transzendentalismus oder Empirismus können im metaphysischen Denken sozusagen über Kreuz verlaufen: Ein ethischer Transzendentalist, der
Moral für übergeordnet hält, kann sowohl Atheist als auch von der
Existenz einer Gottheit überzeugt sein; ein ethischer Empirist, der
davon ausgeht, daß Moral ein rein menschliches Konstrukt ist, kann

entweder ein Atheist sein oder an einen Gottschöpfer glauben (wenn auch nicht in dem gesetzgebenden Sinne der jüdisch-christlichen Tradition). Auf einfachsten Nenner gebracht, lauten die Optionen folgendermaßen:

Ich glaube, daß moralische Werte dem Menschen übergeordnet sind, seien sie gottgegeben oder nicht;
versus
ich glaube, daß allein der Mensch moralische Werte schafft; Gott ist eine ganz andere Frage.

Theologen und Philosophen haben sich fast immer auf den Transzendentalismus als Mittel zur Bestätigung ethischer Werte konzentriert. Alle suchen sie nach dem Gral jenes Naturgesetzes, das unabhängige, über jeden Zweifel erhabene und nicht zu kompromittierende moralische Verhaltensprinzipien umfaßt. Christliche Theologen pflegen dieses Naturgesetz, ganz in der Tradition von Thomas von Aquins *Summa Theologiae,* als Ausdruck von Gottes Willen zu definieren. Der Mensch ist in dieser Sichtweise verpflichtet, so lange zu meditieren, bis er das Gesetz erkannt hat, um dann sein Alltagsleben daran auszurichten. Säkulare Philosophen mit einer transzendentalen Neigung mögen sich zwar auf den ersten Blick radikal von Theologen unterscheiden, sind ihnen aber letztlich relativ ähnlich, zumindest was ihr moralisches Denken anbelangt. Auch sie neigen dazu, Naturgesetze für eine Ansammlung derart übermächtiger Prinzipien zu halten, daß sie jedem vernünftigen Menschen auf Anhieb selbstverständlich erscheinen müßten, allerdings unabhängig davon, was ihr tatsächlicher Ursprung sein mag. Kurzum, beim Transzendentalismus geht es im wesentlichen immer um ein und dasselbe, ob mit oder ohne Anrufung Gottes.

Thomas Jefferson etwa, der in Anlehnung an John Locke aus den Naturgesetzen die Doktrin der naturgegebenen Rechte des Menschen ableitete, ging es mehr um die Wirkungsmacht der transzendentalen Aussagen als um die Frage, ob sie göttlichen oder säkularen Ursprungs sind. In der amerikanischen Unabhängigkeitserklärung verstand er es, die säkularen und religiösen Prämissen geschickt zu einer einzigen transzendentalen Aussage zu verschmelzen: »Folgende Wahrheiten erachten wir als selbstverständlich: daß alle Menschen gleich geschaffen sind; daß sie von ihrem Schöpfer mit gewissen unveräußerlichen Rechten ausgestattet sind; daß dazu Leben, Freiheit und Streben nach Glück gehören.« Diese Versicherung wurde zur

Ethik und Religion

Kardinalsprämisse der amerikanischen Bürgerreligion, zum Schwert der Gerechten von Lincoln bis Martin Luther King. Und bis heute ist sie das moralische Grundelement, welches die verschiedenen Volksgruppen der Vereinigten Staaten verbindet.

Die Früchte eines solchen Naturgesetzes sind so verlockend, insbesondere, wenn dabei auch noch Gott ins Spiel kommt, daß sie die Gültigkeit der transzendentalistischen Prämisse offenbar außer Frage stellen. Nun hat diese Theorie aber nicht nur große Erfolge, sondern auch erschreckende Fehlleistungen aufzuweisen. Immer wieder wurde sie pervertiert, vor allem wenn man sie heranzog, um leidenschaftlich für Kolonialismus, Sklaverei und Völkermord einzutreten. Und es wurde noch kein Krieg geführt, ohne daß beide Gegner für sich in Anspruch nahmen, für eine transzendentale, heilige Sache zu kämpfen. »O wie hassen wir einander um der Liebe Gottes willen«, sagte einmal Kardinal Newman.

Vielleicht täten wir also besser daran, den Empirismus ernster zu nehmen. Empiristen betrachten Ethik als die Summe eines Verhaltens, das so lange von einer Gesellschaft favorisiert wird, bis sie es schließlich zum Kodex erhebt. Solche Verhaltensweisen werden von ererbten geistigen Veranlagungen gelenkt – vom »Moralempfinden«, wie es die Aufklärungsphilosophen nannten –, die zu großer Übereinstimmung in allen Kulturen führen, wenn auch mit einer jeweils eigenen, historisch bedingten Prägung. Und diese Kodizes beeinflussen ihrerseits in hohem Maße, welche Kultur zur Blüte kommt und welche nicht, unabhängig davon, ob sie von Außenseitern für gut oder schlecht befunden werden.

Die Bedeutung der empiristischen Sicht liegt in ihrer Betonung des objektiven Wissens. Nicht nur weil die Durchsetzungskraft von ethischen Normen immer davon abhängt, wie klug sie das allgemeine Moralempfinden interpretieren, sollten alle, die zu ihrer Formulierung beitragen, über die Funktionsweisen des Gehirns und die Entwicklung des Verstandes Bescheid wissen. Auch weil der Erfolg dieser Normen immer davon bestimmt sein wird, wie genau die Folgen einer bestimmten Handlungsweise abzuschätzen sind – vor allem in Fällen, die moralisch nicht eindeutig sind –, sind die Erkenntnisse der Natur- und Sozialwissenschaften von Bedeutung.

Die empiristische Argumentation geht also davon aus, daß ein klügerer und dauerhafterer ethischer Konsens als bisher herstellbar ist, wenn man die biologischen Wurzeln des Moralverhaltens kennt und seine materiellen Ursprünge und systematischen Tendenzen erklären kann. Wenn sich die Wissenschaft weiterhin derart intensiv mit den menschlichen Denkprozessen befaßt, rückt das für uns in den Bereich des Möglichen.

Die Entscheidung zwischen Transzendentalismus und Empirismus wird der Kampf um die Seele des Menschen in der Version des 21. Jahrhunderts sein. Entweder wird sich das moralische Denken weiterhin auf theologische und philosophische Idiome konzentrieren, oder es verlagert sich auf die naturwissenschaftlich-materielle Analyse. Wohin es endgültig tendieren wird, hängt ganz davon ab, welche Weltanschauung sich schließlich als richtig erweisen oder welche zumindest weitestgehend als richtig *empfunden* wird.

Es ist an der Zeit, die Karten auf den Tisch zu legen. Ethiker, die ja auf Moralfragen spezialisiert sind, neigen nicht gerade dazu, ihre ethischen Maßstäbe an sich selbst anzulegen oder ihre Fehlbarkeit zuzugeben. Man wird nur selten ein Papier in die Hand bekommen, das mit der klaren Aussage beginnt: Dies ist mein Ausgangspunkt, aber er könnte falsch sein. Ethiker haben die ärgerliche Angewohnheit, vom Eindeutigen aufs Zweideutige zu kommen oder, umgekehrt, Ungewißheit in das Eindeutige einzuführen. Ich vermute, daß fast alle von ihnen im Herzen Transzendentalisten sind, aber sie sagen dies nur selten in einfachen Aussagesätzen. Im Grunde kann man sie dafür nicht einmal tadeln, denn es ist schwer, das Unbeschreibliche zu beschreiben. Allerdings wollen sie ganz offensichtlich auch nicht die Schmach riskieren, voll und ganz verstanden zu werden. Also reden sie um die wirklich fundamentalen Fragen meistens irgendwie herum.

Nach dieser Vorrede bleibt mir nun natürlich gar nichts anderes übrig, als meine eigene Position klarzustellen: Ich bin Empirist. Was Religion betrifft, so tendiere ich zum Deismus, halte es aber für ein Problem der Astrophysik, die Gültigkeit seiner Aussagen zu beweisen. Die Existenz eines kosmologischen Gottes als Schöpfer des Universums, der nicht in das Diesseits eingreift, sich nicht offenbart und kein persönlicher Gott ist, ist möglich und könnte eines Tages durch heute noch unvorstellbare materielle Fakten bewiesen werden. Ebenso möglich ist natürlich, daß sich diese Frage der Vorstellungskraft des Menschen auf alle Ewigkeit entzieht. Die theistische Annahme eines biologischen, persönlichen Gottes, der die organische Evolution lenkt und in das Diesseits eingreift – was für die Menschheit ja von weit größerer Bedeutung wäre –, steht jedenfalls zunehmend im Widerspruch zu den Erkenntnissen der Biologie und der Hirnforschung.

Ethik und Religion

Diese Erkenntnisse sprechen meiner Meinung nach außerdem durchweg für einen rein materiellen Ursprung von Ethik, und sie werden auch dem Kriterium für die Vernetzung gerecht: Die Kausalerklärungen für die Entwicklung und Aktivitäten des Gehirns sind zwar noch nicht perfekt, aber sie erfassen bereits die meisten vorliegenden Fakten über moralisches Verhalten, und zwar mit größter Genauigkeit und unter Hinzuziehung äußerst weniger freischwebender Prämissen. Das ist zwar eine relativistische Vorstellung, also vom persönlichen Blickwinkel abhängig, aber deswegen muß sie nicht gleich unverantwortlich sein. Denn mit Bedacht weiterentwickelt, führt sie auf direkterem und besser gesichertem Wege zu wertbeständigen moralischen Werten als der Transzendentalismus, der, wenn man genauer darüber nachdenkt, letztlich auch relativistisch ist.

Ach ja, bevor ich es vergesse: Ich könnte natürlich unrecht haben.

Um die Unterschiede zwischen dem Transzendentalismus und dem Empirismus noch deutlicher hervorzuheben, habe ich mir eine Diskussion zwischen zwei Vertretern dieser beiden Weltanschauungen ausgedacht. Damit das Ganze etwas leidenschaftlicher wird, habe ich den Transzendentalisten zum Theisten gemacht und den Empiristen zum Skeptiker. Und um dabei so fair wie nur möglich zu sein, habe ich ihre Argumente den durchdachtesten theologischen und philosophischen Quellen entnommen, die mir bekannt sind.

Der Transzendentalist:

»Bevor ich auf Ethik zu sprechen komme, möchte ich die Logik des Theismus bekräftigen, denn sobald die Existenz eines gesetzgebenden Gottes anerkannt wird, sind auch die Ursprünge von Ethik sofort festgelegt. Hören Sie sich also bitte einmal mein pro-theistisches Argument an.

Ich stelle Ihren Standpunkt zum Theismus mit Ihren eigenen empirischen Mitteln in Frage. Wie kommen Sie nur auf die Idee, daß Sie die Existenz eines persönlichen Gottes jemals widerlegen könnten? Wie können Sie dreitausend Jahre geistiger Zeugnisse aus dem Judentum, Christentum und dem Islam einfach negieren? Hunderte Millionen von Menschen, darunter ein hoher Prozentsatz an den gebildeten Bürgern aus Industriestaaten, *wissen*, daß es eine unsichtbare Macht gibt, die über ihr Leben wacht und sie lenkt. Dafür gibt es überwältigende Beweise. Laut neuesten Umfragen glauben neun von zehn Amerikanern an einen persönlichen Gott, der auf Gebete reagieren und Wunder vollbringen kann. Einer von fünf gibt an, mindestens einmal im Jahr vor dieser Umfrage Gottes Gegenwart und Lenkung erfahren zu haben. Wie kann die Wissenschaft, die dem ethischen Empirismus ja angeblich zugrunde liegt, über ein derart eindeutiges Zeugnis hinweggehen?

Der Kern jeder wissenschaftlichen Methode, so werden wir ständig ermahnt, ist die Widerlegung von bestimmten Behauptungen zugunsten anderer, und zwar in strikter Übereinstimmung mit der faktischen Logik. Wo sind denn die Fakten, die es erforderlich machten, die Existenz eines persönlichen Gottes zu widerlegen? Die Aussage, daß der Gottesgedanke für die Erklärung der materiellen Welt – zumindest so, wie die Naturwissenschaftler sie verstehen – unnötig ist, reicht nicht aus. Es steht viel zu viel für den Theismus auf dem Spiel, als daß man ihn so einfach wegwischen könnte. Die Beweislast liegt bei Ihnen, nicht bei denjenigen, die an eine göttliche Gegenwart glauben.

Aus der richtigen Perspektive betrachtet, subsumiert Gott Wissenschaft, und nicht umgekehrt. Wissenschaftler sammeln Daten über Phänomene und entwickeln Hypothesen, um sie zu erklären. Damit sie die Reichweite des objektiven Wissens so weit wie möglich ausdehnen können, akzeptieren sie provisorisch einige Hypothesen und verwerfen andere. Doch dieses Wissen kann immer nur einen Teil der Wirklichkeit umfassen. Wissenschaft ist nicht geeignet, das unglaublich vielfältige geistige Erleben des Menschen in seiner Gänze zu erkunden. Der Gottesgedanke hingegen ist in der Lage, *alles* zu erklären, nicht nur die meßbaren, sondern auch die individuell empfundenen und unterschwellig wahrgenommenen Phänomene, auch Offenbarungen, die ausschließlich auf spirituellem Wege empfangen werden können. Warum müssen denn alle geistigen Erfahrungen im PET-Scanner sichtbar gemacht werden können? Im Gegensatz zur Wissenschaft befaßt sich der Gottesgedanke mit mehr als nur der materiellen Welt, die uns zu erforschen gegeben ist. Er öffnet unseren Geist für das, was jenseits dieser Welt liegt. Er lehrt uns, nach Geheimnissen zu greifen, die einzig durch den Glauben faßbar werden.

Beschränken Sie Ihr Denken auf die materielle Welt, wenn Sie das wollen. Andere wissen, daß die Antwort auf die wirklichen Ursprünge der Schöpfung bei Gott zu finden ist. Wer soll denn die Naturgesetze geschaffen haben, wenn nicht eine Macht, die über diesen Gesetzen steht? Die Wissenschaft bietet keine Antwort auf diese die Theologie beherrschenden Fragen. Oder anders formuliert: Wieso gibt es eher Etwas als Nichts? Was Existenz wirklich bedeutet, liegt jenseits des menschlichen Fassungsvermögens und daher auch außerhalb des Wirkungskreises von Wissenschaft.

Sind Sie nicht auch Pragmatiker? Es gibt nämlich einen ausgesprochen praktischen Grund für den Glauben, daß uns ethische Gebote von einem höchsten Wesen gegeben sind. Wer diesen Ursprung verleugnet und davon ausgeht, daß moralische Werte ausschließlich von Menschen geschaffen werden, hängt einem gefährlichen Glauben an. Dostojewskis Großinquisitor sagte, wenn Gott tot ist, ist alles erlaubt und Freiheit verwandelt sich in Elend. Diese Warnung haben keine Geringeren als die Aufklärungsphilosophen selbst unterstrichen, und zwar mit ihrer ganzen Autorität. Denn sie alle glaubten im Grunde an einen Gott als Erschaffer des Universums, und viele waren obendrein noch bis auf die Knochen gottesfürchtige Christen. Kaum einer von ihnen war bereit, die Ethik einem säkularen Materialismus preiszugeben. John Locke sagte: ›Letztlich sind diejenigen ganz und gar nicht zu dulden, die die Existenz Gottes leugnen. Versprechen, Verträge und Eide, die das Band der menschlichen Gesellschaft sind, können keine Geltung für einen Atheisten haben. Gott auch nur in Gedanken wegzunehmen, heißt alles dieses auflösen.‹ Und Robert Hooke, der große Physiker des siebzehnten Jahrhunderts, hat in einem Schriftsatz über die neugegründete *Royal Society* weise davor gewarnt, das Ziel dieser bedeutenden Aufklärungsorganisation mißzuverstehen, da es einzig darin bestehe, ›das Wissen über natürliche Dinge und alle nutzbaren Künste, Manufakturen, mechanischen Verfahren, Maschinen und experimentelle Erfindungen zu mehren – (und nicht mit Theologie, Metaphysik, Moral, Politik, Grammatik, Rhetorik oder Logik zu vermischen)‹.

Diese Einstellung teilen nach wie vor die meisten führenden Denker der modernen Zeit, aber auch eine große Minderheit unter den aktiven Wissenschaftlern. Sie werden darin im übrigen durch gravierende Bedenken gegen die Vorstellung einer organischen Evolution, wie sie Darwin vertrat, bestärkt. Denn mit dieser Grundidee des Empirismus wird ja vorgegeben, daß die Schöpfung auf das Ergebnis von zufälligen Mutationen und Umweltbedingungen reduzierbar wäre. Sogar der eingefleischte Atheist George Bernard Shaw reagierte voller Verzweiflung auf den Darwinismus. Er verurteilte seinen Fatalismus und beklagte, daß er die Bedeutung von Schönheit, Intelligenz, Ehre und Sehnsucht auf irgendeine abstrakte Vorstellung von blind zusammengewürfelter Materie abwertet. Viele Schriftsteller brachten außerdem vor, meiner Meinung nach nicht zu Unrecht, daß eine derart nüchterne Lebensanschauung, die den Menschen auf kaum mehr als ein intelligentes Tier reduziert, den Greueltaten der Nationalsozialisten und Kommunisten die intellektuelle Rechtfertigung geliefert habe.

Also muß doch etwas falsch an der herrschenden Evolutionstheorie sein. Selbst wenn es stimmt, daß alle Spezies irgendwelchen genetischen Veränderungen jener Art unterliegen, die der neue Darwinismus proklamiert, kann doch diese wunderbar komplizierte Vielfalt an Organismen, die wir heute haben, nicht allein durch blinden Zufall geschaffen worden sein. Immer wieder in der Wissenschaftsgeschichte wurden gerade vorherrschende Theorien von neuen Beweisen umgestoßen. Weshalb sind Wissenschaftler also so ängstlich darum bemüht, die These einer autonomen Evolution aufrechtzuerhalten und die Möglichkeit einer intelligenten Planung zu diskreditieren? Das ist doch wirklich sehr seltsam. Denn eine solche Planung wäre doch eine viel einleuchtendere Erklärung als die, daß Millionen unterschiedlicher Organismen sich auf vom Zufall bestimmte Weise selbst zusammensetzen und erschaffen.

Schließlich gewinnt der Theismus da erheblich an Überzeugungskraft, wo es um den menschlichen Geist und – ich zögere nicht, es auszusprechen – die unsterbliche Seele geht. Es ist kein Wunder, daß ein Viertel aller Amerikaner, vielleicht noch mehr, sogar die Vorstellung einer anatomischen und physiologischen Evolution des Menschen ablehnt. Wissenschaft, die zu weit getrieben wird, ist anmaßend. Sie sollte wieder ihren angemessenen Platz einnehmen, und zwar als das Geschenk Gottes, sein materielles Reich verstehen zu dürfen.«

Der Empirist:

»Zuerst einmal möchte ich freimütig einräumen, daß Religion eine überwältigende Anziehungskraft auf den menschlichen Verstand ausübt und religiöse Überzeugung sehr wohltuend sein kann. Religion entspringt dem tiefsten Inneren des menschlichen Geistes. Sie nährt Liebe, Hingabe und vor allem Hoffnung. Die Menschen dürsten nach ihren Versprechungen. Ich kann mir nichts Unwiderstehlicheres für das Gefühlsleben vorstellen als das christliche Dogma der Inkarnation Gottes zum Beweis der Heiligkeit allen menschlichen Lebens – auch das des Sklaven – oder das Dogma der Auferstehung als Versprechen des ewigen Lebens.

Aber Religionsgläubigkeit hat auch eine destruktive Seite, die den

Ethik und Religion

schlimmsten Auswüchsen des Materialismus in nichts nachsteht. Es gab etwa einhunderttausend Glaubenssysteme im Laufe der Geschichte, und viele davon haben ethnische Konflikte und Stammeskriege befördert. Insbesondere die drei Weltreligionen Judentum, Christentum und Islam expandierten zu der einen oder anderen Zeit im Verbund mit militärischer Aggression. Der Islam – was soviel heißt wie ›Ergebung in Gottes Willen‹ – wurde großen Gebieten im Mittleren Osten, im Mittelmeerraum und in Südostasien mit Waffengewalt aufgezwungen. Das Christentum erlangte Vorherrschaft über die Neue Welt ebenso durch den Reiz seiner Spiritualität wie durch kolonialistische Eroberung. Dabei profitierte es noch von den historischen Umständen, denn erst nachdem Europa im Südosten vom Islam blockiert wurde, zogen die Christen nach Westen, um den amerikanischen Kontinent zu besetzen, das Kreuz ständig vom Schwert begleitet. Feldzug für Feldzug folgten Versklavung und Völkermord.

Die christlichen Herrscher nahmen sich ein Beispiel an der Frühgeschichte des Judentums. Wenn wir dem Alten Testament Glauben schenken sollen, dann waren die Israeliten von Gott aufgefordert, das Gelobte Land von allen Ungläubigen zu säubern. ›Aus den Städten dieser Völker jedoch, die der Herr, dein Gott, dir als Erbbesitz gibt, darfst du nichts, was Atem hat, am Leben lassen. Vielmehr sollst du die Hetiter und Amoriter, Kanaaniter und Perisiter, Hiwiter und Jebusiter der Vernichtung weihen, so wie es der Herr, dein Gott, dir zur Pflicht gemacht hat...‹, berichtet das 5. Buch Mose 20, 16-17. Feuer und Tod kamen über mehr als hundert Städte; den Anfang machte Josua mit seinem Angriff gegen Jericho und David setzte mit seinem Kampf gegen die alte Jebusiter-Hochburg Jerusalem den Schlußpunkt.

Ich erwähne diese historischen Fakten nicht, um die Ehre dieser Religionen in ihren heutigen Ausprägungen zu beflecken, sondern um Licht auf ihre materiellen Ursprünge und die ethischen Systeme zu werfen, für die sie eintreten. Alle großen Zivilisationen breiteten sich durch Eroberungszüge aus, und zu den großen Nutznießern gehörten immer die Religionen, die sie vertraten. Zweifellos hat die Zugehörigkeit zu einer Staatsreligion den Menschen schon immer in mehr als nur einer psychologischen Dimension tiefe Befriedigung verschafft, und spirituelle Eingebung hat mit der Zeit zu einer Mäßigung der barbarischen Prinzipien geführt, denen man in den Zeiten der Eroberungen gefolgt war. Aber jede heutige Weltreligion ist ganz im Darwinschen Sinne als ein Sieger aus dem Kampf der Kulturen hervorgegangen, denn keine einzige hat sich durchsetzen können, indem sie ihre Rivalen tolerierte. Und überall war ihnen der schnellstmögliche Weg zum Erfolg garantiert, wenn sie vom Eroberungsstaat gefördert wurden.

Der Fairneß halber möchte ich jedoch noch Ursache und Wirkung ins richtige Verhältnis setzen. Religiöse Ausgrenzung und Bigotterie entstehen durch Stammesdünkel, durch die Überzeugung der herrschenden Gruppe, daß sie über angeborene Überlegenheit und einen Sonderstatus verfüge. Doch diese Sichtweise ist nicht auf Religionen beschränkt, denn dieselbe Kausalfolge führte auch zu den totalitären politischen Ideologien. Der heidnische *corpus mysticum* des Nationalsozialismus und die Klassenkampfdoktrin des Marxismus-Leninismus, beides im wesentlichen Dogmen von gottlosen Religionen, bedienten sich des Stammesdünkels, nicht umgekehrt. Keine dieser Ideologien wäre mit derart glühender Begeisterung angenommen worden, hätten sich ihre Anhänger nicht als Auserwählte empfunden, betraut mit einer ehrenhaften Mission, umgeben von hinterhältigen Feinden und durch Blutrecht oder das Schicksal dazu ausersehen, die Welt zu erobern. Mary Wollstonecraft sagte einmal in bezug auf die Dominanz des Mannes einen Satz, der sich auf das Verhalten aller Menschen übertragen läßt: ›Kein Mann [Mensch] wählt das Böse des Bösen wegen; er verwechselt es einfach mit Glück, jenem Gut, nach dem er ständig strebt.‹

Damit ein Stamm zur Eroberung fähig ist, muß der einzelne dem Interesse der Gruppe Opfer bringen, vor allem während eines Konflikts mit konkurrierenden Gruppen. Darin drückt sich eine schlichte Grundregel des Soziallebens aus, die im gesamten Tierreich Gültigkeit hat und immer dann zum Tragen kommt, wenn der persönliche Vorteilsverlust durch die Unterwerfung unter die Gruppeninteressen mehr als ausgeglichen wird durch persönliche Vorteile, die durch den zu erwartenden Gruppenerfolg erzielt werden können. Auf den Menschen bezogen ergibt sich daraus die logische Konsequenz, daß wohlhabende Egoisten, welche Verliererreligionen und -ideologien anhängen, durch selbstlose, arme Anhänger der Siegerreligionen und -ideologien ersetzt werden. Als Ausgleich für den Imperativ der sozialen Unterwerfung erfinden Kulturen die Belohnung mit einem besseren Leben, entweder in einem kommenden irdischen Paradies oder nach der Wiederauferstehung im Jenseits. Durch die Erneuerung dieses Versprechens in jeder Generation werden Unterordnung unter die Gruppe und die entsprechenden moralischen Werte als Staatsdoktrinen und persönliche Glaubenssysteme

Ethik und Religion

konsolidiert. Aber das ist weder von Gott gefordert noch einfach eine aus der Luft gegriffene Wahrheit, sondern ein notwendiges Manöver für die Überlebensgarantie eines sozialen Organismus.

Die meiner Ansicht nach gefährlichste Form von Unterwerfung wird auch vom Christentum gefordert: *Ich wurde nicht für diese Welt geboren.* In Erwartung eines Lebens im Jenseits kann alles Leid ertragen werden – vor allem natürlich das von anderen. Die natürliche Umwelt kann ausgebeutet, Glaubensfeinde können gefoltert und der Märtyrertod lobgepriesen werden.

Ist Religion also nur Illusion? Nun ja, ich zögere, es so zu formulieren, geschweige denn Religion als wohlgemeinte Lüge zu bezeichnen, wie es so mancher Skeptiker vernichtend tut. Aber man muß einfach sehen, daß die objektiven Fakten kaum für sie sprechen. Es gibt keine statistischen Beweise, daß Gebete Einfluß auf Krankheit oder Sterblichkeit haben, außer vielleicht im Individualfall, vielleicht durch eine leichte psychogene Verbesserung des Immunsystems. Anderenfalls würde wohl die ganze Welt andauernd hingebungsvoll beten. Wenn zwei gegnerische Armeen von ihren Priestern gesegnet werden, verliert dennoch eine von beiden. Und wenn die Kugel des Vollstreckers in der Hirnmasse des Märtyrers explodiert und seinen Verstand auflöst, was dann? Können wir wirklich mit Sicherheit davon ausgehen, daß all diese Millionen von neuralen Schaltkreisen in einem immateriellen Stadium rekonstruiert werden, damit sich das Bewußtsein erhält?

Der eschatologische Wettgewinn geht wohl an Blaise Pascal: Lebe gut, aber akzeptiere den Glauben. Denn wenn es tatsächlich ein Leben nach dem Tod gibt, so die Überlegung des französischen Philosophen des siebzehnten Jahrhunderts, dann hat der Gläubige eine Fahrkarte ins Paradies und damit in die bessere der beiden Welten. ›Wenn ich verliere‹, schrieb er, ›hätte ich nur wenig verloren; wenn ich gewinne, hätte ich das ewige Leben gewonnen.‹ Denken Sie doch einmal für einen Moment wie ein Empirist und überlegen Sie, zu welcher Einsicht der Umkehrschluß dieser Wette führt: Wenn Angst, Hoffnung und Vernunft dir vorschreiben, daß du den Glauben akzeptieren sollst, dann tu es, aber behandle diese Welt, als gäbe es keine andere.

Ich weiß, Gläubige werden über diese Argumentation entsetzt sein. Wer sich offen als Häretiker zu erkennen gibt, bekommt ihren heiligen Zorn zu spüren und gilt bestenfalls als Unruhestifter, schlimmstenfalls aber als Verräter an der sozialen Ordnung. Doch bislang wurde noch kein Beweis erbracht, daß Ungläubige weniger gesetzestreu oder weniger produktive Bürger wären als Gläubige oder daß sie dem Tod weniger tapfer ins Auge sähen. Bei einer 1996 unter amerikanischen Wissenschaftlern durchgeführten Umfrage (um hier nur ein respektables Segment der Gesellschaft zu nennen) kam heraus, daß sechsundvierzig Prozent von ihnen Atheisten und vierzehn Prozent Zweifler oder Agnostiker sind. Nur sechsunddreißig Prozent drückten den Wunsch nach Unsterblichkeit aus, was jedoch bei den meisten nur eine untergeordnete Rolle spielte, während vierundsechzig Prozent angaben, überhaupt keine Wünsche dieser Art zu haben.

Ein aufrechter Charakter entspringt einem tieferen Quell als Religion. Erst wenn man die moralischen Prinzipien seiner eigenen Gesellschaft internalisiert und um seine persönlichen Grundsätze bereichert hat, und zwar in einem Maße, daß sie auch die Prüfungen durch Einsamkeit und Not überdauern konnten, entsteht, was wir Integrität nennen – buchstäblich das integrierte Selbst, in dem sich persönliche Entscheidungen als gut und wahr niederschlagen. Ein aufrechter Charakter ist seinerseits ein ständiger Quell der Tugend. Er bleibt sich selber treu und ruft die Bewunderung anderer hervor. Er unterwirft sich keiner Autorität und ist, obwohl er oft im Einklang mit Religionsgläubigkeit steht und seinerseits von dieser bestärkt wird, nicht blind gottesfürchtig.

Wissenschaft ist nicht der Feind. Sie ist das akkumulierte und organisierte objektive Wissen der Menschheit, das erste ins Leben gerufene Medium, das in der Lage ist, Menschen in aller Welt zu gleicher Urteilskraft zu befähigen. Sie favorisiert keinen Stamm und keine Religion. Sie ist die Basis für eine wahrhaft demokratische globale Kultur.

Sie behaupten, Wissenschaft könne keine spirituellen Phänomene erklären. Warum nicht? Die Hirnforschung macht riesige Fortschritte bei der Analyse von komplexen Verstandesoperationen. Es gibt keinen einzigen vorstellbaren Grund, weshalb sie nicht früher oder später auch eine materielle Erklärung für all die Emotionen und rationalen Überlegungen finden sollte, aus denen sich spirituelles Gedankengut zusammensetzt.

Sie fragen, woher ethische Gebote kommen sollten, wenn nicht aus göttlicher Offenbarung. Denken Sie doch einmal über die alternative empiristische Hypothese nach, daß Gebote und Religionsgläubigkeit zur Gänze materielle Produkte des Verstandes sind. Seit über tausend Generationen wurde der Überlebens- und Reproduktionserfolg derjenigen gefördert, die sich dem jeweiligen Stammesglauben

Ethik und Religion

angepaßt haben. Es gab also reichlich Zeit, damit sich epigenetische Regeln entwickeln konnten, die zu Moral und religiösen Gefühlen führen. Indoktrinierbarkeit wurde zum Instinkt.

Ethische Normen sind Gebote, auf die man sich mittels Konsens und unter Anleitung der angeborenen Regeln der geistigen Entwicklung geeinigt hat. Religion ist eine Mythensammlung, die von den Ursprüngen eines Volkes und seinem Schicksal erzählt und erklärt, weshalb es verpflichtet ist, sich bestimmten Ritualen und moralischen Werten zu unterwerfen. Ethische und religiöse Überzeugung werden an der Basis erschaffen und gehen über das Volk in seine Kultur ein. Sie werden nicht von oben befohlen, von Gott oder einer anderen immateriellen Quelle über die Kultur hinunter zum Volk.

Welche Hypothese stimmt nun am ehesten mit der objektiven Faktenlage überein, die transzendentalistische oder die empiristische? Es ist die empiristische, und zwar mit Abstand. Je mehr Anerkennung sie finden wird, desto stärker wird die moralische Betonung auf der freien gesellschaftlichen Entscheidung liegen und um so weniger auf religiöser oder ideologischer Autorität.

In den Kulturen des Abendlandes hat dieses Umdenken bereits mit der Aufklärung eingesetzt, allerdings kam der Wandel nur langsam voran, was nicht zuletzt daran liegt, daß unser Wissen nie ausreiche, um alle langfristigen Konsequenzen unserer moralischen Entscheidungen – sagen wir auf Sicht eines Jahrzehnts – voraussehen zu können. Wir haben bereits eine Menge über uns und unsere Welt gelernt. Aber um wirklich klug zu handeln, müssen wir noch wesentlich mehr lernen. Bei jeder großen Krise geraten wir in Versuchung, uns der transzendentalistischen Autorität zu unterwerfen. Vielleicht ist das ja für eine Weile sogar ganz gut. Wir sind noch immer indoktrinierbar, noch immer leicht einem Gott gefügig zu machen.

Daß es soviel Widerstand gegen den Empirismus gibt, liegt aber auch an der emotionalen Unzulänglichkeit der von ihm propagierten Logik – sie ist einfach blutleer. Menschen brauchen mehr als nur Vernunft. Sie brauchen bejahende Poesie und sehnen sich bei allen *Rites de passage* und anderen Momenten von höchster Bedeutung nach dem Beistand einer höheren Macht. Eine Mehrheit verspürt den verzweifelten Wunsch nach Unsterblichkeit, die solche Rituale zu garantieren scheinen.

Wichtige Zeremonien beschwören die Geschichte eines Volkes in feierlichem Gedenken. Sie sind die Schaukästen seiner sakralen Symbole. Das ist der eigentliche Sinn von Zeremonien, die in allen Hochkulturen einen meist religiösen Charakter angenommen haben. Sakrale Symbole infiltrieren eine Kultur bis auf die Knochen, und es würde Jahrhunderte dauern, sie zu ersetzen, sofern das überhaupt je möglich wäre.

Sie werden jetzt vielleicht von meinem Zugeständnis überrascht sein, daß der Tag, an dem wir unsere allseits geachteten sakralen Traditionen abschafften, ein schwarzer Tag für mich wäre. Es wäre eine tragische Fehlinterpretation von Geschichte, würden wir ›under God‹ aus dem amerikanischen Treueeid streichen. Ob als Atheisten oder Gläubige, laßt uns weiterhin die Hand auf die Bibel legen und schwören: *So wahr mir Gott helfe.* Laßt uns Priester, Prediger und Rabbiner bitten, öffentliche Feierlichkeiten mit ihren Gebeten zu segnen, und laßt uns vor allem weiterhin aus gemeinsamem Respekt vor ihnen den Kopf senken. Seien wir uns bei jedem Psalm und jeder Anrufung bewußt, daß wir von der Poesie und Seele unseres Stammes umgeben sind. Sie werden jedes Sektierertum überleben, ja, vielleicht sogar den Gottesglauben selbst.

Aber gemeinschaftliche Ehrerbietung bedeutet nicht, das eigene Ich hinzugeben und die wahre Natur der menschlichen Rasse abzustreifen. Wir sollten nie vergessen, wer wir sind. Unsere Stärke liegt in der Wahrheit, im Wissen und im Charakter, ganz egal unter welchem Rubrum. Die Heilige Schrift lehrt Juden und Christen, daß Hochmut vor dem Fall kommt, also dem Absturz der Stolz vorangeht. Aber damit bin ich nicht einverstanden, denn es ist genau umgekehrt: Der Absturz kommt vor dem Stolz. Der Empirismus hat alles bei dieser Gleichung ins Gegenteil verkehrt. Er hat die schwindelerregende Theorie zerstört, daß wir auserlesene Wesen seien, die von einer Gottheit ins Zentrum des Universums gestellt wurden, um dort als Krone der Schöpfung Ihn zu preisen. Und ich denke, wir können als Spezies durchaus stolz auf uns sein. Denn nachdem wir entdeckt haben, daß wir uns völlig selbst überlassen sind, schulden wir den Göttern letztlich nichts. Demut sollten wir viel eher gegenüber unseren Mitmenschen und allem übrigen Leben auf diesem Planeten aufbringen, denn von ihnen hängt in Wirklichkeit ab, ob sich all unser Hoffen erfüllt. Wenn sich tatsächlich irgendwelche Götter für uns interessieren, dann müßten sie uns eigentlich Bewunderung zollen, weil wir diese Entdeckung ohne sie gemacht haben und uns auch weiterhin allein mit all unseren Kräften bemühen werden zu vollenden, was wir begonnen haben.«

Ethik und Religion

Die Ansichten dieses fiktiven Empiristen entsprechen den meinen, um hier mein Bekenntnis von vorhin noch einmal zu wiederholen. Aber sie sind bei weitem nicht neu, ihre Wurzeln reichen bis zu Aristoteles' *Nikomachischer Ethik* zurück, und zu Beginn des modernen Zeitalters hat David Hume sie in seiner *Abhandlung über die menschliche Natur* (1739/40) formuliert. Das erste Mal wirklich auf die Evolution bezogen hat sie Darwin in der *Abstammung des Menschen* (1871).

Die Argumentation der religiösen Transzendentalisten war mir als christlich erzogenem Kind beigebracht worden. Seither habe ich immer wieder über sie nachgedacht, und immer war ich intellektuell wie von meinem Naturell her dazu geneigt, ihre alten Traditionen zu respektieren.

Nun findet der religiöse Transzendentalismus aber auch Unterstützung beim säkularen Transzendentalismus, mit dem ihn einige grundlegende Ansichten verbinden. Immanuel Kant beispielsweise, der von der Geschichte als bedeutendster säkularer Philosoph eingestuft wird, ging an das Thema Moral sehr ähnlich wie ein Theologe heran. Der Mensch, sagte er, verfügt über einen autonomen »reinen Willen, der frei ist«, moralische Gesetze zu befolgen oder zu brechen. »Dem Menschen [wohnt] ein Vermögen bei, sich unabhängig von der Nöthigung durch sinnliche Antriebe von selbst zu bestimmen.« Unsere praktische Vernunft unterliegt also einem kategorischen Imperativ, der uns zu einer Handlung nötigt. Dieser Imperativ ist »ein Zweck an sich selbst« und führt unter anderem zum folgenden Grundgesetz der reinen praktischen Vernunft: »Handle so, daß die Maxime deines Willens jederzeit zugleich als Prinzip einer allgemeinen Gesetzgebung gelten könnte.« Am wichtigsten und von noch größerer transzendentalen Bedeutung aber ist, daß *Seinsollendes* in der Natur keinen Platz hat. Natur, so Kant, unterliegt »dem Prinzip der Gleichheit von Wirkung und Gegenwirkung«, wohingegen der sittliche Wille »im strengsten und transzendentalen Verstande frei« und somit von den Gesetzen der Kausalität unabhängig ist. Indem der Mensch eine sittliche Wahl trifft und sich über den reinen Instinkt erhebt, erwirkt er »eine transzendentale Freiheit, welche als unabhängig von allem Empirischen und also von der Natur überhaupt gedacht werden muß« und damit ausschließlich »dem Verhalten intelligibler Wesen« untersteht.

Nun hat diese Formulierung zwar etwas Beruhigendes, aber sie ergibt keinen Sinn, weder in bezug auf das Materielle noch auf das Vorstellbare. Deshalb ist Kant, von seinem gewundenen Stil einmal ganz abgesehen, auch so schwer verständlich. Manchmal verwirrt ein Konzept nicht, weil es so tiefgründig ist, sondern einfach, weil es falsch ist. Wie wir heute wissen, stimmt seine Aussage nicht mit den Nachweisen über die Funktionsweise des Gehirns überein.

In seinen *Principia Ethica* (1903) stimmte George Edward Moore – der Begründer des englischen Neorealismus, der in der angelsächsischen Welt zu den einflußreichsten philosophischen Ethikern dieses Jahrhunderts gezählt wird – Kant im wesentlichen zu. Seiner Meinung nach kann sich moralische Logik nicht einfach Methoden von der Psychologie oder den Sozialwissenschaften borgen, um ethische Prinzipien herauszufinden, da diese nur das Bild des Kausalzusammenhangs wiedergeben, aber keine moralischen Grundprinzipien beleuchten. Will man also vom faktischen *Ist* zum normativen *Seinsollenden* kommen, begeht man einen grundlegenden logischen Denkfehler, welchen Moore den »naturalistischen Trugschluß« nannte. Auch John Rawls bereiste in seiner *Theorie der Gerechtigkeit* (deutsch 1975) den transzendentalen Weg. Er ging von der durchaus plausiblen Prämisse aus, daß Gerechtigkeit als Fairneß bezeichnet und diese als Wert an sich akzeptiert werden müsse. Denn das sei der Imperativ, dem wir folgen würden, wenn wir keinerlei Ausgangsinformationen über unseren eigenen Lebensstatus hätten. Doch bei diesem Gedankengang widmete sich Rawls nicht zugleich auch der Frage, wodurch sich das menschliche Gehirn gebildet hat und wie es funktioniert. Durch nichts konnte er faktisch belegen, daß Gerechtigkeit/Fairneß mit der menschlichen Natur im Einklang steht und daher als allgemeine Prämisse anwendbar ist. Wahrscheinlich ist es das, aber wie können wir es wissen, es sei denn durch ziellosen Versuch und Irrtum?

Ich kann mir nicht vorstellen, daß Kant, Moore und Rawls noch genauso argumentiert hätten, wenn ihnen die Erkenntnisse der modernen Biologie und experimentellen Psychologie zugänglich gewesen wären. Dennoch formt der Transzendentalismus sogar am Ende des zwanzigsten Jahrhunderts noch immer das Weltbild von Religionsgläubigen und unzähligen Sozial- und Geisteswissenschaftlern, die es wie schon Moore und Rawls vor ihnen noch immer vorziehen, ihr Denken vor den Naturwissenschaften abzuschotten.

Nun werden viele Philosophen sagen: Warte mal! Was soll das? Ethiker brauchen keine naturwissenschaftlichen Informationen. Man kann nicht einfach vom *Ist* zum *Seinsollenden* übergehen. Und man kann nicht einfach eine genetische Veranlagung beschreiben und, nur weil sie Teil der menschlichen Natur ist, annehmen, daß sie ir-

Ethik und Religion

gendwie zu einer ethischen Norm transformiert wurde. Moralisches Denken erfordert eine eigene Kategorie und transzendentale Richtlinien.

Nein, wir müssen keine Sonderkategorie für die Beurteilung von Moral schaffen und uns dabei an transzendentalen Prämissen orientieren, denn das Postulat des »naturalistischen Trugschlusses« ist selbst ein Trugschluß. Wenn *Ist* nicht *Seinsollendes* ist, was dann? *Ist* in *Seinsollendes* zu übersetzen ergibt dann einen Sinn, wenn wir uns an die objektive Bedeutung von ethischen Normen halten. Es ist höchst unwahrscheinlich, daß es sich dabei um himmlische Botschaften handelt, die dem Menschen eines Tages offenbart werden sollen, oder um ganz eigene Wahrheiten, die durch eine immaterielle Dimension des Verstandes pulsieren. Sehr viel wahrscheinlicher ist, daß es sich um physikalische Produkte von Gehirn und Kultur handelt. Aus der vernetzten Perspektive der Naturwissenschaften betrachtet, dreht es sich dabei um nichts anderes als um jene grundlegenden Sozialverträge, die zu Regeln und Geboten erhärtet wurden, um Verhaltensregeln also, die die Mitglieder einer Gesellschaft unbedingt von anderen eingehalten sehen wollen und selber zum Wohle aller einzuhalten bereit sind. Gebote sind die Extreme in einer Vereinbarungsskala, die von zwangloser Zustimmung über öffentliche Gesinnung bis hin zum Gesetz und schließlich zu jenem Teil des Kanons reicht, der als unabänderlich und heilig empfunden wird. Die Skala für Ehebruch könnte beispielsweise folgenden Verlauf haben:

Bis hierher und nicht weiter; es ist irgendwie nicht richtig und würde nur Probleme schaffen. (Wir sollten es lieber nicht tun.)
Ehebruch führt nicht nur zu Schuldgefühlen, sondern wird von der Gesellschaft allgemein abgelehnt, also noch ein paar Gründe, davon Abstand zu nehmen. (Wir sollten es lassen.)
Ehebruch wird nicht nur abgelehnt, sondern ist auch ungesetzlich. (Wir sollten es ganz sicher lassen.)
In Gottes Geboten steht, daß Ehebruch eine Todsünde ist. (Wir dürfen es nicht tun.)

Das transzendentale Denken folgt der Kausalkette in umgekehrter Richtung, vom gegebenen religiösen oder naturgesetzlichen *Seinsollenden* über die Rechtsprechung und Erziehung bis schließlich hin zur freien individuellen Entscheidung. Die transzendentalistische Argumentation hält sich demnach an folgende Regel: *Es gibt ein oberstes Prinzip, welches göttlichen oder natürlichen Ursprungs ist, und wir tun gut daran, es zu erkennen und Mittel und Wege zu finden, uns ihm anzupassen.* So eröffnet John Rawls seine *Theorie der Gerechtigkeit* beispielsweise mit der seiner Meinung nach unumstößlichen Behauptung: »Daher gelten in einer gerechten Gesellschaft gleiche Bürgerrechte für alle als ausgemacht; die auf der Gerechtigkeit beruhenden Rechte sind kein Gegenstand politischer Verhandlungen oder sozialer Interessensabwägungen.« Nun haben viele seiner Kritiker darauf hingewiesen, daß diese Prämisse sehr unangenehme Folgen haben kann, sobald sie auf die reale Welt angewandt wird, beispielsweise eine stärkere soziale Kontrolle und den Rückgang persönlicher Initiative. Von einer ganz anderen Prämisse geht daher Robert Nozick in seinem Buch *Anarchie, Staat, Utopia* (deutsch 1975) aus: »Die Menschen haben Rechte, und einiges darf ihnen kein Mensch und keine Gruppe antun (ohne ihre Rechte zu verletzen). Diese Rechte sind so gewichtig und weitreichend, daß sie die Frage aufwerfen, was der Staat und seine Bediensteten überhaupt tun dürfen.« Während Rawls uns in Richtung eines staatlich regulierten Egalitarismus führt, weist Nozick uns den Weg zu einer extremen Freizügigkeit in einem minimalistischen Staat.

Die empiristische Sicht, die ja nach einem objektiv beobachtbaren Ursprung von moralischer Urteilsfähigkeit sucht, dreht die Kausalkette um: Das Individuum ist biologisch dazu veranlagt, bestimmte Entscheidungen zu treffen. Durch die kulturelle Evolution erhärten sich diese Entscheidungen erst zu Normen, dann zu Gesetzen und schließlich, wenn Veranlagung oder Zwang stark genug sind, zum Glauben an die Gewalt Gottes oder die natürliche Ordnung des Universums. Das allgemeine empiristische Prinzip lautet also: *Starke angeborene Gefühle und historische Erfahrungen führen dazu, daß bestimmte Handlungsweisen bevorzugt werden; nachdem wir sie erprobt und ihre Konsequenzen gegeneinander abgewogen haben, sind wir bereit, uns an die entsprechenden Regeln zu halten. Laßt uns die Einhaltung dieser Regeln beschwören, sie mit unserer persönlichen Ehre schützen und ihre Verletzung bestrafen.* Die Sichtweise der Empiristen konzediert, daß moralische Normen dazu dienen, einige der menschlichen Natur eigenen Triebe anzuerkennen und andere zu unterdrücken. *Seinsollendes* ergibt sich nicht aus der menschlichen Natur, sondern aus dem öffentlichen Willen, der um so klüger und stabiler ist, je verständlicher ihm die Bedürfnisse und Fallgruben der menschlichen Natur verdeutlicht wurden. Empiristen sind sich bewußt, daß einmal eingegangene Verbindlichkeiten im Zuge neuer Erkenntnisse und Erfahrungen nachlassen können, mit der Folge, daß bestimmte Regeln entheiligt, alte

Gesetze widerrufen und einst verbotene Verhaltensweisen liberalisiert werden. Und sie sind sich darüber im klaren, daß daraus ein Bedarf an neuen und potentiell ebenso sakralisierbaren moralischen Normen entstehen kann.

Ist die Weltanschauung der Empiristen richtig, dann ist *Seinsollendes* nur die Verkürzung einer bestimmten faktischen Aussage, ein Begriff für das, was eine Gesellschaft zuerst für gut befand (oder zu befinden gezwungen war) und dann kodifizierte. Damit wird der »naturalistische Trugschluß« auf ein naturalistisches Dilemma reduziert, dessen Auflösung nicht schwierig ist – was *sein soll* ist das Ergebnis eines Prozesses. Mit dieser Definition ist der Weg zu einer objektiven Erkenntnis des Ursprungs von Ethik geebnet.

Mittlerweile haben Forscher mit eben dieser Grundlagenforschung begonnen. Fast alle sind sich einig, daß sich ethische Normen im Laufe der Evolution durch das Zusammenspiel von Biologie und Kultur herausgebildet haben. In gewissem Sinne lassen sie damit jene Vorstellung von Moralempfinden wiederaufleben, die im achtzehnten Jahrhundert von den englischen Empiristen Francis Hutcheson, David Hume und Adam Smith vertreten worden war.

Mit Moralempfinden ist heute das gemeint, was von der modernen Verhaltensforschung als Moralinstinkt bezeichnet wird, der sich durch die Bewußtwerdung über die Konsequenzen einer Handlung herausbildet. Moralempfinden leitet sich also von emotional bedingten epigenetischen Regeln ab, die die Auswahl von bestimmten Konzepten und Entscheidungen beeinflussen. Der Ursprung des Moralinstinkts liegt in der dynamischen Beziehung von Kooperationsbereitschaft und Treuebruch. Die entscheidende Ausgangsbedingung für die Entwicklung eines solchen Instinkts durch die genetische Evolution wäre bei jeder Spezies ausreichende Intelligenz, um die von dieser Dynamik erzeugte Spannung beurteilen und manipulieren zu können. Denn erst eine hohe Stufe von Intelligenz ermöglicht die Konstruktion von komplexen geistigen Szenarien bis weit in die Zukunft hinein, wie ich es im Kapitel über das Gehirn beschrieben habe. Das ist, soweit bekannt, nur dem Menschen und vielleicht auch noch seinem engsten Verwandten, dem Menschenaffen, möglich.

Eine Vorstellung, wie die frühesten Stadien der moralischen Evolution hypothetisch ausgesehen haben könnten, bietet die Spieltheorie, vor allem mit ihren Lösungsvorschlägen für das berühmte »Häftlingsdilemma«. Stellen wir uns einmal ein für dieses Dilemma typisches Szenarium vor. Zwei Bandenmitglieder wurden wegen Mordes verhaftet und werden nun einzeln verhört. Es liegen eindeutige, aber noch nicht ausreichende Beweise gegen sie vor. Das eine Bandenmitglied glaubt, daß ihm Straffreiheit garantiert und sein Partner zu lebenslanger Haft verurteilt würde, wenn er sich als Zeuge der Anklage zur Verfügung stellt. Allerdings ist ihm klar, daß sein Partner dieselbe Option hat. Das ist das Dilemma. Werden nun beide ihren Vertrag brechen und somit gleichermaßen die harten Folgen zu tragen haben? Nein, weil sie nämlich zuvor vereinbart hatten, im Falle ihrer Verhaftung Stillschweigen zu bewahren. Damit hoffen sie, eines weniger schweren Delikts angeklagt zu werden oder ihrer Strafe ganz entgehen zu können. Kriminelle Banden haben dieses Kalkulationsprinzip in eine ethische Norm verwandelt – verrate niemals ein anderes Mitglied, bleibe der Gruppe immer treu. Es gibt durchaus einen Ehrenkodex unter Dieben. Und wenn wir die Bande als eigenständige soziale Gruppe betrachten, so unterscheidet sich dieser Kodex in nichts von dem kriegsgefangener Soldaten, die nur dazu verpflichtet sind, Namen, Dienstgrad und Dienstnummer anzugeben.

Solche durch Kooperation lösbaren Dilemmata gibt es in der einen oder anderen Form ständig und überall im Alltagsleben. Der Lohn kann Geld, Status, Macht, Sex, Herrschaftswissen, Zufriedenheit oder Gesundheit sein. Die meisten dieser kalkulierten Belohnungen können in die Grundprinzipien Darwinscher Tauglichkeit übersetzt werden: ein längeres Leben und Sicherheit für die Familie.

Und so war es vermutlich schon immer. Stellen wir uns eine Gruppe von paläolithischen Jägern vor, zum Beispiel fünf Männer. Einer überlegt, sich von den anderen abzusetzen, um eine Antilope ganz für sich allein zu jagen. Wenn er Erfolg hat, gehört ihm eine große Menge Fleisch und Fell, das Fünffache dessen, was er bekommen würde, wenn er bei der Gruppe bliebe und den Erfolg mit ihr teilen müßte. Aber aus Erfahrung weiß er, daß seine Erfolgschancen allein viel geringer sind als bei der gemeinsamen Jagd, und daß er, erfolgreich oder nicht, die Feindseligkeiten der anderen zu spüren bekommen würde, wenn er ihre Chancen derart verringerte. So wurde es also Brauch, daß die Gruppenmitglieder zusammenblieben und sich die gemeinsam erlegte Beute gerecht teilen. Daran hält sich schließlich auch unser zumindest gedanklich Abtrünnige. Im übrigen wird er auch auf die Einhaltung seiner »guten Manieren« achten, vor allem wenn er selber das Tier erlegt hat. Denn Aufschneiderei wird zutiefst verachtet, weil sie das empfindliche Gleichgewicht von Geben und Nehmen zerstört.

Ethik und Religion

Gehen wir einmal davon aus, daß die menschliche Disposition zu Kooperation oder Treuebruch erblich ist. Die einen sind also zu mehr Kooperation veranlagt, die anderen zu weniger. So gesehen unterscheiden sich moralische Veranlagung nicht von den anderen Charaktermerkmalen, die bisher erforscht wurden. Von allen, deren Erblichkeit bislang dokumentiert werden konnte, sind Empathie und die Entwicklung von Zuneigung zwischen Säugling und Schutzgebendem am ehesten mit Moralempfinden vergleichbar. Nehmen wir nun zur erblichen Moralveranlagung noch die Vielzahl von historischen Nachweisen dafür hinzu, daß kooperationsbereite Individuen im allgemeinen länger leben und mehr Nachkommen hinterlassen, dann steht zu erwarten, daß sich im Laufe der evolutionären Zeit überwiegend solche Gene in der gesamten menschlichen Population durchsetzen, die den Menschen zu kooperativem Verhalten prädisponieren.

Die Wiederholung dieses Prozesses über Tausende von Generationen führte unvermeidlich zur Entwicklung von Moralempfinden. Mit Ausnahme von echten Psychopathen – so es sie denn wirklich gibt –, verfügt jeder Mensch über solche Instinkte in Form von Gewissen, Selbstachtung, Reue, Empathie, Scham, Bescheidenheit oder moralischer Entrüstung. Und genau diese Instinkte drängen die kulturelle Evolution zu Konventionen, die in universellen moralischen Werten wie Ehre, Patriotismus, Altruismus, Gerechtigkeit, Mitgefühl, Barmherzigkeit und Selbstlosigkeit zum Ausdruck kommen.

Die dunkle Seite des angeborenen Moralverhaltens ist Xenophobie. Weil Vertrautheit und ein gemeinsames Interesse unerläßliche Grundbedingungen für soziale Transaktionen sind, entwickelte sich ein selektives Moralempfinden. So war es schon immer, und so wird es immer sein. Der Mensch bringt nur mit Mühe Vertrauen in einen Fremden auf, und wahres Mitgefühl ist ein äußerst seltenes Gut. Stämme kooperieren nur, wenn ihnen klar formulierte Verträge und andere Konventionen zur Verfügung stehen. Und es bedarf nicht viel, damit sie sich als Opfer der Konspiration anderer Gruppen empfinden, Rivalen entmenschlichen oder bei ernsthaften Konflikten ermorden. Ihre Gruppenloyalität zementieren sie mittels geheiligter Symbole und Zeremonien. Und in ihren Mythen erzählen sie episch von ihren Siegen über ihre Todfeinde.

Diese komplementären Instinkte von Moralität und Stammesdünkel sind leicht manipulierbar, und die Zivilisation hat noch das ihre dazu beigetragen. Vor nur zehntausend Jahren, ein Wimpernschlag in geologischer Zeit, setzte im Mittleren Osten, China und

Mittelamerika die agrikulturelle Revolution ein und die Populationen wuchsen auf die zehnfache Dichte der Jäger- und Sammlergesellschaften an. Familien ließen sich auf kleinen Landflecken nieder, immer mehr Dörfer wuchsen aus dem Boden, eine immer größere Minderheit spezialisierte sich zu Handwerkern, Händlern und Soldaten, Arbeit wurde geteilt. Die einst egalitären agrikulturellen Gesellschaften wurden im Laufe ihres Wachstums immer hierarchischer. Als mit dem landwirtschaftlichen Überschuß auch feudalistische Strukturen entstanden und später die Staaten wuchsen, übernahmen Erbadel und Priesterkasten die Macht. Die alten ethischen Normen wurden zu Zwangsregeln umformuliert, welche grundsätzlich den herrschenden Klassen zum Vorteil gereichten. Etwa zu dieser Zeit entstand auch die Vorstellung, daß es gesetzgebende Gottheiten gebe, und deren Gebote verliehen diesen ethischen Normen gewaltige Autorität – natürlich ganz im Sinne der Herrscher.

Aufgrund der technischen Schwierigkeiten, solche Phänomene objektiv zu analysieren, und weil sich der Mensch ohnehin gegen biologische Erklärungen für seine hochgeistigen Aktivitäten zu wehren pflegt, sind bisher nur wenig Fortschritte bei der Erforschung des biologischen Anteils von Moralempfinden zu verzeichnen. Trotzdem ist es erstaunlich, daß sich die Ethikforschung seit dem neunzehnten Jahrhundert kaum weiterentwickelt hat und daß die charakteristischsten und wichtigsten Eigenschaften der Spezies Mensch noch immer weiße Flecken auf der wissenschaftlichen Landkarte sind. Ich finde es falsch, daß sich die Diskussionen bei diesem Thema ständig nur um die ungeprüften Annahmen hauptsächlich zeitgenössischer Philosophen drehen, die die physikalischen Ursprünge und Funktionsweisen des Gehirns offenbar keines Gedankens wert finden. In keinem anderen geisteswissenschaftlichen Bereich wäre eine Vereinigung mit den Naturwissenschaften dringlicher.

Wenn sich die ethische Dimension der menschlichen Natur endlich der Forschung öffnet, wird sich vermutlich bald herausstellen, daß sich die angeborenen epigenetischen Regeln für Moralverhalten nicht einfach auf Instinkte wie Bindungsbereitschaft, Kooperation oder Altruismus belaufen. Wahrscheinlicher ist, daß sie sich aus vielen verschiedenen Algorithmen zusammensetzen, deren ineinandergreifende Aktivitäten den menschlichen Geist durch eine ganze Landschaft aus fein nunancierten Stimmungen und Entscheidungen führen.

Auf den ersten Blick mag es den Anschein haben, als sei eine derart vorstrukturierte geistige Welt viel zu kompliziert, um allein von

Ethik und Religion

der autonomen genetischen Evolution erschaffen worden zu sein. Doch es deuten ja auch alle vorliegenden biologischen Fakten darauf hin, daß dieser Evolutionsprozeß ausgereicht hat, um all die Millionen von organischen Formen um uns herum ins Leben zu rufen. Und inzwischen beginnen sich der genetischen und neurobiologischen Analyse auch immer mehr jener einzigartigen und oft höchst ausgefeilten instinktiven Algorithmen zu eröffnen, die jede Tierart durch ihren Lebenszyklus leiten. Angesichts dieser Beispiele stellt sich die Frage, aus welchem Grund sich das menschliche Verhalten auf andere Weise herausgebildet haben sollte.

Das Gemisch an moralischen Argumentationen, das in modernen Gesellschaften herrscht, wurde inzwischen – milde gesagt – zu einem heillosen Wirrwarr. Wir sind von lauter unzusammenhängenden Chimären umgeben. Tatsache ist, daß egalitäre wie stammesbezogene Instinkte aus paläolithischer Zeit nach wie vor ihren angestammten Platz einnehmen. Weil sie zur genetischen Basis der menschlichen Natur gehören, können sie nicht ausgetauscht werden. Nun haben sie sich aber in so mancher Hinsicht, beispielsweise in Form rasch aufkeimender feindseliger Reaktionen gegenüber Fremden und konkurrierenden Gruppen, als ausgesprochen ungeeignet und chronisch gefährlich erwiesen. Daher erhielten diese Grundinstinkte argumentative und regulative Überbauten, die den neuen, von der kulturellen Evolution geschaffenen Ordnungssystemen angepaßt waren. Diese Anpassungsmaßnahmen, in denen sich der Versuch spiegelt, Ordnung aufrechtzuerhalten und Stammesinteressen zu fördern, waren jedoch zu unbeständig, um sich in der genetischen Evolution niederzuschlagen. Das heißt, wir haben sie noch nicht in unseren Genen.

Kein Wunder, daß Ethik von der Öffentlichkeit als ein derart umstrittenes philosophisches Unterfangen betrachtet wird oder daß sich die Politikwissenschaft, die ja in erster Linie das Studium der angewandten Ethik ist, immer wieder als so problematisch erweist. Keines dieser beiden Gebiete wird von einer Theorie gestützt, die aus naturwissenschaftlicher Sicht authentisch zu nennen wäre. Beiden fehlt die Grundlage eines verifizierbaren Wissens über die menschliche Natur, anhand dessen Voraussagen über Ursache und Wirkung und darauf basierende, solide Beurteilungen getroffen werden könnten. Es wäre wirklich ratsam, den Ursprüngen ethischen Verhaltens mehr Aufmerksamkeit zu widmen. Die größte Wissenslücke herrscht bei den Erkenntnissen über die biologischen Ursachen des Moralempfindens. Doch wenn man sich ernsthaft mit den folgenden Fragen auseinandersetzt, wird man sie früher oder später schließen können:

- *Wie definiert man Moralempfinden?* Zuerst einmal durch präzise, experimentalpsychologische Deskription, dann durch die Analyse der neuralen und endokrinen Reaktionen, die diesem Empfinden zugrunde liegen.
- *Was sind die genetischen Grundlagen des Moralempfindens?* Am einfachsten geht man diese Frage an, indem man die Heritabilität der psychologischen und physiologischen Prozesse schätzt und schließlich, was einigermaßen schwierig werden dürfte, die jeweiligen präskriptiven Gene identifiziert.
- *Wie bildet sich Moralempfinden als Folge der Interaktion von Genen und Umwelt heraus?* Diese Frage wird am effektivsten auf zwei Ebenen erforscht: zum einen anhand der historischen Bedingungen von ethischen Systemen als Teil der Entwicklung unterschiedlicher Kulturen und zum anderen anhand der kognitiven Entwicklung von Individuen in den unterschiedlichen Kulturen. Untersuchungen dieser Art werden längst schon von der Anthropologie und Psychologie durchgeführt. Künftig werden sie durch Beiträge der Biologie ergänzt werden.
- *Wie sieht die archaische Geschichte des Moralempfindens aus?* Der Grund, weshalb sich ein solches Empfinden überhaupt herausgebildet hat, ist vermutlich in dem Beitrag zu sehen, den es in den langen Perioden der prähistorischen Zeit, in denen es sich genetisch entwickelt hat, zum Überlebens- und Reproduktionserfolg geleistet hat.

Wenn man diese verschiedenen Forschungsansätze zusammenfaßt, werden sich früher oder später die wirkliche Entstehungsgeschichte und die Bedeutung von ethischem Verhalten herauskristallisieren. Dann wird man auch den Einfluß und die Flexibilität der epigenetischen Regeln, aus denen das jeweilige Moralempfinden besteht, genauer analysieren können. Und mit diesem Wissen sollte es dann möglich sein, unser archaisches Moralempfinden den schnell wandelbaren Bedingungen des modernen Lebens, in das wir nolens volens und im Stand massiver Unwissenheit geworfen wurden, klüger anzupassen.

Dann werden wir auch neue Antworten auf die wirklich wichtigen Fragen im Blick auf Moral finden können: Wie können Moralinstinkte in einer bestimmten Reihenfolge gewichtet werden? Wel-

Ethik und Religion

che Moral sollte bis zu welchem Grad überwunden und welche mittels Gesetz und Symbolik für gültig erklärt werden? Wie können Normen so freiheitlich gesetzt werden, daß sie nur unter bestimmten, außergewöhnlichen Umständen in Kraft treten? Sind diese Fragen erst einmal beantwortet, wird sich auch erweisen, welches die effektivsten Mittel zur Konsensbildung sind. Niemand kann im voraus sagen, welche Formen neue Vereinbarungen annehmen werden. Aber der Findungsprozeß kann mit Gewißheit vorausgesagt werden – er wird demokratisch sein und den Zusammenprall von rivalisierenden Religionen und Ideologien dämpfen. Die Geschichte bewegt sich ganz entschieden in diese Richtung, und der Mensch ist seiner Natur nach viel zu intelligent und streitbar, um sich mit weniger zu begnügen. Allerdings wird dieser Wandel nur langsam vonstatten gehen, im Laufe von Generationen. Denn alter Glaube stirbt auch dann nur schwer, wenn er nachweislich falsch ist.

Dieselben Argumente, die für eine Allianz von Ethik und Naturwissenschaften sprechen, sind auch auf die Religionswissenschaften anzuwenden. Religionen sind Analogien zu Superorganismen. Sie haben einen Lebenszyklus. Sie werden geboren, wachsen, konkurrieren, reproduzieren sich und die meisten sterben, wenn ihre Zeit gekommen ist. In jeder dieser Lebensphasen reflektieren sie die menschlichen Organismen, von denen Religionen genährt werden – worin eine Grundregel der menschlichen Existenz zum Ausdruck kommt: Was zur Erhaltung von Leben nötig ist, ist letztlich biologisch.

Erfolgreiche Religionen beginnen charakteristischerweise als Kulte, die ihre Macht und Inklusivität so lange ausweiten, bis sie auch außerhalb des Kreises ihrer Anhänger toleriert werden. Kern jeder Religion ist ein Schöpfungsmythos, der erklärt, wie die Welt entstanden ist und das auserwählte Volk – also all diejenigen, die sich dem jeweiligen Glaubenssystem unterordnen – zu ihrem Mittelpunkt wurde. Oft gibt es ein Mysterium, eine Reihe von geheimen Weisungen und Ritualen, nur den Hierophanten zugänglich, die bereits im Stand höherer Erleuchtung sind. Die seit dem zwölften Jahrhundert schriftlich dokumentierte jüdische Kabbala, das dreigradige System der Freimaurer oder die Schnitzereien auf den Geisterstäben der australischen Aborigines sind Beispiele solcher Arkana. Macht geht immer vom Zentrum aus, das Konvertiten sammelt und Anhänger an die Gruppe bindet. Und immer werden geheiligte Orte gegründet, wo man Götter anrufen, Rituale befolgen und Wunder erleben kann.

342 Die Einheit des Wissens

Die Anhänger einer Religion konkurrieren als Stamm mit den Gläubigen anderer Religionen. Rivalen, die ihren Glauben ablehnen, bekommen ihre Härte zu spüren, und wer sich für sie aufopfert, wird verehrt.

Die aus Stammessystemen rührenden Wurzeln von Moral und Religion sind einander sehr ähnlich, vielleicht sogar identisch. Religiöse Riten, beispielsweise Beerdigungszeremonien, sind sehr alt. Im Europa des späten Paläolithikums wurden Leichen manchmal in flache Gräber gelegt und mit Blättern und Blüten bedeckt. Man kann sich leicht vorstellen, daß dieses Geschehen von Zeremonien begleitet war, in die Geister und Götter einbezogen waren. Aber alle theoretischen Deduktionen und Fakten legen nahe, daß die primitiven Elemente von Moralverhalten noch viel älter als paläolithische Riten sind. Religion entwickelte sich auf der Grundlage von Ethik und diente vermutlich schon immer dazu, moralische Normen der einen oder anderen Form zu rechtfertigen.

Der ungeheure Einfluß religiöser Motivation basiert jedoch auf weit mehr als nur auf der Bekräftigung von Moral. Wie ein großer unterirdischer Strom wird der Verstand von unzähligen Zuflüssen der Emotionen gespeist, am stärksten durch den Überlebensinstinkt. »Die Angst vor dem Tode«, schrieb der römische Dichter Lukretius, »macht Götter auf Erden.« Unser Bewußtsein dürstet nach einer fortdauernden Existenz. Wenn unser Körper nicht ewig leben kann, geben wir uns auch mit seinem Übergang in ein unsterbliches Ganzes zufrieden. Wir sind mit *allem* zufrieden, solange es uns als Individuum nur Bedeutung verleiht und die kurze Erdenpassage des Geistes, vom heiligen Augustinus als der »kurze Tag der Zeit« beklagt, irgendwie in die Ewigkeit fortsetzt.

Verständnis für dieses Leben zu vermitteln und es zu kontrollieren ist eine weitere Quelle, die Religionen Macht verleiht. Dogmen entspringen denselben kreativen Quellen wie Wissenschaft und Kunst und haben ebenfalls das Ziel, dem Chaos der materiellen Welt Ordnung abzuringen. Um die Bedeutung des Lebens zu erklären, ersinnt Religion stammesgeschichtliche Mythologien, die den Kosmos mit Schutzgeistern und Göttern bevölkern. Mit dem Übernatürlichen wird – sofern es akzeptiert wird – die verzweifelt ersehnte Existenz einer jenseitigen Welt bezeugt.

Nun wird Religion aber auch massiv vom Stammesdünkel, ihrem ältesten Verbündeten, unterstützt. Schamanen wie Priester beschwören uns bedeutungsschwer: *Vertraue auf die heiligen Rituale, werde Teil der unsterblichen Kraft, du bist einer von uns. Jeder Schritt in dei-*

Ethik und Religion

nem Leben hat eine mystische Bedeutung und wird durch uns, die wir dich lieben, zu einem feierlichen Übergangsritual erklärt, deren letztes du bewältigt hast, wenn du in die andere Welt eingehst, die frei von Schmerz und Furcht sein wird.

Gäbe es den religiösen Mythos in einer Kultur nicht, würde sie ihn schnell erfinden, wie es im Laufe der Geschichte ja auch tatsächlich tausende Male in aller Welt geschehen ist. Diese Art von Unausweichlichkeit kennzeichnet das Instinktverhalten jeder Spezies. Das heißt, selbst eine geistig fortgeschrittene Spezies wird von den emotionsgetriebenen Regeln der geistigen Entwicklung auf eine bestimmte Stufe hingelenkt. Religionsgläubigkeit als etwas Instinktives zu bezeichnen, bedeutet nicht, religiöse Mythen für unwahr zu erklären. Es geht hier nur um die Feststellung, daß religiöse Ursprünge tiefgründiger sind als die Wurzeln von Alltagsverhalten, daß sie in unserem Erbgut verankert sind und daß sie durch die systematischen Tendenzen unserer geistigen Entwicklung, die in den Genen kodiert sind, zum Leben erweckt werden.

In vorangegangenen Kapiteln habe ich behauptet, daß solche Tendenzen erwartungsgemäße Konsequenzen der genetischen Evolution des Gehirns sind. Dieselbe Logik gilt auch für religiöses Verhalten, einschließlich seiner Verwicklungen mit dem Stammesdünkel. Denn die Zugehörigkeit zu einer mächtigen, in hingebungsvollem Glauben und in ihren Zielen vereinten Gruppe ist beim genetischen Ausleseverfahren von Vorteil. Selbst wenn sich Individuen einer Gruppe unterordnen und den Tod für die gemeinsame Sache riskieren, werden ihre Gene mit größerer Wahrscheinlichkeit an die nächste Generation weitergegeben als die Erbanlagen von Individuen aus konkurrierenden Gruppen, denen es an dieser Entschlossenheit mangelt. Die mathematischen Modelle der Populationsgenetik legen folgende Regel für die evolutionären Ursprünge dieser Art von Altruismus nahe: Wenn Altruismusgene die Überlebens- und Reproduktionschancen von Individuen zugunsten einer gesteigerten Überlebenschance der Gruppe reduzieren, wird die Häufigkeit dieser Gene in allen Populationen, auch den konkurrierenden, zunehmen. Um diese Logik noch einmal so deutlich wie möglich zu formulieren: Das Individuum bezahlt, seine Gene und sein Stamm gewinnen, Altruismus breitet sich allgemein aus.

Eine Bestätigung der empiristischen Entwicklungstheorie von Ethik und Religion wäre von ausgesprochen weitreichender Bedeutung: Denn würde der Empirismus widerlegt und der Transzendentalis-

Die Einheit des Wissens

mus zwingend bestätigt werden, wäre das schlicht und einfach die
folgenreichste Erkenntnis in der Menschheitsgeschichte. Diese Beweislast trägt nun die Biologie, während sie versucht, sich mit den
Geisteswissenschaften zu vernetzen. Stützen die von ihr erbrachten
objektiven Fakten den Empirismus, wird das zur Vernetzung der
problematischsten aller Wissensgebiete über das menschliche Verhalten führen und damit sehr wahrscheinlich auch die Vereinigung
aller anderen nach sich ziehen. Widerlegt die Faktenlage den Empirismus jedoch nur in einem einzigen Punkt, wird das gesamte Vernetzungsprojekt scheitern und die Spaltung zwischen Natur- und
Geisteswissenschaften für alle Ewigkeit zementiert.

Die Frage ist noch weit von einer Klärung entfernt. Allerdings
spricht im Zusammenhang mit Ethik bislang eine Menge für den
Empirismus. Im Falle der Religion ist seine objektive Beweiskraft
schon etwas schwächer, aber immerhin dennoch mit biologischen
Theorien vereinbar. So wissen wir zum Beispiel, daß zu religiöser
Ekstase führende Emotionen eindeutig neurobiologischen Ursprungs
sind. Und zumindest eine Hirnfunktionsstörung – sie führt zur kosmischen Überbewertung selbst der trivialsten Alltagsdinge – kann
eindeutig mit Hyperreligiosität in Zusammenhang gebracht werden.
Wir sind in der Lage, uns den biologischen Aufbau eines von religiösen Überzeugungen geprägten Verstandes vorzustellen; doch das allein widerlegt weder den Transzendentalismus, noch beweist es, daß
die religiösen Vorstellungen dieses Gehirns an sich unwahr sind.

Von großer Bedeutung ist auch die Überlegung, daß sich religiöses
Verhalten größtenteils oder sogar vollständig durch natürliche evolutionäre Auslese herausgebildet haben könnte. Die Theorie bestätigt
das – jedenfalls einigermaßen. Die biologische Erklärung für religiöses Verhalten deckt sich zumindest mit einigen Aspekten der Gottes-
gläubigkeit: Sühne und Opfer, beides nahezu universale religiöse
Praktiken, sind Akte der Unterwerfung unter ein beherrschendes
Wesen und bedingen daher Dominanzhierarchie; diese aber ist ein
allgemeines Merkmal aller Säugetiergesellschaften. Wie Menschen
benutzen auch Tiere eindeutige Signale, um ihren Rang in der Hierarchie zu verkünden und zu wahren. Auch wenn diese Signale im
einzelnen von Spezies zu Spezies variieren, gibt es grundlegende
Ähnlichkeiten, wie die folgenden zwei Beispiele illustrieren.

In einem Wolfsrudel geht das dominante Tier »stolz« und aufrecht mit steifen Beinen, bewußt gemessenen Schrittes, Kopf,
Schwanz und Ohren aufgerichtet, und starrt gelegentlich die anderen völlig ungehemmt an. In Anwesenheit eines Rivalen sträubt es

Ethik und Religion 345

sein Fell, zieht die Lefzen hoch und zeigt die Zähne. Es fordert das
Erstrecht bei der Nahrungsaufnahme und der Raumbelegung. Die
Signalsprache eines untergeordneten Tiers ist genau entgegengesetzt.
Es wendet sich vom dominanten Tier ab, senkt Kopf, Ohren und
Schwanz, läßt das Fell angelegt und die Zähne bedeckt. Es kriecht auf
dem Bauch, hebt nur verstohlen den Blick und beansprucht Nah-
rung und Raum erst, wenn es dazu aufgefordert wird.

Bei den Rhesusäffchen verhält sich das Alphatier bemerkenswert
ähnlich zum dominanten Wolf. Es hält Kopf und Schwanz aufrecht
und bewegt sich bewußt »majestätisch«, während es die anderen un-
vermittelt anstarrt. Es klettert auf nahegelegene Objekte, um über
seinen Rivalen zu thronen. Wird es herausgefordert, starrt es den
Gegner mit offenem Maul unverwandt an – Aggression, nicht Überraschung signalisierend –, und manchmal schlägt es mit den Handinn-
enflächen auf den Boden, um seine Bereitschaft zum Angriff zu signalisieren. Das untergeordnete männliche oder weibliche Tier prä-
sentiert einen schleichenden Gang, wobei es Kopf und Schwanz
senkt und sich vom Alphatier und anderen höherrangigen Tieren
abwendet. Es hält das Maul außer bei kurzen Furchtgrimassen geschlossen und zieht sich sofort unterwürfig zurück, wenn es herausgefordert wird. Es tritt Raum und Nahrung ab, und kein untergeord-
netes Männchen wagt es, sich einem paarungsbereiten Weibchen zu
nähern.

Worum es hier geht, ist folgendes: Verhaltensforscher von einem
anderen Planeten würden sofort die semiotischen Ähnlichkeiten
zwischen dem animalischen und jenem devoten Verhalten erkennen,
das der Mensch religiösen und zivilen Autoritäten gegenüber anzunehmen pflegt. Sie würden darauf verweisen, daß Rituale von größter Ehrerbietung immer Göttern gelten, jenen zwar unsichtbaren,
aber allgegenwärtigen Mitgliedern der Menschengruppe. Und sie
würden korrekterweise daraus schließen, daß sich der Homo sapiens
nicht nur angesichts seiner Anatomie, sondern auch angesichts seines
grundlegenden Sozialverhaltens wohl erst vor kurzer evolutionärer
Zeit von einer nichthumanen Primatenlinie abgespalten haben kann.

Unzählige Studien über Tierarten, deren Instinktverhalten von
keiner kulturellen Prägung verändert wurde, haben gezeigt, daß es
sich für die Überlebens- und Reproduktionschancen auszahlt, einem
hierarchischen System anzugehören. Das gilt nicht nur für die dominanten, sondern auch für die untergeordneten Tiere. Ein solches
System verhilft jedem Gruppenmitglied zu einem besseren Schutz
vor Feinden und einfacherem Zugang zu Nahrung, Schutzbehau-

sungen und Partnern als jede einzelgängerische Existenz. Im übrigen muß eine untergeordnete Position in einer Gruppe nicht von Dauer sein. Dominante Tiere werden schwächer und sterben, woraufhin immer einige aus den niederen Rängen aufsteigen und sich umfangreichere Ressourcen aneignen können.

Es wäre wirklich überraschend, würde man herausfinden, daß es der moderne Mensch geschafft habe, diese archaischen genetischen Programmierungen aller Säugetiere zu löschen und andere Mittel und Wege der Machtverteilung zu finden. Alle Beweise sprechen für das Gegenteil. Getreu seinem Primatenerbe ist der Mensch leicht durch selbstsichere, charismatische und vor allem männliche Führungspersönlichkeiten verführbar. Am stärksten zeigt sich diese Veranlagung bei religiösen Organisationen. Jeder Kult bildet sich um eine Führungsperson. Wenn sie nun noch behaupten kann, besonderen Zugang zur allerhöchsten – typischerweise männlichen – Respektsperson (Gott) zu haben, wächst ihre Macht. Sobald sich ein Kult in eine Religion verwandelt, wird die Vorstellung von einem allerhöchsten Wesen außerdem durch Mythos und Liturgie gestützt. Und mit der Zeit wird die Autorität der Religionsgründer und ihrer Nachfahren in heiligen Schriften verewigt, und »blasphemische« Untergeordnete werden zumindest mundtot gemacht.

Der symbolbildende menschliche Geist begnügt sich jedoch nicht mit äffischen Gefühlen. Er strebt danach, Kulturen zu erschaffen, die in jeder Hinsicht ein Maximum an Gewinn versprechen. Die Religion bietet Gebete und Rituale zur direkten Kontaktaufnahme mit dem höchsten Sein, sie offeriert den Trost der Mitgläubigen zur Milderung ansonsten unerträglicher Leiden, Erklärungen für das Unerklärliche und die Möglichkeit, in ein Meer aus gemeinschaftlichem Zugehörigkeitsgefühl zu jenem größeren Ganzen einzutauchen, das sich der reinen Vernunft entzieht.

Gemeinschaft ist das Schlüsselwort. Sie schürt die Hoffnung, aus dem Dunkel der Seele die spirituelle Reise ins ewige Licht anzutreten. Für einige wenige erfüllt sich diese Hoffnung bereits zu Lebzeiten. Der Geist lernt, auf bestimmte Weise zu reflektieren, um immer höhere Stadien der Erleuchtung zu erreichen, bis er schließlich dort anlangt, wo kein Weiterkommen mehr möglich und die mystische Einheit mit dem Ganzen erreicht ist. Bei den Weltreligionen sind es die hinduistischen Samadhi, die Zen-Satori, sufischen Fana, taoistischen Wu-wei und die Wiedertäufer der christlichen Pfingstbewegung, die auf solche Weise Erleuchtung suchen. Ähnliches erleben auch die halluzinierenden Schamanen ungebildeter Kulturen. Was

Ethik und Religion

genau all diese Zelebranten empfinden (und auch ich einst bis zu einem gewissen Grad als baptistischer Evangeliumsgläubiger empfunden habe), ist schwer in Worte zu fassen. Aber Willa Cather kam dem mit einem einzigen Satz sehr nahe. »Glück«, läßt sie ihren Erzähler in *My Ántonia* sagen, »ist sich in etwas Vollständigem und Großem aufzulösen.«

Natürlich ist es Glück, Gott zu finden oder sich eins mit der Natur zu fühlen oder auf irgendeine andere Weise etwas Unbeschreibliches, Schönes, Immerwährendes für sich zu entdecken. Millionen von Menschen suchen es. Ansonsten fühlten sie sich verloren und einem Leben ohne eigentlichen Sinn ausgesetzt. In der 1997 veröffentlichten Werbung einer amerikanischen Versicherungsgesellschaft wurde ihre mißliche Lage bestens eingefangen: *The year is 1999. You are dead. What do you do now?* Sie schließen sich etablierten Religionen an, unterwerfen sich Kulten oder dilettieren mit irgendwelchen New Age-Patentrezepten. Und sie katapultieren Bücher wie *The Celestine Prophecy* und anderes wertloses Zeug mit Anspruch auf Aufklärungscharakter auf die Bestsellerlisten.

Vielleicht kann auch all das eines Tages mit den Schaltkreisen im Gehirn und archaischer Geschichte erklärt werden – ich jedenfalls bin davon überzeugt. Aber hier handelt es sich um ein Thema, das nicht einmal die härtesten Empiristen trivialisieren sollten. Die Idee von mystischer Einheit ist ein authentisches Produkt des menschlichen Geistes. Sie beschäftigt die Menschheit seit Jahrtausenden und stellt Fragen von allerhöchster Ernsthaftigkeit an Transzendentalisten wie Naturwissenschaftler. Wir wollen immer genau wissen, welcher Weg von den Mystikern der Geschichte eingeschlagen wurde und wo sie ankamen.

Niemand hat diese Reise mit größerer Klarheit beschrieben als die große spanische Mystikerin Theresia von Avila. In ihren Erinnerungen 1563–65 erzählt sie, welche Stufen sie durchlief, um durch das Gebet die Einheit mit Gott zu erlangen. Zu Beginn ihres Berichts beschreibt sie, wie sie nach den üblichen Andachts- und Bittgebeten die zweite Stufe des quietistischen Gebets erreichte. Dabei zogen sich »alle Seelenkräfte in sich selbst zurück« und der Wille gab »seine Zustimmung dazu, daß Gott ihn in Haft halte«. Sie empfindet tiefen Trost und Frieden. Der Herr spendet ihrem Gebet »das Wasser der großen Güter und Gnaden«. Ihr Geist ist fortan allen irdischen Dingen fern.

Im dritten Stadium des Gebets ist ihr Geist in »Trunkenheit der Liebe« nur noch mit den ihn leitenden und beseelenden Gedanken Gottes befaßt.

348 Die Einheit des Wissens

»O mein König! Durch deine Güte und Barmherzigkeit bin ich, während ich dieses schreibe, nicht ohne jene heilige und himmlische Torheit. Da du mir also ohne jegliches Verdienst von meiner Seite diese Gnade erweist, so wolle nun auch, ich bitte dich, daß alle, mit denen ich umgehe, gleichfalls Toren deiner Liebe seien, aber laß mich mit niemand mehr verkehren, oder ordne es so, o Herr, daß ich mich um kein Ding der Welt mehr zu kümmern habe, oder nimm mich hinweg von ihr.«

Auf der »vierten Gebetsstufe« erreicht die heilige Theresia von Avila schließlich die mystische Einheit:

»[Man] merkt gar nichts von einer Arbeit, sondern hat nur Genuß ... Alle Sinne sind so sehr in diesen Genuß verschlungen, daß es keinem von ihnen möglich ist, sich ... mit etwas anderem zu beschäftigen ... Während also die Seele in besagter Weise Gott sucht, fühlt sie, wie sie in übergroßer, süßer Wonne fast ganz dahinschmachtet und in eine Art Ohnmacht versinkt. Der Atem stockt, und alle Körperkräfte schwinden ... Die Seele nimmt wahr, daß sie mit Gott vereint ist; und davon bleibt ihr eine solche Gewißheit, daß sie von diesem Glauben durchaus nicht lassen kann.«

Viele verspüren einen überwältigenden Drang zum Glauben an eine transzendentale Existenz und an Unsterblichkeit. Transzendentalismus ist von großem psychischen Reichtum, vor allem wenn er mit religiöser Überzeugung gepaart ist. Irgendwie fühlt er sich *richtig* an. Der Empirismus wirkt im Vergleich dazu steril und unzulänglich. Auf der Suche nach dem letzten Sinn bietet sich der transzendentalistische Weg als der viel einfachere an. Deshalb gewinnt der Empirismus den Verstand, der Transzendentalismus aber noch immer die Herzen. Der Wissenschaft ist es schon immer gelungen, religiöse Dogmen Punkt für Punkt zu widerlegen, wo es zu einem Konflikt kam. Aber genützt hat das noch nie etwas. In den Vereinigten Staaten gibt es 15 Millionen *Southern Baptists*, Mitglieder der größten Konfession, die auf einer wortwörtlichen Interpretation der Bibel besteht, aber nur 5000 Mitglieder der *American Humanist Association*, der führenden Organisation des säkularen und deistischen Humanismus.

Doch wenn uns Geschichte und Wissenschaft etwas gelehrt haben, dann, daß Passion und Sehnsüchte nicht dasselbe sind wie Wahrheit. Der menschliche Geist hat sich so entwickelt, daß er an Götter glaubt, nicht an Biologie. Der Glaube an das Übernatürliche war in der gesamten prähistorischen Entwicklungszeit des Gehirns von großem Vorteil. Daher steht er im scharfen Kontrast zur wissenschaftlichen Biologie, die ein Produkt des modernen Zeitalters ist und keinen genetischen Algorithmen unterliegt. Die unbequeme Wahrheit ist, daß diese beiden Überzeugungen faktisch nicht kompatibel sind, was zur Folge hat, daß all diejenigen, die es nach sowohl intellektueller wie religiöser Wahrheit dürstet, niemals beide in vollem Umfang erfahren werden.

Die Theologie versucht nun dieses Problem zu lösen, indem sie es der Wissenschaft gleichzutun versucht und zu Abstraktionen greift. Die Götter unserer Vorfahren waren göttliche Menschen. Die Ägypter präsentierten sie, wie Herodot beschrieb, als Ägypter (oft mit Körperteilen der Tiere des Nils), und die Griechen als Griechen. Der großartige Beitrag der Hebräer war, das gesamte Pantheon in einer einzelnen Person zu vereinen – Jahwe, ein den Wüstenstämmen angemessener Patriarch – und Seine Existenz zu intellektualisieren. Denn es waren keine Abbilder des Göttlichen erlaubt. Damit gelang es, die göttliche Gegenwart immer weniger faßbar zu machen. Und so kam es, daß nach biblischer Auslegung niemand, nicht einmal Moses vor dem brennenden Dornbusch, Gott ins Angesicht blicken konnte. Den Juden wurde sogar verboten, Seinen wahren Namen auszusprechen. Trotzdem hat sich die Vorstellung eines theistischen, allwissenden, omnipotenten und an allen menschlichen Belangen beteiligten Gottes bis zum heutigen Tage als das vorherrschende religiöse Bild der abendländischen Kultur erhalten.

Während der Aufklärung hat sich eine immer größere Zahl von jüdischen Religionsphilosophen und christlichen Theologen mit dem Wunsch, den Theismus an eine realistischere Sicht der materiellen Welt anzupassen, von Gott als einer Person im buchstabengetreuen Sinne entfernt. Baruch Spinoza, der überragende jüdische Philosoph des siebzehnten Jahrhunderts, prägte die Vorstellung von Gott als einer transzendenten und in jedem Detail des Universums gegenwärtigen Wirklichkeit. *Deus sive natura*, Gott und Natur sind austauschbar. Wegen seiner Abweichungen von der jüdischen Lehre wurde er aus der Jüdischen Gemeinde von Amsterdam ausgeschlossen und unter allen biblischen Bannflüchen aus der Stadt verbannt. Doch trotz des Risikos der Häresie wurde die Depersonalisierung Gottes unbeirrt bis in die moderne Zeit fortgesetzt. Für Paul Tillich, einen der einflußreichsten protestantischen Theologen des zwanzigsten Jahrhunderts, war die Darstellung Gottes als Person nicht falsch, sondern nur bedeutungslos. Viele der liberalsten zeitgenössischen

Denker kleiden ihre Negation einer konkreten Gottheit in eine Verlaufstheologie. Bei dieser extremsten aller Ontologien ist alles Teil eines nahtlosen, komplexen Beziehungsgeflechts. Gott manifestiert sich in allem.

Auch Naturwissenschaftler, diese vorauseilenden Kundschafter der empiristischen Bewegung, sind nicht immun gegenüber der Gottesidee. Auch sie tendieren oft zu irgendeiner Form von Verlaufstheologie und stehen dann vor der Frage, ob sich mit ausreichenden Erkenntnissen über die Wirklichkeit von Raum, Zeit und Materie auch die Gegenwart des Schöpfers offenbaren wird. Sie setzen ihre ganzen Hoffnungen auf die theoretischen Physiker, die auf der Suche nach dem Gral der letzten Theorie sind, nach T.O.E., der *Theory of Everything*, einem System aus ineinandergreifenden Gleichungen, die alles beschreiben, was über die Kräfte des materiellen Universums erfahrbar ist. T.O.E. ist eine »schöne« Theorie, wie Steven Weinberg in seiner bedeutenden Abhandlung *Der Traum von der Einheit des Universums* (deutsch 1992) schrieb. Schön, weil sie sich als ausgesprochen elegant erweisen wird, da sie die Möglichkeit unendlicher Komplexität mit Minimalgesetzen erklärt. Außerdem wird sie vollkommen symmetrisch sein, weil sie unverbrüchliche Gültigkeit im gesamten Spektrum von Raum und Zeit haben wird. Und unvermeidlich kann kein Teil von ihr verändert werden, ohne das Ganze zu entwerten. Alle Subtheorien, die dann noch Gültigkeit haben werden, können ihr dauerhaft eingeordnet werden. Dasselbe sagte Einstein über seine Allgemeine Relativitätstheorie: »Der Hauptreiz der Theorie liegt in ihrer logischen Geschlossenheit. Wenn eine einzige aus ihr geschlossene Konsequenz sich als unzutreffend erweist, muß sie verlassen werden; eine Modifikation ohne Zerstörung des gesamten Gebäudes scheint unmöglich.«

Die Aussicht auf eine von den mathematischsten aller Wissenschaften formulierte letzte Theorie könnte auch der Vorbote eines neuen religiösen Erwachens sein. Stephen Hawking erlag in seinem Buch *Eine kurze Geschichte der Zeit* (1988) dieser Versuchung, als er erklärte, daß eine solche wissenschaftliche Erkenntnis der ultimative Sieg der menschlichen Vernunft wäre, »denn dann würden wir wahrhaftig den Gedanken Gottes kennen«.

Nun, vielleicht – aber ich bezweifle das. Die Physiker haben bereits einen Großteil dieser endgültigen Theorie formuliert. Wir kennen die Flugbahn und können in etwa sehen, in welche Richtung sie verläuft. Aber es wird keine religiöse Epiphanie geben, zumindest keine, die die Verfasser der Heiligen Schrift als solche erkennen wür-

Ethik und Religion

den. Die Wissenschaft hat uns weit von jenem persönlichen Gott entfernt, der einst über die Zivilisation des Abendlandes herrschte. Aber sie hat wenig dazu beigetragen, unseren instinktiven Hunger zu stillen, der so eindringlich in den Psalmen beschrieben wird:

> *Nur wie ein Schatten geht der Mensch einher,*
> *um ein Nichts macht er Lärm.*
> *Er rafft zusammen und weiß nicht, wer es einheimst.*
> *Und nun, Herr, worauf soll ich hoffen?*
> *Auf dich allein will ich harren.*

Das wirkliche spirituelle Dilemma der Menschheit ist, daß unsere genetische Entwicklung dafür gesorgt hat, daß wir an eine bestimmte Wahrheit glauben, aber eine andere entdeckt haben. Gibt es einen Weg aus diesem Dilemma, sind die Widersprüche zwischen der transzendentalistischen und der empiristischen Weltanschauung zu lösen?

Nein, den gibt es bedauerlicherweise nicht. Aber es ist unwahrscheinlich, daß die Entscheidung zwischen diesen beiden Sichtweisen für immer willkürlich bleiben wird. Denn ihre jeweiligen Prämissen unterliegen der immer strengeren Überprüfung anhand unseres ständig wachsenden verifizierbaren Wissens über die Funktionsweisen des Universums, vom Atom über das Gehirn bis hin zur Galaxie. Außerdem hat uns die Geschichte die harte Lehre erteilt, daß niemals ein ethischer Kodex so gut ist wie der andere – zumindest nicht so beständig. Dasselbe gilt für Religionen. Einige Kosmologien sind sachlich immer weniger korrekt und einige ethische Normen immer weniger funktionsfähig als andere.

Es gibt eine biologische Basis der menschlichen Natur, und die ist für Ethik ebenso relevant wie für Religion. Die Fakten beweisen, daß der Mensch aufgrund dieser biologischen Prädisposition nur ein schmales Spektrum von ethischen Normen anzunehmen bereit ist. Unter bestimmten Glaubenssystemen blüht er auf, unter anderen vegetiert er dahin. Wir müssen erfahren, weshalb das so ist.

Deshalb werde ich mir nun eine Voraussage anmaßen, wie der Konflikt zwischen diesen beiden Weltanschauungen am wahrscheinlichsten beigelegt werden wird. Die Vorstellung eines genetisch-evolutionären Ursprungs von Moral und Religionsgläubigkeit wird anhand der beständig wachsenden biologischen Erkenntnisse über das komplexe menschliche Verhalten getestet werden. Sofern nachgewiesen werden kann, daß sich der Sinnesapparat und das Nervensystem durch natürliche Auslese oder doch zumindest durch rein materielle Prozesse entwickelt haben, bedeutet das eine Bestätigung der empiristischen Interpretation. Läßt sich außerdem der entscheidende verbindende Prozeß, die genetisch-kulturelle Koevolution, verifizieren, wird dies die empiristische Deutung ebenfalls stützen.

Überlegen wir uns nun die Alternative. Falls alles darauf hindeuten wird, daß sich ethische und religiöse Phänomene *nicht* auf eine Weise entwickelt haben, die der biologischen Entwicklung verwandt ist, und wenn sich insbesondere abzeichnen sollte, daß diese komplexen Verhaltensweisen in *keiner* Verbindung zu den physikalischen Vorgängen im Sinnes- und Nervensystem stehen, wird man sich von der empiristischen Position verabschieden und die transzendentalistische Erklärung akzeptieren müssen.

Doch schon seit Jahrhunderten breitet sich der Geist des Empirismus in den alten Domänen des transzendentalistischen Glaubens aus, zuerst nur langsam, im wissenschaftlichen Zeitalter dann immer schneller. Die Geister, die unseren Vorfahren so vertraut waren, zogen sich von den Felsen und aus den Bäumen und schließlich auch aus den entfernten Bergen zurück. Jetzt besiedeln sie die Sterne, wo sie vermutlich ihrer endgültigen Ausrottung harren. *Aber wir können ohne sie nicht leben.* Der Mensch braucht heilige Mythen. Er muß das Gefühl haben, daß es einen höheren Sinn für alles gibt, egal welcher es ist und wie stark er auch intellektualisiert sein mag. Der Mensch wird sich nicht der Hoffnungslosigkeit animalischer Sterblichkeit unterwerfen. Er wird immer fragen: »Und nun, Herr, worauf soll ich hoffen?« Er wird eine Möglichkeit finden, die Geister seiner Vorfahren am Leben zu erhalten.

Wenn religiöse Kosmologie nicht mehr die gewünschten Mythen anbieten kann, werden sie aus der materiellen Geschichte des Universums und der Spezies Mensch gebildet werden. Das ist keineswegs entwürdigend. Das wahre evolutionäre Epos, poetisch erzählt, ist ebenso erhaben wie jedes religiöse Epos. Und die von der Wissenschaft entdeckte materielle Realität ist längst schon inhaltsreicher und von größerer Grandeur als alle religiösen Kosmologien zusammen. Die Kontinuität der menschlichen Abstammung wurde bis zu einem Zeitpunkt der Geschichte verfolgt, der tausend Mal weiter zurückreicht, als sich das die großen Religionen vorstellen. Ihre Erforschung hat neue Offenbarungen von großer moralischer Bedeutung hervorgebracht. Sie hat uns erkennen lassen, daß die Spezies Homo sapiens weit mehr ist als nur eine Ansammlung aus Stämmen und Rassen. Wir sind ein einzigartiges genetisches Sammelbecken,

Ethik und Religion

aus dem jeder Mensch in jeder Generation hervorgeht und in dem sich jeder in der nächsten Generation wieder auflöst – alle auf ewig vereint durch das gemeinsame Erbe und die gemeinsame Zukunft. Dies sind auf Fakten basierende Erkenntnisse, aus denen neue Deutungen der Unsterblichkeit abgeleitet und neue Mythen gebildet werden können.

Welche Weltanschauung sich schließlich durchsetzen wird, ob religiöser Transzendentalismus oder wissenschaftlicher Empirismus, wird große Auswirkungen auf die Forderungen haben, die die Menschheit an die Zukunft stellt. Doch in der Zwischenzeit, bis sich das entscheidet, kann wenigstens schon eine gewisse Annäherung erfolgen, sofern die folgenden Fakten anerkannt werden. Einerseits sind Ethik und Religion noch immer viel zu komplex, als daß sie wirklich vollständig von der heutigen Wissenschaft erklärt werden könnten. Andererseits sind sie in weit höherem Maße das Produkt der autonomen Evolution, als es die meisten Theologen bislang zugeben möchten. Der Naturwissenschaft steht mit Ethik und Religion die interessanteste Herausforderung gegenüber, aber vermutlich auch diejenige, die ihnen die meiste Demut abverlangen wird. Die Religion hingegen muß irgendeinen Weg finden, um die Erkenntnisse der Wissenschaft in ihre Lehre einzubeziehen, damit sie glaubwürdig bleiben kann. Ihre Stärke wird sich danach bemessen, inwieweit sie in der Lage sein wird, die höchsten Werte der Menschheit so zu kodifizieren und in eine bleibende dichterische Form zu bringen, daß sie mit dem empirischen Wissen in Einklang stehen. Nur so kann Religion ihren Anspruch auf moralische Führung aufrechterhalten. Blinder Glaube, wie leidenschaftlich er auch ausgedrückt sein mag, genügt nicht mehr. Die Wissenschaft ihrerseits wird nicht aufhören, jede einzelne Prämisse über die Conditio humana zu überprüfen, und mit der Zeit wird es ihr gelingen, die Urschichten aller moralischen und religiösen Gefühle freizulegen.

Ich bin überzeugt, daß der Wettbewerb zwischen den beiden Weltanschauungen mit der Säkularisierung der menschlichen Epik und sogar von Religion per se enden wird. Aber was der Prozeß am Ende auch ergeben wird, er erfordert in jedem Fall das offene Gespräch und unbedingte intellektuelle Exaktheit, und zwar in einer Atmosphäre des gegenseitigen Respekts.

Kapitel 12
Mit welchem Ziel?

Wissenschaftler pflegen sich mit den Themen Verhalten und Kultur aus der jeweiligen Perspektive ihrer Disziplin zu befassen – Anthropologie, Psychologie, Biologie und so fort. Ich aber behaupte, daß es in Wirklichkeit nur einen einzigen Erklärungsansatz gibt. Er durchquert die Skalen von Zeit, Raum und Komplexität, um die grundverschiedenen Fakten dieser Disziplinen zu vernetzen und ein nahtloses Gewebe aus Ursache und Wirkung herzustellen.

Das Prinzip der Vernetzung ist schon seit Jahrhunderten die Muttermilch der Naturwissenschaften. Inzwischen haben es auch die Hirnforschung und Evolutionsbiologie übernommen, jene Disziplinen also, die sich als Brücken zu den Sozial- und Geisteswissenschaften anbieten. Daß den großen Wissensgebieten die Einheit ihrer Erkenntnisse geradezu eingeschrieben ist, wird von einer Menge Beweisen belegt und von keinem einzigen widerlegt.

Die Grundidee bei der Vorstellung von einer natürlichen Einheit allen Wissens ist, daß alle greifbaren Phänomene, von der Sternengeburt bis hin zu den Funktionsweisen von gesellschaftlichen Institutionen, auf materiellen Prozessen basieren, die letzten Endes auf physikalische Gesetze reduzierbar sind, ganz egal wie lang oder umständlich ihre Sequenzen sind. Gestützt wird diese Vorstellung von der Schlußfolgerung der Biologen, daß die Menschheit durch gemeinsame Abstammung mit allen anderen Lebensformen verwandt ist. Wir haben im wesentlichen alle denselben genetischen DNA-Code, der in die RNA überschrieben und mit denselben Aminosäuren in Proteine übersetzt wird. Unsere Anatomie plaziert uns mitten unter die Altweltaffen. Fossile Nachweise belegen, daß unser direkter Vorfahr entweder der Homo ergaster oder der Homo erectus war und unser Dasein vor etwa 200 000 Jahren in Afrika begann. Unsere ererbte menschliche Natur, die sich im Laufe von Hunderttausenden von Jahren vor und nach diesem Zeitpunkt entwickelte, wirkt sich noch immer entscheidend auf die kulturelle Evolution aus.

Diese Schlußfolgerung soll natürlich dem Zufall nicht seine wichtige Rolle in der Geschichte absprechen. Kleine Ereignisse können riesige Konsequenzen haben. Die Charakterzüge einer einzigen Führerfigur können den Unterschied zwischen Frieden und Krieg bedeuten, eine einzige technische Erfindung kann ein ganzes Wirtschaftssystem verändern. Doch der wesentliche Punkt neben der Vorstellung von einer natürlichen Einheit allen Wissens ist, daß Kultur, und daher auch die einzigartigen Merkmale der Spezies Mensch, nur dann einen wirklichen Sinn ergibt, wenn sie in einen Kausalzusammenhang mit den Naturwissenschaften gestellt wird. Und dafür bietet sich die Biologie als nächstliegende und relevanteste aller wissenschaftlichen Disziplinen an.

Ich weiß, daß ein solcher Reduktionismus außerhalb von naturwissenschaftlichen Kreisen nicht gerade populär ist. Von vielen Sozial- und Geisteswissenschaftlern wird er in etwa genauso willkommen geheißen wie ein Vampir in der Sakristei. Deshalb möchte ich schnell das Bild vom klassischen naturwissenschaftlichen Alchimistenlabor korrigieren, das diese Reaktion ja letztlich hervorruft. Heute, am Ende des zwanzigsten Jahrhunderts, hat sich der Fokus der Naturwissenschaften längst von der Suche nach neuen Grundgesetzen auf die nach neuen – ganzheitlichen, wenn man so will – Synthesen verlagert, um komplexe Systeme in ihrer Gänze verstehen zu können. Das ist das Ziel, ob nun bei der Erforschung der Entstehungsgeschichte des Universums oder beim Studium der klimatischen Entwicklung, der Funktionsweisen von Zellen, der Zusammensetzung von Ökosystemen oder der physikalischen Basis des Verstandes. Die beste Strategie bei diesem Unterfangen ist, Erklärungen für Ursache und Wirkung zu finden, die quer durch alle Organisationsebenen kohärent bleiben. Deshalb blickt der Zellbiologe in das Innere bis hinunter zu den Ansammlungen von Molekülen, und der Erkenntnispsychologe auf die Muster der gesamten Nervenzellaktivitäten. Auf diesem Wege kann selbst das Auftreten von zufälligen Erscheinungen verständlich werden.

Bisher wurde kein einziger überzeugender Grund angeführt, weshalb diese Strategie nicht auch der Vernetzung von Naturwissenschaften mit den Sozial- und Geisteswissenschaften dienen könnte. Der Unterschied zwischen diesen beiden Domänen liegt in der Größenordnung der jeweiligen Aufgabe und nicht in den Prinzipien, die für ihre Lösung nötig sind. Die Conditio humana ist das wichtigste Grenzgebiet der Naturwissenschaften; das wichtigste Grenzgebiet der Sozial- und Geisteswissenschaften ist die materielle Welt, die von den Naturwissenschaften entdeckt wird. Die Quintessenz des Ver-

Mit welchem Ziel?

netzungsarguments ist daher, daß es sich bei beiden Grenzgebieten um ein und dasselbe handelt.

Die Landkarte der materiellen Welt, inklusive der menschlichen Geistesaktivitäten, gleicht einem Flickenteppich aus Gebieten, die teils bereits vermessen wurden und teils aus noch weißen Flächen unbekannten Ausmaßes bestehen. Doch allesamt sind sie der zusammenhängenden interdisziplinären Forschung zugänglich. Vieles, worüber ich in den vorangegangenen Kapiteln gesprochen habe, war reine »Lückenanalyse«, also die Skizzierung dieser weißen Flächen und der Bericht über die Versuche, sie wissenschaftlich zu erforschen. Nun gibt es natürlich Lücken, deren Schließung von potentiell größerer Bedeutung ist als andere, und dazu gehört unter anderem, daß sich die Physik vollständig vereinigt, lebende Zellen rekonstruiert werden, die Zusammensetzung von Ökosystemen in Erfahrung gebracht und die Koevolution von Genen und Kultur, die physikalische Grundlage des Verstandes und die archaischen Ursprünge von Ethik und Religion bestätigt werden.

Wenn die Vorstellung von einer natürlichen Einheit allen Wissens richtig ist, dann wird zur Schließung dieser Lücken eine magellanische Reise notwendig sein, die irgendwann die gesamte Realität umrundet haben wird. Aber diese Vorstellung kann auch falsch sein, denn es könnte sich herausstellen, daß wir ein Meer befahren, auf dem niemals Land in Sicht kommt. Behalten wir das gegenwärtige Tempo bei, werden wir in wenigen Jahrzehnten wissen, was davon stimmt. Doch selbst wenn wir eine solch magellanische Reise antreten, und selbst wenn die kühnsten Abstecher bis ans Ende führen und uns befähigen sollten, die großen Konturen der gesamten materiellen Existenz klar zu definieren, werden wir erst einen winzigen Bruchteil all ihrer Details kennen. Für die Forschung wird auf allen Gebieten noch eine Fülle an Entdeckungen zu machen sein. Denn da ist auch noch die Kunst, die sich nicht nur aller physikalisch möglichen Welten annimmt, sondern auch aller vorstellbaren, und zwar nicht nur, weil wir für solche Welten ein angeborenes Interesse haben, sondern auch, weil sie dem Nervensystem entsprechen und deshalb im einzigartig menschlichen Sinne wahr sind.

Aus diesem Blickwinkel betrachtet könnten die Ambitionen der Naturwissenschaftler – alles Sein kohärent genug zu erklären, um es selbst dann in die Form eines einzigen Erkenntnissystems bringen zu können, wenn die Details noch unbekannt sind – auch bei Nichtwissenschaftlern in einem besseren Licht erscheinen. Wie Umfragen (in den USA) bewiesen haben, respektieren die meisten Menschen wissenschaftliche Forschung, fühlen sich aber durch sie verwirrt. Sie verstehen sie nicht, ziehen Science Fiction vor und lassen ihre Vergnügungszentren im Gehirn lieber von Fantasy-Literatur und Pseudowissenschaft stimulieren. Sie lieben es, sich altsteinzeitlich begruseln zu lassen, ziehen *Jurassic Park* der *Jurassic Era* – dem Jurazeitalter – vor und widmen sich lieber UFOs als der Astrophysik.

Wissenschaftliche Leistungen werden allgemein für nebensächlich gehalten, es sei denn, es geht um einen Durchbruch in der Medizin oder den gelegentlichen wohligen Schauer, den uns die Raumfahrt bietet. Was für die Menschheit, diese seelisch wie körperlich bestens an die Darwinschen Grundprinzipien angepaßte Primatenart wirklich eine Rolle spielt, ist Sex, Familie, Arbeit, Sicherheit, Selbstverwirklichung, Unterhaltung und geistige Erfüllung, und zwar in keiner spezifischen Reihenfolge. Die meisten Menschen sitzen der irrigen Annahme auf, daß Wissenschaft nichts mit all diesen Dingen zu tun habe. Und sie gehen davon aus, daß die Sozial- und Geisteswissenschaften von den Naturwissenschaften völlig unabhängig und überdies wesentlich relevanter seien. Wer, außer Wissenschaftsfreaks, muß denn schon ein Chromosom definieren können? Und wer braucht schon die Chaostheorie zu verstehen?

Doch die Naturwissenschaften spielen keine Nebenrolle. Sie gehören ebenso unzertrennlich zur Menschheit wie die Kunst. Naturwissenschaftliche Erkenntnisse wurden zu einem Grundbestandteil des Wissensrepertoires unserer Spezies, welches alles beinhaltet, was wir mit einiger Gewißheit über die materielle Welt wissen oder zumindest wissen sollten.

Wenn die Naturwissenschaften erfolgreich mit den Geisteswissenschaften vernetzt werden können, wird das nicht zuletzt auch die philosophischen Fakultäten an den Hochschulen neu beleben. Das allein ist schon einen Versuch wert. Man muß den karriereorientierten Studenten verständlich machen, daß Herrschaftswissen in der Welt des 21. Jahrhundert nicht mehr seine alte Rolle spielen wird. Dank Wissenschaft und Technologie steigt der Zugang zu faktischem Wissen exponentiell an, während die Stückkosten für High-Tech-Produkte sinken. Das Ganze ist auf Globalisierung und Demokratisierung ausgerichtet. Bald wird alles auf allen Fernseh- und Computerbildschirmen zugänglich sein. Was dann? Die Antwort liegt auf der Hand: Synthese! Wir ertrinken in Information und dürsten nach Einsicht. Die Welt der Zukunft wird von Synthetisierern beherrscht werden, von Menschen, die in der Lage sind, sich die richtige Information zur richtigen Zeit und mit den richtigen Mitteln zu

Mit welchem Ziel? 359

beschaffen, sie kritisch zu überdenken und dann einsichtige Entscheidungen zu treffen.

Soviel zur Einsichtigkeit: Zivilisierte Staaten pflegen eine Kultur gegen die andere aufzuwiegen, indem sie sie auf Basis ihres eigenen Moralempfindens angesichts der Bedürfnisse und Hoffnungen der gesamten Menschheit beurteilen. Sie globalisieren damit nicht nur ihren Stamm, sondern übertragen auch diejenigen ihrer eigenen Ziele auf die gesamte Menschheit, die sie als edel und erhaltenswert erachten. Damit stellt sich den philosophischen Fakultäten als wichtigste Frage die nach dem Sinn hinter all den frenetisch betriebenen, idiosynkratischen Aktivitäten unserer Spezies: *Wer sind wir, woher kommen wir, und wie sollen wir entscheiden, wohin wir gehen?* Wozu dienen all die besonderen Merkmale unserer Spezies, all unsere Plackerei und Sehnsüchte, das Streben nach Ehrlichkeit, Ästhetik, unsere Exaltiertheit, Liebe, der Haß und Verrat, unser Scharfsinn, unsere Hybris, Bescheidenheit, Scham und unsere Dummheit? Die Theologie hat diese Frage lange Zeit für sich allein beansprucht, aber viel ist ihr dazu nicht eingefallen. Weil sie sich noch immer mit den Vorstellungen eines Volkswissens aus der Eisenzeit belastet, ist sie außerstande, reinen Tisch zu machen und sich der realen Welt anzupassen, die unserer Forschung heute offensteht. Die abendländische Philosophie ist auch kein vielversprechender Ersatz. Ihre verworrenen Geistesübungen und ihre professionelle Zaghaftigkeit haben die moderne Kultur an Sinn verarmt zurückgelassen.

Die Zukunft der philosophischen Fakultäten wird also davon abhängen, ob sie diese Fragen ohne Umschweife aufgreifen, von A bis Z auf einfach verständliche Weise formulieren und Schritt für Schritt zu Forschungsgebieten umordnen können, die auf jeder Ebene mit dem Besten aus Natur- und Geisteswissenschaften vereinbar sind. Natürlich ist das eine schwierige Aufgabe. Aber das sind die Herzchirurgie und die Konstruktion von Raumfahrzeugen auch. Kompetente Menschen lassen sich nicht beirren, weil solche Arbeiten einfach getan werden müssen. Weshalb sollten wir von all denjenigen, die für die Lehre verantwortlich sind, weniger erwarten? Philosophische Fakultäten sind schlecht gerüstet, wenn sie inhaltlich nicht solide strukturiert und untereinander nicht so kohärent sind, wie es die Faktenlage zuläßt. Ich kann mir einfach kein adäquates Curriculum in Colleges und Universitäten vorstellen, das den Zusammenhang von Ursache und Wirkung in den großen Wissensgebieten übergeht. Das ist keine Frage von Metaphern, und auch nicht von all den zweitrangigen Abhandlungen über die Frage, weshalb Wissenschaftler unterschiedlicher Disziplinen dieses oder jenes denken oder nicht, sondern von materiellen Ursachen und Wirkungen. Genau darin liegt jenes große Abenteuer für kommende Generationen, von dem so viele schon glaubten, daß es heutzutage nicht mehr möglich sei. Genau darin liegen alle großen Möglichkeiten.

Ich gebe zu, es wabert ein leichter Schwefelgeruch um die Vorstellung einer natürlichen Einheit allen Wissens, und der Hauch des Faustischen weht all jene an, die sich ihrem humanistischen Kern verpflichtet fühlen. Auch das verdient eine nähere Betrachtung. Was war es noch, das Mephistopheles Faust angeboten hat, und wie sollte der ambitionierte Doktor dafür bezahlen? Ob bei Christopher Marlowes *Tragical History of Doctor Faustus* oder Goethes *Faust*, letztlich ging es bei diesem Handel immer um das Eine – um irdische Macht und Vergnügen im Gegenzug für die Seele. Und doch gab es Unterschiede. Marlowes Faustus war unwiderruflich verdammt, als er die falsche Wahl traf; Goethes Faust wurde gerettet, weil er das Glücksgefühl nicht empfinden konnte, das ihm durch den materiellen Gewinn versprochen war. Marlowe schwenkte die Fahne der protestantischen Frömmigkeit, Goethe die der humanistischen Ideale.

Unsere Vorstellung von der Conditio humana hat Marlowe und Goethe längst hinter sich gelassen. Heute sehen wir uns nicht nur einem, sondern zwei mephistophelischen Tauschhändeln ausgesetzt, die uns genauso schwere Entscheidungen abverlangen. Und beide bringen zum Ausdruck, welcher Wert in der Entscheidung für eine Einheit allen Wissens liegt.

Die erste faustische Entscheidung wurde bereits vor Jahrhunderten getroffen, als die Menschheit das Rad des Fortschritts akzeptierte – je mehr Wissen wir ansammeln, desto besser sind wir in der Lage, uns Menschen zu vermehren und die Umwelt zu verändern, was wiederum dazu führt, daß wir von immer mehr neuem Wissen abhängig werden, um am Leben bleiben zu können. In einer vom Menschen dominierten Welt wird die natürliche Umwelt immer reduzierter und bietet dem einzelnen immer weniger an Energie und Bodenschätzen. Also wurde technischer Fortschritt zum unabdinglichen Ersatz. Schaltet man einem Stamm australischer Aborigines den Strom ab, passiert gar nichts oder so gut wie nichts. Sind die Bürger Kaliforniens auf Dauer ohne Strom, werden Millionen sterben. Es ist also nicht nur eine rhetorische Frage, wenn man wissen will, weshalb sich die Menschheit in einen solchen Bezug zur Umwelt gesetzt hat. Habgier bedarf einer Erklärung. Dieser Kreislauf muß neu durchdacht werden und zu neuen Entscheidungen führen.

Mit welchem Ziel? 361

Mit dem zweiten mephistophelischen Versprechen, das sich aus dem ersten ergibt und auf etwas verdrehte Weise die Aufklärung spiegelt, werden wir in den nächsten Jahrzehnten konfrontiert sein. Der Teufel flüstert uns ins Ohr: Du kannst die biologische Natur der Spezies Mensch ganz nach Wunsch in jede Richtung verändern, oder du läßt sie, wie sie ist. In jedem Fall wird die genetische Evolution zu einem bewußten, willentlich gelenkten Akt werden. Und damit wird eine neue Epoche in der Geschichte allen Lebens eingeläutet.

Betrachten wir diese beiden Tauschhändel genauer – aus Gründen der logischen Kohärenz zuerst den zweiten –, und überlegen uns die von ihnen offerierten Alternativen für unser Schicksal.

Bevor wir in die Zukunft blicken, sollten wir jedoch erst einmal feststellen, wo wir gerade stehen. Findet genetischer Wandel noch immer in alter Weise statt, oder hat ihm die Zivilisation bereits Einhalt geboten? Diese Frage läßt sich noch genauer formulieren: Ist natürliche Auslese noch immer die Triebkraft der Evolution? Zwingt sie unsere Anatomie und unser Verhalten nach wie vor zu Anpassungen, um unsere Reproduktions- und Überlebenschancen zu steigern?

Wie so viele Antworten auf Fragen von großer Komplexität lautet auch diese: ja und nein. Meines Wissens gibt es keine Hinweise darauf, daß sich das menschliche Genom in irgendeine völlig neue Richtung verändert. Vermutlich denkt nun jeder sofort, daß doch all die Kräfte, die so unheilvolle Auswirkungen auf die Menschheit haben – Überbevölkerung, Kriege, Epidemien, Umweltverschmutzung – unsere Spezies gewiß auf irgendeine Weise in eine bestimmte Richtung treiben müßten. Doch ähnlicher Druck wurde bereits seit Jahrtausenden in der ganzen Welt auf die Menschheit ausgeübt. Immer wieder führte er zum Niedergang oder gar zur Zerstörung und zum Austausch ganzer Populationen. Vermutlich hat ein Großteil der notwendigen Anpassungen also bereits stattgefunden. Den heutigen menschlichen Genen sind sehr wahrscheinlich längst schon die Veränderungen eingeschrieben, die durch die tödlichen Kräfte der Vergangenheit notwendig wurden.

Das hat aber offenbar nicht dazu geführt, daß unsere Spezies Gene erworben hätte, die für unterschiedlich große oder kleine Gehirne sorgen oder für funktionsfähigere Nieren, kleinere Zähne, mehr oder weniger Mitgefühl oder irgendwelche anderen körperlichen und geistigen Anpassungen. Die zur Zeit einzig wirklich globale Veränderung wird letztlich sehr viel geringere Folgen nach sich ziehen – die durch das schnellere Bevölkerungswachstum in den Entwicklungsländern weltweit auftretende Verschiebung von bestimmten rassischen Merkmalen, wie die Verteilung von Hautfarbe, Haartypus, lymphozytischen Proteinen und Immunglobulinen. 1950 lebten 68 Prozent der Weltbevölkerung in Entwicklungsländern. Bis zum Jahr 2000 wird diese Zahl auf 78 Prozent angewachsen sein. Ein solches Maß an Veränderungen wirkt sich zwar auf die Häufigkeitsverteilung von bereits existenten Genen aus, hat aber, soweit wir wissen, keine weltbewegenden Konsequenzen. Denn keine dieser Veränderungen wirkt sich auf die intellektuellen Fähigkeiten oder gar die Grundlagen der Natur des Menschen aus.

Nachgewiesen wurde, daß sich dieselben Merkmale bei vielen Populationen in der Welt ausprägen können, selbst wenn sie regional voneinander abgeschlossen leben. Nehmen wir zum Beispiel die Entwicklung von Brachycephalie. In den vergangenen zehntausend Jahren wurde die Kopfform in allen Populationen kontinuierlich runder, ob bei Europäern, Indern, Polynesiern oder Nordamerikanern. Anhand von Skelettfunden auf polnischem Gebiet zwischen den Karpaten und der Ostsee, die aus der Zeit von etwa 1300 n. Chr. bis ins zwanzigste Jahrhundert stammen, konnten Anthropologen diesen Trend für den Verlauf von etwa dreißig Generationen dokumentieren. Nun hatte diese Entwicklung zwar sicher prinzipiell etwas mit der geringfügig höheren Überlebensrate von Rundköpfen zu tun und war keineswegs durch die Einwirkung von Brachycephalitikern aus anderen Regionen zustande gekommen, und das Merkmal per se hat vermutlich genetische Ursachen, aber weshalb es sich im Darwinschen Sinne stärker durchsetzen konnte, ist nach wie vor unbekannt.

Es wurden auch viele ausschließlich regional vererbte Divergenzen unter denselben Populationen entdeckt, beispielsweise im Hinblick auf Blutgruppen, die Widerstandsfähigkeit gegen Krankheiten, den Bedarf an Sauerstoff oder die Fähigkeit, Milch und andere Nahrungsmittel zu verdauen. Die meisten dieser Unterschiede können in einen zumindest vorsichtigen Zusammenhang mit besseren Überlebens- und Reproduktionschancen unter bestimmten Umweltbedingungen gebracht werden. Die Fähigkeit von Erwachsenen, Milch zu verdauen – eines der am ausgiebigsten studierten Merkmale –, ist beispielsweise am stärksten in Populationen ausgeprägt, die bereits viele Generationen lang von Milchwirtschaft abhängig waren. Über eine andere regional begrenzte Anpassungsleistung berichtete 1994 eine Gruppe russischer Genetiker. Sie hatten entdeckt, daß Turkmenen aus den heißen Wüsten Zentralasiens mehr Proteine gegen Hit-

Mit welchem Ziel? 363

zeschock in ihren Fibroblasten (Bildungszellen des faserigen Binde-
gewebes) entwickelt haben als Menschen derselben Bevölkerungs-
gruppe, die seit vielen Generationen in den nahe gelegenen milderen
Klimazonen lebten. Dieser genetische Unterschied garantiert eindeutig bessere Überlebenschancen nach einem schweren Hitze-
schock.

Doch offenbar hat keiner dieser regionalen Trends entscheidende
Auswirkungen auf die Anatomie oder das Verhalten. Veränderungen,
die sich aufgrund eines höheren Bevölkerungswachstums ergeben,
erweisen sich sogar als tendenziell sehr kurzlebig, sobald die Geburtenrate eines weniger entwickelten Landes – wie zum Beispiel im
heutigen Thailand – auf das Niveau von Nordamerika, Europa und
Japan absinkt.

Die große Veränderung in der jüngsten Evolutionsgeschichte des
Menschen bezeichnet keinen Richtungswechsel, und schon gar nicht
ist sie Ursache von natürlicher Auslese. Sie geht vielmehr auf die Homogenisierung durch Immigration und interkulturelle Paarbildung
zurück. Seit Anbeginn der Geschichte waren Populationen einem
ständigen Auf und Ab ausgesetzt. Stämme und Staaten sind in und
rund um die Gebiete ihrer Rivalen eingefallen und haben diese
Nachbarn absorbiert oder gleich ganz ausgerottet. Würde man
fünftausend Jahre umfassende historische Atlanten von Europa und
Asien schnell und chronologisch durchblättern, sähe man wie bei
einem Daumenkino einen Film ständig wechselnder ethnischer
Grenzen. Man könnte erkennen, wie von einem Jahrzehnt zum
nächsten Provinzen und Staaten entstehen, sich wie hungrige, zwei-
dimensionale Amöben ausbreiten, nur um plötzlich wieder zu verschwinden und anderen Platz zu machen.

Diese ständige Vermischung beschleunigte sich gewaltig, als Europäer begannen, die Neue Welt zu erobern und afrikanische Sklaven zu ihren Küsten zu verschiffen. Im neunzehnten Jahrhundert,
während sich Europa als Kolonialmacht in Australien und Südafrika
ausbreitete, machte die Homogenisierung nur einen kleineren
Sprung. Aber mit der expandierenden Industrialisierung und Demokratisierung – den beiden Hauptmerkmalen der Moderne, die den
Menschen rastlos und internationale Grenzen durchlässig machen –
hat sie sich wieder drastisch beschleunigt. Die meisten menschlichen
Populationen differenzieren sich nach wie vor auf geografischer
Basis, und einige ethnische Enklaven werden vermutlich noch ein
paar Jahrhunderte durchhalten, doch der Trend in die Gegenrich-
tung ist unmißverständlich, stark – und unumkehrbar.

Homogenisierung im globalen Maßstab ist keine dynamische Angelegenheit. Zwar verändert sie regionale Populationen oft sehr schnell, aber die Evolution der Spezies Mensch kann sie nicht selbständig in die eine oder andere Richtung lenken. Ihre wesentliche Folge ist vielmehr die graduelle Auslöschung von bereits bestehenden rassischen Unterschieden – jener statistischen Unterschiede bei erblich bedingten Merkmalen, die Populationen voneinander unterscheiden; sie führt außerdem zu einem wachsenden Ausmaß an individuellen Unterschieden innerhalb von Populationen und der gesamten Spezies Mensch. Mittlerweile sind sehr viel mehr Kombinationen von Hautfarbe, Gesichtszügen, Talenten und anderen genetisch beeinflußten Merkmalen entstanden, als es jemals zuvor gegeben hat. Aber die *durchschnittlichen* Unterschiede zwischen Menschen an unterschiedlichen Orten der Welt, die ohnehin nicht allzu groß waren, verringern sich allmählich.

Diese genetische Homogenisierung läßt sich mit einer Mixtur aus verschiedenen Flüssigkeiten in einem Glas vergleichen. Die Kombination der Einzelbestandteile ergibt einen drastisch veränderten Inhalt. Auf den Menschen bezogen heißt das, daß eine Menge neuer Genkombinationen unter den Individuen entstehen. Es entwickeln sich mehr Unterschiede, Extreme verstärken sich und neue Formen von ererbter Genialität oder pathologischen Befunden entstehen mit größerer Wahrscheinlichkeit. Doch die elementarsten Einheiten, die Gene, werden dabei nicht angetastet, sondern bleiben sowohl ihrer Art als auch ihrer relativen Vielfalt nach in etwa gleich.

Wenn der gegenwärtige Trend zu Emigration und interkulturellen Ehen weitere zehn oder hundert Generationen anhält, könnten weltweit theoretisch alle Unterschiede zwischen den Populationen ausgelöscht werden. Die Bewohner von Peking könnten statistisch betrachtet dieselben Menschen wie die Bürger von Amsterdam oder Laos sein. Aber das ist nicht der entscheidende Punkt im Hinblick auf künftige genetische Trends. Eine viel größere Rolle spielt, daß die Regeln, unter welchen Evolution stattfinden kann, sich gerade dramatisch und fundamental zu verändern beginnen. Die derzeitigen Fortschritte in der Genetik und Molekularbiologie werden dazu führen, daß Veränderungen im Erbmaterial bald eher von gesellschaftlichen Entscheidungen als von natürlicher Auslese abhängen. Mit der genauen Kenntnis ihrer eigenen Gene kann sich die Menschheit, wenn sie das will, in wenigen Jahrzehnten kollektiv für eine neue Richtung ihrer Evolution entscheiden und das gesteckte Ziel ausgesprochen schnell erreichen. Allerdings können sich künf-

Mit welchem Ziel?

tige Generationen ebensogut für den alten freien Markt der genetischen Vielfalt entscheiden und einfach gar nichts unternehmen, außer weiterhin mit ihrem jahrmillionenalten Erbmaterial zu leben. Die Möglichkeit einer solchen »willentlichen Evolution« – wenn also eine Spezies selber entscheidet, wie sie mit ihrem Erbmaterial verfahren will – stellt die Menschheit vor die intellektuell und ethisch grundlegendsten Entscheidungen ihrer Geschichte. Das damit verbundene Dilemma hat nichts mehr mit Science Fiction zu tun. Motiviert von der Dringlichkeit, die genetische Basis von Krankheiten zu verstehen, hat die Forschungsmedizin längst schon begonnen, die fünfzig- bis einhunderttausend menschlichen Gene zu kartieren. Reproduktionsbiologen haben Schafe geklont und könnten vermutlich dasselbe mit Menschen machen, wenn es ihnen gestattet wäre. Und dank des *Human Genome Project* werden Genetiker in ein, zwei Jahrzehnten in der Lage sein, die gesamte Sequenz unserer DNA-Buchstaben zu lesen, insgesamt 3,6 Milliarden. Die Wissenschaft beschäftigt sich auch bereits mit einer begrenzten Form des »Molekül-Engineering«, wobei Gene in eine erwünschte Richtung verändert werden, indem man bestimmte Schnipsel der DNA durch andere ersetzt. Ein ebenso blühender Forschungszweig auf dem Gebiet der biologischen Wissenschaften spürt gerade allen Einzelstadien der individuellen Entwicklung nach, von den Genen über die Proteinsynthese bis zum anatomischen, physiologischen und verhaltensbedingenden Endprodukt. Es ist absolut möglich, daß wir innerhalb der nächsten fünfzig Jahre nicht nur unser Erbmaterial genauestens kennen, sondern auch eine Menge darüber wissen werden, wie unsere Gene mit der Umwelt interagieren, damit ein menschliches Wesen produziert werden kann. Und dann werden wir in der Lage sein, mit diesem Produkt auf jeder Ebene herumzupfuschen – es temporär abzuändern, ohne gleich ins Erbmaterial einzugreifen, oder es durch die Mutation von Genen und Chromosomen dauerhaft zu verändern.

Wenn diese wissenschaftlichen Fortschritte auch nur zum Teil Realität werden – was völlig unvermeidbar scheint, es sei denn, die genetische und medizinische Forschung würde mitten im Sprint gestoppt –, und wenn dieses Wissen dann allgemein zugänglich gemacht wird – was problematisch ist –, dann wird die Menschheit göttergleich die Kontrolle über ihr eigenes Schicksal in die Hand nehmen können. Sie wird, so sie das will, nicht nur die Anatomie und Intelligenz unserer Spezies verändern können, sondern auch ihre Emotionen und schöpferischen Triebe, die den Kern der menschlichen Natur bilden.

Die Einheit des Wissens

Genetisches Engineering wird das letzte von drei Stadien sein, die sich in der Geschichte der menschlichen Evolution unterscheiden lassen. Während fast der gesamten zweimillionenjährigen Geschichte der im Homo sapiens kulminierenden Homo-Gattung waren sich die Menschen ihres ultramikroskopischen Erbcodes nicht bewußt. Noch in den vergangenen zehntausend Jahren waren die Populationen von denselben rassischen Unterschieden geprägt – größtenteils Anpassungen an örtliche klimatische Bedingungen – wie die Generationen zuvor.

Beim Marsch durch die mit allen anderen Organismen geteilte evolutionäre Zeit unterlagen diese menschlichen Populationen auch der sogenannten stabilisierenden Auslese, das heißt, Genmutationen, die zu Krankheiten oder Unfruchtbarkeit führten, wurden in jeder Generation erneut ausgesondert. Solche schadhaften Allele konnten nur überleben, wenn sie in ihrer Expression rezessiv waren, ihre Wirkungen also von der Aktivität der mit ihnen gepaarten dominanten Gene aufgehoben wurde. Doch der Besitz von zwei rezessiven Genen führt automatisch zu genetischen Fehlbildungen, wie beispielsweise zu zystischer Fibrose, dem Tay-Sachs-Syndrom oder der Sichelzellenanämie. Wer diese doppelte Dosis in sich trägt, stirbt früh. Die stabilisierende Auslese, in diesem Fall also durch den frühen Tod, entfernt solche Gene kontinuierlich aus der Population und läßt sie damit barmherzigerweise immer seltener auftreten.

Mit dem Aufkommen der modernen Medizin trat die menschliche Evolution dann in ihr zweites Stadium ein. Mehr und mehr Erbdefekte können nun willentlich abgeschwächt oder ganz abgewendet werden, sogar wenn die entsprechenden Gene unverändert und in doppelter Dosis vorhanden bleiben. Phenylketuronie verursachte beispielsweise bis vor kurzem bei einem von zehntausend Säuglingen schwere mentale Retardierung. Wissenschaftler entdeckten nun, daß ein einzelnes rezessives Gen, das, wenn in doppelter Dosis vorhanden, den normalen Stoffwechsel der Aminosäure Phenylalanin verhindert, für diese Erbkrankheit verantwortlich ist. Bauen sich abnormale Stoffwechselprodukte dieser Substanz im Blut auf, führt das zu Gehirnschäden. Seit diese wichtige Erkenntnis Eingang in die Nachschlagewerke der Ärzte gefunden hatte, können sie die Symptombildung bei phenylketuronischen Säuglingen vollständig verhindern, indem sie einfach eine phenylalaninfreie Diät verordnen.

Beispiele wie dieses häufen sich und werden sich in den kommenden Jahren vervielfachen. Zum ersten Mal setzt der Mensch sein wissenschaftliches Wissen ein, um sein Erbmaterial Gen für Gen bewußt

Mit welchem Ziel? 367

zu kontrollieren. Die evolutionäre Folge wird ein zunehmend schnelleres Nachlassen der stabilisierenden Auslese und damit auch eine wachsende genetische Vielfalt in der gesamten Menschheit sein. Dieses zweite Stadium, die Unterdrückung der stabilisierenden Auslese, hat erst begonnen. Wenn man weiterhin die Wirkung von schädlichen Genen abschwächt, könnte das im Laufe vieler Generationen zu einer gewaltigen Veränderung des Erbmaterials auf Populationsebene führen. Dem Nutzen solcher Verfahren stehen natürlich die Kosten einer zunehmenden Abhängigkeit von den erforderlichen und oft sehr teuren medizinischen Behandlungen gegenüber. Das Zeitalter der Gen-Überlistung ist auch das Zeitalter des medizinischen Ersatzes.

Wir sollten uns jedoch keine Sorgen machen, daß die Destabilisierung der natürlichen Auslese zu weit gehen wird. Dieses zweite Stadium der menschlichen Evolution ist nur vorübergehend. Es wird nicht genügend Generationen währen, um Einfluß auf das Erbmaterial der gesamten Menschheit nehmen zu können, denn das Wissen, das zu diesem Stadium führte, hat uns bereits an die Schwelle des dritten Stadiums gebracht – zur willentlichen Evolution. Wenn wir bis hin zu den Nucleotidbuchstaben der DNA wissen, welche genetischen Veränderungen zu welchen Defekten führen, dann können wir diese Defekte im Prinzip auch dauerhaft reparieren. Genetiker arbeiten mit all ihrer Energie daran, dieses Bravourstück namens Gentherapie in die Realität umzusetzen. So hoffen sie zum Beispiel, daß die zystische Fibrose, um hier das zur Zeit am weitesten fortgeschrittene Projekt zu nennen, bald schon wenigstens teilweise geheilt werden kann, indem man dem Lungengewebe eines Patienten unbeschädigte Gene zufügt. Andere Defekte, die wahrscheinlich in wenigen Jahren dauerhaft zu behandeln sein werden, sind Hämophilie, Sichelzellenanämie und andere erbliche Blutkrankheiten.

Zugegeben, gentherapeutische Fortschritte kamen in der ersten Zeit nur langsam voran. Aber sie werden in immer kürzeren Abständen möglich. Es werden einfach viel zu viele Hoffnungen an sie geknüpft, und es stehen viel zu viele Forschungsgelder auf dem Spiel, als daß die Gentherapie hier versagen dürfte. Außerdem wird sie zu einem kommerziellen Götzen werden, sobald sie als praktikable Technologie etabliert ist. Bereits heute sind Tausende von genetischen Defekten bekannt, viele davon tödlich, und Jahr für Jahr werden neue entdeckt. Jedes dieser einzeln oder doppelt dosierten Gene wird von Millionen Menschen um die ganze Welt getragen, und jeder einzelne trägt im Durchschnitt mindestens sieben verschiedene defekte Gene irgendwo auf seinen Chromosomen mit sich herum. In den meisten Fällen treten die rezessiven Gene dabei einzeln auf. Doch auch wenn ihr Träger nicht selber unter dem Defekt leidet, riskiert er, ein Kind zu bekommen, daß über die doppelte Dosis verfügt und dementsprechend alle Symptome entwickeln wird. Es liegt also auf der Hand, daß die Nachfrage nach genetischer Reparatur enorm steigen wird, sobald sie eine sichere und bezahlbare Sache ist.

Irgendwann im nächsten Jahrhundert wird dieser Trend in eine Ära vollkommen willentlich gelenkter Evolution überleiten. Aber dieser Fortschritt wird ein neues ethisches Problem mit sich bringen, nämlich die faustische Entscheidung, von der ich sprach: In welchem Ausmaß soll es dem Menschen erlaubt sein, sich und seine Nachkommen mutieren zu dürfen? Denken wir doch einmal daran, daß deine Nachkommen, die du gerne in irgendeiner nutzbringenden Weise verändern lassen würdest, durch Heirat in den kommenden Jahren auch meine Nachkommen werden könnten. Werden wir uns angesichts dieser Perspektive jemals darauf einigen können, wieviel Pfuscherei mit der DNA moralisch zu rechtfertigen ist? Wenn wir solche Entscheidungen schon treffen müssen, dann sollten wir uns immer bewußt sein, daß zwischen der Heilung eindeutig genetischer Defekte und der Verbesserung normaler, gesunder Merkmale eine klare Grenze zu ziehen ist. Nach wissenschaftlichen Denkmustern wird es nur ein kleiner Schritt sein, beispielsweise schwere Dyslexie (eine genetische Region dafür wurde 1994 auf dem Chromosom Nr. 6 entdeckt) in leichte Dyslexie zu verwandeln, und ein weiterer kleiner Sprung hin zu unbeeinträchtigter Lernfähigkeit; und diese kann man dann durch einen weiteren kleinen Sprung schließlich in überlegene Lernfähigkeit verbessern. Ich leide zum Beispiel an einer schwachen Form von Dyslexie, einer Sehstörung der Sequenzwahrnehmung, die unter anderem dazu führt, daß ich leicht Zahlen verdrehe (aus 8652 wird 8562). Natürlich würde ich es vorziehen, diese kleine, aber sehr unangenehme Schwäche nicht zu haben. Und es wäre eine angenehme Überraschung für mich gewesen, hätte ich eines Tages erfahren können, daß ich bereits als Embryo von ihr geheilt werden konnte, da ihr genetischer Ursprung erkannt worden war. Hätten meine Eltern davon gewußt, und wäre die Medizin schon dazu in der Lage gewesen, wären sie vermutlich sofort einverstanden gewesen, mir dieses Problem zu ersparen.

So weit, so gut, aber was ist mit genetischen Veränderungen zugunsten von überragenden mathematischen oder sprachlichen Fähigkeiten? Oder um ein perfekter Baseball-Pitcher zu werden?

Oder überhaupt für ausgeprägteres sportliches Talent? Oder gar zur Garantie von Heterosexualität? Oder für die vollendete Anpassungsfähigkeit an den Cyberspace? Wir erreichten eine völlig neue Dimension, würden sich die Bürger eines Staates oder gar die ganze Menschheit entscheiden, weniger variabel, aber dafür wettbewerbsfähiger zu werden. Oder für das Gegenteil, sich also nach Talent und Temperament abwechslungsreicher zu gestalten, mit dem Ziel, diverse Supertalente zu erschaffen, um Expertenkommunen zu gründen, die dann auf einem wesentlich produktiveren Niveau kooperieren können. Mit Sicherheit wird niemand aufhören, auf ein längeres Leben zu hoffen. Aber wenn Langlebigkeits-Engineering auch nur die geringsten Erfolge zeitigt, wird es zu gewaltigen sozialen und ökonomischen Verschiebungen kommen.

Die Richtung, in die die Wissenschaft heute treibt, garantiert, daß künftigen Generationen die technologischen Möglichkeiten für solche Entscheidungen zur Verfügung stehen. Noch sind wir in diese willentliche Epoche nicht eingetreten, aber wir stehen so kurz davor, daß uns diese Aussichten eines Gedankens wert sein sollten. Der Homo sapiens, die erste wirklich freie Spezies, ist auf bestem Wege, die natürliche Auslese, die ihn erschaffen hat, außer Kraft zu setzen. Dann gibt es kein genetisches Schicksal mehr, daß nicht unserem freien Willen unterliegt, aber wir haben auch keinen Leitstern, an dem wir unseren Kurs orientieren könnten. Die gesamte Evolution, auch die genetische Weiterentwicklung der menschlichen Natur und Fähigkeiten, wird von jetzt an zunehmend Sache von Wissenschaft und Technologie sein, und nur ethische und politische Entscheidungen werden ihr Grenzen setzen können. Diesen Punkt haben wir nun nach einer langen Strecke mühevoller Plackerei und Selbsttäuschungen erreicht. Wir werden wirklich bald tief in uns gehen und entscheiden müssen, was aus uns werden soll. Unsere Kindheit ist zu Ende, jetzt werden wir die wahre Stimme von Mephistopheles zu hören bekommen.

Dabei wird uns allmählich auch die wahre Bedeutung von Konservatismus bewußt werden. Mit diesem überstrapazierten und verwirrenden Begriff meine ich nicht jenes pietistische und egoistische libertäre Gesellschaftsverständnis, auf das sich ein Großteil der konservativen Bewegung in den USA verständigt hat. Ich spreche vielmehr von jener Ethik, welche die gesellschaftlichen Ressourcen und Institutionen hegen und pflegen möchte, die sich als wahrhaft gut erwiesen haben. Mit anderen Worten, ich spreche von wahrem Konservatismus, einer Idee, die sowohl auf die menschliche Natur als auch auf gesellschaftliche Institutionen anwendbar ist.

Meine Voraussage ist, daß sich künftige Generationen genetisch konservativ verhalten werden. Sie werden allen Veränderungen des Erbmaterials widerstehen, die nicht der Reparatur von genetischen Defekten dienen, um die Emotionen und epigenetischen Regeln der mentalen Entwicklung zu retten. Denn sie sind die physikalische Seele unserer Spezies. Der Grund dafür ist folgender: Wenn man Emotionen und epigenetische Regeln genügend verändert, könnte der Mensch zwar in gewisser Weise »besser« werden, wäre aber nicht mehr menschlich. Denn neutralisiert man die Elemente der menschlichen Natur zugunsten von reiner Rationalität, käme dabei ein schlecht konstruierter, auf Proteinen basierender Computer heraus. Weshalb sollte eine Spezies den alles bestimmenden Kern ihrer Existenz aufgeben, wenn er doch das beste Ergebnis von Jahrmillionen des biologischen Verfahrens von Versuch und Irrtum ist?

Diese Frage ist längst nicht mehr futuristisch, aber sie bringt deutlich zum Ausdruck, wie wenig wir über die eigentliche Bedeutung der menschlichen Existenz wissen und wieviel mehr wir noch wissen müssen, damit wir die ultimative Frage entscheiden können: Mit welchem Ziel oder welchen Zielen, wenn es denn solche gibt, sollte sich der Genius des Menschen selber lenken?

Die Frage nach dem kollektiven Sinn und Zweck ist drängend und sollte, wenn schon aus keinem anderen Grund, wenigstens deshalb unverzüglich gestellt werden, weil sie unsere gesamte Umweltethik bestimmt. Es wird wohl kaum noch jemand bestreiten, daß sich die Menschheit ein Problem geschaffen hat, das unseren gesamten Planeten bedroht. Das hat zwar niemand gewollt, aber es ist eine Tatsache. Wir sind die erste Spezies, die eine derartig massive geophysikalische Macht ausübt, daß sich sogar das Klima der Erde verändert – was bisher einzig der Tektonik, der Sonneneinstrahlung und den eiszeitlichen Zyklen vorbehalten war. Außerdem sind wir die stärkste zerstörerische Macht, seit ein Meteorit mit einem Durchmesser von zehn Kilometern im Reptilienzeitalter vor 65 Millionen Jahren in der Nähe von Yucatán einschlug. Wir haben Überbevölkerung zugelassen und damit riskiert, daß uns Nahrungsmittel und Wasser ausgehen. Und nun stehen wir vor der ausgesprochen faustischen Frage: Sollen wir unser zersetzendes und riskantes Verhalten als einen unvermeidlichen Preis für das Bevölkerungs- und Wirtschaftswachstum der Erdenpopulation betrachten, oder sollten wir Inventur machen und nach einer neuen Umweltethik suchen?

In welchem Dilemma wir stecken, ist an allen Umweltdebatten

abzulesen, bei denen unsere beiden völlig gegensätzlichen Menschenbilder ständig aufeinanderprallen. Unser naturalistisches Selbstbild geht davon aus, daß wir in einer hauchdünnen Biosphäre gefangen sind, wo tausend Höllen, aber nur ein einziges Paradies vorstellbar sind. Wir idealisieren die Natur und versuchen, die materielle und biotische Umwelt wiederzuerschaffen, welche einst die Wiege der Menschheit war. Nur weil Körper und Geist des Menschen genau an diese Welt mit all ihren Versuchungen und Gefahren angepaßt wurden, halten wir sie für so schön. In dieser Hinsicht bestätigt der Homo sapiens das Prinzip der organischen Evolution überdeutlich – jede Spezies zieht es zu der Umwelt, in der sich ihre Gene selbst zusammensetzten; man nennt das die »Lebensraumentscheidung«. Denn nur dort ist unser Überleben und geistiger Friede so garantiert, wie es unsere Gene für uns vorgesehen haben. Es ist daher höchst unwahrscheinlich, daß wir jemals einen anderen Ort so schön finden oder uns eine andere Heimstatt vorstellen können als diesen blauen Planeten, wie er war, bevor wir ihn zu verändern begannen.

Das kontrastierende Selbstbild – im übrigen auch das Leitthema der abendländischen Zivilisation – geht davon aus, daß der Mensch ein Vorrecht habe. Demnach existiert unsere Spezies neben der von ihr beherrschten Natur. Wir sind ausgenommen von den eisernen Gesetzen der Ökologie, an die alle anderen Spezies gebunden sind. Unser Expansionsdrang unterliegt nur wenigen Beschränkungen, die wir mit unserem Sonderstatus und unserer Erfindungsgabe nicht überwinden könnten. Wir haben das Vorrecht, das Angesicht der Erde zu verändern und eine bessere Welt als die unserer Vorfahren zu erschaffen.

Der überzeugte Verfechter dieser Vorrechtsthese hält den Homo sapiens in der Tat für eine besondere Spezies, die ich nun mit einem neuen Namen ausstatten möchte, *Homo proteus*, der »umgestaltende Mensch«. Gemäß der üblichen taxonomischen Klassifizierungsweise der Lebewesen dieser Erde wäre die Definition dieses hypothetischen Homo proteus folgende:

Er ist kulturbildend, unbegrenzt flexibel und verfügt über ein riesiges Potential. Er ist verdrahtet und informationssüchtig, kann sich nahezu überallhin bewegen und an jede Umwelt anpassen. Er ist rastlos und lebt eng zusammengepfercht. Er denkt über die Kolonialisierung des Weltraums nach, bedauert den ständigen Verlust an Natur und all die verschwindenden Spezies, hält das aber für den Preis des Fortschritts und glaubt, daß das sowieso wenig Einfluß auf seine Zukunft habe.

Nun die naturalistische – und, wie ich finde, richtige – Definition des alten Homo sapiens, des uns vertrauten »weisen Menschen«:

Er ist kulturbildend, verfügt über ein unbegrenztes intellektuelles Potential, ist dafür aber biologisch eingeschränkt. Seinem Körperbau und seinen emotionalen Ausdrucksmöglichkeiten nach ist er eine Primatenart (Ordnung Primat, Infraordnung Catarrhini – Schmalnasenaffe –, Familie Hominidae). Im Vergleich zu den meisten anderen Tieren ist er ungewöhnlich groß, gering behaart, Zweifüßer, porös, weichhäutig und besteht im wesentlichen aus Wasser. Er funktioniert anhand eines Systems aus Millionen perfekt koordinierter biochemischer Reaktionen, das leicht durch Spurengifte oder den Durchschuß von erbsengroßen Projektilen zum Stillstand gebracht werden kann. Er ist kurzlebig, emotional instabil und hängt körperlich wie geistig von anderen erdgebundenen Organismen ab. Die Kolonialisierung des Weltraums wäre ihm ohne massive Versorgungseinrichtungen nicht möglich. Er beginnt gerade, zutiefst den Verlust an Natur und anderen Spezies zu bedauern.

Der Traum eines von der natürlichen Erdenumwelt befreiten Menschen wurde in den frühen neunziger Jahren mit *Biosphere 2*, einem 12,5 km² großen geschlossenen Ökosystem in der Wüste von Arizona einem Test unterzogen. Es sollte eine vom Mutterplaneten unabhängige Miniaturausgabe der Erde entstehen, vollständig unter Glas, mit Erde, Luft, Wasser, Pflanzen und Tieren. Die Planer simulierten darin die natürlichen Bedingungen für Regenwald, Savanne, Geröllwüste, Wüste, Seen, Sümpfe, Korallenriffs und den Ozean. Die einzige Verbindung zur Außenwelt waren Stromkabel und Kommunikationsmittel, eine Konzession, die nach den Erfahrungen mit einem vorangegangenen Experiment vernünftigerweise gemacht wurde. Entwurf und Bau der Biosphere 2 kosteten zweihundert Millionen Dollar. Die gesamte Konstruktion war auf neuestem wissenschaftlichen und technischen Stand. Mit dem erfolgreich abgeschlossenen Experiment sollte bewiesen werden, daß menschliches Leben, sofern es in hermetisch abgeschlossenen Glaskugeln von der Umwelt separiert ist, überall im Sonnensystem existieren kann, wo es nicht tödlicher Hitze oder Strahlung ausgesetzt ist.

Am 26. September 1991 betraten acht freiwillige »Biosphäriker« die Glaskonstruktion und schlossen sich von der Außenwelt ab. Eine Weile lang ging alles gut, doch dann kam es zu einer Reihe böser Überraschungen. Nach fünf Monaten begann die Sauerstoffkonzentration von den ursprünglichen 21 Prozent abzufallen und sank schließlich auf 14 Prozent, was der Sauerstoffanreicherung in einer Höhe von 5330 Metern entspricht und auf Dauer viel zu gering ist, um nicht gesundheitsgefährdend zu sein. Um das Experiment nicht abbrechen zu müssen, wurde Sauerstoff von außen zugeführt. Doch zur selben Zeit kam es zu einem gefährlichen Anstieg des Kohlendioxidgehalts, und zwar trotz der installierten künstlichen Recyclingsysteme. Auch die Konzentration von Stickstoffoxid stieg auf einen für das Hirngewebe ausgesprochen gefährlichen Anteil. Bei den Tierarten, die dieses Ökosystem miterhalten sollten, zeigten sich bald dramatische Folgen. Alarmierend viele starben. 19 von 25 Wirbeltierarten und alle Blütenbestäuber wurden dahingerafft. Gleichzeitig vermehrten sich Schabenarten, sogenannte Sicherschrecken und Ameisen explosionsartig. Trichterwinden, Passionsblumen und andere Kletterpflanzen, die als Kohlenstoffvertilger gepflanzt worden waren, begannen derart zu wuchern, daß sie per Hand ausgedünnt werden mußten, damit andere Pflanzenarten, darunter auch das Getreide, nicht bedroht wurden.

Die Biosphäriker kämpften heldenhaft gegen diese Zerreißproben an und brachten es tatsächlich fertig, die ganzen zwei geplanten Jahre in ihrer Verbannung durchzustehen. Als Experiment war Biosphere 2 trotz alledem kein Mißerfolg, denn es hat uns vieles gelehrt, vor allem, wie verletzlich unsere Spezies und die lebende Umwelt ist, von der sie abhängt. Zwei renommierte Biologen, Joel E. Cohen von der Rockefeller University und David Tilman von der University of Minnesota, beurteilten die gesammelten Daten und schrieben in ihrem Abschlußbericht gefühlvoll:»Noch weiß niemand, wie man Systeme konstruieren soll, die die Menschen mit all dem Lebensnotwendigen versorgen könnten, das uns die natürlichen Ökosysteme freigebig anbieten ... Trotz all ihrer Geheimnisse und Gefahren ist die Erde die einzig uns bekannte Heimstatt, die Leben erhalten kann.«

Weil die Vorrechtsthese diese Fragilität allen Lebens negiert, kann sie nicht richtig sein. Wer immer so vorgeht, als seien wissenschaftlicher Genius und unternehmerischer Ehrgeiz gemeinsam in der Lage, jede auftretende Krise zu meistern, wird logischerweise glauben, daß auch der Niedergang unserer globalen Biosphäre auf diese Weise in den Griff zu bekommen sei. Vielleicht wird das ja in einigen Jahrzehnten möglich sein (Jahrhunderte scheint mir hier als Zeitraum eher angebracht), aber noch sind die Mittel dafür nicht in Sicht. Die lebende Welt ist zu kompliziert, als daß man sie wie einen Garten auf einem Planeten behandeln könnte, der in eine künstliche Raumkapsel verwandelt wurde. Wir kennen kein homöostatisches biologisches System, das von der Menschheit betrieben werden könnte. Wer etwas anderes behauptet, riskiert, daß die Erde zum Ödland und die Menschheit zur bedrohten Spezies wird. Wie nahe sind wir diesem Risiko bereits? Nahe genug, glaube ich, um unser Denken über den menschlichen Selbsterhaltungstrieb grundlegend zu verändern. Der gegenwärtige Stand der Umwelt kann folgendermaßen zusammengefaßt werden:

Die Weltbevölkerung ist bedenklich angewachsen und wird ihren erwarteten Höhepunkt um das Jahr 2050 erreichen. Ihre Pro-Kopf-Produktion, Gesundheit und Langlebigkeit sind zwar allgemein gestiegen, doch nur, weil die Menschheit das Grundkapital unseres Planeten vertilgt, wozu nicht nur die Bodenschätze gehören, sondern auch die jahrmillionenalte biologische Vielfalt. Bereits heute hat der Homo sapiens die Grenzen seiner Nahrungs- und Wasservorräte fast erreicht. Im Gegensatz zu allen anderen Spezies, die es jemals auf dieser Erde gab, verändert er die Atmosphäre und das Klima der Welt, verringert und verschmutzt ihre Wassergebiete, rottet ihre Wälder aus und vergrößert ihre Wüstenflächen. Ein Großteil dieses Raubbaus ist allein einer Handvoll Industriestaaten zu verdanken, deren bewährte Wohlstandsformeln bereitwillig vom Rest der Welt übernommen wurden. Dieser Wetteifer kann nicht beibehalten werden, jedenfalls nicht mit demselben Grad an Zerstörung und Abfallproduktion. Selbst wenn die Industrialisierung der Dritten Welt einige Erfolge erzielen sollte, werden es die Nachbeben der Umweltzerstörung sein, die zu einer Dämpfung der bisherigen Bevölkerungsexplosion führen.

So mancher wird diese Synopse für übertriebene Schwarzseherei halten. Ich wünschte aufrichtig, es wäre so. Unglücklicherweise aber entspricht sie der Überzeugung von etablierten Umweltforschern. Mit etabliert meine ich alle, die Daten sammeln und analysieren, theoretische Modelle entwerfen, Resultate interpretieren und in Fachzeitschriften Artikel veröffentlichen, die von anderen Experten – darunter oft ihren eigenen Rivalen – auf Herz und Nieren geprüft werden. Ich rechne zu ihnen nicht die vielen Journalisten, Talkshowmaster und Polemiker aus den diversen Denkfabriken, die das Thema Umweltschutz aufgreifen und ein sehr viel größeres Publikum erreichen. Natürlich möchte ich damit ihre Berufsstände – die ja ganz unterschiedlich hohe Standards haben – nicht abwerten. Ich möchte nur verdeutlichen, daß man qualifiziertere Quellen für faktische Informationen über die Umwelt konsultieren kann. An-

Mit welchem Ziel? 375

hand solcher Quellen wird dann nämlich auch klar, daß die Umwelt längst ein weit weniger kontroverses Thema ist als von den Medien dargestellt.

Betrachten wir also die Analysen, die diese etablierten Umweltforscher bis Mitte der neunziger Jahre veröffentlichten. Ihre quantitativen Schätzungen divergieren je nach den zugrunde gelegten mathematischen Annahmen und Verfahrensweisen, liegen jedoch fast alle in einem Bereich, von dem man mit Sicherheit Trends ableiten kann. 1997 betrug die Weltbevölkerung 5,8 Milliarden Menschen bei einer Wachstumsrate von 90 Millionen jährlich. Im Jahr 1600 hatte es nur eine halbe Milliarde Menschen auf der Erde gegeben, 1940 waren es 2 Milliarden. Allein die erwartete Zuwachsrate für die neunziger Jahre wird die gesamte lebende Menschheit im Jahr 1600 übersteigen. Dabei hatte die globale Wachstumsrate bereits in den sechziger Jahren einen Höhepunkt erreicht und ist seither kontinuierlich abgefallen. 1963 kamen beispielsweise auf jede Frau durchschnittlich 4,1 Kinder, 1996 nur noch 2,6. Um eine Stabilisierung der Weltbevölkerung zu erreichen, müßte diese Rate 2,1 Kinder pro Frau betragen (die 0,1 steht für die Möglichkeit der Kindersterblichkeit). Daß der langfristige Bevölkerungsumfang in einem ausgesprochen empfindlichen Verhältnis zu dieser Ersatzzahl steht, wird durch folgende Hochrechnung deutlich. Bei einer Geburtenrate von 2,1 Kinder pro Frau betrüge im Jahr 2050 die Weltbevölkerung 7,7 Milliarden und würde sich bis zum Jahr 2150 auf 8,5 Milliarden einpegeln. Bei einer Geburtenrate von 2,0 würde die Weltbevölkerung auf maximal 7,8 Milliarden anwachsen und wäre bis um das Jahr 2150 wieder auf 5,6 Milliarden gesunken, was der Gesamtzahl Mitte der neunziger Jahre entspräche. Bei einer Geburtenrate von 2,2 wären 12,5 Milliarden im Jahr 2050 erreicht und 20,8 Milliarden im Jahr 2150. Selbst wenn diese Rate ab dann wunderbarerweise irgendwie konstant gehalten werden könnte, wird die menschliche Biomasse schließlich das Gewicht der Erde erreichen. Und nach ein paar Jahrtausenden, wenn sie nur noch mit Lichtgeschwindigkeit in den Weltraum expandieren kann, wird sie die Masse des gesamten sichtbaren Universums übersteigen. Sogar wenn die globale Geburtenrate sofort drastisch reduziert würde, sagen wir einmal auf das chinesische Ideal von einem Kind pro Frau, und die Weltbevölkerung während der nächsten ein, zwei Generationen ihren Scheitelpunkt nicht erreichte, ist allein schon durch die überproportional hohe Anzahl von jungen Menschen, die ein sehr langes Leben vor sich haben, der Schuß übers Ziel hinaus garantiert.

Die Einheit des Wissens

Wieviele Menschen kann die Welt auf unbegrenzte Zeit ertragen? Die Experten sind sich da nicht einig und sprechen von Zahlen zwischen vier und sechzehn Milliarden. Wieviele es wirklich sein können, wird ganz davon abhängen, auf welche Lebensqualität sich künftige Generationen einigen werden. Würde jeder zustimmen, Vegetarier zu werden und dem Vieh nichts übrigzulassen, könnten die heute zur Verfügung stehenden 1,4 Milliarden Hektar bestellbares Land ungefähr zehn Milliarden Menschen ernähren. Würden sie die gesamte Energie nützen, die durch pflanzliche Photosynthese eingefangen wird – etwa 40 Billionen Watt –, könnte die Erde ungefähr sechzehn Milliarden Menschen versorgen. Allerdings müßten dann nahezu alle anderen Lebensformen aus dieser fragilen Welt ausgeschlossen werden.

Selbst wenn sich der Bevölkerungsstand Mitte des kommenden Jahrhunderts mit Gewalt unter der Zehnmilliardengrenze halten ließe, könnte der extravagante Lebensstil, den die Mittelschichten in Nordamerika, Westeuropa und Japan heutzutage genießen, vom größten Teil der übrigen Welt niemals erreicht werden. Denn der Einfluß, den jedes Land auf die Umwelt ausübt, multipliziert sich und ist auf komplizierte Weise von der sogenannten PAT-Formel abhängig – Bevölkerungsgröße *mal* pro-Kopf-Verbrauch *mal* ein bestimmtes Maß für den unersättlichen Bedarf an Technologie, die benötigt wird, um den Konsumstandard zu erhalten. Diese PAT-Größe ist sehr gut zu veranschaulichen, wenn wir uns ein Bild vom »ökologischen Fußabdruck« machen, den jedes einzelne Mitglied einer Gesellschaft auf fruchtbarer Erde hinterläßt, damit sie es mit der zur Verfügung stehenden Technologie ernährt. In Europa liegt dieser Fußabdruck auf einer Fläche von 3,5 Hektar, in Kanada auf 4,3 Hektar und in den Vereinigten Staaten auf 5 Hektar. Aber in den meisten Entwicklungsländern liegt er auf weniger als einen halben Hektar. Um die ganze Welt mit heutiger Technologie auf den Stand der USA zu heben, bedürfte es zweier weiterer Planeten Erde.

Dabei spielt es so gut wie keine Rolle, daß Kansas und die Mongolei beinahe leer sind. Es ist völlig bedeutungslos, daß alle 5,8 Milliarden Menschen unserer heutigen Welt in einer einzigen Ecke des Grand Canyon aufeinandergestapelt werden könnten. Die einzig relevanten Daten liefert der durchschnittliche Fußabdruck auf ertragreichem Boden. Und den müssen wir irgendwie verkleinern, wenn bedeutend mehr Menschen einen angemessenen Lebensstandard erreichen sollen.

Wer davon ausgeht, daß der Lebensstandard der restlichen Welt

Mit welchem Ziel? 377

mit der verfügbaren Technologie beim gegenwärtigen Stand von Konsum und Abfallproduktion auf den der wohlhabendsten Länder angehoben werden könnte, träumt das mathematisch Unmögliche. Selbst wenn man nur die gröbsten Ungleichheiten unserer Tage nivellieren wollte, hieße das, die Fußabdrücke der reichen Länder zu verkleinern. Aber das ist problematisch in einer freien Weltwirtschaft, deren Hauptakteure zugleich die größten militärischen Mächte sind und dem Leid anderer, ungeachtet all ihrer Rhetorik, mehr oder weniger indifferent gegenüberstehen. Nur wenige Menschen in den Industriestaaten sind sich darüber im klaren, wie schlecht es den Armen der Welt wirklich geht. Ungefähr 1,3 Milliarden, mehr als ein Fünftel der Weltbevölkerung, verfügen über weniger als einen US-Dollar an täglichem Bareinkommen. Die nächsten 1,6 Milliarden verdienen zwischen einem und drei Dollar. Etwas über eine Milliarde Menschen leben nach Einschätzung der Vereinten Nationen in absoluter Armut, also tagtäglich von der Hand in den Mund. Jährlich sterben mehr Menschen an Hunger, seinen unmittelbaren Folgen und anderen armutsbedingten Gründen, als Schweden Einwohner hat – zwischen dreizehn und achtzehn Millionen, die meisten von ihnen Kinder. Um unsere Perspektive zurechtzurücken, brauchen wir uns nur einmal unsere Reaktionen auszumalen, wenn Amerikanern und Europäern mitgeteilt würde, daß die gesamte Bevölkerung Schwedens oder die Schottlands und Wales' zusammengenommen oder die Neuenglands im kommenden Jahr aus Armutsgründen sterben würde!

Die Verfechter der Vorrechtsthese würden nun natürlich behaupten, daß man das Problem mit neuer Technologie und der folgenden marktwirtschaftlichen Schwemme schon lösen könnte. Das sei doch ganz unkompliziert – man brauche nur mehr Land urbar zu machen, mehr Dünger zu verwenden, schneller wachsendes Getreide anzubauen und härter zu arbeiten, und schon sei die Verteilung verbessert. Natürlich müsse man auch für mehr Ausbildungsmöglichkeiten, Technologietransfer und freien Handel sorgen, und, ach ja, ethnische Querelen und politische Korruption müßten logischerweise unterbunden werden.

Sicher würde das etwas bringen, und man sollte diesen Dingen auch hohe Priorität einräumen, aber das Hauptproblem wird damit nicht gelöst, nämlich die Tatsache, daß die Ressourcen des Planeten Erde zu Ende gehen. Es ist richtig, daß bisher nur elf Prozent der Landflächen dieser Welt kultiviert wurden, das Problem ist nur, daß das bereits die fruchtbarsten Gebiete sind. Ein Großteil der restlichen

89 Prozent ist von begrenztem oder gar keinem Nutzen. Grönland, die Antarktis, ein Großteil der riesigen nördlichen Taiga und die ebenso riesigen Gebiete der absolut trockenen Wüsten stehen nicht zur Verfügung. Was noch übrig ist von den Tropenwäldern und Savannen, kann gerodet und bepflanzt werden, aber nur auf Kosten der meisten Tier- und Pflanzenarten unserer Welt und mit nur sehr geringem landwirtschaftlichem Gewinn. Denn die natürliche Fruchtbarkeit fast der Hälfte dieser Flächen ist sehr gering – beispielsweise nur 42 Prozent in den unangetasteten afrikanischen Gebieten südlich der Sahara und 46 Prozent in den lateinamerikanischen. Hinzu kommt, daß die inzwischen kultivierten und gerodeten Gebiete zehn Mal schneller erodieren, als sie sich regenerieren können. 1989 wurden bereits elf Prozent des weltweit urbar gemachten Bodens von Experten als schwer beschädigt eingestuft. Zwischen 1950 und Mitte der neunziger Jahre sank die pro Kopf zur Verfügung stehende Landwirtschaftsfläche von 0,23 Hektar auf 0,12 Hektar, was weniger als einem Viertel eines Fußballfeldes entspricht. Eine weltweite Hungersnot konnte nur vermieden werden, weil die »Grüne Revolution« in diesen vierzig Jahren durch den Anbau neuer Reissorten, anderer Weizenarten, den stärkeren Einsatz von Pestiziden und Dünger sowie den Bau von Bewässerungsanlagen den Ertrag pro Hektar in die Höhe schießen ließ. Aber auch diese Technologien haben ihre Grenzen. Bis 1985 hatte sich das Getreidewachstum wieder verlangsamt, und dieser Trend, kombiniert mit einem unaufhörlichen Bevölkerungswachstum, führte erneut zum Rückgang der Pro-Kopf-Produktion. Als erstes wirkte sich das auf die Entwicklungsländer aus, deren Selbstversorgung mit Getreide von 96 Prozent am Höhepunkt der Grünen Revolution in den Jahren 1969 bis 1971 auf 88 Prozent zwischen 1993 und 1995 sank. Bis 1996 waren die Notreserven der Menschheit in den Getreidelagern von ihrem einmaligen Höchstbestand im Jahr 1987 um fünfzig Prozent gesunken. Zu Beginn der neunziger Jahre hielten eine Handvoll Staaten – Kanada, die Vereinigten Staaten, Argentinien, die Europäische Union und Australien – mehr als drei Viertel aller Getreideressourcen dieser Welt.

Vielleicht werden all diese alarmierenden Zeichen auf wunderbare Weise plötzlich verschwinden. Aber was wird die Welt machen, wenn das nicht eintritt? Vielleicht können die Wüsten und unfruchtbaren Steppen künstlich bewässert werden, um die Landwirtschaftsproduktion zu erweitern. Aber auch diese Möglichkeit hat ihre Grenzen. Bereits heute konkurrieren zu viele Menschen um zu wenig Wasser. Den Wasserreserven dieser Erde, von denen so viel für

Mit welchem Ziel? 379

die Landwirtschaft in den trockeneren Regionen abhängt, wird das Grundwasser schneller entzogen, als es durch einsickerndes Regen- und Schmelzwasser ersetzt werden kann. In einem Fünftel des Ogallala-Beckens, eines der wichtigsten Wasserreservoirs der Vereinigten Staaten, sank der Wasserpegel allein in den achtziger Jahren um drei Meter. Inzwischen ist der Bestand unter dem Becken von Kansas, Texas und New Mexico – ein Gebiet von einer Million Hektar – bereits zur Hälfte entleert. In anderen Ländern, vor allem dort, wo man es sich am wenigsten leisten kann, bauen sich noch höhere Verluste auf. Der Wasserspiegel unterhalb der Stadt Peking fiel zwischen 1965 und 1995 um siebenunddreißig Meter. Und die Grundwasserreserven der arabischen Halbinsel werden vermutlich bis zum Jahr 2050 völlig erschöpft sein. Inzwischen versuchen die ölreichen Länder dieser Region den Verlust mit der Entsalzung von Meereswasser wettzumachen – und indem sie ihr kostbares Erdöl gegen Wasser tauschen. Weltweit schöpft die Menschheit die Grenzen bis zum äußersten aus. Sie verbraucht ein Viertel allen verfügbaren Wassers, das durch Verdunstung und pflanzlichen Wasserdampf an die Atmosphäre abgegeben wird, und über die Hälfte des Wassers aus Flüssen und anderen Wasserquellen. Bis zum Jahr 2025 könnten vierzig Prozent der Weltbevölkerung in Ländern mit chronischer Wasserknappheit leben. Neue Staudammbauten würden während der nächsten dreißig Jahre zwar zehn Prozent der Abflußkapazitäten einfangen, aber die Gegenkräfte sind stärker – denn für dieselben drei Jahrzehnte wird beinahe eine Verdoppelung der Weltbevölkerung erwartet.

Werden wir uns, wenn aus dem Boden nichts mehr zu holen ist, den letzten unerforschten Gebieten dieser Erde zuwenden, den grenzenlosen Ozeanen? Leider nein. Denn erstens sind sie nicht grenzenlos, und zweitens haben sie uns schon fast alles gegeben, was sie anzubieten haben. Alle siebzehn ozeanischen Fischgründe dieser Welt wurden bereits weit über ihre Belastbarkeit ausgebeutet. Nur die im Indischen Ozean konnten ihren Ertragreichtum noch steigern, aber auch dieser Trend wird sich ändern, weil diese Fangrate einfach nicht beibehalten werden kann. Mehrere Fischgründe, am bekanntesten darunter die nordwestlichen Ufer des Atlantiks und das Schwarze Meer, sind kommerziell völlig ausgeblutet. Der weltweite Fischfang hat sich nach einem sprunghaften Anstieg um das Fünffache zwischen den fünfziger und neunziger Jahren inzwischen bei etwa einhundert Millionen Tonnen eingepegelt.

Die Geschichte der Hochseefischerei erzählt von immer ertragreicheren Massenfängen und Fischverarbeitungssystemen direkt auf den Trailern. Die Gewinne wurden ständig gesteigert, indem man die Bestände ständig minimierte. Seit Anfang der neunziger Jahre tauchten dann immer mehr Fischfarmen auf und trugen schließlich zwanzig Prozent zum Gesamtfang bei. Aber auch die Aquakultur, diese »Flossen- und Schalenrevolution«, hat ihre Grenzen. Mit der Verbreitung von Meeresfischfarmen werden die Mangrovensümpfe und anderen Feuchtbiotope entlang den Küsten zerstört, die vielen eßbaren Seichtwasserfischen als Laichplätze dienen. Süßwasserfarmen wären daher potentiell besser geeignet, müßten aber wiederum mit der traditionellen Landwirtschaft um die sinkenden Süßwasserreserven kämpfen.

Inzwischen trägt auch der beschleunigte Klimawandel dazu bei, daß sich die Möglichkeiten der Erde, die unersättliche menschliche Biomasse zu ernähren, immer weiter verringern – in absoluter Übereinstimmung mit dem Lebensprinzip, daß alle unvorhergesehenen Störungen schlecht sind. Im Laufe der vergangenen hundertdreißig Jahre erhöhte sich die globale Durchschnittstemperatur um ein Grad Celsius. Alle Anzeichen weisen heute darauf hin – einige Atmosphärenforscher bezeichnen sie sogar als unmißverständlich –, daß der Wandel hauptsächlich von der Kohlendioxidverschmutzung verursacht wird, die ihrerseits zum Treibhauseffekt führt, wobei das Kohlendioxid in Verbindung mit Methan und anderen Gasen wie Glas über einem geschlossenen Gewächshaus wirkt. Sonnenlicht wird durchgelassen, aber die erzeugte Hitze staut sich. Proben aus Luftblasen, die sich in den vergangenen 160 000 Jahren im fossilen Eis gebildet haben, ergaben, daß die Konzentration atmosphärischen Kohlendioxids immer schon eng mit der globalen Durchschnittstemperatur im Zusammenhang stand. Inzwischen hat die Kohlendioxidkonzentration, die durch Abgase und die Zerstörung der Tropenwälder in die Höhe getrieben wurde, aber einen Anteil von 360:1 000 000 erreicht – den höchsten in all den überprüfbaren hundertsechzig Jahrtausenden.

Einige Wissenschaftler bestreiten allerdings, daß die Klimaerwärmung durch den Menschen verursacht wird. Und dafür geben sie durchaus gute Gründe an. Die atmosphärische Chemie und klimatische Veränderungen sind extrem komplexe Themen. Versucht man sie in einen Zusammenhang zu bringen, werden exakte Voraussagen nahezu unmöglich. Aber zumindest kann die allgemeine Richtung und Geschwindigkeit des Wandels eingeschätzt werden. Genau das hat sich das *Intergovernmental Panel on Climate Change* (IPCC) zum Ziel

Mit welchem Ziel? 381

gesetzt, eine Gruppe aus über zweitausend Wissenschaftlern, die
weltweit eingehende Daten analysieren und mit Hilfe von Super-
computern Modelle für die zu erwartenden Veränderungen entwickeln. Zu den schwierigeren Variablen, die sie dabei berücksichtigen müssen, gehören der Industrieausstoß von Sulfataerosolen – die
dem Treibhauseffekt von Kohlendioxid entgegenwirken –, die Auswirkungen von Kohlendioxid auf die Ozeane – welche sämtliche Berechnungen der atmosphärischen Veränderungen über den Haufen
werfen könnten – und die völlig unterschiedlichen Folgen der ge-
samtklimatischen Veränderungen auf einzelne Regionen.

Bis jetzt kamen die IPCC-Forscher zu folgendem Schluß: Bis zum
Jahr 2010 wird es zu einem Anstieg der globalen Durchschnittstemperatur um 1,0 bis 3,5 Grad Celsius kommen. Das wird vielfältige
Folgen haben, keine oder die wenigsten davon sind angenehm. Die
Wärmeausdehnung der Hochseegewässer und die Teilabbrüche von
antarktischen und grönländischen Eisbergen werden den Meeres-
spiegel um dreißig Zentimeter ansteigen lassen und damit allen Kü-
stenregionen Probleme bereiten. Im Extremfall werden kleinere Inseln, wie zum Beispiel die kleinen pazifischen Atolle Kiribati und die
Marshall-Inseln, völlig von der Bildfläche verschwinden. Die Muster
des atmosphärischen Niederschlags werden sich verändern, und zwar
höchstwahrscheinlich so, daß ein hoher Niederschlagsanstieg in
Nordafrika, ein moderater Anstieg in Eurasien und Nordamerika,
Südostasien und an der Pazifikküste von Südamerika sowie ein quan-
titativ vergleichbarer Rückgang in Australien, den größten Teilen
von Südamerika und in Südafrika zu verzeichnen wären.

Die örtlichen klimatischen Bedingungen werden durch häufigere
Einbrüche von Hitzewellen variabler werden. Schon ein geringer
Anstieg der Durchschnittstemperatur hat viele kurze, extrem heiße
Perioden zur Folge. Der Grund dafür ist ein rein statistischer Effekt –
das heißt, eine geringe Veränderung der statistischen Verteilung in
eine bestimmte Richtung hebt das einstige Extrem in dieser Richtung von nahe Null auf eine proportional wesentlich höhere Zahl.
(Zum Vergleich ein anderes Beispiel: Wenn man die durchschnittliche mathematische Begabung der Spezies Mensch um zehn Prozent
erhöhen würde, würde das zu unmerklichen Unterschieden bei der
gesamten Menschheit führen, aber zugleich einzelne Einsteins zur
Norm machen.)

Da sich Wolken und Sturmzentren über ozeanischen Gewässern
bilden, die auf mehr als 26° C erwärmt sind, wird sich die durchschnittliche Häufigkeit von tropischen Zyklonen erhöhen. Die Ost-

küste der Vereinigten Staaten, um hier nur eine von vielen dicht bevölkerten Regionen zu nennen, wird daher unter mehr Hitzewellen im Frühjahr und mehr Hurrikanen im Sommer zu leiden haben. Die Klimazonen werden sich in Richtung Nord- und Südpol verschieben, wobei die stärksten Veränderungen am höchsten Breitengrad eintreten werden. Das Ökosystem der Tundra wird sich verkleinern und könnte sogar ganz verschwinden. Die Landwirtschaft wird in einigen Gebieten vorteilhaft beeinflußt und in anderen auf zerstörerische Weise beeinträchtigt werden. Die Entwicklungsstaaten müssen davon ausgehen, allgemein stärker betroffen zu sein als der industrialisierte Norden. Und viele natürliche Systeme, alle möglichen Arten von Mikroorganismen, Pflanzen und Tieren, werden nicht in der Lage sein, sich den veränderten örtlichen Bedingungen anzupassen oder schnell genug in andere bewohnbare Gebiete auszuwandern, und daher ausgerottet werden.

Zusammengefaßt bedeuten diese Ressourcen- und Klimaprobleme, daß die Menschheit nicht gegen eine Mauer der Mineralstoff- und Energieverknappung anrennt, sondern gegen eine Mauer der Nahrungsmittel- und Wasserverknappung. Der Zeitpunkt bis zum Zusammenprall wird durch klimatisch immer unzuträglichere Bedingungen verkürzt. Die Menschheit lebt in einem Haushalt, der leichtsinnig vom schwindenden Sparguthaben lebt. Die Verfechter der Vorrechtsthese setzen eine ganze Menge aufs Spiel, wenn sie behaupten, was sie ja effektiv tun, daß das Leben doch prima laufe und immer besser werde. »Du brauchst dich doch nur umzusehen, wir expandieren noch immer, obwohl wir immer schneller und mehr konsumieren. Mach dir keine Sorgen um das nächste Jahr. Wir sind doch clever, irgendwas wird uns schon einfallen. Das war schon immer so.«

Sie müssen wie die meisten von uns erst noch lernen, das arithmetische Rätsel des Seerosenblatts zu lösen. Man setze ein Seerosenblatt in einen Teich. An jedem folgenden Tag verdoppelt sich dieses Blatt und jeder seiner Nachkommen. Am dreißigsten Tag ist der Teich vollständig von Seerosenblättern bedeckt, die sich nun nicht weiter vermehren können. An welchem Tag war der Teich halb voll und halb leer? Am neunundzwanzigsten!

Wollen wir wetten? Nehmen wir einmal an, daß unsere Chancen, gegen besagte Umweltmauer zu prallen oder nicht, gleich groß sind. Oder besser noch, daß sie Zwei zu Eins stünden, also Zwei fürs Durchkommen und Eins für den Zusammenprall. Auf die offenbar besseren Chancen zu wetten ist eine verdammt leichtsinnige Ent-

Mit welchem Ziel? 383

scheidung, denn es steht dabei so gut wie alles auf dem Spiel. Zwar
kann man für den Moment Zeit schinden und sich einiges an Auf-
wand sparen, wenn man diese Entscheidung trifft und keinen drän-
genden Handlungsbedarf sieht, aber wenn wir die Wette auch nur
um Haaresbreite verfehlen, werden uns die Kosten ruinieren. Bei der
Ökologie gilt dasselbe wie bei der Medizin – eine falsche Diagnose
bei gesundem Zustand ist unangenehm, aber eine Fehldiagnose bei
Krankheit kann eine Katastrophe sein. Deshalb wollen Ökologen
und Ärzte auch lieber gar nicht erst wetten, oder pflegen sich, wo sie
es nicht umgehen können, lieber auf die Seite der Vorsichtigen zu
schlagen. Man sollte einen besorgten Ökologen oder Arzt niemals
zum Bangemacher abstempeln.

Wenn wir Glück haben, werden wir im 21. Jahrhundert nur vor
einem ökologischen Engpaß stehen. Und der wird dann zum Anbruch einer neuen Ära führen, in der sich alles um den Wandel in
der Umwelt dreht. Aber vielleicht wird er auch weltweit vergangene
Zeitalter in Erinnerung rufen, die vom Zusammenbruch regionaler
Zivilisationen gezeichnet waren und bis in die früheste Geschichte
zurückreichen, denken wir an Mesopotamien, Ägypten, das Maya-
Reich und all die anderen Kulturen in der bewohnbaren Welt, mit
Ausnahme von Australien. Menschen starben zu Hunderttausenden,
und das oft qualvoll. Manchmal waren sie in der Lage, auszuwandern
oder andere Völker zu ersetzen, indem sie diese nun ihrerseits qualvoll sterben ließen.

Archäologen und Historiker ringen verzweifelt um eine Erklärung für den Zusammenbruch ganzer Zivilisationen. Die Gründe,
die sie dafür ausgraben, sind Dürre, Bodenausbeutung, Überbevölkerung und Kriege – als Einzelverursacher oder in irgendwelchen
Kombinationen. Ihre Analysen sind durchweg überzeugend. Aber
Ökologen fügen noch einen weiteren Grund hinzu – daß nämlich
diese Populationen ganz einfach die regionale »Prolongationskapazität« ausgeschöpft hatten und ein weiteres Wachstum mit der zur
Verfügung stehenden Technologie nicht möglich war. An diesem
Punkt angelangt, war der Lebensstandard zwar meistens hoch – vor
allem natürlich für die herrschenden Klassen – , aber bereits sehr fra-
gil. Eine Veränderung, wie zum Beispiel eine Dürre, die Ausbeutung
der Wasservorräte oder ein Krieg, konnte daher augenblicklich zu
einer drastischen Verringerung dieser Prolongationskapazität führen.
Die Sterblichkeitsrate stieg sprunghaft an und die Geburtenrate sank
(aufgrund von Mangelernährung und Seuchen), bis der Bevölkerungsstand schließlich ein Niveau erreicht hatte, das niedrig genug
war, um wieder versorgt werden zu können.

Das Prinzip der Prolongationskapazität wird am Beispiel der jüngsten Geschichte von Ruanda deutlich, einem wunderschönen, bergigen Land, das einst mit Uganda um den Titel der Perle Zentralafrikas wetteiferte. Bis heute erlaubten die Kapazitäten Ruandas dem Land eigentlich nur eine sehr bescheidene Bevölkerungsdichte. Fünfhundert Jahre herrschte die Tutsi-Dynastie über die Hutu-Majorität. 1959 revoltierten die Hutu, was viele Tutsi veranlaßte, in benachbarte Länder zu fliehen. 1994 eskalierte der Konflikt. Ruandische Armee-Einheiten massakrierten über eine halbe Million Tutsi und liberale Hutu. Die Tutsi-Armee »Ruandische Patriotische Front« schlug zurück und nahm die Hauptstadt Kigali ein. Während ihres Vormarschs flohen zwei Millionen Hutu aus dem ganzen Land in die benachbarten Staaten Zaire, Tansania und Burundi. 1997 zwang das nunmehr in Republik Kongo umbenannte Zaire viele Hutuflüchtlinge zur Rückkehr nach Ruanda, wobei Tausende an Hunger und Krankheiten starben.

Oberflächlich betrachtet sieht es so aus, als sei diese ruandische Katastrophe von einer zu Amok aufgelaufenen ethnischen Rivalität verursacht worden, genauso wie es die Medien dargestellt haben. Aber das ist nur die halbe Wahrheit. Die tieferen Ursachen wurzeln in den Problemen von Umwelt und Demographie. Zwischen 1950 und 1994 hatte sich die ruandische Bevölkerung durch bessere Gesundheitsvorsorge und eine momentane Verbesserung der Ernährungssituation von 2,5 auf 8,5 Millionen mehr als verdreifachen können. 1992 hatte das Land die höchste Bevölkerungswachstumsrate der Welt, mit durchschnittlich acht Kindern pro Frau. Und da bereits jüngste Mädchen schwanger werden, ist auch die Generationenspanne sehr kurz. Die Nahrungsmittelproduktion war in dieser Periode zwar dramatisch gestiegen, aber durch das Bevölkerungswachstum wieder gekippt worden. Farmbetriebe wurden im Zuge der ständigen Teilung von Generation zu Generation immer kleiner. Zwischen 1960 und den frühen neunziger Jahren sank die Getreideproduktion pro Kopf um die Hälfte. Die Wasserreserven waren bereits derart ausgeschöpft, daß Hydrologen Ruanda zu den 27 wasserärmsten Ländern der Erde zählten. Erst jetzt machten sich die halbwüchsigen Soldaten der Hutu und Tutsi auf, das Bevölkerungsproblem auf die unmittelbarste aller möglichen Arten zu lösen.

Ruanda ist ein Mikrokosmos unserer Welt. Kriege und Bürgerunruhen haben viele Ursachen, und die meisten hängen nicht unmittelbar mit Umweltproblemen zusammen. Aber grundsätzlich entsteht aus Überbevölkerung und schwindenden Ressourcen reinster

Mit welchem Ziel?

Sprengstoff. Wachsende Ängste und zunehmende Alltagsbeschwernisse übersetzen sich in Feindseligkeit, und Feindseligkeit in moralische Empörung. Es werden Sündenböcke gesucht, manchmal unter anderen ethnischen Gruppen, manchmal unter benachbarten Stämmen. Der Sprengstoff nimmt stetig zu und wartet nur darauf, daß irgendwo ein Anschlag stattfindet, ein territorialer Übergriff, eine Greueltat oder irgendeine andere Provokation, die ihn entzündet. Ruanda ist das überbevölkertste afrikanische Land, gefolgt vom kriegszerstörten Burundi. In der westlichen Hemisphäre sind es Haiti und El Salvador, weshalb auch sie mit den entprechenden chronischen Problemen konfrontiert sind. Nur fünf winzige Inselstaaten in der Karibik sind noch bevölkerungsreicher, weshalb wohl auch die Umweltzerstörung in diesen Staaten am weitesten fortgeschritten ist. Bevölkerungswachstum kann man mit Fug und Recht einen Moloch nennen. So wir ihn zähmen können, werden wir in der Lage sein, den ökologischen Engpaß leichter zu passieren. Nehmen wir einmal an, daß auch das letzte der alten Tabus fallen und weltweit Familienplanung betrieben würde. Nehmen wir weiter an, daß Regierungen sich mit derselben Ernsthaftigkeit der Bevölkerungspolitik widmeten, mit der sie ihre Wirtschafts- und Verteidigungspolitik verfolgen. Und gehen wir nun noch davon aus, daß sich die Weltbevölkerung damit unter der Zehnmilliardengrenze einpendeln würde und anschließend allmählich zu sinken begänne. Wenn wir dieses negative Bevölkerungswachstum erreichen würden, hätten wir Anlaß zur Hoffnung. Wenn nicht, werden auch alle anderen Bemühungen der Menschheit fehlschlagen, und was heute noch wie ein Engpaß aussieht, wird sich vor uns zu einer unüberwindlichen Mauer schließen.

Die Menschheit wird jede technologische Möglichkeit nützen, die sich das menschliche Gehirn ausdenken kann, um gegen die Gefahren eines überbevölkerten Planeten anzugehen. Schon heute warten eine Menge Pläne auf ihre Umsetzung. Erdöl in ein Nahrungsmittel zu verwandeln, indem man es mit Stickstoff anreichert, ist eine – ziemlich außergewöhnliche – Möglichkeit. Algenfarmen in flachen Meeresgewässern sind eine andere. Die Wasserkrise könnte gemildert werden, indem Meerwasser mit Energie entsalzt wird, die man aus kontrollierter Kernfusion oder mittels der Brennstoffelementtechnologie gewinnt. Vielleicht kann auch der Abbruch des Polareises im Zuge der globalen Erwärmung zur Süßwasserherstellung genutzt werden, indem man die Eisberge an eisfreie Küsten schleppt. Mit zusätzlicher Energie und Süßwasserversorgung wäre die Urbarmachung von unfruchtbarem Ödland denkbar. Diese zurückgewonnenen Gebiete könnten dann beispielsweise auch zur Papierproduktion beitragen, indem man »Holzgras« anpflanzt, eine schnell wachsende, stickstoffbindende Baumart, die mit riesigen Mähmaschinen abgeerntet werden kann und von allein neu austreibt. Je stärker die Nachfrage wächst, desto mehr solcher Pläne wird man umzusetzen versuchen, und ein paar werden erfolgreich sein. Mit Risikokapital und staatlichen Subventionen werden solche Aktivitäten auch die freie Marktwirtschaft weiter ankurbeln. Und jeder Erfolg wird die Gefahr eines ökonomischen Unheils kurzfristig verringern.

Aber Achtung! Das sind alles nur Ersatzmaßnahmen, Kunstgriffe, deren Erfolg allein von großer Sachkenntnis und einem geschickten Management abhängt. Solche Verfahren bergen ihre eigenen langfristigen Risiken, weil sie alle einen Teil der natürlichen Umwelt ersetzen. Durch die Lupe der Ökologie betrachtet erscheint die Menschheitsgeschichte wie der permanente Aufbau von Umweltprothesen: Je mehr sich solche von Menschenhand geschaffenen Verfahren häufen und miteinander verflochten werden, desto größer wird die Prolongationskapazität unseres Planeten. Der Mensch, als typischerweise reproduktiv reagierender Organismus, vermehrt sich, um die zusätzlich gewonnenen Kapazitäten auszunutzen – die Sprirale dreht sich weiter. Die bei laufender Nachfrage in immer höherem Maße künstlich aufgetakelte und aufgeputzte Umwelt reagiert immer empfindlicher, und es werden immer ausgefeiltere Technologien erforderlich, um die Zerstörung noch irgendwie in den Griff zu kriegen.

Man kann das Rad des Fortschritts offenbar nicht aufhalten. Deshalb lautet die Botschaft an all die Anhänger archaischer Lebensweisen, die von einem natürlichen Gleichgewicht in paläolithisch gelassener Ruhe träumen: zu spät! Legt Pfeil und Bogen weg und vergeßt das Sammeln wilder Beeren. Die Wildnis wurde längst zum bedrohten Naturreservat. Die Botschaft an Umweltschützer wie Verfechter der Vorrechtstheorie aber lautet: Setzt euch zusammen! Wir müssen einfach weiterkommen und versuchen, das Beste aus allem zu machen. Wir sind besorgt, vertrauen aber auf den Erfolg. Was wir hoffen, kommt in Hotspurs Bemerkung gegenüber *Heinrich IV.* zum Ausdruck: »Aber ich sage Euch, Mylord Narr, aus der Nessel Gefahr pflücken wir die Blume Sicherheit.«

Unser aller Ziel muß die Weiterentwicklung unserer Ressourcen und die Verbesserung der Lebensqualität von allen Menschen sein, die durch das unbekümmerte Bevölkerungswachstum auf die Erde gezwungen werden. Aber das müssen wir mit der geringstmöglichen

Mit welchem Ziel? 387

Abhängigkeit von Ersatzmitteln schaffen – womit der Imperativ einer umweltverträglichen Ethik bereits im wesentlichen auf den Punkt gebracht ist. Und genau dieser Traum wurde auch auf dem globalen Umweltgipfel formuliert, jener historischen Umweltkonferenz der Vereinten Nationen, die 1992 in Rio de Janeiro stattfand. Repräsentanten aus 172 Nationen, darunter 106 Regierungschefs, trafen sich, um die Richtlinien für eine erträgliche globale Umweltpolitik festzulegen. Sie unterzeichneten verbindliche Konventionen zum Klimawandel und Schutz der biologischen Vielfalt. Sie stimmten den vierzig nichtverpflichtenden Kapiteln der Agenda 21 zu, welche die Verfahrensweisen für die Behandlung – wenn nicht gar Lösung – im Grunde aller allgemeinen Umweltprobleme anbietet. Aber die meisten Initiativen gingen in den politischen Querelen unterschiedlicher nationaler Interessen unter, und die globale Kooperation beschränkt sich nach wie vor auf gelegentliche Rhetorikübungen bei Staatsakten. Die sechshundert Milliarden Dollar, die veranschlagt wurden, um die Agenda 21 in die Tat umzusetzen – 125 Milliarden davon sollten die Entwicklungsländer von den Industrieländern bekommen –, sind nirgendwo aufgetaucht. Und doch wurde das Prinzip einer umweltverträglichen Entwicklung, bis dahin kaum mehr als der Traum einiger weniger um die Umwelt besorgter Eliten, allgemein akzeptiert. Bis 1996 hatten nicht weniger als 117 Staaten Kommissionen zur Weiterentwicklung der von der Agenda 21 benannten Strategien ins Leben gerufen.

Am Ende wird der Erfolg dieses Umweltgipfels und aller anderen globalen Initiativen daran gemessen werden, welchen Einfluß sie auf die Größe des gesamten ökologischen Fußabdrucks hatten. Wenn die Weltbevölkerung um 2020 auf etwa acht Milliarden angewachsen sein wird, wird die alles entscheidende Frage sein, wieviel urbares Land im Schnitt erforderlich ist, damit jedem einzelnen Menschen in der Welt ein akzeptabler Lebensstandard ermöglicht wird. Deshalb ist das vorrangige ökologische Ziel die Verkleinerung des ökologischen Fußabdrucks auf eine Größe, die von unserer fragilen Umwelt ertragen werden kann.

Die zu diesem Zweck erforderliche Technologie kann im wesentlichen mit zwei Begriffen erklärt werden. Zum einen »Dekarbonisierung«, also Entkohlung, was bedeutet, daß die Verbrennung von Kohle, Erdöl und Holz in unbegrenzten Mengen eingestellt und auf umweltverträglichere Energiequellen wie Brennstoffzellen, Kernfusion, Solar- und Windenergie umgestiegen werden muß. Zum zweiten »Dematerialisierung«, das heißt, daß sämtliche Hardware immer kleiner werden muß, damit ihr Energieverbrauch verringert wird. Schon heute würden alle Microchips der Welt, um hier das derzeit ermutigendste Beispiel zu nennen, in den Raum passen, der bei Anbruch des Informationszeitalters gerade einmal für Harvards elektromagnetischen Mark 1-Computer ausgereicht hatte.

Das größte Hindernis für eine realistische Bewertung der Umweltsituation ist jedoch die Kurzsichtigkeit der professionellen Ökonomen. In Kapitel Neun habe ich bereits erwähnt, in welchem luftleeren Raum die neoklassische Wirtschaftstheorie agiert. Ihre Modelle mögen zwar elegante Kabinettstückchen der angewandten Mathematik sein, aber das menschliche Verhalten, wie es von der zeitgenössischen Psychologie und Biologie verstanden wird, wird dabei weitgehend ignoriert. Ohne diese Basis ergeben sich aber meist nur Empfehlungen für völlig abstrakte, nichtexistente Welten. In besonderem Maße ist das bei der Mikroökonomie spürbar, die sich mit den Entscheidungsmustern des Konsumenten befaßt.

Am besorgniserregendsten ist, daß die Ökonomie im allgemeinen keinerlei umweltpolitische Erwägungen in ihre Analysen einbezieht. Sogar noch nach dem Umweltgipfel – nachdem ganze Enzyklopädien entstanden waren, welche anhand der von Wissenschaftlern und Umweltexperten gesammelten Daten eindeutig zeigen, worauf sich das weltweite Bevölkerungswachstum und der Gesundheitszustand unseres Planeten zubewegen – geben selbst die einflußreichsten Ökonomen Empfehlungen von sich, als gäbe es so etwas wie eine Umwelt nicht. Ihre Analysen lesen sich wie die Jahresberichte erfolgreicher Anlageberater. Folgendermaßen kommentiert beispielsweise Frederick Hu, Vorsitzender des dem Weltwirtschaftsforum angehörenden Wettbewerbsforschungsteams, die Schlußfolgerungen, die das Forum in seinem einflußreichen *Global Competitiveness Report 1996* gezogen hat:

»Angesichts fehlender militärischer Herausforderungen ist Wirtschaftswachstum das einzige wachstumsfördernde Mittel, um einem Land weitere Steigerungen des nationalen Wohlstands und Lebensstandards zu garantieren … Eine Wirtschaft ist international dann wettbewerbsfähig, wenn sie in drei Grundbereichen starke Leistungen erbringt: reichlich produktiven Input in Form von Kapital, Arbeit, Infrastruktur und Technologie; optimale Wirtschaftspolitik in Form von niedrigen Steuern, wenigen staatlichen Eingriffen und freiem Handel; und stabile marktwirtschaftliche Institutionen in Form von Rechtsstaatlichkeit und des Schutzes von Eigentumsrechten.«

Mit welchem Ziel? 389

In dieser Darstellung schwingt jener nüchterne Pragmatismus mit, den man von einem Wirtschaftsblatt erwartet, und sie stimmt, wenn man sie auf das mittelfristige Wachstum eines Staates bezieht. Mit Sicherheit ist dies die beste Politik, die man zum Beispiel Rußland für die nächsten beiden Jahrzehnte empfehlen kann (Wettbewerbsindex -2,36) oder Brasilien (-1,73), sofern sie an die Vereinigten Staaten (+1,34) oder Singapur (+2,19) aufschließen wollen. Niemand kann ernsthaft in Frage stellen, daß eine bessere Lebensqualität allen Menschen zusteht und dies das unanfechtbare Ziel der gesamten Menschheit ist. Freier Handel, Rechtsstaatlichkeit und solide marktwirtschaftliche Praktiken sind mit Sicherheit bewährte Mittel, um das zu erreichen. Aber die kommenden zwei Jahrzehnte werden ein Anwachsen der Weltbevölkerung von sechs auf acht Milliarden bringen, und der proportional höchste Anstieg wird in den ärmsten Ländern stattfinden. Dabei werden Wasser und kultivierbarer Boden ausgehen, Wälder abgeholzt werden und die Lebensräume in den Küstengebieten verschwinden. Schon heute ist unser Planet in einem höchst gefährdeten Zustand. Was wird geschehen, wenn das riesige China (-0,68) tatsächlich versucht, am kleinen Taiwan (+0,96) und den anderen asiatischen Tigern vorbeizuziehen? Wir pflegen ständig zu vergessen – und die Ökonomen erinnern uns auch nicht gerade daran –, daß Wirtschaftswunder nicht endogen sind. Am häufigsten finden sie dort statt, wo ein Land nicht nur seine eigenen materiellen Ressourcen, sein eigenes Öl, seine Waldgebiete, sein Wasser und seine Agrarprodukte verbraucht, sondern auch noch die von anderen Ländern. Inzwischen hat die kommerzielle Globalisierung, beschleunigt durch Technologie und die Liquidität von Wertpapiervermögen, den Massentransfer von materiellen Vermögenswerten wesentlich erleichtert. Die Holzprodukte aus Japan sind die zerstörten Wälder des tropischen Asiens, Europas Brennstoff ist die schwindende Ölreserve des Nahen Ostens.

Kaum ein Ökonom macht bei einer Staatsbilanzierung eine ehrliche Kostenrechnung auf, zu der auch der Verlust an nationalen Ressourcen gehören würde. Ein Staat darf seinen gesamten Baumbestand fällen, seine profitabelsten Mineralien bis zur Neige ausbeuten, seine Fischgründe leerfischen, einen Großteil seines Bodens erodieren, ihm sämtliches Wasser entziehen – und all das als Einkommen anstatt als Kosten verbuchen. Er kann die Umwelt verschmutzen und eine Politik verfolgen, die seine Bevölkerung in städtischen Slums zusammenpfercht, ohne die Resultate als Gemeinkosten ausweisen zu müssen.

Unter einigen Wirtschaftsberatern und Finanzministern beginnt der Gedanke einer realistischen Aufstellung aller Kosten zwar allmählich Raum, und inzwischen formierte sich auch eine ökologische Ökonomie als neue Unterdisziplin und fügt der unsichtbaren Hand des Marktes einen grünen Daumen hinzu. Aber sie haben alle noch sehr begrenzten Einfluß. Denn nach wie vor ist es sehr verlockend für die konventionelle Wirtschaftstheorie, den Wettbewerbsindex und das Bruttoinlandsprodukt (BIP) nicht mit den tückischen Komplexitäten der umweltpolitischen und sozialen Kosten zu vermengen. Doch es ist höchste Zeit, daß sich all die Ökonomen und Manager, die sich so gern als Meister der realen Welt verstehen, über die reale Welt im klaren werden. Wir brauchen neue Fortschrittsindikatoren für die Überwachung der Wirtschaft. Und die dürfen nicht nur die ökonomische Produktion, sondern müssen auch die Natur und das Wohlergehen der Menschheit zur Gänze in Rechnung stellen.

Aus denselben Gründen halte ich es für absolut vordringlich – und möchte hier dringend dafür werben –, daß diese neue Kalkulation mit einer nachdrücklichen Naturschutzethik einhergeht. Wir hoffen, nein, wir müssen einfach daran glauben, daß unsere Spezies in einem besseren Zustand als jetzt auf der anderen Seite des ökologischen Engpasses herauskommen wird. Aber bei dieser Passage dürfen wir nicht vergessen, daß wir noch eine andere große Verantwortung tragen – wir müssen die Schöpfung wahren, indem wir soviel anderes Leben mit uns nehmen wie nur möglich.

Die biologische Vielfalt oder »Biovarietät« – die gesamte Kette, von den Ökosystemen über die darin lebenden Spezies bis hin zu den Genen dieser Spezies – ist in Gefahr. Das Aussterben ganzer Arten ist bereits heute an der Tagesordnung, vor allem in tropischen Regionen, wo die größte Biovarietät herrscht. Das jüngste Massensterben fand unter den Süßwasserfischen der asiatischen Halbinsel statt, deren Bestand sich dabei halbierte; die Hälfte der vierzehn Vogelarten auf der philippinischen Insel Cebu ist inzwischen ausgestorben; und über neunzig Pflanzenarten, die an einem einzigen Bergkamm in Ecuador gelebt hatten, gibt es nicht mehr. In den Vereinigten Staaten wurden schätzungsweise ein Prozent aller Spezies ausgerottet, zweiunddreißig Prozent werden als bedroht eingestuft.

Naturschutzexperten finden diese Krise derart beängstigend, daß sie sich längst nicht mehr nur auf die bedrohten Pandas, Tiger und andere charismatische Tiere konzentrieren, sondern auf ganze Lebensräume, deren Zerstörung die Existenz vieler Spezies gefährdet.

Mit welchem Ziel? 391

Die bekanntesten »Hot Spots« der USA sind die Bergwälder von
Hawaii, die Küstengebiete Südkaliforniens und das sandige Hochland von Zentralflorida. Die weltweit meisten Hot Spots zeigen sich
in Ecuador, Madagaskar und auf den Philippinen. Jedes dieser Länder hat bereits zwei Drittel oder mehr seiner artenreichen Regenwälder verloren, und der Rest ist in permanenter Gefahr. Die Logik, mit
der die Naturschutzexperten diese Themen angehen, ist simpel –
wenn man sein Bemühen auf solche Gebiete konzentriert, kann man
ein Höchstmaß an Biovarietät zu den geringstmöglichen ökonomischen Kosten retten; wenn dies zum untrennbaren Teil der regionalen Planungspolitik wird, kann man zugleich auf die größtmögliche
öffentliche Unterstützung für die Rettung der Biovarietät bauen.
Es ist bekanntlich schwierig, die globale Ausrottungsrate zu schätzen. Dennoch sind Biologen unter Anwendung diverser indirekter
Analysemethoden zu dem Schluß gekommen, daß die Flora und
Fauna auf den Landflächen dieser Erde hundert bis tausend Mal
schneller ausstirbt als vor der Evolution des Homo sapiens. Der
größte Teil des uns bekannten Schadens entstand in den Gebieten der
tropischen Regenwälder. Obwohl sie nur sechs Prozent der Land-
oberfläche dieser Erde bedecken, enthalten sie über die Hälfte aller
weltweit existierenden Pflanzen- und Tierarten. Die Rate, mit der
diese Wälder gerodet und niedergebrannt werden, beläuft sich seit
den achtziger Jahren auf etwa ein Prozent jährlich, was pro Jahr der
Gesamtfläche von Irland entspricht. Ein Verlust an Lebensraum in
dieser Größenordnung bedeutet, daß jährlich mindestens 0,25 Prozent aller im Wald existierenden Spezies zur sofortigen oder baldigen
Ausrottung verdammt sind. Welche absoluten Zahlen ergeben sich
aus dieser Rate? Wenn es zehn Millionen Spezies in den noch größtenteils unerforschten Waldgebieten gibt – was Wissenschaftler für
wahrscheinlich halten –, dann beläuft sich der jährliche Artenverlust
auf Zehntausende. Selbst wenn es »nur« eine Million Spezies gäbe,
würden sie immer noch zu Tausenden ausgerottet werden.
Diese Hochrechnungen basieren auf dem bekannten Verhältnis
zwischen natürlichem Lebensraum und der Anzahl von Spezies, die
in der Lage sind, unbegrenzte Zeit darin zu leben. Doch es könnte
gut sein, daß wir damit in Wirklichkeit noch viel zu niedrig liegen.
Die vollständige Eliminierung eines Lebensraums ist der Haupt-
grund und einfachste Meßfaktor für Ausrottung. Doch die Ein-
schleppung aggressiver exotischer Spezies als Folge des übermäßigen
Verbrauchs heimischer Arten, und die Krankheiten, die sie mit sich
bringen, wirken sich beinahe ebenso zerstörerisch aus.

All diese Faktoren greifen auf komplizierte Weise ineinander. Fragt man Biologen, welche Ursachen zur Ausrottung einer bestimmten Spezies geführt haben, bekommt man normalerweise die Antwort, die auf die Klärung der Frage zutrifft, wer der Mörder im Orientexpress war: alle! In tropischen Ländern beginnt der Prozeß gewöhnlich mit dem Bau einer Straße in unberührtes Gebiet, wie in den siebziger und achtziger Jahren in Brasiliens Amazonasstaat Rondônia geschehen. Den Straßenarbeitern folgen Siedler auf der Suche nach Land. Sie brennen den Wald beiderseits der Straße ab, verschmutzen die Flüsse, schleppen fremdartige Pflanzen und Tiere ein und jagen die heimische Tierwelt. Viele heimische Spezies werden seltener, und die eine und andere verschwindet völlig. Innerhalb weniger Jahre wird der Boden unfruchtbar, woraufhin sich die Siedler weiter und immer tiefer durch Rodung und Abfackelung in den Wald hineinarbeiten.

Der ständige Verlust an Biovarietät, den wir heute erleben, ist mit nichts vergleichbar, was seit dem Mesozoikum vor 65 Millionen Jahren stattgefunden hat. Nach heutigem wissenschaftlichen Konsens wurde die Atmosphäre damals durch den Einschlag von mindestens einem gigantischen Meteoriten verdunkelt und das Klima in den meisten Gegenden der Erde daraufhin derart verändert, daß die Dinosaurier ausstarben. Damit begann die nächste Stufe der Evolution, das Känozoikum der Säugetiere. Der von uns selbst verursachte Höhepunkt der Ausrottung muß auch von uns selbst wieder gestoppt werden. Wenn nicht, wird das nächste Jahrhundert vom Ende des Känozoikums und dem Beginn eines neuen Zeitalters gezeichnet sein, dessen Charakteristikum nicht das Entstehen neuer Lebensformen sein wird, sondern die biologische Verarmung. Der einzig angemessene Name für dieses Zeitalter wäre dann »Eremozoikum« – das Zeitalter der Einsamkeit.

Im Laufe der vielen Jahre, die ich nun schon die Biovarietät studiere, mußte ich feststellen, daß Menschen die Tatsache, daß wir die Vernichter ganzer Spezies sind, auf drei Stufen zu verdrängen pflegen. Zuerst fragen sie einfach: Warum die Aufregung? Daß Arten aussterben ist ein natürlicher Prozeß, das geschieht bereits seit drei Milliarden Jahren, ohne daß es einen dauerhaften Schaden für die Biosphäre verursacht hätte. Die Evolution hat schon immer ausgestorbene Arten durch neue ersetzt.

Das ist alles richtig, hat aber einen schrecklichen Haken. Nach dem Zusammenbruch des Mesozoikums, wie nach jedem der vier größten Zeitenwechsel im Verlauf der letzten 350 Millionen Jahre,

Mit welchem Ziel? 393

brauchte die Evolution ungefähr zehn Millionen Jahre, um wieder die Vielfalt herzustellen, die vor der Katastrophe geherrscht hatte. Angesichts einer derart langen Wartezeit und der Tatsache, daß wir selber einen Großteil des Schadens in nur einer einzigen Generation angerichtet haben, werden unsere Nachkommen, milde ausgedrückt, ausgesprochen verstört sein.

Auf der zweiten Verdrängungsstufe folgt die Frage: Warum brauchen wir überhaupt so viele Arten? Und was soll uns das kümmern, wo doch die meisten von ihnen ohnehin nur Wanzen, Unkraut und Pilze sind? Es ist einfach, solche kriechenden und krabbelnden Kreaturen mit einer Handbewegung abzutun und zu vergessen, daß noch vor knapp einem Jahrhundert, vor dem Aufbruch der modernen Naturschutzbewegung, einheimische Vögel und Säugetiere in der ganzen Welt mit derselben Indifferenz behandelt wurden. Inzwischen ist man sich längst bewußt geworden, welchen Wert auch das Kleingetier hat. Jüngste Studien über Ökosysteme bestätigten, was Ökologen schon lange vermutet hatten – je mehr Spezies in einem Ökosystem leben, desto größer ist nicht nur seine Produktivität, sondern auch seine Widerstandskraft gegenüber Dürreperioden und anderen Umweltkrisen. Und da wir von funktionierenden Ökosystemen abhängen, damit unser Wasser gefiltert, unser Boden angereichert und unsere Luft zum Atmen geschaffen wird, können wir die Biovarietät mit Sicherheit nicht einfach mit einer Handbewegung abtun.

Jede Spezies ist ein Meisterwerk der Evolution und ein reicher Quell für wissenschaftliche Erkenntnisse, weil sie so genau an ihre jeweilige Umwelt angepaßt ist. Heute lebende Spezies sind Tausende Millionen Jahre alt. Ihre Gene, die so viele Generationen lang durch Versuch und Irrtum getestet wurden, bewerkstelligen ein unglaublich komplexes Aufgebot an biochemischen Vorrichtungen zur Unterstützung der Überlebens- und Reproduktionschancen des jeweiligen Trägerorganismus.

Wildwachsende Pflanzen und in Freiheit lebende Tiere sind aber nicht nur zur Erschaffung eines für den Menschen bewohnbaren Lebensraumes nötig, sondern auch als Erzeuger von Naturprodukten, die zu unserem Lebenserhalt beitragen. Nicht wenige davon sind für uns von großem pharmazeutischen Nutzen. Über vierzig Prozent der in amerikanischen Apotheken vorrätigen Medizin besteht aus Substanzen, die aus Pflanzen, Tieren, Pilzen und Mikroorganismen extrahiert wurden. Aspirin zum Beispiel, die weltweit am häufigsten eingesetzte Medizin, wurde aus Salicylsäure gewonnen, die man im

Mädesüß, einer Art des weidenblättrigen Spierstrauchs entdeckt hatte. Doch bisher wurde erst ein Bruchteil aller Spezies – wahrscheinlich weniger als ein Prozent – auf medizinisch verwertbare Naturprodukte untersucht. Derzeit ist dringend eine beschleunigte Suche nach neuen Antibiotika und Mitteln gegen Malaria erforderlich, denn die gebräuchlichsten Substanzen werden immer unwirksamer, nachdem mehr und mehr krankheitsverursachende Organismen genetische Resistenz gegen sie entwickeln. Das Staphylokokkusbakterium ist beispielsweise erst kürzlich wieder als potentiell tödlicher Krankheitserreger aufgetaucht, und auch der Mikroorganismus, der zu Lungenentzündung führt, entwickelt sich zu einer immer größeren Gefahr. Die medizinische Forschung befindet sich im ständigen, immer rasanteren Wettlauf gegen schnell entstehende Krankheitserreger. Die Forscher müssen sich einem breiteren Spektrum wildwachsender Pflanzen zuwenden, um die neuen medizinischen Waffen des 21. Jahrhunderts zu finden.

Doch selbst wer bereit ist, all diese Fakten anzuerkennen, tendiert immer noch zu einer dritten Verdrängungsstufe: Warum diese Eile? Warum müssen wir diese Arten jetzt sofort retten? Weshalb können wir nicht lebende Musterexemplare in Zoos und botanischen Gärten halten und sie später wieder in der Wildnis aussetzen? Die bittere Wahrheit ist, daß alle Zoos dieser Welt zusammen nur maximal zweitausend der 24 000 bekannten Säugetier-, Vogel-, Reptilien- und Amphibienarten beheimaten können und die botanischen Gärten der Viertelmillion bekannter Pflanzenarten noch hilfloser gegenüberstehen. Solche Schutzzonen sind von unschätzbarem Wert, um ein paar bedrohte Arten zu retten, ebenso wie das Verfahren, Tierembryonen in flüssigem Stickstoff einzufrieren. Aber solche Maßnahmen können das Problem als solches nicht lösen. Hinzu kommt, daß bislang noch niemand imstande war, einen sicheren Hort für die Legionen von Insekten, Pilzen und anderen Kleinstorganismen zu konstruieren, die für das ökologische Gleichgewicht so lebenswichtig sind.

Aber selbst wenn uns das alles gelänge und die Wissenschaftler dazu bereit wären, all diesen Spezies ihre Unabhängigkeit zurückzugeben, bliebe noch immer die Tatsache, daß die Ökosysteme vieler Tiere und Pflanzen schon heute nicht mehr existieren. Und man kann sie nicht einfach in irgendwelchen unwirtlichen Gebieten aussetzen. Pandas und Tiger könnten beispielsweise nicht in aufgegebenen Reisanbaugebieten überleben. Aber könnten wir nicht die natürlichen Ökosysteme wiederherstellen, indem wir wieder alle

Mit welchem Ziel? 395

Spezies zusammenbringen? Nein, ein solches Bravourstück ist derzeit noch völlig unmöglich, schon gar nicht für derart komplexe Gemeinschaften wie den Regenwald. Der Schwierigkeitsgrad entspräche dem der Erschaffung einer lebenden Zelle aus Molekülen oder der eines Organismus aus lebenden Zellen (siehe Kapitel 5). Um uns das Ausmaß dieses Problems zu vergegenwärtigen, stellen wir uns einmal die Überreste eines Regenwaldes in einem kleinen tropischen Land vor, die in Kürze unter der Wasseroberfläche des Staudamms eines Wasserkraftwerkes zu verschwinden drohen. Eine unbekannte Anzahl von Tier- und Pflanzenarten, die es nirgendwo sonst auf der Welt gibt, wird für immer unter der Wasseroberfläche verschwinden. Es gibt nichts, was wir tun könnten. Der elektrische Strom wird gebraucht, die örtliche politische Führung ist unerbittlich. Zuerst kommt der Mensch! In den letzten zur Verfügung stehenden Monaten versucht ein Biologenteam verzweifelt, die Fauna und Flora zu retten. Ihr Auftrag lautet, schnell von allen dort lebenden Spezies Exemplare zu sammeln, bevor das Wasser in den Damm einschießt; diese dann in Zoos, botanischen Gärten und Laborkulturen zu erhalten oder für ihre Fortpflanzung zu sorgen und die Embryonen in flüssigem Stickstoff einzufrieren; dann die gesamte Speziesgruppe wieder zusammenzuführen und auf neuem Grund und Boden ihre Gemeinschaft zu resynthetisieren.

Nach dem gegenwärtigen Stand der Wissenschaft ist eine solche Aufgabe nicht zu bewältigen, nicht einmal dann, wenn Tausenden von Biologen ein Milliarden-Dollar-Budget zur Verfügung stünde. Sie hätten keine Ahnung, wie sie das anstellen sollten. In einem solchen Waldstück gibt es unzählige Lebensformen – etwa dreihundert Vogelarten, fünfhundert verschiedene Schmetterlinge, zweihundert Ameisenarten, fünfzigtausend Käfer, eintausend Baumarten, fünftausend Pilzarten, Zehntausende von Bakterien und so weiter, das ganze Register wichtiger Artengruppen hinunter. Die meisten Arten dieser Speziesgruppen, und daher auch all ihre Eigenschaften, sind der Wissenschaft noch völlig unbekannt. Jede Spezies besetzt eine spezifische Nische und bedarf eines ganz bestimmten Platzes im System, eines spezifischen Mikroklimas, besonderer Nährsubstrate und ganz bestimmter Temperatur- und Feuchtigkeitszyklen, welche wiederum die einzelnen zeitlichen Stufen ihres Lebenszyklus bestimmen. Viele leben in Symbiose mit anderen Spezies und können nur überleben, wenn sie wieder in der exakten Konfiguration mit ihren Partnern angeordnet werden.

Selbst wenn Biologen ein solches taxonomisches Äquivalent zum

Manhattan Project (dem Bau der ersten Atombombe) fertigbringen würden und die Kulturen aller Spezies sortieren und erhalten könnten, wären sie nicht in der Lage, sie wieder zu ihrer alten Gemeinschaft zusammenzufügen. Diese Aufgabe wäre der Aufforderung vergleichbar, ein Rührei mit dem Löffel wieder zu Eigelb und Dotter zu machen. Vielleicht wird das in Jahrzehnten einmal möglich sein. Aber heute ist die Biologie der Mikroorganismen, die nötig sind, um eine Bodenfläche zu reanimieren, noch weitgehend unbekannt. Welche Pflanze von welchen Insekten exakt zu welcher Zeit bestäubt werden muß, kann man nur erraten. Und die »Gemeinschaftsregeln«, also die Reihenfolge der Kolonisation, die eingehalten werden muß, damit Spezies auf Dauer koexistieren können, gehören überwiegend noch dem Reich der Theorie an.

In diesem Punkt sind sich Biologen und Umweltschützer hundertprozentig einig: Die einzige Möglichkeit, mit unserem heutigen Wissen die Schöpfung zu retten, ist, sie in ihren natürlichen Ökosystemen zu erhalten. Bedenkt man, wie rasend schnell diese Lebensräume schwinden, wirkt bereits diese Aufgabe entmutigend. Aber irgendwie muß die Menschheit eine Möglichkeit finden, sich durch den ökologischen Engpaß durchzumanövrieren, ohne dabei die Umwelt zu zerstören, von der alles Leben abhängt.

Das Vermächtnis der Aufklärung ist die Überzeugung, daß wir aus eigenen Kräften Wissen erwerben und, wenn wir wissen, Verständnis entwickeln und, wenn wir verstehen, kluge Entscheidungen treffen können. Diese Selbstgewißheit wuchs mit der exponentiellen Zunahme von wissenschaftlichen Erkenntnissen, die nun zu einem Erklärungsnetz aus Ursache und Wirkung verwoben werden. Im Zuge dieses Unternehmens haben wir eine Menge über unsere eigene Spezies gelernt. Wir verstehen heute besser, woher die Menschheit kommt und was sie ist. Der Homo sapiens hat sich wie das gesamte übrige Leben selbst zusammengesetzt. Hier stehen wir nun, und niemand hat uns hierher geführt, niemand blickt uns über die Schulter, und unsere Zukunft hängt allein von uns selbst ab. Doch nachdem wir uns der Autonomie des Menschen nun bewußt geworden sind, sollten wir uns auch eher in der Lage fühlen, darüber nachzudenken, wohin wir gehen wollen.

Da reicht es nicht, wenn wir uns auf die Aussage zurückziehen, daß sich Geschichte anhand viel zu komplexer Prozesse entwickelt, als daß sie reduktionistisch analysiert werden könnte. Das ist die weiße Fahne der säkularen Intellektuellen, das moderne und be-

Mit welchem Ziel? 397

queme Äquivalent zum »Willen Gottes«. Andererseits ist es noch zu
früh, um ernsthaft von ultimativen Zielen sprechen zu können, beispielsweise von perfekten Städten inmitten von grüner Natur oder
von Roboterexpeditionen zu den nahen Sternen. Es reicht schon völlig, wenn wir den Homo sapiens nur endlich zur Ruhe bringen und
ihm zu seinem Glück verhelfen, ohne unseren Planeten dabei ganz
zu zerstören. Wir werden uns eine Menge ernsthafter Gedanken machen müssen, um durch die Untiefen der kommenden Jahrzehnte
navigieren zu können. Aber wir wissen genug, um politisch-wirt-
schaftliche Optionen herauszufiltern, die uns aller Wahrscheinlichkeit nach ruinieren würden. Und wir haben bereits begonnen, die
Grundlagen der menschlichen Natur zu erforschen und zu ergründen, welche zwingenden Bedürfnisse dem Menschen angeboren sind
und weshalb er ihnen folgen muß. Wir betreten die Ära eines neuen
Existentialismus, nicht jenes alten, von Kierkegaard und Sartre propagierten absurden Existentialismus, der dem Individuum vollständige Autonomie zuschreibt, sondern eines, der das Konzept vertritt,
daß eine korrekte Voraussicht und weise Entscheidungen nur durch
universales, ganzheitliches Wissen möglich sind.

Im Zuge dieser Erkenntnisse werden wir uns bewußt werden, daß
Ethik das fundamentalste aller Prinzipien ist. Im Gegensatz zum Ge-
selligkeitstrieb von Tieren basiert die soziale Existenz des Menschen
auf dem genetischen Hang, langfristige Verträge einzugehen, die
mittels Kultur in moralische Werte und Gesetze übersetzt werden.
Die Regeln für diese Vertragsbildung wurden der Menschheit weder
von oben aufoktroyiert, noch entwickelten sie sich nach einem hirn-
mechanistischen Zufallsprinzip. Sie entstanden im Laufe von Zehntausenden oder gar Hunderttausenden von Jahren, weil sie auf die
Gene, die diese Regeln selber festlegen, Überlebenschancen und
damit die Möglichkeit übertrugen, auch noch in künftigen Generationen vorhanden zu sein. Wir sind keine umherirrenden Kinder, die
immer mal wieder sündigen und ein Gebot übertreten, das uns von
höherer Stelle gegeben wäre. Wir sind Erwachsene, die selber herausgefunden haben, welche Verträge für unser Überleben nötig sind,
und die selber die Notwendigkeit eingesehen haben, daß die Einhaltung solcher Verträge mit heiligen Eiden beschworen werden muß.

Die Suche nach der Einheit allen Wissens mag auf den ersten
Blick so aussehen, als sollte jede individuelle Kreativität unterbunden werden. Das Gegenteil ist der Fall. Ein vereintes Wissenssystem
ist das sicherste Mittel, will man die noch unerforschten Gebiete der
Realität identifizieren. Es zeichnet die genaueste Landkarte der Ge-

biete, die wir bereits kennen, und liefert der künftigen Forschung den besten Rahmen für produktive Fragen. Wissenschaftshistoriker weisen oft darauf hin, daß es wichtiger ist, die richtige Frage zu stellen als die richtige Antwort zu geben. Die richtige Antwort auf eine triviale Frage ist immer trivial. Die richtige Frage hingegen dient auch dann, wenn sie noch nicht auf exakte Weise zu beantworten ist, als Wegweiser zu einer großen Entdeckung. Und so wird es immer sein, bei allen künftigen Exkursionen der Wissenschaft und allen Höhenflügen der künstlerischen Phantasie.

Ich bin überzeugt, daß wir auf der Suche nach neuen Wegen für das kreative Denken bei einem existentiellen Konservatismus ankommen werden. Denn wir sind aufgefordert, uns ständig die Frage zu stellen: Wo liegen unsere tiefsten Wurzeln? Allem Anschein nach sind wir schmalnasige Altweltprimaten, auf brillante Weise aufstrebende Tiere, genetisch durch unsere einzigartige Entstehungsgeschichte definiert, mit einem neuentdeckten biologischen Genius gesegnet und ohne Feinde auf unserer Heimstatt Erde, sofern wir uns keine suchen. Was bedeutet das alles? Das ist alles, was es bedeutet!

Je mehr wir uns von Ersatzmechanismen zum Erhalt unseres Lebens und unserer Biosphäre abhängig machen, um so fragiler werden wir uns und unsere Umwelt gestalten. Je mehr Leben wir von dieser Erde verbannen, um so ärmer wird unsere Spezies fürderhin sein. Und sofern wir uns entscheiden, unsere genetische Natur der Rationalität von Maschinen zu unterwerfen, sofern wir es uns zur Gewohnheit machen, unsere Ethik, unsere Kunst und die Frage nach dem eigentlichen Sinn unseres Menschseins fahrlässig irgendwelchen Diskursen im Namen des Fortschritts zu überlassen, sofern wir uns für Götter halten und uns von unserem archaischen Erbe lossprechen, werden wir uns endgültig zum Homo proteus wandeln und alles so lange umgestalten, bis nichts mehr übrig ist und wir selbst zum Nichts geworden sind.

Anmerkungen

Kapitel 1
Im Bann des Ionischen Zaubers

Seite 9

Autobiographische Details dazu, wie ich durch religiöse Erfahrung zur Idee der wissenschaftlichen Synthese gelangte, finden sich in meinen Memoiren *Naturalist*, Washington, D. C., 1994.

Seite 10

Erstmals vorgestellt und anhand von Einsteins Äußerungen zu diesem Thema veranschaulicht wurde die Idee des Ionischen Zaubers von Gerald Holton in *Einstein, die Geschichte und andere Leidenschaften. Der Kampf gegen die Wissenschaften am Ende des 20. Jahrhunderts*, Wiesbaden 1997.

Seite 14

Arthur Eddington erzählte die Geschichte von Dädalus und Ikarus in seiner Ansprache an die *British Association* von 1920, um Mut und Risikobereitschaft als Bestandteile jeder bedeutenden wissenschaftlichen Anstrengung zu würdigen. Später verwendete Subrahmanyan Chandrasekhar die Metapher zur Charakterisierung des Forschungsstils seines Freundes in *Eddington: The Most Distinguished Astrophysicist of His Time*, New York 1983.

Kapitel 2
Die großen Wissensgebiete

Seite 18–19

Einen anschaulichen Einblick in die gespaltene und oft umstrittene Natur der Wissenschaftsphilosophie gibt Werner Callebaut in den von ihm aufgezeichneten Interviews und Gesprächen in *Taking the Naturalistic Turn, or, How Real Philosophy of Science is Done*, Chicago 1993.

Seite 19

Alexander Rosenberg über Wissenschaft und Philosophie: *The Philosophy of Social Science*, Oxford 1988, S. 1.

Seite 20–21

Sir Charles Scott Sherrington äußert sich wie folgt über den zauberischen Webstuhl: »Schnell wird die Kopfmasse ein zauberischer Webstuhl, wo Mil-

400   Die Einheit des Wissens

lionen flitzender Schiffchen ein sich immer wieder auflösendes Muster weben, stets ein bedeutungsvolles, wenn auch nie ein dauerndes; eine veränderliche Harmonie von Teilmustern« (Sir Charles Scott Sherrington, *Körper und Geist. Der Mensch über seine Natur*, Bremen 1964, S. 242). Den Gedanken der archaischen Geschichte, einer nahtlosen Verbindung zwischen Vorgeschichte und überlieferter Geschichte, habe ich zuerst in »Deep history«, in: *Chronicles* 14 (1990), S. 16–18, vorgetragen.

Seite 21
Zur »wissenschaftlichen Unbildung« in den USA siehe Morris H. Shamos, *The Myth of Scientific Literacy*, New Brunswick 1995, und David L. Goodstein, »After the big crunch«, in: *The Wilson Quarterly* 19 (1995), S. 53–60.

Seite 21–22
Informationen zur Geschichte der Allgemeinbildung in den USA liefern Stephen H. Balch u. a., *The Dissolution of General Education: 1914–1993*, a report prepared by the National Association of Scholars, Princeton, N. J., 1996.

Kapitel 3
Die Aufklärung

Seite 25
Isaiah Berlin würdigte die Errungenschaften der Aufklärung in *The Age of Enlightenment: The Eighteenth-Century Philosophers*, New York 1979.

Seite 25–31
Meine Quellen zu Condorcet waren: Marie-Jean-Antoine-Nicolas Caritat Marquis de Condorcet, *Entwurf einer historischen Darstellung der Fortschritte des menschlichen Geistes*, Frankfurt/M. 1963; Henry Ellis, *The Centenary of Condorcet*, London 1894; Keith Michael Baker, *Condorcet: From Natural Philosophy to Social Mathematics*, Chicago 1975, und Edward Goodell, *The Noble Philosopher: Condorcet and the Enlightenment*, Buffalo, N. Y., 1994.

Seite 34–40
Die hier gegebene Skizze des Lebens und Wirkens von Francis Bacon basiert auf seinen Schriften sowie zahlreichen Sekundärquellen. Als wichtigste seien genannt: James Stephens, *Francis Bacon and the Style of Science*, Chicago 1975; Benjamin Farrington, *Francis Bacon: Philosopher of Industrial Science*, New York 1979; Peter Urbach, *Francis Bacon's Philosophy of Science: An Account and a Reappraisal*, La Salle, Ill., 1987, und Catherine Drinker Bowen, *Francis Bacon: The Temper of a Man*, New York 1993. In einer höchst schätzenswerten Analyse argumentiert Urbach, daß sich Bacon für eine imaginative Hypothesenbildung in allen Forschungsstadien aussprach und nichts vom Sammeln von Rohdaten zu Beginn einer Untersuchung hielt. Damit macht er Bacon zu einem weitaus moderneren Denker, als die traditionellen Deutungen seiner Texte es ihm zugestehen.

Anmerkungen   401

Seite 40
Meine Einordnung der Begründer der Aufklärung in den Kontext mythischer Rollen eines epischen Abenteuers wurde angeregt durch Joseph Campbell, *Der Heros in tausend Gestalten*, Frankfurt/M. 1978, und ihre Anwendung auf die volkstümliche Kultur durch Christopher Vogler in *The Writer's Journey: Mythic Structures for Screenwriters and Storytellers*, Studio City, Cal., 1992.

Seite 40–42
Eine ausgezeichnete Darstellung neueren Datums von Leben und Leistung Descartes' bietet Stephen Gaukroger in *Descartes: An Intellectual Biography*, New York 1995.

Seite 44
Joseph Needhams Interpretation der chinesischen Wissenschaft wurde entnommen aus: *Wissenschaft und Zivilisation in China*, Frankfurt/M. 1984.

Seite 46
Einsteins Bemerkung gegenüber Ernst Straus überliefert Straus in seinem Beitrag »Assistent bei Albert Einstein«, in: *Helle Zeit – dunkle Zeit. In memoriam Albert Einstein*, hg. von Carl Seelig, Zürich – Stuttgart – Wien 1956, S. 66–74, S. 72.

Seite 51
Das Goethe-Zitat über die allessehende Natur stammt aus Johann Wolfgang von Goethe, *Die Natur*, in: *Goethes Werke*, Bd. 13 (Hamburger Ausgabe, hg. von Erich Trunz), 7. Aufl., München 1975, S. 46f.

Seite 52–54
Eine Dokumentation und Diskussion der Zunahme wissenschaftlicher Erkenntnisse seit 1700 gibt David L. Goodstein, »After the big crunch«, in: *The Wilson Quarterly* 19 (1995), S. 53–60.

Seite 53
Die Übersetzung von Pico della Mirandolas Unterweisung durch Gott ist eine der poetisch ansprechenderen und findet sich in: Giovanni Pico della Mirandola, *Ausgewählte Schriften*, übersetzt und eingeleitet von Arthur Liebert, Jena – Leipzig 1905, S. 183.

Seite 55–56
Über die Moderne siehe Carl E. Schorske, *Fin-de-Siècle Vienna: Politics and Culture*, New York 1980. Howard Gardner untersucht die Moderne aus der Perspektive des Psychologen in *So genial wie Einstein. Schlüssel zum kreativen Denken*, Stuttgart 1996.

Seite 56–58
C. P. Snow beklagte die Trennung zwischen der literarischen und der wissenschaftlichen Kultur in seinem vielgerühmten Traktat *Die Zwei Kulturen. Literarische und naturwissenschaftliche Intelligenz*, Stuttgart 1967, basierend auf seiner »Rede Lecture« aus dem Jahr 1959.

402   Die Einheit des Wissens

Die Werke von Jacques Derrida, auf die sich meine zugegebenermaßen wenig begeisterten Eindrücke gründen, sind: *Grammatologie*, Frankfurt/M. 1996; *Die Schrift und die Differenz*, Frankfurt/M. 1972, und *Dissemination*, Wien 1995. Angesichts von Derridas bewußt surrealem Stil verdanke ich viel den Erklärungen der Übersetzer in ihren Einleitungen (*Of Grammatology*, übersetzt von Gayatri Chakravorty Spivak, Baltimore 1976; *Writing and Difference*, übersetzt von Alan Bass, Chicago 1978; *Dissemination*, übersetzt von Barbara Johnson, Chicago 1981).

Seite 58–59
Zu Wurzelmetaphern in der Psychologie siehe Kenneth J. Gergen, »Correspondence versus autonomy in the language of understanding human action«, in: Donald W. Fiske/Richard A. Shweder (Hg.), *Metatheory in Social Science: Pluralisms and Subjectivities*, Chicago 1986, S. 145f.

Seite 60
George Scialabba schrieb über Michel Foucault in »The tormented quest of Michel Foucault«, in: *The Boston Sunday Globe* vom 3. Januar 1993, S. A 12, einer Rezension zu James Millers Buch *The Passion of Michel Foucault*, New York 1993. Eine frühere und umfassendere Darstellung von Foucaults Lehre, die auch seine »Archäologie des Wissens« einschließt, bietet Alan Sheridan in *Michel Foucault: The Will to Truth*, London 1980.

Kapitel 4
Die Naturwissenschaften

Seite 64
Unter den vielen Lehrbüchern und anderen einführenden Darstellungen über Sinnessysteme von Tieren ist eines der besten und am häufigsten benutzten John Alcocks *Das Verhalten der Tiere*, Stuttgart 1996.

Seite 67
Eugene P. Wigners Beschreibung der Mathematik als der natürlichen Sprache der Physik findet sich in »The unreasonable effectiveness of mathematics in the natural sciences«, in: *Communications on Pure and Applied Mathematics* 13 (1960), S. 1–14.

Seite 68–69
Die Darstellung der Quantenelektrodynamik (QED) sowie der Messung von Eigenschaften des Elektrons ist entnommen aus David J. Gross, »Physics and mathematics at the frontier«, in: *Proceedings of the National Academy of Sciences, USA* 85 (1988), S. 8371–8375, und John R. Gribbin, *Schrödingers Kätzchen und die Suche nach der Wirklichkeit*, Frankfurt/M. 1996. Das hier verwendete Bild einer über die Vereinigten Staaten fliegenden Nadel, das die Genauigkeit der QED veranschaulicht, verdanke ich John R. Gribbin.

Anmerkungen 403

Seite 69–71

Die neuen Möglichkeiten, die Nanotechnologie sowie Rastertunnelmikroskop und Elektronenmikroskop eröffnen, beschreiben die verschiedenen Autoren von *Nanotechnology: Molecular Speculations on Global Abundance*, hg. von B. C. Crandall, Cambridge, Mass., 1996. Die Herstellung von ROMs hoher Dichte wird beschrieben in *Science News* 148 (1995), S. 58. Den genauen zeitlichen Ablauf chemischer Reaktionen schildert Robert F. Service, »Getting a reaction in close-up«, in: *Science* 268 (1995), S. 1846, und membranähnliche, sich selbständig zusammenfügende monomolekulare Einzelschichten beschreibt George M. Whitesides in »Self-assembling materials«, in: *Scientific American* 273 (1995), S. 146–157.

Seite 79

Einsteins Huldigung an Planck stammt aus »Prinzipien der Forschung. Rede zum 60. Geburtstag von Max Planck«, in: Albert Einstein, *Mein Weltbild*, hg. von Carl Seelig, Frankfurt/M. – Berlin 1962.

Seite 79–81

Die Individualität des Wissenschaftlers, seine Schwächen und seine Forschungstätigkeit als Kunstform werden eingehend untersucht von Freeman Dyson, »The scientist as rebel«, in: *The New York Review of Books* vom 25. Mai 1995, S. 31–33. Seine Ansichten zu diesem Thema, die er als Physiker unabhängig von anderen entwickelt hat, sind in vielerlei Hinsicht meinen eigenen sehr ähnlich.

Seite 82–83

Der ursprüngliche Bericht über die experimentelle DNA-Reduplikation wurde von Matthew S. Meselson und Franklin W. Stahl veröffentlicht in *Proceedings of the National Academy of Sciences, USA* 44 (1958), S. 671–682. Ich bin Meselson für ein persönliches Gespräch über das Experiment zu Dank verpflichtet.

Seite 84–88

Mein Überblick über Geschichte und Inhalt des logischen Positivismus sowie über die Suche nach der objektiven Wahrheit basiert auf einer Vielzahl von Texten und privaten Diskussionen mit Wissenschaftlern und anderen. Den stärksten Einfluß übten jedoch in den letzten Jahren Gerald Holtons *Science and Anti-Science*, Cambridge, Mass., 1993, und Alexander Rosenbergs *Economics: Mathematical Politics or Science of Diminishing Returns?*, Chicago 1992, aus.

Seite 88

Herbert A. Simon hat sich zur Psychologie des kreativen Denkens geäußert in »Discovery, invention, and development: human creative thinking«, in: *Proceedings of the National Academy of Sciences, USA* (Physical Sciences) 80 (1983), S. 4569–4571.

Die Einheit des Wissens

Kapitel 5
Der Ariadnefaden

Seite 91–92

Das kretische Labyrinth und der Ariadnefaden haben im Laufe der Jahre unterschiedliche metaphorische Interpretationen erfahren. Meiner Interpretation am nächsten, wenn auch in wichtigen Punkten von ihr abweichend, kommt Mary E. Clark in *Ariadne's Thread: The Search for New Modes of Thinking*, New York 1989. Clark versteht das Labyrinth als Symbol für die Gesellschafts- und Umweltprobleme der Menschheit und den Faden als Symbol für die objektiven Wahrheiten und den Realitätssinn, die zu deren Bewältigung notwendig sind.

Seite 94–97

Einzelheiten zu den Kommunikationsweisen von Ameisen sind zu finden in Bert Hölldobler/Edward O. Wilson, *Ameisen. Die Entdeckung einer faszinierenden Welt*, Basel 1995.

Seite 98–99

Die von den Jívaro praktizierte Anrufung der Ahnen beschreibt Michael J. Harner in *The Jívaro: People of the Sacred Waterfalls*, Garden City, N. Y., 1972. Pablo Amaringos Träume und seine Kunst werden vorgestellt in Luis Eduardo Luna/Pablo Amaringo, *Ayahuasca Visions: The Religious Iconography of a Peruvian Shaman*, Berkeley, Cal., 1991.

Seite 101–107

Das aktuelle Verständnis von der Biologie des Träumens erläutert J. Allan Hobson in *The Chemistry of Conscious States: How the Brain Changes Its Mind*, Boston 1994, und in *Schlaf. Gehirnaktivität im Ruhezustand*, Heidelberg 1990. Einen Überblick über viele der technischen Details in aktuellen Untersuchungen zur Struktur und Physiologie des Träumens enthält »Dream consciousness: a neurocognitive approach«, Sonderausgabe von *Consciousness and Cognition* 3 (1994), S. 1–128. Über die neuere Forschung zur Anpassungsfunktion des Schlafes berichten Avi Karni u. a., »Dependence on REM sleep of overnight improvement of a perceptual skill«, in: *Science* 265 (1994), S. 679–682.

Seite 106–110

Das hier dargestellte Verhältnis zwischen realen Schlangen und Traumschlangen bei der Entstehung von Träumen und Mythen basiert größtenteils auf Balaji Mundkurs wichtiger Monographie *The Cult of the Serpent: An Interdisciplinary Survey of Its Manifestations and Origins*, Albany, N. Y., 1983, und, mit geringen Veränderungen, auf den von mir in *Biophilia*, Cambridge, Mass., 1984, vorgenommenen Erweiterungen.

Seite 111–113

Das Bild der sich verändernden Skalen von Raum und Zeit verwendete ich zuerst in *Biophilia*, Cambridge, Mass., 1984.

Anmerkungen 405

Seite 114–115
Bei der Benennung der Schwierigkeiten, auf die man stößt, wenn man versucht die Struktur von Eiweißen aufgrund der Interaktion der sie bildenden Atome vorherzusagen, verdanke ich viel einem unveröffentlichten Vortrag, den S. J. Singer in der *American Academy of Arts and Sciences* im Dezember 1993 gehalten hat; er hat freundlicherweise auch meine Ausführungen überprüft.

Seite 115–116
Die Interaktion von Organismen höherer Ordnung in Regenwäldern beschreibe ich in meinem Buch *Der Wert der Vielfalt. Die Bedrohung des Artenreichtums und das Überleben des Menschen*, München – Zürich 1996, die Interaktion in Ökosystemen allgemein in einem von Peter Kareiva herausgegebenen Sonderteil in der Zeitschrift *Ecology* 75 (1994), S. 1527–1559.

Seite 119–123
Eine ausgezeichnete Einführung in Bedeutung und Ziele der Komplexitätstheorie bieten Harold Morowitz in der von ihm herausgegebenen, wichtigsten Zeitschrift dieses Wissenschaftszweiges, *Complexity* 1 (1995), S. 4f., und Murray Gell-Mann, ebda., S. 16–19. Zu den besten der vielen umfassenden Darstellungen dieses Gegenstandes, die in den neunziger Jahren erschienen sind, gehören: Stuart A. Kauffman, *Der Öltropfen im Wasser. Chaos, Komplexität, Selbstorganisation in Natur und Gesellschaft*, München 1996, und Jack Cohen/Ian Stewart, *Chaos/Antichaos. Ein Ausblick auf die Wissenschaft des 21. Jahrhunderts*, Berlin 1994.

Seite 125–126
Die Zelle als System genetischer Netzwerke beschreiben William F. Loomis und Paul W. Sternberg, »Genetic networks«, in: *Science* 269 (1995), S. 649. Ihre Darstellung baut auf dem längeren, stärker technisch orientierten Bericht von Harley H. McAdams und Lucy Shapiro auf, ebda., S. 650–656.

Seite 127
Den exponentiellen Anstieg der Leistungsfähigkeit von Computern beschreiben Ivars Peterson, »Petacrunchers: setting a course toward ultrafast supercomputing«, in: *Science News* 147 (1995), S. 232–235, und David A. Patterson, »Microprocessors in 2020«, in: *Scientific American* 273 (1995), S. 62–67. »Peta-« bezeichnet eine Größenordnung von 10^{15} oder eintausend Billionen.

Seite 127–128
Die Ansichten der Zellbiologen über die wichtigsten Probleme der Entwicklung von Zellen und Organismen schildert Marcia Barinaga, »Looking to development's future«, in: *Science* 266 (1994), S. 561–564.

Kapitel 6
Der Verstand

Seite 131–167

In letzter Zeit haben viele der führenden Hirnforscher ihren Forschungsbereich einer breiteren Öffentlichkeit vorgestellt. Glücklicherweise geben gerade die Publikationen der jüngsten Zeit einen Gesamtüberblick über die verschiedenen Ansichten. Zu den besten dieser Arbeiten über die Hirnstruktur und dessen Wechselbeziehungen zwischen neuronalen und biochemischen Prozessen des Verhaltens gehören Paul M. Churchland, *Die Seelenmaschine. Eine philosophische Reise ins Gehirn*, Heidelberg 1997; Francis Crick, *Was die Seele wirklich ist. Die naturwissenschaftliche Erforschung des Bewußtseins*, Düsseldorf 1994; Antonio R. Damasio, *Descartes' Irrtum. Fühlen, Denken und das menschliche Gehirn*, München 1997; Gerald M. Edelman, *Göttliche Luft, vernichtendes Feuer. Wie der Geist im Gehirn entsteht*, München – Zürich 1995; J. Allan Hobson, *The Chemistry of Conscious States: How the Brain Changes Its Mind*, Boston 1994; Stephen M. Kosslyn, *Image and Brain: The Resolution of the Imagery Debate*, Cambridge, Mass., 1994; Stephen M. Kosslyn/Olivier Koenig, *Wet Mind: The New Cognitive Neuroscience*, New York 1992; Steven Pinker, *How the Mind Works*, New York 1997; Michael I. Posner/Markus E. Raichle, *Bilder des Geistes. Hirnforscher auf den Spuren des Denkens*, Heidelberg – Berlin – Oxford 1996. Einen umfassenden Überblick über die zeitgenössische Forschung auf dem Gebiet der Gefühle geben eine Anzahl von Autoren in: Paul Ekman/Richard J. Davidson (Hg.), *The Nature of Emotion: Fundamental Questions*, New York 1994. Der poetische Vergleich von Hinter- und Mittelhirn, limbischem System und Großhirnrinde mit Herzschlag, Herzenswärme und Herzlosigkeit stammt aus Robert Pool, *Evas Rippe. Das Ende des Mythos vom starken und vom schwachen Geschlecht*, München 1995.

Auch die zeitgenössischen Ansichten zum Thema bewußter Erfahrung werden in den oben genannten Arbeiten angesprochen. Die vielen Verzweigungen in der Philosophie, die sich aus der neurobiologischen Forschung ergeben haben, stehen im Mittelpunkt der folgenden, bemerkenswerten Arbeiten: Patricia S. Churchland, *Neurophilosophy: Toward a Unified Science of the Mind-Brain*, Cambridge, Mass., 1986; Daniel C. Dennett, *Philosophie des menschlichen Bewußtseins*, Hamburg 1994; ders., *Darwins gefährliches Erbe. Die Evolution und der Sinn des Lebens*, Hamburg 1997; John R. Searle, *Die Wiederentdeckung des Geistes*, Düsseldorf 1993.

In seinem Buch *Schatten des Geistes. Wege zu einer neuen Physik des Bewußtseins*, Heidelberg 1995, argumentiert Roger Penrose, daß weder die konventionelle Wissenschaft noch künstliche Rechenmethoden imstande sind, das Problem des Verstandes zu lösen. Er entwirft das Bild eines radikal neuen Ansatzes, der auf der Quantenphysik und einer neuen Sichtweise in der Zellphysiologie beruht; doch nur wenige Wissenschaftler verspüren den Drang, vom gegenwärtigen Kurs der Forschung abzuweichen, der bis heute einen solch dramatischen Fortschritt gebracht hat.

Anmerkungen   407

Weitere spezielle Aspekte der modernen Forschung werden untersucht in:
Margaret A. Boden, *Die Flügel des Geistes*. *Kreativität und Künstliche Intelligenz*,
München 1995; Daniel Goleman, *Emotionale Intelligenz*, München 1996; José
A. Jáuregui, *The Emotional Computer*, Cambridge, Mass., 1995; Simon LeVay,
Keimzellen der Lust. *Die Natur der menschlichen Sexualität*, Berlin – Oxford
1994; Steven Pinker, *Der Sprachinstinkt*. *Wie der Geist die Sprache bildet*, München 1996.

Für die Ausarbeitung meiner eigenen kurzen Darstellung der physischen
Grundlage des Verstandes habe ich in unterschiedlichem Maße auf die oben
genannten Arbeiten sowie auf Gespräche mit einigen ihrer Verfasser und
anderen Hirnforschern zurückgegriffen. Darüber hinaus habe ich die hervorragenden Rezensionen und Kommentare der Zeitschrift *Behavioral and
Brain Sciences* benutzt.

Seite 132
Eine Darstellung der Anzahl der Gene, die an der Entwicklung des menschlichen Gehirns beteiligt sind, findet sich in: Nature magazine's *The Genome
Directory* vom 28. September 1995, S. 8, Tafel 8.

Seite 136–160
Einige der in diesem Kapitel angeführten spezifischen Beispiele sind folgenden Quellen entnommen: zum Fall von Phineas Gage und der Rolle des
Stirnlappens: Hanna Damasio u. a., »The return of Phineas Gage: clues
about the brain from the skull of a famous patient«, in: *Science* 264 (1994),
S. 1102–1105; Antonio R. Damasio, *Descartes' Irrtum*. *Fühlen, Denken und das
menschliche Gehirn*, München 1997; zu Karen Ann Quinlan und der Rolle
des Thalamus: Kathy A. Fackelmann, »The conscious mind«, in: *Science
News* 146 (1994), S. 10f.; zur Erforschung der Neuronen des Gehirns: Santiago Ramón y Cajal, *Recollections of my Life* (Memoirs of the American Philosophical Society, Bd. 8), Philadelphia 1937, S. 363; zur kategorienspezifischen Verarbeitung der Reizmuster »Tiere« und »Werkzeuge« durch das
Gehirn: Alex Martin/Cheri L. Wiggs/Leslie G. Ungerleider/James V.
Haxby, »Neural correlates of category-specific knowledge«, in: *Nature* 379
(1996), S. 649–652; das konstruierte Beispiel zur Interaktion von Körper
und Gehirn ist in abgeänderter Form entnommen aus: Antonio R. Damasio,
Descartes' Irrtum. *Fühlen, Denken und das menschliche Gehirn*, München 1997;
das »harte Problem« in der Hirnforschung ist erläutert in: David J. Chalmers, »The puzzle of conscious experience«, *Scientific American* 273 (Dez.
1995), S. 80–86. Daniel C. Dennett hat es gründlich erforscht und unabhängig gelöst in: *Philosophie des menschlichen Bewußtseins*, Hamburg 1994. Simon
Leys' Deutung der chinesischen Kalligraphie findet sich in seiner Rezension
zu Jean François Billeter, *The Chinese Art of Writing*, New York 1990, in: *The
New York Review of Books* 43 (1996), S. 28–31.

Seite 163–167
Die hier verwendete Definition von künstlicher Intelligenz ist einem Essay
von Gordon S. Novak, Jr., entnommen, erschienen in: Christopher Morris

408 Die Einheit des Wissens

(Hg.), *Academic Press Dictionary of Science and Technology*, San Diego 1992, S. 160. Einen ausgezeichneten Bericht über die Verwendung künstlicher Intelligenz beim Schach sowie bei anderen deterministischen Spielen wie Dame, Go und Bridge gibt Fred Guterl, »Silicon Gambit«, in: *Discover* 17 (Juni 1996), S. 48–56.

Kapitel 7
Von den Genen zur Kultur

Seite 171–173
Begriff und Idee der genetisch-kulturellen Koevolution wurden vorgestellt in: Charles J. Lumsden/Edward O. Wilson, *Genes, Mind, and Culture: the Coevolutionary Process*, Cambridge, Mass., 1981, und in: dies., *Das Feuer des Prometheus. Wie das menschliche Denken entstand*, München – Zürich 1984. Die entscheidenden Modelle für die Interaktion von Vererbung und Kultur, die zu dieser Formulierung führten, wurden erstellt von Robert Boyd und Peter J. Richerson im Jahr 1976, Mark W. Feldman und L. Luca Cavalli-Sforza im Jahr 1976, William H. Durham im Jahr 1978 und mir selbst im Jahr 1978. Zu den Publikationen neueren Datums, die einen Überblick über die Entwicklung der genetisch-kulturellen Koevolution bis zum heutigen Tage geben gehören: William H. Durham, *Coevolution: Genes, Culture, and Human Diversity*, Stanford, Cal., 1991; Kevin N. Laland, »The mathematical modelling of human culture and its implications for psychology and the human sciences«, in: *British Journal of Psychology* 84 (1993), S. 145–169; François Nielsen, »Sociobiology and sociology«, in: *Annual Review of Sociology* 20 (1994), S. 267–303. Jeder dieser Autoren hat Wichtiges und Neues zum Thema beigetragen und gewichtet und deutet die verschiedenen Abschnitte des koevolutionären Zyklus auf seine Weise. Wenn sie auch zweifellos einige Details der hier gegebenen Interpretation in Frage stellen würden, so glaube ich doch, daß sie mit meiner Darstellung im Kern weitestgehend übereinstimmen.

Seite 173
In Jacques Monod, *Zufall und Notwendigkeit. Philosophische Fragen der modernen Biologie*, München – Zürich 1996, findet sich als Epigraph der folgende Ausspruch Demokrits: »Alles, was im Weltall existiert, ist die Frucht von Zufall und Notwendigkeit.«

Seite 175–176
Zur Definition von Kultur siehe: Alfred L. Kroeber, *Anthropology*, mit Ergänzungen 1923–33, New York 1933; Alfred L. Kroeber/Clyde K. M. Kluckhohn, »Culture: a critical review of concepts and definitions«, in: *Papers of the Peabody Museum of American Archaeology and Ethnology, Harvard University* Bd. 47, Nr. 12 (1952), S. 643f., S. 656; Walter Goldschmidt, *The Human Career: The Self in the Symbolic World*, Cambridge, Mass, 1990. Über die Ent-

Anmerkungen 409

stellung des Begriffs Kultur in der neueren populären Literatur berichtet Christopher Clausen,»Welcome to post-culturalism«, in: *The American Scholar* 65 (1996), S. 379–388.

Seite 177–178
Die Art der Intelligenz von Bonobos und anderen großen Affenarten sowie die Frage nach einer auf ihr basierenden Form von Kultur sind Gegenstand einer großen Zahl von Publikationen neueren Datums. Detailliertere Darstellungen der von mir hier angesprochenen Themen finden sich in: E. Sue Savage-Rumbaugh/Roger Lewin, *Kanzi, der sprechende Schimpanse. Was den tierischen vom menschlichen Verstand unterscheidet*, München 1995; Richard W. Wrangham/W. C. McGrew/Frans de Waal u. a. (Hg.), *Chimpanzee Cultures*, Cambridge, Mass., 1994; zwei allgemeine Darstellungen gibt Frans de Waal in: *Wilde Diplomaten. Versöhnung und Entspannungspolitik bei Affen und Menschen*, München 1991, und in: *Der gute Affe. Der Ursprung von Recht und Unrecht bei Menschen und anderen Tieren*, München 1997; Joshua Fischman, »New clues surface about the making of the mind«, in: *Science* 262 (1993), S. 1517. Die Schweigsamkeit der Schimpansen im Gegensatz zur zwanghaften Redseligkeit des Menschen beschreibt John L. Locke in:»Phases in the child's development of language«, in: *American Scientist* 82 (1994), S. 436–445. Die Beurteilung von Sprachentwicklung und emotionaler Bindung überprüft Anne Fernald in:»Human maternal vocalizations to infants as biologically relevant signals: an evolutionary perspective«, in: Jerome H. Barkow/Leda Cosmides/John Tooby (Hg.), *The Adapted Mind: Evolutionary Psychology and the Generation of Culture*, New York 1992, S. 391–428.

Seite 179
Das frühzeitige Auftreten kindlicher Nachahmung beschreiben Andrew N. Meltzoff/M. Keith Moore in:»Imitation of facial and manual gestures by human neonates«, in: *Science* 19 (1977), S. 75–78, und in:»Newborn infants imitate adult facial gestures«, in: *Child Development* 54 (1983), S. 702–709.

Seite 180
Über die frühen Stadien menschlicher Kultur im Lichte der jüngsten archäologischen Entdeckungen berichten: Ann Gibbons,»Old dates for modern behavior«, in: *Science* 268 (1995), S. 495f; Michael Balter,»Did *Homo erectus* tame fire first?«, in: *Science* 268 (1995), S. 1570; Elizabeth Culotta, »Did Kenya tools root birth of modern thought in Africa?«, in: *Science* 270 (1995), S. 1116f. Die enorme Entwicklung und Zunahme der materiellen Kultur in der Moderne beschreibt Henry Petroski in:»The evolution of artifacts«, in: *American Scientist* 80 (1992), S. 416–420.

Seite 181
Die Unterscheidung zwischen den beiden grundlegenden Klassen des Gedächtnisses beschrieb Endel Tulving in: Endel Tulving/Wayne Donaldson (Hg.), *Organization of Memory*, New York 1972, S. 382–403.

Seite 183
Die Definition von Mem, der Grundeinheit von Kultur, als Knoten im semantischen Gedächtnis wurde vorgeschlagen von Charles J. Lumsden/ Edward O. Wilson in: »The relation between biological and cultural evolution«, in: *Journal of Social and Biological Structures* 8 (1985), S. 343–359.

Seite 185–191
Eine Einführung in die Maßeinheiten Reaktionsnorm und Heritabilität gehört heute nicht nur zur Standardausstattung von Genetiklehrbüchern, sondern findet sich mittlerweile auch in vielen Lehrbüchern zur allgemeinen Biologie. Aus der Vielzahl der Möglichkeiten seien hier die folgenden detaillierten, mit Anwendungsbeispielen versehenen Arbeiten genannt: Douglas S. Falconer/Trudy F. C. Mackay, *Introduction to Quantitative Genetics*, 4. Auflage, Essex, England, 1996; Michael R. Cummings, *Human Heredity: Principles and Issues*, 4. Aufl., New York 1997; Robert Plomin u. a., *Behavioral Genetics*, 3. Aufl., New York 1997. Ein Überblick über wichtige neuere Forschungsergebnisse zur Heritabilität menschlicher Verhaltensmerkmale findet sich in: Thomas J. Bouchard, Jr., u. a., »Sources of human psychological differences: the Minnesota study of twins reared apart«, in: *Science* 250 (1990), S. 223–228.

Seite 193–194
Den Forschungsstand zur biologischen Grundlage der Schizophrenie fassen zusammen: Leena Peltonen, »All out for chromosome six«, in: *Nature* 378 (1995), S. 665f.; B. Brower, »Schizophrenia: fetal roots for GABA loss«, in: *Science News* 147 (1995), S. 247; und zur Hirnaktivität während psychotischer Phasen: D. A. Silbersweig u. a., »A functional neuroanatomy of hallucinations in schizophrenia«, in: *Nature* 378 (1995), S. 176–179; R. J. Dolan u. a., »Dopaminergic modulation of impaired cognitive activation in the anterior cingulate cortex in schizophrenia«, in: *Nature* 378 (1995), S. 180–182.

Seite 196
Zur Schätzung der Anzahl der die Hautfarbe bestimmenden Polygene siehe: Curt Stern, *Principles of Human Genetics*, 3. Aufl., San Francisco 1973.

Seite 198
Die kulturellen Universalien ermittelte George P. Murdock in: »The common denominator of cultures«, in: Ralph Linton (Hg.), *The Science of Man in the World Crisis*, New York 1945. Eine ausgezeichnete Aktualisierung und Neubewertung mittels anthropologischer und soziobiologischer Grundsätze gibt Donald E. Brown in: *Human Universals*, Philadelphia 1991.

Seite 199
Meine imaginäre Rede zum Thema Termitenzivilisation, die die Einzigartigkeit der menschlichen Natur unterstreichen soll, habe ich entnommen: Edward O. Wilson, »Comparative social theory«, in: *The Tanner Lectures on Human Values*, Bd. 1, Salt Lake City 1980, S. 49–73.

Anmerkungen   411

Seite 199–200
Die institutionellen Übereinstimmungen in fortgeschrittenen Gesellschaften der Alten und der Neuen Welt beschreibt Alfred V. Kidder in:»Looking backward«, in: *Proceedings of the American Philosophical Society* 83 (1940), S. 527–537.

Seite 201
Das Prinzip der Lernbereitschaft wurde formuliert von Martin E. P. Seligman u. a. in: *Biological Boundaries of Learning*, zusammengest. von Martin E. P. Seligman und Joanne L. Hager, New York 1972.

Seite 202–207
Die epigenetischen Regeln wurden zusammengestellt und klassifiziert von Charles J. Lumsden/Edward O. Wilson in: *Genes, Mind, and Culture: the Coevolutionary Process*, Cambridge, Mass., 1981. Zu den besten umfassenden Publikationen, die in den letzten Jahren zu diesem Thema erschienen sind, zählen: Irenäus Eibl-Eibesfeldt, *Die Biologie des menschlichen Verhaltens. Grundriß der Humanethologie*, 3. Aufl., München – Zürich 1995; William H. Durham, *Genes, Culture, and Human Diversity*, Stanford, Cal., 1991; Jerome H. Barkow/Leda Cosmides/John Tooby (Hg.), *The Adapted Mind: Evolutionary Psychology and the Generation of Culture*, New York 1992, darin besonders: Cosmides/Tooby,»The psychological foundations of culture«, S. 19–136.

Seite 203–204
Die Beschreibung des Übergangs vom Moro-Reflex zur Schreckreaktion ist entnommen: Luther Emmett Holt/John Howland, *Holt's Diseases of Infancy and Childhood*, 11. Aufl., bearb. von L. E. Holt, Jr., und Rustin McIntosh, New York 1940. Die weltweite audiovisuelle Tendenz des Vokabulars der Sinne basiert auf Forschungen von Charles J. Lumsden/Edward O. Wilson vorgestellt in: *Genes, Mind, and Culture: the Coevolutionary Process*, Cambridge, Mass., 1981, S. 38–40. Die bei Neugeborenen festzustellende rasche Fixierung auf das Gesicht der Mutter wurde auf Grundlage von Experimenten erstmals nachgewiesen von Carolyn G. Jirari. Ein Bericht hierzu findet sich in einer Doktorarbeit, zitiert in: Daniel G. Freedman, *Human Infancy: An Evolutionary Perspective*, Hillsdale, N. J., 1974. Die Forschungsergebnisse wurden bestätigt und erweitert in: Mark Henry Johnson/John Morton, *Biology and Cognitive Development: The Case of Face Recognition*, Cambridge, Mass., 1991.

Seite 205
Meine Darstellung des in allen Kulturen feststellbaren Entwicklungsmusters des Lächelns bezieht sich auf: Melvin J. Konner,»Aspects of the developmental ethology of a foraging people«, in: Nicholas G. Blurton Jones (Hg.), *Ethological Studies of Child Behavior*, New York 1972, S. 77; Irenäus Eibl-Eibesfeldt,»Human ethology: concepts and implications for the sciences of man«, in: *Behavioral and Brain Sciences* 2 (1979), S. 1–57; ders., *Die Biologie des menschlichen Verhaltens. Grundriß der Humanethologie*, 3. Aufl., Mün-

412   Die Einheit des Wissens

chen – Zürich 1995, und ist mit nur geringfügigen Änderungen entnommen aus: Charles J. Lumsden/Edward O. Wilson, *Genes, Mind, and Culture:
the Coevolutionary Process*, Cambridge, Mass., 1981, S. 77f.

Seite 205–206
Die Ausführungen zur Reifikation und zum dyadischen Prinzip basieren
auf: Charles J. Lumsden/Edward O. Wilson, ebda., S. 93–95. Das Beispiel
der Dasun in Borneo ist entnommen: Thomas Rhys Williams, *Introduction to
Socialization: Human Culture Transmitted*, St. Louis, Mo., 1972.

Seite 208
Zur Vererbung der Dyslexie siehe: Chris Frith/Uta Frith, »A biological
marker for dyslexia«, in: *Nature* 382 (1996), S. 19f. Eine sehr kompetente
Einschätzung des gegenwärtigen Standes der Verhaltensgenetik – sowohl
bei Tieren als auch bei Menschen – geben eine Reihe von Artikeln, veröffentlicht unter dem Titel »Behavioral genetics in transition«, in: *Science* 264
(1994), S. 1686–1739. Eine Analyse des holländischen »Aggressions-Gens«
geben H. G. Brunner u. a. in: »X-linked borderline mental retardation with
prominent behavioral disturbance: phenotype, genetic localization, and evidence for disturbed monoamine metabolism«, in: *American Journal of Human
Genetics* 52 (1993), S. 1032-1039. Über das »neuheitensuchende« Gen berichten Richard P. Ebstein u. a. in: »Dopamine D_4 receptor (D_4DR) exon III po-
lymorphism associated with the human personality trait of Novelty See-
king«, in: *Nature Genetics* 12 (1996), S. 78–80.

Seite 212–213
Die Erläuterungen zur Parasprache basieren auf: Irenäus Eibl-Eibesfeldt,
Die Biologie des menschlichen Verhaltens. Grundriß der Humanethologie, 3. Aufl.,
München – Zürich 1995, S. 424–492.

Seite 214–218
Für meine Darstellung der Entstehung der Farbvokabulare habe ich viele
Quellen herangezogen, darunter vor allem die wichtigen, kürzlich in einem
Sammelband erschienenen Aufsätze von Denis Baylor, John Gage, John
Lyons und John Mollon in: Trevor Lamb/Janine Bourriau (Hg.), *Colour:
Art & Science*, New York 1995. Die Beschreibung der kulturübergreifenden
Studien über Farbvokabulare habe ich mit einigen Änderungen übernom-
men von: Charles J. Lumsden/Edward O. Wilson, *Das Feuer des Prometheus.
Wie das menschliche Denken entstand*, München – Zürich 1984. Ich habe
auch eine informative und empfehlenswerte Kritik der vorherrschenden
psycho-physiologischen Erklärung berücksichtigt, die von einer Reihe von
Autoren verfaßt und hartnäckig von ihren Befürwortern, der Mehrheit,
verteidigt wurde. Sie ist erschienen in: *Behavioral and Brain Sciences* 20.2
(1997), S. 167-228. William H. Bossert und George F. Oster bin ich zu Dank
verpflichtet für die Berechnung der theoretischen sowie der tatsächlichen,
eingeschränkten Höchstzahl von Farbvokabularen, die sich aus elf Basisfar-
ben erstellen lassen.

Anmerkungen 413

Kapitel 8
Die Tauglichkeit der menschlichen Natur

Seite 221–226

Viele der hier vorgestellten Ideen zur menschlichen Natur und der Rolle epigenetischer Regeln wurden erstmals entwickelt und dargestellt in: Charles J. Lumsden/Edward O. Wilson, *Genes, Mind, and Culture: the Coevolutionary Process*, Cambridge, Mass., 1981; dies., *Das Feuer des Prometheus. Wie das menschliche Denken entstand*, München – Zürich 1984. Die epigenetischen Regeln sind ebenfalls ein zentrales Thema in: Jerome H. Barkow/Leda Cosmides/John Tooby (Hg.), *The Adapted Mind: Evolutionary Psychology and the Generation of Culture*, New York 1992.

Seite 226–231

Mit dem klassischen Ansatz der Soziobiologie zur Erforschung der Evolution von Kultur befaßt sich die folgende exzellente Sammlung von Aufsätzen und Kritiken: Laura L. Betzig (Hg.), *Human Nature: A Critical Reader*, New York 1997. Der Großteil der in den achtziger und neunziger Jahren publizierten Forschungsergebnisse ist erschienen in den Fachzeitschriften: *Ethology and Sociobiology*, *Behavioral and Brain Sciences* und *Human Nature*. Eine kompetente Analyse zur Geistesgeschichte der Soziobiologie und anderer evolutionsgeschichtlich ausgerichteter Disziplinen, die sich um die Erforschung der menschlichen Natur bemühen, gibt: Carl N. Degler, *In Search of Human Nature: The Decline & Revival of Darwinism in American Social Thought*, New York 1991.

Seite 227

Die Entstehung der Theorien zur Sippenauslese und zur Familie, die hauptsächlich auf William D. Hamilton und Robert L. Trivers zurückgehen, werden dargestellt in: Edward O. Wilson, *Sociobiology: The New Synthesis*, Cambridge, Mass., 1975, sowie in zahlreichen späteren Lehrbüchern und Publikationen, darunter das erst kürzlich erschienene Buch von Laura L. Betzig (Hg.), *Human Nature: A Critical Reader*, New York 1997.

Seite 228

Die geschlechtsspezifischen Unterschiede und insbesondere die Paarungsstrategien werden fundiert und materialreich dargestellt in: Laura L. Betzig, *Despotism and Differential Reproduction: A Darwinian View of History*, New York 1986; David M. Buss, *Die Evolution des Begehrens. Geheimnisse der Partnerwahl*, Hamburg 1994; Robert Pool, *Evas Rippe. Das Ende des Mythos vom starken und vom schwachen Geschlecht*, München 1995.

Seite 229–230

Die Auffassung von der territorialen Aggression als einem dichtebestimmenden Faktor zur Populationsregulierung wurde eingeführt von Edward O. Wilson, »Competitive and aggressive behavior«, in: John F. Eisenberg/Wilton S. Dillon (Hg.), *Man and Beast: Comparative Social Behavior*, Washington, D. C., 1971, S. 183–217. Die tiefe Verwurzelung von Stammeskon-

414   Die Einheit des Wissens

flikten und Krieg werden anhand ungebildeter Gesellschaften überzeugend beschrieben in: Laurence H. Keeley, *War Before Civilization*, New York 1996, und für die neuere Zeit in: R. Paul Shaw/Yuwa Wong, *Genetic Seeds of Warfare: Evolution, Nationalism, and Patriotism*, Boston 1989; Daniel Patrick Moynihan, *Pandaemonium: Ethnicity in International Politics*, New York 1993; Donald Kagan, *On the Origins of War and the Preservation of Peace*, New York 1995.

Seite 231
Die Entwicklung des menschlichen Geistes unter dem Gesichtspunkt der besonderen Fähigkeit, betrügerische Absichten zu entlarven, schildern anhand von Belegen Leda Cosmides/John Tooby, »Cognitive adaptations for social exchange«, in: Jerome H. Barkow/Leda Cosmides/John Tooby (Hg.), *The Adapted Mind: Evolutionary Psychology and the Generation of Culture*, New York 1992, S. 163–228.

Seite 232–242
Einen zuverlässigen Überblick über die Inzestvermeidung bei Menschen wie bei nichtmenschlichen Primaten gibt: Arthur P. Wolf, *Sexual Attraction and Childhood Association: A Chinese Brief for Edward Westermarck*, Stanford, Cal., 1995. Belege für das unmittelbare Erkennen der Inzestdepression in traditionellen Gesellschaften, das als eine Verstärkung des Westermarck-Effekts bei der Bildung des Inzesttabus dient, gibt: William H. Durham, *Coevolution: Genes, Culture, and Human Diversity*, Stanford, Cal., 1991.

Kapitel 9
Die Sozialwissenschaften

Seite 246–249
Hier eine Auswahl von Geschichtsdarstellungen und Kritiken zur Anthropologie: Herbert Applebaum (Hg.), *Perspectives in Cultural Anthropology*, Albany, N. Y., 1987; Donald E. Brown, *Human Universals*, Philadelphia 1991; Carl N. Degler, *In Search of Human Nature: The Decline & Revival of Darwinism in American Social Thought*, New York 1991; Robin Fox, *The Search for Society: Quest for a Biosocial Science and Morality*, New Brunswick, N. J., 1989; Clifford Geertz, *The Interpretation of Cultures: Selected Essays*, New York 1973; Walter R. Goldschmidt, *The Human Career: The Self in the Symbolic World*, Cambridge, Mass., 1990; Marvin Harris, *The Rise of Anthropological Theory: A History of Theories of Culture*, New York 1968; Jonathan Marks, *Human Biodiversity: Genes, Race, and History*, Hawthorne, N. Y., 1995; Alexander Rosenberg, *Philosophy of Social Science*, Boulder, Col., 2. Aufl., 1995.

Seite 248–249
Die ambivalente Haltung der *American Anthropological Association* (AAA) gegenüber den Ursprüngen der menschlichen Verschiedenheit brachte ihr Präsident James Peacock wie folgt zum Ausdruck: »Die Klausurtagung im

Anmerkungen   415

Mai 1994 umfaßte Personen aus allen Bereichen sowie Repräsentanten des
Langfristigen Planungs- und Finanzkomitees. Die Unterausschüsse der
Versammlung sprachen, sowohl einzeln als auch gemeinschaftlich, zwei
Fragen an: wohin mit der Disziplin und wohin mit der AAA. Die Teilneh-
mer bekräftigten die unverbrüchliche Verpflichtung auf biologische und
kulturelle Vielfalt sowie auf die Weigerung, Verschiedenheit zu biologisieren oder auf irgendeine andere Weise überzubetonen. Gleichzeitig formulierte die Gruppe das Ziel, die Bedeutung ihrer Disziplin auszuweiten und
zu stärken« (siehe: James Peacock, »Challenges Facing the Discipline«, in:
Anthropology Newsletter Bd. 35, Nr. 9, S. 1, S. 3).

Seite 249–252
Innerhalb der akademischen Soziologie wurde die abweichende Haltung
der Grundlagenbiologie und Psychologie u. a. unterstützt von Joseph Lopreato, *Human Nature & Biocultural Evolution*, Boston 1984; Pierre L.
van den Berghe, *The Ethnic Phenomenon*, New York 1981; Walter L. Wallace, *Principles of Scientific Sociology*, Hawthorne, N. Y., 1983. Eine ausführliche Darstellung der Geschichte der Soziologie in ihrer klassischen Phase gibt: Robert
W. Friedrich, *A Sociology of Sociology*, New York 1970. Die spätere, modell-
bildende Phase, in der man halbherzig und nach Art der ökonomischen
Theorie versuchte, eine Verbindung zwischen individuellem Verhalten und
sozialen Mustern herzustellen, wird wiedergegeben in: James S. Coleman,
Grundlagen der Sozialtheorie, 3 Bde., München 1995.

Seite 251
Nach den Wurzeln der soziologischen Vorstellungskraft forscht Robert
Nisbet, *Sociology as an Art Form*, New York 1976.

Seite 251–252
Die gelungene Bezeichnung *Standard Social Science Model (SSSM)* wurde eingeführt von Leda Cosmides/John Tooby, »The psychological foundations of
culture«, in: Jerome H. Barkow/Leda Cosmides/John Tooby (Hg.), *The Adapted Mind: Evolutionary Psychology and the Generation of Culture*, New York
1992, S. 19–136. Daß das SSSM innerhalb der Sozialwissenschaften noch
immer floriert, zeigt der stark konstruktivistische Ton in: *Die Sozialwissenschaften öffnen. Ein Bericht der Gulbenkian-Kommission zur Neustrukturierung
der Sozialwissenschaften*, Frankfurt/M. – New York 1996. Der in diesem Bericht zum Ausdruck gebrachte zentrale Gedanke wurde bereits früher von
einigen Autoren treffend charakterisiert, so etwa von Donald E. Brown in:
Human Universals, Philadelphia 1991, und den zahlreichen Autoren in: Donald W. Fiske/Richard A. Shweder (Hg.), *Metatheory in Social Science: Pluralisms and Subjectivities*, Chicago 1986. Tooby und Cosmides, deren Einschätzung die bei weitem gründlichste und überzeugendste ist, führen auch das
Integrated Causal Model (ICM) ein, um auf die neue kausale Verbindung zwischen Psychologie und Evolutionsbiologie einerseits und Kulturforschung
andererseits hinzuweisen.

Die Einheit des Wissens

Seite 253

Die Vorstellung von Hermeneutik als einer dichten, aus verschiedenen Perspektiven gefertigten Beschreibung wird anschaulich dargestellt in: Donald W. Fiske/Richard A. Shweder (Hg.), *Metatheory in Social Science: Pluralisms and Subjectivities*, Chicago 1986, vor allem in den Aufsätzen von Roy D'Andrade, »Three scientific world views and the covering law model«, S. 19–41, und: »Science's social system of validity-enhancing collective belief change and the problems of the social sciences«, S. 108–135.

Seite 254

Richard Rortys Deutung von Hermeneutik findet sich in: Richard Rorty, *Der Spiegel der Natur. Eine Kritik der Philosophie*, Frankfurt/M. 1986.

Seite 255–256

Die personalisierte Charakterisierung natur- und sozialwissenschaftlicher Disziplinen basiert auf meinen früheren Ausführungen hierzu in: »Comparative social theory«, in: *The Tanner Lectures on Human Values*, Bd. 1, Salt Lake City 1980, S. 49–73.

Seite 259–261

Stephen T. Emlens Darstellung der Eltern-Kind-Beziehung bei Vögeln und Säugetieren findet sich in seinem Aufsatz: »An evolutionary theory of the family«, in: *Proceedings of the National Academy of Sciences, USA* 92 (1995), S. 8092–8099.

Seite 270–273

Grundlage meiner Interpretation von Gary S. Beckers Forschungsarbeit sind sein Hauptwerk: *A Treatise on the Family*, erweiterte Aufl., Cambridge, Mass., 1991, und seine Aufsatzsammlung, *Accounting for Tastes*, Cambridge, Mass., 1996. Außerdem habe ich von den vielen interessanten Einblicken profitiert, die Alexander Rosenberg in: *Economics: Mathematical Politics or Science of Diminishing Returns?*, Chicago 1992, bietet. Wir unterscheiden uns jedoch beträchtlich bei der Einschätzung, ob eine Verbindung ökonomischer Modelle mit Biologie und Psychologie Aussicht auf Erfolg hat. Rosenberg ist hier, aus den im Text beschriebenen Gründen, pessimistischer als ich.

Seite 275–276

Für die rationale Entscheidungstheorie gibt es in den Sozialwissenschaften eine Reihe unterschiedlicher Bezeichnungen. Ihre Schwächen, vor allem das übersteigerte Vertrauen, das sie abstrakten, nicht auf Daten basierenden Modellen entgegenbringt, wurden kürzlich untersucht in: Donald P. Green/Ian Shapiro, *Pathologies of Rational Choice Theory: A Critique of Applications in Political Science*, New Haven 1994.

Seite 276–279

Die Beispiele, die beschreiben, wie die heuristische Methode während intuitiver quantitativer Schätzungen zum Einsatz kommt, stammen aus: Amos Tversky/Daniel Kahneman, »Judgment under uncertainty: heuristics and biases«, in: *Science* 185 (1974), S. 1124–1131. Dieselben Autoren geben auf der Basis anderer Fallstudien eine aktualisierte Erläuterung des Konzepts in:»On the reality of cognitive illusions«, in: *Psychological Review* 103 (1996), S. 582–591.

Seite 278
Zum Denken von Menschen aus ungebildeten Kulturen siehe: Christopher Robert Hallpike, *Die Grundlagen primitiven Denkens*, Stuttgart 1984.

Seite 279–280
Die pessimistische Einstellung, die einige führende Philosophen dem reduktionistischen Ansatz zur Erforschung des menschlichen Sozialverhaltens und damit dem gesamten Programm der Vereinigung von Biologie und Sozialwissenschaften entgegenbringen, behandeln Philip Kitcher, *Vaulting Ambition: Sociobiology and the Quest for Human Nature*, Cambridge, Mass., 1985, und Alexander Rosenberg in seiner Trilogie: *Philosophy of Social Science*, Boulder, Col., 1988; ders., *Economics: Mathematical Politics or Science of Diminishing Returns?*, Chicago 1992; ders., *Instrumental Biology, or the Disunity of Science*, Chicago 1994. Eine optimistischere Haltung vertreten im allgemeinen die Autoren des Sammelbandes *Sociobiology and Epistemology*, hg. von James H. Fetzer, Boston 1985, sowie auch Michael Ruse in: *Taking Darwin Seriously: A Naturalistic Approach to Philosophy*, Cambridge, Mass., 1986.

Kapitel 10
Kunst und Interpretation

Seite 281
Der Bericht der Geisteswissenschaftlichen Kommission von 1979/80 wurde als Buch veröffentlicht: Richard W. Lyman u. a., *The Humanities in American Life*, Berkeley 1980.

Seite 282
George Steiners Äußerung über Kunst stammt aus seiner Antrittsrede im Kenyon College, veröffentlicht in: *The Chronicle of Higher Education* vom 21. Juni 1996, S. B6.

Seite 284–285
Über die Entwicklung des Gehirns von musikalisch Begabten berichten: G. Schlaug u. a.,»Increased corpus callosum size in musicians«, in: *Neuropsychologia* 33 (1995), S. 1047–1055; dies.,»In vivo evidence of structural brain asymmetry in musicians«, in: *Science* 267 (1995), S. 699–701.

Seite 286–287
Harold Blooms Äußerung zum Postmodernismus stammt aus seinem Buch: *The Western Canon: The Books and School of the Ages*, Orlando, Fla., 1994. Die Stimmungsumschwünge in der Literatur beschreibt: Edmund Wilson,»Modern literature: between the whirlpool and the rock«, in *New Republic* (Nov. 1926), wieder abgedruckt in: Janet Groth/David Castronovo (Hg.), *From the Uncollected Edmund Wilson*, Athens, O., 1995.

Seite 288

Frederick Turners Diagnose des literarischen Postmodernismus stammt aus seinem Aufsatz: »The birth of natural classicism«, in: *Wilson Quarterly* (Winter 1996), S. 26–32. Der Einfluß des Postmodernismus auf die Literaturtheorie wird im historischen Kontext erhellend beschrieben in: M. H. Abrams »The transformation of English studies«, in: *Daedalus* 126 (1997), S. 105–131.

Seite 288–291

Zu den Hauptwerken, die zu einer biologischen Theorie der Kunstinterpretation und -geschichte beigetragen haben, zählen (in chronologischer Folge): Charles J. Lumsden/Edward O. Wilson, *Genes, Mind, and Culture: the Coevolutionary Process*, Cambridge, Mass., 1981; Edward O. Wilson, *Biophilia*, Cambridge, Mass., 1984; Frederick Turner, *Natural Classicism: Essays on Literature and Science*, New York 1985; ders., *Beauty: The Value of Values*, Charlottesville 1991; ders., *The Culture of Hope: A New Birth of the Classical Spirit*, New York 1995; Ellen Dissanayake, *What Is Art For?*, Seattle, Wash., 1988; dies., *Homo Aestheticus: Where Art Comes From and Why*, New York 1992; Irenäus Eibl-Eibesfeldt, *Die Biologie des menschlichen Verhaltens. Grundriß der Humanethologie*, 3. Aufl., München – Zürich 1995; Margaret A. Boden, *Die Flügel des Geistes. Kreativität und Künstliche Intelligenz*, München 1995; Alexander J. Argyros, *A Blessed Rage for Order: Deconstruction, Evolution, and Chaos*, Ann Arbor 1991; Kathryn Coe, »Art: the replicable unit – an inquiry into the possible origin of art as a social behavior«, in: *Journal of Social and Evolutionary Systems* 15 (1992), S. 217–234; Walter A. Koch, *The Roots of Literature*, Bochum 1993; ders. (Hg.), *The Biology of Literature*, Bochum 1993; Robin Fox, *The Challenge of Anthropology: Old Encounters and New Excursions*, New Brunswick, N. J., 1994; Joseph Carroll, *Evolution and Literary Theory*, Columbia, Mo., 1995; Robert Storey, *Mimesis and the Human Animal: On the Biogenetic Foundations of Literary Representation*, Evanston, Ill., 1996; Brett Cooke, »Utopia and the art of the visceral response«, in: Gary Westfahl/George Slusser/Eric S. Rabin (Hg.), *Foods of the Gods: Eating and the Eaten in Fantasy and Science Fiction*, Athens, Ga., 1996, S. 188-199; Brett Cooke/Frederick Turner (Hg.), *Biopoetics: Evolutionary Explorations in the Arts*, New York 1998.

Seite 292–293

Die Metaphern aus dem Sprachgebrauch der Kunst stammen aus: John Hollander, »The poetry of architecture«, in: *Bulletin of the American Academy of Arts and Sciences* 49 (1996), S. 17–35. Edward Rothsteins Vergleich von Musik und Mathematik stammt aus seinem Buch: *Emblems of Mind: The Inner Life of Music and Mathematics*, New York 1995.

Seite 293

Hideki Yukawas Beschreibung von Kreativität in der Physik entstammt aus seinem Buch: *Creativity and Intuition: A Physicist Looks East and West*, Tokio – New York 1973.

Anmerkungen 419

Seite 294
Picassos Äußerung über den Ursprung der Kunst ist zitiert nach Brassaï (ursprünglich Gyula Halasz), *Gespräche mit Picasso*, Reinbek 1966. Die Idee der Metamuster geht zurück auf: Gregory Bateson, *Geist und Natur. Eine notwendige Einheit*, Frankfurt/M. 1982, und wurde auf Biologie und Kunst ausgeweitet von Tyler Volk in: *Metapatterns across Space, Time, and Mind*, New York 1991.

Seite 294–296
Vincent Joseph Scully hat seine Vorstellungen zur Evolution der Architektur dargestellt in: *Architecture: The Natural and the Man-made*, New York 1991. Unter den zahlreichen Berichten über die Evolution von Mondrians Kunst seien hier die beiden ausgezeichneten Beiträge genannt von: John Milner, *Mondrian*, New York 1992, und Carel Blotkamp, *Mondrian: The Art of Destruction*, New York 1995. Die neurobiologische Interpretation ist meine eigene.

Seite 296
Die Geschichte der chinesischen und japanischen Schrift wird detailliert dargestellt in: Yujiro Nakata, *The Art of Japanese Calligraphy*, New York 1973.

Seite 297
Die Ewigkeitsmetapher von Elizabeth Spires ist aus ihrem Buch: *Annonciade*, New York 1989, und ist mit Zustimmung des Verlages Viking Penguin hier zitiert.

Seite 298–299
Die Liste der Archetypen habe ich weitestgehend selber zusammengestellt, wobei ich im einzelnen auf zahlreiche Quellen zurückgegriffen habe, insbesondere auf: Joseph Campbell, *Der Heros in tausend Gestalten*, Frankfurt/M. 1978; ders., *Die Masken Gottes*, Bd. 1: Mythologie der Urvölker, München 1996; Anthony Stevens, *Archetypes: A Natural History of the Self*, New York 1982; Christopher Vogler, *The Writer's Journey: Mythic Structures for Storytellers and Screenwriters*, Studio City, Cal. 1992; Robin Fox, *The Challenge of Anthropology: Old Encounters and New Excursions*, New Brunswick, N. J., 1994.

Seite 301–305
Von den vielen Beschreibungen und Interpretationen der europäischen Höhlenmalerei und anderer Kunstformen des Paläolithikums seien hier genannt: Ellen Dissanayake, *Homo Aestheticus: Where Art Comes From and Why*, New York 1992; Jean-Marie Chauvet/Eliette Brunel Deschamps, *Grotte Chauvet bei Vallon-Pont-d'Arc. Altsteinzeitliche Höhlenkunst im Tal der Ardeche*, hg. von Gerhard Bosinski, Sigmaringen 1995; Alexander Marshack, »Images of the Ice Age«, in: *Archaeology* (Juli/Aug. 1995), S. 29–39; E. H. J. Gombrich, »The miracle at Chauvet«, in: *New York Review of Books*, 14. November 1996, S. 8–12.

420 Die Einheit des Wissens

Seite 306
Die neurobiologische Studie von Gerda Smets über visuelle Erregung wird
beschrieben in: *Aesthetic Judgement and Arousal: An Experimental Contribution
to Psycho-aesthetics*, Leuven, Belg., 1973.

Seite 307
Über die experimentellen Studien zur optimalen Schönheit weiblicher Gesichter berichten: D. I. Perrett/K. A. May/S. Yoshikawa, »Facial shape and
judgements of female attractiveness«, in: *Nature* 368 (1994), S. 239–242. Andere Studien zu idealen physischen Merkmalen beschreibt: David M. Buss,
Die Evolution des Begehrens. Geheimnisse der Partnerwahl, Hamburg 1994.

Seite 311–314
Der Bericht über die Jäger- und Sammlergruppen in der Kalahari-Wüste
ist entnommen: Louis Liebenberg, *The Art of Tracking*, Claremont, Südafr.,
1990. Eine vergleichbare Beschreibung der im australischen Pleistozän
sowie in modernen Zeiten lebenden Aborigines gibt: Josephine Flood, *Archaeology of the Dreamtime: The Story of Prehistoric Australia and Its People*,
2. Aufl., New York 1995.

Seite 315–316
Einige der in diesem Kapitel behandelten Themen zu Kunst und Kunstkri-
tik, besonders die Bedeutung mythischer Archetypen sowie das Verhältnis
zwischen Naturwissenschaft und Kunst, wurden in brillanter Weise von
Northrop Frye vorweggenommen in: *Analyse der Literaturkritik. Vier Essays*,
Stuttgart 1964. Frye konnte jedoch seinen Gegenstand nicht im Lichte der
Hirnforschung und der Soziobiologie betrachten, da es diese in ihrer gegen-
wärtigen Form in den fünfziger Jahren noch nicht gab.

Kapitel 11
Ethik und Religion

Zu den wichtigsten Publikationen, die sich mit den Grundlagen des moralischen Denkens befassen sowie im besonderen mit der Rolle, die den Naturwissenschaften bei der Definition der empiristischen Weltanschauung
zukommt, zählen (in alphabetischer Reihenfolge der Autoren): Richard D.
Alexander, *The Biology of Moral Systems*, Hawthorne, N. Y., 1987; Larry Arnhart, »The new Darwinian naturalism in political theory«, in: *American Political Science Review* 89 (1995), S. 389-400; Daniel Callahan/H. Tristram Engelhardt, Jr., (Hg.), *The Roots of Ethics: Science, Religion, and Values*, New York
1976; Abraham Edel, *In Search of the Ethical: Moral Theory in Twentieth Century
America*, New Brunswick, N. J., 1993; Paul L. Farber, *The Temptations of Evolutionary Ethics*, Berkeley 1994; Matthew H. Nitecki/Doris V. Nitecki (Hg.),
Evolutionary Ethics, Albany 1993; James G. Paradis/George C. Williams, *Evolution & Ethics: T. H. Huxley's* Evolution and Ethics *with New Essays on Its Vic-
torian and Sociobiological Context*, Princeton, N. J., 1989; Van Rensselaer Pot-

Anmerkungen   421

ter, *Bioethics: Bridge to the Future*, Englewood Cliffs, N. J., 1971; Matt Ridley,
Die Biologie der Tugend. Warum es sich lohnt, gut zu sein, Berlin 1997; Edward O.
Wilson, *Sociobiology: The New Synthesis*, Cambridge, Mass., 1975; ders., *Biologie als Schicksal. Die Soziobiologischen Grundlagen menschlichen Verhaltens*,
Frankfurt/M. – Berlin – Wien 1980; ders., *Biophilia*, Cambridge, Mass., 1984;
Robert Wright, *Diesseits von Gut und Böse. Die biologischen Grundlagen unserer
Ethik*, München 1996.

Zu den wissenschaftlichen Quellen, aus denen ich Ideen und Informationen
über das Verhältnis zwischen Naturwissenschaften und Religion bezogen
habe, gehören: Walter Burkert, *Klassisches Altertum und antikes Christentum.
Probleme einer übergreifenden Religionswissenschaft*, Berlin 1996; James M.
Gustafson, *Ethics from a Theocentric Perspective*, Bd. 1: *Theology and Ethics*, Chicago 1981; John F. Haught, *Science and Religion: From Conflict to Conversation*,
New York 1995; Hans J. Mol, *Identity and the Sacred: A Sketch for a New Social-
Scientific Theory of Religion*, Oxford 1976; Arthur R. Peacocke, *Intimations of
Reality: Critical Realism in Science and Religion*, Notre Dame, Ind., 1984; Vernon Reynolds/Ralph E. S. Tanner, *The Biology of Religion*, Burnt Mill – Harlowe – Essex, 1983; Conrad H. Waddington, *The Ethical Animal*, New York
1961; Edward O. Wilson, *Biologie als Schicksal. Die Soziobiologischen Grundlagen menschlichen Verhaltens*, Frankfurt/M. – Berlin – Wien 1980.

Seite 321–324
Die Argumentationsweise des religiösen Transzendentalisten basiert auf
meinen eigenen frühen Erfahrungen mit der Tradition der Baptisten im
Süden der USA sowie auf einer Vielzahl anderer Quellen, darunter die hervorragenden Darstellungen von: Karen Armstrong, *Geschichte des Glaubens.
3000 Jahre religiöse Erfahrung von Abraham bis Albert Einstein*, München 1996;
Paul Johnson, *The Quest for God: A Personal Pilgrimage*, New York 1996; Jack
Miles, *Gott. Eine Biographie*, München 1996; Richard Swinburne, *Die Existenz Gottes*, Stuttgart 1987.

Seite 323
John Lockes Verdammung der Atheisten stammt aus: John Locke, *Ein Brief
über Toleranz*, engl. u. dt. hg. von Julius Ebbinghaus, Hamburg 1996.

Seite 323
Das Zitat von Robert Hooke über die Grenzen der Wissenschaft ist entnommen aus: Charles Richard Weld, *A History of The Royal Society, with Memoirs of the Presidents*, Bd. 1, London 1848, S. 146.

Seite 325
Die hier genannte Schätzung der Anzahl aller Religionen in der Geschichte
der Menschheit (100 000) geht zurück auf: Anthony F. C. Wallace, *Religion:
An Anthropological View*, New York 1966.

Seite 326
Mary Wollstonecrafts Äußerung über das Böse stammt aus: Mary Wollstonecraft, *Eine Verteidigung der Rechte der Frau*, hg. von Joachim Müller und
Edith Schotte, Leipzig 1989.

Seite 328

Die Befragung zum religiösen Glauben unter Wissenschaftlern wurde durchgeführt von Edward J. Larson/Larry Witham. Darüber berichtet wurde in: *The Chronicle of Higher Education* vom 11. April 1997, S. A16.

Seite 333–334

Das Modell der Evolution moralischen Verhaltens folgt einem Gedankengang, wie ich ihn in ähnlicher Weise in meinem ersten Buch zu diesem Thema entwickelt habe: Edward O. Wilson, *Biologie als Schicksal. Die Soziobiologischen Grundlagen menschlichen Verhaltens*, Frankfurt/M. – Berlin – Wien 1980. Es stimmt zudem überein mit den in Kapitel 7 und 8 dieser Arbeit beschriebenen Einzelheiten zur Theorie der genetisch-kulturellen Koevolution.

Seite 335–339

Die Grundlagen der Evolution der Kooperation – den Umgang mit dem Häftlingsdilemma eingeschlossen – beschreiben: Robert M. Axelrod, *Die Evolution der Kooperation*, München 1997; Martin A. Nowak/Robert M. May/Karl Sigmund, »The arithmetics of mutual help«, in: *Scientific American* (Juni 1995), S. 76–81. Das protoethische Verhalten bei Schimpansen, unter Berücksichtigung von Kooperation und Vergeltungsmaßnahmen bei Nicht-Kooperation, werden dargestellt in: Frans de Waal, *Wilde Diplomaten. Versöhnung und Entspannungspolitik bei Affen und Menschen*, München 1991; ders., *Der gute Affe. Der Ursprung von Recht und Unrecht bei Menschen und anderen Tieren*, München 1997.

Seite 337

Belege für erblich bedingte Unterschiede bei Menschen bezüglich Empathie und Zuneigung zwischen Säugling und Schutzgebendem finden sich in: Robert Plomin u. a., *Behavioral Genetics*, 3. Aufl., New York 1997.

Seite 344–346

Hierarchische Kommunikation bei Säugetieren ist vielfach in der Literatur zum Verhalten von Tieren beschrieben worden, so etwa in meiner Arbeit: *Sociobiology: The New Synthesis*, Cambridge, Mass., 1975.

Seite 347–348

Der Bericht der Hl. Theresia von Avila (1515–1583) über ihre durch Gebete erlangten mystischen Erfahrungen ist wiedergegeben in: *Das Leben der heiligen Theresia von Jesu, von ihr selbst beschrieben*, dt. von Aloysius Alkofer (Schriften, Bd. 1), München 1933.

Seite 351–353

Meine abschließende Aussage über das Verhältnis von Wissenschaft und Religion ist der 1991-92 »Dudleian Lecture« entnommen, die ich an der Harvard Divinity School hielt und die veröffentlicht wurde unter dem Titel: »The return to natural philosophy«, in: *Harvard Divinity Bulletin* 21 (1992), S. 12–15.

Anmerkungen   423

Kapitel 12
Mit welchem Ziel?

Seite 355

Die genetische Verwandtschaft aller Organismen auf der Erde aufgrund gemeinsamer Herkunft wird auf der Molekularebene detailliert behandelt von: J. Peter Gogarten, »The early evolution of cellular life«, in: *Trends in Ecology and Evolution* 10 (1995), S. 147–151.

Seite 355

Die Abstammung der modernen Menschheit von früheren Homo-Arten ist kompetent dargestellt in: Göran Burenhult (Hg.), *Die ersten Menschen. Ursprünge und Geschichte des Menschen bis 10 000 vor Christus*, Hamburg 1993.

Seite 357

Der Begriff Lückenanalyse ist dem wissenschaftlichen Studium von biologischer Vielfalt und des Naturschutzes entlehnt. Er bezieht sich auf eine kartographische Methode: Man verzeichnet die Verteilung von Pflanzen- und Tierarten und bedeckt diese Karten mit Karten biologischer Schutzgebiete. Die daraus hervorgehenden Informationen erleichtern die Auswahl geeigneter Plätze für künftige Schutzgebiete. Siehe: J. Michael Scott/Blair Csuti, »Gap analysis for biodiversity survey and maintenance«, in: Marjorie L. Reaka-Kudla/Don E. Wilson/Edward O. Wilson (Hg.), *Biodiversity II: Understanding and Protecting Our Biological Resources*, Washington, D. C., 1997, S. 321–340.

Seite 360–370

Der Abschnitt über die gegenwärtige und künftige genetische Evolution des Menschen ist in abgeänderter Form entnommen aus meinem Aufsatz: »Quo Vadis, Homo Sapiens?«, in: *Geo Extra* 1 (1995), S. 176-179. Die Evolution der Kopfform in den letzten tausend Jahren ist dokumentiert in: T. Bielicki/Z. Weldon, »The operation of natural selection in human head form in an East European population«, in: Carl J. Bajema (Hg.), *Natural Selection in Human Populations: The Measurement of Ongoing Genetic Evolution in Contemporary Societies*, New York 1970. Belege für die neuere Evolution von Hitzeschock-Proteinen finden sich in: V. N. Lyashko u. a., »Comparison of the heat shock response in ethnically and ecologically different human populations«, in: *Proceedings of the National Academy of Sciences, USA* 91 (1994), S. 12492–12495.

Seite 372–373

Die Ergebnisse des Biosphere-2-Experiments werden diskutiert in: Joel E. Cohen/David Tilman, »Biosphere 2 and Biodiversity: The Lessons So Far«, in: *Science* 274 (1996), S. 1150f. Ein Bericht über das zweijährige Abenteuer aus erster Hand wurde von zwei Teilnehmern an dem Experiment veröffentlicht: Abigail Alling/Mark Nelson, *Life Under Glass: The Inside Story of Biosphere 2*, Oracle, Ariz., 1993.

424   Die Einheit des Wissens

Seite 375–376
Die gründlichste und kompetenteste für ein breites Publikum geschriebene
Darstellung zum Bevölkerungswachstum, die in letzter Zeit erschienen ist,
stammt von: Joel E. Cohen, *How Many People Can the Earth Support?*, New
York 1995. Eine Schätzung, wieviele Menschen die Erde maximal ernähren
kann, ist Cohen zufolge aufgrund einiger schwammiger Faktoren wie Er-
tragssteigerung durch neue Produktionstechnologien und Einigung auf allgemeine Lebensstandards äußerst schwierig. Dennoch gibt es eine absolute
Obergrenze. Sie liegt bei etwas mehr als 10 Milliarden Menschen. Die ge-
schätzte Zahl von 16 Milliarden Menschen, berechnet auf der Grundlage
der maximal verfügbaren, auf Photosynthese beruhenden Energiemenge
und unter der Bedingung, daß sie ausschließlich von Menschen genutzt
wird, geht zurück auf: John M. Gowdy/Carl N. McDaniel, »One world, one
experiment: addressing the biodiversity-economics conflict«, in: *Ecological
Economics* 15 (1995), S. 181–192.

Seite 376
Die PAT-Formel, mit deren Hilfe geschätzt werden kann, wie sich die Bevölkerung auf die Umwelt auswirkt, wurde zuerst entwickelt von Paul R.
Ehrlich und John P. Holdren in ihrem Aufsatz: »Impact of population
growth«, in: *Science* 171 (1971), S. 1212–1217, und ist seitdem unter einer
Vielzahl von Aspekten diskutiert worden. (»Sie ermöglicht grobe Annähe-
rungswerte, da die drei Multiplikatoren nicht unabhängig sind ... Besonders
nützlich ist sie bei der Bewertung globaler Auswirkungen, wo wir normalerweise auf den Pro-Kopf-Energieverbrauch anstelle von AT [pro-Kopf-
Verbrauch mal Bedarf an Technologie zurückgreifen müssen.«] Zitat aus:
Paul R. Ehrlich, »The scale of the human enterprise«, in: Denis A. Saunders
u. a., *Nature Conservation 3: Reconstruction of Fragmented Ecosystems*, Chipping
Norton, N. S. W., Austr., 1993, S. 3–8.)

Seite 376
Das Konzept des ökologischen Fußabdrucks als Maßstab zur Berechnung
von Umwelteinflüssen wurde eingeführt von: William E. Rees/Mathis
Wackernagel, »Ecological footprints and appropriated carrying capacity:
Measuring the natural capital requirements of the human economy«, in:
AnnMari Jansson u. a. (Hg.), *Investing in Natural Capital: The Ecological Econo-
mics Approach to Sustainability*, Washington, D. C., 1994, S. 362–390.

Seite 376–377
Eine bedeutende allgemeine Stellungnahme zum Thema Bevölkerung und
Umwelt, verfaßt von elf Wissenschaftlern, deren gemeinsame Fachkenntnisse nahezu alle relevanten Disziplinen abdecken, bieten: Kenneth Arrow
u. a., »Economic growth, carrying capacity, and the environment«, in: *Science*
268 (1995), S. 520f.

Seite 372–382
Die umfassendsten, aktuellsten und auch gut zugänglichen Zusammenfas-
sungen der riesigen Datenbanken zur globalen Umwelt bieten die Berichte

Anmerkungen

des Worldwatch Institute, dessen Hauptsitz in Washington D. C. ist. Dazu
zählen auch die beiden jährlichen Reihen *Zur Lage der Welt* und *Lebenszei-
chen*. *Trends für die Gestaltung der Zukunft* sowie gelegentlich vom Worldwatch Institute herausgegebene Publikationen zu speziellen Themen. Eine
unabhängige Bewertung des verfügbaren Datenmaterials durch einige Um-
weltwissenschaftler, die die von mir beschriebenen Trends bestätigen, findet
sich in: »Land resources: On the edge of the Malthusian precipice?«, Sit-
zungsberichte einer Tagung, geleitet von D. J. Greenland u. a., in: *Philosophical Transactions of the Royal Society of London, Series B*, 352 (1997), S. 859–1033.

Seite 383–384
Unter den zahlreichen Publikationen zum Thema Aufstieg und Nieder-
gang der Zivilisationen kann ich die folgenden Arbeiten neueren Datums
empfehlen: H. Weiss u. a., »The genesis and collapse of third millennium
North Mesopotamian civilization«, in: *Science* 261 (1993), S. 995–1004; Tom
Abate, »Climate and the collapse of civilization«, in: *BioScience* 44 (1994),
S. 516–519, sowie die außergewöhnlich klare und tiefe Einsichten vermit-
telnde Arbeit von Jared Diamond, *Guns, Germs, and Steel: The Fates of Human
Societies*, New York 1997.

Seite 387
Einen ausgezeichneten Bericht über den Umweltgipfel der Vereinten Nationen von 1992, der auch die Geschichte des Treffens sowie den wesentlichen Inhalt der verbindlichen Konventionen und der Agenda 21 enthält,
gibt: Adam Rogers, *The Earth Summit: A Planetary Reckoning*, Los Angeles
1993.

Seite 387–388
Zur Vereinbarkeit von Technologie und Wirtschaftswachstum mit einer in-
takten natürlichen Umwelt siehe den Sonderbericht des U.S. National Research Council: *Linking Science and Technology to Society's Environmental Goals*,
unter Vorsitz von John F. Ahearne und H. Guyford Stever, Washington,
D. C., 1996. Präzise Beschreibungen bestimmter technologischer Lösungen
geben: Jesse H. Ausubel, »Can technology spare the earth?«, in: *American
Scientist* 84 (1996), S. 166–178; [Versch.], »Liberations of the Environment«,
in: *Daedalus* (Journal of the American Academy of Arts and Sciences) (Sommer 1996).

Seite 388–390
In den letzten Jahren sind zahlreiche Publikationen zum Verhältnis zwischen Ökonomie und Umwelt entstanden. Eine vorzügliche Einführung in
das Thema geben: James Eggert, *Meadowlark Economics: Work & Leisure in the
Ecosystem*, Armonk, N. Y., 1992; R. Kerry Turner/David Pearce/Ian Bateman, *Environmental Economics: An Elementary Introduction*, Baltimore, Md.,
1993; Paul Hawken, *Kollaps oder Kreislaufwirtschaft. Wachstum nach dem Vorbild
der Natur*, Berlin 1996; Thomas Michael Power, *Lost Landscapes and Failed
Economies: The Search for a Value of Place*, Washington, D. C., 1996.

426   Die Einheit des Wissens

Seite 388
Das Zitat von Frederick Hu über das Wirtschaftswachstum der Nationen
stammt aus: Frederick Hu, »What is competition?«, in: *World Link* (Juli/Aug.
1996), S. 14–17.

Seite 390–396
Für meinen Bericht zum Thema Biovarietät und Artensterben habe ich
zum Teil auf meine folgenden Aufsätze zurückgegriffen: »Is humanity suicidal?«, in: *The New York Times Magazine* vom 30. Mai 1993, S. 24–29, und:
»Wildlife: legions of the doomed«, in: *Time (International)* vom 30. Okt.
1995, S. 57–59.

Seite 393
Zum Erhalt der Biovarietät aus moralischer Sicht siehe meine früheren
Ausführungen in: *Biophilia*, Cambridge, Mass., 1984, und: *Der Wert der Viel-
falt. Die Bedrohung des Artenreichtums und das Überleben des Menschen*, 2. Aufl.,
München – Zürich 1996; sowie auch: Stephen R. Kellert, *The Value of Life:
Biological Diversity and Human Society*, Washington, D. C., 1996; ders., *Kinship
to Mastery: Biophilia in Human Evolution and Development*, Washington, D. C.,
1997.

Seite 397
Zu den letztlich in der Moral verankerten Grundlagen der Gesellschaft
siehe: Amy Gutmann/Dennis Thompson, *Democracy and Disagreement*,
Cambridge, Mass., 1996.

Danksagung

Mehr als 41 Jahre, bis zu meiner Pensionierung im Jahr 1997, unterrichtete ich an der Harvard Universität Studenten in den Grund- und Fortgeschrittenenkursen in Biologie. Gemäß dem Auftrag der Fakultät für Künste und Wissenschaften, die Grundlagen und »Denkweisen« der einzelnen großen Wissensbereiche zu vermitteln, zählten diese Kurse in den letzten beiden Jahrzehnten zu den Pflichtveranstaltungen des Curriculums. Der Fachbereich, für den ich besondere Verantwortung trug – die Evolutionsbiologie –, ist eine intellektuelle Karawanserei, die an der Grenze zwischen den Natur- und den Sozialwissenschaften angesiedelt ist. Sie ist wie selbstverständlich zum Treffpunkt für zahlreiche Gelehrte aus den verschiedensten Forschungsbereichen geworden, die über den Tellerrand ihrer Disziplin hinausschauen möchten. Da zu meinen Hauptforschungsinteressen auch die Evolution des Sozialverhaltens zählt, fühlte ich mich bei den Gesprächen über die Kernfragen der Vernetzung des Wissens, die ich mit Experten quer durch große Bereiche der akademischen Welt führte, auf vertrautem Terrain.

Es ist nahezu unmöglich, all jene aufzuführen, die ich während der dreijährigen Arbeit an diesem Buch zu Rate zog. Sie kommen aus den verschiedensten Bereichen in Wissenschaft und Gesellschaft; der Gelehrte für Slawische Literatur gehört ebenso dazu wie der Sprecher des Repräsentantenhauses der Vereinigten Staaten und der Nobelpreisträger für Physik oder Wirtschaft ebenso wie der Vorstandsvorsitzende eines internationalen Versicherungskonzerns. Aus diesem Grund möchte ich hier nur jene erwähnen, die das Manuskript in Auszügen gelesen haben und so seine Entstehung begleiteten. Mein Dank für ihre unschätzbare Hilfe spricht sie natürlich zugleich frei von allen Fehlern und Irrtümern, die sich im Buch befinden mögen.

Gary S. Becker (Wirtschaftswissenschaften)
Rodney A. Brooks (Künstliche Intelligenz)
Terence C. Burnham (Wirtschaftswissenschaften)
Joseph Carroll (Literaturtheorie)
I. Bernard Cohen (Wissenschaftsgeschichte)
Joel E. Cohen (Ökologie)
Brett Cooke (Literaturtheorie)
William R. Crout (Religionswissenschaften)

Antonio R. Damasio (Neurobiologie)
Daniel C. Dennett (Wissenschaftsphilosophie und Hirnforschung)
Ellen Dissanayake (Kunsttheorie)
George B. Field (physikalische Wissenschaften)
Newt Gingrich (allgemein)
Paul R. Gross (allgemein)
J. Allan Hobson (Psychologie)
Joshua Lederberg (allgemein)
Barbara K. Lewalski (Literaturwissenschaften)
Charles J. Lumsden (allgemein)
Myra A. Mayman (Kunst)
Michael B. McElroy (Atmosphärische Physik)
Peter J. McIntyre (Evolution)
Matthew S. Meselson (Molekularbiologie)
Harold J. Morowitz (Komplexitätstheorie)
William R. Page (allgemein)
Robert Plomin (Psychologie)
William E. Rees (Ökologie)
Angelica Z. Rudenstine (Kunstgeschichte)
Loyal Rue (allgemein)
Michael Ruse (allgemein)
Sue Savage-Rumbaugh (Primatologie)
S. J. Singer (Molekularbiologie)
James M. Stone (allgemein)
Frank J. Sulloway (allgemein)
Martin L. Weitzman (Wirtschaftswissenschaften)
Irene K. Wilson (Dichtung, Theologie)
Arthur P. Wolf (Anthropologie)

Schließlich ist es mir eine Freude, Kathleen M. Horton – wie schon bei allen meinen Büchern und Aufsätzen seit 1966 – meine besondere Anerkennung für ihre unschätzbare Arbeit auszusprechen, die sie mit ihrer bibliographischen Recherche und der Aufbereitung des Manuskripts geleistet hat. Mein Dank gilt auch meinem Agenten und Berater John Taylor Williams, dessen kluge Ratschläge zur Verwirklichung dieses Buch beigetragen haben, sowie Carol Brown Janeway, meiner Lektorin im Alfred A. Knopf Verlag. Ihre wichtige moralische Unterstützung und Hilfe ermöglichten mir, so manch eines der gefährlicheren Riffe zu umschiffen, auf die man bei einem grenzüberschreitenden Unternehmen wie diesem zwangsläufig stößt. Yvonne Badal danke ich für die ausgezeichnete Übersetzung ins Deutsche.

Register

Abate, Tom 425
Aborigines 420
Abrams, M. H. 418
Absichten, Berechnung von betrü-
gerischen 231, 414
Adaption *siehe* Evolution
Adler, Mortimer 163
Affen 107f., 234f., 345
Agassiz, Louis 52
Aggression 208, 230, 412f.
Aggressionsgen, holländisches 208,
412
Ägypten 383
– Inzest 239
Ahearne, John F. 425
Alcock, John 402
d'Alembert, eigtl. Jean Baptist le
Rond 26
Alexander, Richard D. 420
Alkoholismus 191
Alling, Abigail 423
Altruismus 202, 231, 337, 422
Amaringo, Pablo 99, 101, 106,
110–114, 404
Ameisen 94–97, 404
American Anthropological Asso-
ciation 249, 414f.
American Humanist Association
348
American Philosophical Society 55
Anaconda 98
Anpassung *siehe* Evolution
anthropisches Prinzip 46
Anthropologie 247–250, 255, 414f.
Apollo 182, 284

Applebaum, Herbert 414
Aquakultur 380
Archetypen 298f., 419f.
Architektur 292–294f., 419
Argyros, Alexander J. 418
Aristoteles 11, 25, 37, 331
Armstrong, Karen 421
Armstrong, Louis 296
Arnhart, Larry 420
Arrow, Kenneth J. 424
Artensterben 390–393, 426
Ästhetik *siehe* Kunst; Schönheit
von Gesichtern; Komplexität,
optimale, in der Kunst
Astrologie 74, 304
Astronomie 42f., 74
Aubrey, John 36
Aufklärung 15, 23–61, 287, 329,
349, 400f.
Augustinus 342
Ausubel, Jesse H. 425
Autismus 191
Axelrod, Robert M. 422
Ayahuasca 99ff.

Bacon, Ann 35
Bacon, Francis 13, 17, 33–40, 42,
51, 54f., 400
Bacon, Nicholas 35
Bajema, Carl J. 423
Baker, Keith Michael 400
Balch, Steven H. 400
Bali, Kultur und Fauna 254
Balter, Michael 409
Baptisten 12f., 348

430 Die Einheit des Wissens

Barinaga, Marcia 405
Barkow, Jerome H. 409, 411, 413ff.
Bateman, Ian 425
Bateson, Gregory 294, 419
Baylor, Denis 412
Becker, Gary S. 270–273, 416
Beerdigungszeremonien 342f.
Beethoven, Ludwig van 288
Begabung, musikalische 189, 284f., 417
Benedict, Ruth 247
Bentham, Jeremy 53
Berghe, Pierre L. van den 250, 415
Berlin, Brent 216ff.
Berlin, Isaiah 25, 400
Betzig, Laura L. 413
Bevölkerungswachstum 363, 375–378, 383–389
Bewußtsein *siehe* Verstand
Bibel 12f., 100f., 129, 330, 350f.
Bielicki, T. 423
Bildung 20f.
Billeter, Jean F. 407
Bindung, Mutter – Säugling 204, 409
Biochemie 113ff., 123–129
Biologie, allgemeine (*siehe auch* Biochemie; Biomedizin; Evolutionsbiologie; Genetik; Molekularbiologie; Neurobiologie; Ökologie; Zellbiologie) 106f., 117f., 123f.
Biomedizin 74, 243f., 365–368
Biosphere 2 372f., 423
Biovarietät (biologische Vielfalt) 390–396, 426
Blackburn, Simon 245
Bloom, Harold 286, 417
Blotkamp, Carel 419
Blurton Jones, Nicholas G. 411
Boas, Franz 246ff.
Boden, Margaret A. 290, 407, 418
Boltzmann, Ludwig 117
Bonobos (Zwergschimpansen) 177ff., 409

Bose-Einstein-Kondensation 12
Bossert, William H. 95, 412
Bouchard, Thomas J. Jr. 410
Bourriau, Janine 412
Bowen, Catherine Drinker 400
Boyd, Robert 408
Brassaï, eigtl. Guyla Halasz 294, 419
Breuil, Abbé 303
Bridgman, Percy 77
Brooks, Rodney A. 165
Brower, B. 410
Brown, Donald E. 410, 414
Brunner, H. G. 412
Buckingham, Marquis von 36
Burenhult, Göran 423
Burkert, Walter 421
Buss, David M. 413, 420

Callahan, Daniel 420
Callebaut, Werner 399
Campbell, Joseph 401, 419
Carnap, Rudolf 85, 87
Carroll, Joseph 290, 418
Castañeda, Carlos 100
Castronovo, David 417
Cather, Willa 347
Cavalli-Sforza, L. Luca 408
Ceres 283f.
Chalmers, David J. 156f., 407
Chandrasekhar, Subrahmanyan 14, 399
Chaostheorie *siehe* Komplexitätstheorie
Charakter, persönlicher 328, 330
Chauvet, Jean-Marie 419
Chemie 70f., 75, 94–97, 114f., 117
Chermock, Ralph L. 10
Christentum 47f., 325–327
Churchill, Winston 49
Churchland, Patricia S. 406
Churchland, Paul M. 406
Clark, Mary E. 404
Clausen, Christopher 409
Coe, Kathryn 418

Register 431

Cohen, Jack 405
Cohen, Joel E. 373, 423f.
Coleman, James S. 250, 415
Computer (*siehe auch* Deep Blue;
  Komplexitätstheorie) 126f.,
  387f., 405
Comte, Auguste 27, 43
Condorcet, Marie Jean Antoine
  Nicolas Caritat 23–32, 34, 43,
  400
Conrad, Joseph 288
Cooke, Brett 290, 418
Cosmides, Leda 231, 409, 411, 413ff.
Crandall, B. C. 403
Crick, Francis 406
Cromwell, Oliver 284
Csuti, Blair 423
Culotta, Elizabeth 409
Cummings, Michael R. 410

Daedalus 14, 399
Damasio, Antonio R. 153ff., 406f.
Damasio, Hanna 407
D'Andrade, Roy 416
Dani (Volk in Neuguinea) 216f.
Dante Alighieri 282, 288
Daphne 182, 283f.
Darwin, Charles 52, 102, 323, 331
Dasun (Volk in Borneo) 205f., 412
Dawkins, Richard 183
Davidson, Richard J. 406
Decatur, Stephen 229
Deep Blue (Computer) 164f.
Degler, Carl N. 413, 414
Deismus 45–48
Dekonstruktion 57f., 285ff., 402
de Man, Paul 286
Demokrit 69, 173
Dennett, Daniel C. 406f.
Depression, klinische 197
Derrida, Jacques 57f., 286, 402
Descartes, René 33, 40ff., 44, 54f.,
  131, 134, 163, 401
Deschamps, Eliette Brunel 419
Determinismus

– genetischer 184–197, 224f., 252,
  368f.
– im menschlichen Denken
  160–163
Dewey, John 53
Diamond, Jared 425
Diderot, Denis 26
Dillon, Wilton S. 413
Dissanayake, Ellen 290, 309, 418f.
DNA 69f., 82f., 119, 124ff., 173f.,
  215, 355, 365ff., 403
Dolan, R. J. 410
Dominanzverhalten 344ff., 422
Donaldson, Wayne 409
Dostojewski, Fjodor 323
Drake, Francis 35
Drogen (*siehe auch* Neurotrans-
  mitter) 98–101
Dualismus
– in der Begriffsbildung 205f.
– Körper/Verstand 134
Durham, William H. 241, 408, 411,
  414
Durkheim, Émile 246, 251
Dyslexie 208, 412
Dyson, Freeman J. 403

Ebstein, Richard P. 412
Eddington, Arthur S. 14, 399
Edel, Abraham 420
Edelman, Gerald M. 406
Eggert, James 425
Ehrlich, Paul R. 424
Eibl-Eibesfeldt, Irenäus 213, 290,
  411f., 418
Einstein, Albert 11f., 45f., 79, 132,
  256, 350, 399, 401, 403
Eisenberg, John F. 413
Ekman, Paul 204, 406
Ekstase, religiöse 344, 346ff., 422
Elefanten 223f.
Elektroenzephalogramm (EEG)
  209, 295f., 306
Elektrorezeptoren bei Fischen 65f.,
  157

Eliot, Thomas Stearns 55, 287
Elisabeth I. 35
Ellis, Henry 400
Ellis, Lee 250
Emerson, Ralph Waldo 51
Emlen, Stephen T. 259, 416
Emotionen *siehe* Gefühle
Empathie 337, 422
Empirismus 317–335
Engelhardt, H. Tristram Jr. 420
Engels, Friedrich 53
Engpaß, ökologischer 383
Entscheidungsprozesse, Neuro-
  biologie der 151–156
Entscheidungstheorie 275–279, 416
Enzyme 114f., 125, 405
Epik, menschliche 353
Epistase 209
Epistemologie 254, 356f.
Epos, evolutionäres versus religiö-
  ses 352
Erbkrankheiten 194ff., 233f.,
  364–367
Erblichkeit *siehe* Genetik; Koevolu-
  tion, genetisch-kulturelle
Erfahrung
– mystische 310f., 346–349
– subjektive, Neurobiologie der
  156–160
Erklärung, wissenschaftliche
  91–126
Ethik 47f., 53, 317–353, 420ff.
Ethnizität 246, 384f.
Eugenik 247, 368ff.
Euler, Leonhard 26
Evolution
– des Menschen 132ff., 180f., 225f.,
  299–305, 355f., 361–370, 409,
  423
– durch natürliche Auslese 66, 73,
  106f., 131, 139f., 165f., 171–175,
  223–226, 268, 273ff., 299ff.,
  323f., 338f., 343
– willentliche 365–370
Evolutionsbiologie 66, 355

Evolutionspsychologie *siehe* Soziobiologie
Exogamie 234

Fackelmann, Kathy A. 407
Fakultäten, philosophische 21,
  358ff.
Falconer, Douglas S. 410
Familientheorie 259ff., 416
Farben, visuelle Information der
  63f., 145, 157f., 203f., 214–219, 412
Farber, Paul L. 420
Farbvokabular 215–222, 412
Farrington, Benjamin 400
Faust 360
Feldman, Mark W. 408
Feminismus 287
Fernald, Anne 409
Fetzer, James H. 417
Fischman, Joshua 409
Fiske, Donald W. 402, 415f.
Flaubert, Gustave 287f.
Fledermäuse 65
Flood, Josephine 420
Fortschritt als Begriff 133f.
Foucault, Michel 60, 402
Fox, Robin 290, 414, 418f.
Frank, Phillip 85
Frazer, James G. 239f.
Freedman, Daniel G. 411
Freimaurerei 341
Freud, Sigmund 56, 102f., 239ff.,
  246
Friedrich, Robert W. 415
Frith, Chris 412
Frith, Uta 412
Frye, Northrop 420
Fundamentalismus, islamischer
  246
Fußabdruck, ökologischer 376f.,
  424

GABA (γ-Aminobuttersäure) 193
Gage, John 412
Gage, Phineas P. 136, 407

Galileo Galilei 33, 42, 47
Gardner, Allen 178
Gardner, Howard 189, 401
Garten Eden 283f.
Gaukroger, Stephen 401
Geburtsrang, Effekte 186
Gedächtnis 149f., 409f.
– Einheiten 183f.
– episodisches und semantisches
181–184
Geertz, Clifford 414
Gefühle 151–156
Gehirn (siehe auch Farben, visuelle
Information; Verstand) 111f.,
131–147, 214f., 222f.
Gehirnaktivität, Muster der
(siehe auch PET-Scanning) 146f.,
158f., 193f., 209f.
Gehör 203
Geist siehe Verstand
Geisterstäbe, australische 341
Geistesschrift 159f.
Geisteswissenschaftliche Kommis-
sion 281
Gell-Mann, Murray 405
Gemeinschaft, religiöse 346f.
Gene siehe Determinismus, geneti-
scher; Genetik
Genetik (siehe auch DNA; Heritabi-
lität; Interaktion; Koevolution,
genetisch-kulturelle; Populati-
onsgenetik) 122ff., 191–197,
207–211, 343, 361–370
Genie 284f.
Genotyp-Umwelt-Korrelation
188f.
Gentherapie 367ff.
Gergen, Kenneth J. 59, 402
Geschichte 18ff., 186, 223, 341, 383,
396
– archaische 21, 400
Geschlechterunterschiede, geneti-
sche 210f., 228f., 287, 413
Geschmack, neurobiologische
Aspekte 203f.

Gesichtsausdruck 205ff.
Gewohnheit, biologische Grundla-
gen 145
Gibbons, Ann 409
Goethe, Johann Wolfgang von
50f., 288, 360, 401
Gogarten, J. Peter 423
Gogh, Vincent van 295
Goldschmidt, Walter R. 408, 414
Goleman, Daniel 407
Gombrich, Ernst H. J. 419
Goodell, Edward 400
Goodstein, David L. 400f.
Gott 13, 43ff., 47, 49, 52f., 101,
174f., 318–325, 329f., 333f., 346,
349ff., 401
Götter 110, 284, 295, 298f., 310, 313,
341f., 349, 398
Gowdy, John M. 424
Graham, Martha 55
Green, Donald P. 416
Greenland, D. J. 425
Grenzgebiete zwischen Natur- und
Sozialwissenschaften 256f., 279
Gribbin, John R. 402
Griechenland, antikes
– Mythos 91f., 283f.
– Philosophie 48, 84, 246
– Religion 349
Gropius, Walter 55
Gross, David J. 402
Grossman, Marcel 11
Groth, Janet 417
Grotius, Hugo 33
Gustafson, James M. 421
Guterl, Fred 408
Gutmann, Amy 426
/Gwi 311, 313f.

Häftlingsdilemma 335f.
Hallpike, Christopher Robert 278,
417
Halluzination 98f.
Hamilton, William D. 413
Hanunóo (malayo-polynesische
Sprache) 218

Hardy-Weinberg-Prinzip 266f.
Harner, Michael J. 404
Harris, Marvin 414
Harvey, William 69
Haught, John F. 421
Hautfarbe 196
Hawken, Paul 425
Hawking, Stephen 350
Haxby, James V. 407
Hegel, Georg Friedrich Wilhelm 50
Heinrich VIII. 35
Helvétius, Claude Adrien 26
Herder, Johann Gottfried von 50
Heritabilität 187–192, 410
Hermeneutik 253f., 416
Herodot 349
Herrnstein, Richard J. 188
Herrschel, William 42
Heuristik 276ff., 416f.
Hilbert, David 61
Hirnforschung (siehe auch Gehirn; Verstand) 135f., 289, 328, 355, 406f.
Hirshleifer, Jack 272
Hitzeschock-Protein 362f.
Hobbes, Thomas 33
Hobson, J. Allan 102, 404, 406
Hochseefischerei 379f.
Höhle von Chauvet 301f., 419
Holdren, John P. 424
Holismus siehe Synthese
Hollander, John 418
Hölldobler, Bert 404
Holt, Luther E. 411
Holton, Gerald 11, 399, 403
Homer 288
Hooke, Robert 323, 421
Howland, John 411
Hu, Frederick 388, 426
Human Genome Project 365
Human Relations Area Files 198
Humanismus 48, 348
Hume, David 33, 331, 335
Hutcheson, Francis 335

Hyperreligiosität 344, 347f.
Hypothesen, konkurrierende 82f.

Ikarus 14, 23, 399
Induktion 37f., 400
Inferenz, starke 82
Information in Kunst und Wissenschaft (siehe auch Kommunikation) 157ff.
Inspiration siehe Kreativität
Instinkt
– dyadischer 206, 412
– und Entdeckungsdrang 310f.
Insulin 114
Intelligenz, optimale, in den Wissenschaften 79f.
Interaktion 184–192
Investition, elterliche 227f.
Inzesttabus 237–240
Inzestvermeidung 232–242, 259f., 414
Ionischer Zauber 11–14, 399f.
Islam, frühe Eroberungen 325

Jackson, Andrew 52
Jackson, Frank 157
Jäger und Sammler 199f., 226, 278, 311–316
Jakob I. 35f.
James, William 53, 81
Jansson, AnnMari 424
Jáuregui, José A. 407
Jazz 296
Jefferson, Thomas 23, 55, 318
Jesus von Nazareth 12, 161
Jirari, Carolyn G. 411
Jívaro 98ff., 404
Johnson, Mark H. 411
Johnson, Paul 421
Joyce, James Augustine Aloysius 55, 287
Judaismus, Ursprünge 325, 349
Jung, Carl Gustav 106
Ju/wasi 313

Kabbala 341
Kac, Mark 81
Kagan, Donald 413
Kahneman, Daniel 276f., 416
Kalligraphie
- chinesische 159f., 296, 306, 419
- japanische 296, 306, 419
Kant, Immanuel 27, 30, 33, 131, 331f.
Kanzi (Bonobo) 177f.
Kareiva, Peter M. 405
Karl II. 284
Karni, Avi 404
Kasparow, Gary 164
Kauffman, Stuart A. 120ff., 405
Kay, Paul 216ff.
Keats, John 164
Keeley, Laurence H. 414
Kekulé von Stradonitz, Friedrich August 110
Kellert, Stephen R. 426
Kepler, Johannes 42
Kibbuz 236
Kidder, Alfred V. 200, 411
Kierkegaard, Søren Aabye 397
Kinderehen 235
King, Martin Luther Jr. 319
Kitcher, Philip 417
Klimawandel 380ff.
Kluckhohn, Clyde K. M. 176, 408
Koch, Walter 290, 418
Koenig, Olivier 406
Koevolution, genetisch-kulturelle 171ff., 211–226, 290–296, 339f., 408
Komplexität, optimale, in der Kunst 306f., 420
Komplexitätstheorie 119–129, 405
Kommunikation (siehe auch Farben, visuelle Information der; Gesichtsausdruck; Gehör; Parasprache; Sprache)
- und Augenbrauen 213
- chemische 94–97
- und Elektrorezeptoren 65f.

- und Geruchssinn 212
- hierarchische siehe Dominanzverhalten
- in Kunst und Wissenschaft 157f.
- und Tastsinn 212
- bei Tieren 176–180
Konner, Melvin J. 411
Konstruktivismus 56f.
Kontroverse, Gene versus Sozialisation 191f.
Körpergeruch 212
Körpergewicht 185f.
Körperhüllen 309
Kopernikus, Nikolaus 42
Kopfform, Evolution der 362
Kosmologien 351f.
Kosslyn, Stephen M. 406
Kreativität 79, 88f., 255, 284f., 298f.
Krieg 85, 229f., 246, 363, 383f., 413f.
Kroeber, Alfred 177, 408
Kultur (siehe auch Koevolution, genetisch-kulturelle) 20f., 175–184, 223f., 408f.
- Gleichwertigkeit 247ff.
- Universalien 198–201, 410
- Ursprünge 199–202, 297f.
!Kung 205, 311
Kunst 20f., 101f., 157f., 281–316, 357, 417–420
- Anpassungsvorteil 299ff., 419
- Beziehung zur Soziologie 251
Künstliche Emotion, AE (artificial emotion) 166
Künstliche Intelligenz, AI (artificial intelligence) 163–167

Labyrinth von Knossos 91ff.
Lächeln 151f., 205, 411
Lafayette, Marie Joseph de Motier 27
Laland, Kevin N. 408
Lamartine, Bruce 70
Lamb, Trevor 412

Landwirtschaft 376, 379
Langer, Susanne 85
Langton, Christopher 120
Laplace, Pierre Simon 26
Larson, Edward J. 422
Lavoisier, Antoine 70
Leary, Timothy 100
Lebensraumentscheidung 371
Lee, Richard B. 311
Leeuwenhoek, Anton van 70
Leibniz, Gottfried 30, 33, 42, 132
Leine, genetische 211
Leonardo da Vinci 285, 288
Lespinasse, Julie de 27f.
Leukippos 69
LeVay, Simon 407
Lévi-Strauss, Claude 206
Lewin, Roger 409
Leys, Simon 160, 407
Licht, sichtbares 63f.
Liebe
– biologischer Ursprung 228
– in der Religion 324
Liebenberg, Louis 311, 420
Lincoln, Abraham 319
Linnaeus, Carolus 9f.
Locke, John 27, 33, 318, 323, 421
Locke, John L. 409
Loomis, William F. 125, 405
Lopreato, Joseph 250, 415
Lückenanalyse 357, 423
Lukretius 343
Lumsden, Charles J. 183, 290, 408,
    410–413, 418
Luna, Luis Eduardo 404
Lyashko, V. N. 423
Lyman, Richard W. 417
Lyons, John 218, 412

Mackay, Trudy F. C. 410
Magie 303ff.
Mallarmé, Stéphane 287
Malthus, Thomas 13, 261
Marat, Jean-Paul 27
Marks, Jonathan 414

Marlowe, Christopher 360
Marshack, Alexander 419
Marshall, Alfred 263
Martin, Alex 407
Marx, Karl 53, 246, 251
Marxismus-Leninismus 326
Materialismus, historischer 53
Mathematik
– und Musik 293, 418
– in den Naturwissenschaften 262
– Wesen der 86f., 128f., 402
Maxwell, James Clerk 117
May, K. A. 420
May, Robert M. 123, 422
Maya 383
Mayr, Ernst 10
McAdams, Harley H. 405
McDaniel, Carl N. 424
McGrew, W. C. 409
Mead, Margaret 247
Meltzoff, Andrew N. 409
Mem 183f., 410
Meselson, Matthew S. 82, 403
Mesopotamien 383
Metamuster 294, 419
Metapher 219, 291ff., 402, 418
Michelangelo 282
Mikroskopie, Geschichte der 69f.,
    403
Miles, Jack 421
Mill, John Stuart 53, 61
Milner, John 419
Milton, John 283f.
Minsky, Marvin L. 165
Mirabeau, Octave 27
Mises, Richard von 85
Moderne, in der Kunst 55f., 401
Mol, Hans J. 421
Molekularbiologie 75, 82f., 93f.,
    113ff.
Mollon, John 412
Mondrian, Piet 295f., 306, 419
Monod, Jacques 173, 408
Montesquieu, Charles de Secondat
    26

Register 437

Moore, George Edward 332
Moore, M. Keith 409
Moro-Reflex 203, 411
Morowitz, Harold 405
Morton, John 411
Moses 349
Moynihan, Daniel Patrick 414
Mozart, Wolfgang Amadeus 67, 282, 285
Multikulturismus 57, 59, 247ff.
Mundkur, Balaji 107, 404
Murdock, George P. 198, 410
Murray, Charles 188
Musik, Eigenschaften der (siehe auch Mathematik; Zeremonien) 293, 418
Mutationen 194–197, 232ff.
Mythen 91f., 283f., 342f., 404

Nabokov, Vladimir 296f.
Nachahmungsverhalten bei menschlichen Säuglingen 179f., 409
Nagel, Ernest 85
Nakata, Yujiro 419
Nanotechnologie 70, 403
Napoleon Bonaparte 25
Natur, menschliche 221–242, 289, 291f., 413
– Definition 221
Naturgeschichte 253f.
Naturschutz 390–397
Naturwissenschaften 37ff., 63–89, 255ff., 291f., 322f., 355–360
Naturwissenschaftler, Eigenschaften 54f., 73ff., 76–81, 84–89, 170, 279f., 327f., 350, 403
Nationalsozialismus 326
Needham, Joseph 44, 401
Nelson, Mark 423
Nervensystem, autonomes 150f.
Neuguinea, Kultur 204, 216
neuheitensuchendes Gen 208, 412
Neurath, Otto 85
Neurobiologie (siehe auch Gehirn; Verstand) 106, 139–142, 420

Neurotransmitter 103–106, 193, 208, 410
New Age-Philosophie 59, 347
New Criticism 287f.
Newman, John Henry 319
Newton, Isaac 33, 35, 40, 42ff., 51
Niehans, Jürg 261
Nielsen, François 408
Nisbet, Robert 251, 415
Nitecki, Doris V. 420
Nitecki, Matthew 420
NK-Modell, Evolution 121f.
Nobelpreis 110f., 261, 293, 305
Novak, Gordon S. Jr. 407
Nowack, Martin A. 422
Nozick, Robert 334

Occams "Rasiermesser" 73
Offenbarung, göttliche 321, 328f.
OGOD-Prinzip 195ff.
Ökologie 115f., 229f., 274f., 370–396, 423–426
Ökonomie 261–275, 386–390
Ökosystem 115f.
Opfer 304, 344
Oster, George F. 412
Ovid 182

Paarungsstrategien 228
Paine, Tom 27
Paradis, James G. 420
Parasprache (nonverbale Kommunikation) 212ff., 412
Parsons, Talcott 85
Pascal, Blaise 30, 327
PAT-Formel 376, 424
Patterson, David A. 405
Peacock, James 414f.
Peacocke, Arthur R. 421
Pearce, David 425
Peirce, Benjamin 53
Peltonen, Leena 410
Penetranz, unvollständige, in der Vererbung 197
Penfield, Wilder 138

Penrose, Roger 406
Perret, D. I. 420
Persönlichkeit, Erblichkeit der (siehe auch Heritabilität; Stimmung) 207ff.
PET (Positronenemissionstomographie) 146f., 193f., 322
Peterson, Ivars 405
Peterson, Roger Tory 10
Petroski, Henry 409
Phenylketonurie 209, 366
Pheromone, menschliche 212
Philosophie, allgemeine Eigenschaften 19f., 131, 279f., 358ff., 399, 417
Phobien 108f.
Physik 67ff., 75f., 91ff., 116f., 293, 418
– Vereinigung in der 11f., 350
Picasso, Pablo 55, 284, 294, 419
Pico della Mirandola, Giovanni 53, 401
Pinker, Steven 406f.
Planck, Max 45, 79, 403
Platon 13, 25
Plomin, Robert 410, 422
Pluto 283f.
Poesie, spirituelle Wirkung 329
Polygene 196, 209
Pool, Robert E. 406, 413
Pope, Alexander 43, 286f.
Populationsgenetik 265–268, 343
Positivismus 84–89
Posner, Michael I. 406
Postmoderne 56–61, 285ff., 401f., 417
Potter, Van Rensselaer 420f.
Power, Thomas Michael 425
Pragmatismus 53, 84, 323
Prolongationskapazität 383f.
Proserpina 283f.
Proteine 114f., 124–128, 362f., 405
Psychoanalyse (siehe auch Freud, Sigmund; Träume) 289
Psychologie 74, 106

– Bacon über 38f.
– in der Kunst 289
– in der Ökonomie 270–279

Quantenelektrodynamik (QED) 68f., 73, 402
Quételet, Adolphe 27, 43
Quetzalcoatl 110
Quine, Willard van 85
Quinlan, Karen Ann 137, 407

Rabin, Eric S. 418
Racine, Jean 287
Rad des Fortschritts 360, 386
Raichle, Markus E. 406
Raleigh, Walter 35
Ramón y Cajal, Santiago 141, 407
»Rand des Chaos«-Theorie 121ff.
Rassismus 48, 247
Rawls, John 332, 334
Read, Herbert 251
Reaka-Kudla, Marjorie L. 423
Reaktionsnorm, in der Genetik 185ff., 410
Reduktionismus 43ff., 74ff., 93f., 114f., 249f., 282, 356
Rees, William E. 424
Reflexe 151f.
Regeln, epigenetische 201–242, 258f., 411, 413f.
– Definition 201f.
– in Ethik und Religion 328f., 338
– in der Kunst 285, 305–308
Regenwälder 115, 391f.
Regnier, Fred 95
Reifikation 205f., 412
Reizdarstellung, übernormale 308f.
Reiz-Reaktions-Lerntendenz (siehe auch Regeln, epigenetische) 108f.
Relativismus, kultureller 247ff.
Religion 317–330, 341–353, 421ff.
– des Autors 12f., 320f., 422
– von Wissenschaftlern 78
Ressourcen, natürliche 377ff.

Reynolds, Vernon 421
Ricardo, David 261
Richerson, Peter J. 408
Ridley, Matt 421
Rituale 206, 303f., 342f.
Ritualisierung 213f.
r-K-Kontinuum 274f.
Robespierre, Maximilien de 24
Rogers, Adam 425
Romantik 49–52, 61
ROM (read only memory) 70, 403
Rorty, Richard 254, 416
Rosch, Eleanor 216
Rosenberg, Alexander 19, 399, 403, 414, 416f.
Rothstein, Edward 293, 418
Rousseau, Jean-Jacques 24, 50, 57f.
Roux, Wilhelm 127
Ruanda 384f.
Ruse, Michael 417
Russell, Bertrand 288
Ryle, Gilbert 83

SAMs 71
Samuelson, Paul 72, 263
Santa Fe Institute (New Mexico) 120
Sarton, George 85
Sartre, Jean-Paul 397
Satan 283, 299, 360, 369
Satisfizierung 276
Saunders, Denis A. 424
Savage-Rumbaugh, E. Sue 177, 409
Schach 164
Schelling, Friedrich 50f.
Schelling, Thomas 272
Schimpansen 108, 177ff., 234, 409
Schizophrenie 191, 193f., 410
Schlaf 103–106
Schlangen 98f., 106–110, 171ff., 290f.
Schlaug, G. 417
Schlick, Moritz 85
Schmetterlinge 65, 308f.
Schönheit von Gesichtern 307–310, 420

Schöpfungslehre 74, 174f., 265
Schorske, Carl E. 56, 401
Schreckensherrschaft 24
Scialabba, George 60, 402
Science-fiction 358
Scott, J. Michael 423
Scully, Vincent J. 294, 419
Searle, John R. 406
Selbst, Neurobiologie des 160ff.
Seligmann, Martin E. P. 201, 411
Semiotik 245
Sen, Amartya K. 272
Service, Robert F. 403
Shakespeare, William 35, 37, 285, 288
Shamos, Morris H. 400
Shapiro, Ian 416
Shapiro, Lucy 405
Shaw, George Bernard 323
Shaw, R. Paul 414
Shelley, Percy Bysshe 13, 288
Shepher, Joseph 236
Sheridan, Alan 402
Sherrington, Charles Scott 20, 399f.
Shweder, Richard A. 402, 415f.
Sigmund, Karl 422
Silberbauer, George B. 311
Silbersweig, D. A. 410
Simmel, Georg 251
Simon, Herbert A. 88, 276, 403
Singer, S. J. 149, 405
Sinn, Neurologie 155f., 181ff.
Sippenauslese 227, 413
Skalierung von Raum und Zeit 10, 111ff., 259, 315f.
Slusser, George 418
Smets, Gerda 306, 420
Smith, Adam 261f., 335
Snow, C. P. 56, 169f., 401
Sophokles 288
Sozialdarwinismus 247
Sozialismus 48f.
Sozialwissenschaften 20, 52f., 243–280, 414–417

Soziobiologie (*siehe auch* Koevolution, genetisch-kulturelle) 202–242, 413
Soziologie 249–252, 255, 415
Spektrum, elektromagnetisches 63f.
Spinoza, Baruch 349
Spires, Elizabeth 297, 419
Sprache 176–180, 204, 216–219, 409
Stahl, Franklin W. 82, 403
Stammesdünkel 326, 337, 342f., 363, 384f.
Standardmodell, sozialwissenschaftliches (SSSM) 251f., 273, 415
Status 228f.
Steiner, George 282, 417
Stephens, James 400
Stern, Curt 410
Sternberg, Paul W. 125, 405
Stevens, Anthony 419
Stever, H. Guyford 425
Stewart, Ian 405
Stigler, George J. 272
Stimmung 104f., 155, 197
Storey, Robert 290, 418
Straus, Ernst 46, 401
Strawinsky, Igor 55
Strukturalismus 206f.
Stutz, Roger 70
Sühne 344
Sulloway, Frank J. 186
Swedenborg, Emanuel 101
Swinburne, Richard 421
Symbolismus (*siehe auch* Sprache; Verstand) 181f.
Symbolisten, in der Literatur 287
Synthese 75, 93f., 114–117, 356, 358f.

Tabus *siehe* Inzesttabus
Tanner, Ralph E. S. 421
Taufe, christliche 304
Teotihuacán 294
Termiten 198f., 224, 410

Territorialverhalten 229f., 413f.
Thailand 363
Thales von Milet 11
Theismus 46f., 321–330, 348ff.
Theologie 161, 349f., 359
Theorie, Eigenschaften der 71ff.
Theory of Everything (T.O.E.) 350
Theresia von Avila 347f., 422
Thomas von Aquin 318
Thompson, Dennis 426
Thoreau, Henry David 51f.
Tiger, Lionel 290
Tillich, Paul 349
Tilman, G. David 373, 423
Tlaloc (aztekische Gottheit) 110, 303f.
Tocqueville, Alexis de 251
Toennies, Ferdinand J. 251
Tooby, John 231, 409, 411, 413ff.
Totems 304f.
Transzendentalismus
– ethischer 317–335
– in Neuengland 51f.
Träume 101–107, 404
Trivers, Robert L. 413
Trugschluß
– der Logik 118
– naturalistischer 332
Tulving, Endel 181, 409
Turgot, Anne Robert Jacques 26, 30
Turing, Alan 163, 167
Turing-Test 163
Turner, Frederick 288, 290, 418
Turner, R. Kerry 425
Tversky, Amos 276f., 416

Ufologie 74
Umwelt
– gegenwärtiger Zustand 371–397, 423–426
– Interaktion mit Genen 184–192, 252, 371–397
– und Technologie 385–388
Umweltethik 370

Register 441

Umweltgipfel (Rio de Janeiro 1992)
387f., 425
Ungerleider, Leslie G. 407
United States National Academy of
Science 54
Universalien, kulturelle 197–201
Urbach, Peter 400
Uroboros 110
Ursache und Wirkung 91–129

Valéry, Ambroise-Paul-Toussaint-
Jules 287
Veblen, Thorstein 263
Verhaltensgenetik 191–197,
207–211, 214–226
Vermeer van Delft 295
Vernetzung (interdisziplinäre Er-
klärungsmodelle) 15–22, 75f.,
169ff., 184, 206f., 244, 256f., 261,
273ff., 288–301, 314ff., 355–360,
397f.
Verstand
– Auswirkung von Drogen 98–101
– Francis Bacon über den 38f.
– Natur des 84–89, 131–167,
288ff., 406f.
– primitiver 278f., 311–314, 417, 420
– und Träumen 101–107
Vertragsbildung 230f., 413f., 422
Virgil 288
Vogler, Christopher 401, 419
Volk, Tyler 294, 419
Volkspsychologie 246, 270–273
Voltaire, eigtl. François Marie
Arouet 26, 28, 33
Vonnegut, Kurt 292
Voraussagen, wissenschaftliche 93f.

Waal, Frans de 178, 409, 422
Wackernagel, Mathis 424
Waddington, Conrad H. 421
Wadjet 110
Wahrheit, Kriterien der 81–89
Wahrnehmung, außersinnliche
159, 172f.

Waldreserven 17
Wallace, Anthony F. C. 421
Wallace, Walter L. 250, 415
Wasserreserven, globale 378f.
Weber, Max 251
Weinberg, Steven 350
Weiss, H. 425
Weld, Charles Richard 421
Weldon, Z. 423
Weltwirtschaftsforum 388
Werkzeugfabrikation
– bei Menschen 180
– bei Tieren 178f.
Westermarck, Edward A. 235,
240f.
Westermarck-Effekt 234–242, 291,
414
Westfahl, Gary 418
Whewell, William 15
Whitehead, Alfred North 77, 288
Whitesides, George C. 71, 403
Wiggs, Cheri L. 407
Wightman, Mark 70
Wigner, Eugene P. 67, 402
Wille, freier 160–163
Williams, George C. 420
Williams, Thomas Rhys 412
Wilson, Don E. 423
Wilson, Edmund 287f., 417
Wilson, Edward O., Publikations-
hinweise 399f., 404, 408,
410–413, 417f., 421ff.
Wirtschaftswachstum 388f.
Wissen
– empirisches, Labyrinth 91ff.
– Natur des 81–89
– prometheisches 49
Wissenschaft siehe Naturwissen-
schaften; Sozialwissenschaften
Wissenschaften
– chinesische 43f.
– christliche 74
– physikalische 91ff.
Wissenschaftler siehe Naturwissen-
schaftler

Witham, Larry 422
Wolf, Arthur P. 236, 240f., 414
Wölfe, Sozialverhalten der 344f.
Wollstonecraft, Mary 326, 421
Wong, Yuwa 414
Wordsworth, William 49f., 288
Worldwatch Institute 424
Wrangham, Richard W. 409
Wright, Frank Lloyd 55
Wright, Robert 421

Xenophobie 337, 339
!Xo 311

Yeats, William Butler 287
Yoshikawa, S. 420
Yukawa, Hideki 293, 418

Zellbiologie 70f., 75, 93, 113, 124–129
Zentralbankrat der Vereinigten Staaten 264
Zeremonien (*siehe auch* Beerdigungszeremonien) 206, 329f.
Zivilisation, Ursprung der 198ff., 337f., 411
Zufall in der Geschichte 355f.
Zweiter Weltkrieg 85

Mit freundlicher Genehmigung der folgenden Verlage bzw. Autoren ist den folgenden Publikationen Material entnommen:

GEO Extra Nr. 1: »Quo Vadis, Homo Sapiens« von Edward O. Wilson, Hamburg, Deutschland.

Harvard University Press: Auszüge aus *Biophilia*; *The Diversity of Life; Genes, Mind, and Culture;* und *Promethean Fire* von Edward O. Wilson.

The New York Times Company: Auszug aus »Is Humanity Suicidal?« von Edward O. Wilson (*The New York Times Magazine*, 20. Mai 1993), Copyright © 1993 by The New York Times Company.

David Philip Publishers (Pty) Ltd.: Auszüge aus *The Art of Tracking: The Origin of Science* von Louis Liebenberg, Claremont, Südafrika.

Time International: Auszüge aus »Legions of the Doomed« von Edward O. Wilson (*Time International,* 30. Oktober 1995)

Viking Penguin und *Elizabeth Spires:* Auszug aus »Falling Away« in *Annonciade* von Elizabeth Spires, Copyright © 1985, 1986, 1987, 1988, 1989 by Elizabeth Spires.

Die Deutsche Bibliothek – CIP-Einheitsaufnahme

Wilson, Edward O.:
Die Einheit des Wissens / Edward O. Wilson.
[Aus dem Amerikan. von Yvonne Badal]. –
1. Aufl. – Berlin : Siedler, 1998
Einheitssacht.: Consilience <dt.>
ISBN 3-88680-620-0

Die Originalausgabe erschien 1998 unter dem Titel
»Consilience. The Unity of Knowledge«
bei Alfred A. Knopf, New York.

Das Register wurde von Christian Fauth erstellt.

Copyright der amerikanischen Originalausgabe
© 1998 by Edward O. Wilson

© der deutschen Ausgabe
1998 by Wolf Jobst Siedler Verlag, Berlin,
in der Verlagsgruppe Bertelsmann GmbH.

Alle Rechte vorbehalten,
auch das der fotomechanischen Wiedergabe.
Lektorat: Andrea Böltken
Schutzumschlag: Bongé + Partner, Berlin
Satz: Bongé + Partner, Berlin
Druck und Buchbinder: GGP, Pößneck
Printed in Germany 1998
ISBN 3-88680-620-0
Erste Auflage